U0228262

高等学校计算机应用规划教材

AutoCAD 2014
基础教程

郭　靖　编著

清华大学出版社

北　京

内 容 简 介

本书详细地介绍了 AutoCAD 2014 中文版在装修、建筑、机械以及三维模型应用方面的主要功能和应用技巧。全书共 17 章，第 1~16 章为 AutoCAD 的软件知识，在介绍软件知识的过程中配以大量实用的操作练习和实例，让读者在轻松的学习中快速掌握软件的使用技巧，同时对软件知识达到学以致用的目的；第 17 章主要讲解了 AutoCAD 在室内设计、机械和产品模型专业领域的综合案例。

本教程内容丰富、结构合理、思路清晰、语言简练流畅、示例翔实。它主要面向 AutoCAD 制图的初学者，适合作为 AutoCAD 培训班的培训教材、大专院校的 AutoCAD 教材，还可作为 AutoCAD 爱好者的自学参考资料。

本书的电子教案、习题答案和实例源文件可以到 http://www.tupwk.com.cn/downpage 网站下载。

图书在版编目(CIP)数据

AutoCAD 2014 基础教程 / 郭靖编著. —北京：清华大学出版社，2015（2020.7重印）

(高等学校计算机应用规划教材)

ISBN 978-7-302-39105-0

Ⅰ. ①A… Ⅱ. ①郭… Ⅲ. ①AutoCAD 软件－高等学校－教材 Ⅳ. ①TP391.72

中国版本图书馆 CIP 数据核字(2015)第 017912 号

责任编辑： 胡辰浩 袁建华
装帧设计： 孔祥峰
责任校对： 成凤进
责任印制： 丛怀宇

出版发行： 清华大学出版社
网　　址： http://www.tup.com.cn，http://www.wqbook.com
地　　址： 北京清华大学学研大厦 A 座　　**邮　　编：** 100084
社 总 机： 010-62770175　　**邮　　购：** 010-62786544
投稿与读者服务： 010-62776969, c-service@tup.tsinghua.edu.cn
质 量 反 馈： 010-62772015, zhiliang@tup.tsinghua.edu.cn
课 件 下 载： http://www.tup.com.cn，010-62794504
印 装 者： 河北纪元数字印刷有限公司
经　　销： 全国新华书店
开　　本： 185mm×260mm　　**印　　张：** 22.5　　**字　　数：** 520 千字
版　　次： 2015 年 2 月第 1 版　　**印　　次：** 2020 年 7 月第 5 次印刷
定　　价： 68.00 元

产品编号：059875-03

前　言

AutoCAD 是目前应用最广的辅助设计软件之一，其功能强大，使用方便。AutoCAD 凭借其智能化、直观生动的交互界面以及高速强大的图形处理能力，被广泛应用于建筑、室内和机械设计等领域。

本书定位于 AutoCAD 的初中级读者，从建筑绘图初中级读者的角度出发，合理安排知识点，运用简练流畅的语言，结合丰富实用的练习和实例，由浅入深地讲解 AutoCAD 在建筑、室内、机械和三维模型设计领域中的应用，让读者可以在最短的时间内学习到最实用的知识，轻松掌握 AutoCAD 在各个专业领域中的应用方法和技巧。

本书共 17 章，可分为 9 部分，各部分具体内容如下。

- 第 1 部分(第 1～3 章)：主要讲解 AutoCAD 的基础知识、环境设置和辅助功能等。
- 第 2 部分(第 4～5 章)：主要讲解运用 AutoCAD 2014 绘制各类图形的知识。
- 第 3 部分(第 6～7 章)：主要讲解修改图形对象的相关知识，包括选择、删除、移动、复制、镜像、偏移、阵列、旋转、缩放、拉伸、拉长、修剪、倒角、夹点编辑和参数化编辑图形等。
- 第 4 部分(第 8 章)：主要讲解 AutoCAD 的图层管理及应用。
- 第 5 部分(第 9～11 章)：主要讲解对象查询、图块运用和图案填充等内容。
- 第 6 部分(第 12～13 章)：主要讲解为图形添加文字注释和进行尺寸标注等内容。
- 第 7 部分(第 14～15 章)：主要讲解绘制三维绘图和编辑的方法。
- 第 8 部分(第 16 章)：主要讲解图形打印和输出的方法。
- 第 9 部分(第 17 章)：详细讲解如何灵活运用所学知识完成室内设计和机械设计方面的综合实例。

本书内容丰富、结构清晰、图文并茂、通俗易懂，适合以下读者学习使用。

(1) 从事初、中级 AutoCAD 制图的工作人员。

(2) 从事室内外装修、建筑、机械和三维模型设计的工作人员。

(3) 在电脑培训班中学习 AutoCAD 制图的学员。

(4) 大专院校相关专业的学生。

本书是集体智慧的结晶，除封面署名的作者外，参与本书编写的还有赵小文、陈以恒、马玉莲、张甜、邱雅莉、张志刚、高嘉阳、付伟、张仁凤、张世全、张德伟、卓超、张海波、高惠强、吴琦、张华曦、郑玮等人。在编写本书的过程中参考了相关文献，在此向这些文献的作者深表感谢。由于作者水平有限，本书有不足之处在所难免，欢迎广大读者批评指正。我们的邮箱是 huchenhao@263.net，电话是 010-62796045。

作　者

2014 年 12 月

目　录

第1章　AutoCAD基础知识

AutoCAD是一款功能强大的绘图软件，主要用于计算机中的辅助设计领域，是目前使用最为广泛的计算机辅助绘图和设计软件之一。在深入学习 AutoCAD 之前，首先要了解和掌握AutoCAD的一些基本知识和操作，为后期的学习打下坚实的基础。

1.1　AutoCAD 简介

AutoCAD软件由美国 Autodesk 公司于 1982 年首次推出，并经过了不断完善和更新。该软件集专业性、功能性、实用性为一体，是计算机辅助设计领域最受欢迎的绘图软件之一。

1.1.1　AutoCAD 的应用领域

AutoCAD的应用极为广泛，包括建筑、工业、电子、军事、医学及交通等领域，而在建筑设计、室内外装饰设计及机械工业设计等领域中的应用极为重要。

- 在机械工业设计领域，可以使用AutoCAD进行机械工业设计、模拟产品实际的工作情况、监测其造型与机械在实际使用中的缺陷，以便在产品进行批量生产之前，及早做出相应的改进，避免因设计失误而造成的巨大损失，如图 1-1 所示。
- 在建筑与室内设计领域，利用AutoCAD能够绘制出尺寸精确的建筑设计与施工图，为工程施工提供参照依据，如图 1-2 所示。

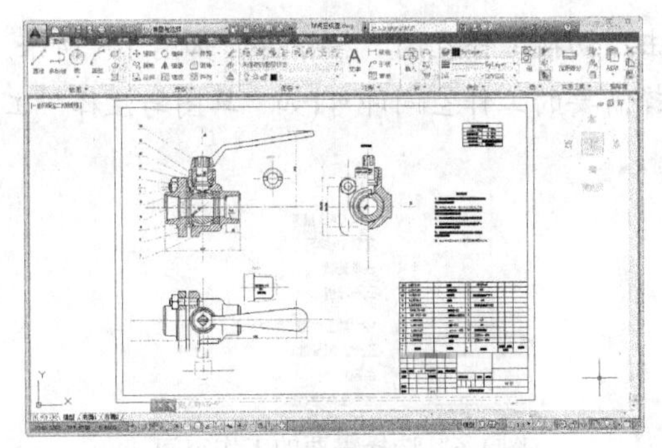

图 1-1　AutoCAD 机械工业设计图

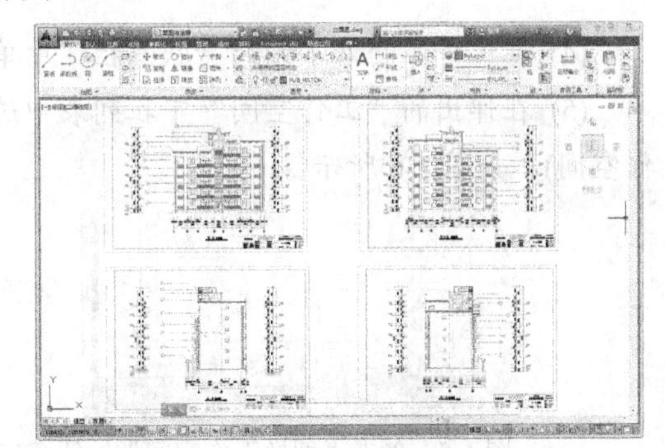

图 1-2　AutoCAD 建筑设计图

1.1.2　AutoCAD 2014 工作空间

为满足不同用户的需要，AutoCAD 2014 提供了“二维草图与注释”、“三维基础”、“三维建模”和“AutoCAD 经典”4 种工作空间模式，用户可以根据需要选择不同的工作空间模式。

- AutoCAD 经典空间：对于习惯使用 AutoCAD 传统界面的用户来说，使用“AutoCAD 经典”工作空间是最好的选择。
- 草图与注释空间：默认状态下，启动的工作空间即为“草图与注释”工作空间，该工作空间的功能区提供了大量的绘图、修改、图层、注释以及块等工具。
- 三维基础空间：在“三维基础”工作空间中可以方便地绘制基础的三维图形，并且可以通过其中的“修改”面板对图形进行快速修改。
- 三维建模空间：在“三维建模”工作空间的功能区提供了大量的三维建模和编辑工具，可以方便地绘制出更多、更复杂的三维图形，也可以对三维图形进行修改编辑等操作。

【练习 1-1】切换工作空间。

实例分析：快速切换工作空间通常有两种方法：在“快速访问”工具栏中切换工作空间和在“状态栏”中切换工作空间。

(1) 安装好 AutoCAD 2014 应用程序后，双击桌面上的 AutoCAD 2014 快捷图标，或通过执行“开始”菜单中的相应命令可以启动 AutoCAD 2014 应用程序。

(2) 在工作界面左上方的“快速访问”工具栏中单击“工作空间”下拉按钮，如图 1-3 所示。

(3) 在弹出的“工作空间”下拉列表中选择需要的工作空间即可(如“AutoCAD 经典”工作空间)，如图 1-4 所示。

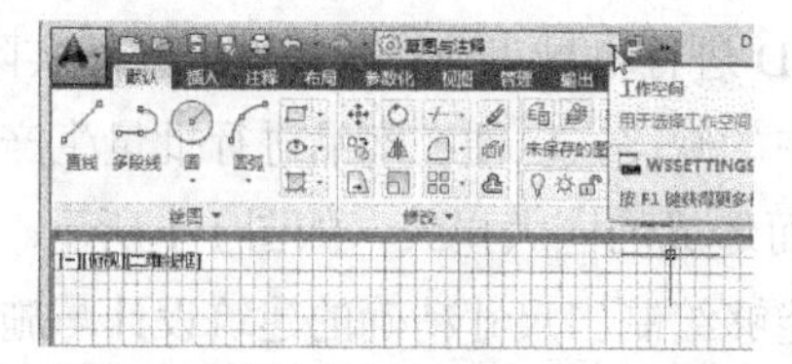

图 1-3　单击“工作空间”下拉按钮

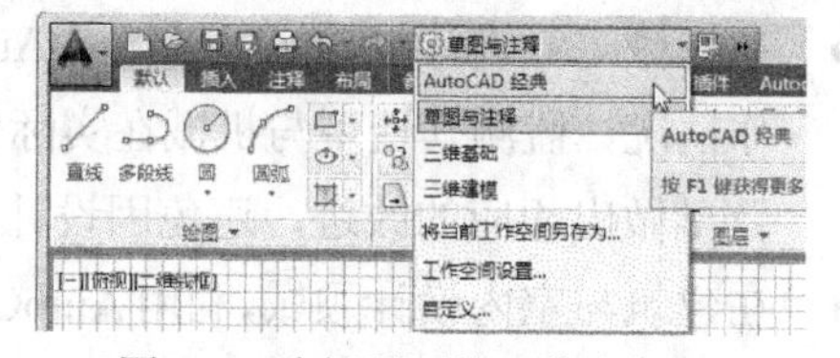

图 1-4　选择需要的工作空间

(4) 在工作界面右下方的“状态栏”中单击“切换工作空间”按钮，如图 1-5 所示。

(5) 在弹出的“工作空间”下拉列表中选择需要的工作空间即可(如“草图与注释”工作空间)，如图 1-6 所示。

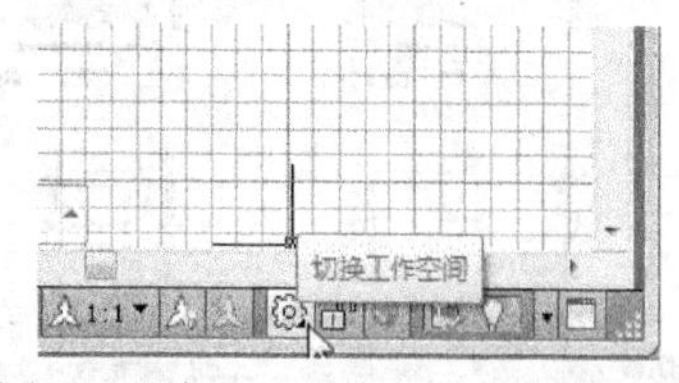

图 1-5　单击“切换工作空间”按钮

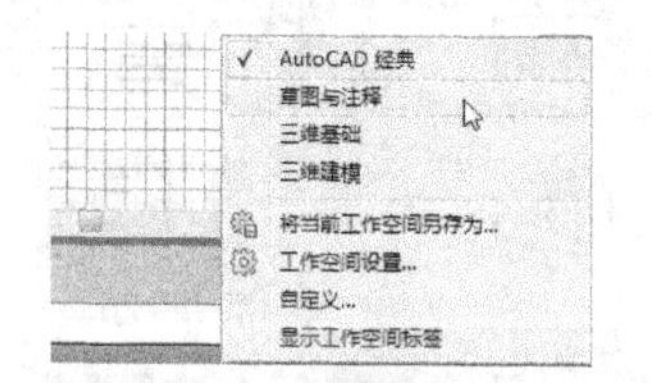

图 1-6　选择需要的工作空间

1.1.3　AutoCAD 2014 默认工作界面

第一次启动 AutoCAD 2014 应用程序后，将进入 AutoCAD 2014 默认的“草图与注释”工作空间的界面，该界面主要由标题栏、功能区、绘图区、十字光标、命令行和状态栏 6 个主要部分组成，如图 1-7 所示。

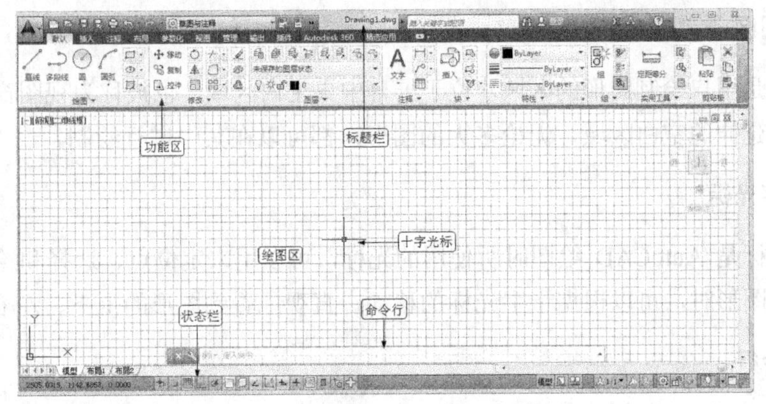

图 1-7　AutoCAD 2014 默认工作界面

1. 标题栏

标题栏位于整个程序窗口上方，主要用于说明当前程序以及图形文件的状态，主要包括程序图标、名称、“快速访问”工具栏，以及图形文件的文件名和窗口的控制按钮等，如图 1-8 所示。

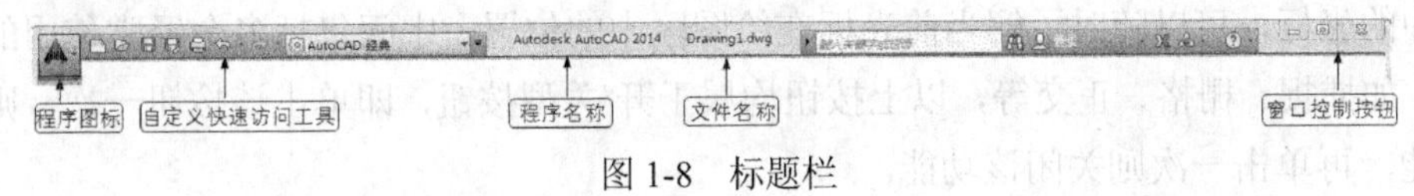

图 1-8　标题栏

- 程序图标：标题栏最左侧是程序图标，单击该图标，可以展开 AutoCAD 2014 用于管理图形文件的各种命令，如新建、打开、保存、打印和输出等。
- “快速访问”工具栏：用于存储经常访问的命令。
- 程序名称：即程序的名称及版本号，AutoCAD 表示程序名称，而 2014 则表示程序版本号。
- 文件名称：图形文件名称用于表示当前图形文件的名称，如图 1-8 所示中 Drawing1 为当前图形文件的名称，.dwg 表示文件的扩展名。
- 窗口控制按钮：标题栏右侧为窗口控制按钮，单击“最小化”按钮可以将程序窗口最小化；单击“最大化/还原”按钮可以将程序窗口充满整个屏幕或以窗口方式显示；单击“关闭”按钮可以关闭 AutoCAD 2014 程序。

2. 功能区

AutoCAD 2014 的功能区位于标题栏的下方，功能面板上的每一个图标都形象地代表一个命令，用户只需单击图标按钮，即可执行相应的命令。默认情况下，AutoCAD 2014 的功能区主要包括“默认”、“插入”、“注释”、“布局”、“参数化”、“视图”、“管理”和“输出”等几个部分，如图 1-9 所示。

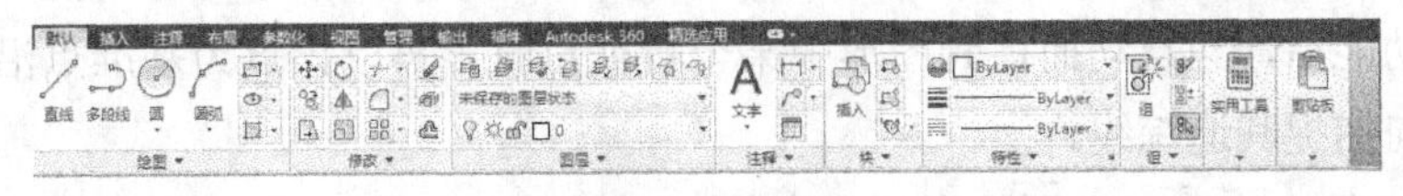

图 1-9　功能区

3. 绘图区

绘图区是用户绘制图形的区域，位于屏幕中央空白区域，也被称为视图窗口。绘图区是一个无限延伸的空白区域，无论多大的图形，都可以在其中进行绘制。

4. 十字光标

十字光标是 AutoCAD 绘图时所使用的光标，可以用来定位点、选择和绘制对象，使用鼠标绘制图形时，可以根据十字光标的移动，直观地看到图形的上下、左右关系。

5. 命令行

命令行位于屏幕下方，主要用于输入命令以及显示正在执行的命令和相关信息。执行命令时，在命令行中输入相应操作的命令，按 Enter 键或空格键后系统即执行该命令；在命令的执行过程中，按 Esc 键可取消命令的执行；按 Enter 键确定参数的输入。

6. 状态栏

状态栏位于 AutoCAD 2014 窗口下方，如图 1-10 所示。状态栏左边主要显示光标在绘图区中的坐标，可以随时了解当前光标在绘图区中的位置；中间包括多个经常使用的控制按钮，如捕捉、栅格、正交等，以上按钮均属于开/关型按钮，即单击该按钮一次，则启用该功能，再单击一次则关闭该功能。

8122.9081, 1074.4415, 0.0000

图 1-10　状态栏

- 推断约束：启用“推断约束”模式会自动在正在创建或编辑的对象与对象捕捉的关联对象或点之间应用约束。
- 捕捉模式：单击该按钮可以打开捕捉功能，光标只能在设置的“捕捉间距”上进行移动。
- 栅格显示：单击该按钮可以打开栅格显示功能，在屏幕上显示出均匀的栅格点。
- 正交模式：单击该按钮，可以打开“正交”功能。绘制图形时，鼠标只能在水平以及垂直方向上进行移动，可以方便地绘制水平以及垂直线条。
- 极轴追踪：单击该按钮可以启动极轴追踪功能，绘制图形时，移动鼠标，可以捕捉设置的极轴角度上的追踪线，从而绘制具有一定角度的线条。
- 对象捕捉：单击该按钮可以打开对象捕捉功能，在绘图过程中可以自动捕捉图形的中点、端点以及垂点等特征点。
- 三维对象捕捉：单击该按钮可以打开对象三维捕捉功能，在创建三维模型的过程中可以自动捕捉图形的中点、端点等特征点。
- 对象捕捉追踪：单击状态栏上的该按钮，可以启用对象追踪功能。打开对象追踪功能后，当自动捕捉到图形中某个特征点时，再以该点为基准点沿正交或极轴方向捕捉其追踪线。
- 允许/禁止动态 UCS：单击该按钮，可以打开动态 UCS 坐标功能，在绘制三维图形时，可以自动捕捉三维绘图的底面。

- 动态输入：单击该按钮，可以打开动态坐标输入功能。
- 显示/隐藏线宽：单击该按钮用于控制是否启用显示线段宽度的功能。
- 显示/隐藏透明度：在 AutoCAD 2014 中，图形的透明度可以在“特性”选项板的“常规”选项卡中进行设置，其值在 0~99 之间，而“显示/隐藏透明度”按钮就是用于控制是否显示图形的透明度。
- 快捷特性：启用“快捷特性”功能后，使用鼠标单击图形时，将弹出该图形的“快捷特性”选项板。
- 选择循环：启用“选择循环”功能后，在选择图形时，如果有重复的对象，将弹出一个选择集供用户选择需要的对象。
- 模型：单击该按钮，可以控制绘图空间的转换。当前图形处于模型空间时单击该按钮就切换至图纸空间。

【练习 1-2】修改默认的工作界面。

实例分析：本例讲解的修改默认工作界面主要包括显示菜单栏、隐藏或显示功能区面板以及调整命令行的位置等。

(1) 在“快速访问”工具栏中单击“自定义快速访问工具栏”下拉按钮，在弹出的菜单中选择“显示菜单栏”命令，如图 1-11 所示，即可在默认的工作界面中显示菜单栏，如图 1-12 所示。

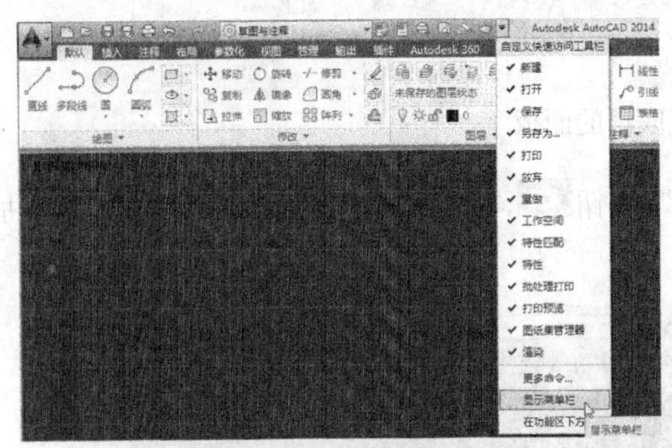

图 1-11　选择“显示菜单栏”命令

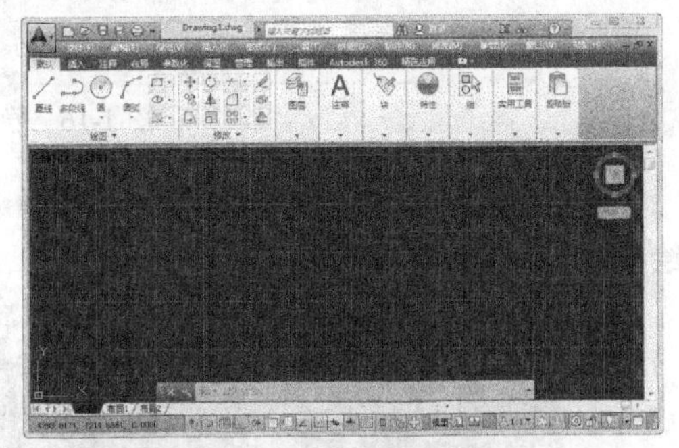

图 1-12　显示菜单栏

(2) 在功能区标签栏中右击，在弹出的快捷菜单中选择“显示选项卡”命令，在子菜单中取消选择“三维工具”、“渲染”、“插件”“Autodesk 360”和“精选应用”命令选项，如图 1-13 所示，则可以隐藏对应的功能区，效果如图 1-14 所示。

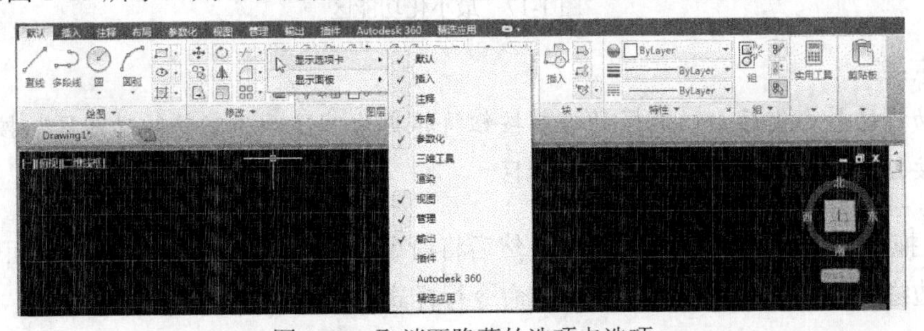

图 1-13　取消要隐藏的选项卡选项

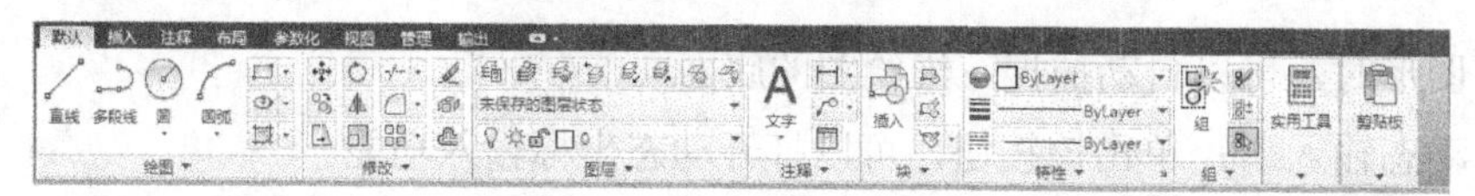

图 1-14　隐藏取消的功能区

注意：

在子命令的前方，如果有打勾的符号标记，则表示相对应的功能选项卡处于打开状态，单击该命令选项，则将对应的功能选项卡隐藏；如果未标记打勾的符号，则表示相对应的功能选项卡处于关闭状态，单击该命令选项，则打开对应的功能选项卡。

(3) 在功能区中右击，在弹出的快捷菜单中选择“显示面板”命令，在子菜单中取消选择“组”、“实用工具”和“剪贴板”命令选项，如图 1-15 所示，则可以隐藏对应的功能面板，效果如图 1-16 所示。

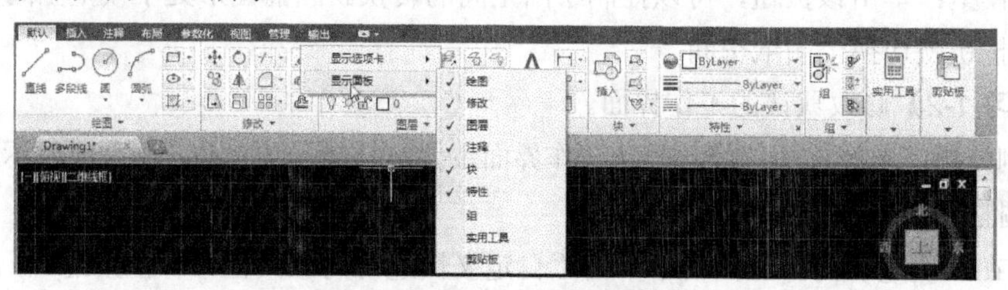

图 1-15　取消要隐藏的面板选项

图 1-16　隐藏取消的面板

(4) 单击功能区右方的“最小化为选项卡”按钮，可以将功能区最小化，从而增加绘图区的区域，如图 1-17 所示。

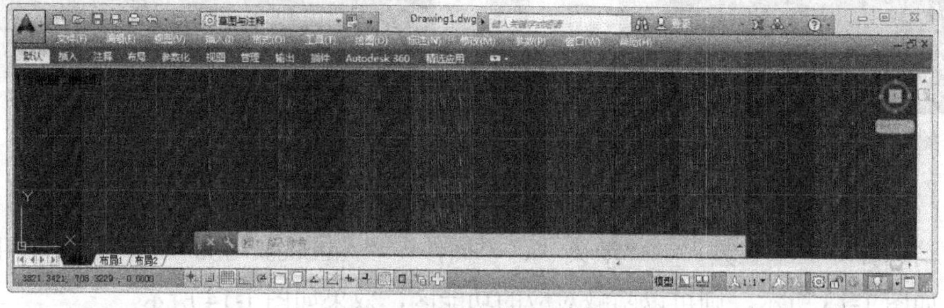

图 1-17　最小化功能区

注意：

将功能区最小化后，功能区的控制按钮将转变为“显示为完整的功能区”按钮，单击该按钮，可以重新显示完整的功能区。

(5) 拖动命令行左端的标题按钮，然后将命令行置于窗口左下方的边缘，可以将其紧贴窗口边缘铺展开，从而显示为传统的命令行样式，如图 1-18 所示。

图 1-18　展开命令行

1.1.4　AutoCAD 2014 经典工作界面

在默认状态下，AutoCAD 2014 的经典工作界面主要由标题栏、菜单栏、工具栏、绘图区、十字光标、命令行和状态栏 7 个主要部分组成，如图 1-19 所示。在“AutoCAD 经典”工作空间中包含多种功能的工具栏，其功能类似于默认工作界面中的功能区，可以快速调用绘图、修改、图层、注释以及块等工具按钮。

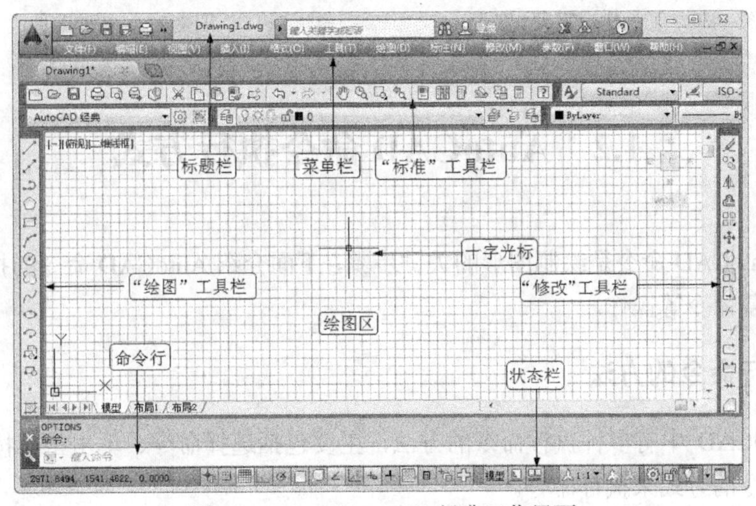

图 1-19　AutoCAD 2014 经典工作界面

注意：

“AutoCAD 经典”的工作空间继承了传统版本的功能，其中几乎包含了 AutoCAD 的所有功能，早期开始使用 AutoCAD 进行绘图的工作人员仍然喜欢选用该工作空间。

【练习 1-3】显示被隐藏的工具栏。

实例分析：在默认情况下，为了获得更大的绘图区域，许多工具栏都被隐藏了，要显示被隐藏的工具栏，可以通过右键功能来实现。

(1) 在工具栏中单击鼠标右键，即可弹出工具栏右键菜单，如图 1-20 所示，其中命令前面带打勾标记的，表示对应的工具栏已显示在工作界面中，再次选择该命令，将隐藏对应的工具栏。

(2) 在右键菜单中选择要显示的工具栏命令，即可在工作界面中显示对应工具栏，如图 1-21 所示依次显示了“标注”、“查询”、“三维建模”和“三维导航”工具栏。

注意

拖动工具栏前方的标题按钮▌，可以调整工具栏的位置。

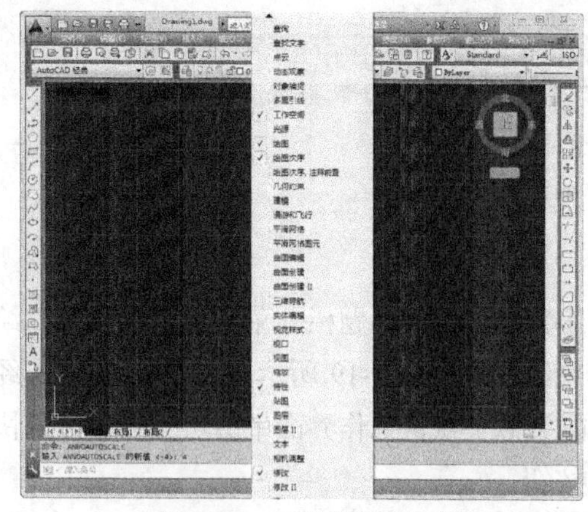

图 1-20　工具栏右键菜单

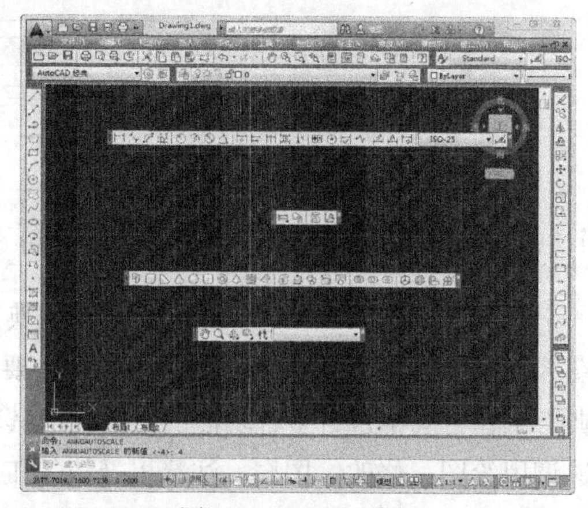

图 1-21　显示工具栏

1.2　AutoCAD 命令执行方式

执行 AutoCAD 命令是绘制图形的关键步骤，下面介绍 AutoCAD 命令的执行方法、终止命令和重复命令等操作。

1.2.1　执行命令的方法

在 AutoCAD 中有多种执行命令的方法，主要包括选择命令、单击工具按钮和在命令行中输入命令的方式来执行命令。

- 选择命令：即通过选择命令的方式来执行命令。例如，执行“多边形”命令，其方法是选择“绘图”|“多边形”命令。
- 单击工具按钮：即在“草图与注释”工作空间中单击相应功能面板上的按钮来执行命令，或在“AutoCAD 经典”工作空间中单击相应工具栏上的按钮来执行命令。例如，在“绘图”面板中单击“矩形”按钮，即可执行“矩形”命令。
- 在命令行中输入命令：即通过在命令行中输入命令的方式执行命令。在命令行中输入命令的方法比较快捷、简便。执行命令时，只需在命令行中输入英文命令或缩写后的简化命令，然后按 Enter 键，即可执行该命令。例如执行“圆”命令，只需在命令行中输入 Circle 或 C，然后按 Enter 即可。

1.2.2　子命令与参数

在执行命令时，用户需要对提示做出回应。例如，在执行“直线”命令时，输入直线的起点坐标数值，或单击来指定起点；系统将再提示“指定下一点或[放弃(U)]：”，如图 1-22 所示，表示应指定下一点；直到系统提示为“指定下一点或[关闭/放弃(U)]：”时，按 Enter 键或空格键即可结束该命令，如图 1-23 所示。

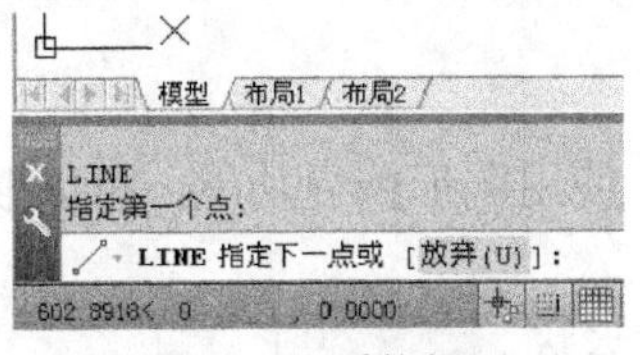

图 1-22　系统提示

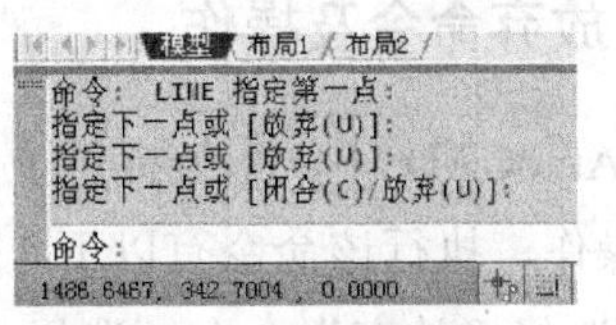

图 1-23　结束命令

当输入某命令后，AutoCAD 会提示用户输入命令的子命令或必要的参数，当信息输入完毕后，命令功能才能被执行。在 AutoCAD 命令执行过程中，通常有很多子命令及参数出现，参数符号规定如下：

- “/”为分隔符，用于分隔命令提示与选项，大写字母表示命令缩写方式，可直接通过键盘输入。
- “<>”为预设值(系统自动赋予初值，可重新输入或修改)或当前值。如按空格键或 Enter 键，则系统将接受此预设值。

1.2.3　透明命令

AutoCAD 的透明命令是指在不中断其他命令的情况下被执行的命令。例如，Zoom(视图缩放)命令就是一个典型的透明命令。使用透明命令的前提条件是在执行某个命令的过程中需要用到其他命令而又不退出当前执行的命令。透明命令可以单独执行，也可以在执行其他命令的过程中执行。在绘图或编辑过程中，要在命令行中执行透明命令，必须在原命令前面加一个撇号“'”，然后根据相应的提示进行操作即可。

1.2.4　终止命令

在执行AutoCAD操作命令的过程中，按Esc键，可以随时终止AutoCAD命令的执行。注意在操作中退出命令时，有些命令需要连续按两次Esc键。如果要终止正在执行中的命令，可以在“命令：”状态下输入U(退出)并按空格键进行确定，即可返回上次操作前的状态。

1.2.5　重复命令

在完成一个命令的操作后，如果要重复执行上一次使用的命令，可以通过以下几种方法快速实现。

- 按 Enter 键：在一个命令执行完成后，按 Enter 或空格键，即可再次执行上一次执行的命令。
- 单击鼠标右键：若用户设置了禁用右键快捷菜单，可在前一个命令执行完成后，按鼠标右键继续执行前一个操作命令。
- 按方向键“↑”：按下键盘上的“↑”方向键，可依次向上翻阅前面在命令行中所输入的数值或命令，当出现用户所执行的命令后，按 Enter 键即可执行命令

注意：

AutoCAD 中，除了在输入文字内容等特殊情况下，通常可以使用空格键代替 Enter 键来快速执行确定操作。

1.2.6　放弃命令及操作

在 AutoCAD 中，系统提供了图形的恢复功能。使用图形恢复功能，可以取消绘图过程中的操作，执行该命令有以下 5 种常用方法。

- 选择“放弃”命令：选择“编辑”|“放弃”命令。
- 单击“放弃”按钮：单击“快速访问”工具栏中的“放弃”按钮，可以取消前一次执行的命令，连续进行单击该按钮，可以取消多次执行的操作。
- 执行 U 或 Undo 命令：执行 U 命令可以取消前一次的命令，或执行 Undo 命令，并根据提示输入要放弃的操作数目，可以取消前面对应次数执行的命令。
- 执行 Oops 命令：执行 Oops 命令，可以取消前一次删除的对象，但使用 Oops 命令只能恢复前一次被删除的对象而不会影响前面所进行的其他操作。
- 按 Ctrl+Z 组合键。

1.2.7　重做放弃的命令及操作

在 AutoCAD 中，系统提供了图形的重做功能。使用图形重做功能，可以重新执行放弃的操作，执行该命令有以下 3 种常用方法。

- 选择“重做”命令：选择“编辑”|“重做”命令。
- 单击“重做”按钮：单击“快速访问”工具栏中的“重做”按钮，可以恢复已放弃的上一步操作。
- 执行 Redo 命令：在执行放弃命令操作后，紧接着执行 Redo 命令即可恢复已放弃的上一步操作。

1.3　AutoCAD 的文件管理

对文件进行管理，是使用 AutoCAD 进行绘图的重要内容。下面将学习使用 AutoCAD 创建新文件、打开文件、保存文件以及对文件设置密码等操作方法。

1.3.1　新建文件

每次启动 AutoCAD 应用程序时，都将新建一个名为“drawing1.dwg”的图形文件，而在实际的绘图过程中，经常还需要新建图形文件。在新建图形文件的过程中，默认图形名会随着打开新图形的数目而变化。例如，从样板打开另一图形，则默认的图形名为 drawing2.dwg。

单击“快速访问”工具栏中的“新建”按钮，或选择“文件”|“新建”命令，打开“选择样板”对话框，在其中可以选择并打开一个样板文件作为新图形文件的基础，如图 1-24 所示。

1.3.2　保存文件

单击“快速访问”工具栏中的“保存”按钮，或选择“文件”|“保存”命令，打开“图形另存为”对话框，在该对话框中指定相应的保存路径和文件名称，然后单击“保存”按钮，即可保存图形文件，如图 1-25 所示。

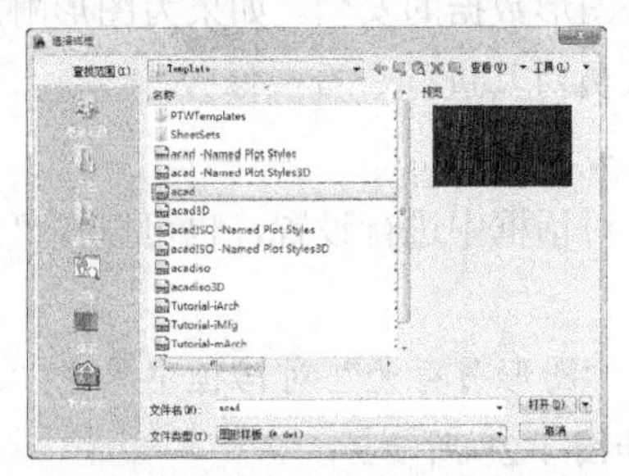

图 1-24　“选择样板”对话框

图 1-25　“图形另存为”对话框

注意：

使用“保存”命令保存已经保存过的文档时，系统会直接以原路径和原文件名对已有文档进行保存。如果需要对修改后的文档进行重新命名，或更改文档的保存位置，则需要选择“文件”|“另存为”命令，在打开的“图形另存为”对话框中重新设置文件的保存位置、文件名或保存类型，然后单击“保存”按钮即可。

1.3.3　打开文件

单击“快速访问”工具栏中的“打开”按钮，或选择“文件”|“打开”命令，打开“选择文件”对话框，在该对话框中可以选择文件的位置并打开指定文件，如图 1-26 所示。单击“打开”按钮右侧的三角形按钮，可以选择打开文件的 4 种方式，即打开、以只读方式打开、局部打开和以只读方式局部打开，如图 1-27 所示。

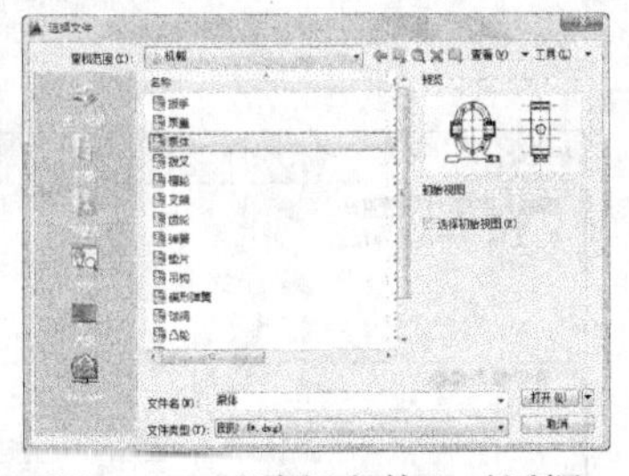

图 1-26　“选择文件”对话框

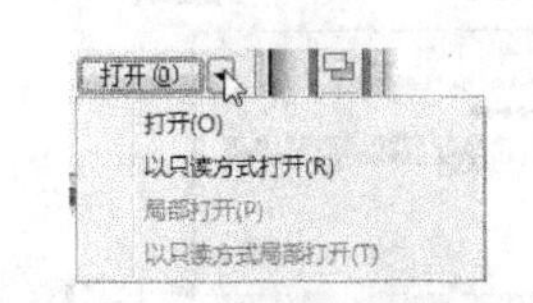

图 1-27　选择打开方式

“选择文件”对话框中的 4 种打开方式的含义分别如下。

- 打开：直接打开所选的图形文件。
- 以只读方式打开：所选的 AutoCAD 文件将以只读方式打开，打开后的 AutoCAD 文件不能直接以原文件名存盘。
- 局部打开：选择该选项后，系统将打开“局部打开”对话框。如果 AutoCAD 图形中包含不同的内容，并分别属于不同的图层，可以选择其中某些图层打开文件。

采用该方式打开较复杂的文件可以提高工作效率。

- 以只读方式局部打开：以只读方式打开 AutoCAD 文件的部分图层图形。

1.3.4　设置文件密码

为文件设置密码有助于在进行工程协作时确保图形数据的安全。如果为图形附加了密码，将其发送给其他人时，可以防止未经授权的人员对其进行查看或修改。

【练习 1-4】设置文件的密码。

实例分析：文件的密码可以在“图形另存为”对话框中进行设置，也可以在“选项”对话框中进行设置。

(1) 选择“文件”|“另存为”命令，在打开的“图形另存为”对话框中单击“工具”按钮，在弹出的菜单中选择“安全选项”命令，如图 1-28 所示。

(2) 打开如图 1-29 所示的“安全选项”对话框，在“用于打开此图形的密码或短语”文本框中输入密码，然后单击“确定”按钮。

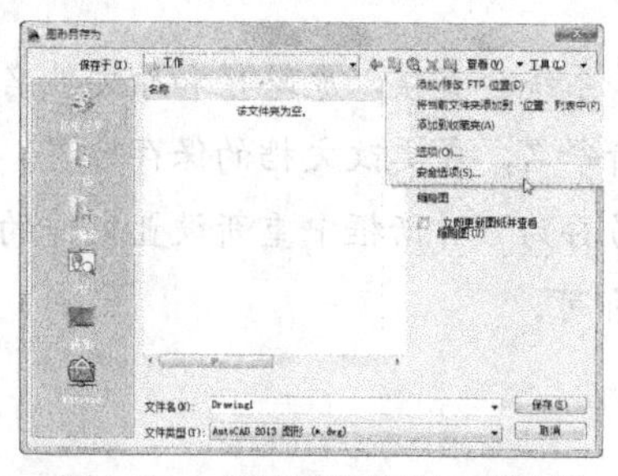

图 1-28　“图形另存为”对话框

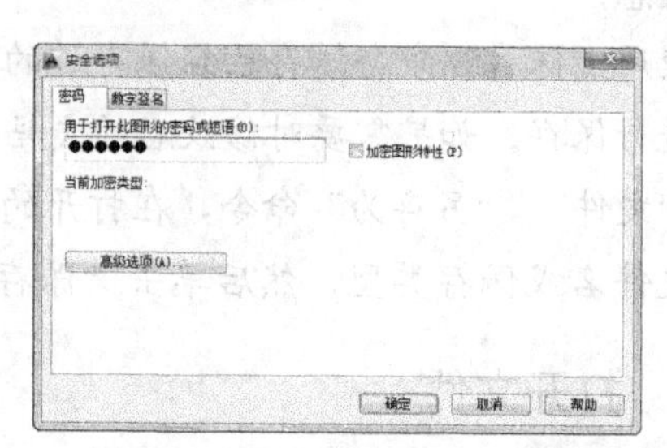

图 1-29　“安全选项”对话框

(3) 在打开的“确认密码”对话框中再次输入密码进行确认，然后单击“确定”按钮，如图 1-30 所示，即可对文件进行加密。

(4) 当打开加密的文件时，系统将打开如图 1-31 所示的“密码”对话框，要求用户输入密码。

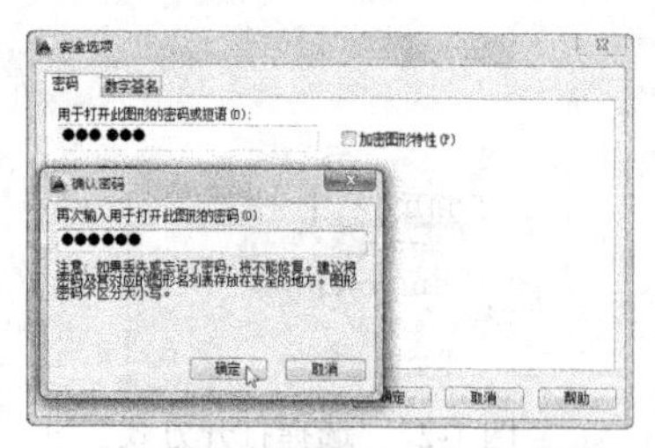

图 1-30　“确认密码”对话框

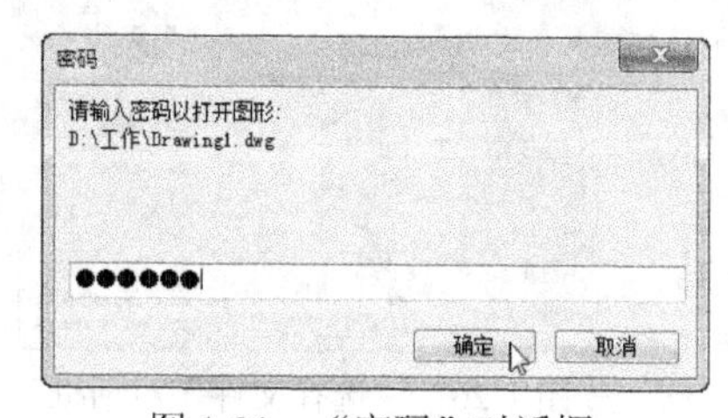

图 1-31　“密码”对话框

注意：

选择“工具”|“选项”命令，在打开的“选项”对话框中选择“打开和保存”选项卡，然后单击“安全选项”按钮，即可在打开的“安全选项”对话框中设置文件的密码。

1.3.5　关闭文件

单击应用程序窗口右上角的“关闭”按钮，可以退出应用程序，同时系统会自动关闭当前已经保存过的文件。如果要在不退出应用程序的情况下关闭当前编辑好的文件，可以选择“文件”|“关闭”命令，或者单击图形文件窗口右上角的“关闭”按钮快速关闭文件。

1.4　AutoCAD 坐标定位

AutoCAD 的对象定位，主要由坐标系进行确定。使用 AutoCAD 的坐标系，首先要了解 AutoCAD 坐标系的概念和坐标的输入方法。

1.4.1　认识 AutoCAD 的坐标系

坐标系由 X、Z 轴和原点构成。AutoCAD 中包括笛卡尔坐标系统、世界坐标系统和用户坐标系统 3 种坐标系。

1. 笛卡尔坐标系统

AutoCAD 采用笛卡尔坐标系来确定位置，该坐标系也被称为绝对坐标系。在进入 AutoCAD 绘图区时，系统将自动进入笛卡尔坐标系第一象限，其坐标原点在绘图区内的左下角，如图 1-32 所示。

2. 世界坐标系统

世界坐标系统(World Coordinate System，简称 WCS)是 AutoCAD 的基础坐标系统，它由 3 个相互垂直相交的坐标轴 X、Y 和 Z 组成。在绘制和编辑图形的过程中，WCS 是预设的坐标系统，其坐标原点和坐标轴都不会改变。默认情况下，X 轴以水平向右为正方向，Y 轴以垂直向上为正方向，Z 轴以垂直屏幕向外为正方向，坐标原点位于绘图区内的左下角，如图 1-33 所示。

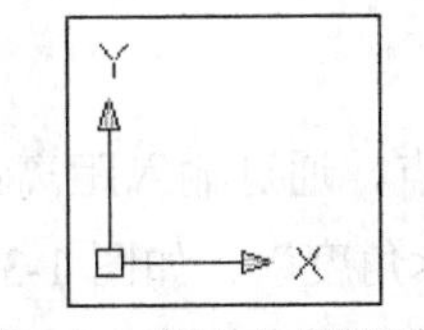

图 1-32　笛卡尔坐标系统

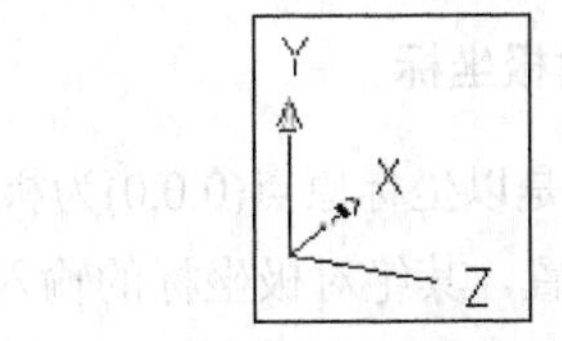

图 1-33　世界坐标系统

3. 用户坐标系统

为方便用户绘制图形，AutoCAD 提供了可变的用户坐标系统(User Coordinate System，简称 UCS)。通常情况下，用户坐标系统与世界坐标系统相重合，而在进行一些复杂的实体造型时，用户可以根据具体需要，通过 UCS 命令设置适合当前图形应用的坐标系统。

注意：

在二维平面绘图中绘制和编辑工程图形时，只需输入 X 轴和 Y 轴的坐标数值，而 Z 轴的坐标数值可以不输入，由 AutoCAD 自动赋值为 0。

1.4.2 AutoCAD 的坐标输入方法

在 AutoCAD 中使用各种命令时，通常需要提供与该命令相应的指示与参数，以便指引该命令所要完成的工作或动作执行的方式、位置等。直接使用鼠标虽然便于制图，但不能进行精确的定位，进行精确的定位则需要通过采用键盘输入坐标值的方式来实现。常用的坐标输入方式包括：绝对直角坐标、相对直角坐标、绝对极坐标和相对极坐标。其中相对坐标与相对极轴坐标的原理相同，只是格式不同。

1. 输入绝对直角坐标

绝对直角坐标以笛卡尔坐标系的原点(0，0，0)为基点定位，用户可以通过输入“X，Y，Z”坐标的方式来定义一个点的位置。例如，在图 1-34 所示的图形中，O 点绝对坐标为(0，0，0)，A 点绝对坐标为(10，10，0)，B 点绝对坐标为(30，10，0)，C 点绝对坐标为(30，30，0)，D 点绝对坐标为(10，30，0)。

2. 输入相对直角坐标

相对直角坐标是以上一点为坐标原点确定下一点的位置。输入相对于上一点坐标(X，Y，Z)增量为(ΔX，ΔY，ΔZ)的坐标时，格式为“@ΔX，ΔY，ΔZ”。其中“@”字符是指定与上一个点的偏移量(即相对偏移量)。例如，在图 1-34 所示的图形中，对于 O 点而言，A 点的相对坐标为(@10，10)，如果以 A 点为基点，那么 B 点的相对坐标为(@20，0)，C 点的相对坐标为(@20，@20)，D 点的相对坐标为(@0，20)。

注意：

在 AutoCAD 2014 中，在用户绘图过程中，如果指定了图形的第一个点，在直接输入下一个点的坐标值时，系统将自动将其转换成相对坐标，因此在绘图过程中输入相对坐标时，可以省略@符号的输入，如果此时要使用绝对坐标，则需要在坐标前添加#。

3. 输入绝对极坐标

绝对极坐标是以坐标原点(0,0,0)为极点定位所有的点，通过输入距离和角度的方式来定义一个点的位置，其绝对极坐标的输入格式为“距离<角度”。如图 1-35 所示，C 点距离 O 点的长度为 25mm，角度为 30°，则输入 C 点的绝对极坐标为(25<30)。

4. 输入相对极坐标

相对极坐标是以上一点为参考极点，通过输入极距增量和角度值，来定义下一个点的位置。其输入格式为“@距离<角度”。例如，输入如图 1-35 所示 B 点相对于 C 点的极坐标为(@50<0)。

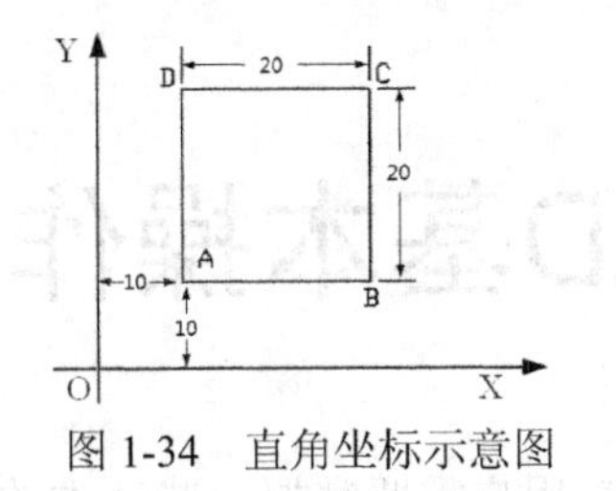

图 1-34　直角坐标示意图

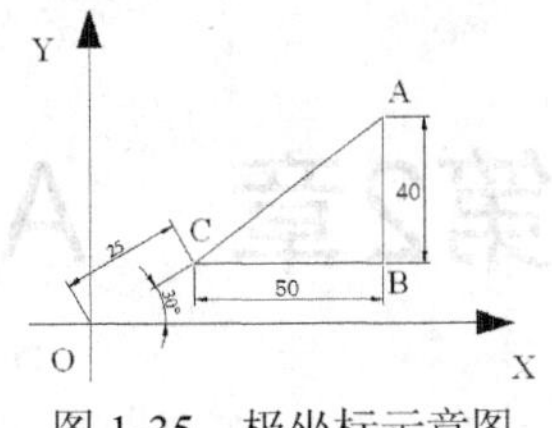

图 1-35　极坐标示意图

1.5　思考练习

1. AutoCAD 2014 中包括哪几种工作空间？在绘图二维图形时，常用的绘图工作空间有哪几种？

2. AutoCAD 2014 默认的“二维草图与注释”工作空间中没有菜单栏，如果要在该工作空间中使用命令，应该怎样显示菜单栏？

3. AutoCAD 2014 执行命令的常有方式有哪几种？

4. AutoCAD 中的透明命令是指什么意思？应该如何使用透明命令？

5. 在 AutoCAD 中，相对坐标和绝对坐标的输入格式分别是什么？

6. 在 AutoCAD 2014 中，通过相应的操作切换到“三维基础”工作空间中，如图 1-36 所示。

7. 在 AutoCAD 2014 中，新建一个基于“Tutorial-iMfg”模板的图形文件，如图 1-37 所示。

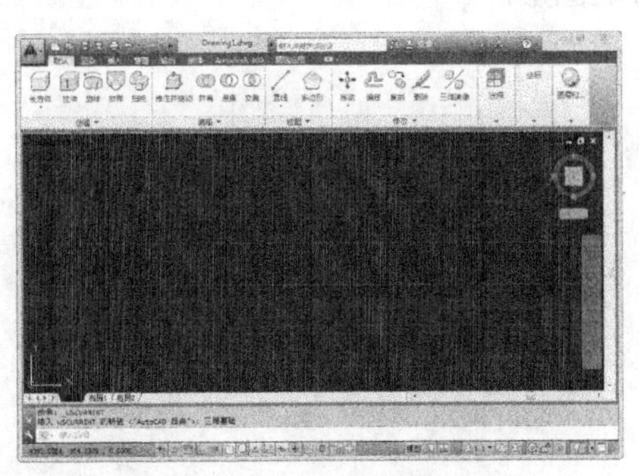

图 1-36　“三维基础”工作空间

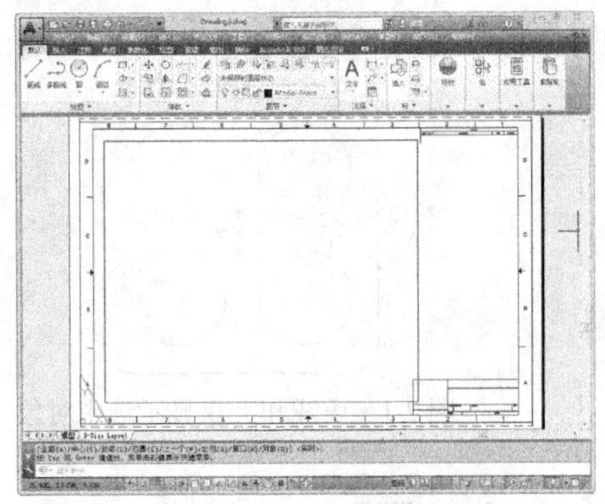

图 1-37　创建样板文件

第2章　AutoCAD基本操作

为了提高工作效率，在绘制和编辑工程图形之前，用户需要掌握一些基本的操作方法，包括如何快速选择图形对象、设置习惯于自己的工作环境、设置合适的光标样式，以及进行视图的控制等。

2.1　选择对象

AutoCAD 提供的选择方式包括使用鼠标选择、窗口选择、窗交选择、快速选择和栏选对象等多种方式，不同的情况需要使用不同的选择方法，以便快速选择需要的对象。

2.1.1　直接选择

在处于等待命令的情况下，使用鼠标单击选择对象，即可将其选中。使用单击对象的选择方法，一次只能选择一个实体，被选中的目标将以虚线带有夹点的形式显示，如图 2-1 所示的小圆形。

在编辑对象的过程中，当用户选择要编辑的对象时，十字光标将变成一个小正方形框，该小正方形框叫做拾取框。将拾取框移至要编辑的目标上并单击，即可选中目标。被选中的目标将以虚线形式显示，如图 2-2 所示左上方的圆形。

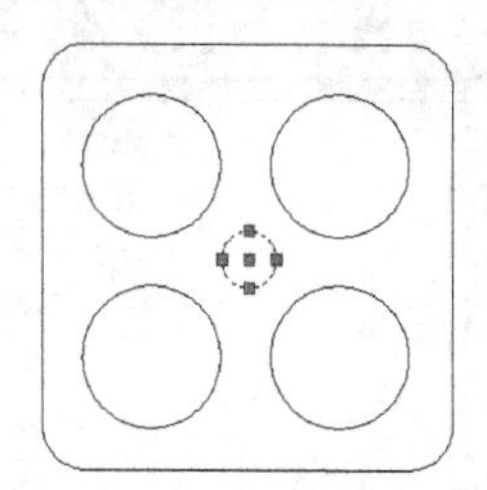

图 2-1　虚线和夹点显示选中对象

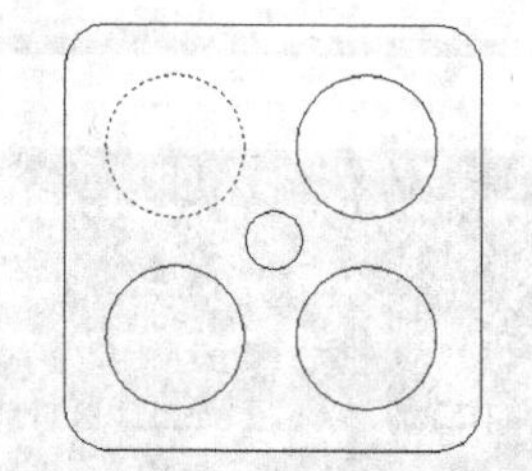

图 2-2　虚线显示选中对象

2.1.2　窗口选择

使用窗口选择对象的方法是自左向右拖动鼠标光标拉出一个矩形，将被选择的对象全部都框在矩形内，即可选中对象。在使用窗口选择方式选择目标时，拉出的矩形方框为实线，如图 2-3 所示。在使用窗口选择对象时，只有被完全框选的对象才能被选中；如果只框选对象的一部分，则无法将其选中。如图 2-4 所示为已选择对象的效果。

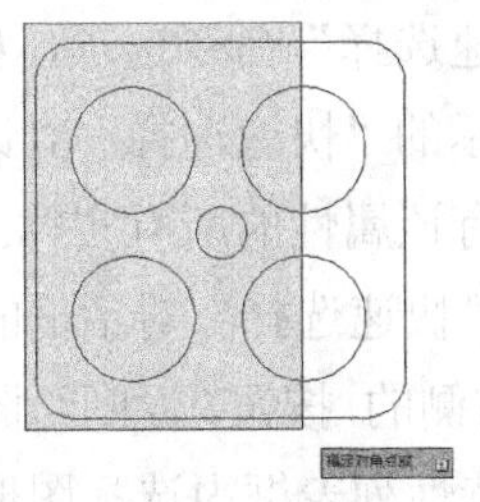

图 2-3　窗口选择对象

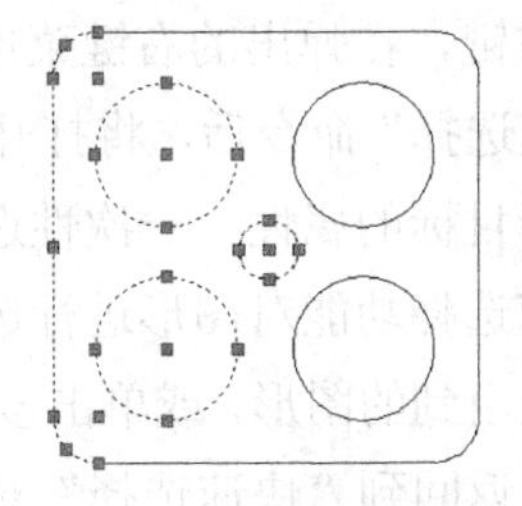

图 2-4　已选择对象效果

2.1.3　窗交选择

窗交选择的操作方法与窗选的操作方法相反，即在绘图区内自右向左拖动鼠标光标拉出一个矩形。在使用窗交选择方式选择目标时，拉出的矩形方框呈虚线显示，如图 2-5 所示。通过窗交选择方式，可以将矩形框内的图形对象以及与矩形边线相触的图形对象全部选中。已选择对象的效果如图 2-6 所示。

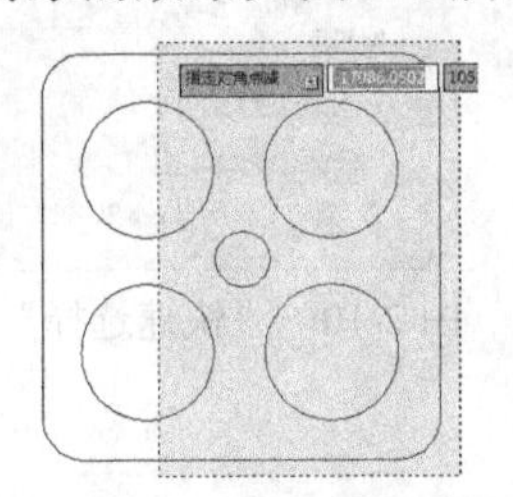

图 2-5　窗交选择

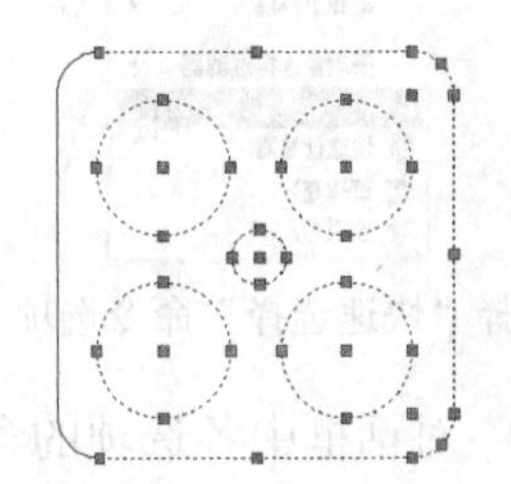

图 2-6　已选择对象的效果

2.1.4　栏选对象

栏选对象的操作是指在编辑图形的过程中，当系统提示“选择对象”时，输入 F 并按 Enter 键确定，如图 2-7 所示。然后单击即可绘制任意折线，效果如图 2-8 所示，与这些折线相交的对象都被选中。

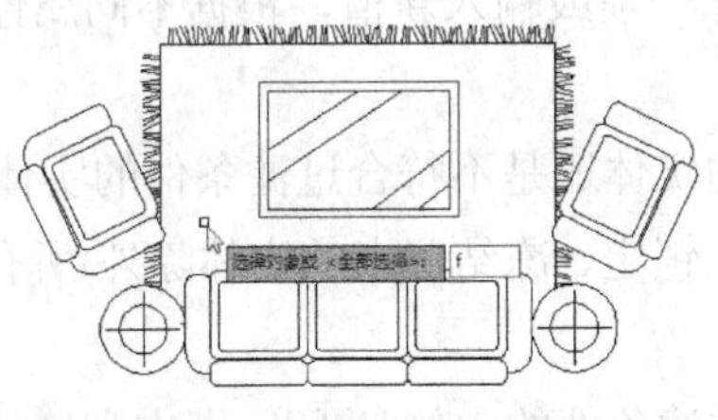

图 2-7　系统提示“选择对象”

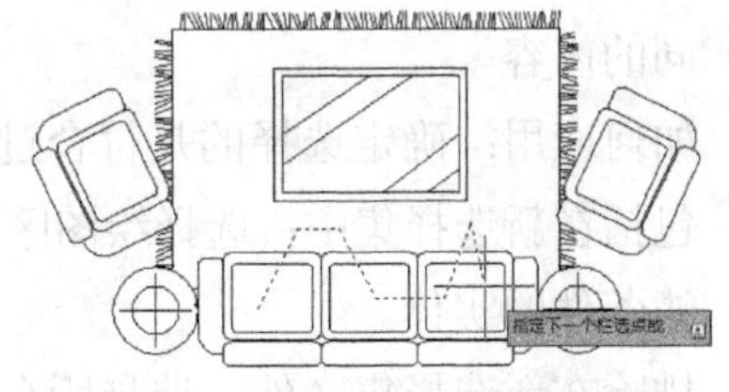

图 2-8　绘制任意折线效果

2.1.5　快速选择

AutoCAD 还提供了快速选择功能，运用该功能可以一次性选择绘图区中具有某一属性的所有图形对象。快速选择的方法有以下 3 种。

- 输入 Qselect 并确定。
- 选择“工具”|“快速选择”命令。

单击鼠标右键，在弹出的右键菜单中选择“快速选择”命令选项，如图 2-9 所示。

执行“快速选择”命令后，将打开如图 2-10 所示的“快速选择”对话框，用户可以从中根据所要选择目标的属性，一次性选择绘图区具有该属性的所有实体。

要使用快速选择功能对图形进行选择，可以在“快速选择”对话框的“应用到”下拉列表中选择要应用到的图形，或单击该下拉列表框右侧的 按钮，返回绘图区中选择需要的图形，然后右击返回到“快速选择”对话框中，在特性列表框内选择图形特性，在“值”下拉列表框选择指定的特性，然后单击“确定”按钮即可。

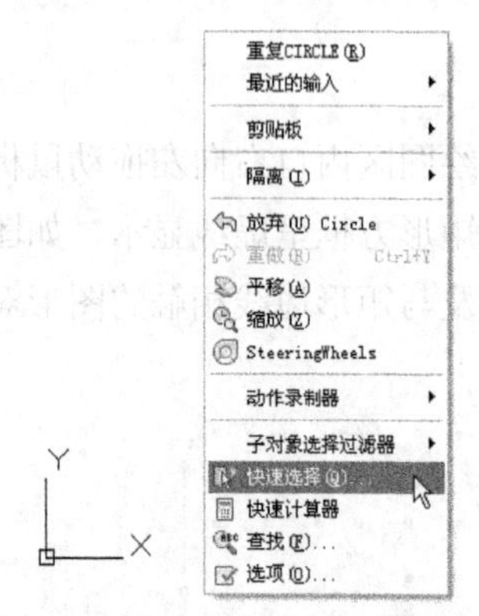

图 2-9　选择“快速选择”命令选项

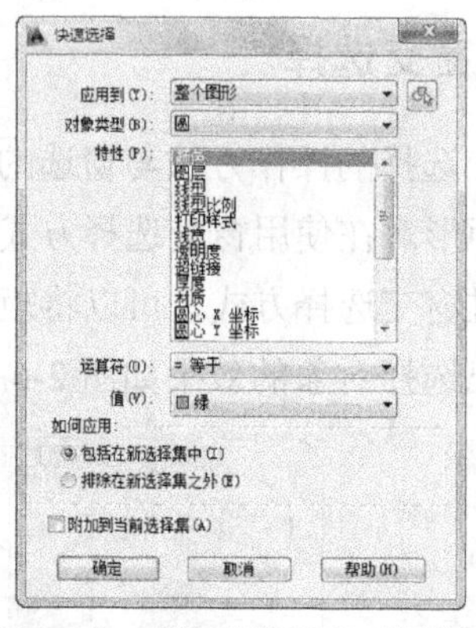

图 2-10　“快速选择”对话框

“快速选择”对话框中各选项的含义如下。

- 应用到：确定是否在整个绘图区应用选择过滤器。
- 对象类型：确定用于过滤的实体的类型(如直线、矩形、多段线等)。
- 特性：确定用于过滤的实体的属性。此列表框中将列出“对象类型”列表中实体的所有属性(如颜色、线性、线宽、图层、打印样式等)。
- 运算符：控制过滤器值的范围。根据选择到的属性，其过滤值的范围分为“等于”和“不等于”两种类型。
- 值：确定过滤的属性值，可在列表中选择一项或输入新值，根据不同属性显示不同的内容。
- 如何应用：确定选择的是符合过滤条件的实体还是不符合过滤条件的实体。
- 包括在新选择集中：选择绘图区中(关闭、锁定、冻结层上的实体除外)所有符合过滤条件的实体。
- 排除在新选择集之外：选择所有不符合过滤条件的实体(关闭、锁定和冻结层上的实体除外)。
- 附加到当前选择集：确定当前的选择设置是否保存在“快速选择”对话框中。

2.1.6　其他选择方式

除了前面的选择方式外，还有多种目标选择方式，下面介绍几种常用的目标选择方式。

- Multiple：用于连续选择图形对象。该命令的操作是在编辑图形的过程中，输入简化命令 M 后按空格键，再连续单击所需要选择的实体。该方式在未按空格键前，选定目标不会变为虚线；按空格键后，选定目标将变为虚线，并提示选择和找到的目标数。
- Box：框选图形对象方式，等效于 Windows(窗口)或 Crossing(交叉)方式。
- Auto：用于自动选择图形对象。这种方式是指在图形对象上直接单击选择，若在操作中没有选中图形，命令行中会提示指定另一个确定的角点。
- Last：用于选择前一个图形对象(单一选择目标)。
- Add：用于在执行 REMOVE 命令后，返回到实体选择添加状态。
- All：可以直接选择绘图区中除冻结层以外的所有目标。

2.2　设置系统环境

在 AutoCAD 中，可以设置图形界限、图形单位、绘图区的颜色、图形显示精度和自动保存时间等。

2.2.1　设置图形界限

图形界限是 AutoCAD 绘图空间中的一个假想的矩形绘图区域，相当于用户选择的图纸大小，图形界限确定了栅格和缩放的显示区域。在 AutoCAD 中与图纸的大小相关的设置就是绘图界限，设置绘图界限的大小应为与选定的图纸相等。

执行设置图形界限的命令主要有以下两种方法。

- 输入 Limits 并确定。
- 选择“格式”|“图形界限”命令。

【练习 2-1】设置图形界限为 297×210。

实例分析：在执行设置图形界限的命令后，依次指定图形界面左下方的角点坐标和图形界面右上方的角点坐标，即可设置规定的图形界限。

(1) 输入 Limits(图形界限)命令并确定，然后输入图形界面左下方的角点坐标(如 0, 0)，如图 2-11 所示，再按 Enter 键确定。

(2) 输入图形界面右上方的角点坐标(如 297，210)，如图 2-12 所示，然后按 Enter 键确定。

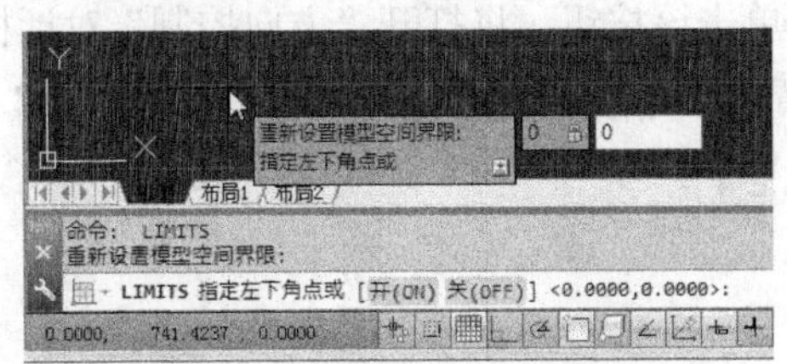

图 2-11　输入左下方的角点坐标

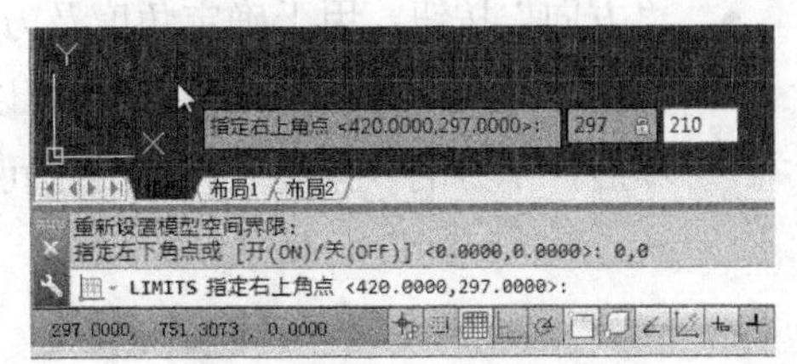

图 2-12　输入右上方的角点坐标

(3) 再次执行 Limits(图形界限)命令，然后输入 ON 并确定，打开图形界限，如图 2-13 所示，完成图形界限的设置。

(4) 执行任意绘图命令，如执行“REC(矩形)”命令，然后在设置的图形界限外指定矩形的角点，系统会显示“超出图形界限”的提示，如图 2-14 所示。

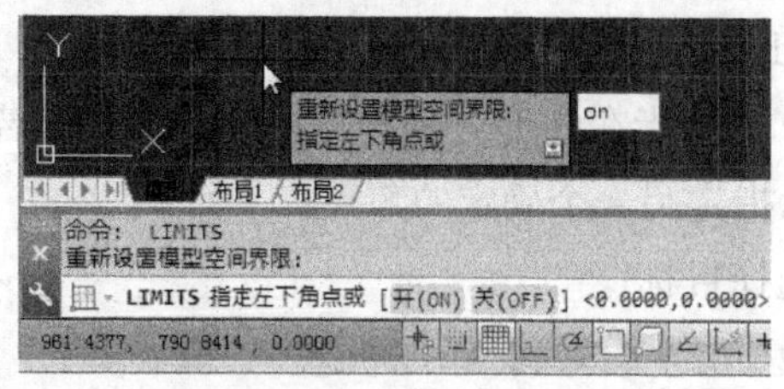

图 2-13　打开图形界限

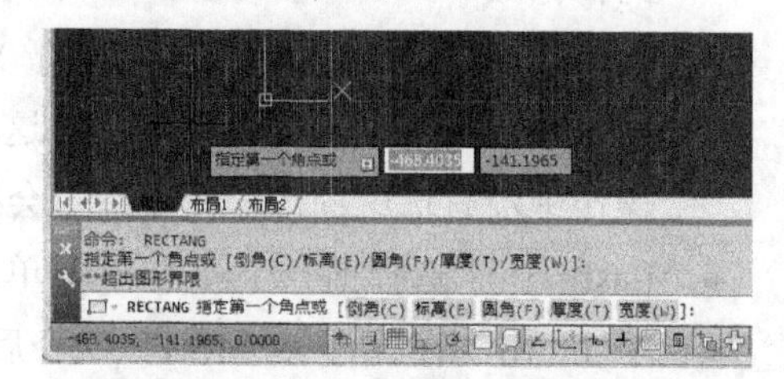

图 2-14　超出图形界限

注意：

在设置图形限界的过程中，输入“ON”打开图形界限功能时，AutoCAD 将会拒绝输入位于图形界限外部的点；输入“OFF”关闭图形界限功能时，可以在界限之外绘图，这是系统的默认设置。

2.2.2　设置图形单位

AutoCAD 使用的图形单位包括毫米、厘米、英尺和英寸等十几种单位，以供不同行业绘图的需要。在使用 AutoCAD 绘图前，应该首先进行绘图单位的设置。用户可以根据具体工作需要设置单位类型和数据精度。

执行设置图形单位的命令有以下两种方法。

- 输入 Units(简化命令 UN)并确定。
- 选择“格式”|“单位”命令。

执行 UN(单位)命令后，将打开“图形单位”对话框，如图 2-15 所示，在该对话框中可以为图形设置坐标、长度、精度和角度的单位值，其中常用选项的含义如下。

- 长度：用于设置长度单位的类型和精度。在“类型”下拉列表中，可以选择当前测量单位的格式；在“精度”下拉列表，可以选择当前长度单位的精确度。
- 角度：用于控制角度单位类型和精度。在“类型”下拉列表中，可以选择当前角度单位的格式类型；在“精度”下拉列表中，可以选择当前角度单位的精确度；“顺时针”复选框用于控制角度增角量的正负方向。
- 光源：用于指定光源强度的单位。
- “方向”按钮：用于确定角度及方向。单击该按钮，将打开“方向控制”对话框，如图 2-16 所示。在该对话框中可以设置基准角度和角度方向，当选择“其他”选项后，下方的“角度”按钮处于可用状态。

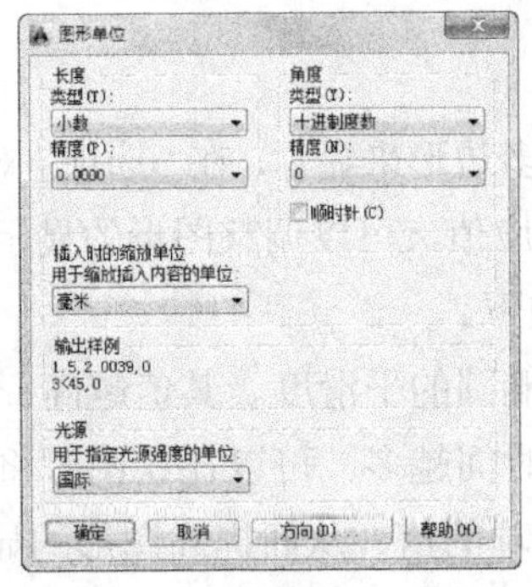

图 2-15　“图形单位”对话框

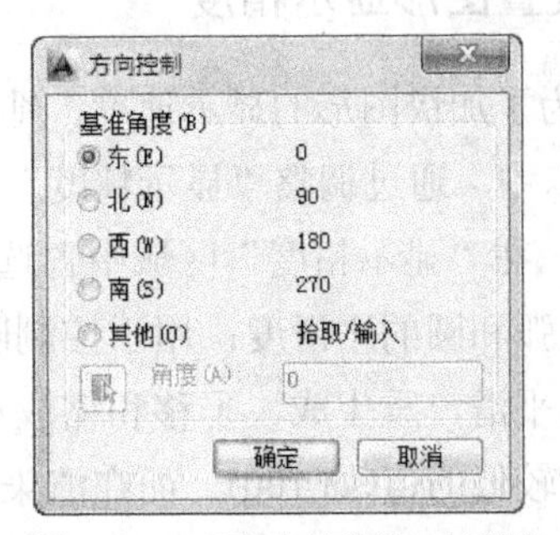

图 2-16　“方向控制”对话框

2.2.3　设置图形窗口颜色

用户可以通过“选项”命令，在打开的“选项”对话框中设置绘图区、十字光标以及命令行等窗口元素的颜色。

执行“选项”命令有以下两种常用方法。

- 输入 OPTIONS(简化命令 OP)并确定。
- 选择“工具”|“选项”命令。

【练习 2-2】设置绘图区的颜色为白色。

实例分析：首次启动 AutoCAD 2014 时，绘图区的颜色为深蓝色。执行“选项”命令，在“选项”对话框的“显示”选项卡中单击“颜色”按钮，可以设置图形窗口的颜色。

(1) 输入 OP(选项)命令并按空格键进行确定，打开“选项”对话框.

(2) 选择“显示”选项卡，然后单击“颜色”按钮，如图 2-17 所示。

(3) 在打开的“图形窗口颜色”对话框中依次选项“二维模型空间”和“统一背景”选项，然后单击“颜色”下拉按钮，在下拉列表框中选择“白”选项，如图 2-18 所示。

(4) 单击“应用并关闭”按钮，返回到“选项”对话框中并进行确定。

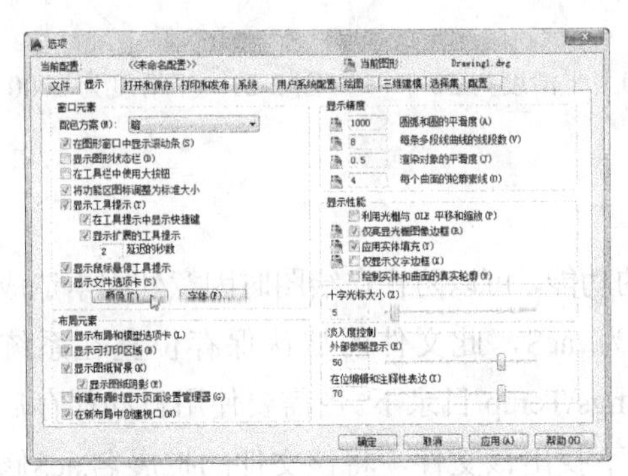

图 2-17　“选项”对话框

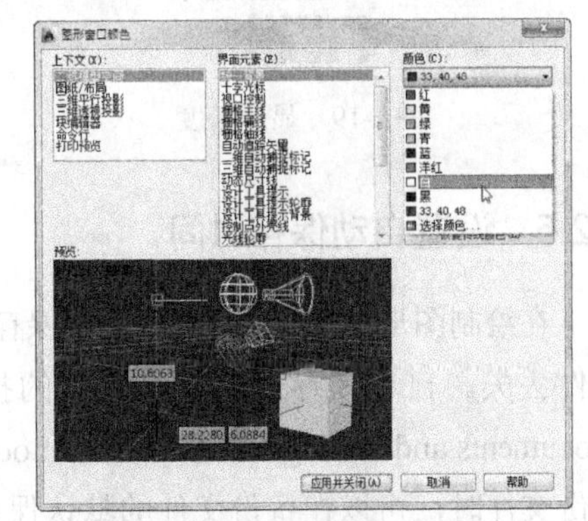

图 2-18　修改绘图区的颜色

注意：

在实际工作中，设计人员通常喜欢将绘图区的颜色设置为黑色，这样有利于保护视力。在本书中，为了更好地显示图形效果，因而会将绘图区的颜色设置为白色。

2.2.4　设置图形显示精度

系统为了加快图形的显示速度，圆与圆弧都以多边形来显示。在“选项”对话框的“显示”选项卡中，通过调整“显示精度”区域中的相应值，可以调整图形的显示精度，如图 2-19 所示。在“显示精度”区域中各选项的含义如下。

- 圆弧和圆的平滑度：用于控制圆、圆弧和椭圆的平滑度。其值越高，生成的对象越平滑，重生成、平移和缩放对象所需的时间越多。可以在绘图时将该选项设置为较低的值(如 100)，而在渲染时增加该选项的值，从而提高图形的显示性能。
- 每条多段线曲线的线段数：用于设置每条多段线曲线生成的线段数目。值越高，对性能的影响越大。可以将此选项设置为较小的值(如 4)来优化绘图性能。取值范围为-32767～32767。默认设置为 8。该设置保存在图形中。
- 渲染对象的平滑度：用于控制着色和渲染曲面实体的平滑度。将“渲染对象的平滑度”的输入值乘以“圆弧和圆的平滑度”的输入值来确定如何显示实体对象。要提高图形的显示性能，需要在绘图时将“渲染对象的平滑度”设置为 1 或更低。数目越多，显示性能越差，渲染时间越长。有效值的范围从 0.01～10。默认设置为 0.5。该设置保存在图形中。
- 每个曲面的轮廓素线：用于设置对象上每个曲面的轮廓线数目。数目越多，显示性能越差，渲染时间越长。有效取值范围为 0～2047。默认设置为 4。该设置保存在图形中。

例如，当将圆弧和圆的平滑度设置为 50 时，图形中的圆将呈多边形显示，效果如图 2-20 所示；当将圆弧和圆的平滑度设置为 2000 时，图形中的圆将呈平滑的圆形显示，效果如图 2-21 所示。

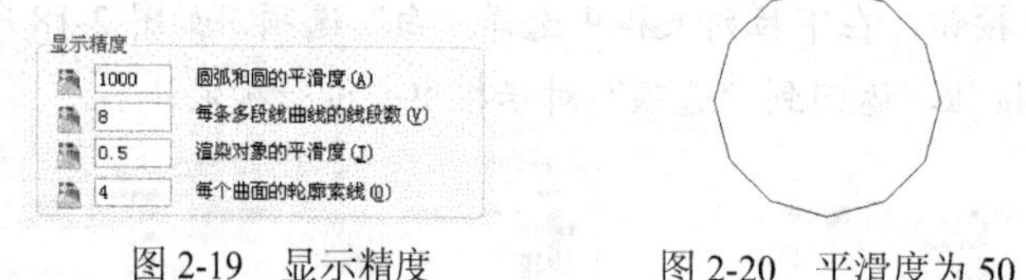

图 2-19　显示精度　　图 2-20　平滑度为 50

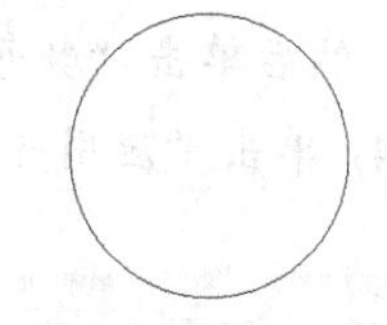

图 2-21　平滑度为 2000

2.2.5　设置自动保存时间

在绘制图形的过程中，开启自动保存文件的功能，可以防止在绘图时因意外因素造成的文件丢失。自动保存后的备份文件的扩展名为 ac$，此文件的默认保存位置在系统盘\Documents and Settings\ Default User\Local Settings\Temp 目录下。当需要使用自动保存后的备份文件时，可以在备份文件的默认保存位置下找出该文件，将该文件的扩展名.ac$修改为.dwg，即可将其打开。

执行 OP(选项)命令，打开“选项”对话框，选择“打开和保存”选项卡，在“保存间隔分钟数”的文本框中可以设置自动保存的时间间隔，如图 2-22 所示。

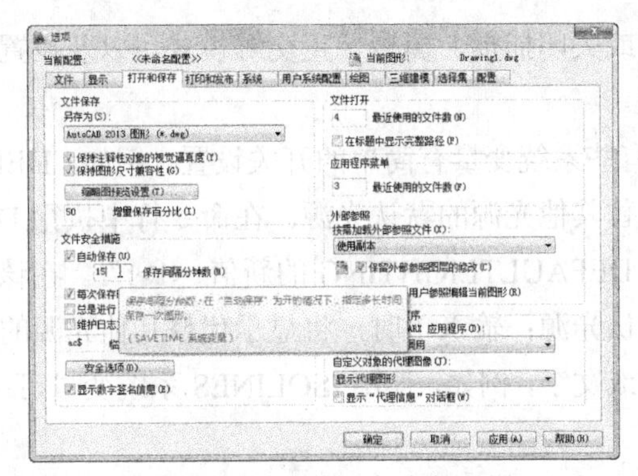

图 2-22　设置自动保存的时间

2.2.6　设置鼠标右键功能

设置适合于用户的鼠标右键功能同样可以提高绘图的效率。例如，用户可以根据自己的习惯，取消鼠标右键快捷菜单功能。

【练习 2-3】设置鼠标右键功能。

实例分析：通过设置鼠标右键，可以取消鼠标的右键快捷菜单功能，还可以设置鼠标右键模式。

(1) 选择“工具”|“选项”命令，打开“选项”对话框，然后打开“用户系统配置”选项卡。

(2) 在“Windows 标准操作”栏中取消选中“绘图区域中使用快捷菜单”复选框，即可取消鼠标右键快捷菜单功能，即每次单击鼠标右键时默认以快捷菜单中的第一项作为执行命令，如图 2-23 所示。

(3) 选中“绘图区域中使用快捷菜单”复选框，然后单击其下的“自定义右键单击”按钮，打开如图 2-24 所示的“自定义右键单击”对话框，在其中可以按自己的习惯设置在不同情况下单击鼠标右键表示的含义，然后单击“应用并关闭”按钮。

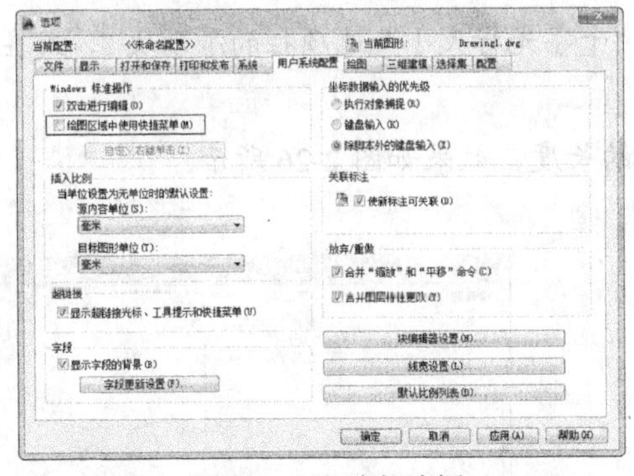

图 2-23　取消复选框

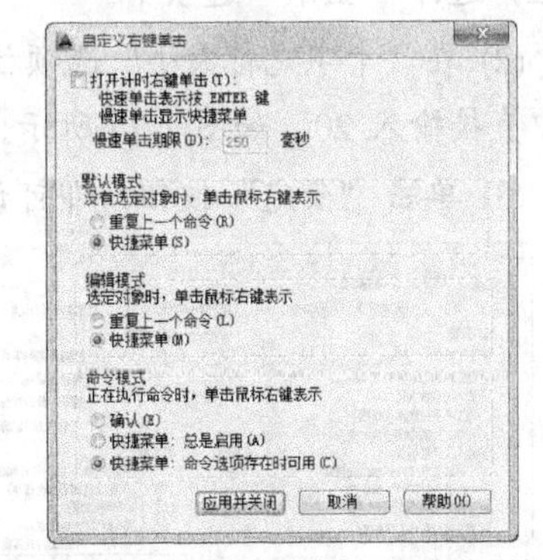

图 2-24　“自定义右键单击”对话框

2.2.7　设置系统变量

在 AutoCAD 中，系统变量用于控制某些功能、环境参数以及命令的工作方式。例如，可以使用系统变量打开或关闭捕捉、栅格、正交等模式，以及设置默认的填充图案或存储当前图形的相关信息等。

在 AutoCAD 中，有些系统变量有简单的开关设置。例如，DEFAULTLIGHTING 系统变量用于显示或关闭代替其他光源的默认光源。在命令行中执行 DEFAULTLIGHTING 命令，系统将提示“输入 DEFAULTLIGHTING 的新值 <1>:”。在该提示下输入 0 时，可以关闭代替其他光源的默认光源；输入 1 时，将显示代替其他光源的默认光源。还有些系统变量则用来修改参数值或文字，例如，使用 ISOLINES 系统变量可以修改曲面的线性密度。

注意：

使用 AutoCAD 2014 的帮助功能，可以了解其他的全部系统变量。

2.3　设置光标样式

在 AutoCAD 2014 中，用户可以根据自己的习惯和爱好设置光标的样式。包括控制十字光标的大小、改变捕捉标记的大小与颜色、改变拾取框的状态以及夹点的大小。

2.3.1　控制十字光标的大小

十字光标是默认状态下的光标样式，在绘制图形时，用户可以根据操作习惯调整十字光标的大小。

【练习 2-4】设置十字光标的大小为 20。

实例分析：十字光标的默认大小为 5，可以在“选项”对话框的“显示”选项卡中通过拖动滑动块或输入数字的方式修改十字光标的大小。

(1) 选择“工具”|“选项”命令，或在命令行中执行 OP(选项)命令，打开“选项”对话框，选择“显示”选项卡。

(2) 在“十字光标大小”选项栏中拖动“十字光标大小”选项栏的滑动块，或在文本框中直接输入 20，如图 2-25 所示。

(3) 单击“确定”按钮，即可调整光标的长度，效果如图 2-26 所示。

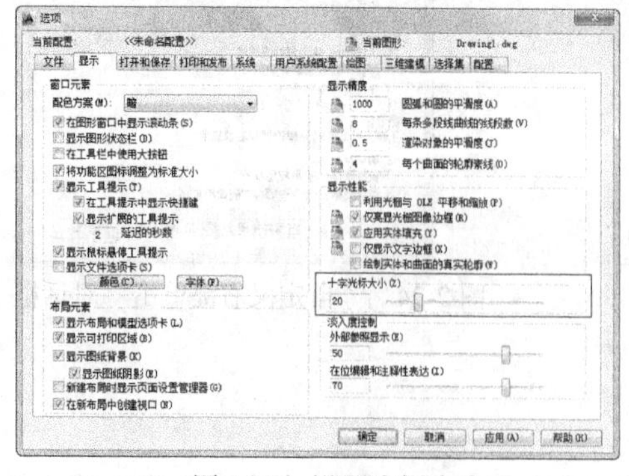

图 2-25　设置光标大小

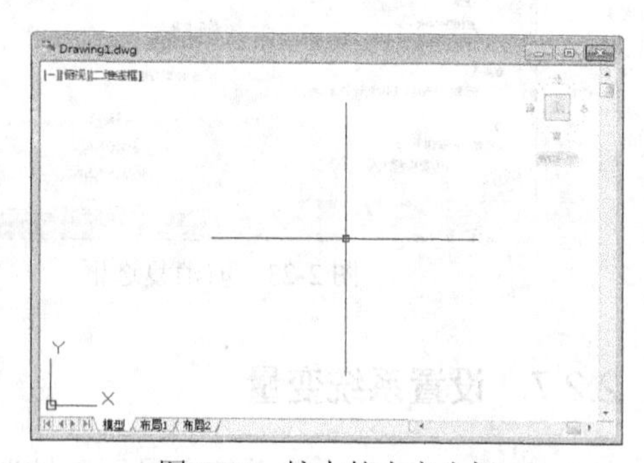

图 2-26　较大的十字光标

注意：

十字光标大小的取值范围为 1 ~ 100。数值越大，十字光标越长。数值为 100 时，将会全屏幕显示。

2.3.2　改变自动捕捉标记的大小

自动捕捉标记是启用自动捕捉功能后，在捕捉特殊点(如端点、圆心、中点等)时，光标所表现出的对应样式，用户可以根据需要修改自动捕捉标记的大小。

【练习 2-5】修改自动捕捉标记大小。

实例分析：在“选项”对话框中选择“绘图”选项卡，在此可以通过拖动“自动捕捉标记大小”选项栏中的滑动块修改自动捕捉标记的大小。

(1) 选择“工具”|“选项”命令，或在命令行中执行 OP(选项)命令，打开“选项”对话框，在其中选择“绘图”选项卡。

(2) 在“自动捕捉标记大小”选项栏中拖动滑动块▯，如图 2-27 所示。

(3) 单击“确定”按钮，即可调整自动捕捉标记的大小，如图 2-28 所示为使用较大的圆心捕捉标记的效果。

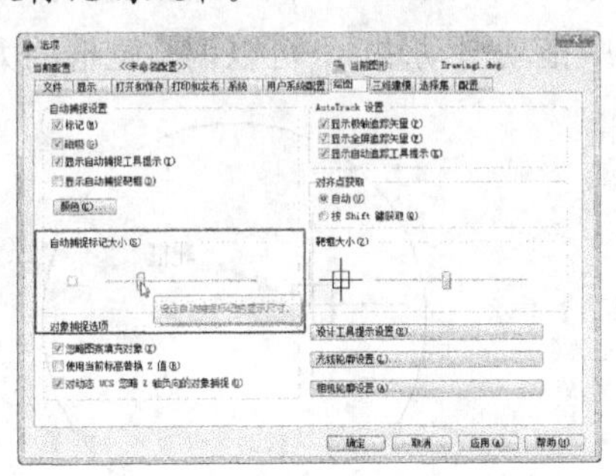

图 2-27　拖动滑动块

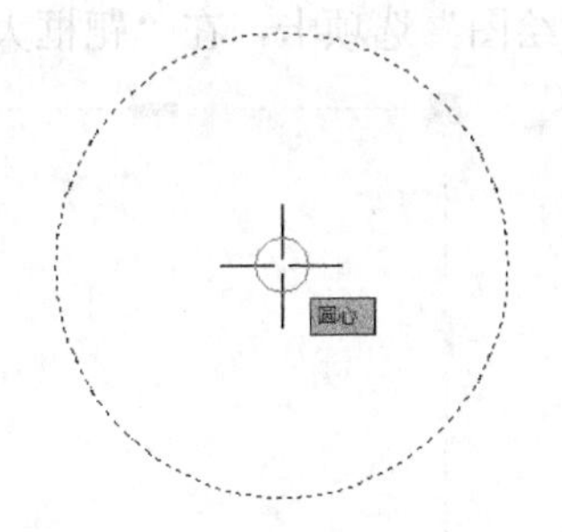

图 2-28　较大的圆心捕捉标记

2.3.3　改变拾取框

拾取框是指在执行编辑命令时，光标所变成的一个小正方形框。合理地设置拾取框的大小，有助于快速、高效地选取图形。若拾取框过大，在选择实体时很容易将与该实体邻近的其他实体选择在内；若拾取框过小，则不容易准确地选取到实体目标。

【练习 2-6】修改拾取框大小。

实例分析：在“选项”对话框中选择“选择集”选项卡，在此可以通过拖动“拾取框大小”选项栏中的滑动块修改拾取框的大小。

(1) 选择“工具”|“选项”命令，或在命令行中执行 OP(选项)命令，打开“选项”对话框，选择“选择集”选项卡。

(2) 在“拾取框大小”选项栏中拖动滑动块▯，如图 2-29 所示。

(3) 单击“确定”按钮，即可调整拾取框大小的大小，如图 2-30 所示为显示了较大拾取框的效果。

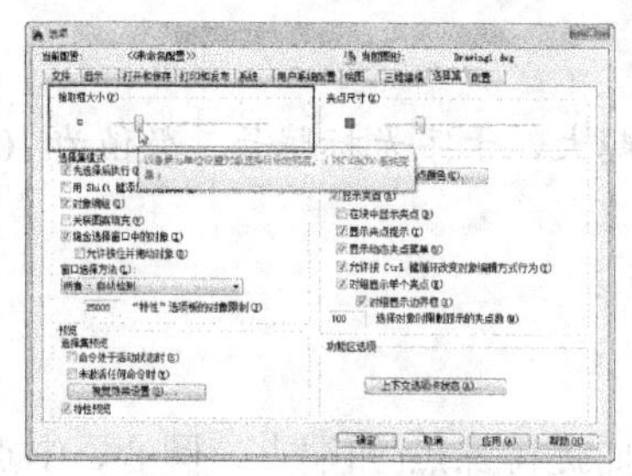

图 2-29　拖动滑动块

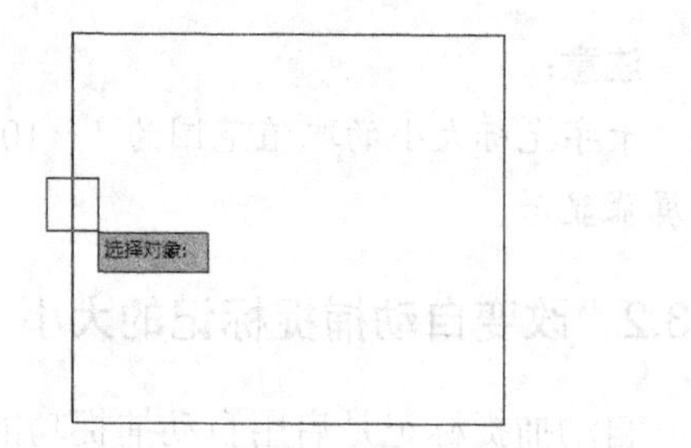

图 2-30　较大拾取框

2.3.4　改变夹点的大小

夹点是选择图形后在图形的节点上显示的图标，如图 2-31 所示。为了准确地选择夹点对象，用户可以根据需要设置夹点的大小。在“选项”对话框中选择“选择集”选项卡，然后在“夹点大小”选项栏中拖动滑动块，即可调整夹点的大小。

2.3.5　改变靶框的大小

靶框是捕捉对象时出现在十字光标内部的方框，如图 2-32 所示。在“选项”对话框中选择“绘图”选项卡，在“靶框大小”选项栏中拖动滑动块，可以调整靶框的大小。

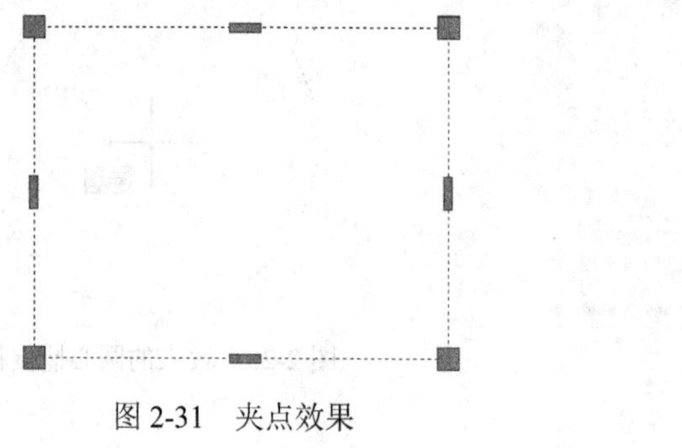

图 2-31　夹点效果

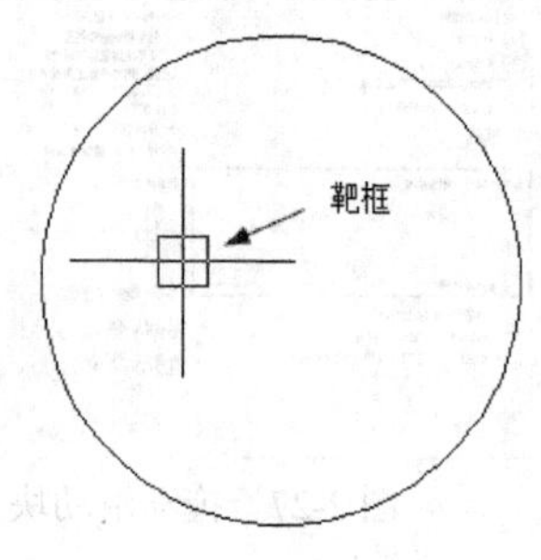

图 2-32　靶框效果

注意：

在“选项”对话框中选择“显示”选项卡，在其中单击“颜色”按钮，在打开的“图形窗口颜色”对话框中可以修改十字光标和自动捕捉标记的颜色。

2.4　设置绘图特性

每个对象都具有一定的特性，例如图形颜色、线型、线宽和打印样式等。在绘制图形之前，用户可以设置绘制图形的以上各种特性。

2.4.1　设置绘图颜色

在 AutoCAD 中，设置绘图颜色的方法主要包括使用命令、使用工具面板和使用工具栏3种方法。

1. 使用命令设置颜色

选择“格式”|“颜色”命令，或输入 Color(简化命令 COL)命令，打开“选择颜色”对话框，在该对话框中可以设置绘图的颜色。

在“选择颜色”对话框中包括“索引颜色”、“真彩色”和“配色系统”3个选项卡，分别用于以不同的方式设置绘图的颜色，如图 2-33~2-35 所示。在“索引颜色”选项卡中可以将绘图颜色设置为 ByLayer(随层)或某一具体颜色，其中 ByLayer 指所绘制对象的颜色总是与对象所在图层设置的图层颜色一致，这也是常用到的设置。

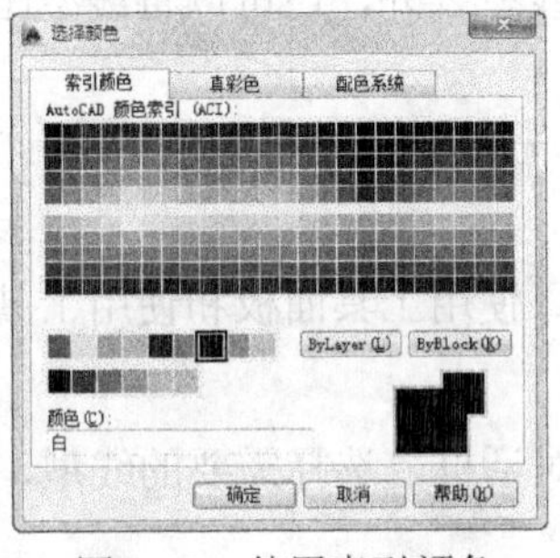
图 2-33 使用索引颜色

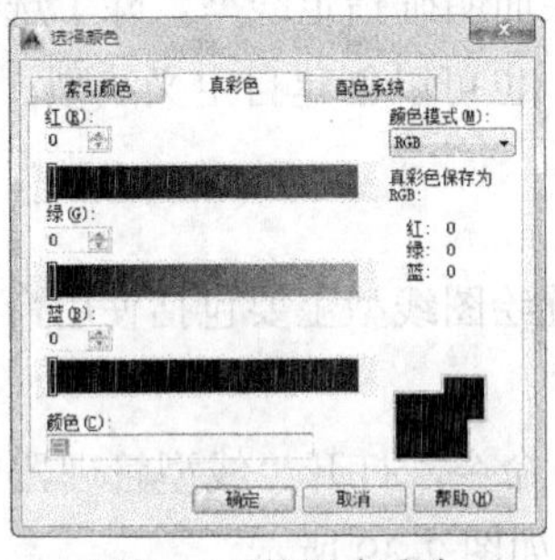
图 2-34 使用真彩色

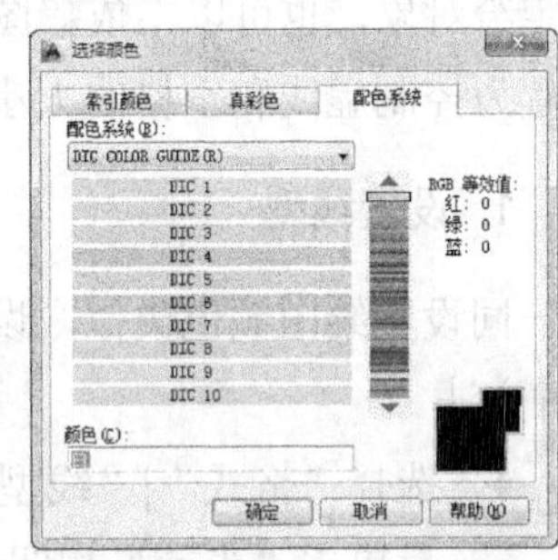
图 2-35 使用配色系统

注意:

在 AutoCAD 中，设置对象颜色为“白”时，其实相当于将对象颜色设置为黑色，对象将在绘图区显示为黑色，打印出来的效果也为黑色。

2. 使用工具面板设置颜色

在“草图与注释”工作空间中选择“默认”标签，然后单击“特性”功能面板中的“对象颜色”下拉按钮，如图 2-36 所示，在弹出的颜色下拉列表中可以设置绘图所需的颜色，如图 2-37 所示。在颜色下拉列表中选择“选择颜色”选项，将打开“选择颜色”对话框。

图 2-36 单击“对象颜色”下拉按钮

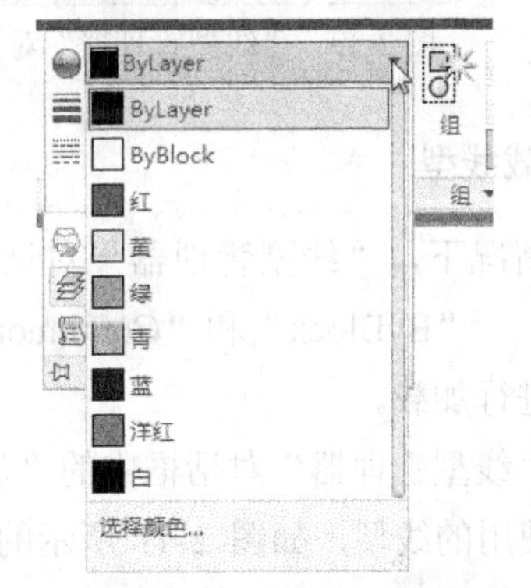

图 2-37 颜色下拉列表

3. 使用工具栏设置颜色

在“AutoCAD 经典”工作空间中的“特性”工具栏中依次可以设置绘图的颜色、线型和线宽，如图 2-38 所示。单击“设置颜色”下拉按钮，可以在弹出的下拉列表中选择需要的颜色。

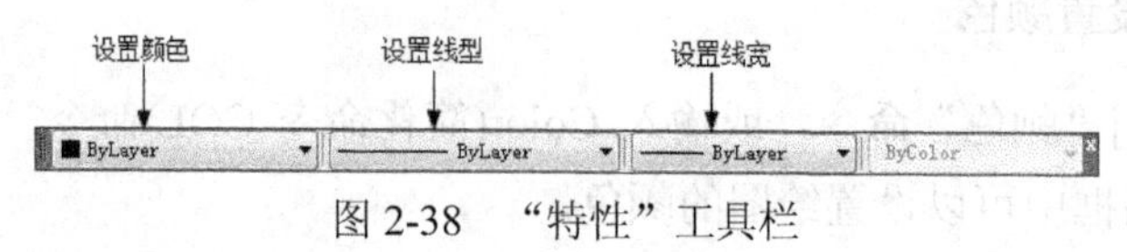

图 2-38　“特性”工具栏

2.4.2　设置绘图线型

线型是由虚线、点和空格组成的重复图案，显示为直线或曲线。可以通过图层将线型指定给对象，也可以不依赖图层而明确指定线型。除了选择线型之外，还可以将线型比例设置为控制虚线和空格的大小，也可以创建自定义线型。

1. 设置线型

同设置绘图颜色类似，设置绘图线型主要包括使用命令、使用工具面板和使用工具栏 3 种方法。

- 选择“格式”|“线型”命令，打开“线型管理器”对话框，选择需要的线型，然后单击“当前”按钮，如图 2-39 所示。
- 在“特性”功能面板中单击“线型”下拉按钮，在弹出的列表框中选择需要的线型，如图 2-40 所示，如果选择“其他”选项，将打开“线型管理器”对话框。
- 在“特性”工具栏中单击“线型”下拉按钮，在弹出的列表框中选择需要的线型。

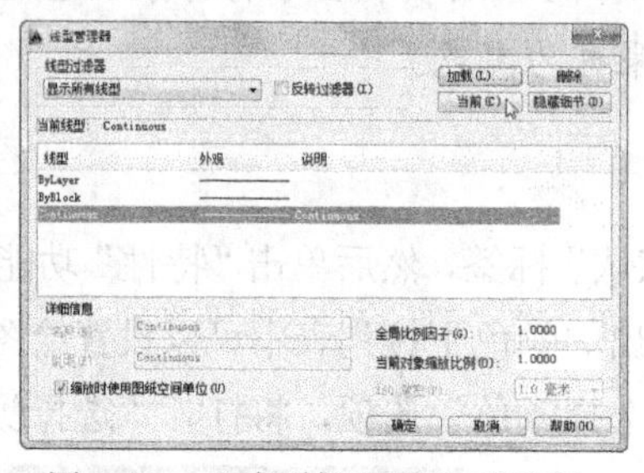

图 2-39　“线型管理器”对话框

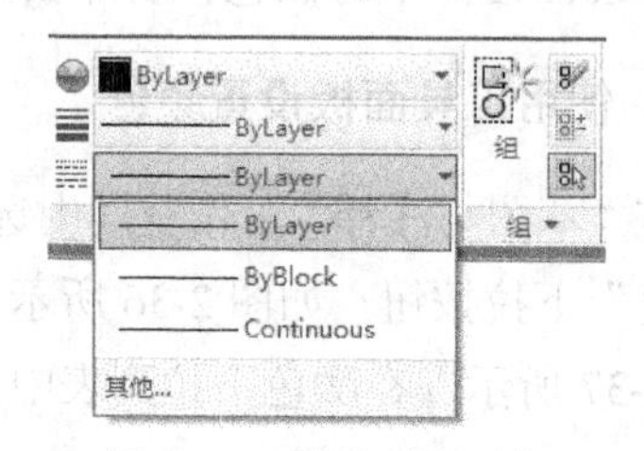

图 2-40　线型下拉列表

2. 加载线型

默认情况下，“线型管理器”对话框、工具面板或工具栏中的线型列表中只显示了“ByLayer”、“ByBlock”和“Continuous”3 种常用的线型。如果要使用其他的线型，需要对线型进行加载。

单击“线型管理器”对话框中的“加载”按钮，打开“加开或重载线型”对话框，在此选择要使用的线型，如图 2-41 所示的“ACAD_ISO08W100”，单击“确定”按钮后，即可将选择的线型加载到“线型管理器”对话框中，如图 2-42 所示。加载的线型也将显示在工具面板或工具栏中的线型列表中。

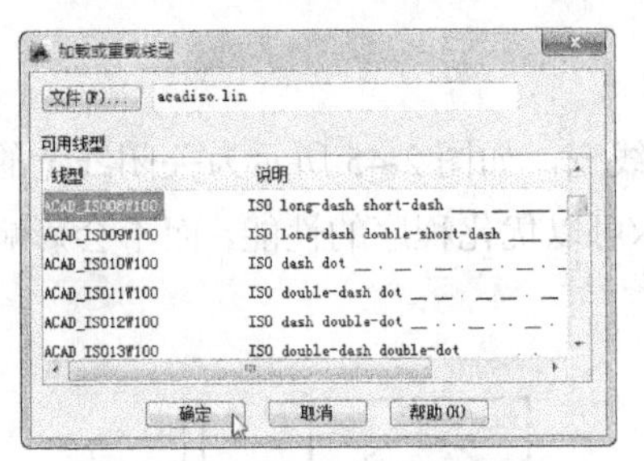

图 2-41　选择要加载的线型

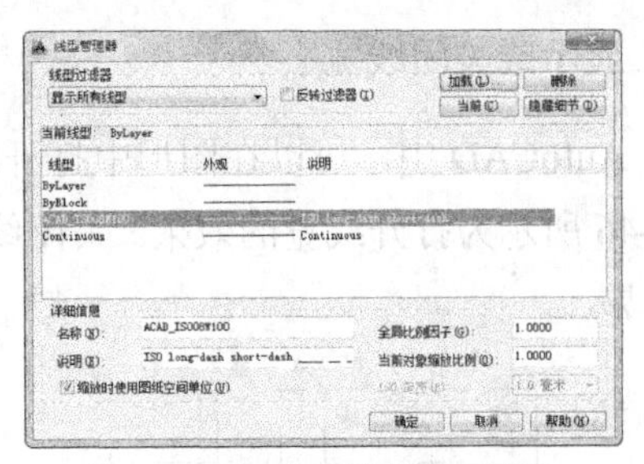

图 2-42　加载后的线型列表

3. 设置线型比例

对于某些特殊的线型，更改线型的比例，将产生不同的线型效果。例如，在绘制建筑轴线时，通常使用虚线样式表示轴线，但在图形显示时，往往会将虚线显示为实线，这时就可以通过更改线型的比例来达到修改线型效果的目的。在“线型管理器”对话框下方的“详细信息”选项栏中可以设置“全局比例因子”和“当前对象缩放比例”来改变线型的比例。

注意：

单击“线型管理器”对话框中“隐藏细节”按钮，将隐藏“详细信息”选项栏中的内容，此时“隐藏细节”按钮将变成“显示细节”按钮，再次单击该按钮，即可显示“详细信息”选项栏中的内容。

2.4.3　设置绘图线宽

在 AutoCAD 中绘制图形时，不同的对象应设置不同的线宽。例如，墙体、机械零件图轮廓等对象通常设置为粗线，辅助线、标注、填充图形等对象通常设置为细线。

1. 设置线宽

同设置绘图线宽主要包括使用命令、使用工具面板和使用工具栏 3 种方法。

- 选择“格式”|“线宽”命令，打开“线宽设置”对话框，选择需要的线宽，然后单击“确定”按钮，如图 2-43 所示。
- 在“特性”功能面板中单击“线宽”下拉按钮，在弹出的列表框中选择需要的线宽，如图 2-44 所示，如果选择“线宽设置”选项，将打开“线宽设置”对话框。
- 在“特性”工具栏中单击“线宽”下拉按钮，在弹出的列表框中选择需要的线宽。

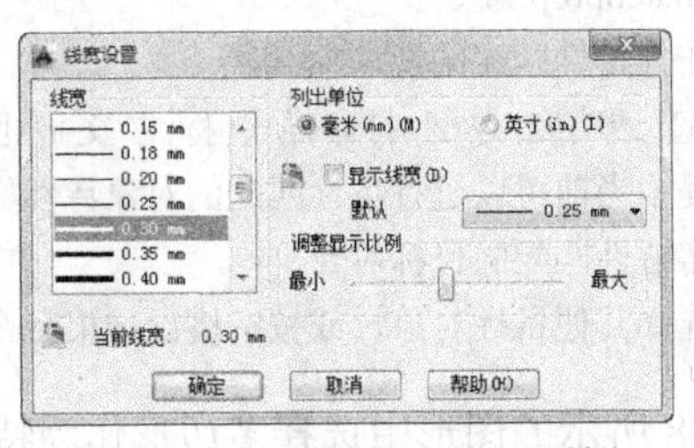

图 2-43　“线宽设置”对话框

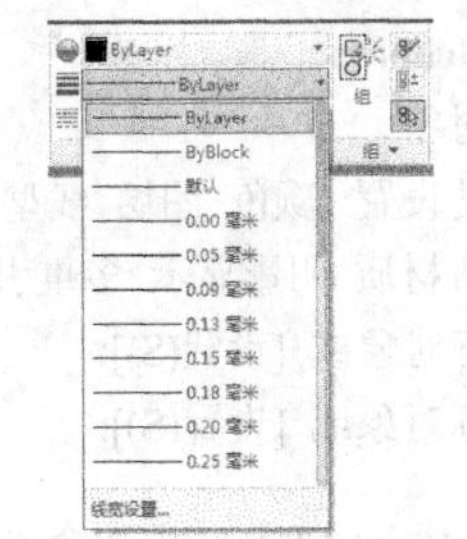

图 2-44　线宽下拉列表

2. 显示或关闭线宽

在 AutoCAD 中，可以在图形中打开或关闭线宽，如图 2-45 所示为关闭线宽的效果，如图 2-46 所示为打开线宽的效果。关闭线宽显示可以优化程序的性能，而不会影响线宽的打印效果。

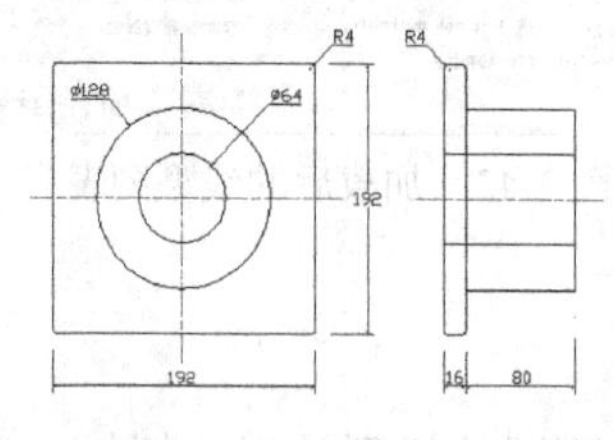

图 2-45　关闭线宽效果

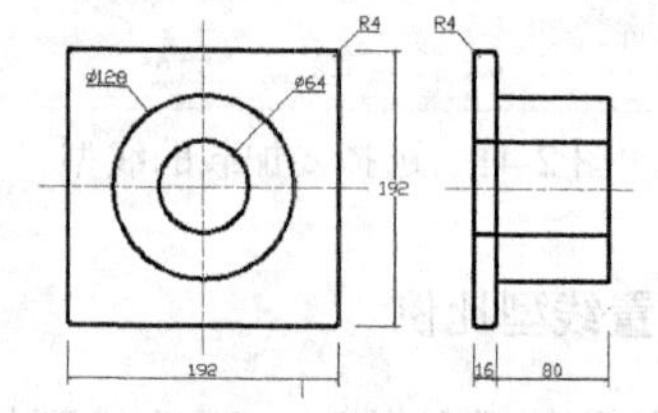

图 2-46　打开线宽效果

用户可以通过以下两种常用方法设置显示或隐藏图形的线宽。

- 在“线宽设置”对话框选中或取消“显示线宽”复选框。
- 单击状态栏中的“显示/隐藏线宽”按钮。

注意：

在未选择任何对象时，设置的图形特性将应用于后面绘制的图形上；如果在选择对象的情况下，进行图形特性设置，只会修改选择对象的特性，而不会影响后面绘制的图形。

2.4.4　特性匹配

在 AutoCAD 中，使用“特性匹配”功能可复制对象的特性，如颜色、线宽、线型及所在图层等。“特性匹配”功能的命令主要有以下几种调用方法。

- 选择“修改”|“特性匹配”命令。
- 单击“剪贴板”面板中的“特性匹配”按钮，如图 2-47 所示。
- 在命令行执行 Matchprop(MA)命令。

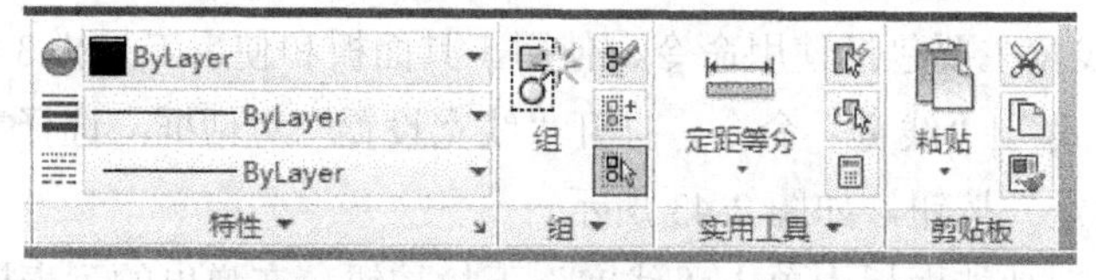

图 2-47　单击“特性匹配”按钮

执行 Matchprop 命令后，命令行中的提示及操作如下。

```
命令:matchprop                         //执行 matchprop 命令
选择源对象:                            //选择作为特性匹配的源对象
当前活动设置: 颜色 图层 线型 线型比例 线宽 透明度 厚度 打印样式 标注 文字 图案填充 多段
线 视口 表格材质 阴影显示 多重引线     //系统提示当前可以进行特性匹配的对象特性类型
选择目标对象或 [设置(S)]:              //选择需特性匹配的目标对象
选择目标对象或 [设置(S)]:              //继续选择其他目标对象，或按空格键结束命令
```

例如，执行 Matchprop 命令，在如图 2-48 所示的图形中选择多边形作为特性匹配的源

对象，然后选择圆作为需特性匹配的目标对象，得到的效果如图 2-49 所示。

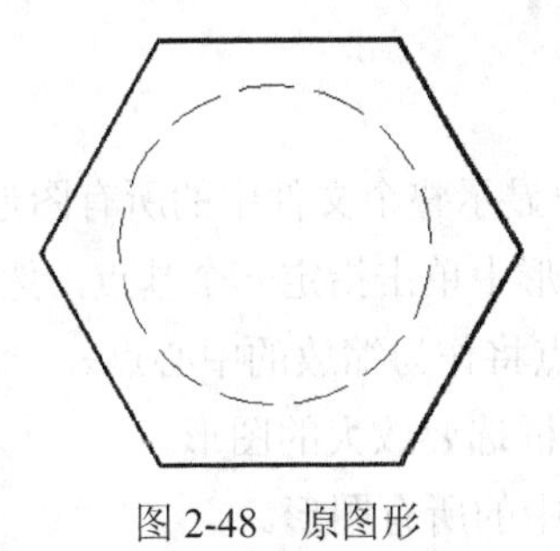

图 2-48　原图形

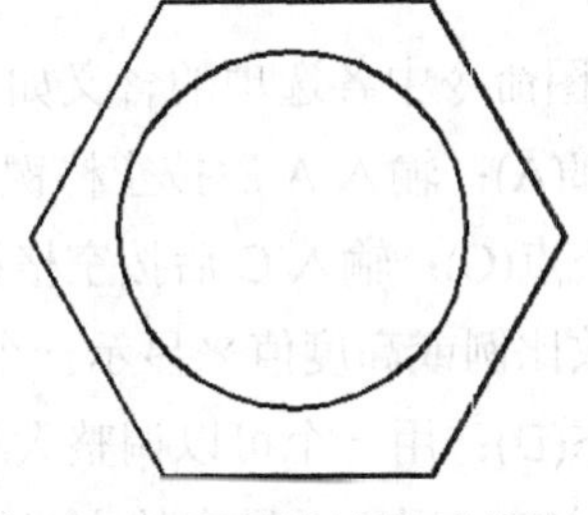

图 2-49　对圆复制多边形特性

注意：

命令行中提示“选择目标对象或 [设置(S)]:”时，选择“设置”选项，打开“特性设置”对话框，在该对话框中可以选择在特性匹配过程中可以被复制的特性。

2.5　AutoCAD 视图控制

在 AutoCAD 中，通过对视图进行缩放和平移操作，有利于对图形进行绘制和编辑操作，除此之外，用户还可以根据需要对视图进行全屏显示、重画或重生成等操作。

2.5.1　缩放视图

使用“缩放视图”命令可以对视图进行放大或缩小操作，以改变图形显示的大小，从而方便用户对图形进行观察。

执行缩放视图的命令有以下 3 种常用方法。

- 选择“视图”|“缩放”命令。
- 输入 Zoom(简化命令 Z)并确定。
- 在“AutoCAD 经典”工作空间中选择“缩放”工具栏中的相应工具，如图 2-50 所示；或在“草图与注释”工作空间中选择“视图”标签，单击“二维导航”面板中的“范围”下拉按钮，然后选择相应的缩放工具，如图 2-51 所示。

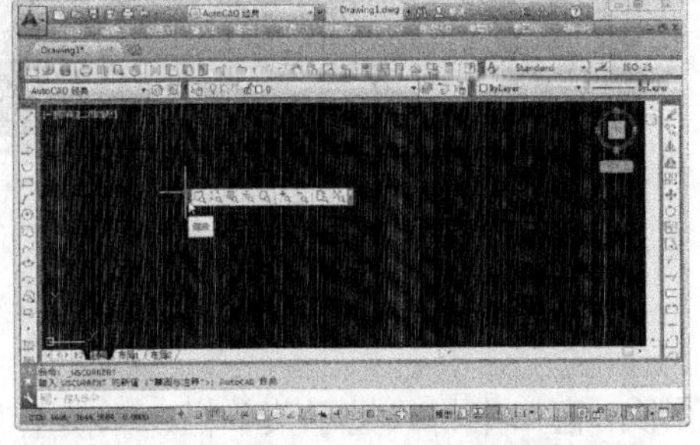

图 2-50　“AutoCAD 经典”空间的缩放工具

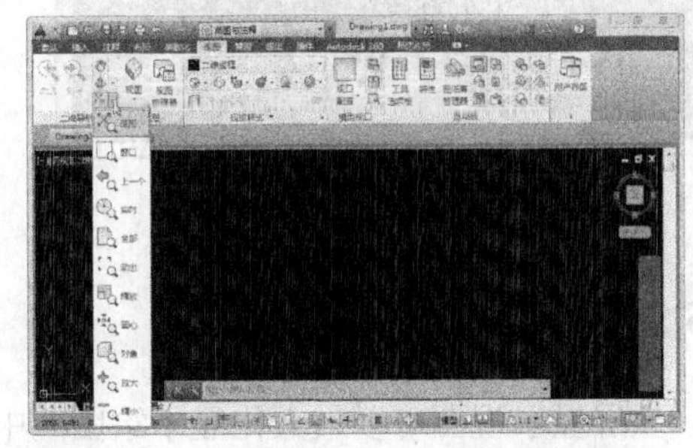

图 2-51　“草图与注释”空间的缩放工具

执行缩放视图命令后，系统将提示“全部(A)/中心点(C)/动态(D)/范围(E)/上一个(P)/比例(S)/窗口(W)] <实时>:”的信息。然后在该提示后输入相应的字母并按空格键，即可进行相应的操作。

缩放视图命令中各选项的含义如下。

- 全部(A)：输入 A 后按空格键，将在视图中显示整个文件中的所有图形。
- 中心点(C)：输入 C 后按空格键，然后在图形中单击指定一个基点，然后输入一个缩放比例或高度值来显示一个新视图，基点将作为缩放的中心点。
- 动态(D)：用一个可以调整大小的矩形框去框选要放大的图形。
- 范围(E)：用于以最大的方式显示整个文件中的所有图形。
- 上一个(P)：执行该命令后可以直接返回到上一次缩放的状态。
- 比例(S)：用于输入一定的比例来缩放视图。输入的数据大于 1 时即可放大视图，小于 1 并大于 0 时将缩小视图。
- 窗口(W)：用于通过在屏幕上拾取两个对角点来确定一个矩形窗口，并且该矩形框内的全部图形放大至整个屏幕。
- <实时>：执行该命令后，按住鼠标左键的同时来回推拉鼠标即可放大或缩小视图。

2.5.2　平移视图

平移视图是指对视图中图形的显示位置进行相应的移动，移动前后视图只是改变图形在视图中的位置，而不会发生大小的变化，如图 2-52 和图 2-53 所示分别为平移视图前和平移视图后的效果。

执行平移视图的命令有以下 3 种常用方法。

- 输入 Pan(简化命令 P)并确定。
- 选择“视图”|“平移”命令。
- 在“AutoCAD 经典”工作空间中单击“标准”工具栏中的“平移”按钮；或在“草图与注释”工作空间中单击“二维导航”面板中的“平移”按钮。

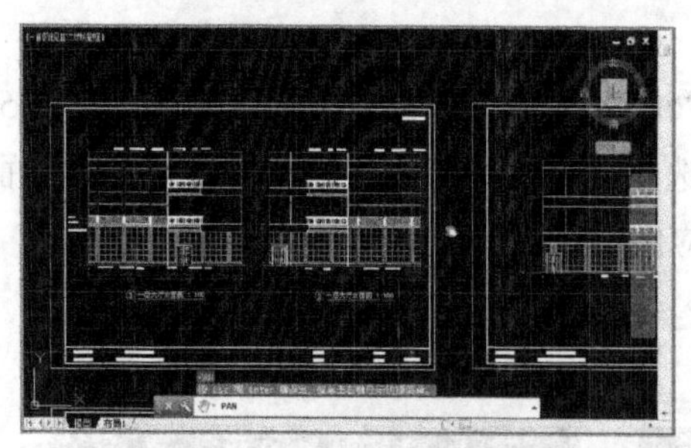

图 2-52　平移视图前的效果

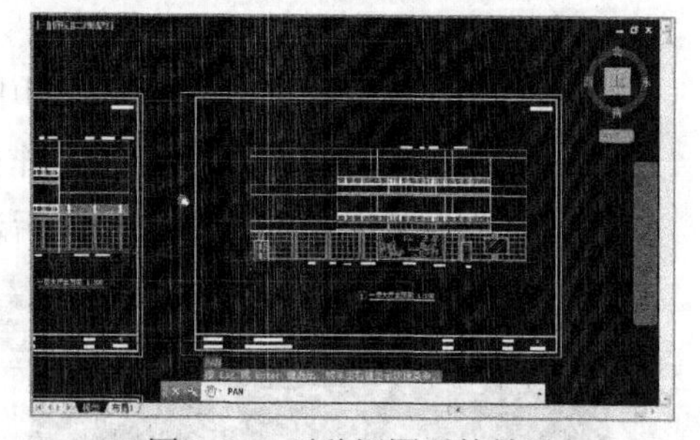

图 2-53　平移视图后的效果

2.5.3　全屏视图

全屏显示视图可以最大化显示绘图区中的图形，窗口中将只显示菜单栏、“模型”选项卡、“布局”选项卡、状态栏和命令提示行。将图形输出为 BMP 位图，全屏显示视图可以提高位图中图形的清晰度。

执行全屏视图的命令有以下几种常用方法。

- 选择“视图”|“全屏显示”命令。
- 单击状态栏中的“全屏显示”按钮▢。
- 按 Ctrl+0 组合键。

注意：

在全屏显示视图后，可以使用 CLEANSCREENOFF 命令恢复窗口界面的显示。另外，可以按 Ctrl+0 组合键在全屏显示和非全屏显示之间进行切换。

2.5.4　重画与重生成

图形中某一图层被打开、关闭或者栅格被关闭后，系统将自动对图形刷新并重新显示，但是栅格的密度会影响刷新的速度，从而影响图形的显示效果，这时可以通过重画视图或重生成视图解决图形的显示问题。

1. 重画视图

使用“重画”命令可以重新显示当前视窗中的图形，消除残留的标记点痕迹，使图形变得清晰。执行重画图形的命令有以下两种常用方法。

- 输入 REDRAWALL(简化命令 REDRAW)并确定。
- 执行“视图”|“重画”命令。

2. 重生成视图

使用“重生成”命令可以将当前活动视窗所有对象的有关几何数据和几何特性重新计算一次(即重生)。此外，当使用 OPEN 命令打开图形时，系统自动重生视图；ZOOM 命令的“全部”和“范围”选项也可自动重生视图。被冻结图层上的实体不参与计算，因此，为了缩短重生时间，可将一些层冻结。

执行重生成图形的命令有以下两种常用方法。

- 输入 REGEN(简化命令 RE)或 REGENALL 并确定。
- 选择“视图”|“重生成”或选择“视图”|“全部重生成”命令。

注意：

在视图重生计算过程中，用户可以按 Esc 键中断操作，使用 REGENALL 命令可以对所有视窗中的图形进行重新计算。与 REDRAW 命令相比，REGEN 命令的刷新显示较慢，因为 REDRAW 命令不需要对图形进行重新计算和重复。

2.6　思考练习

1. AutoCAD 2014 中包括哪几种选择方式，如果要在复杂的图形中快速选择同一特性的图形，应该采用何种选择方法？

2. 为什么在设置好图形界限后，仍然可以在图形界限外绘制图形？

3. 在绘制图形中，为什么绘制的是圆形，显示的却是多边形？

4. 在绘制图形时，怎样才能做到绘制的图形为红色？

5. 除了使用 Pan 和 Zoom 命令外，还有其他的方法对视图进行平移和缩放吗？

6. 在 AutoCAD 2014 中将用于缩入插入内容的单位设置为“英寸”，如图 2-54 所示。

7. 打开“螺母三视图”素材文件，使用视图缩放和平移命令对视图显示进行调整，效果如图 2-55 所示。

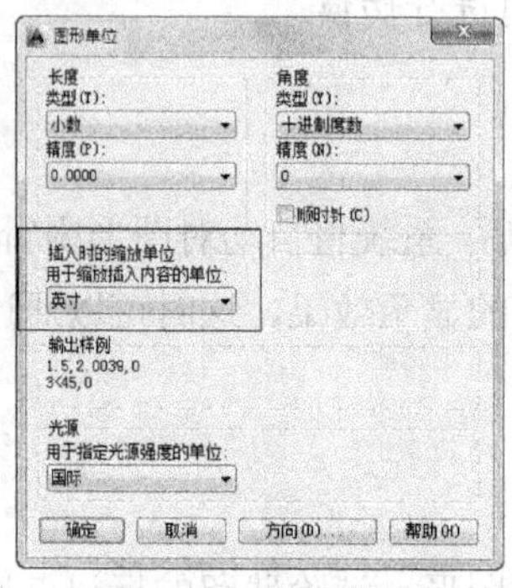

图 2-54　设置单位

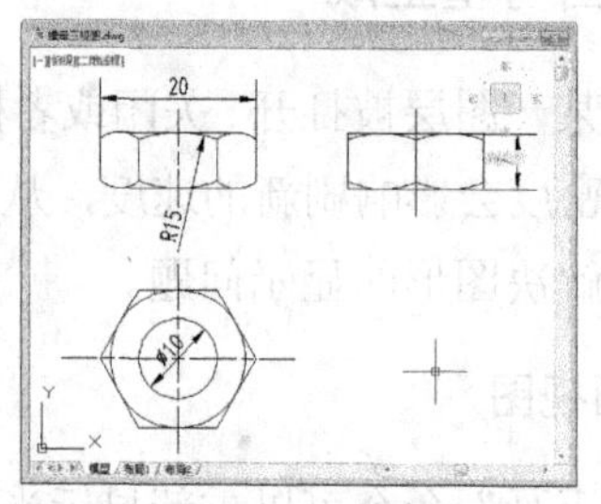

图 2-55　调整视图

第3章　AutoCAD辅助绘图功能

正确应用 AutoCAD 辅助绘图功能，可以提高图形绘制和编辑的速度，以及图形精确度。本章将学习 AutoCAD 辅助绘图的相关功能，包括栅格和捕捉、对象捕捉、自动追踪和动态输入等。

3.1　应用正交模式

在绘制或编辑图形的过程中，使用正交模式功能可以将光标限制在水平或垂直轴向上，从而方便在水平或垂直方向上绘制或编辑图形，如图 3-1 所示。

单击状态栏上的“正交模式”按钮，如图 3-2 所示，或按 F8 键均可激活正交功能。开启正交模式功能后，状态栏上的“正交”按钮处于高亮状态。

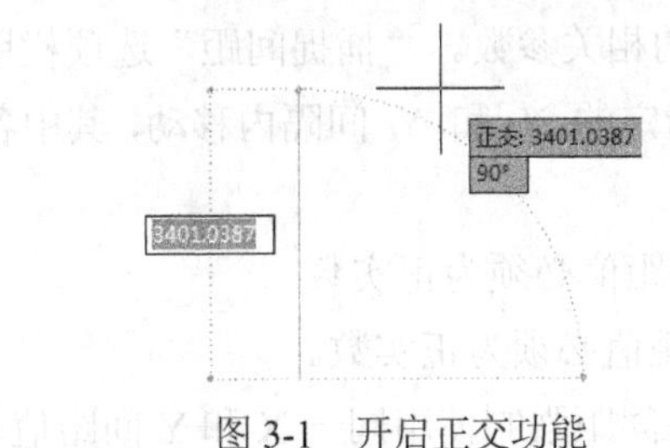

图 3-1　开启正交功能

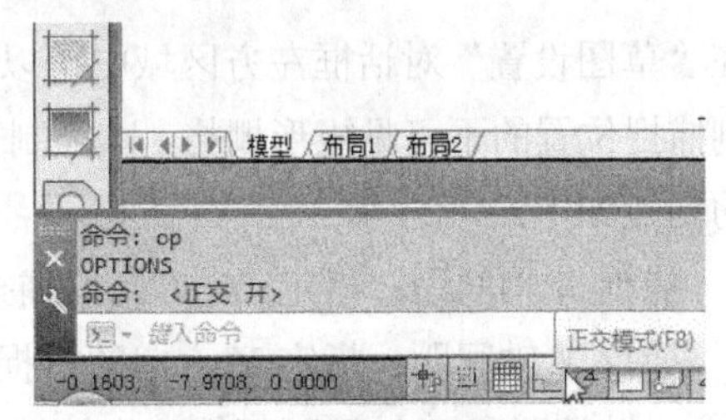

图 3-2　开启正交功能

注意：

开启正交模式功能后，再次单击状态栏上的“正交模式”按钮，或按 F8 键即可将关闭正交模式功能。

3.2　应用栅格和捕捉

在 AutoCAD 中，栅格是一些标定位置的小点，可以提供直观的位置和距离参照；捕捉用于设置光标移动的间距。选择“工具”|“绘图设置”命令，或者使用右键单击状态栏中的“捕捉模式”按钮，在弹出的菜单中选择“设置”命令，如图 3-3 所示，在打开的“草图设置”对话框可以进行捕捉和栅格设置，如图 3-4 所示。

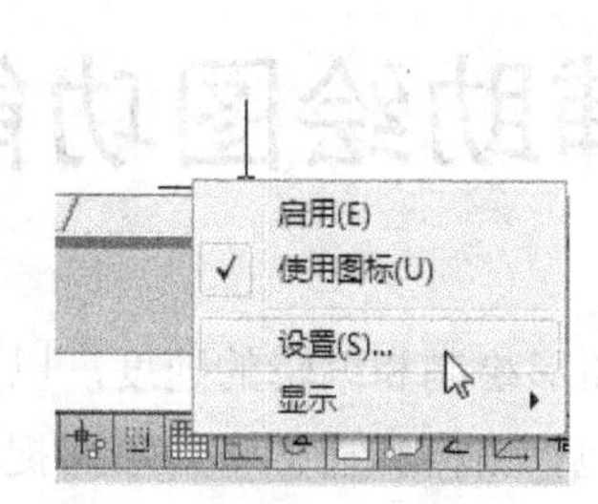

图 3-3　选择“设置”命令

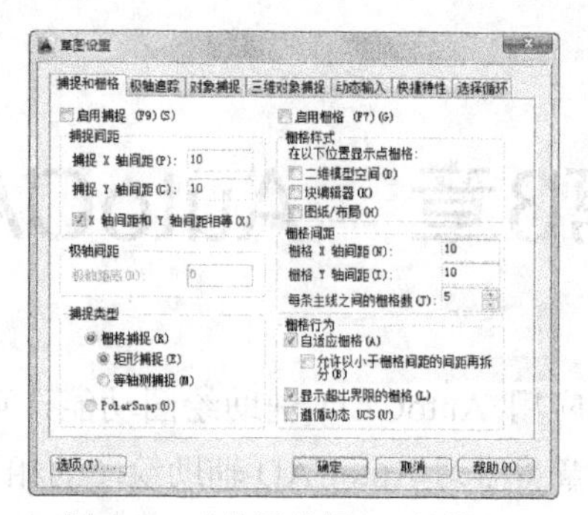

图 3-4　“草图设置”对话框

3.2.1　启用或关闭捕捉和栅格

启用或关闭捕捉和栅格功能有以下几种常用方法。

- 单击状态栏中的“捕捉模式”按钮和“栅格显示”按钮。
- 按 F9 键可以打开或关闭捕捉模式；按 F7 键可以打开或关闭栅格显示。
- 在“草图设置”对话框中选中或取消选中“启用捕捉”和“启用栅格”复选框。

3.2.2　设置捕捉参数

在“草图设置”对话框左方区域中可以设置捕捉的相关参数。“捕捉间距”选项栏用于控制捕捉位置的不可见矩形栅格，以限制光标仅在指定的 X 和 Y 间隔内移动，其中各选项的功能如下：

- 捕捉 X 轴间距：指定 X 方向的捕捉间距，间距值必须为正实数。
- 捕捉 Y 轴间距：指定 Y 方向的捕捉间距，间距值必须为正实数。
- X 轴间距和 Y 轴间距相等：为捕捉间距和栅格间距强制使用同一 X 和 Y 间距值，捕捉间距可以与栅格间距不同。

“极轴间距”选项栏用于控制 PolarSnap 的增量距离。当选定“捕捉类型”选项栏中的“PolarSnap”选项时，可以进行捕捉增量距离的设置。如果该值为 0，则 PolarSnap 距离采用“捕捉 X 轴间距”的值。“极轴距离”设置与极坐标追踪和/或对象捕捉追踪结合使用。如果两个追踪功能都未启用，则“极轴距离”设置无效。

“捕捉类型”选项栏用于设置捕捉样式和捕捉类型，其中各选项的功能如下：

- 栅格捕捉：该选项用于设置栅格捕捉类型，如果指定点，光标将沿垂直或水平栅格点进行捕捉。
- 矩形捕捉：选择该选项，可以将捕捉样式设置为标准“矩形”捕捉模式。当捕捉类型设置为“栅格”并且打开“捕捉”模式时，鼠标指针将成为矩形栅格捕捉。
- 等轴测捕捉：选择该选项，可以将捕捉样式设置为“等轴测”捕捉模式，光标将始终捕捉到一个等轴测栅格。
- PolarSnap(极轴捕捉)：选择该选项，可以将捕捉类型设置为“极轴捕捉”。

【练习 3-1】绘制透视立方体。

实例分析：使用等轴测捕捉功能，可以将光标始终定位在等轴测栅格的位置，因此可以用于绘制规则的立体图形。

(1) 选择“工具”|“绘图设置”命令，在打开的“草图设置”对话框中选择“捕捉和栅格”选项卡。

(2) 在“捕捉类型”选项栏中选中“等轴测捕捉”单选按钮，然后单击“确定”按钮，如图 3-5 所示。

(3) 选择“绘图”|“矩形”命令，在绘图区绘制一个矩形，如图 3-6 所示。

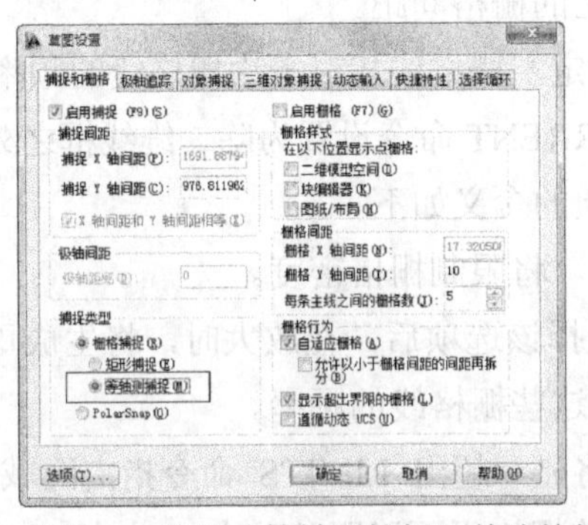

图 3-5　选择“等轴测捕捉”单选按钮

图 3-6　绘制矩形

(4) 选择“绘图”|“直线”命令，在矩形左上角的顶点处指定直线的第一个点，然后向左上方指定下一个点，如图 3-7 所示，即可绘制一条如图 3-8 所示的斜线。

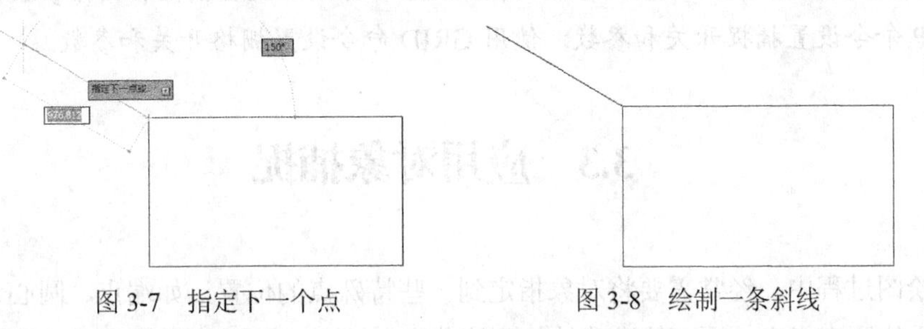

图 3-7　指定下一个点　　　　图 3-8　绘制一条斜线

(5) 继续执行“直线”命令，绘制如图 3-9 所示的其他斜线，然后绘制垂直和水平直线，如图 3-10 所示。

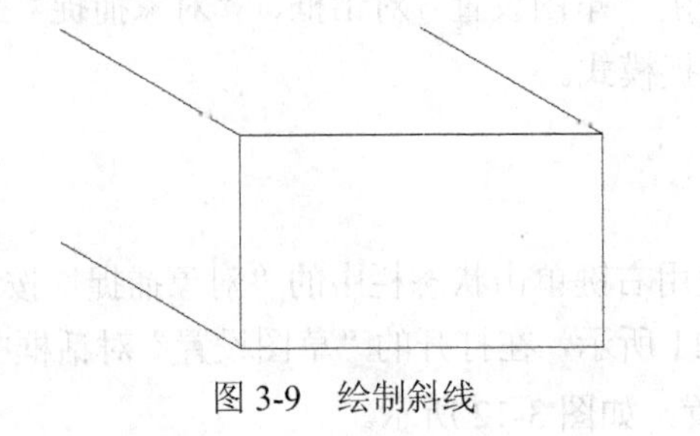

图 3-9　绘制斜线

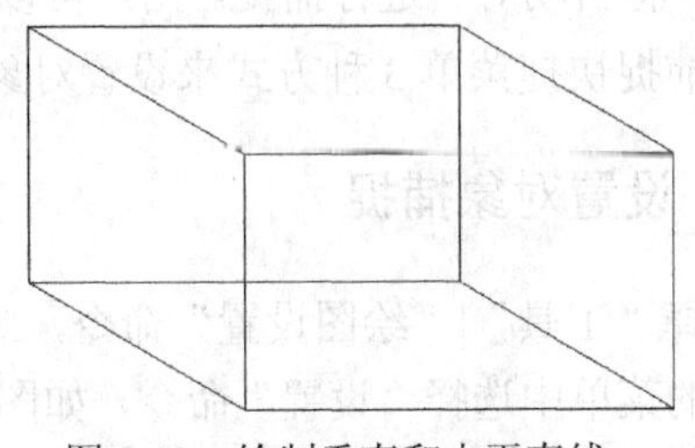

图 3-10　绘制垂直和水平直线

注意：

输入 DSETTINGS(简化命令 SE)并确定，也可以打开“草图设置”对话框。

3.2.3　设置栅格参数

在“草图设置”对话框右方区域中可以设置栅格的相关参数。“栅格样式”选项栏用于设置在哪个位置下显示点栅格，如在“二维模型空间”、“块编辑器”或“图纸/布局”空间中。

“栅格间距”选项栏用于控制栅格的显示，这样有助于形象化地显示距离，其中各选项的含义如下。

- 栅格 X 间距：该选项用于指定 X 方向上的栅格间距。
- 栅格 Y 间距：该选项用于指定 Y 方向上的栅格间距。
- 每条主线之间的栅格数：该选项用于指定主栅格线相对于次栅格线的频率。

“栅格行为”选项栏用于控制当使用 VSCURRENT 命令设置为除二维线框之外的任何视觉样式时，所显示栅格线的外观，其中各选项的含义如下。

- 自适应栅格：选择该选项后，在缩小时，将限制栅格密度。
- 允许以小于栅格间距的间距再拆分：选择该选项后，在放大时，将生成更多间距更小的栅格线。主栅格线的频率将确定这些栅格线的频率。
- 显示超出界线的栅格：选择该选项后，将显示超出 LIMITS 命令指定区域的栅格。
- 遵循动态 UCS(U)：选择该选项，将更改栅格平面以跟随动态 UCS 的 XY 平面。

注意：

在 AutoCAD 中，不仅可以通过“草图设置”对话框设置捕捉和栅格参数，还可以使用 SNAP 命令设置捕捉开关和参数；使用 GRID 命令设置栅格开关和参数。

3.3　应用对象捕捉

在绘图过程中，经常需要将对象指定到一些特殊点的位置，如端点、圆心、交点等。如果仅凭估测来指定，不可能准确地找到这些点。这时，就需要应用到对象捕捉或对象捕捉追踪功能。启用对象捕捉设置后，在绘图过程中，当鼠标光标靠近这些被启用的捕捉特殊点时，将自动对其进行捕捉。用户可以使用 “草图设置”对话框、“对象捕捉”工具栏和对象捕捉快捷菜单 3 种方式来设置对象捕捉模式。

3.3.1　设置对象捕捉

选择“工具”|“绘图设置”命令，或使用右键单击状态栏中的“对象捕捉”按钮，在弹出的菜单中选择“设置”命令，如图 3-11 所示，在打开的“草图设置”对话框中打开“对象捕捉”选项卡，可以进行对象捕捉设置，如图 3-12 所示。

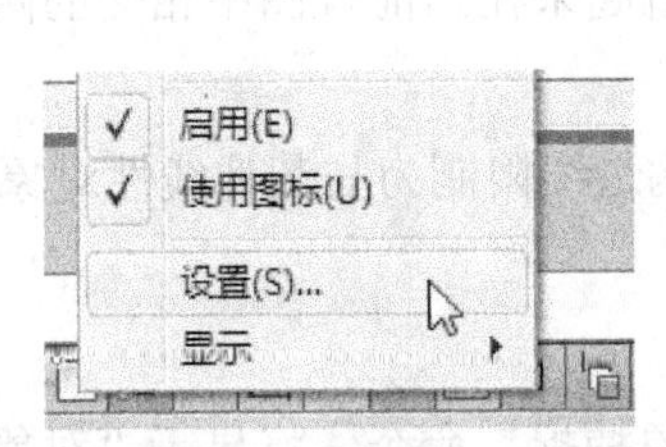

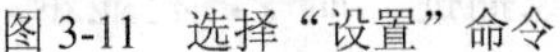

图 3-11　选择“设置”命令

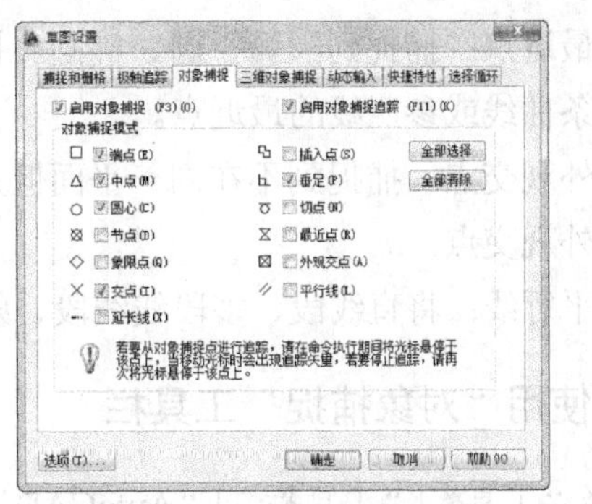

图 3-12　对象捕捉设置

在“对象捕捉”选项卡中各主要选项的功能如下。

- 启用对象捕捉：该复选框用于打开或关闭对象捕捉。当对象捕捉打开时，在“对象捕捉模式”下选定的对象捕捉处于活动状态。
- 启用对象捕捉追踪：该复选框用于打开或关闭对象捕捉追踪。
- 对象捕捉模式：该区域列出可以在执行对象捕捉时打开的对象捕捉模式。
- 全部选择：单击该按钮，即可打开所有对象捕捉模式。
- 全部清除：单击该按钮，即可关闭所有对象捕捉模式。

在“对象捕捉模式”选项栏中各选项的功能如下。

- 端点：捕捉到圆弧、椭圆弧、直线、多线、多段线线段、样条曲线、面域或射线最近的端点，或捕捉宽线、实体或三维面域的最近角点。
- 中点：捕捉到圆弧、椭圆、椭圆弧、直线、多线、多段线线段、面域、实体、样条曲线或参照线的中点。
- 圆心：捕捉到圆弧、圆、椭圆或椭圆弧的圆点。
- 节点：捕捉到点对象、标注定义点或标注文字起点。
- 象限点：捕捉到圆弧、圆、椭圆或椭圆弧的象限点。
- 交点：捕捉到圆弧、圆、椭圆、椭圆弧、直线、多线、多段线、射线、面域、样条曲线或参照线的交点。
- 延长线：当光标经过对象的端点时，显示临时延长线或圆弧，以便用户在延长线或圆弧上指定点。
- 插入点：捕捉到属性、块、形或文字的插入点。
- 垂足：捕捉圆弧、圆、椭圆、椭圆弧、直线、多线、多段线、射线、面域、实体、样条曲线或参照线的垂足。当正在绘制的对象需要捕捉多个垂足时，将自动打开“递延垂足”捕捉模式。可以用直线、圆弧、圆、多段线、射线、参照线、多线或三维实体的边作为绘制垂直线的基础对象。可以用“递延垂足”在这些对象之间绘制垂直线。
- 切点：捕捉到圆弧、圆、椭圆、椭圆弧或样条曲线的切点。当正在绘制的对象需要捕捉多个切点时，将自动打开“递延垂足”捕捉模式。可以使用“递延切点”来绘制与圆弧、多段线圆弧或圆相切的直线或构造线。

- 最近点：捕捉到圆弧、圆、椭圆、椭圆弧、直线、多线、点、多段线、射线、样条曲线或参照线的最近点。
- 外观交点：捕捉到不在同一平面但是可能看起来在当前视图中相交的两个对象的外观交点。
- 平行线：将直线段、多段线线段、射线或构造线限制为与其他线性对象平行。

3.3.2 使用“对象捕捉”工具栏

选择“工具”|“工具栏”|“AutoCAD”|“对象捕捉”命令，将显示“对象捕捉”工具栏，如图 3-13 所示。

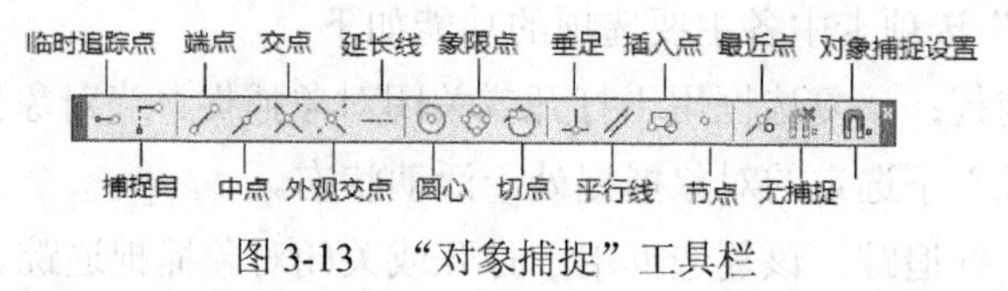

图 3-13　“对象捕捉”工具栏

单击“对象捕捉”工具栏中相应的对象按钮，再将光标移到要捕捉对象的指定点附近，即可捕捉到相应的特殊点。工具栏中特殊点按钮的功能与“草图设置”对话框中对应的选项相同。

- 临时追踪点：单击该按钮，可以创建对象捕捉所使用的临时点。
- 捕捉自：单击该按钮，可以在命令中获取某个点相对于参照点的偏移距离。
- 无捕捉：单击该按钮，将关闭对象捕捉功能。
- 对象捕捉设置：单击该按钮，将打开“草图设置”对话框，并显示“对象捕捉”选项卡。

3.3.3 使用“对象捕捉”快捷菜单

使用鼠标右键单击状态栏中的“对象捕捉”按钮，在弹出的快捷菜单中可以设置对象捕捉的方式，如图 3-14 所示；或者在按住 Shift 或 Ctrl 键，单击鼠标右键，也可以在弹出的快捷菜单中设置对象捕捉的方式，如图 3-15 所示。

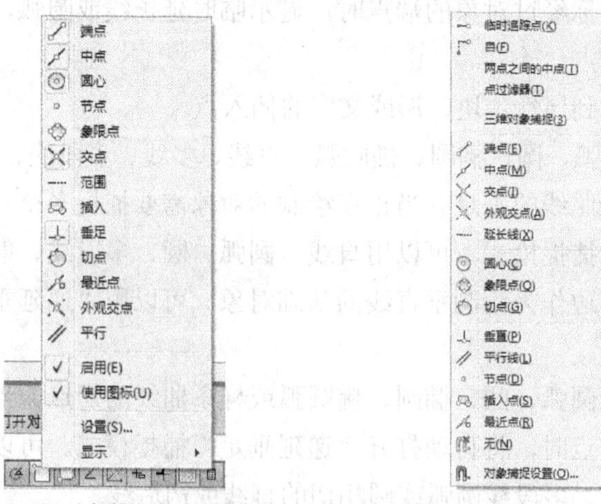

图 3-14　“对象捕捉”快捷菜单　　图 3-15　“对象捕捉”右键菜单

注意：

通过单击状态栏中的“对象捕捉”按钮或按 F3 键，可以实现打开和关闭对象捕捉功能之间的切换。

【练习 3-2】绘制坐便器图形。

实例分析：本例将在“坐便器”素材图形上绘制完整的图形，将使用“端点”和“中心”对象捕捉功能进行准确绘图。

(1) 打开本例将要使用的“坐便器”素材图形，如图 3-16 所示。

(2) 选择“工具”|“绘图设置”命令，在打开的“草图设置”对话框中选择“对象捕捉”选项卡，然后选中“启用对象捕捉”复选框，并在“对象捕捉模式”选项栏中分别选中“端点”和“中点”复选框，如图 3-17 所示。

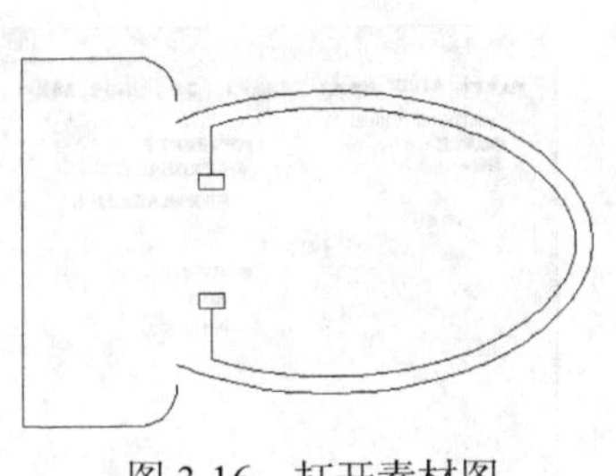

图 3-16　打开素材图

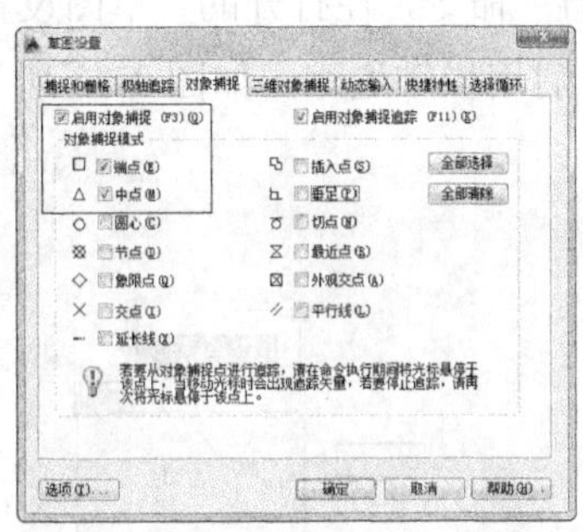

图 3-17　进行对象捕捉设置

(3) 选择“绘图”|“直线”命令，在如图 3-18 所示的端点处指定直线的第一个点，然后向下捕捉下方圆弧的端点，指定直线的下一个点并按空格键进行确定，如图 3-19 所示。

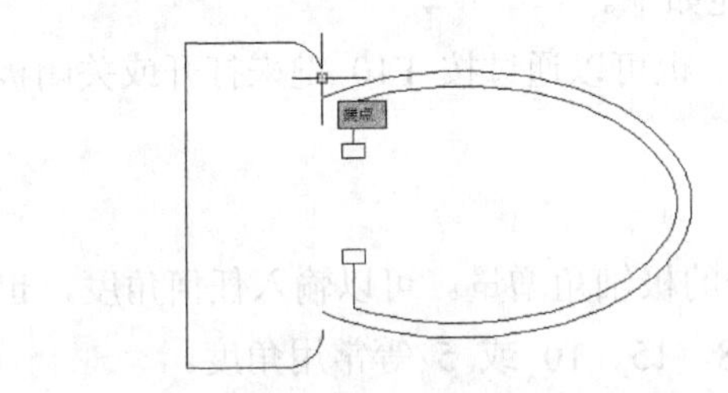

图 3-18　指定直线第一个点

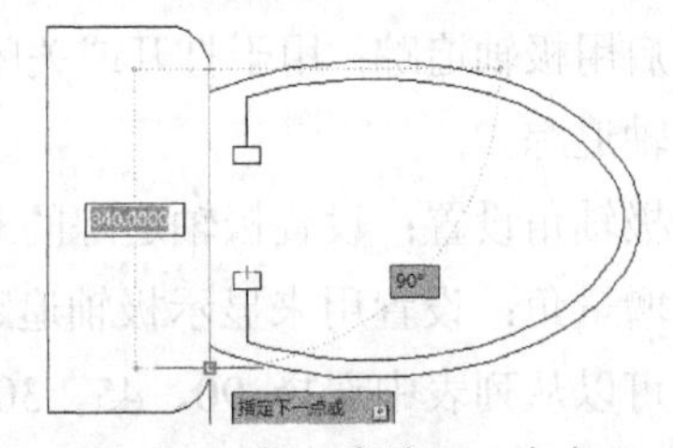

图 3-19　指定直线下一个点

(4) 按空格键重复执行“直线”命令，在如图 3-20 所示的矩形中点处指定直线的第一个点，然后向下捕捉下方矩形的中点，指定直线的下一个点并确定，至此完成本例的绘制，效果如图 3-21 所示。

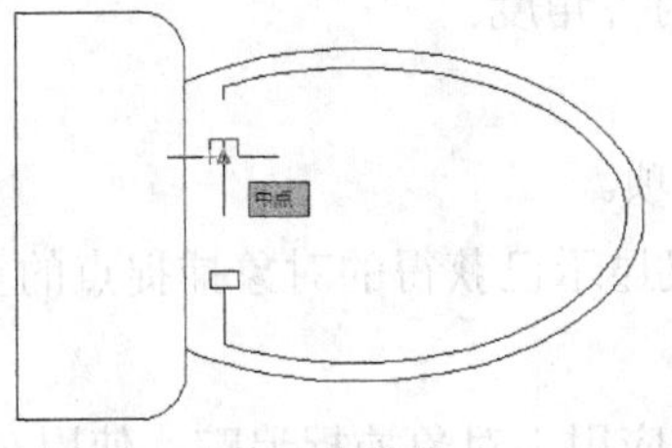

图 3-20　指定直线第一个点

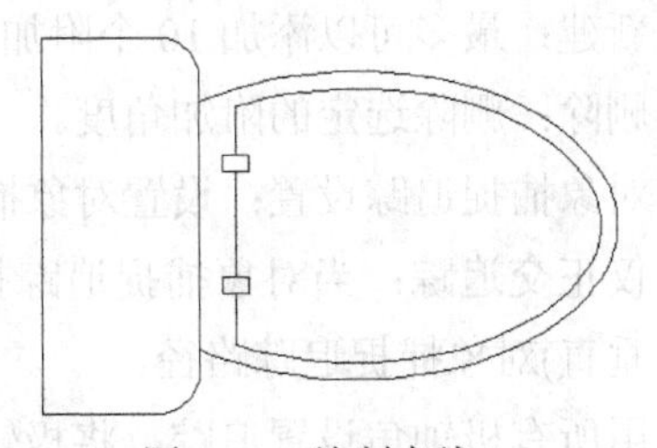

图 3-21　绘制直线

3.4　应用捕捉追踪

在绘图过程中，除了需要掌握对象捕捉的设置外，还需要掌握捕捉追踪的相关知识和应用方法，从而提高绘图效率。

3.4.1　使用极轴追踪

极轴追踪是以极轴坐标为基础，显示由指定的极轴角度所定义的临时对齐路径，然后按照指定的距离进行捕捉，如图 3-22 所示。

在使用极轴追踪时，需要按照一定的角度增量和极轴距离进行追踪。选择“工具”|“绘图设置”命令，在打开的“草图设置”对话框中选择“极轴追踪”选项卡，在该选项卡中，可以启用极轴追踪，如图 3-23 所示。

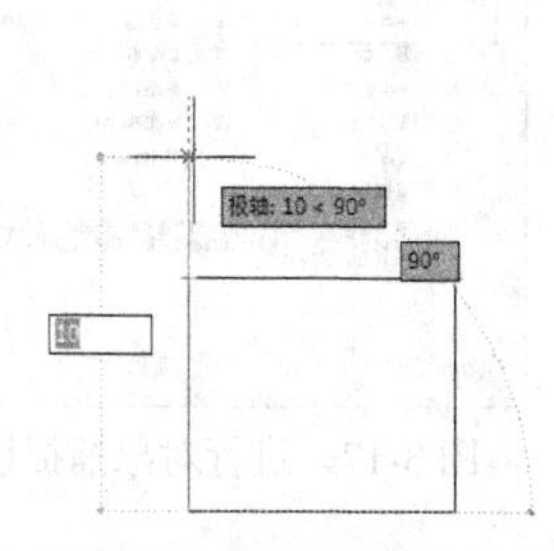

图 3-22　启用极轴追踪

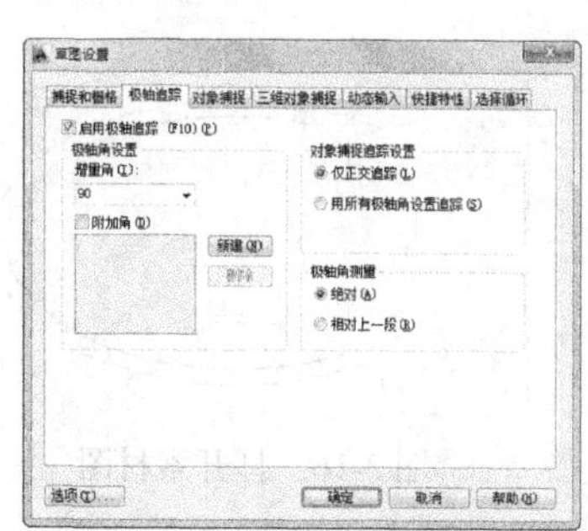

图 3-23　“极轴追踪”选项卡

在“极轴追踪”选项卡中，各主要选项的功能如下。

- 启用极轴追踪：用于打开或关闭极轴追踪。也可以通过按 F10 键来打开或关闭极轴追踪。
- 极轴角设置：设置极轴追踪的对齐角度。
- 增量角：设置用来显示极轴追踪对齐路径的极轴角增量。可以输入任何角度，也可以从列表中选择 90、45、30、22.5、18、15、10 或 5 等常用角度。
- 附加角：对极轴追踪使用列表中的任何一种附加角度。注意附加角度是绝对的，而非增量的。
- 角度列表：如果选定“附加角”，将列出可用的附加角度。要添加新的角度，单击“新建”按钮即可；要删除现有的角度，则单击“删除”按钮。
- 新建：最多可以添加 10 个附加极轴追踪对齐角度。
- 删除：删除选定的附加角度。
- 对象捕捉追踪设置：设置对象捕捉追踪选项。
- 仅正交追踪：当对象捕捉追踪打开时，仅显示已获得的对象捕捉点的正交(水平/垂直)对象捕捉追踪路径。
- 用所有极轴角设置追踪：将极轴追踪设置应用于对象捕捉追踪。使用对象捕捉追踪时，光标将从获取的对象捕捉点起沿极轴对齐角度进行追踪。

- 极轴角测量：设置测量极轴追踪对齐角度的基准。
- 绝对：根据当前用户坐标系（UCS）确定极轴追踪角度。
- 相对上一段：根据上一个绘制线段确定极轴追踪角度。

注意：

单击状态栏上的“极轴追踪”按钮，或按下 F10 键，也可以打开或关闭极轴追踪功能。另外，“正交”模式和极轴追踪不能同时打开，打开“正交”将关闭极轴追踪功能。

3.4.2　使用对象捕捉追踪

选择“工具”|“绘图设置”命令，在打开的“草图设置”对话框中打开“对象捕捉”选项卡，选中“启用对象捕捉追踪”复选框，启用对象捕捉追踪功能后，在命令中指定点时，光标可以沿基于其他对象捕捉点的对齐路径进行追踪，如图 3-24 所示为圆心捕捉追踪效果。

使用对象捕捉追踪，可以沿着基于对象捕捉点的对齐路径进行追踪。已获取的点将显示一个小加号（+），一次最多可以获取七个追踪点。获取点之后，当在绘图路径上移动光标时，将显示相对于获取点的水平、垂直或极轴对齐路径。例如，可以基于对象端点、中点或者对象的交点，沿着某个路径选择一点。

例如，在如图 3-25 所示的示意图中，启用了“端点”对象捕捉。单击直线的起点“1”开始绘制直线，将光标移动到另一条直线的端点“2”处获取该点，然后沿水平对齐路径移动光标，定位要绘制的直线的端点“3”。

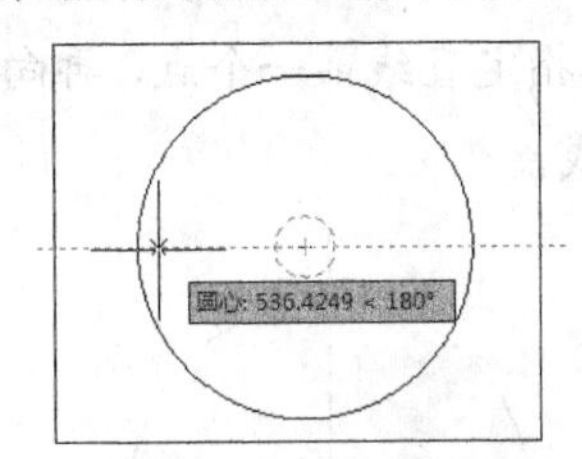

图 3-24　圆心捕捉追踪

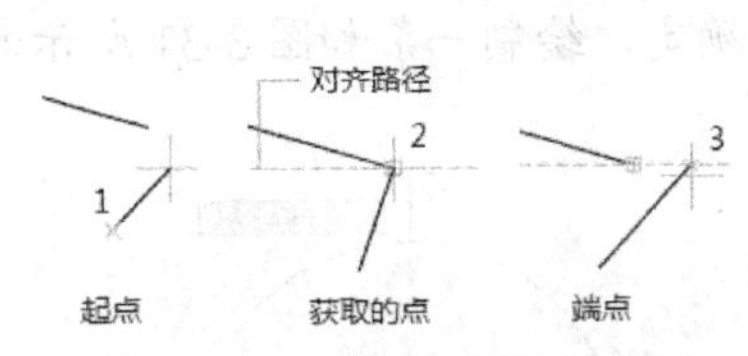

图 3-25　对象捕捉追踪示意图

注意：

要使用对象捕捉追踪功能，首先需要启用对象捕捉功能，并打开一个或多个对象捕捉选项，直接按下【F11】键实现开/关对象捕捉追踪功能之间的切换。

【练习 3-3】绘制筒灯图形。

实例分析：筒灯图形由圆和两个相互垂直的线段组成，可以使用对象捕捉追踪功能准确绘制该图形。

(1) 选择“工具”|“绘图设置”命令，在打开的“草图设置”对话框中选择“对象捕捉”选项卡，然后分别选中“启用对象捕捉”、“启用对象捕捉追踪”和“圆心”复选框，如图 3-26 所示。

(2) 选择“绘图”|“圆”|“圆心、半径”命令，在绘图区单击鼠标指定圆的圆心，然后输入半径为 40，绘制一个圆形，如图 3-27 所示。

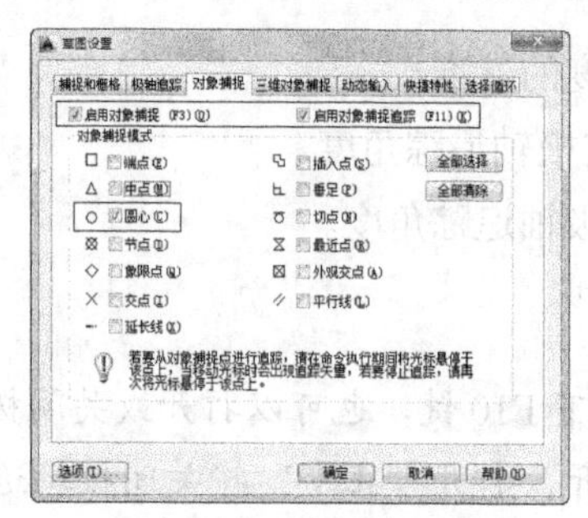

图 3-26　对象捕捉设置

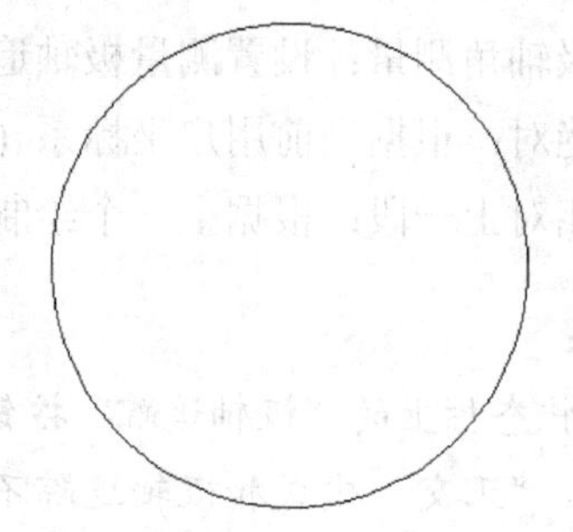

图 3-27　绘制圆形

(3) 按 F8 键开启正交模式功能。

(4) 选择“绘图”|“直线”命令，将光标移到圆的圆心处，然后向左移动光标到圆形外，进行圆心捕捉追踪，在如图 3-28 所示的位置单击鼠标指定直线第一个点，再向右指定直线下一个点并确定，绘制一条如图 3-29 所示的水平直线。

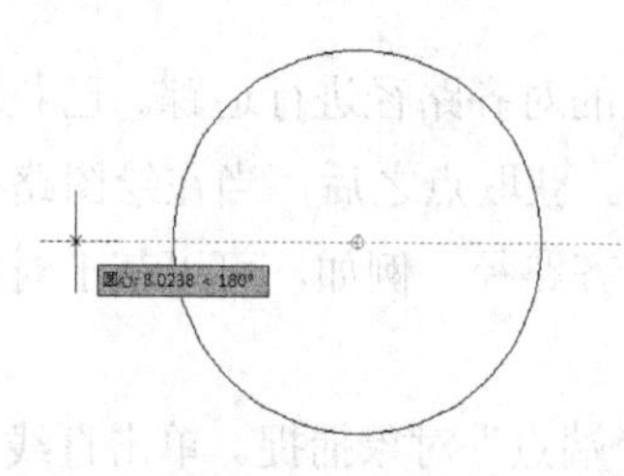

图 3-28　指定直线第一个点

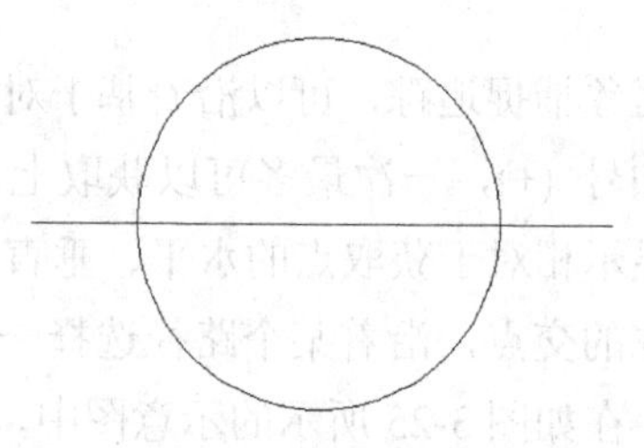

图 3-29　绘制水平直线

(5) 重复执行“直线”命令，将光标移到圆的圆心处，然后向上移动光标到圆形外，进行圆心捕捉追踪，在如图 3-30 所示的位置单击鼠标指定直线第一个点，再向下指定直线下一个点并确定，绘制一条如图 3-31 所示的垂直直线。

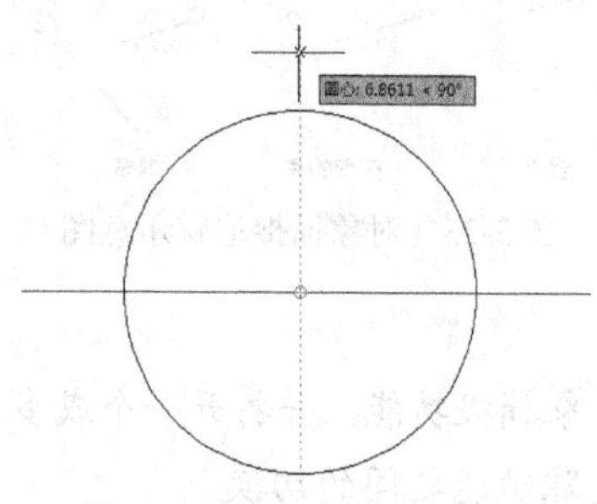

图 3-30　指定直线第一个点

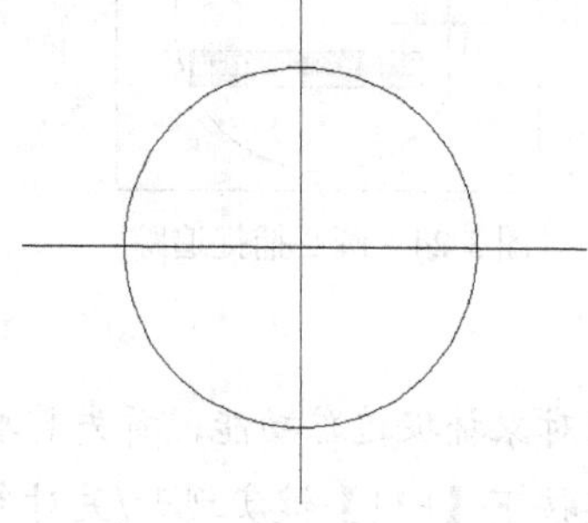

图 3-31　绘制垂直直线

3.4.3　修改捕捉追踪设置

默认情况下，对象捕捉追踪设置为正交路径。对齐路径将显示在始于已获取的对象点的 0 度、90 度、180 度和 270 度方向上。但可以修改极轴角的设置，例如在“草图设置”对话框中将极轴角的增量设为 45，并选中“用所有极轴角设置追踪”选项，如图 3-32 所示，即可修改对象捕捉追踪的角度限制，如图 3-33 所示。

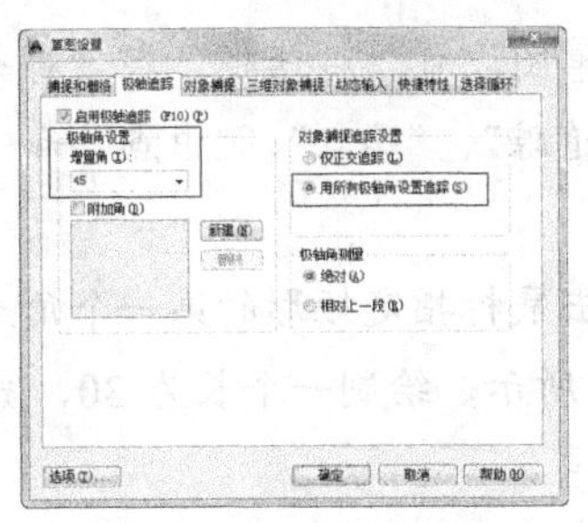
图 3-32　设置极轴追踪角度

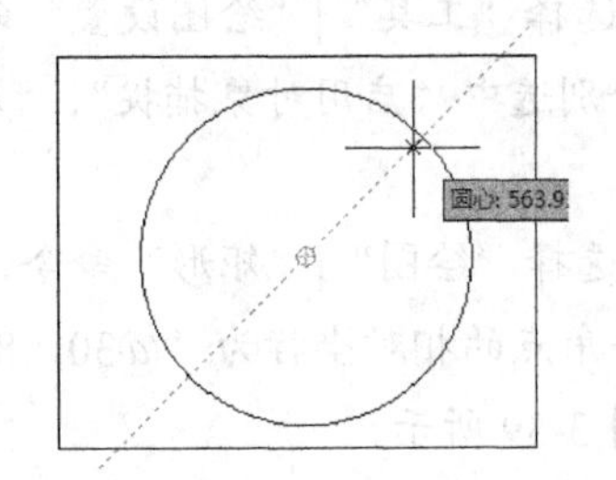

图 3-33　非正交角度捕捉追踪

3.4.4　使用临时捕捉追踪

在绘图过程中，可以与临时追踪点一起使用对象捕捉追踪。在提示指定点时，输入 tt，如图 3-34 所示，然后指定一个临时追踪点。该点上将出现一个小的加号“+”，如图 3-35 所示。移动光标时，将相对于该临时点显示自动追踪对齐路径。

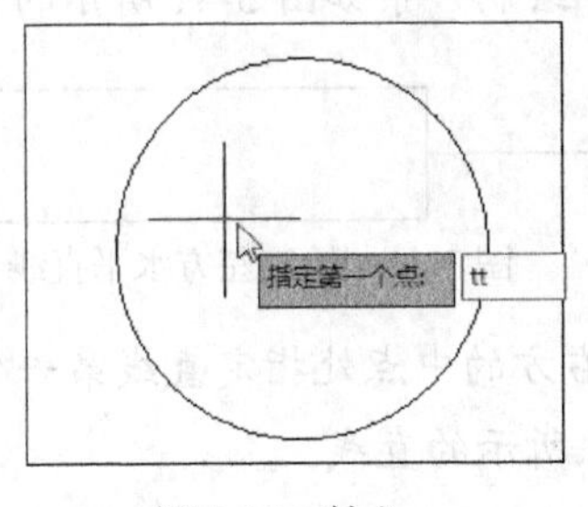

图 3-34　输入 tt

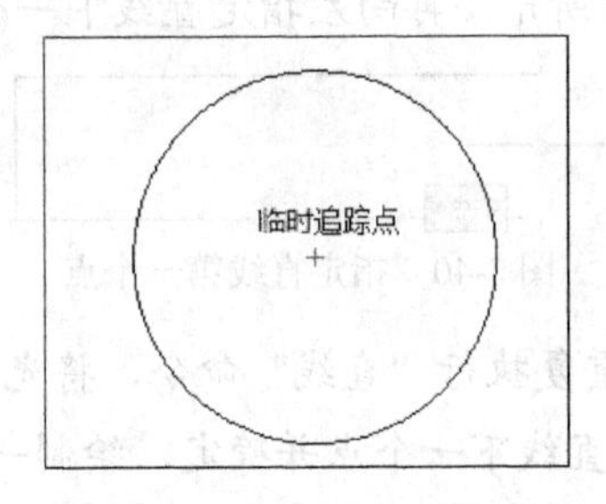

图 3-35　“+”为临时追踪点

获取临时对象捕捉点之后，可以使用直接距离沿对齐路径(始于已获取的对象捕捉点)在精确距离处指定点。移动光标以显示对齐路径，然后在命令提示下输入距离值，如图 3-36 所示。

在“选项”对话框的“绘图”选项卡中选择 “自动”或“按 Shift 键获取”选项，可以控制点的获取方式，如图 3-37 所示。点的获取方式默认设置为“自动”，当光标距要获取的点非常近时，按 Shift 键将临时获取点。

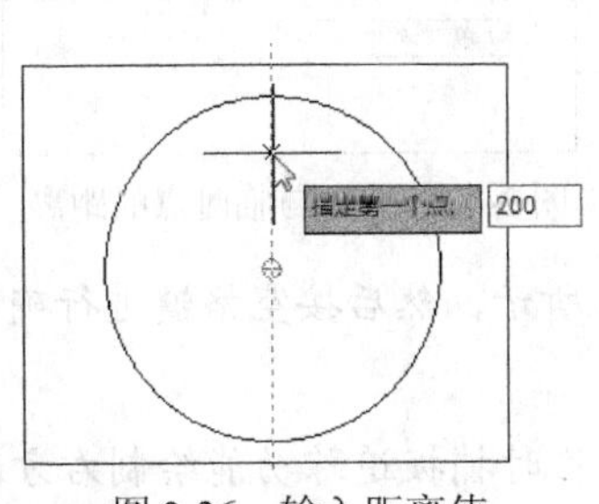

图 3-36　输入距离值

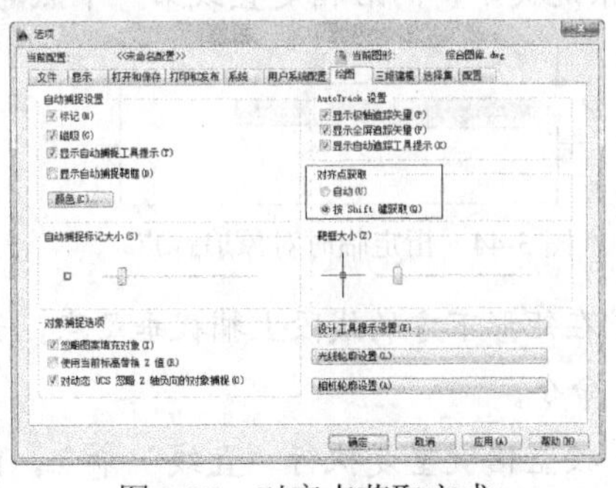
图 3-37　对齐点获取方式

【练习 3-4】绘制保险丝。

实例分析：在本例图形中绘制两方的水平线段时，可以使用“中点”对象捕捉功能；绘制矩形内的两条垂直线段时，可以使用临时捕捉追踪功能进行绘制。

(1) 选择“工具”|“绘图设置”命令，打开“草图设置”对话框，在“对象捕捉”选项卡中分别选中“启用对象捕捉”、“启用对象捕捉追踪”、“端点”、“中点”和“垂足”复选框。

(2) 选择“绘图”|“矩形”命令，在绘图区单击鼠标指定矩形的第一个角点，然后输入另一个角点的相对坐标为“@30，8”，如图 3-38 所示，绘制一个长为 30、宽为 8 的矩形，如图 3-39 所示。

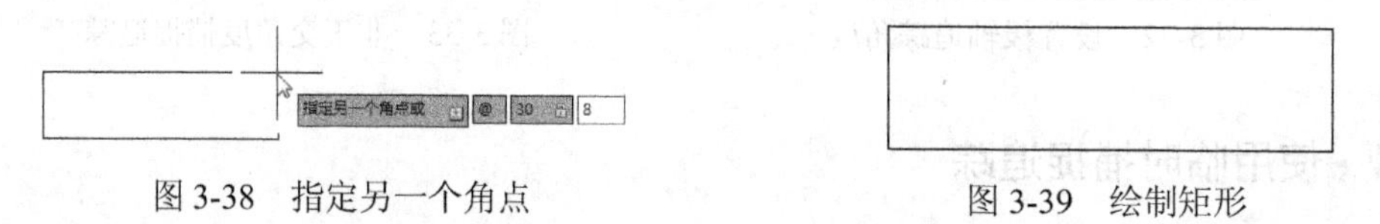

图 3-38　指定另一个角点　　图 3-39　绘制矩形

(3) 按 F8 键开启正交模式功能。

(4) 选择“绘图”|“直线”命令，将光标移至矩形左方的中点处指定直线第一个点，如图 3-40 所示，再向左指定直线下一个点并确定，绘制一条如图 3-41 所示的直线。

图 3-40　指定直线第一个点　　图 3-41　绘制左方水平直线

(5) 重复执行“直线”命令，将光标移到矩形右方的中点处指定直线第一个点，然后向右指定直线下一个点并确定，绘制一条如图 3-42 所示的直线。

(6) 执行“直线”命令，在系统提示“指定第一个点”时，输入临时捕捉追踪命令 tt，如图 3-43 所示。

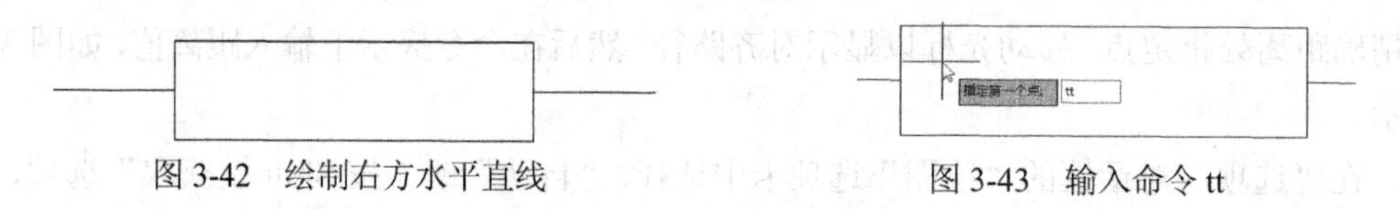

图 3-42　绘制右方水平直线　　图 3-43　输入命令 tt

(7) 根据系统提示，在矩形左上方的端点处指定临时对象追踪点，如图 3-44 所示，然后根据系统提示，向右指定直线第一个点与临时点的距离为 3，如图 3-45 所示。

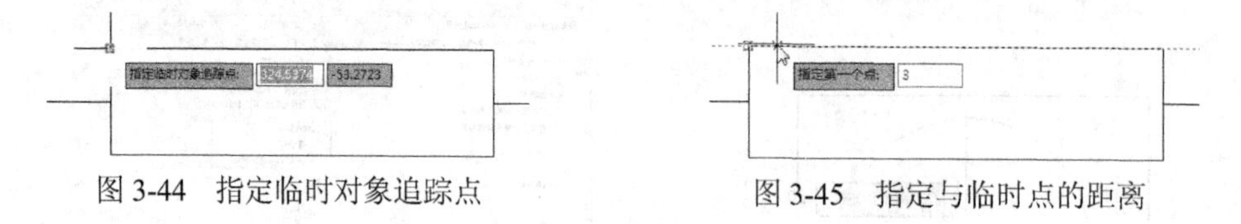

图 3-44　指定临时对象追踪点　　图 3-45　指定与临时点的距离

(8) 在矩形下方的线段上捕捉垂足点，如图 3-46 所示，然后按空格键进行确定，结束“直线”命令。

(9) 按空格键重复执行“直线”命令，继续使用临时捕捉追踪功能绘制右方的垂直直线，完成本例的绘制，如图 3-47 所示。

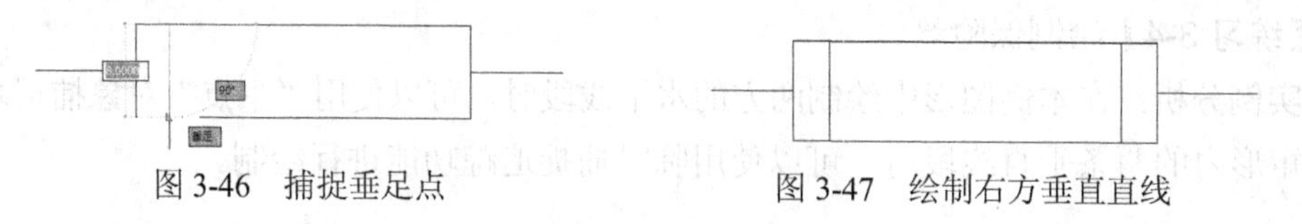

图 3-46　捕捉垂足点　　图 3-47　绘制右方垂直直线

3.5　应用动态输入

在 AutoCAD 2014 中，可以使用动态输入功能在指针位置处显示标注输入和命令提示等信息，从而方便绘图操作。

3.5.1　启用指针输入

在“草图设置”对话框中选择“动态输入”选项卡，然后选中“启用指针输入”复选框，可以启用指针输入功能，如图 3-48 所示。单击“指针输入”选项栏中的“设置”按钮，可以在打开的“指针输入设置”对话框中设置指针的格式和可见性，如图 3-49 所示。

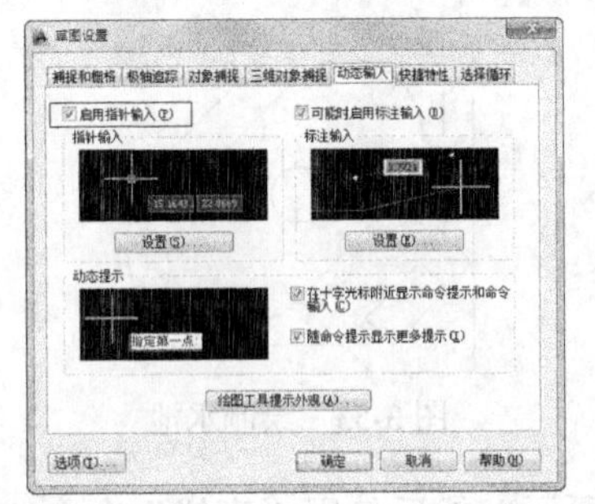

图 3-48　选中“启用指针输入”复选框

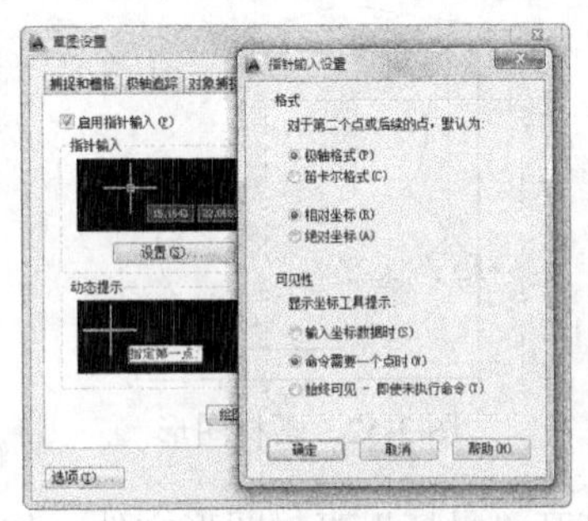

图 3-49　设置指针的格式和可见性

3.5.2　启用标注输入

打开“草图设置”对话框，在“动态输入”选项卡中选中“可能时启用标注输入”复选框，可以启用标注输入功能。单击“标注输入”选项栏中的“设置”按钮，可以在打开的“标注输入的设置”对话框中设置标注的可见性，如图 3-50 所示。

3.5.3　使用动态提示

打开“草图设置”对话框，选择“动态输入”选项卡，然后选中“动态提示”选项栏中的“在十字光标附近显示命令提示和命令输入”复选框，可以在光标附近显示命令提示，如图 3-51 所示。

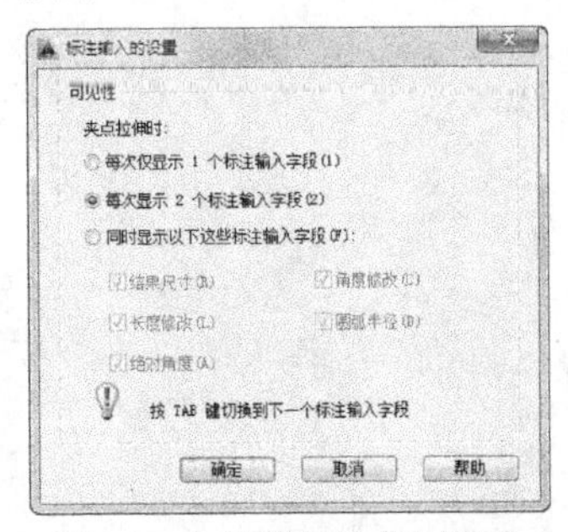

图 3-50　设置标注的可见性

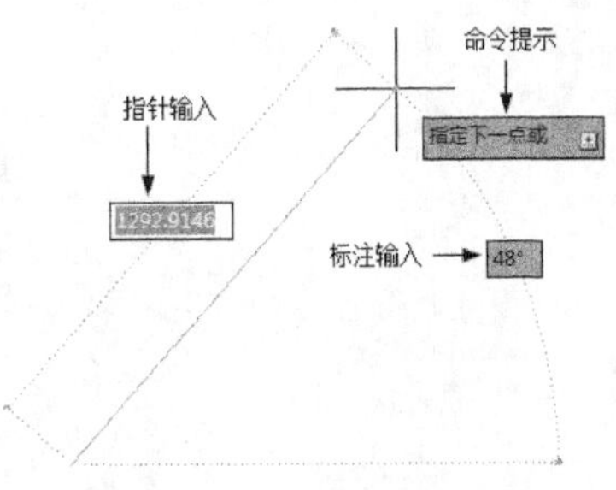

图 3-51　动态输入示意图

3.6　思考练习

1. 使用正交模式的作用是什么？

2. 启用或关闭捕捉和栅格的常用方法有哪几种？

3. 为什么在“草图设置”对话框选中“启用对象捕捉追踪”复选框后，仍不能进行对象捕捉追踪操作？

4. 在绘图过程中，如何开启动态输入功能？

5. 打开“水池”素材图形文件，如图 3-52 所示，然后使用“直线”和“圆”命令，在此基础上配合对象捕捉和对象捕捉追踪功能完成该图形的绘制，效果如图 3-53 所示。

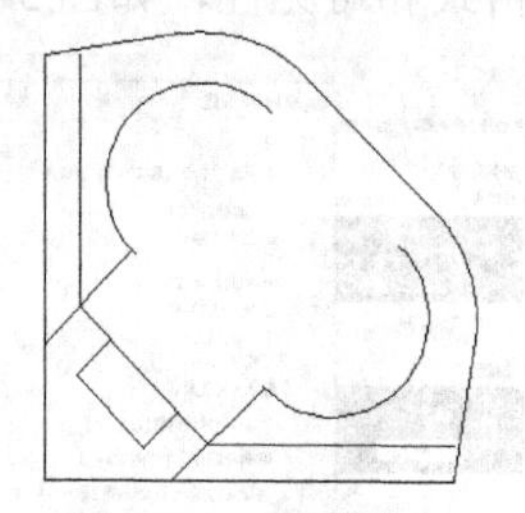

图 3-52　素材图形

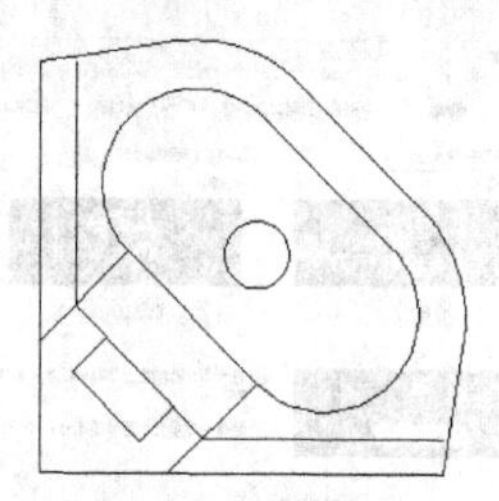

图 3-53　绘制水池

6. 打开“吊灯”素材图形文件，如图 3-54 所示，然后使用“直线”命令，在此基础上使用对象捕捉和对象捕捉追踪功能完成该图形的绘制，效果如图 3-55 所示。在使用对象捕捉追踪功能时，注意修改捕捉追踪的设置，开启非正交追踪功能。

图 3-54　素材图形

图 3-55　绘制吊灯

第4章 绘制二维基本图形

AutoCAD 提供了一系列绘图命令，包括二维图形和三维图形的绘制。本章将学习二维基本图形的绘制方法，例如点、直线、构造线、矩形、圆和圆弧的绘制。

4.1 绘制点

绘制点的命令包括 Point(点)、Divide(定数等分点)和 Measure(定距等分点)命令，用户还可以根据需要设置点的样式。

4.1.1 设置点样式

选择“格式”|“点样式”命令，或者输入 Ddptype 命令并确定，打开“点样式”对话框，在该对话框中可以设置多种不同的点样式，包括点的大小和形状，以满足用户绘图时的不同需要，如图 4-1 所示。对点样式进行更改后，在绘图区中的点对象也将发生相应的变化，如图 4-2 所示的点对象是设置为样式的效果。

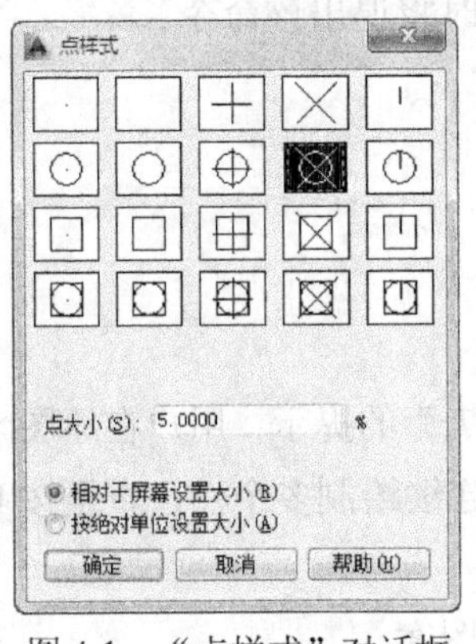

图 4-1 “点样式”对话框

图 4-2 点的效果

“点样式”对话框中各选项的含义如下。

- 点大小：用于设置点的显示大小，可以相对于屏幕设置点的大小，也可以设置点的绝对大小。
- 相对于屏幕设置大小：用于按屏幕尺寸的百分比设置点的显示大小。当进行显示比例的缩放时，点的显示大小并不改变。
- 按绝对单位设置大小：使用实际单位设置点的大小。当进行显示比例的缩放时，AutoCAD 显示的点的大小将随之改变。

除了可以在“点样式”对话框中设置点样式外，也可以使用“点数值(Pdmode)”和“点尺寸(Pdsize)”命令来设置点样式和大小。

执行 Pdmode 命令，系统将提示“输入 Pdmode 的新值<0>:”，此时要求用户设置点样式的系统变量，设置 Pdmode 的值为 0、2、3 和 4 时，将指定通过该点绘制图形。设置其值为 1 时，将指定不显示任何图形。设置好点样式的系统变量后，按下空格键进行确定即可。

输入 Pdsize 命令，然后按空格键进行确定，系统将提示“输入 Pdsize 的新值<0.0000>:”，此时要求用户设置控制点的大小。当设置 Pdsize 为正值时，表示点的实际大小；当设置 Pdsize 为负值时，则表示点相对于视图大小的百分比；当设置 Pdsize 为 0 时，则生成点的大小为绘图区高度的 5%。如果改变系统变量 Pdmode 和 Pdsize 的值，只会影响以后绘制的点，而不会改变已绘制好的点。设置好控制点的大小后，按空格键进行确定即可。

4.1.2　绘制点

在 AutoCAD 中，绘制点对象的操作包括绘制单点和绘制多点的操作。

1. 绘制单点

执行绘制单点的命令主要有以下两种方法。

- 输入 Point(简化命令 PO)并确定。
- 选择“绘图”|“点”|“单点”命令。

执行“单点”命令后，系统将显示“指定点:”的提示，用户在绘图区中单击指定点的位置，当在绘图区内单击时，即可创建一个点，同时将退出该命令。

2. 绘制多点

执行绘制多点的命令主要有以下两种方法。

- 单击“绘图”面板中的“多点”按钮。
- 选择“绘图”|“点”|“多点”命令。

执行“绘制多点”命令后，系统将提示“指定点:”的提示，用户在绘图区中单击创建点对象即可。执行“绘制多点”命令后，在绘图区连续绘制多个点，直至按 Esc 键终止该命令。

【练习 4-1】绘制如图 4-3 所示的沙发坐垫花纹图案。

实例分析：本实例在绘制沙发坐垫花纹图案的过程中，可以先设置好点式，然后使用“多点”命令绘制图案。

(1) 打开“沙发.dwg”素材图形，如图 4-4 所示。

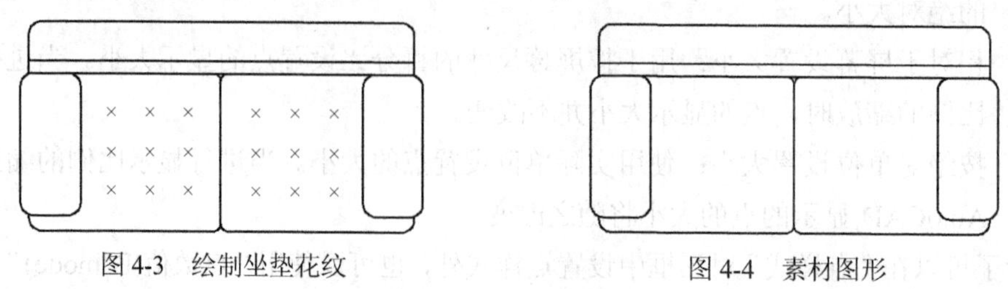

图 4-3　绘制坐垫花纹　　　　图 4-4　素材图形

(2) 选择“格式”|“点样式”命令，打开“点样式”对话框。选择点样式，设置点大小为“30”、选中“按绝对单位设置大小”单选按钮，如图4-5所示。

(3) 选择“绘图”|“点”|“多点”命令，在沙发坐垫图形中单击鼠标绘制一个点，如图4-6所示，继续单击鼠标依次绘制其他点，然后按Esc键退出“多点”命令。

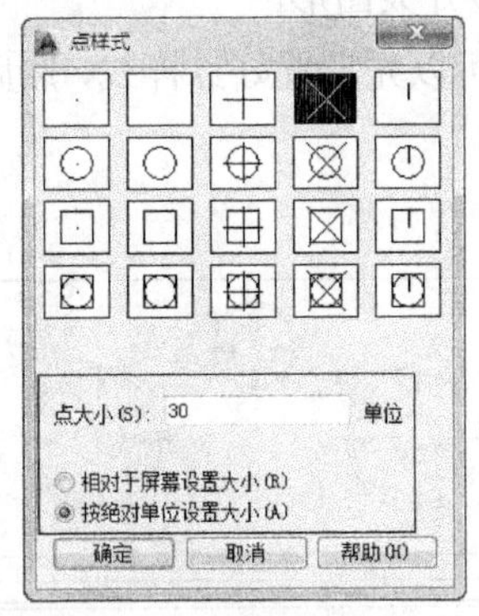

图4-5 设置点样式

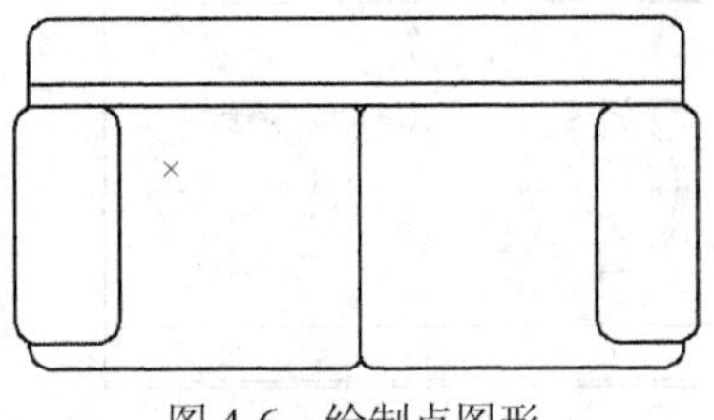

图4-6 绘制点图形

4.1.3 绘制定距等分点

使用“定距等分”命令可以在选择对象上创建指定距离的点或图块，以指定的长度进行分段，即将一个对象以一定的距离进行划分。

执行“定距等分”命令主要有以下两种的方法。

- 输入Measure或ME并确定。
- 选择“绘图”|“点”|“定距等分”命令。

在执行Measure命令创建定距等分点的过程中，系统提示“选择要定距等分的对象:”时，用户须选择要等分的对象，选择完成后系统将提示“指定线段长度或 [块(B)]: ”，此时输入等分的长度，然后按空格键结束操作。

注意：

在统将提示“指定线段长度或 [块(B)]: ”时，输入B并确定，可以使用指定的块对象定距等分选择的图形。

4.1.4 绘制定数等分点

使用“定数等分”命令能够在某一图形上以等分数目创建点，可以被等分的对象包括直线、圆、圆弧和多段线等。在定数等分点的过程中，用户可以指定等分数目。

执行“定数等分”命令主要有以下两种的方法。

- 输入Divide(简化命令DIV)并确定。
- 选择“绘图”|“点”|“定数等分”命令。

在执行Divide命令创建定数等分点的过程中，系统提示“选择要定数等分的对象:”时，用户须选择要等分的对象。选择完成后系统将提示“输入线段数目或[块(B)]:”，此时输入等分的数目，然后按空格键结束操作。

注意：

使用 Divide 和 Measure 命令创建的点对象，主要用于作为其他图形的捕捉点，生成的点标记并非起到断开图形的作用，而是起到等分测量的作用。

【练习 4-2】在如图 4-7 所示的灶具图形中绘制旋转开关图形。

实例分析：本实例在绘制灶具旋转开关的过程中，可以先设置好点样式，然后使用“定数等分”命令绘制旋转开关图形。

(1) 打开“灶具.dwg”素材图形，如图 4-8 所示。

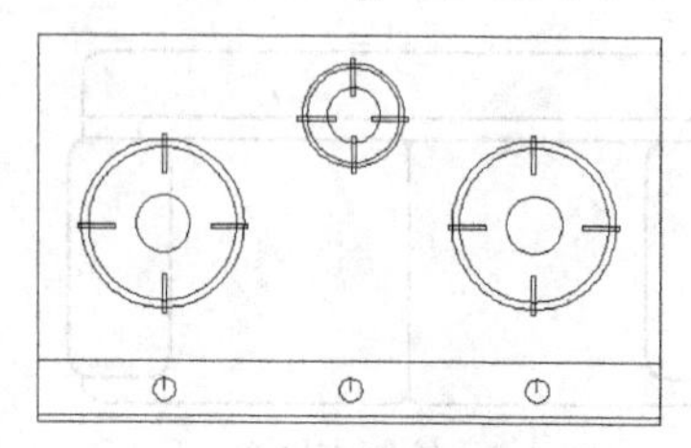

图 4-7　绘制旋转开关

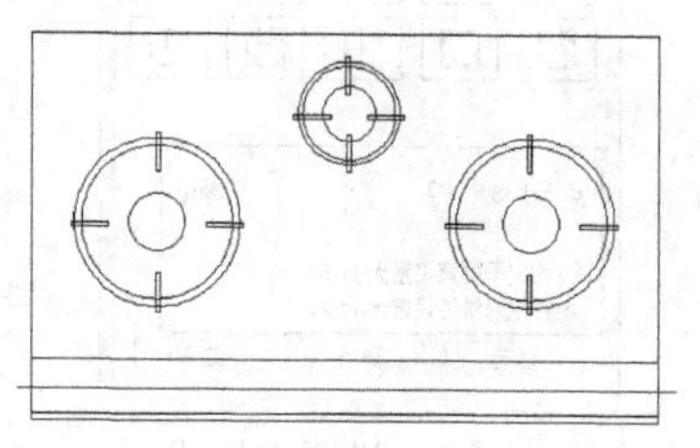

图 4-8　素材图形

(2) 选择“格式”|“点样式”命令，打开“点样式”对话框。选择点样式，设置点大小为“30”、选中“按绝对单位设置大小”单选按钮，如图 4-9 所示。

(3) 选择“绘图”|“点”|“定数等分”命令，在系统提示下选择如图 4-10 所示的辅助线作为要定数等分的对象。

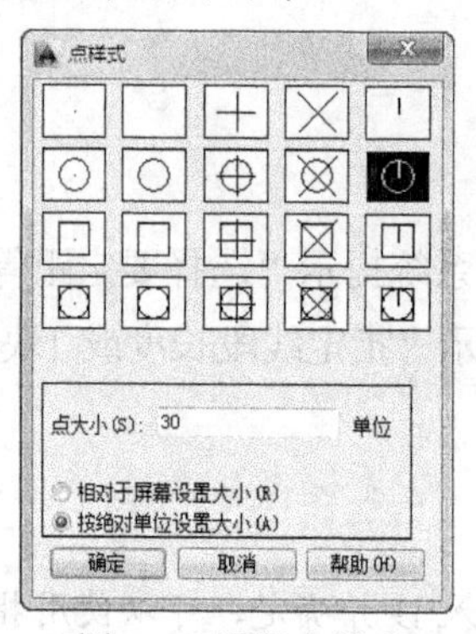

图 4-9　设置点样式

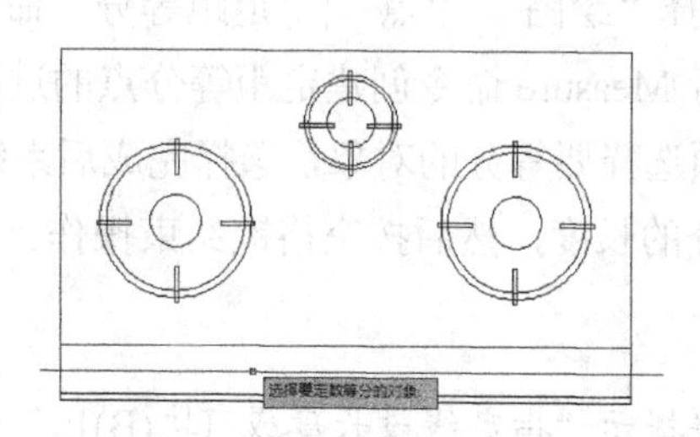

图 4-10　选择定数等分的对象

(4) 根据提示输入等分的线段数目为 4，如图 4-11 所示，完成定数等分后的效果如图 4-12 所示。选择辅助线，然后按 Delete 键将其删除。

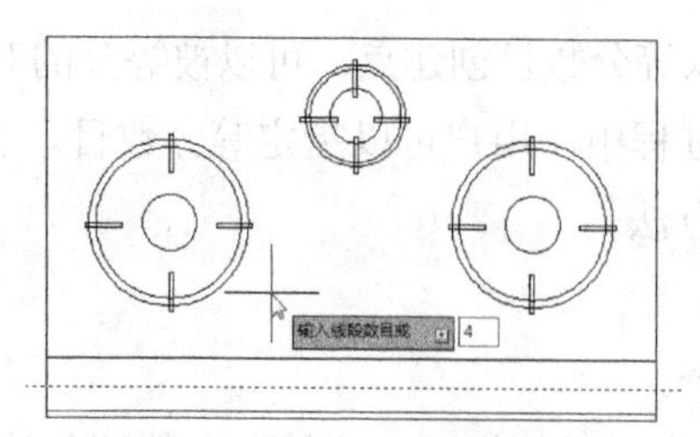

图 4-11　输入等分的线段数目

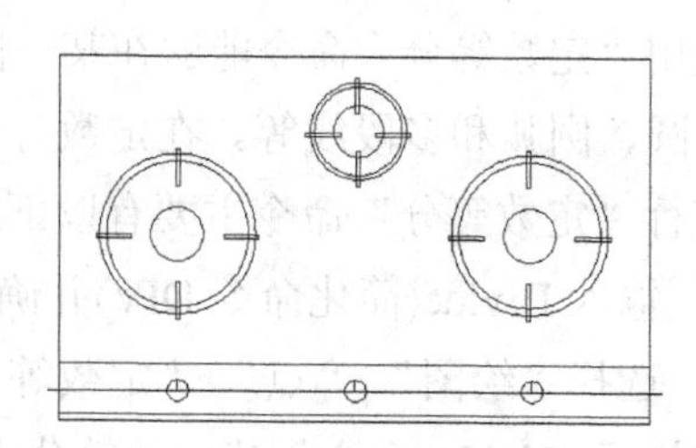

图 4-12　定数等分效果

4.2　绘制直线

“直线”命令是最基本、最简单的直线型绘图命令。使用“直线”命令可以在两点之间绘制正交线段和斜线段。

执行绘制直线的命令主要有以下两种方法。

- 输入 Line(简化命令 L)并确定。
- 选择“绘图”|“直线”命令。
- 单击“绘图”面板中的“直线”按钮。

4.2.1　直接绘制直线

在 AutoCAD 中，用户可以通过如下操作步骤使用“直线”命令绘制直线。

(1) 执行 L(直线)命令，单击鼠标指定线段的起点，系统将提示“指定下一点或[放弃(U)]:”。

(2) 根据系统提示，移动光标指定线段的下一点，系统将提示“指定下一点或[闭合(C)/放弃(U)]: ”。

- 闭合(C)：在绘制多条线段后，如果输入 C 并按空格键进行确定，则最后一个端点将与第一条线段的起点重合，从而组成一个封闭图形。
- 放弃(U)：输入 U 并按 Enter 键进行确定，则将最后绘制的线段撤除。

(3) 继续指定要绘制线段的其他点，或按 Enter 键进行确定，结束操作。

4.2.2　绘制指定长度的直线

在绘制直线时，用户可以通过输入线段的长度绘制指定长度的线段。执行 L(直线)命令后，在绘图区指定线段的第一个点，然后移动鼠标指定线段的方向，再输入线段的长度，如图 4-13 所示。按 Enter 键进行确定，即可绘制指定长度的直线，如图 4-14 所示。

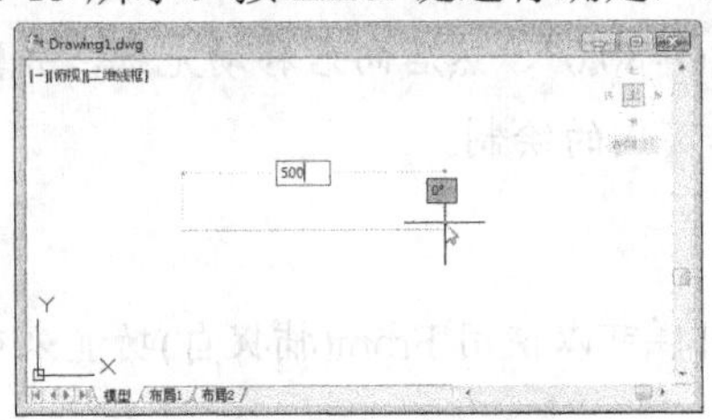

图 4-13　输入长度

图 4-14　绘制直线

4.2.3　绘制指定起点的直线

From(捕捉自)是用于偏移基点的命令，在执行各种绘图命令时，可以通过该命令偏移绘图的基点位置。用户可以通过使用 From(捕捉自)功能指定绘制线段的起点坐标位置。

【练习 4-3】绘制如图 4-15 所示的筒灯平面图。

实例分析：在绘制筒灯平面图的直线时，可以先指定绘制直线的基点，然后设置偏移基点的位置，再绘制所需的直线。

(1) 选择“绘图”|“圆”|“圆点、半径”命令，在绘图区单击鼠标指定圆的圆心，然后输入圆的半径为 50 并按 Enter 键进行确定，绘制一个半径为 50 的圆，如图 4-16 所示。

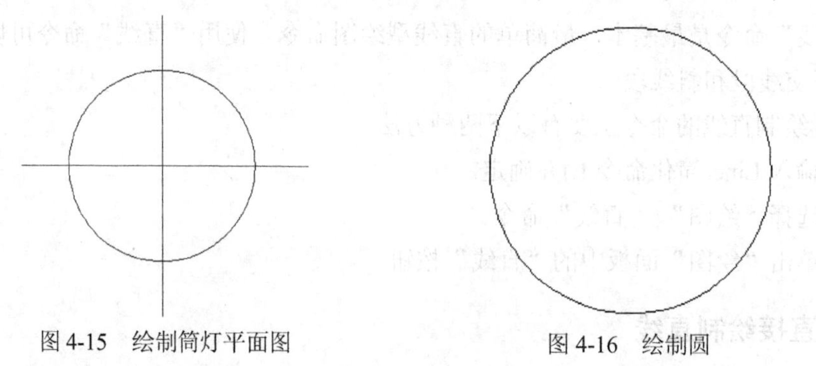

图 4-15　绘制筒灯平面图　　　图 4-16　绘制圆

(2) 执行 L(直线)命令，输入 From 并按 Enter 键进行确定，根据系统提示，单击圆心作为绘制直线的基点，如图 4-17 所示。

(3) 根据系统提示，输入偏移基点的坐标为“@0,80”，然后向下移动光标，并输入线段的长度为 160，再按 Enter 键进行确定，如图 4-18 所示。

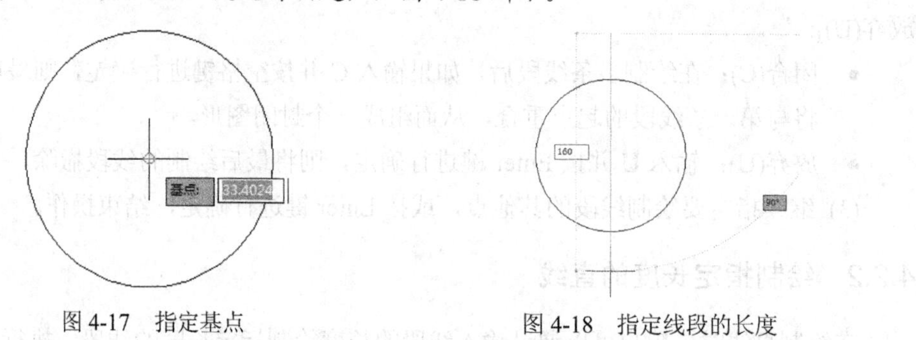

图 4-17　指定基点　　　图 4-18　指定线段的长度

(4) 按 Enter 键重复执行 L(直线)命令，输入 from 并 Enter 键进行确定，根据系统提示，单击圆心作为绘制直线的基点。

(5) 根据系统提示，输入偏移基点的坐标为“@-80,0”，然后向右移动光标，并输入线段的长度为 160，再按 Enter 键进行确定，完成本实例的绘制。

注意：

在绘制矩形、圆以及多段线等其他对象时，同样可以使用 From(捕捉自)功能来确定对象的起点与指定基点的偏移位置。

4.3　绘制构造线

使用“构造线”命令可以绘制无限延伸的结构线。在建筑或机械制图中，通常使用构造线作为绘制图形过程中的辅助线，如基准坐标轴。

执行绘制构造线的命令主要有以下几种调用方法。

- 选择“绘图” | “构造线” 命令。
- 展开“绘图”面板，单击其中的“构造线”按钮。
- 输入 Xline(XL)命令并确定。

4.3.1　绘制正交构造线

执行 Xline(XL)命令，通过“水平(H)”或“垂直(V)”命令选项可以绘制水平或垂直构造线。绘制通过指定点的水平或垂直构造线的操作如下。

(1) 执行 Xline(XL)命令，系统将提示“指定点或 [水平(H)/垂直(V)/角度(A)/二等分(B)/偏移(O)]: ”，输入 H 或 V 并确定，然后选择“水平”或“垂直”选项。

(2) 系统提示“指定通过点:”时，在绘图区中单击一点作为通过点。

(3) 按空格键结束命令，绘制的水平和垂直构造线如图 4-19 所示。

4.3.2　绘制倾斜构造线

执行 Xline(XL)命令，通过“角度(A)”命令选项可以绘制指定倾斜角度的构造线。

【练习 4-4】 绘制倾斜角度为 45 的构造线，如图 4-20 所示。

实例分析：绘制倾斜角度为 45 的构造线时，首先需要选择“角度”选项，然后设置倾斜角度为 45，再绘制指定的构造线。

(1) 执行 Xline(XL)命令，系统将提示“指定点或 [水平(H)/垂直(V)/角度(A)/二等分(B)/偏移(O)]: ”，输入 A 并确定，选择“角度”选项。

(2) 系统提示“输入构造线的角度 (0) 或 [参照(R)]:”时，输入构造线的倾斜角度为 45 并确定。

(3) 根据系统提示指定构造线的通过点，然后按空格键结束命令。

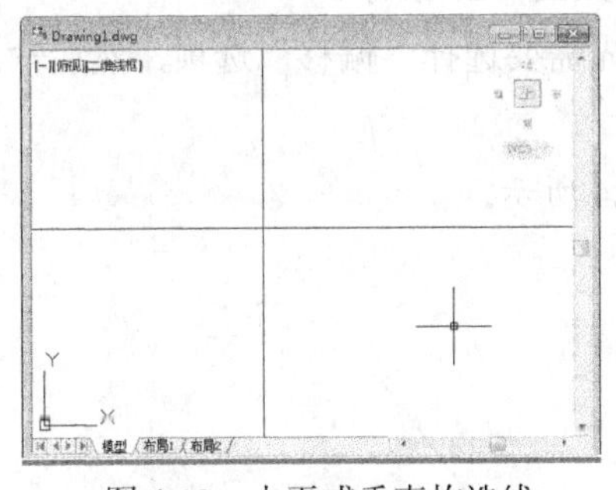

图 4-19　水平或垂直构造线

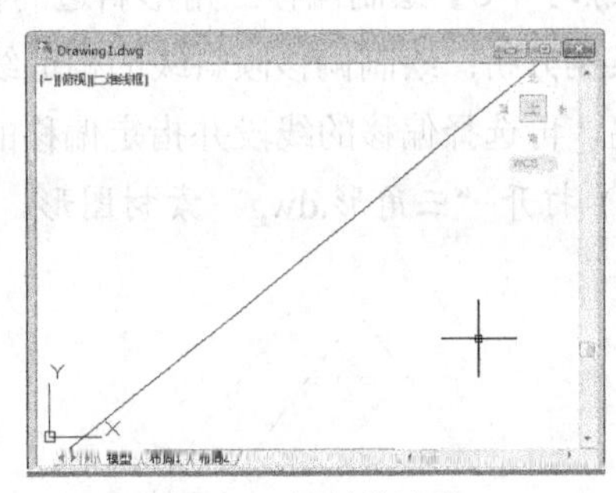

图 4-20　倾斜构造线

4.3.3　绘制角平分构造线

执行 Xline(XL)命令，通过“二等分(B)”命令选项可以绘制角平分构造线。

【练习 4-5】 绘制法兰盘的角平分构造线，如图 4-21 所示。

实例分析：绘制法兰盘的角平分构造线时，首先需要选择“二等分”选项，然后通过依次指定角的顶点、起点和端点绘制指定的构造线。

(1) 打开“法兰盘.dwg”素材图形，如图 4-22 所示。

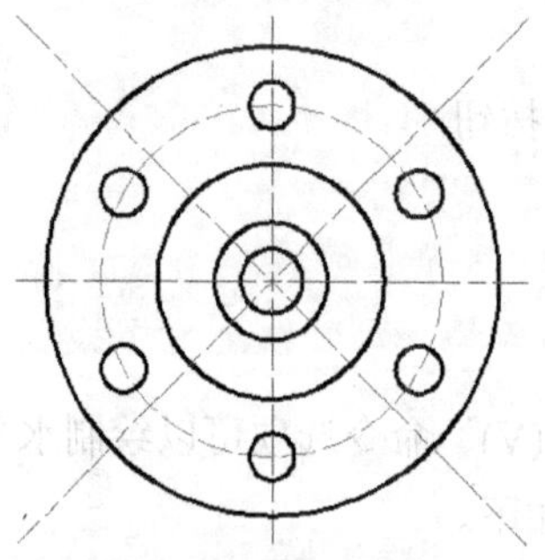

图 4-21　绘制角平分构造线

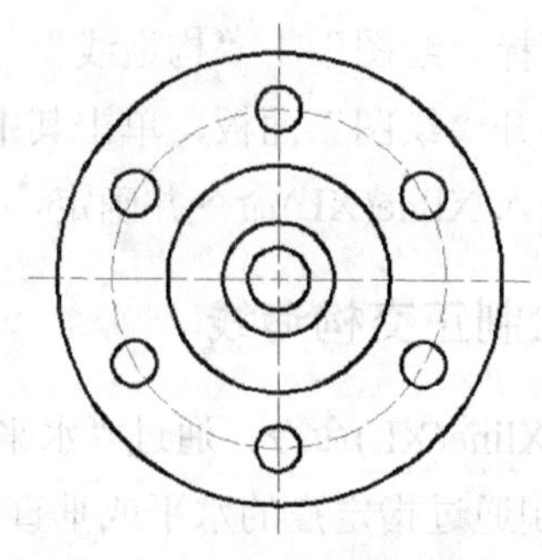

图 4-22　法兰盘素材

(2) 执行 Xline(XL)命令，根据系统提示“指定点或 [水平(H)/垂直(V)/角度(A)/二等分(B)/偏移(O)]:”，输入 b 并确定，选择“二等分”选项。

(3) 根据系统提示“指定角的顶点:”，在法兰盘中点处捕捉角顶点。

(4) 根据系统提示“指定角的起点:”，在法兰盘水平直线与大圆的左方交点处捕捉角起点。

(5) 根据系统提示“指定角的端点:”，在法兰盘垂直线与大圆的上方交点处捕捉角端点，按 Enter 键结束命令，绘制出一条角平分构造线。

(6) 按 Enter 键重复执行“构造线”命令，输入 b 并确定，选择“二等分”选项，然后依次在法兰盘中点、垂直直线与圆的上方交点、水平直线与圆的右方交点处指定角的顶点、起点和端点，绘制另一条角平分构造线。

4.3.4　绘制偏移构造线

执行 Xline(XL)命令，通过“偏移(O)”命令选项可以绘制指定对象的偏移构造线。

【练习 4-6】绘制偏移三角形斜边的构造线，如图 4-23 所示。

实例分析：绘制偏移倾斜线的构造线时，首先需要选择“偏移”选项，然后输入偏移的距离，再选择偏移的线段并指定偏移的方向。

(1) 打开“三角形.dwg”素材图形，如图 4-24 所示。

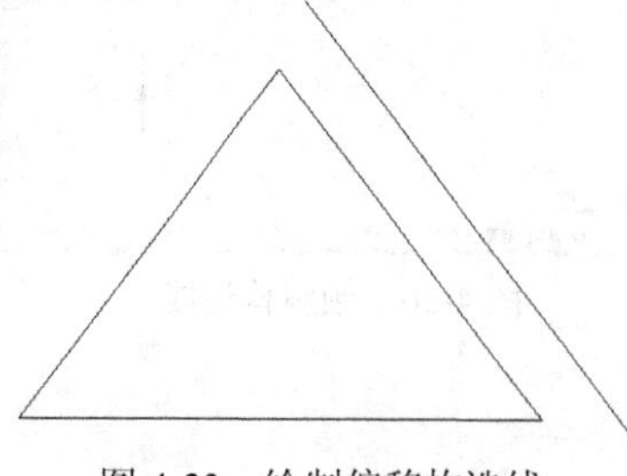

图 4-23　绘制偏移构造线

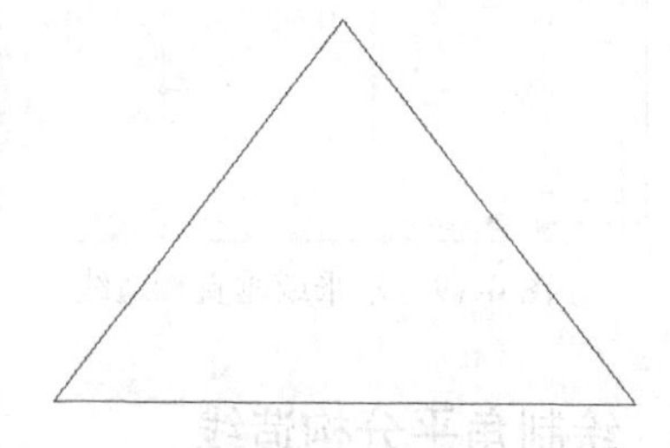

图 4-24　三角形

(2) 执行 Xline 命令，根据系统提示“指定点或 [水平(H)/垂直(V)/角度(A)/二等分(B)/偏移(O)]:”，输入 O 并确定，然后选择“偏移”选项。

(3) 根据系统提示“指定偏移距离或 [通过(T)]”，输入 5 并确定，指定构造线与参考线的偏移距离。

(4) 根据系统提示“选择直线对象:”，选择三角形右方的斜线作为参考的直线对象。

(5) 根据系统提示“指定向哪侧偏移:”，在斜线右方单击鼠标指定偏移的方向，然后按Enter键结束命令。

4.4　绘制矩形

使用“矩形”命令可以通过单击鼠标指定两个对角点的方式绘制矩形，也可以通过输入坐标指定两个对角点的方式绘制矩形示。当矩形的两角点形成的边长相同时，则生成正方形。

执行“矩形”命令的常用方法有以下3种。

- 选择“绘图”|“矩形”命令。
- 单击“绘图”面板中的“矩形”按钮□。
- 输入Rectang(REC)命令并确定。

执行Rectang(REC)命令后，系统将提示“指定第一个角点或 [倒角(C)/标高(E)/圆角(F)/厚度(T)/宽度(W)]: ”，各选项的含义如下。

- 倒角(C)：用于设置矩形的倒角距离。
- 标高(E)：用于设置矩形在三维空间中的基面高度。
- 圆角(F)：用于设置矩形的圆角半径。
- 厚度(T)：用于设置矩形的厚度，即三维空间Z轴方向的高度。
- 宽度(W)：用于设置矩形的线条粗细。

4.4.1　绘制直角矩形

执行Rectang(REC)命令，可以通过直接单击鼠标确定矩形的两个对角点，绘制一个任意大小的直角矩形，也可以确定矩形的第一个角点后，通过“尺寸(D)”命令选项绘制指定大小的矩形，或是通过指定矩形另一个角点的坐标绘制指定大小的矩形。

【练习4-7】通过“尺寸(D)”命令选项绘制长度为100，宽度为70的直角矩形。

实例分析：绘制该实例的矩形时，需要在指定矩形的第一个角点后，选择“尺寸”选项，然后依次设置矩形的长度和宽度。

(1) 执行Rectang(REC)命令，单击鼠标指定矩形的第一个角点。

(2) 输入参数d并确定，选择“尺寸(D)”命令选项，如图4-25所示。

(3) 根据系统提示依次设置矩形的长度为100、宽度为70。

(4) 根据系统提示指定矩形另一个角点的位置，即可创建一个指定大小的矩形，如图4-26所示。

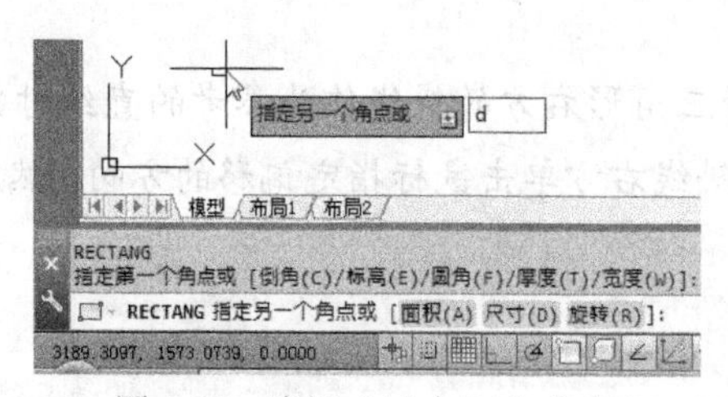

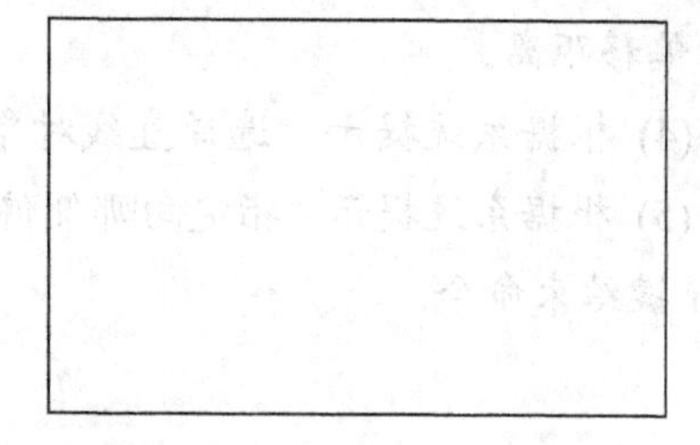

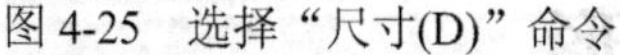

图 4-25　选择“尺寸(D)”命令　　　图 4-26　创建指定大小的矩形

【练习 4-8】通过指定矩形角点坐标绘制长度为 100，宽度为 70 的直角矩形。

实例分析：绘制该实例的矩形时，首先需要指定矩形的第一个角点，然后依次设置矩形另一个角点的坐标。

(1) 执行 Rectang(REC)命令，单击鼠标指定矩形的第一个角点，然后根据系统提示输入矩形另一个角点的相对坐标值(如@80,50)，如图 4-27 所示。

(2) 输入另一个角点的相对坐标值后，按空格键确定，即可创建一个指定大小的矩形，如图 4-28 所示。

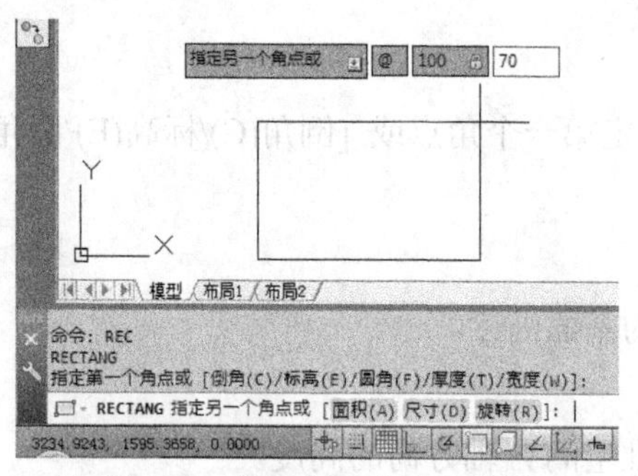

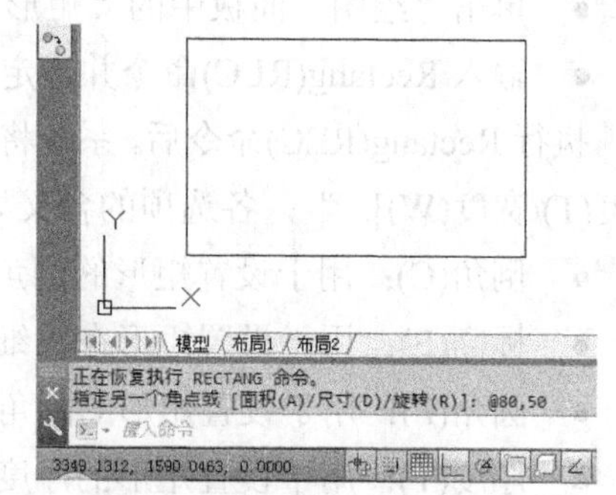

图 4-27　指定另一个角点坐标　　　图 4-28　创建指定大小的矩形

4.4.2　绘制圆角矩形

在绘制矩形的操作中，除了可以绘制指定大小的直角矩形外，还可以通过“圆角(F)”命令选项绘制带圆角的矩形，并且可以指定矩形的大小和圆角的大小。

【练习 4-9】绘制长度为 100，宽度为 70、圆角半径为 8 的圆角矩形。

实例分析：绘制该实例的圆角矩形时，首先需要选择“圆角”选项，然后指定矩形的圆角半径，再依次指定矩形的第一个角点和另一个角点。

(1) 执行 Rectang(REC)命令，根据系统提示“指定第一个角点或 [倒角(C)/标高(E)/圆角(F)/厚度(T)/宽度(W)]: ”，输入参数 F 并确定，以选择“圆角(F) ”选项，如图 4-29 所示。

(2) 根据系统提示输入矩形圆角的大小为 8 并确定。

(3) 单击鼠标指定矩形的第一个角点.

(4) 输入矩形的另一个角点相对坐标为“@100,70”，按空格键进行确定，即可绘制指定的圆角矩形，如图 4-30 所示。

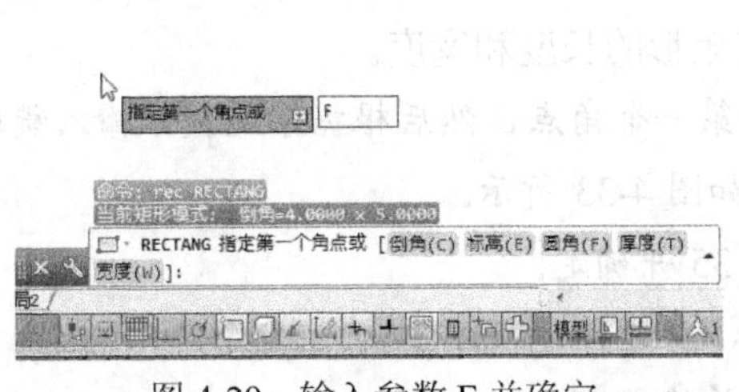

图 4-29　输入参数 F 并确定

图 4-30　绘制圆角矩形

4.4.3　绘制倒角矩形

除了可以绘制圆角矩形外，还可以通过“倒角(C)”命令选项绘制带倒角的矩形，并且可以指定矩形的大小和倒角大小。

【练习 4-10】绘制长度为 100，宽度为 80、倒角距离 1 为 8、倒角距离 2 为 10 的倒角矩形。

实例分析：绘制该实例的倒角矩形时，首先需要选择“倒角”选项，然后指定矩形的第一个倒角距离和第二个倒角距离，再依次指定矩形的第一个角点和另一个角点。

(1) 执行 Rectang(REC)命令，根据系统提示“指定第一个角点或 [倒角(C)/标高(E)/圆角(F)/厚度(T)/宽度(W)]: ”时，输入参数 C 并确定，以选择“倒角(C)”选项，如图 4-31 所示。

(2) 根据系统提示输入矩形的第一个倒角距离为 8 并确定。

(3) 输入矩形的第二个倒角距离为 10 并确定。

(4) 根据系统提示单击鼠标指定矩形的第一个角点。

(5) 输入矩形另一个角点的相对坐标值为“@100,80”，按空格键即可创建指定的倒角矩形，如图 4-32 所示。

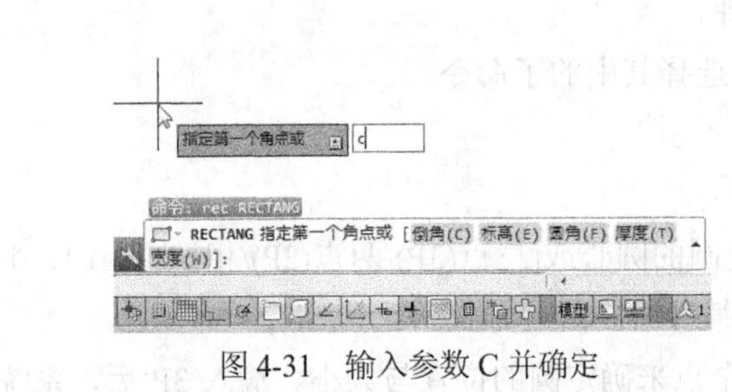

图 4-31　输入参数 C 并确定

图 4-32　绘制倒角矩形

4.4.4　绘制旋转矩形

在 AutoCAD 中，创建旋转矩形的方法有两种，一种是绘制好水平方向的矩形后，使用“旋转”修改命令将其旋转，另一种是通过“矩形”命令中的“旋转(R)”命令选项直接绘制旋转矩形。

【练习 4-11】绘制旋转角度为 35、长度为 100、宽度为 60 的矩形。

实例分析：绘制该实例的旋转矩形时，需要在指定矩形的第一个角点后，选择“旋转”选项，然后指定矩形的旋转角度，再依次指定矩形的长度和宽度。

(1) 执行 Rectang(REC)命令，指定矩形的第一个角点，然后根据系统提示输入旋转参数 R 并确定，选择“旋转(R)” 命令选项，如图 4-33 所示。

(2) 根据系统提示输入旋转矩形的角度为 35 并确定。

(3) 根据系统提示输入旋转参数 d 并确定，以选择“尺寸(D)” 命令选项。

(4) 根据系统提示输入矩形的长度为 100 并确定。

(5) 根据系统提示输入矩形的宽度为 60 并确定，即可绘制指定的旋转矩形，如图 4-34 所示。

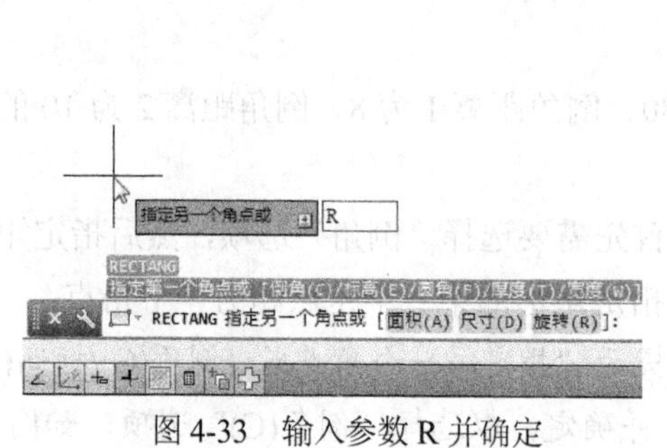

图 4-33　输入参数 R 并确定

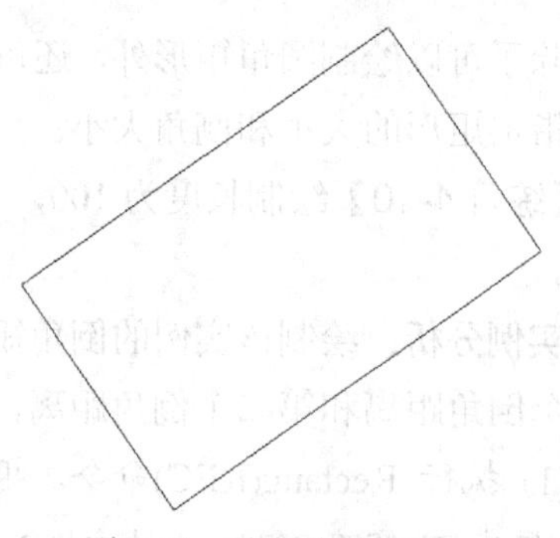

图 4-34　绘制旋转矩形

4.5 绘制圆

在默认状态下，圆形的绘制方式是先确定圆心，再确定半径。用户也可以通过指定两点确定圆的直径或是通过三个点确定圆形等方式绘制圆形。

执行“圆”命令的常用方法有以下 3 种。

- 选择“绘图” | “圆”命令，然后选择其中的子命令。
- 单击“绘图”面板中的“圆”按钮。
- 输入 Circle(C)命令并确定。

执行 Circle(C)命令，系统将提示“指定圆的圆心或[三点(3P)/两点(2P)/相切、相切、半径(T)]: ”，用户可以指定圆的圆心或选择某种绘制圆的方式。

- 三点(3P)：通过在绘图区内确定三个点来确定圆的位置与大小。输入 3P 后，系统分别提示：指定圆上的第一点、第二点、第三点。
- 两点(2P)：通过确定圆的直径的两个端点绘制圆。输入 2P 后，命令行分别提示指定圆的直径的第一端点和第二端点。
- 相切、相切、半径(T)：通过两条切线和半径绘制圆，输入 T 后，系统分别提示指定圆的第一切线和第二切线上的点以及圆的半径。

4.5.1　通过圆心和半径绘制圆

执行 Circle(C)命令，用户可以直接通过单击鼠标依次指定圆的圆心和半径，从而绘制出一个任意大小的圆，也可以在指定圆心后，通过输入圆的半径，绘制一个指定圆心和半径的圆。

【练习 4-12】通过指定的圆心，绘制半径为 80 的圆。

实例分析：绘制该实例的圆形时，可以在指定圆心的位置后，输入圆的半径并确定，即可绘制指定圆心和半径的圆。

(1) 执行 Circle(C)命令，在指定位置单击鼠标指定圆的圆心。

(2) 输入圆的半径为 80 并按空格键，即可创建半径为 80 的圆。

4.5.2　通过两点绘制圆

选择“绘图”｜“圆”｜“两点”命令，或执行 Circle(C)命令后，输入参数 2P 并确定，可以通过指定两个点确定圆的直径，从而绘制出指定直径的圆形。

【练习 4-13】通过指定的两个点，绘制指定直径的圆。

实例分析：绘制该实例的圆形时，需要选择“两点”选项，可以通过指定圆直径的两个端点，确定圆的大小和位置，绘制指定的圆。

(1) 使用“直线”命令绘制一条长为 100 的直线作为参照图形。

(2) 执行 Circle(C)命令，在系统提示下输入 2p 并确定，如图 4-35 所示。

(3) 根据系统提示在直线的左端点单击鼠标指定圆直径的第一个端点，如图 4-36 所示。

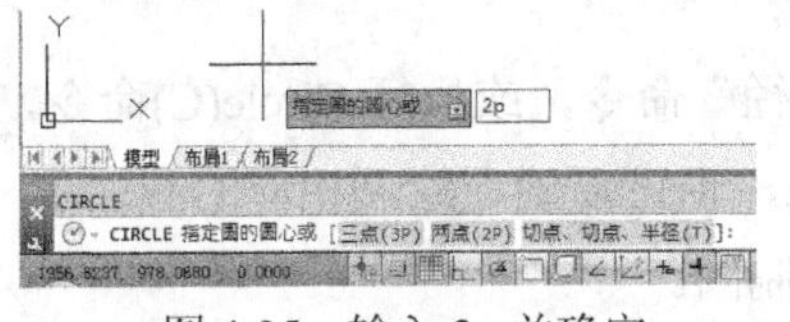

图 4-35　输入 2p 并确定

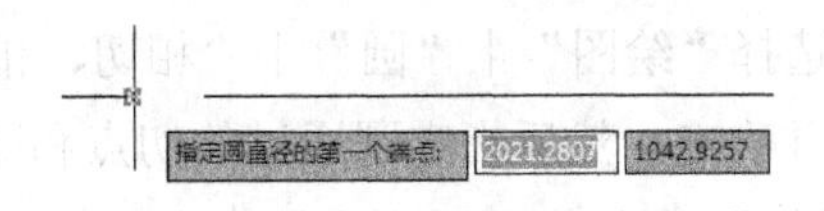

图 4-36　指定直径第一个端点

(4) 根据系统提示在直线的右端点单击鼠标指定圆直径的第二个端点，如图 4-37 所示，即可绘制一个通过指定两点的圆，效果如图 4-38 所示。

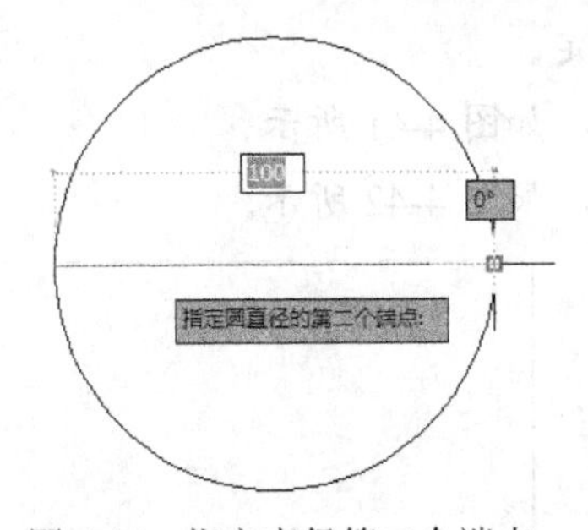

图 4-37　指定直径第二个端点

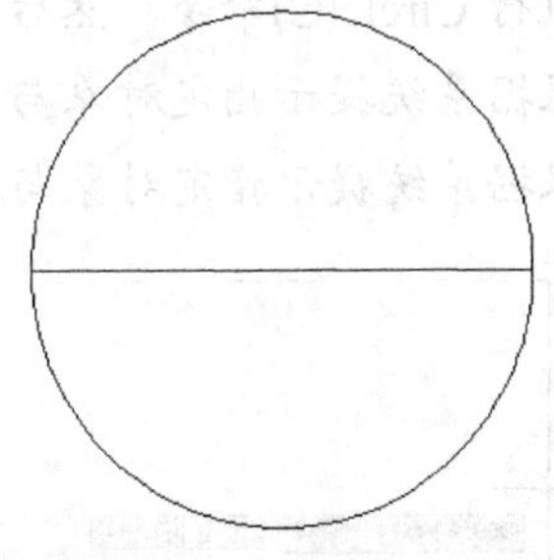

图 4-38　绘制圆形

4.5.3　通过三点绘制圆

由于指定三点可以确定的一个圆的形状，因此，选择“绘图”｜“圆”｜“三点”命令，或在执行 Circle(C)命令，输入参数 3P 并确定，即可通过指定圆所经过的三个点绘制一个圆。

【练习 4-14】通过三角形的三个顶点，绘制指定的圆。

实例分析：绘制该实例的圆形时，需要选择“三点”选项，通过指定圆经过的 3 个点，确定圆的大小和位置。

(1) 使用“直线”命令绘制一个三角形作为参照图形。

(2) 执行 Circle(C)命令，然后输入参数 3P 并确定。

(3) 在三角形的任意一个角点处单击鼠标指定圆通过的第一个点，如图 4-39 所示。

(4) 根据系统提示在三角形的下一个角点处单击鼠标指定圆通过的第二个点。

(5) 继续在三角形的另一个角点处单击鼠标指定圆通过的第三个点，即可绘制出通过指定三个点的圆，如图 4-40 所示。

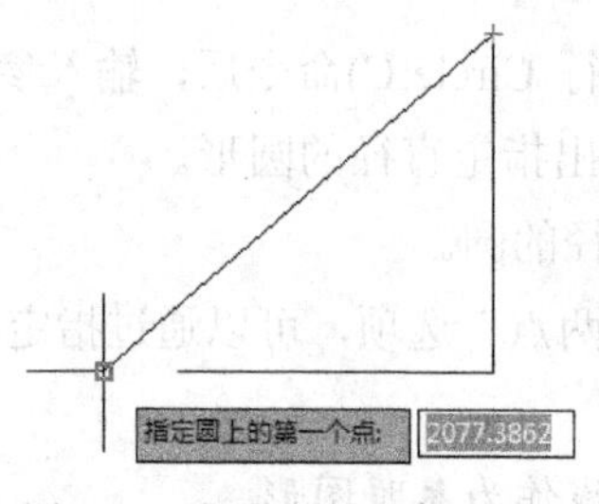

图 4-39　指定通过的第一个点

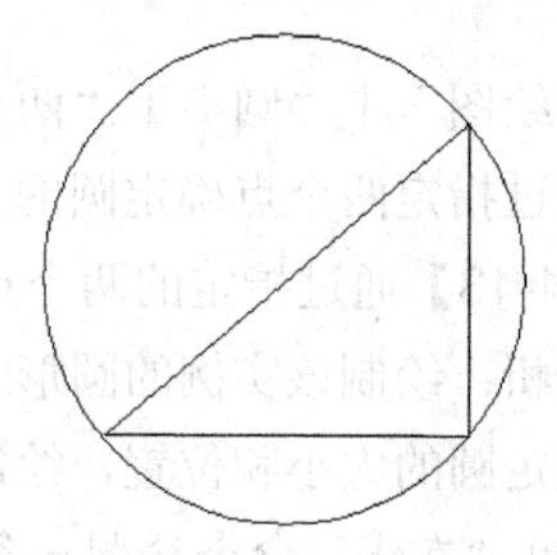

图 4-40　通过三点绘制圆

4.5.4　通过切点和半径绘制圆

选择“绘图”|“圆”|“相切、相切、半径”命令，或执行 Circle(C)命令，输入参数 T 并确定，然后指定圆通过的切点和圆的半径，也可以确定绘制相应的圆。

【练习 4-15】通过指定切点和半径的方式绘制圆。

实例分析：绘制该实例的圆形时，需要选择“相切、相切、半径”选项，通过指定圆经过的两个切边和圆的半径，确定圆的大小和位置。

(1) 绘制一个矩形作为参照图形，以左方和下方的边作为绘制圆的切边。

(2) 执行 Circle(C)命令，然后输入参数 T 并确定。

(3) 根据系统提示指定对象与圆的第一个切边，如图 4-41 所示。

(4) 根据系统提示指定对象与圆的第二个切边，如图 4-42 所示。

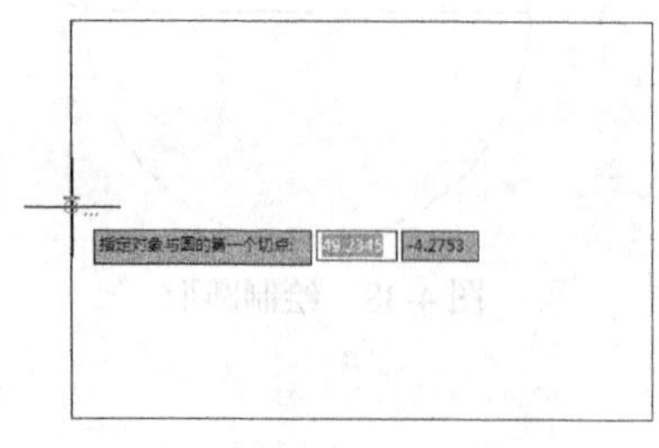

图 4-41　指定第一个切边

图 4-42　指定第二个切边

(5) 根据系统提示输入圆的半径(如 6)并确定，如图 4-43 所示，所绘制的通过指定切边和半径的圆如图 4-44 所示。

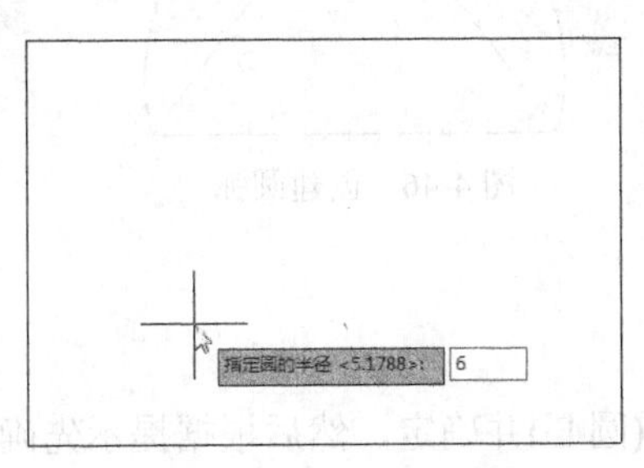

图 4-43　指定圆的半径

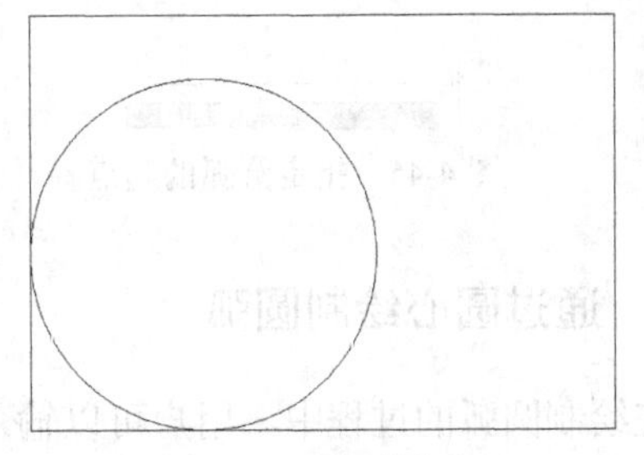

图 4-44　绘制圆形

4.6　绘制圆弧

绘制圆弧的方法很多，可以通过起点、方向、中点、包角、终点以及弦长等参数进行确定。执行“圆弧”命令的常用方法有以下 3 种。

- 选择“绘图”|“圆弧”命令，再选择其中的子命令。
- 单击“绘图”面板中的“圆弧”按钮。
- 输入 ARC(A)命令并确定。

执行“圆弧”命令后，系统将提示“指定圆弧的起点或 [圆心(C)]:”，指定起点或圆心后，系统提示“指定圆弧的第二点或[圆心(C)/端点(E)]:”，其中各项含义如下。

- 圆心(C)：用于确定圆弧的中心点。
- 端点(E)：用于确定圆弧的终点。
- 弦长(L)：用于确定圆弧的弦长。
- 方向(D)：用于定义圆弧起始点处的切线方向。

4.6.1　通过指定点绘制圆弧

选择“绘图”|“圆弧”|“三点”命令，或者执行 ARC(A)命令，系统提示“指定圆弧的起点或 [圆心(C)]: ”时，依次指定圆弧的起点、圆心和端点绘制圆弧。

【练习 4-17】通过三点绘制圆弧。

实例分析：绘制该实例的圆弧时，可以通过依次指定圆弧的起点、第二个点和端点，确定圆弧的位置和形状。

(1) 使用“直线”命令绘制一个三角形作为参照图形。

(2) 执行 Arc(A)命令，在三角形左下角的端点处单击鼠标指定圆弧的起点，如图 4-45 所示。

(3) 根据系统提示在三角形上方的端点处指定圆弧的第二个点。

(4) 在三角形右下方的端点处指定圆弧的端点，即可创建圆弧，如图 4-46 所示。

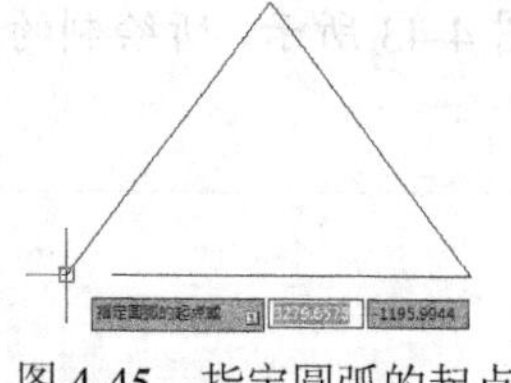
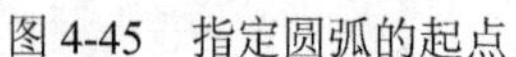

图 4-45　指定圆弧的起点

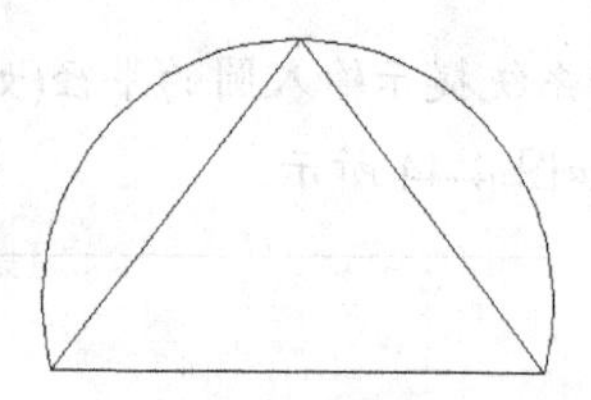

图 4-46　创建圆弧

4.6.2　通过圆心绘制圆弧

在绘制圆弧的过程中，用户可以输入参数 C(圆心)并确定，然后根据提示先确定圆弧的圆心，再确定的圆弧的端点，绘制一个圆心通过指定点的圆弧。

【练习 4-18】绘制指定圆心的圆弧。

实例分析：绘制该实例的圆弧时，需要选择“圆心”选项，通过依次指定圆弧的起点、第二个点和端点，确定圆弧的位置和形状。

(1) 使用“矩形”命令绘制一个正方形作为参照图形。

(2) 执行 Arc(A)命令，根据系统提示“指定圆弧的起点或 [圆心(C)]:”，然后输入 C 并确定，选择“圆心”选项。

(3) 在正方形左下方的角点处指定圆弧的圆心，如图 4-47 所示。

(4) 在正方形左上方的角点处指定圆弧的起点。

(5) 在正方形右下方的角点处指定圆弧的端点，即可创建圆弧，如图 4-48 所示。

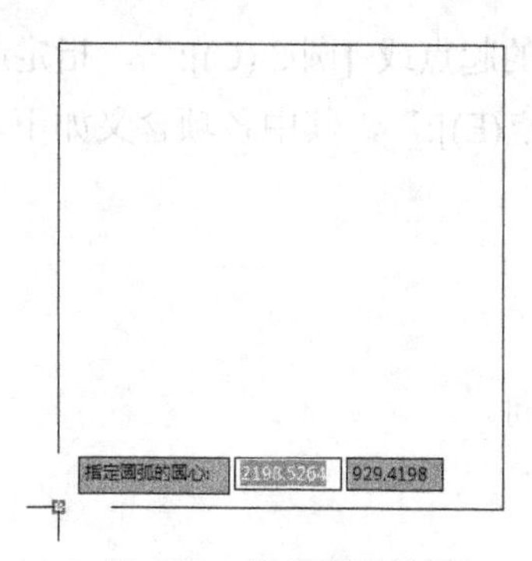

图 4-47　指定圆弧的圆心

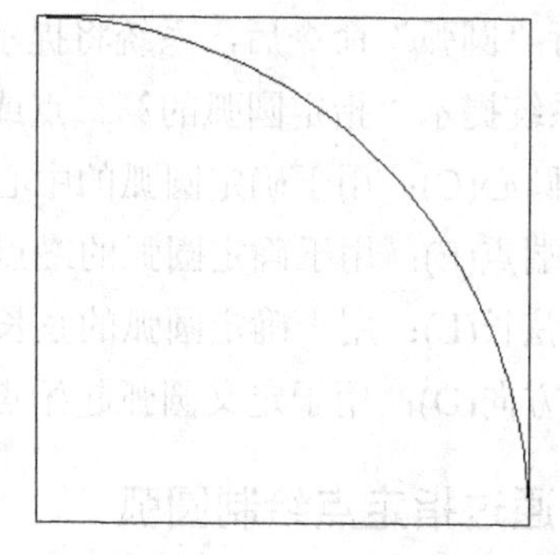

图 4-48　创建圆弧

4.6.3　绘制指定角度的圆弧

执行 Arc(A)命令，输入 C(圆心)并确定，在指定圆心的位置后，系统将继续提示“指定圆弧的端点或 [角度(A)/弦长(L)]:”，此时，用户可以通过输入圆弧的角度或弦长来绘制圆弧线。

【练习 4-19】绘制弧度为 150 的圆弧。

实例分析：绘制该实例的圆弧时，需要在指定圆弧的圆心和起点后，选择“角度”选项，然后指定圆弧的包含角，确定圆弧的弧度。

(1) 使用“直线”命令绘制一条线段作为参照图形。

(2) 执行 Arc(A)命令，输入 C 并确定，选择“圆心”选项。

(3) 在线段的中点处指定圆弧的圆心，如图 4-49 所示。

(4) 在线段的右端点处指定圆弧的起点。

(5) 根据系统提示“指定圆弧的端点或 [角度(A)/弦长(L)]:”，输入 A 并确定，选择“角度”选项，如图 4-50 所示。

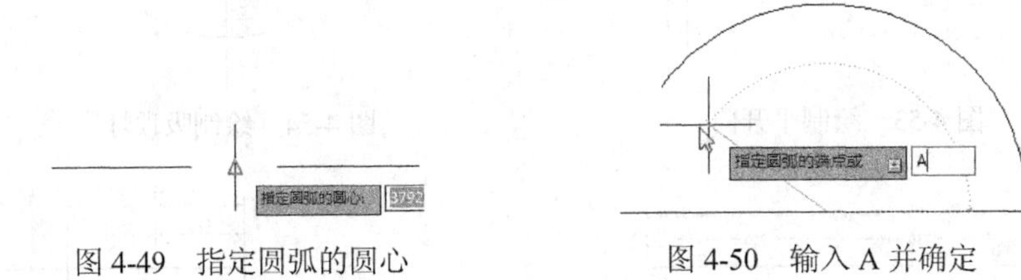

图 4-49　指定圆弧的圆心　　　　　　　　　　图 4-50　输入 A 并确定

(6) 输入圆弧所包含的角度为 150，如图 4-51 所示，按空格键即可创建一个包含角度为 140 的圆弧，效果如图 4-52 所示。

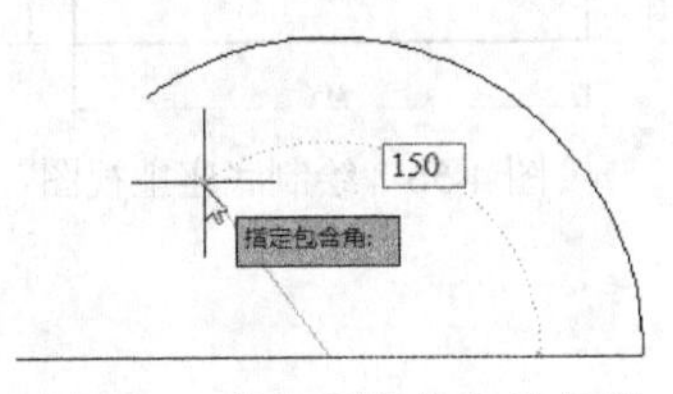

图 4-51　输入圆弧包含的角度

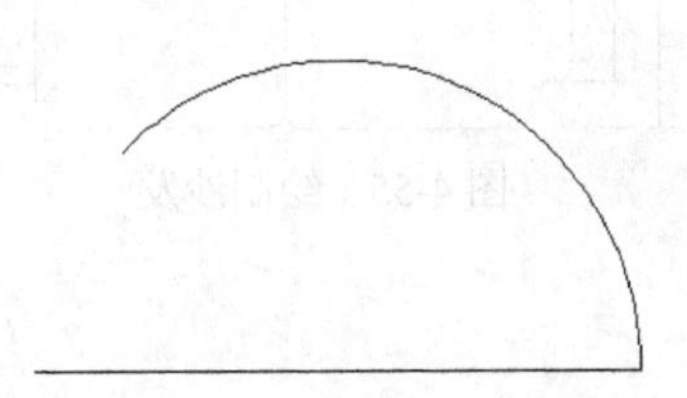

图 4-52　创建指定角度的圆弧

4.7　思考练习

1. 定数等分点或定距等分点命令是将对象分成独立的几段吗？

2. 在绘制直线时，输入“闭合”命令，能否应用于当前图形中的所有直线？

3. 使用“相切、相切、半径”方式绘制圆时，为什么系统会提示“圆不存在”？

4. 使用“构造线”命令，绘制两条相互垂直的构造线和一条倾斜度为 45 的构造线。

5. 使用“矩形”命令，绘制一个长度为 60、宽度为 50、圆角半径为 5 的圆角矩形。

6. 参照如图 4-53 所示的平开门效果，使用“矩形”命令，绘制一个长度为 40、宽度为 800 的矩形，使用“圆弧”命令，通过依次指定圆弧的圆心、起点和角度绘制一段圆弧。

7. 参照如图 4-54 所示的吸顶灯，使用“直线”命令，绘制两条长度为 400 且相互垂直的线段，使用 “圆”命令，以线段交点为圆心绘制半径分别为 40 和 125 的同心圆。

8. 参照如图 4-55 所示的沙发尺寸和效果，使用“矩形”、“圆弧”以及“直线”等命令绘制该图形(参考后面的“修剪”命令对图形进行修剪)。

9. 参照如图 4-56 所示的底座主视图尺寸和效果，使用“直线”、“矩形”以及“圆”等命令绘制该图形。

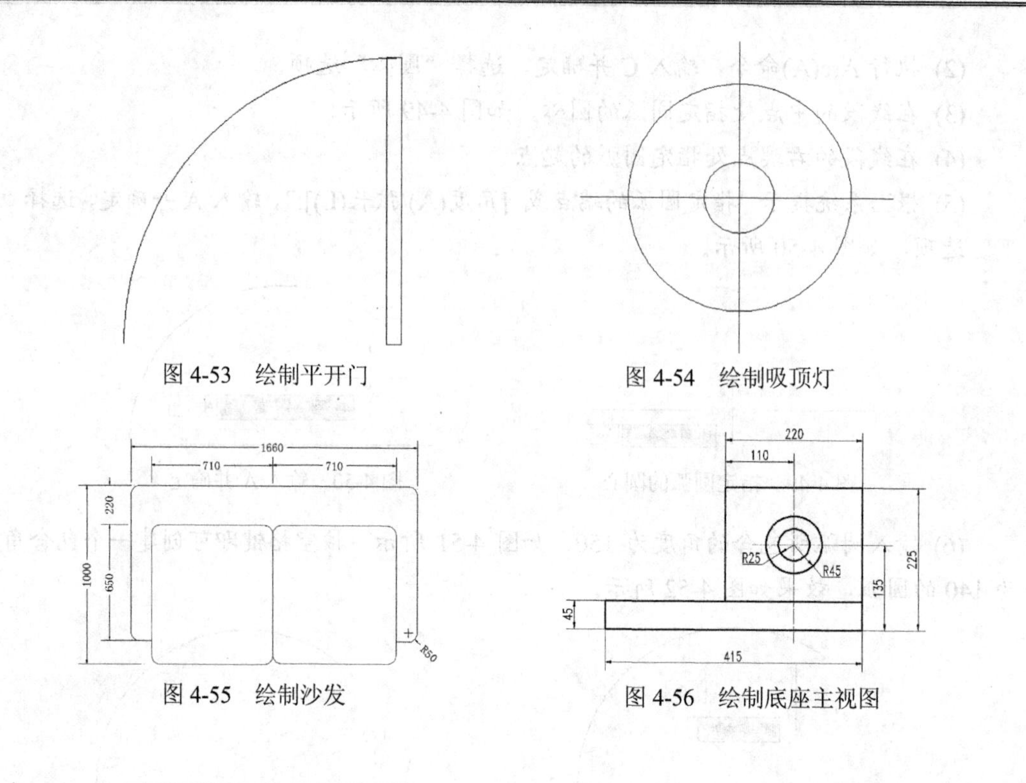

图 4-53　绘制平开门

图 4-54　绘制吸顶灯

图 4-55　绘制沙发

图 4-56　绘制底座主视图

第5章　绘制二维复杂图形

AutoCAD 提供了许多二维绘图命令，除了前面介绍的基本绘图命令外，还包括其他较为复杂图形的绘制命令，例如多线、多段线、样条曲线、修订云线、多边形、椭圆、圆环和徒手画等。

5.1　绘制常用线条图形

5.1.1 设置和绘制多线

使用“多线”命令可以绘制多条相互平行的线，通常用于绘制建筑图中的墙线。在绘制多段的操作中，可以将每条线的颜色和线型设置为相同，也可以设置为不同。

1. 设置多线样式

执行“多线样式”命令，可以在打开的“多线样式”对话框中设置多线的线型、颜色、线宽、偏移、样式和端头交接方式等特性。

【练习 5-1】新建多线样式，设置多线为不同的颜色。

实例分析：要新建和设置多线样式，需要使用“多线样式”命令 “多线样式”对话框，在此新建一个多线样式，然后对其进行设置，也可以在“多线样式”对话框修改已有的多线样式。

(1) 选择“格式” | “多线样式” 命令，或输入 Mlstyle 命令并确定。

(2) 在打开的“多线样式”对话框中的“样式”区域列出了目前存在的样式，在预览区域中显示了所选样式的多线效果，单击“新建”按钮，如图 5-1 所示。

(3) 在打开的“创建新的多线样式”对话框中输入新的样式名称，如图 5-2 所示。

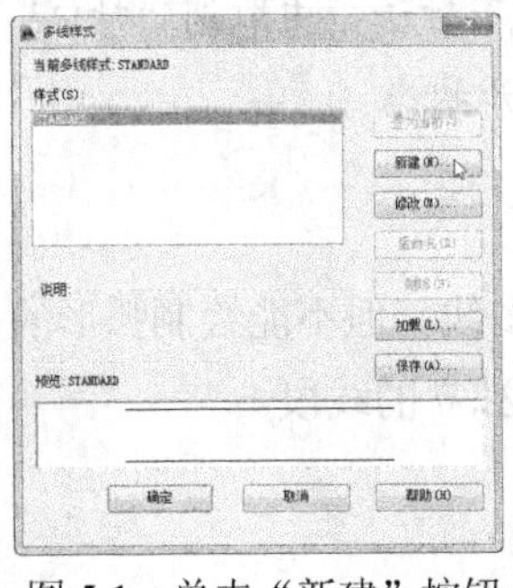

图 5-1　单击“新建”按钮

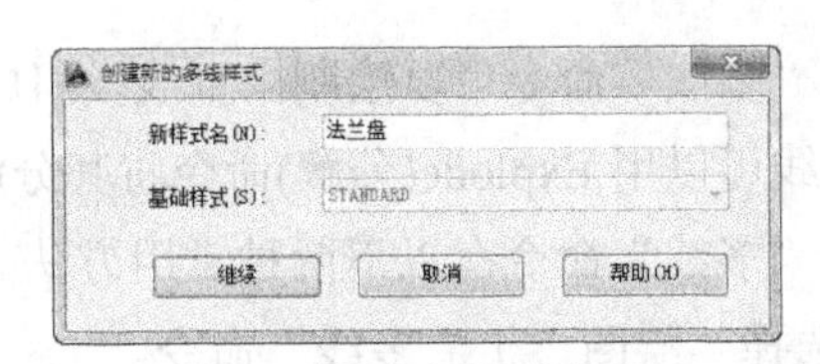

图 5-2　输入新样式名称

(4) 单击“继续”按钮，打开“新建多线样式”对话框，在“图元”选项栏中选择多线中的一个对象，然后单击“颜色”下拉按钮，在下拉列表中设置该对象的颜色为红色，如图 5-3 所示。

(5) 在“图元”选项栏中选择多线中的另一个对象，然后在“颜色”下拉列表中选择该对象的颜色为洋红色，然后进行确定，如图 5-4 所示。

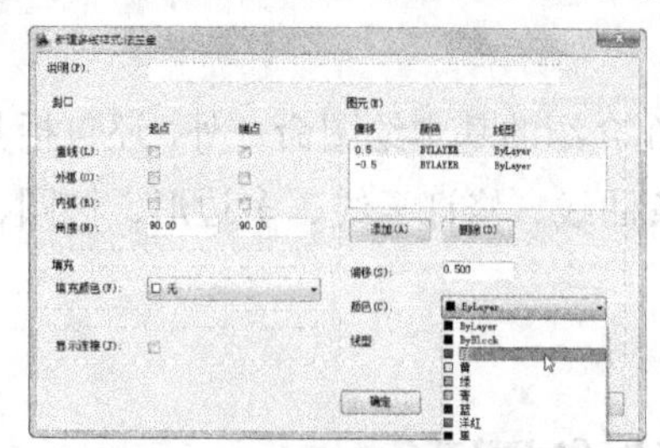

图 5-3　创建新的多线样式

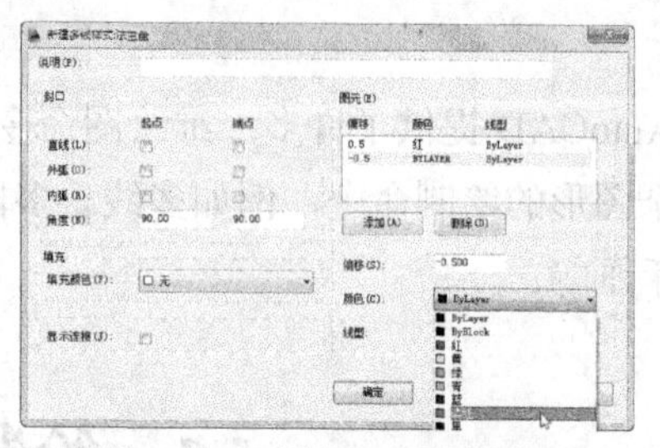

图 5-4　“颜色”下拉列表

“新建多线样式”对话框中各主要选项的作用如下。

- “说明”文本框：对新建的多线样式的用途、创建者以及创建时间等进行说明。
- “封口”栏：可以设置起点与端点的连接方式。
- “填充”栏：可以设置多线的填充颜色。
- “显示连接”复选框：表示在多线转折处将两直线元素的角点用直线连接起来。
- “图元”栏：AutoCAD 默认多线有两个元素，单击“添加”按钮可以添加多线元素，单击“删除”按钮可以删除不需要的多线元素，但至少要保留一个多线元素。
- “偏移”文本框：在“图元”栏中选择任意一个多线元素，在“偏移”文本框中可以指定该元素偏离多线中心的距离，如要设置 240 毫米宽的墙线，其两个组成元素的值为应分别为“120”和“-120”。
- “颜色”下拉列表框：可以为该元素选择颜色，“Bylayer”表示与多线所在图层的颜色相同，“Byblock”表示与多线所组成的图块颜色相同。
- “线型”按钮：单击该按钮，在打开的“选择线型”对话框中可以为指定的元素选择一种线型。

注意：

在“修改多线样式”对话框中选中“封口”选项栏中的“直线”选项的起点和端点选项，绘制的多线两端将呈封闭状态；在“修改多线样式”对话框中取消“封口”区域中“直线”选项的起点和端点选项，绘制的多线两端将呈打开状态。

2. 绘制多线

使用“多线”命令可以绘制由直线段组成的平行多线，但不能绘制弧形的平行线。绘制的平行线可以用 Explode(分解)命令将其分解成单个独立的线段。

执行“多线”命令有以下两种常用方法。

- 选择“绘图”|“多线”命令。
- 执行 Mline(ML)命令。

【练习 5-2】绘制如图 5-5 所示的墙线。

实例分析：绘制本实例的墙线可以使用“多线”命令，首先要设置好多线的比例和对正方式，然后依次指定多线的起点和其他点，绘制多线作为墙线。

(1) 打开“建筑轴线.dwg”素材图形，如图 5-6 所示。

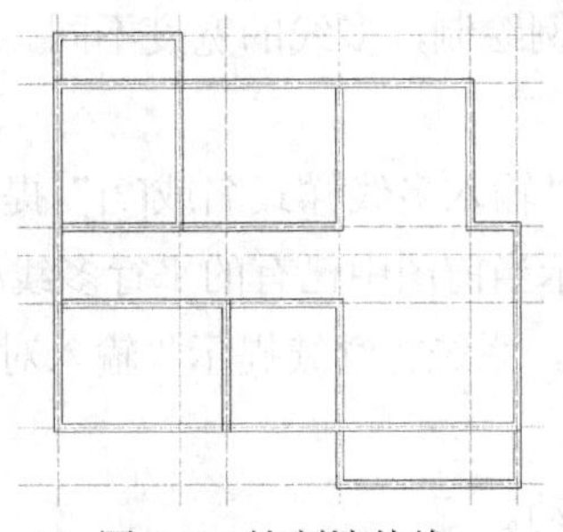

图 5-5　绘制墙体线

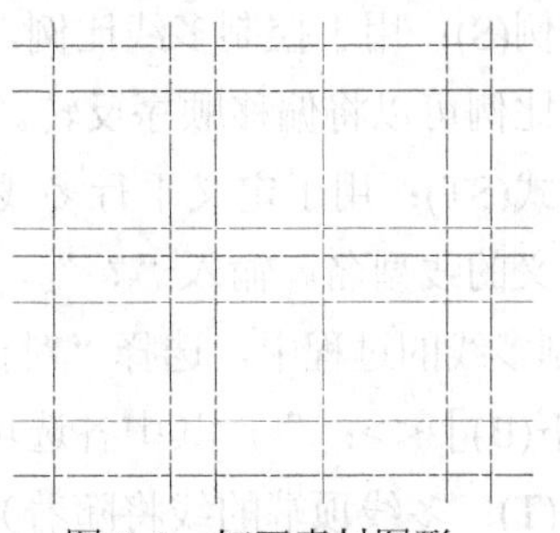

图 5-6　打开素材图形

(2) 执行 Mline 命令并确定，系统提示“指定起点或 [对正(J)/比例(S)/样式(ST)]:”时，输入 S 并确定，启用“比例(S)”选项，如图 5-7 所示。

(3) 输入多线的比例值为 240 并按空格键，如图 5-8 所示。

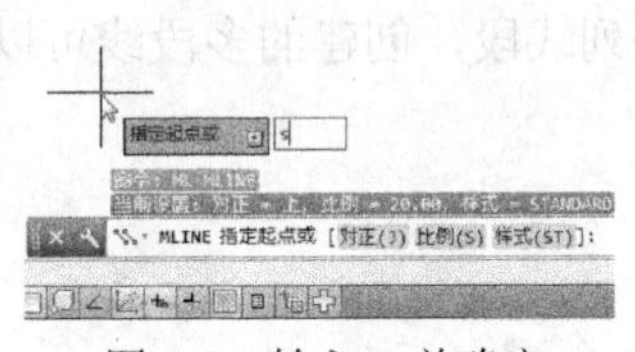

图 5-7　输入 S 并确定

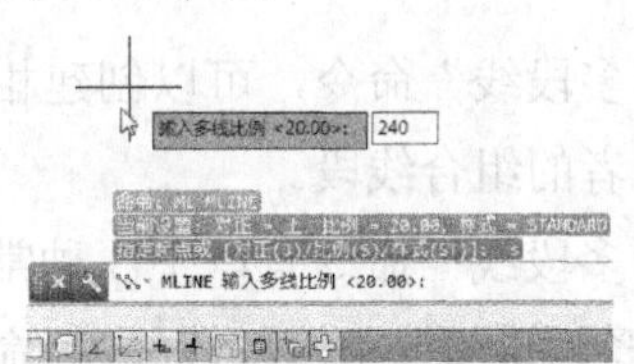

图 5-8　输入多线的比例

(4) 输入 J 并确定，启用“对正(J)”选项，如图 5-9 所示，在弹出的菜单中选择“无(Z)”选项，如图 5-10 所示。

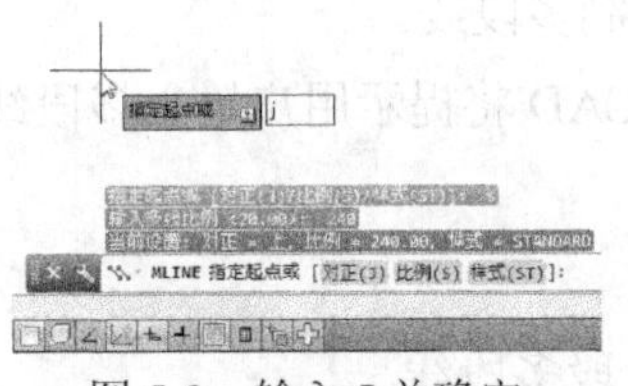

图 5-9　输入 J 并确定

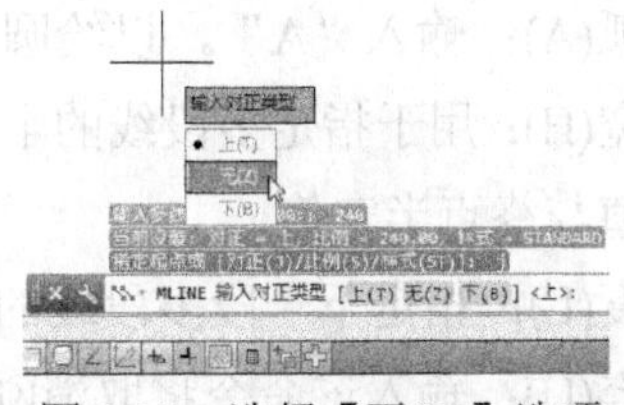

图 5-10　选择【无(Z)】选项

(5) 根据系统提示指定多线的起点，如图 5-11 所示，然后依次指定多线的下一点，绘制如图 5-12 所示的多线。

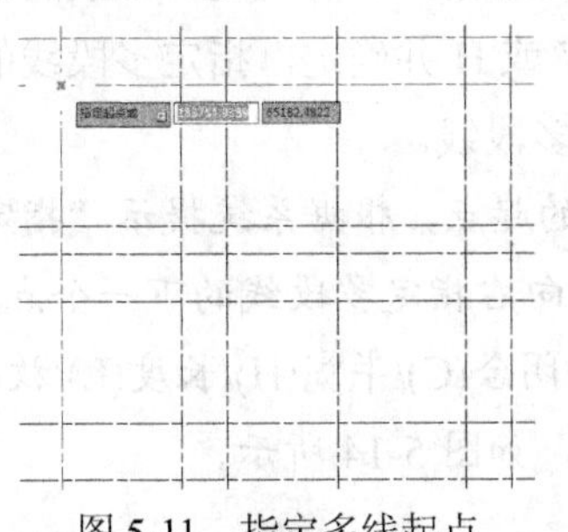

图 5-11　指定多线起点

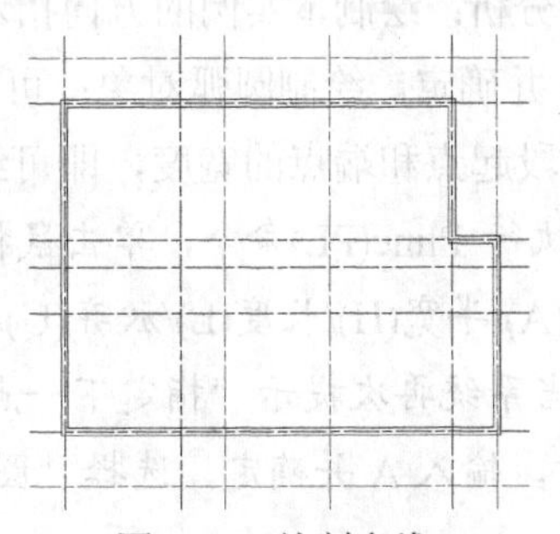

图 5-12　绘制多线

(6) 继续使用“多线”命令绘制其他的多线。

执行 Mline(ML)命令后，系统将提示“指定起点或 [对正(J)/比例(S)/样式(ST)]:”，其中各项的含义如下。

- 对正(J)：用于控制多线相对于用户输入端点的偏移位置。
- 比例(S)：用于控制多线比例。用不同的比例绘制，多线的宽度不同。注意：使用负比例可以将偏移顺序反转。
- 样式(ST)：用于定义平行多线的线型。在“输入多线样式名或[?]”提示后输入已定义的线型名。输入“？”，则可列表显示当前图中已有的平行多线样式。

在绘制多线的过程中，选择“对正(J)”选项后，系统将继续提示“输入对正类型［上(T)/无(Z)/下(B)］<>：”，其中各选项含义如下。

- 上(T)：多线顶端的线将随着光标点进行移动。
- 无(Z)：多线的中心线将随着光标点进行移动。
- 下(B)：多线底端的线将随着光标点进行移动。

5.1.2　绘制多段线

使用“多段线”命令，可以创建相互连接的序列线段，创建的多段线可以是直线段、弧线段或两者的组合线段。

执行“多段线”命令有以下 3 种常用方法。

- 选择“绘图”|“多段线”命令。
- 单击“绘图”面板中的“多段线”按钮。
- 执行 PLINE(PL)命令。

执行 PLINE(PL)命令后，在绘制多段线的过程中，命令行中主要选项的含义如下。

- 圆弧(A)：输入“A”，以绘圆弧的方式绘制多段线。
- 半宽(H)：用于指定多段线的半宽值，AutoCAD 将提示用户输入多段线段的起点半宽值与终点半宽值。
- 长度(L)：指定下一段多段线的长度。
- 放弃(U)：输入该命令将取消刚刚绘制的一段多段线。
- 宽度(W)：输入该命令将设置多段线的宽度值。

【练习 5-3】绘制如图 5-13 所示的方向指示图标。

实例分析：绘制本实例的方向指示图标，可以通过输入 L 并确定，绘制直线对象，通过输入 A 并确定，绘制圆弧对象；可以通过输入 W 或 H 并确定，指定多段线的宽度，通过设置线段起点和端点的宽度，即可绘制带箭头的多段线。

(1) 执行 Pline(PL)命令，单击鼠标指定多段线的起点，根据系统提示“指定下一个点或 [圆弧(A)/半宽(H)/长度(L)/放弃(U)/宽度(W)]:”，向右指定多段线的下一个点。

(2) 当系统再次提示“指定下一点或 [圆弧(A)/闭合(C)/半宽(H)/长度(L)/放弃(U)/宽度(W)]:”时，输入 A 并确定，选择“圆弧(A)”选项，如图 5-14 所示。

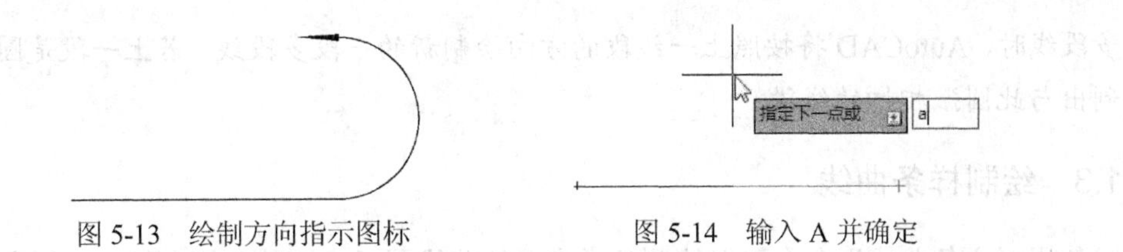

图 5-13　绘制方向指示图标　　　　　　　　　　图 5-14　输入 A 并确定

(3) 向上移动并单击鼠标指定圆弧的端点，如图 5-15 所示。

(4) 当系统提示“指定圆弧的端点或[角度(A)/圆心(CE)/闭合(CL)/方向(D)/半宽(H)/直线(L)/半径(R)/第二个点(S)/放弃(U)/宽度(W)]:”时，输入 L 并确定，选择“直线(L)”选项，如图 5-16 所示。

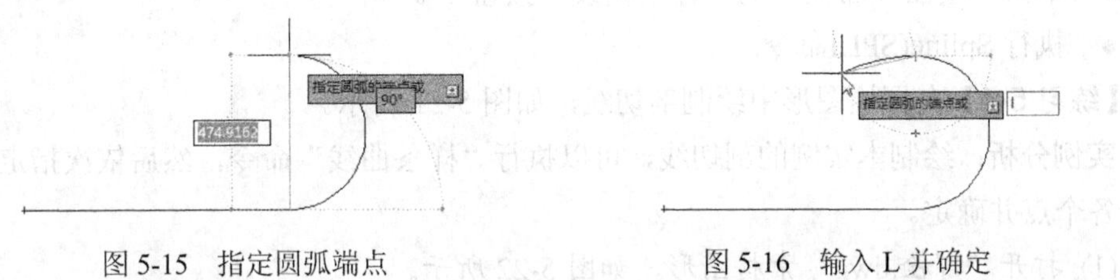

图 5-15　指定圆弧端点　　　　　　　　　　图 5-16　输入 L 并确定

(5) 根据系统提示“指定下一点或 [圆弧(A)/闭合(C)/半宽(H)/长度(L)/放弃(U)/宽度(W)]:”，输入 W 并按空格键，选择“宽度(W)”选项，如图 5-17 所示。

(6) 根据系统提示“指定起点宽度 <0.0000>:”时，输入起点宽度为 5 并确定，如图 5-18 所示。

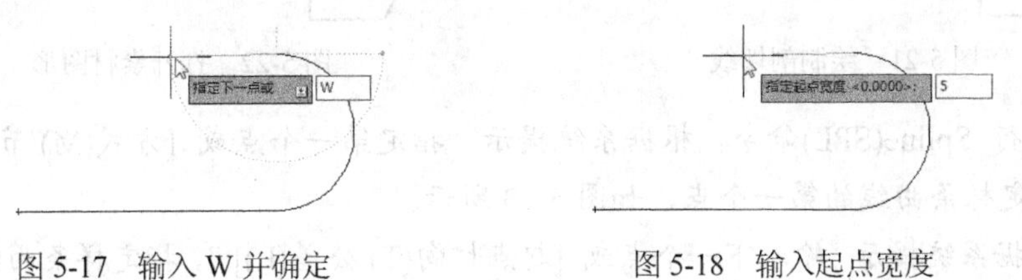

图 5-17　输入 W 并确定　　　　　　　　　　图 5-18　输入起点宽度

(7) 根据系统提示“指定端点宽度 <5.0000>:”时，输入端点宽度为 0 并确定，如图 5-19 所示。

(8) 根据系统提示指定多段线的下一个点，如图 5-20 所示，然后按空格键进行确定，即可绘制带箭头的指示图标。

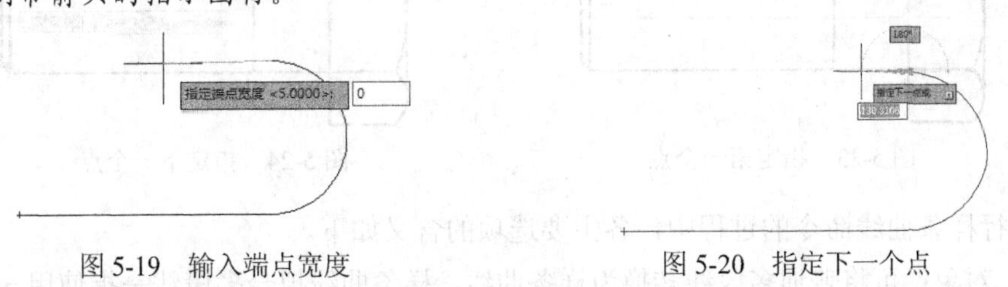

图 5-19　输入端点宽度　　　　　　　　　　图 5-20　指定下一个点

注意：

执行 PLINE(PL)命令，默认状态绘制的线条为直线，输入参数 A(圆弧)并确定，可以创建圆弧线条，如果要重新切换到直线的绘制中，则需要输入参数 L(直线)并确定。在绘制多段线时，AutoCAD 将按照上一线段的方向绘制新的一段多段线。若上一段是圆弧，将绘制出与此圆弧相切的线段。

5.1.3　绘制样条曲线

使用“样条曲线”命令可以绘制各类光滑的曲线图元，这种曲线由起点、终点、控制点及偏差来控制。

执行“样条曲线”命令有如下 3 种常用方法。

- 选择“绘图” | “样条曲线”命令，再选择其中的子命令。
- 单击“绘图”面板中的“样条曲线”按钮。
- 执行 Spline(SPL)命令。

【练习 5-4】在螺栓图形中绘制剖切线，如图 5-21 所示。

实例分析：绘制本实例的剖切线，可以执行“样条曲线”命令，然后依次指定样条曲线的各个点并确定。

(1) 打开“螺栓.dwg”素材图形，如图 5-22 所示。

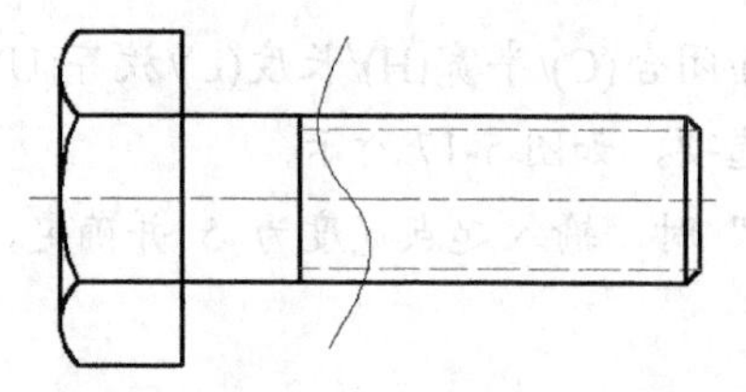

图 5-21　绘制剖切线

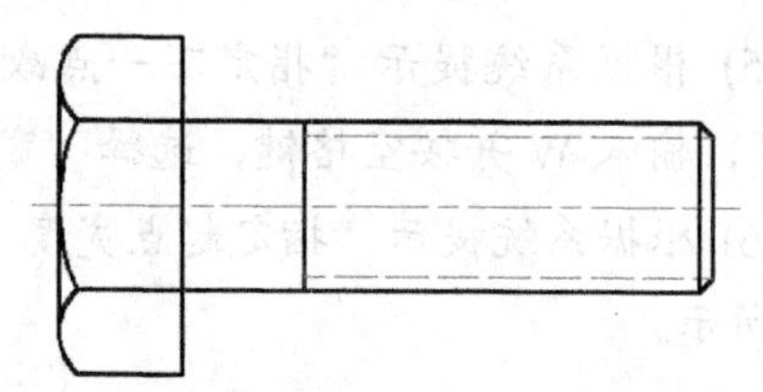

图 5-22　打开素材图形

(2) 执行 Spline(SPL)命令，根据系统提示“指定第一个点或 [方式(M)/节点(K)/对象(O)]:”，指定样条曲线的第一个点，如图 5-23 所示。

(3) 根据系统提示“输入下一个点或 [起点切向(T)/公差(L)]:”，指定样条曲线的第一个点和下一个点，如图 5-24 所示

(4) 根据系统提示，继续指定样条曲线的其他点，然后按空格键结束命令。

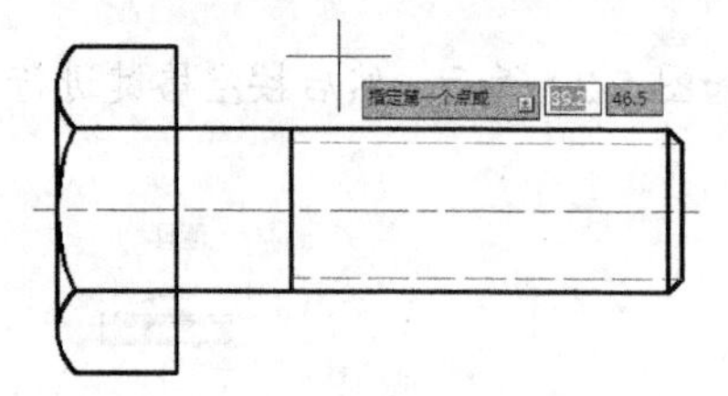

图 5-23　指定第一个点

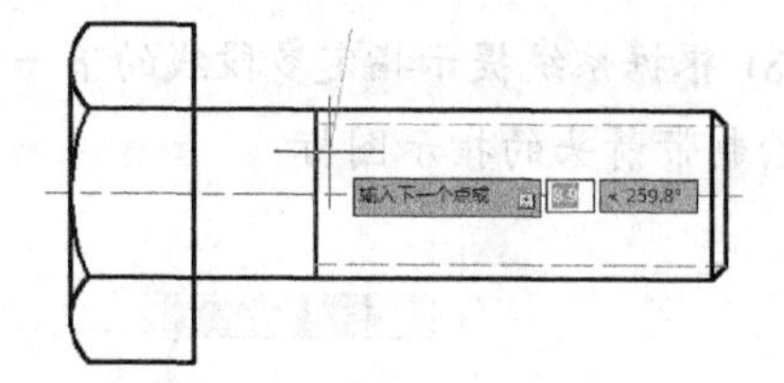

图 5-24　指定下一个点

执行样条曲线命令的过程中，各主要选项的含义如下。

- 对象：可将普通多段线转换为样条曲线。样条曲线拟合多段线是指使用 pedit 命令中的“样条曲线”选项，将普通多段线转换为样条曲线的对象。
- 闭合：将样条曲线的端点与起点进行闭合，从而绘制出闭合的样条曲线。
- 公差：可定义曲线的偏差值。值越大，离控制点越远；值越小，离控制点越近。
- 起点切向：可定义样条曲线的起点和结束点的切线方向。

5.2　绘制椭圆和椭圆弧

在 AutoCAD 中，使用“椭圆”命令不仅可以绘制椭圆图形，还可以绘制椭圆弧图形，执行“椭圆”命令可以使用以下 3 种常用方法。

- 选择“绘图” | “椭圆”命令，然后选择其中的子命令。
- 单击“绘图”面板中的“椭圆”按钮。
- 执行 Ellipse(EL)命令。

执行 Ellipse(EL)命令后，将提示“指定椭圆的轴端点或 [圆弧(A)/中心点(C)]:”，其中各选项的含义如下。

- 轴端点：以椭圆轴端点绘制椭圆。
- 圆弧(A)：用于创建椭圆弧。
- 中心点(C)：以椭圆圆心和两轴端点绘制椭圆。

5.2.1　绘制椭圆

椭圆是由定义其长度和宽度的两条轴决定的，当两条轴的长度不相等时，形成的对象为椭圆；当两条轴的长度相等时，则形成的对象为圆。

1. 通过指定轴端点绘制椭圆

通过轴端点绘制椭圆的方式是先以两个固定点确定椭圆的一条轴长，再指定椭圆的另一条半轴长。

【练习 5-5】通过指定轴端点绘制椭圆，完成如图 5-25 所示的水池绘制。

实例分析：绘制本实例的水池图形时，可以通过指定椭圆轴的端点和另一条半轴的长度确定椭圆的大小和位置。

(1) 执行 Ellipse(EL)命令，根据系统提示“指定椭圆的轴端点或 [圆弧(A)/中心点(C)]: ”，单击鼠标指定椭圆的第一个端点。

(2) 向右移动光标指定椭圆轴另一个端点的方向，然后输入椭圆轴的长度为 450 并确定，如图 5-26 所示。

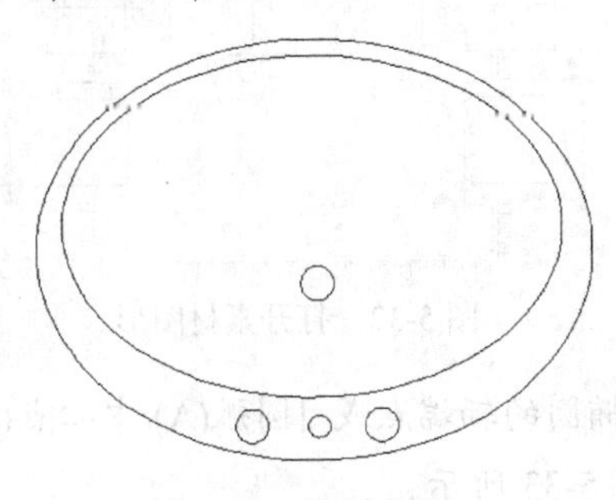

图 5-25　绘制水池

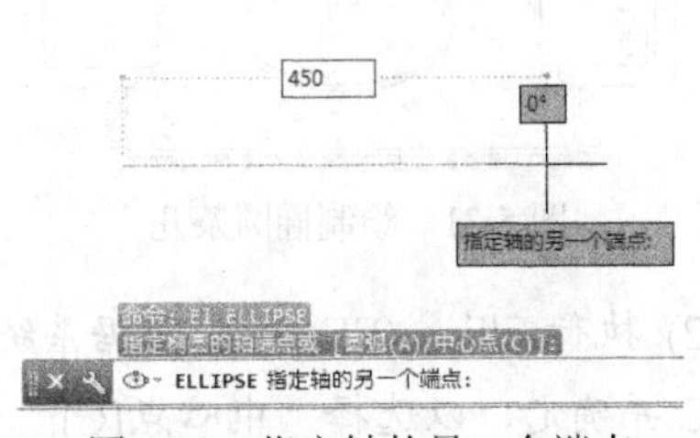

图 5-26　指定轴的另一个端点

(3) 向上移动光标指定椭圆另一条半轴的方向，输入长度为 150 并确定，如图 5-27 所示。

(4) 重复执行 Ellipse(EL)命令，在前面绘制的椭圆右下方指定椭圆的第一个端点，然后向右指定椭圆轴的另一个端点，并设置长度为 500，如图 5-28 所示。

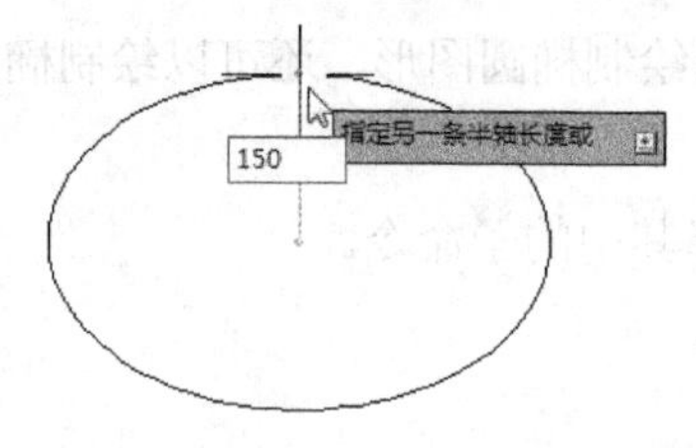

图 5-27　指定另一条半轴长度

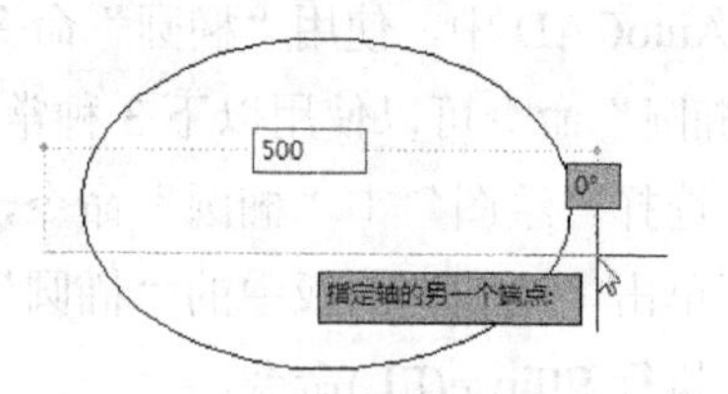

图 5-28　指定轴的另一个端点

(5) 向上移动光标指定椭圆另一条半轴的方向，输入长度为 185 并确定，如图 5-29 所示。

(6) 执行 Circle(C)命令，在椭圆之间绘制一个半径为 10 的圆，如图 5-30 所示。

(7) 继续执行 Circle(C)命令，绘制 3 个半径为 15 的圆，完成本实例的绘制。

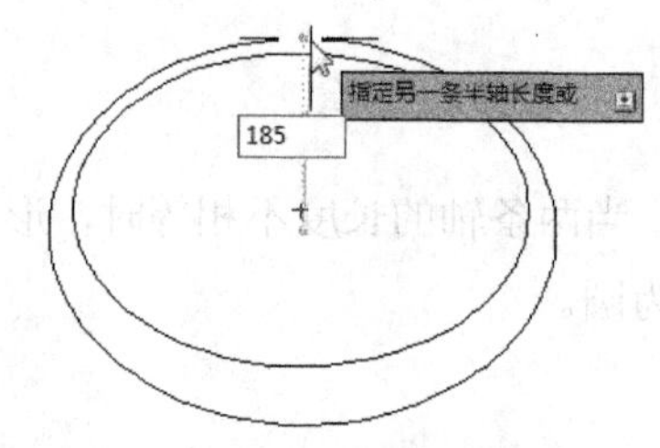

图 5-29　指定另一条半轴长度

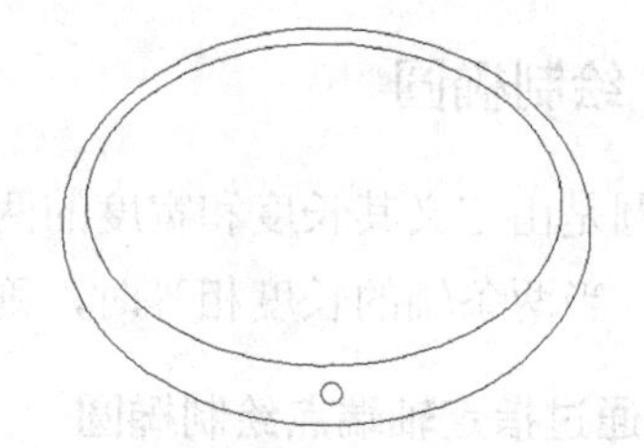

图 5-30　绘制圆形

2. 通过指定圆心绘制椭圆

通过中心点绘制椭圆的方式是先确定椭圆的中心点，然后指定椭圆的两条轴的长度。

【练习 5-6】通过指定圆心绘制椭圆，绘制如图 5-31 所示的椭圆茶几图形。

实例分析：绘制本实例的椭圆茶几图形时，可以通过指定椭圆的中心点确定椭圆的位置，然后指定椭圆轴和另一条半轴的长度。

(1) 打开"沙发.dwg"素材图形，如图 5-32 所示。

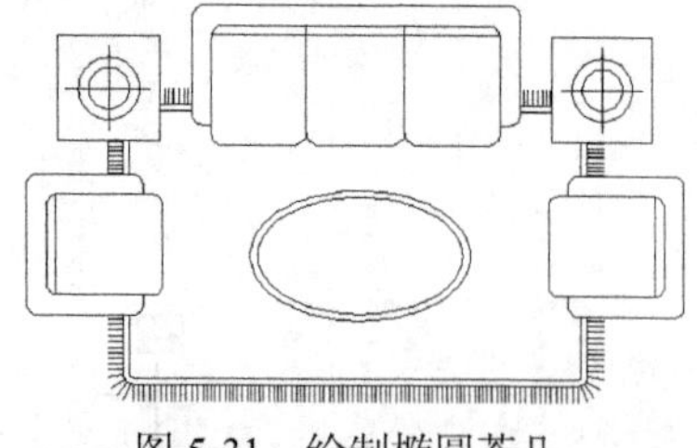

图 5-31　绘制椭圆茶几

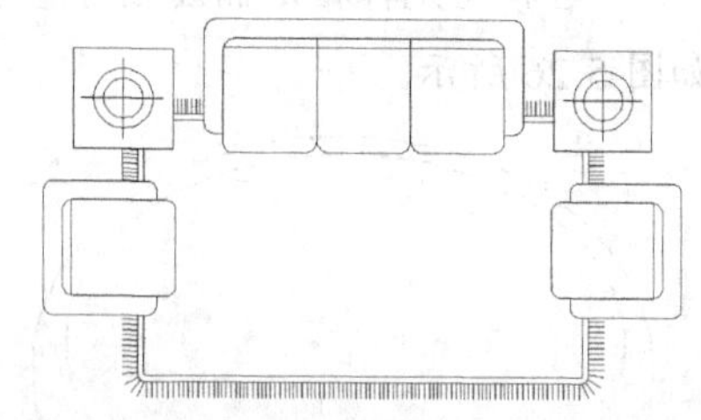

图 5-32　打开素材图形

(2) 执行 Ellipse(EL)命令，根据系统提示"指定椭圆的轴端点或 [圆弧(A)/中心点(C)]:"，输入 C 并确定，以选择"中心点(C):"选项，如图 5-33 所示。

(3) 在沙发图形下方的中点位置单击鼠标指定椭圆的中心点，如图 5-34 所示。

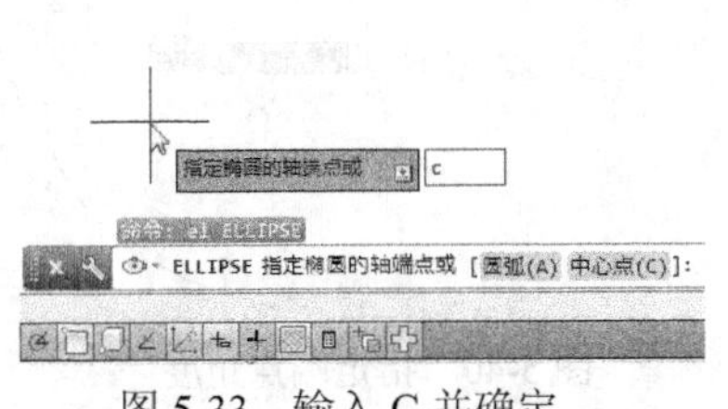

图 5-33　输入 C 并确定

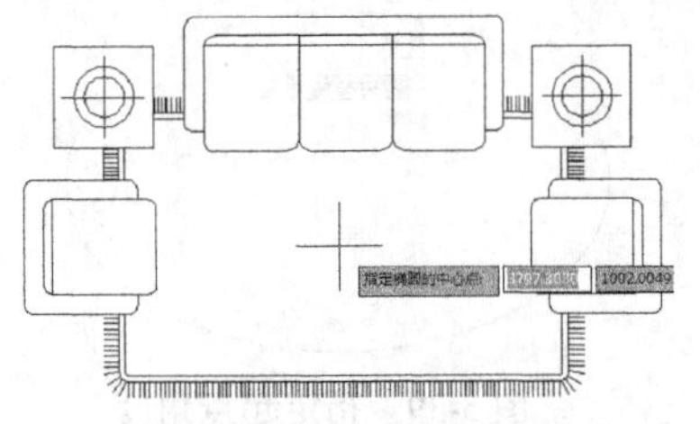

图 5-34　指定椭圆的中心点

(4) 向右移动光标，并指定椭圆的半轴长为 700，如图 5-35 所示。

(5) 向上移动光标，并指定椭圆另一条半轴长度为 400，如图 5-36 所示。

(6) 重复执行 Ellipse(EL)命令，以前面椭圆的圆心为中心点绘制另一个椭圆，至此，完成本实例的绘制。

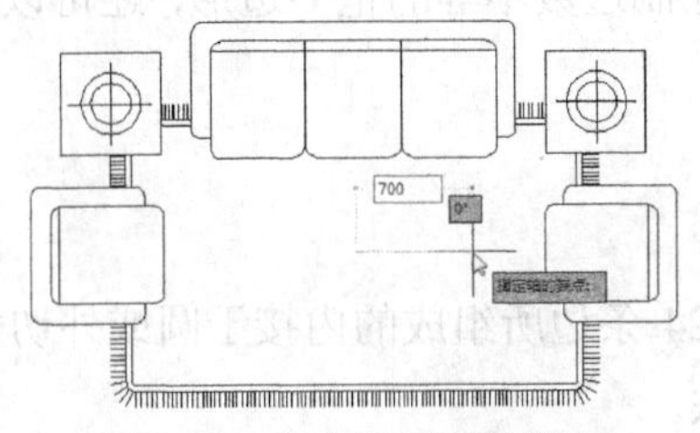

图 5-35　指定椭圆轴的端点

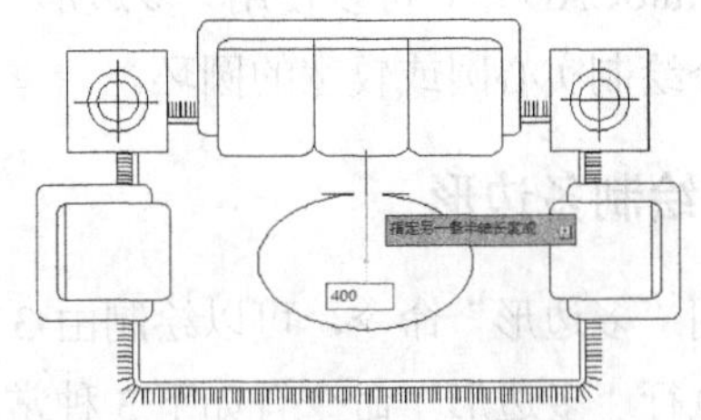

图 5-36　指定另一条半轴长度

5.2.2　绘制椭圆弧

执行 Ellipse(EL)命令，然后输入参数 A 并确定，选择“圆弧(A):”选项，或单击“绘图”面板中的“椭圆”下拉按钮，在弹出的下拉列表中选择“椭圆弧”选项，即可绘制椭圆弧线条。

【练习 5-12】绘制弧度为 180 的椭圆弧，如图 5-37 所示。

实例分析：绘制指定弧度的椭圆弧时，需要在执行 Ellipse(EL)命令后，选择“圆弧”选项，然后指定椭圆弧的起点角度和端点角度。

(1) 执行 Ellipse(EL)命令，根据系统提示“指定椭圆的轴端点或 [圆弧(A)/中心点(C)]: ”，输入 a 并确定，然后选择“圆弧”选项，如图 5-38 所示。

图 5-37　绘制椭圆弧

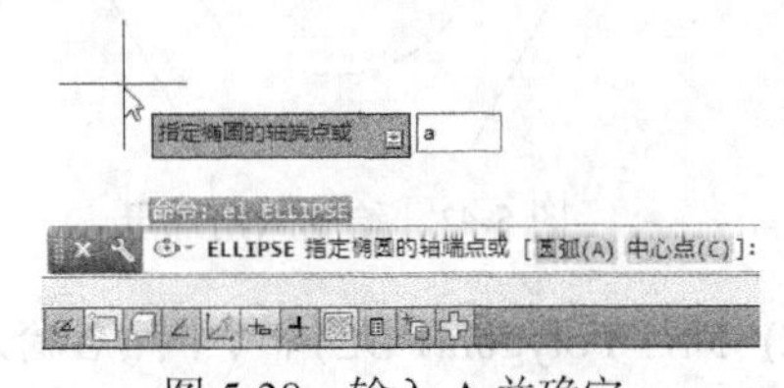

图 5-38　输入 A 并确定

(2) 依次指定椭圆的第一个轴端点、另一个轴端点和另一条半轴的长度，然后在系统提示“指定起点角度或 [参数(P)]:”时，指定椭圆弧的起点角度为 0，如图 5-39 所示。

(3) 输入椭圆弧的端点角度为 180，如图 5-40 所示，按空格键进行确定，完成椭圆弧的绘制。

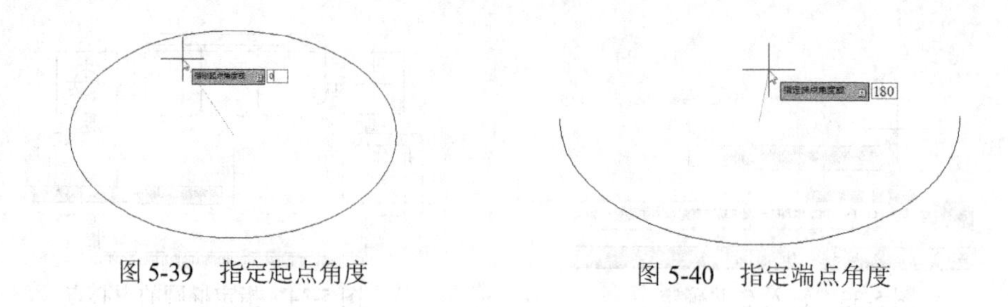

图 5-39 指定起点角度　　　　图 5-40 指定端点角度

5.3 绘制多边形和圆环

在 AutoCAD 中，可以使用“多边形”命令绘制边数不等的正多边形，还可以使用“圆环”命令绘制实心圆或较宽的圆环。

5.3.1 绘制多边形

使用“多边形”命令，可以绘制由 3 到 1024 条边所组成的内接于圆或外切于圆的多边形。执行“多边形”命令有如下 3 种常用方法。

- 选择“绘图”｜“多边形”命令。
- 单击“绘图”面板中的“矩形”下拉按钮，然后选择“多边形”选项。
- 执行 Polygon(POL)命令。

【练习 5-9】绘制如图 5-41 所示的六角螺母图形。

实例分析：绘制本例中的正六边形时，需要指定多边形的侧面数为 6，并选择绘制多边形的方式为“外切于圆”。

(1) 执行 Circle(C)命令，绘制一个半径为 8 的圆，如图 5-42 所示。

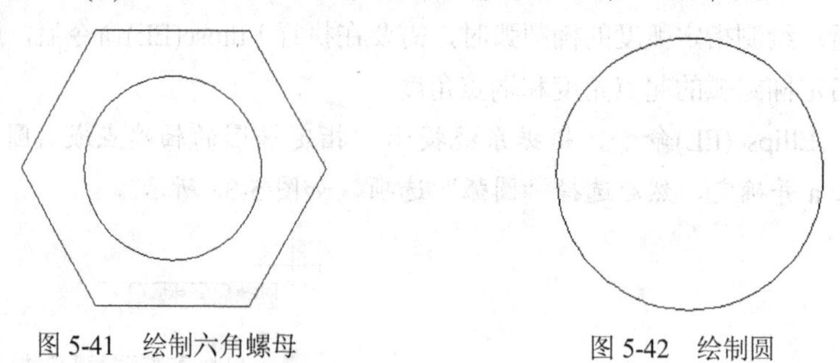

图 5-41 绘制六角螺母　　　　图 5-42 绘制圆

(2) 执行 Polygon(POL)命令，然后输入多边形的侧面数(即边数)为 6 并确定，如图 5-43 所示。

(3) 通过捕捉圆心指定多边形的中心点，如图 5-44 所示。

(4) 在弹出的下拉菜单中选择“外切于圆(C)”选项，如图 5-45 所示。

(5) 根据系统提示“指定圆的半径:”，输入多边形外切于圆的半径为 12 并确定，如图 5-46 所示，完成本例图形的绘制。

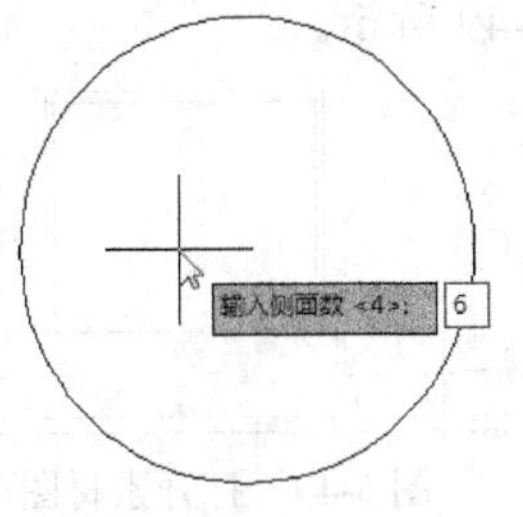

图 5-43　输入侧面数

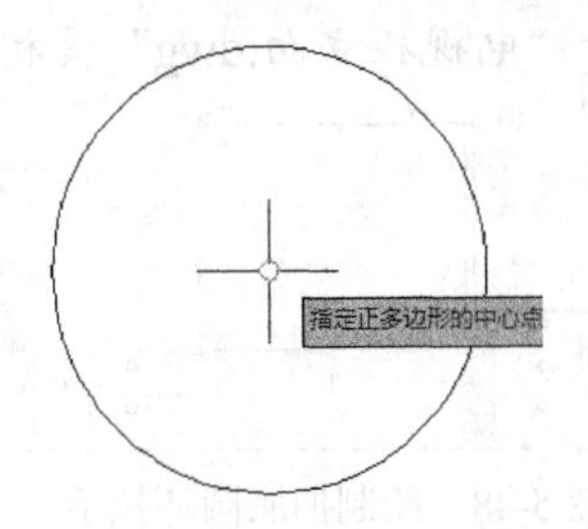

图 5-44　指定中心点

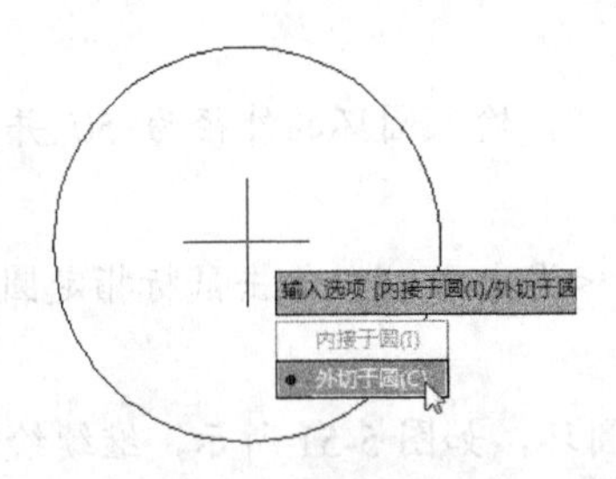

图 5-45　选择“外切于圆(C)”选项

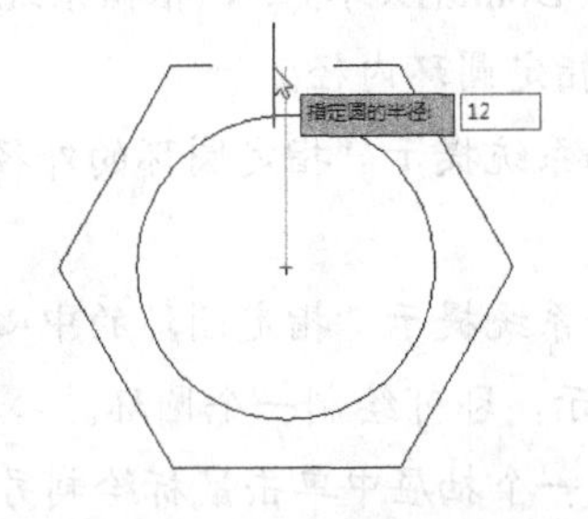

图 5-46　指定外切于圆的半径

注意：

使用“多边形”命令绘制的外切于圆五边形与内接于圆五边形，尽管它们具有相同的边数和半径，但是其大小却不同。外切于圆的多边形和内接于圆的多边形与指定圆之间的关系如图 5-47 所示。

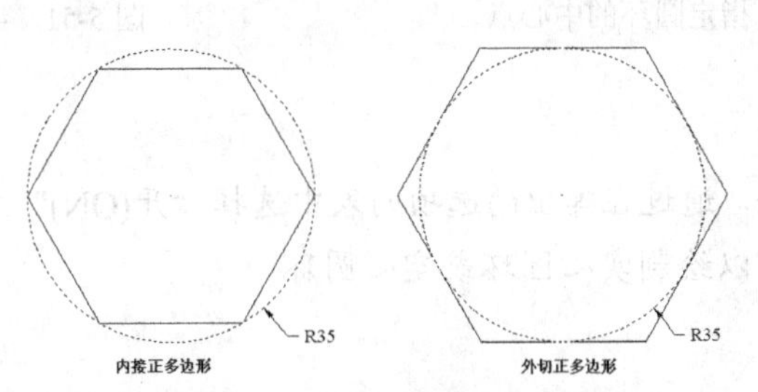

图 5-47　多边形与圆的示意图

5.3.2　绘制圆环

使用“圆环”命令可以绘制一定宽度的空心圆环或实心圆环。使用“圆环”命令绘制的圆环实际上是多段线，因此可以使用“编辑多段线(Pedit)”命令中的“宽度(W)”选项修改圆环的宽度。

执行“圆环”命令有以下两种常用方法。

- 选择“绘图”|“圆环”命令。
- 执行 Donut(DO)命令。

【练习 5-13】绘制如图 5-48 所示的抽屉圆环拉手。

实例分析：绘制该实例中的圆环时，需要设置圆环的内径和外径，然后通过单击鼠标绘制圆环。

(1) 打开“电视柜立面.dwg”素材图形，如图 5-49 所示。

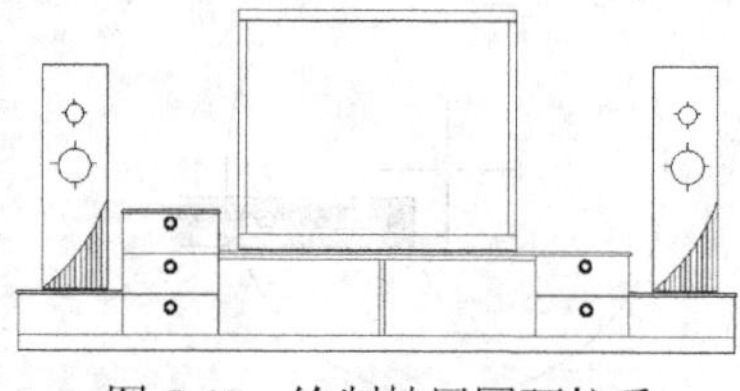

图 5-48　绘制抽屉圆环拉手

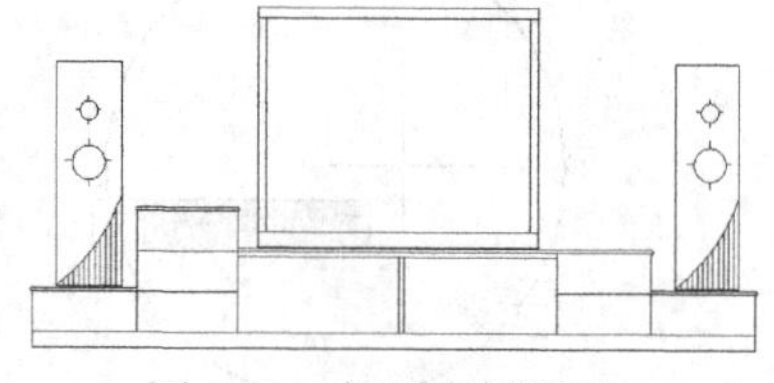

图 5-49　打开素材图形

(2) 执行 Donut(DO)命令，根据系统提示“指定圆环的内径 <>:”，输入圆环的内径为 30 并确定，指定圆环内径。

(3) 根据系统提示“指定圆环的外径 <>: ”，输入圆环的外径为 50 并确定，指定圆环外径。

(4) 根据系统提示“指定圆环的中心点或 <退出>: ”，单击鼠标指定圆环的中心点，如图 5-50 所示，即可绘制一个圆环。

(5) 在另一个抽屉中单击鼠标绘制另一个圆环，如图 5-51 所示，继续绘制其他圆环，然后按空键格结束命令。

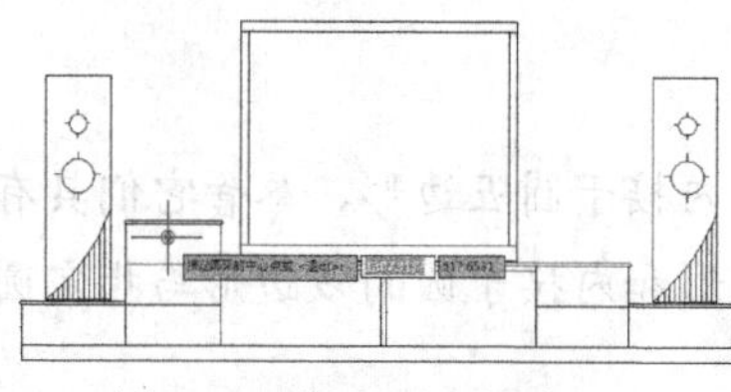

图 5-50　指定圆环的中心点

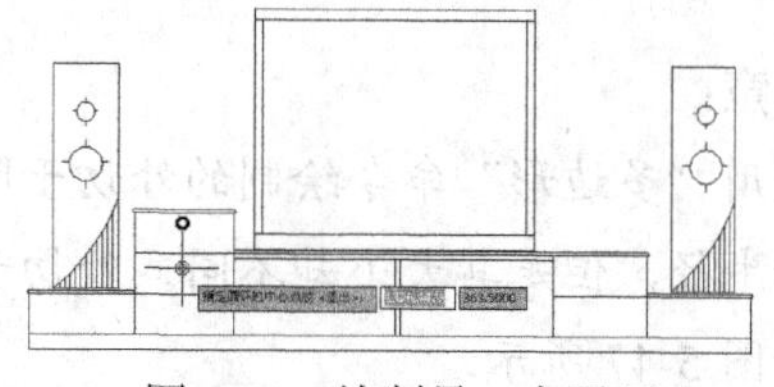

图 5-51　绘制另一个圆环

注意：

执行 FILL 命令，通过在弹出的选项列表中选择“开(ON)”或“关(OFF)”选项，使用 DONUT(DO)命令可以绘制实心圆环或空心圆环。

5.4　绘制修订云线和徒手画

在 AutoCAD 中，除了可以直接绘制前面介绍的各种图形外，还可以绘制修订云线和徒手画线条。

5.4.1　绘制修订云线

使用“修订云线”命令可以自动沿被跟踪的形状绘制一系列圆弧。修订云线用于在红线圈阅或检查图形时的标记。

执行“修订云线”命令通常有如下 3 种方法。

- 选择“绘图” | “修订云线”命令。
- 执行 Revcloud 命令。

- 单击“绘图”面板中的“修订云线”按钮。

执行 Revcloud 命令，系统将提示“指定起点或[弧长(A)/对象(O)]<>：”。该提示中各选项的含义如下。

- 对象：用于将闭合对象(圆、椭圆、闭合的多段线或样条曲线)转换为修订云线。甚至可以创建外观一致的修订云线。
- 弧长：用于设置修订云线中圆弧的最大长度和最小长度。更改弧长时，可以创建具有手绘外观的修订云线。

1. 直接绘制修订云线

执行 Revcloud 命令，系统将提示“指定起点或[弧长(A)/对象(O)]<对象>：”，输入 A 并确定，然后根据提示设置最小弧长和最大弧长，当系统提示“指定起点或 [弧长(A)/对象(O)/样式(S)] <对象>:”时，单击鼠标并拖动鼠标即可绘制出修订云线图形，如图 5-52 所示。

执行 Revcloud 命令，在绘制修订云线的过程中按下空格键，可以终止执行 Revcloud 命令，并生成开放的修订云线，如图 5-53 所示。

图 5-52　封闭的修订云线

图 5-53　开放的修订云线

2. 将对象转换为修订云线

执行 Revcloud 命令，在选择“对象(O)”命令选项后，可以将多段线、样条曲线、矩形以及圆等对象转换为修订云线。

【练习 5-15】将矩形转换为修订云线，如图 5-54 所示。

实例分析：在该实例中将矩形转换为修订云线，需要设置修订云线的弧长，然后选择要转换的矩形即可。

(1) 打开“垫圈.dwg”素材图形，如图 5-55 所示。

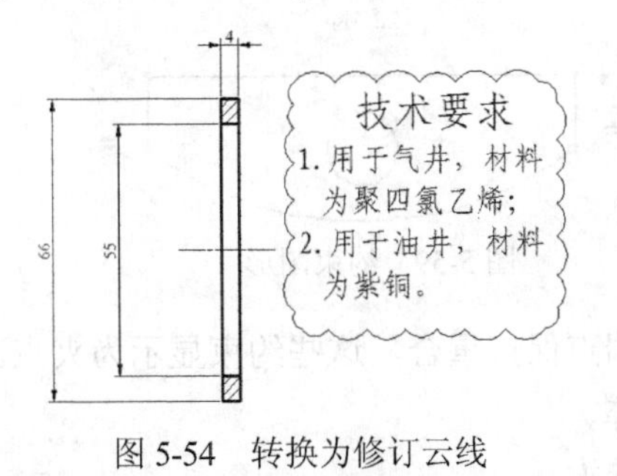

图 5-54　转换为修订云线

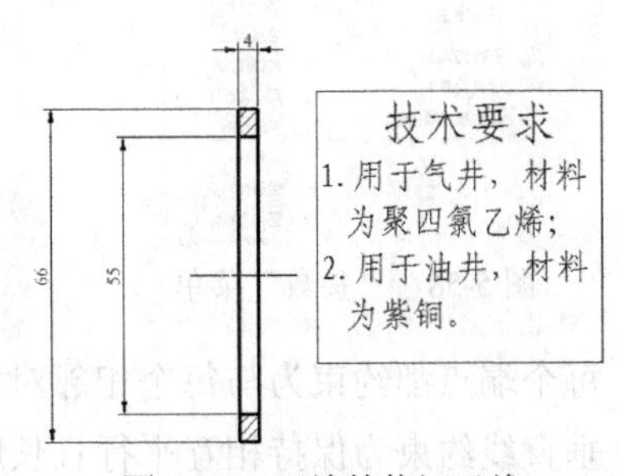

图 5-55　开放的修订云线

(2) 执行 Revcloud 命令，根据系统提示“指定起点或[弧长(A)/对象(O)]<对象>:”，输入 A 并确定，选择“弧长(A)”命令选项。

(3) 根据系统提示，依次设置最小弧长为 5、最大弧长为 10。

(4) 当系统再次提示“指定起点或[弧长(A)/对象(O)]<对象>:”时，输入 O 并确定，选择“对象(O)”命令选项。

(5) 根据系统提示“选择对象:”，选择图形中的矩形对象并确定，即可将选择的矩形转换为修订云线图形。

5.4.2 徒手画线条

执行“徒手画”命令 Sketch 可以通过模仿手绘效果创建一系列独立的线段或多段线。该绘图方式通常适用于签名、绘制木纹、剖面的自由轮廓以及植物等不规则图案的绘制。图 5-56 所示的装饰画边框纹理和图 5-57 所示的树木都是使用 Sketch 命令绘制的效果。

图 5-56　徒手画边框纹理

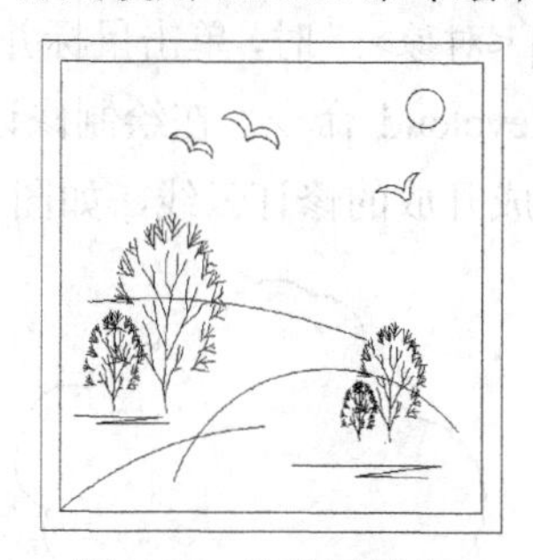

图 5-57　徒手画树木

5.5 参数化绘图

运用“参数”菜单中的约束命令，如图 5-58 所示，可以指定二维对象或对象上的点之间的几何约束，绘制特定的图形。编辑受约束的图形时，将保留约束。

例如，在如图 5-59 所示中，为图形应用了以下约束。

图 5-58　“参数”菜单

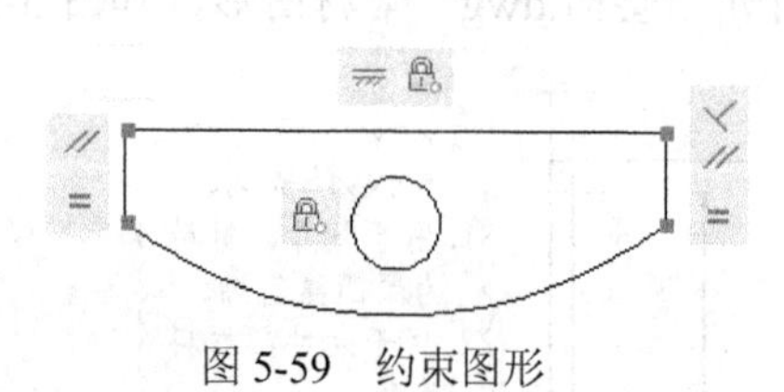

图 5-59　约束图形

- 每个端点都约束为与每个相邻对象的端点保持重合，这些约束显示为夹点。
- 垂直线约束为保持相互平行且长度相等。
- 右侧的垂直线被约束为与水平线保持垂直。

- 水平线被约束为保持水平。
- 圆和水平线的位置约束为保持固定距离，这些固定约束显示为锁定图标。

【练习 5-14】使用“相切”约束绘制与圆相切的直线。

实例分析：使用“相切”约束绘制与圆相切的直线时，可以先绘制好圆和直线，然后选择“参数”|“几何约束”|“相切”命令，通过“相切”约束对圆和直线进行调整。

(1) 绘制两个同心圆和一条水平线段作为操作对象，如图 5-60 所示。

(2) 选择“参数”|“几何约束”|“相切”命令，系统提示“选择第一个对象:”时，选择大圆，如图 5-61 所示。

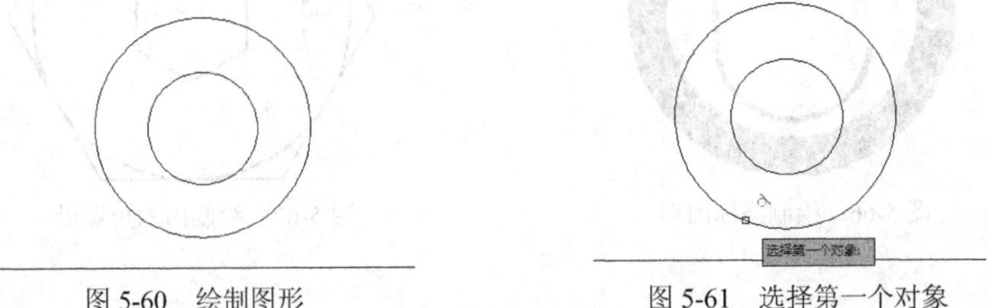

图 5-60　绘制图形　　图 5-61　选择第一个对象

(3) 根据系统提示选择直线作为相切的第二个对象，如图 5-62 所示，即可将直线与圆相切，如图 5-63 所示。

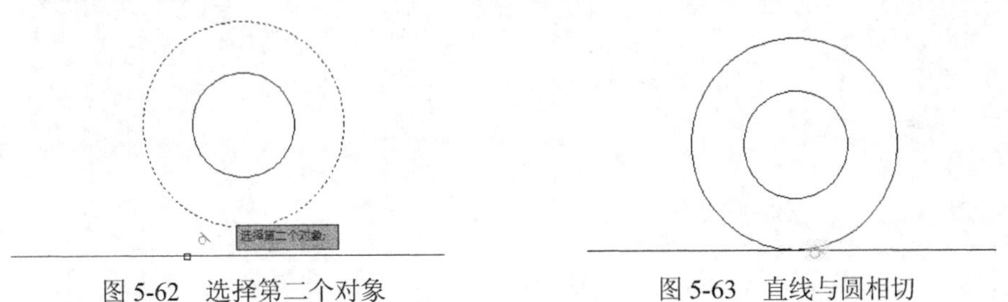

图 5-62　选择第二个对象　　图 5-63　直线与圆相切

(4) 拖动直线右方的夹点，调整直线的形状，如图 5-64 所示，调整直线后，圆始终与直线保持相切，效果如图 5-65 所示。

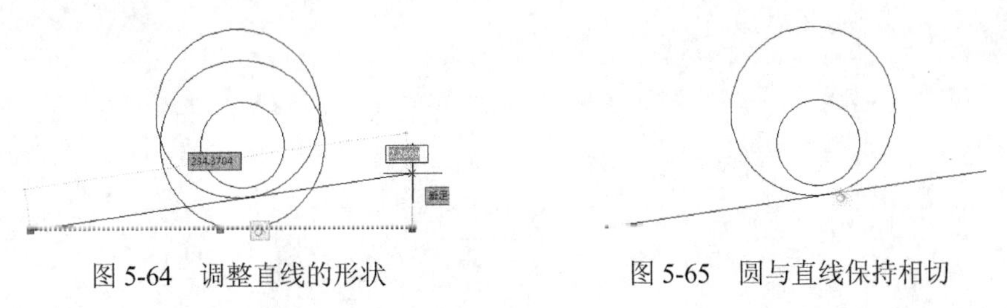

图 5-64　调整直线的形状　　图 5-65　圆与直线保持相切

5.6　思考练习

1. 使用“直线”与“多段线”命令绘制的直线有什么区别？
2. 使用“多边形”命令可以绘制三角形或矩形吗？

3. 怎样才能绘制出不自动闭合的修订云线？

4. 使用本章所学的绘图命令，使用“圆环”和“多段线”命令绘制如图 5-66 所示的路标图形。

5. 使用本章所学的绘图知识，参照如图 5-67 所示的内六角螺母尺寸和效果，使用“多边形”和“圆”命令绘制该图形。

图 5-66　绘制路标图形

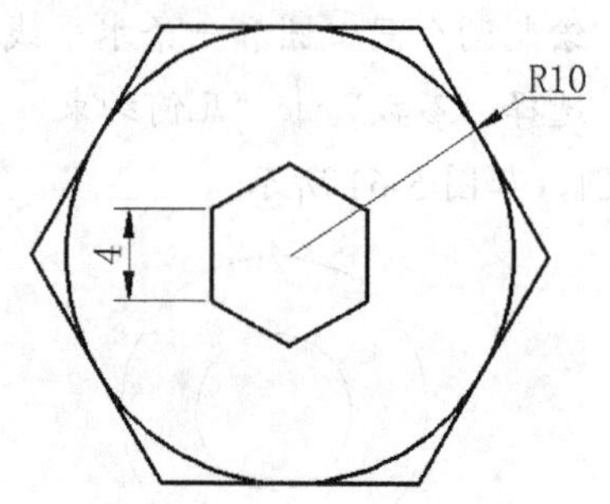

图 5-67　绘制内六角螺母

第6章　使用常用编辑命令

AutoCAD 提供了大量的图形编辑命令，通过对图形进行编辑，可以绘制出更多更复杂的图形。在本章中，将介绍一些比较常用的编辑命令，包括移动、旋转、复制、分解和删除图形等。

6.1　移动和旋转图形

在 AutoCAD 中，经常需要对图形进行移动和旋转，使用“移动”命令和“旋转”命令可以对图形进行移动和旋转操作。

6.1.1　移动图形

使用“移动”命令可以对图形按照指定的方向和距离进行移动，移动对象后并不改变其方向和大小。执行“移动”命令的常用方法有如下 3 种。

- 选择“修改”|“移动”命令。
- 单击“修改”面板中的“移动”按钮。
- 执行 Move(M)命令。

【练习 6-1】打开如图 6-1 所示的“椅子.dwg”素材图形，对花瓶图形进行移动，使其效果如图 6-2 所示。

实例分析：可以使用捕捉特殊点和指定移动方向及距离的方式对花瓶图形进行移动。

图 6-1　素材图形　　　　图 6-2　移动花瓶

(1) 打开“椅子.dwg”素材文件。

(2) 执行 Move(M)命令，选择图形中的花瓶图形，根据系统提示“指定基点或[位移(D)]:”，在花瓶下方的中点处单击鼠标指定移动基点，如图 6-3 所示。

(3) 向右方移动光标，捕捉茶几脚下方的中点，如图 6-4 所示，即可将花瓶移动至中点处，且花瓶下方的中点将与茶几脚下方的中点对齐。

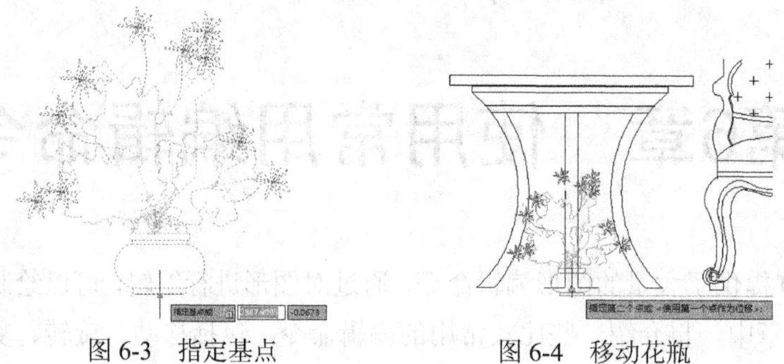

图 6-3　指定基点　　图 6-4　移动花瓶

(4) 按空格键重复执行“移动”命令，选择移动后的花瓶，然后在绘图区任意位置指定基点，如图 6-5 所示。

(5) 开启“正交模式”功能，向上移动光标，然后输入向左移动的距离为 580(即茶几的高度)，如图 6-6 所示，按空格键进行确定并结束移动操作。

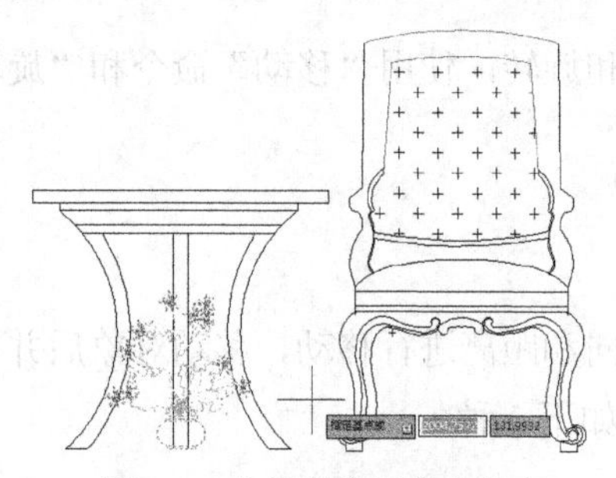

图 6-5　在任意位置指定基点

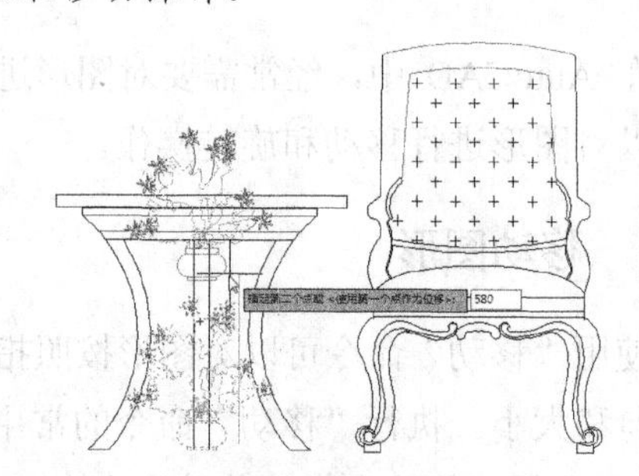

图 6-6　指定移动方向和距离

6.1.2　旋转图形

使用“旋转”命令不仅可以旋转图形，还可以旋转并复制图形。执行“旋转”命令的常用方法有如下 3 种。

- 选择“修改” | “旋转”命令。
- 单击“修改”面板中的“旋转”按钮。
- 执行 Rotate(RO)命令。

1. 直接旋转图形

使用“旋转”命令可以按照指定的方向和角度直接对图形进行旋转。旋转图形是以某一点为旋转基点，将选定的图形对象旋转一定的角度。

【练习 6-2】使用“旋转”命令将如图 6-7 所示沙发图形沿逆时针旋转 90 度，效果如图 6-8 所示。

实例分析：对本实例中的沙发图形进行旋转，可以在执行“旋转”命令后，指定旋转的基点，再指定旋转的角度即可。

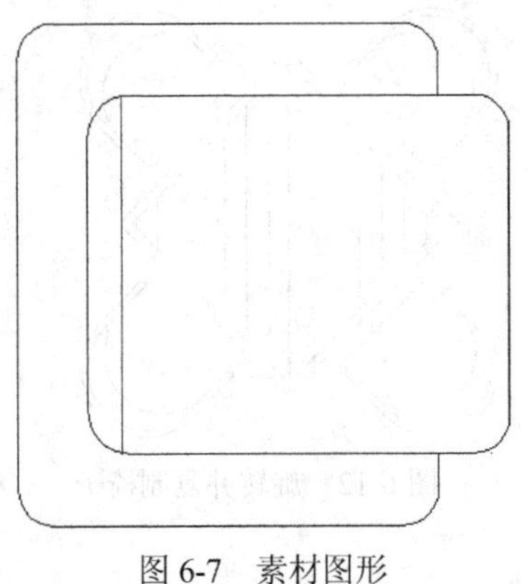

图 6-7　素材图形

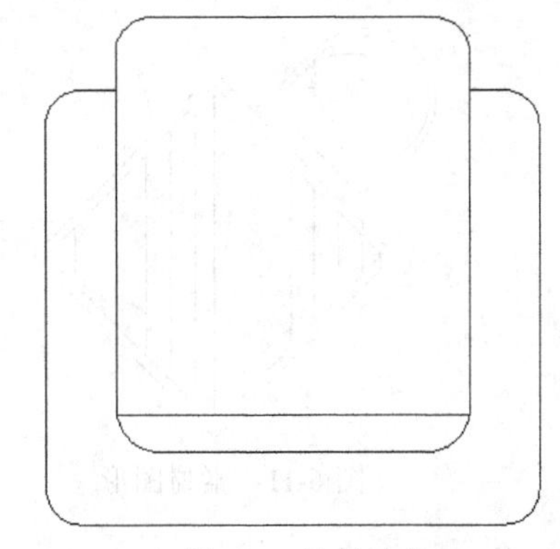

图 6-8　旋转沙发

(1) 打开“沙发.dwg”素材文件。

(2) 执行 Rotate(RO)命令，选择图形文件中的沙发图形并确定。

(3) 根据系统提示“指定基点:”，在沙发的中心位置单击鼠标指定旋转基点，如图 6-9 所示。

(4) 输入旋转对象的角度为 90，如图 6-10 所示，然后按空格键进行确定，至此完成旋转操作。

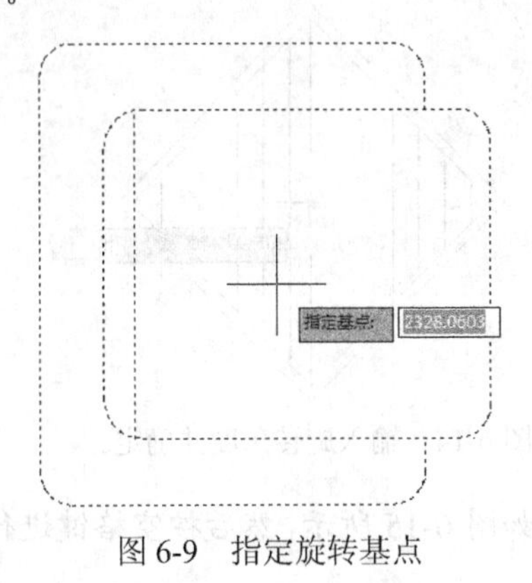

图 6-9　指定旋转基点

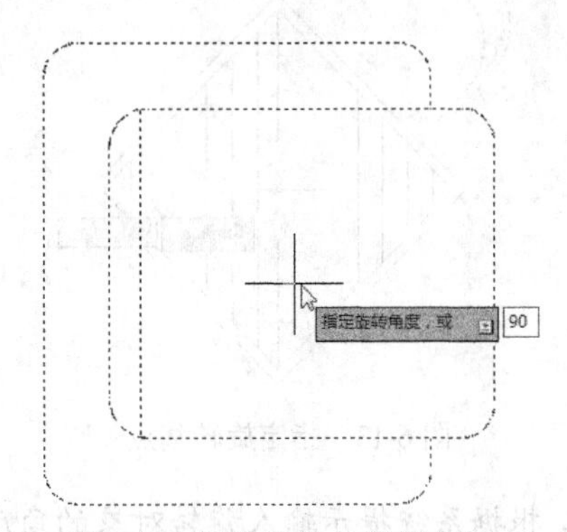

图 6-10　输入旋转角度并确定

注意：

在默认情况下，使用 AutoCAD 绘制图形和旋转图形均按逆时针方向进行，当输入的角度值为负数时，将按顺时针方向进行绘制和旋转图形操作。

2. 旋转并复制图形

在旋转图形的过程中，当指定旋转的基点时，系统将提示“指定旋转角度，或 [复制(C)/参照(R)]”，此时输入 C 并确定，选择“复制(C)”命令选项，可以对选择的对象进行旋转并复制操作。

【练习 6-3】使用“旋转”命令对如图 6-11 所示中的椅子图形进行旋转复制，使其效果如图 6-12 所示。

实例分析：对本实例中的椅子图形进行旋转并复制，需要在指定旋转椅子的基点后，输入 C 并确定，选择“复制(C)”命令选项，然后指定旋转的角度即可。

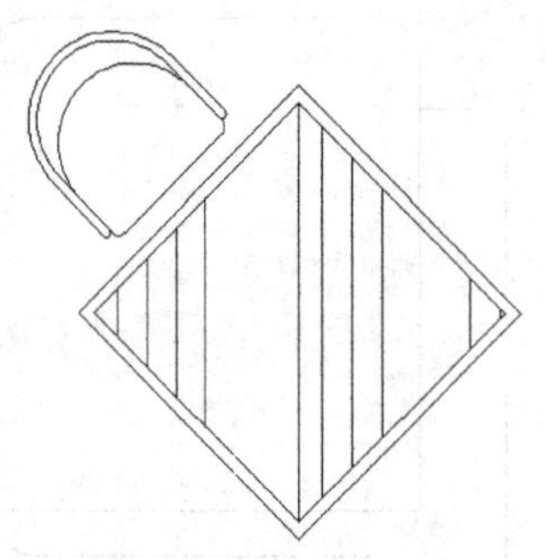

图 6-11　素材图形

图 6-12　旋转并复制椅子

(1) 打开“桌椅.dwg”素材文件。

(2) 执行 Rotate(RO)命令，选择图形文件中的椅子图形并确定。

(3) 根据系统提示“指定基点:”，在桌子的中心位置单击鼠标指定旋转基点，如图 6-13 所示。

(4) 根据系统提示“指定旋转角度，或 [复制(C)/参照(R)]”，输入 C 并确定，选择“复制(C)”选项，如图 6-14 所示。

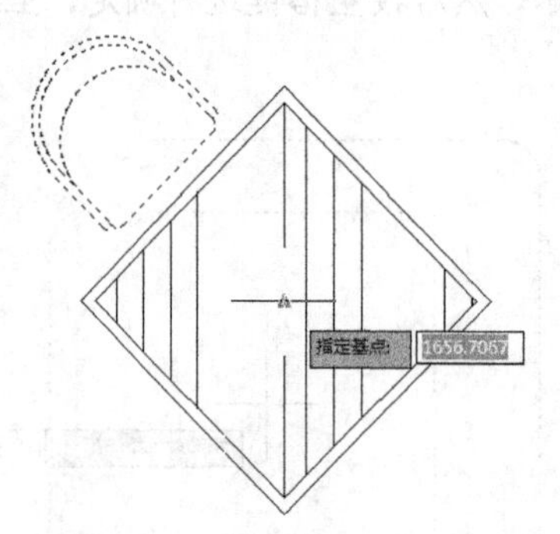

图 6-13　指定旋转基点

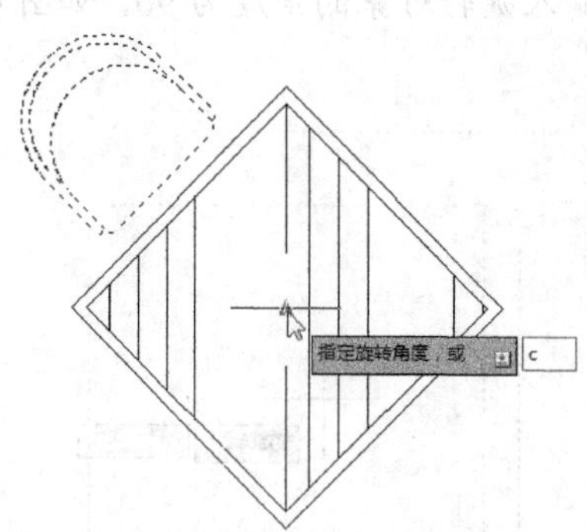

图 6-14　输入旋转角度并确定

(5) 根据系统提示输入旋转对象的角度为 90，如图 6-15 所示，然后按空格键进行确定，得到的旋转并复制椅子的效果如图 6-16 所示。

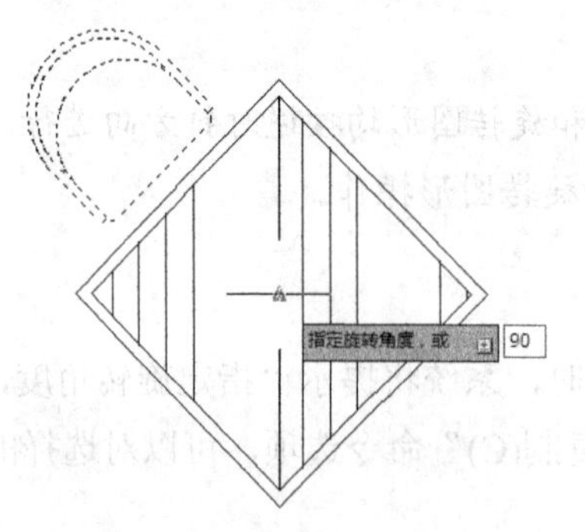

图 6-15　输入旋转的角度

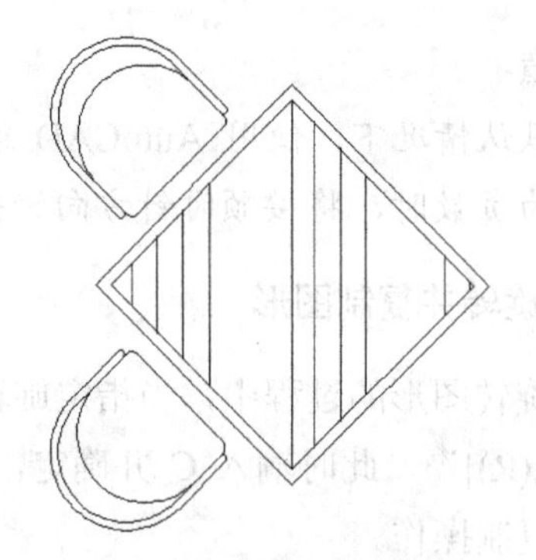

图 6-16　旋转并复制椅子

(6) 重复执行 Rotate(RO)命令，选择图形中得到的两个椅子图形并确定。

(7) 在桌子的中心位置单击鼠标指定旋转基点，然后输入 C 并确定，选择“复制(C)”选项。

(8) 根据系统提示输入旋转对象的角度为 180，然后按空格键进行确定，完成本例图形的编辑。

6.2　复制图形

使用“复制”命令可以为对象在指定的位置创建一个或多个副本，该操作是以选定对象的某一基点将其复制到绘图区内的其他地方。

执行“复制”命令的常用方法有如下 3 种。

- 选择“修改”|“复制”命令。
- 单击“修改”面板中的“复制”按钮。
- 执行 Copy(CO)命令。

6.2.1　直接复制对象

在复制图形的过程中，如果不需要准确指定复制对象的距离，可以直接对图形进行复制，或者通过捕捉特殊点，将对象复制到指定的位置。

【练习 6-4】使用“复制”命令复制如图 6-17 所示的沙发花纹，使其效果如图 6-18 所示。

实例分析：要对本实例中的沙发花纹图形进行复制，可以在执行“复制”命令后，通过捕捉图形中的交点，将花纹图形准确复制到沙发的另一侧。

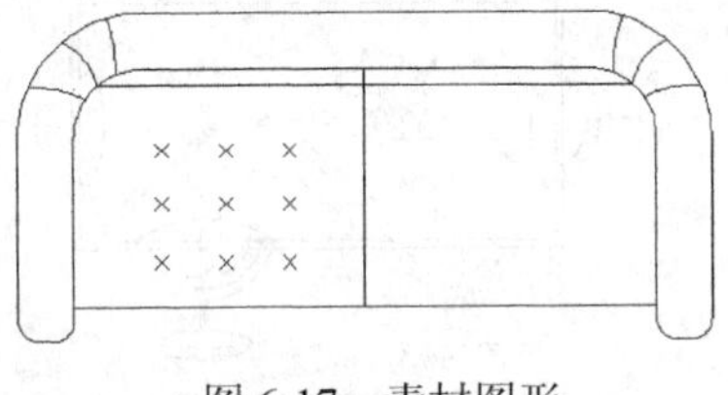

图 6-17　素材图形

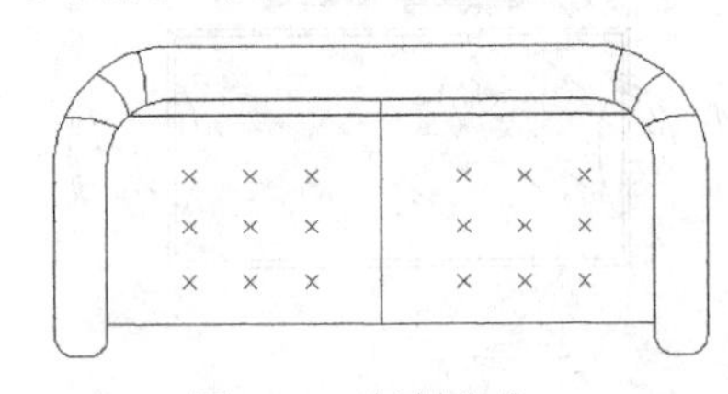

图 6-18　复制花纹

(1) 打开“双人沙发 1.dwg”素材图形。

(2) 执行 Copy(CO)命令，选择沙发中的花纹图形并确定，然后在左下方线段交点处指定复制的基点，如图 6-19 所示。

(3) 向右移动光标捕捉中间线段的交点，指定复制的第二点并结束复制操作，如图 6-20 所示。

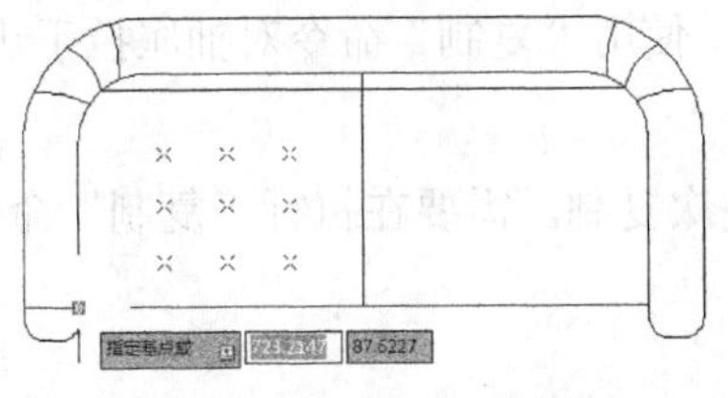

图 6-19　指定复制的基点

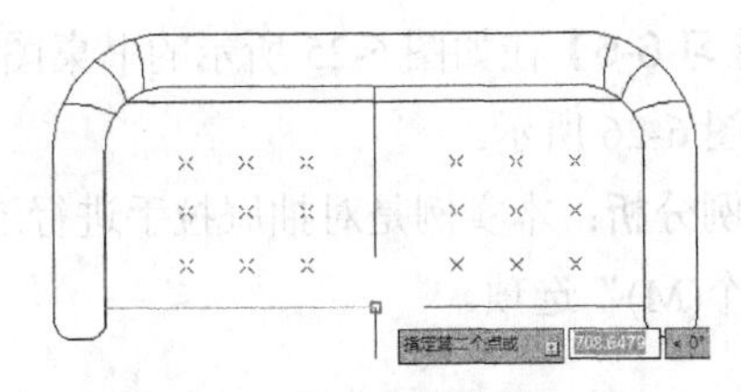

图 6-20　指定复制的第二点

6.2.2　按指定距离复制对象

如果在复制对象时，没有特殊点作为参照，又需要准确指定目标对象和源对象之间的距离，这时可以在复制对象的过程中输入具体的数值确定之间的距离。

【练习 6-5】在如图 6-21 所示的餐桌中，对椅子图形进行复制，效果如图 6-22 所示。

实例分析：要对图形按照指定的距离进行复制，可以在任意位置指定复制的基点，然后移动光标指定复制图形的方向，并指定复制第二点与基点的距离即可。

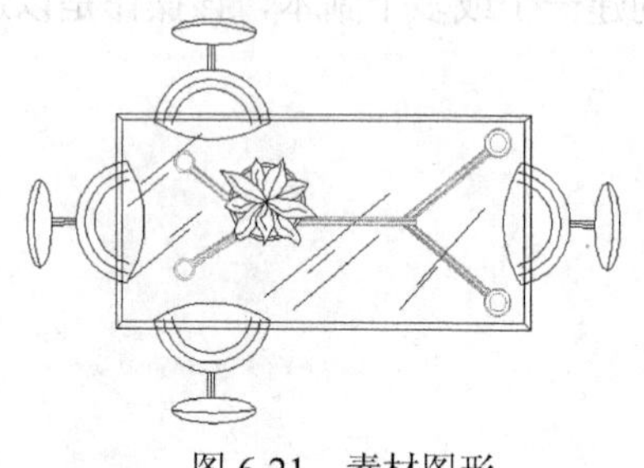

图 6-21　素材图形

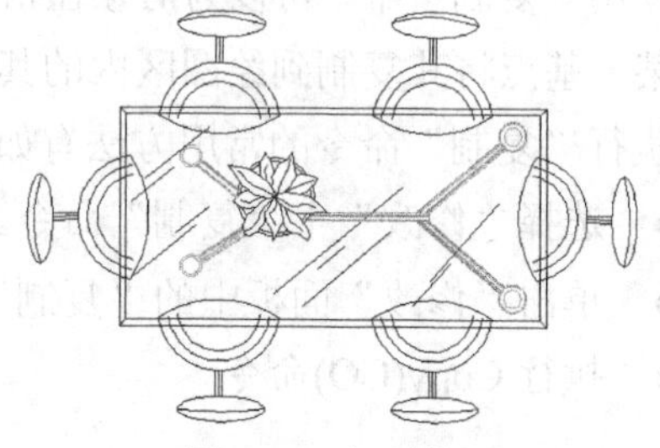

图 6-22　复制椅子

(1) 打开“餐桌.dwg”素材图形。

(2) 执行 Copy(CO)命令，选择餐桌中的上下两方的椅子并确定，然后在任意位置指定复制的基点，如图 6-23 所示。

(3) 开启“正交模式”功能，然后向右移动光标，并输入第二个点的距离为 1000，如图 6-24 所示。按空格键进行确定，结束复制操作。

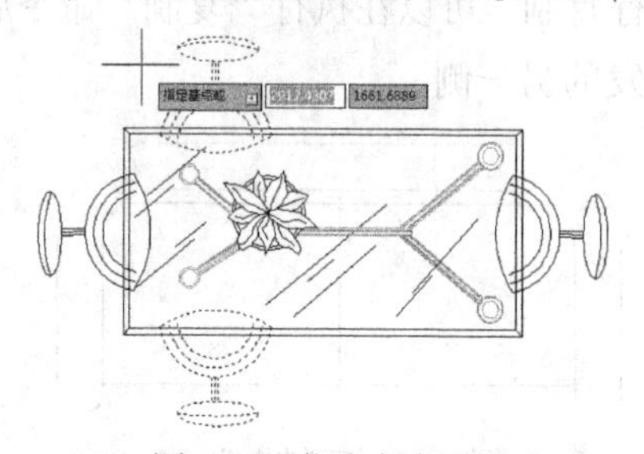

图 6-23　指定复制的基点

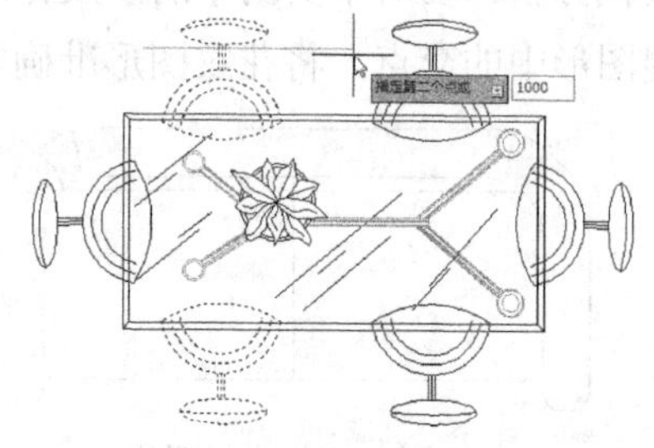

图 6-24　指定复制的距离

6.2.3　连续多次复制对象

在默认状态下，执行“复制”命令只能对图形进行一次复制，如果要对图形进行多次复制，则需要在选择复制对象后输入 M 参数并确定，以选择“多个(M)”命令选项，然后可以对图形进行连续多次复制。

【练习 6-6】在如图 6-25 所示的书桌图形中，使用“复制”命令对抽屉拉手进行复制，效果如图 6-26 所示。

实例分析：本实例是对抽屉拉手进行连续多次复制，需要在执行“复制”命令后，选择“多个(M)”选项。

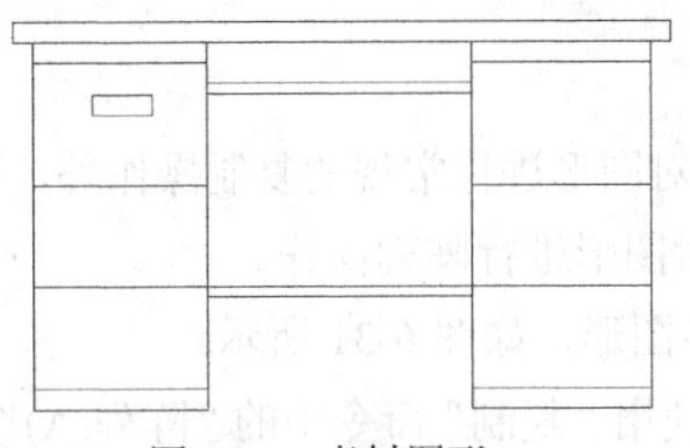

图 6-25　素材图形

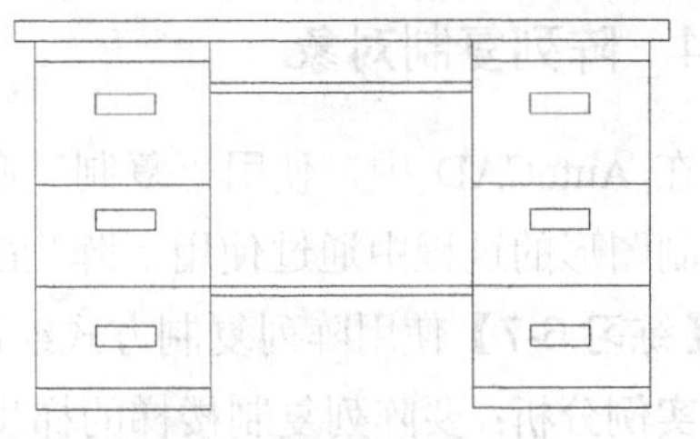

图 6-26　复制抽屉拉手

(1) 打开“书桌.dwg”素材图形。

(2) 执行 Copy 命令，选择书桌中的抽屉拉手并确定，根据系统提示“指定基点或 [位移(D)/模式(O)/多个(M)]:”，输入参数 M 并确定，如图 6-27 所示。

(3) 在任意位置指定复制的基点，然后向下移动光标指定复制的方向，并指定第二点与基点的距离为 240，如图 6-28 所示。

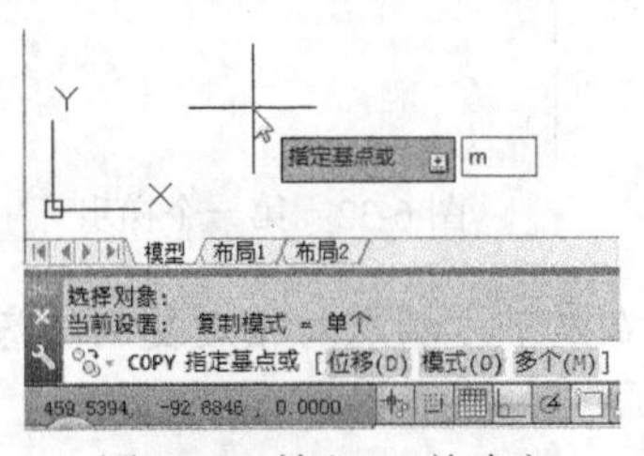

图 6-27　输入 M 并确定

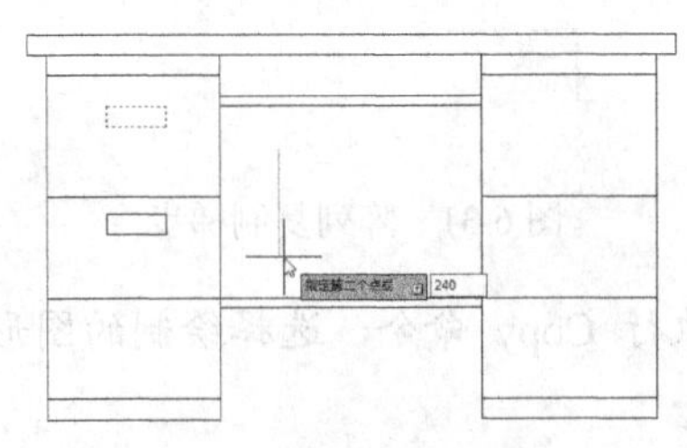

图 6-28　指定复制的第二点

(4) 继续向下指定复制图形的第二个点，设置复制第二点与基点的距离为 480，如图 6-29 所示。

(5) 当系统继续提示“指定第二个点或 [阵列(A)/退出(E)/放弃(U)] <退出>:”时，按空格键结束“复制”命令，效果如图 6-30 所示。

(6) 重复执行 Copy 命令，通过捕捉端点的方式，将左方抽屉拉手复制到书桌右方。

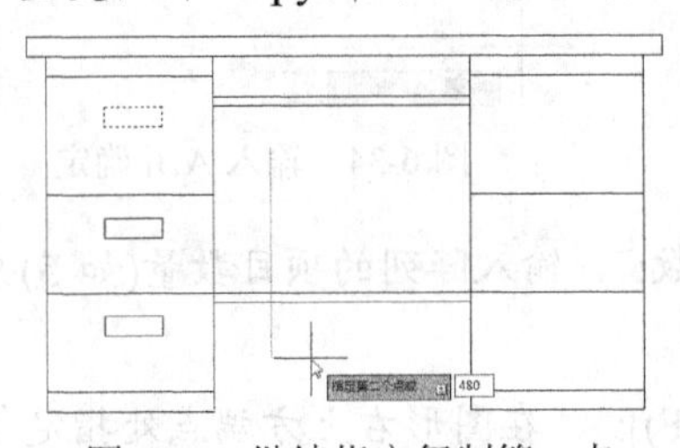

图 6-29　继续指定复制第二点

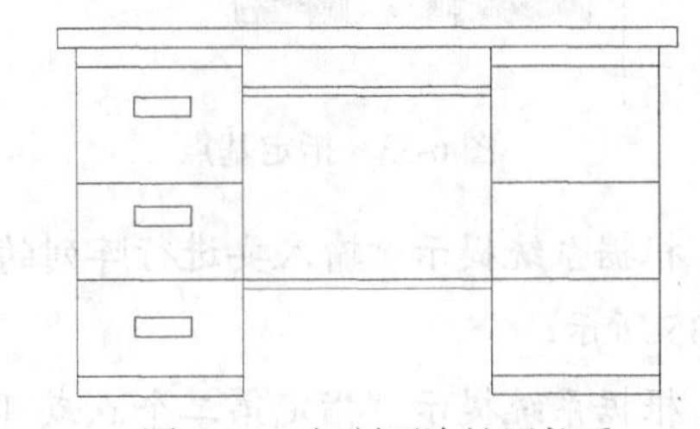

图 6-30　复制两次抽屉拉手

注意：

执行“复制”命令后，直接选择“多个(M)”选项，只适用于当前的多次复制操作，在下一次执行“复制”命令时，将重新启用单次复制；如果执行“复制”命令后，先选择“模式(O)”选项，然后选择“多个(M)”选项，在以后使用“复制”命令复制图形时，都将启用多次复制功能。

6.2.4　阵列复制对象

在 AutoCAD 中，使用“复制”命令除了可以对图形进行常规的复制操作外，还可以在复制图形的过程中通过使用“阵列(A)”命令，对图形进行阵列操作。

【练习 6-7】使用阵列复制方式绘制楼梯的梯步图形，如图 6-31 所示。

实例分析：要阵列复制楼梯的梯步图形，需要使用“复制”命令中的“阵列(A)”选项，在指定复制的基点后，输入 A 并确定，即可启用“阵列”功能。

(1) 使用“直线”命令绘制一条长度为 260 的水平线段和一条长度为 150 的垂直线段作为第一个梯步图形，如图 6-32 所示。

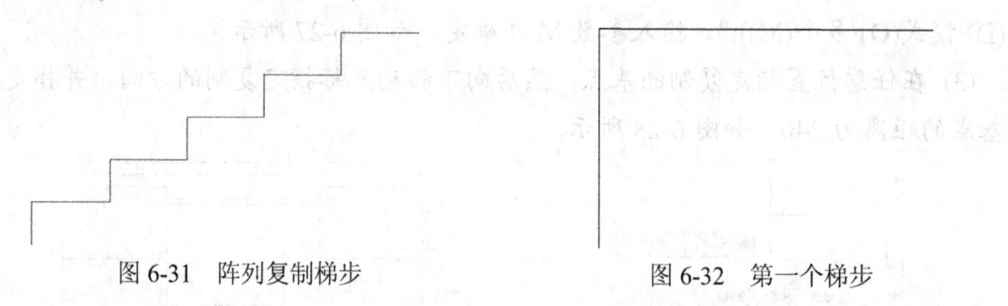

图 6-31　阵列复制梯步　　图 6-32　第一个梯步

(2) 执行 Copy 命令，选择绘制的图形，然后在左下方端点处指定复制的基点，如图 6-33 所示。

(3) 当系统提示“指定第二个点或 [阵列(A)] <>:”时，输入 A 并确定，启用“阵列(A)”功能，如图 6-34 所示。

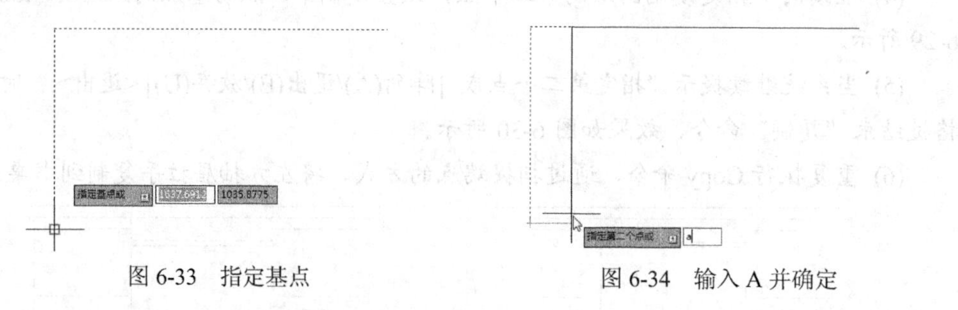

图 6-33　指定基点　　图 6-34　输入 A 并确定

(4) 根据系统提示“输入要进行阵列的项目数:”，输入阵列的项目数量(如 5)并确定，如图 6-35 所示。

(5) 根据系统提示“指定第二个点或 [布满(F)]:”，在图形右上方端点处指定复制的第二个点，如图 6-36 所示，即可完成阵列复制操作。

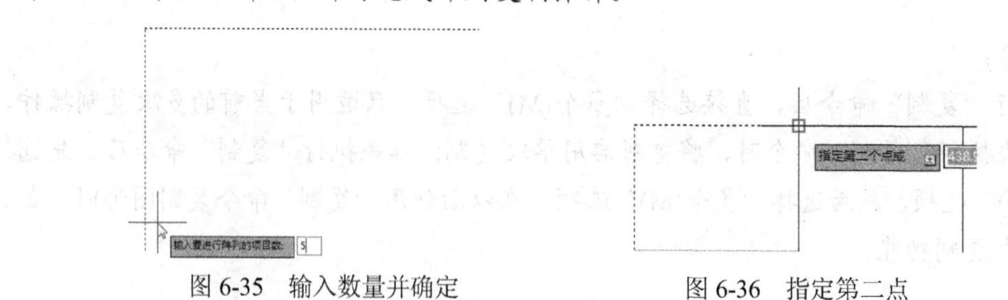

图 6-35　输入数量并确定　　图 6-36　指定第二点

6.3　镜像图形

使用“镜像”命令可以将选定的图形对象以某一对称轴镜像到该对称轴的另一边，还可以使用镜像复制功能将图形以某一对称轴进行镜像复制。

执行“镜像”命令的常用方法有如下 3 种。

- 选择“修改” | “镜像”命令。
- 单击“修改”面板中的“镜像”按钮。
- 执行 Mirror(MI)命令。

6.3.1　镜像源对象

执行 Mirror(MI)命令，选择要镜像的对象，指定镜像的轴线后，在系统提示“要删除源对象吗？[是(Y)/否(N)]:”时，输入 Y 并按空格键进行确定，即可将源对象镜像处理。

【练习 6-8】对图 6-37 中的水龙头进行镜像，使其效果如图 6-38 所示。

实例分析：在执行镜像的过程中，系统提示“要删除源对象吗？[是(Y)/否(N)]:”，此时，需要输入 Y 并确定，即可对图形进行镜像。

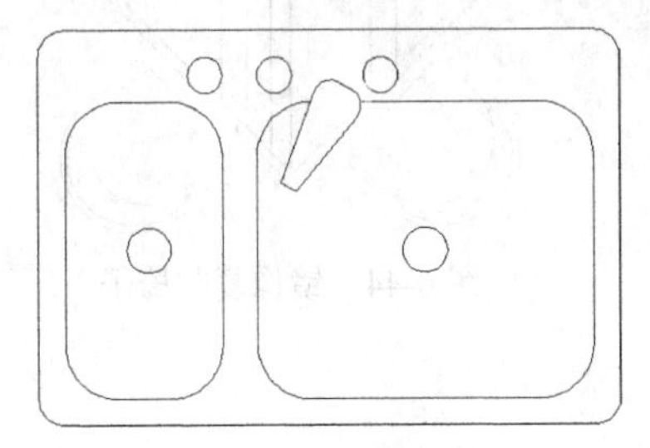

图 6-37　素材图形

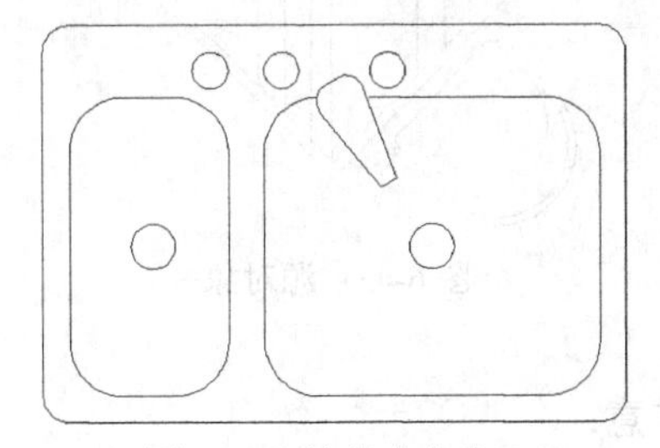

图 6-38　镜像水龙头

(1) 打开“水池.dwg”素材图形。

(2) 执行 Mirror(MI)命令，选择图形中的水龙头并确定，如图 6-39 所示。

(3) 根据系统提示在水龙头的中点位置指定镜像的第一个点，如图 6-40 所示。

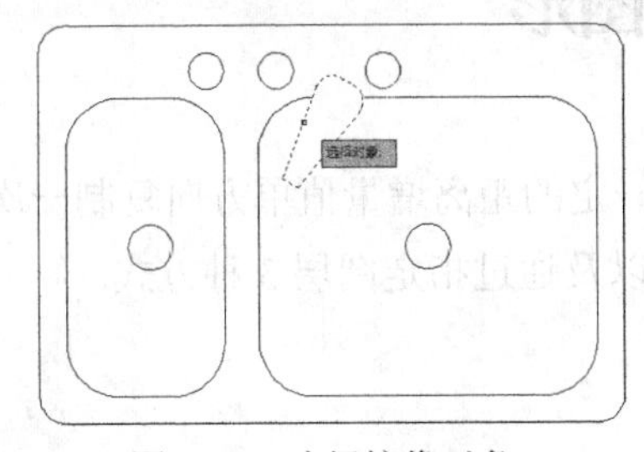

图 6-39　选择镜像对象

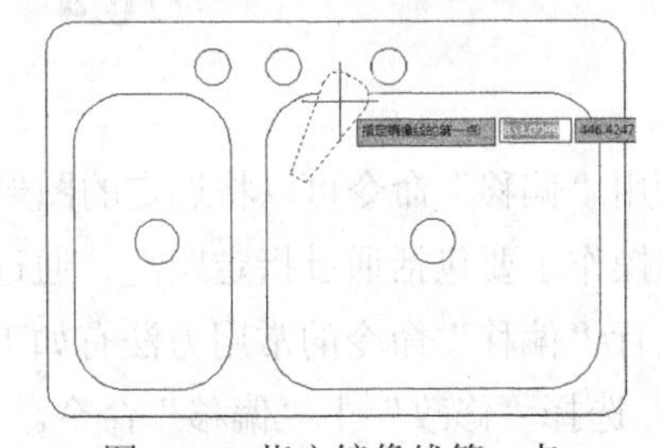

图 6-40　指定镜像线第一点

(4) 开启“正交”模式，根据系统提示沿着垂直方向指定镜像的第二个点，如图 6-41 所示。

(5) 根据系统提示“要删除源对象吗？[是(Y)/否(N)]:”，输入 Y 并确定，如图 6-42 所示，即可对水龙头进行镜像。

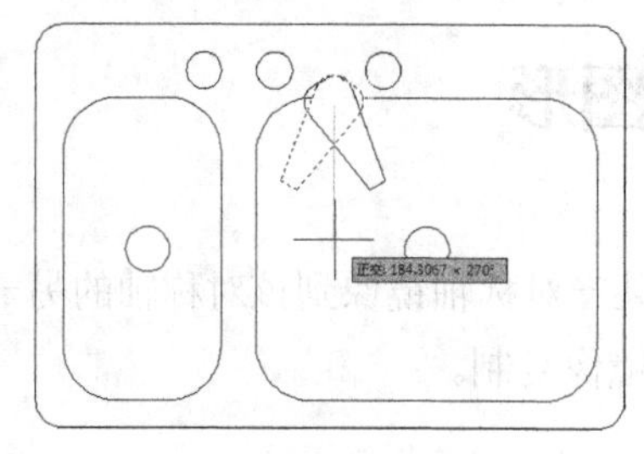

图 6-41　指定镜像线第二点

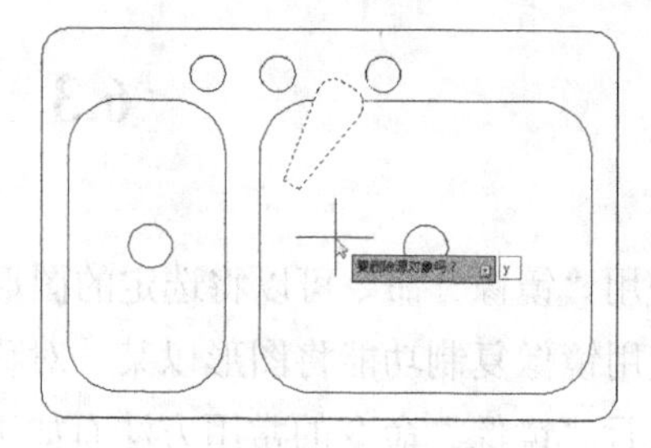

图 6-42　输入 Y 并确定

6.3.2　镜像复制源对象

执行 Mirror(MI)命令，选择要镜像的对象，指定镜像的轴线后，在系统提示“要删除源对象吗？[是(Y)/否(N)]:”时，输入 N 并按空格键进行确定，可以对保留源对象，即对源对象进行镜像并复制，如图 6-43 和图 6-44 所示。

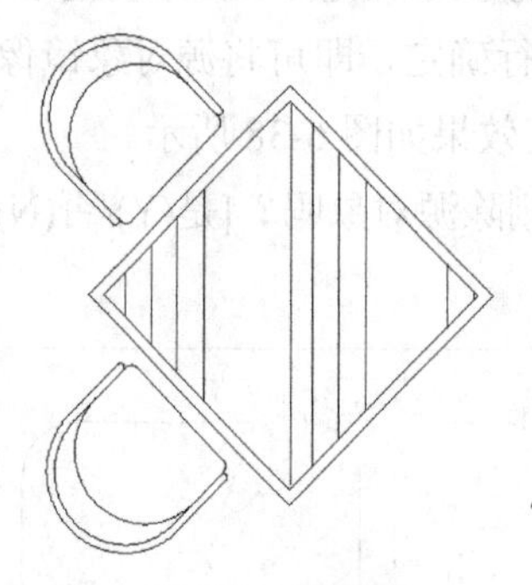

图 6-43　源对象

图 6-44　镜像复制椅子

注意：

在绘制对称的建筑或机械图形时，通常可以在绘制好图形局部后，使用“镜像”命令对其进行镜像复制，从而快速完成图形的绘制。

6.4　偏移图形

使用“偏移”命令可以将选定的图形对象以一定的距离增量值单方向复制一次。偏移图形的操作主要包括通过指定距离、通过指定点以及通过指定图层 3 种方式。

执行“偏移”命令的常用方法有如下 3 种。

- 选择“修改”|“偏移”命令。
- 单击“修改”面板中的“偏移”按钮。
- 执行 Offset(O)命令。

6.4.1　按指定距离偏移对象

在偏移对象的过程中，可以通过指定偏移对象的距离，从而准确、快速地将对象偏移到需要的位置。

【练习 6-9】在如图 6-45 所示的图形基础上，使用“偏移”命令，完成洗菜盆的绘制，如图 6-46 所示。

实例分析：绘制本例图形中的多条水平线段有两种方法：一是复制，二是偏移。使用“偏移”命令对图形进行偏移时，先设置偏移的距离，然后选择对象，并指定偏移的方向。

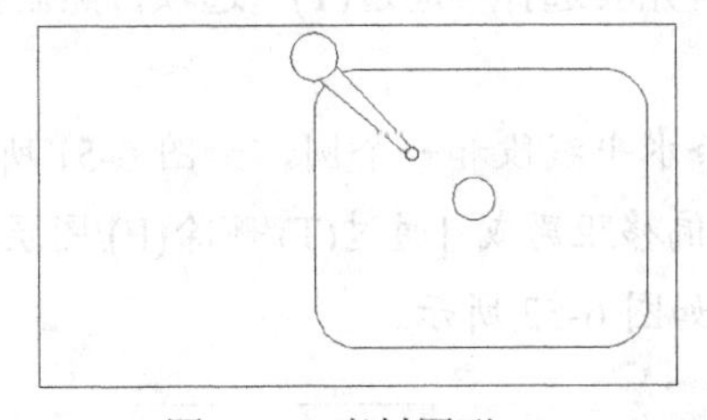

图 6-45　素材图形

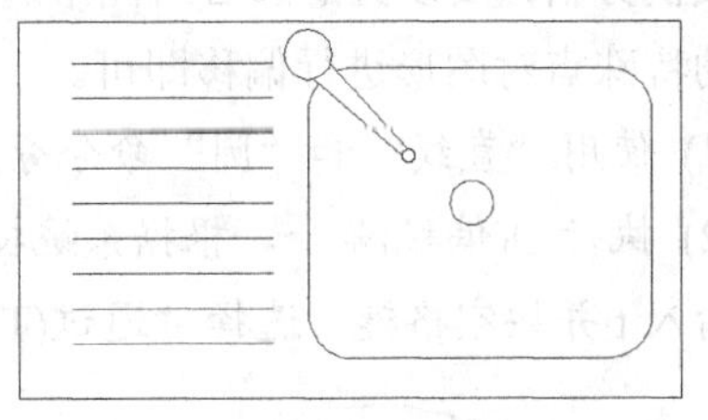

图 6-46　完成效果

(1) 打开“洗菜盆.dwg”素材图形，使用“直线”命令在图形左方绘制一条水平线段，如图 6-47 所示。

(2) 执行 Offset(O)命令，输入偏移距离为 45 并确定，如图 6-48 所示。

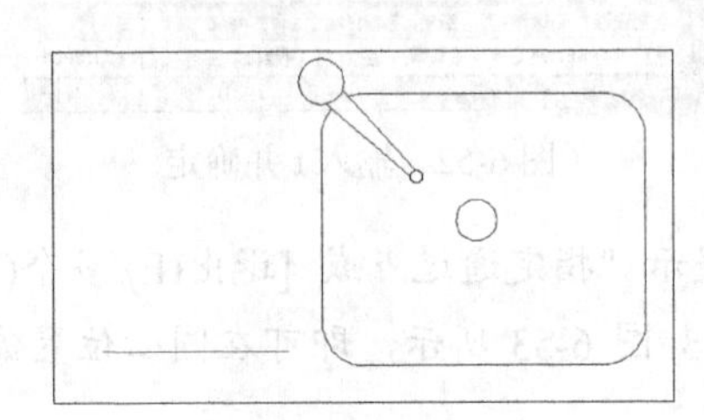

图 6-47　绘制水平线段

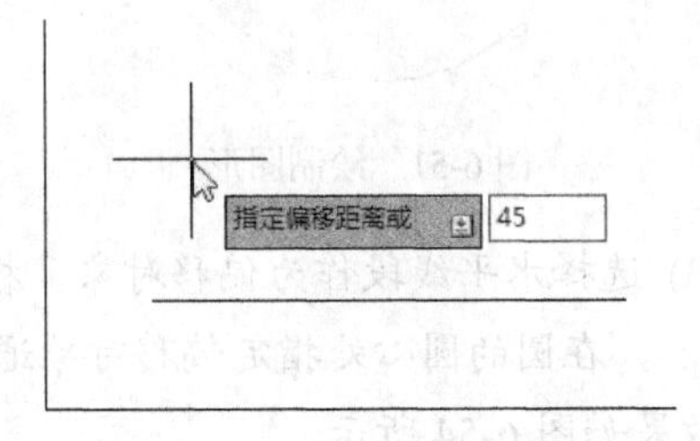

图 6-48　设置偏移距离

(3) 选择绘制的水平线段作为偏移的对象，然后在线段上方单击鼠标指定偏移线段的方向，如图 6-49 所示，即可将选择的线段向上偏移 45 个单位，效果如图 6-50 所示。

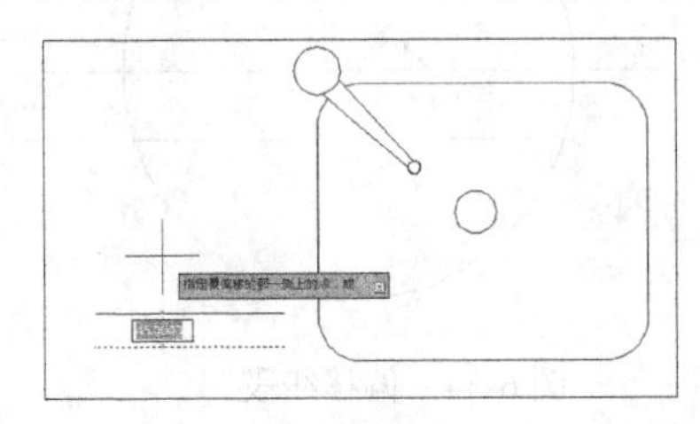

图 6-49　指定偏移的方向

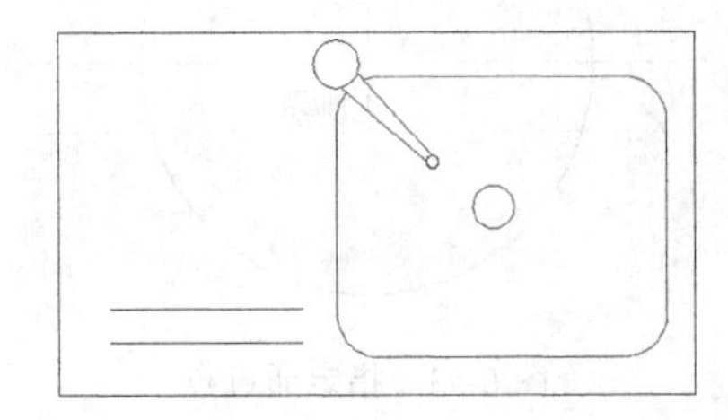

图 6-50　偏移水平线段

(4) 重复执行“偏移”命令，保持前面设置的参数不变，将偏移得到的线段继续向上偏移。

(5) 使用同样的方法，对偏移得到的线段向上进行多次偏移，完成本例图形的绘制。

注意：

在 AutoCAD 制图中，如果要对图形进行多次偏移操作，在进行下一次的偏移操作中，通常需要在上一次偏移好的对象基础上，继续对其进行偏移，这样更容易操作。

6.4.2　按指定点偏移对象

使用“通过”方式偏移图形可以将图形以通过某个点的方式进行偏移，该方式需要指定偏移对象的所要通过的点。

【练习 6-10】将线段以圆的圆心进行偏移。

实例分析：要以圆的圆心对图形进行偏移，首先要选择“通过(T)”选项，然后指定要通过的特殊点对图形进行偏移即可。

(1) 使用“直线”和“圆”命令分别绘制一条水平线段和一个圆，如图 6-51 所示。

(2) 执行 O(偏移)命令，根据系统提示“指定偏移距离或 [通过(T)/删除(E)/图层(L)] :”时，输入 t 并按空格键，选择“通过(T)”选项，如图 6-52 所示。

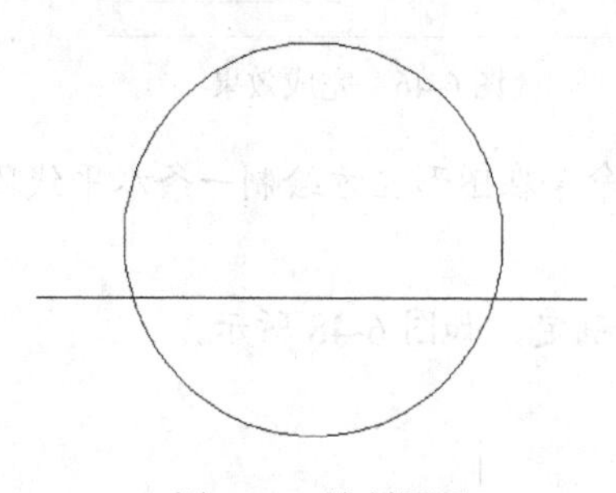

图 6-51　绘制图形

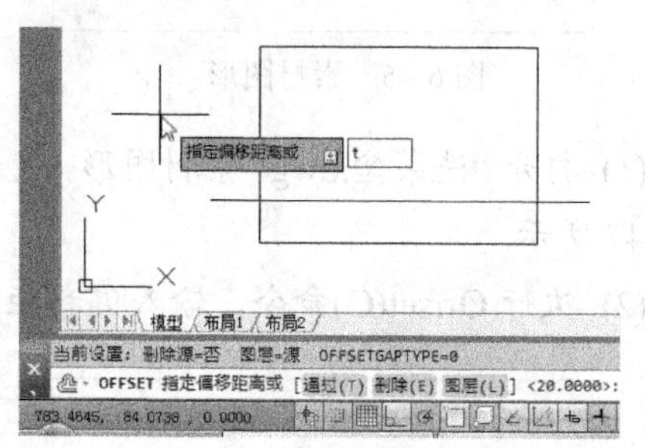

图 6-52　输入 t 并确定

(3) 选择水平线段作为偏移对象，根据系统提示“指定通过点或 [退出(E)/多个(M)/放弃(U)]:”，在圆的圆心处指定偏移对象通过的点，如图 6-53 所示，即可在圆心位置偏移线段，效果如图 6-54 所示。

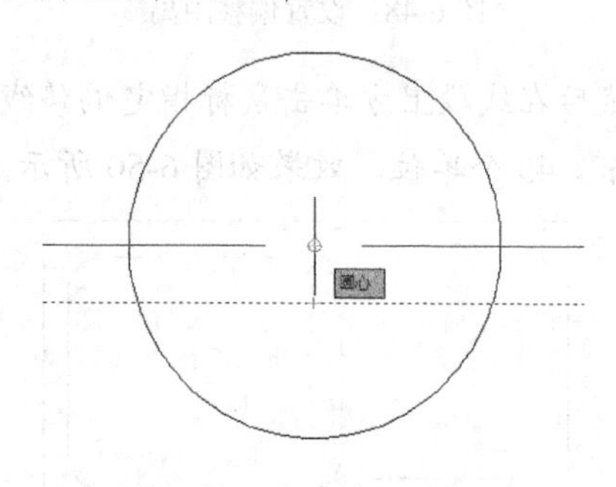

图 6-53　指定通过点

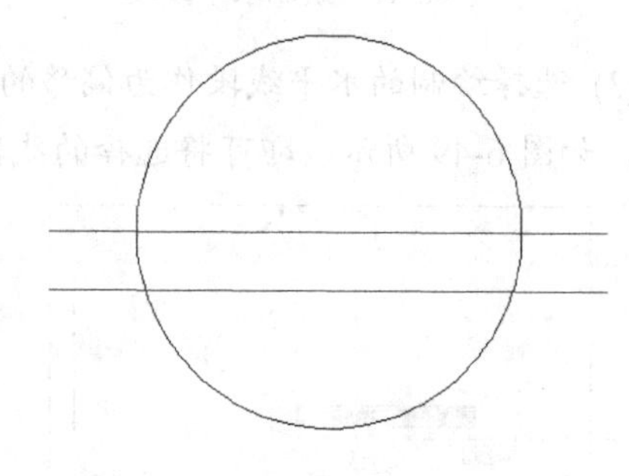

图 6-54　偏移线段

6.4.3　按指定图层偏移对象

使用“图层”的方式偏移图形可以将图形以指定的距离或通过指定的点进行偏移，并且偏移后的图形将存放于指定的图层中。

执行“偏移(O)”命令，当系统提示“指定偏移距离或 [通过(T)/删除(E)/图层(L)]:”时，输入 L 并按空格键，即可选择“图层(L)”选项，系统将继续提示“输入偏移对象的图层选项 [当前(C)/源(S)] :”信息，其中各选项的含义如下。

- 当前：用于将偏移对象创建在当前图层上。

- 源：用于将偏移对象创建在源对象所在的图层上。

6.5　修剪和延伸图形

在编辑图形对象时，可以使用“修剪”命令对线段图形以指定边界进行修剪，也可以使用“延伸”命令将线段图形延伸到指定的边界。

6.5.1　修剪图形

使用“修剪”命令可以通过指定的边界对图形对象进行修剪。运用该命令可以修剪的对象包括直线、圆、圆弧、射线、样条曲线、面域、尺寸、文本以及非封闭的 2D 或 3D 多段线等对象；作为修剪的边界可以是除图块、网格、三维面和轨迹线以外的任何对象。

执行“修剪”命令通常有如下 3 种方法。

- 选择 “修改” | “修剪” 命令。
- 单击“修改”面板中的“修剪”按钮。
- 执行 Trim(TR)命令。

执行“修剪”命令，选择修剪边界后，系统将提示“选择要修剪的对象，或按住 Shift 键选择要延伸的对象，或[栏选(F)/窗交(C)/投影(P)/边(E)/删除(R)/放弃(U)]: ”，其中各主要选项的含义如下。

- 栏选(F)：启用栏选的选择方式来选择对象。
- 窗交(C)：启用窗交的选择方式来选择对象。
- 投影(P)：确定命令执行的投影空间。执行该选项后，命令行中提示输入投影选项 [无(N)/UCS(U)/视图(V)] <UCS>：选择适当的修剪方式。
- 边(E)：该选项用来确定修剪边的方式。执行该选项后，命令行中提示“输入隐含边延伸模式 [延伸(E)/不延伸(N)] <不延伸>:”，然后选择适当的修剪方式。
- 删除(R)：删除选择的对象。
- 放弃(U)：用于取消由 Trim 命令最近所完成的操作。

【练习 6-11】使用“修剪”命令绘制如图 6-55 所示的双人沙发。

实例分析：在本实例中，先绘制沙发的矩形轮廓，然后使用“修剪”命令对图形进行修剪，在修剪图形时，应该选择小矩形作为修剪边界，然后对小矩形内的线段进行修剪。

(1) 使用“矩形”命令绘制一个圆角半径为 80、长度为 1760、宽度为 700 的圆角矩形，如图 6-56 所示。

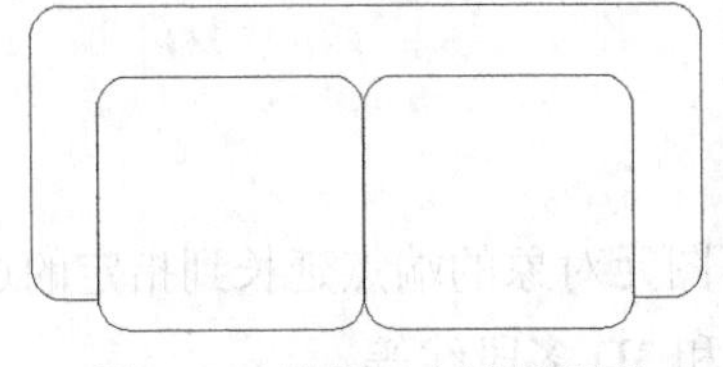

图 6-55　绘制双人沙发图形

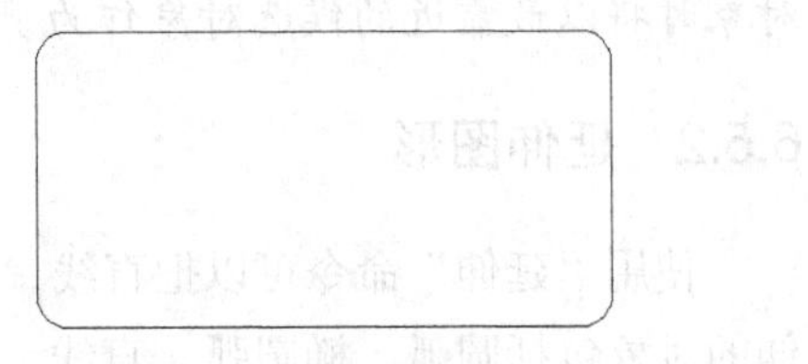

图 6-56　绘制圆角矩形

(2) 重复执行“矩形”命令，输入 From 并确定，在如图所示的圆心处指定绘图的基点，如图 6-57 所示。

(3) 设置偏移基点的坐标为“@100,-100”，然后设置矩形的另一个角点坐标为“@700,-650”，绘制一个如图 6-58 所示的圆角矩形。

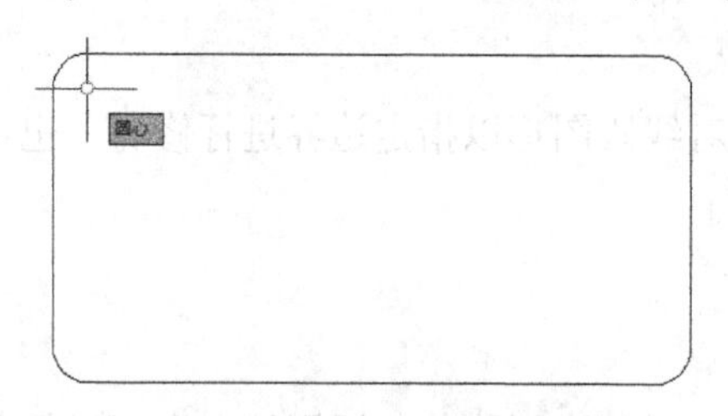

图 6-57　指定绘图的基点

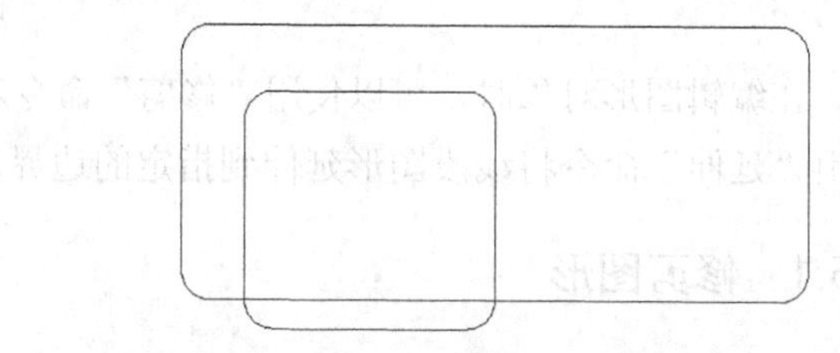

图 6-58　绘制圆角矩形

(4) 执行 Trim(TR)命令，选择小矩形为修剪边界，在小矩形内单击大矩形下方的线段作为修剪对象，如图 6-59 所示，按空格键结束修剪操作，效果如图 6-60 所示。

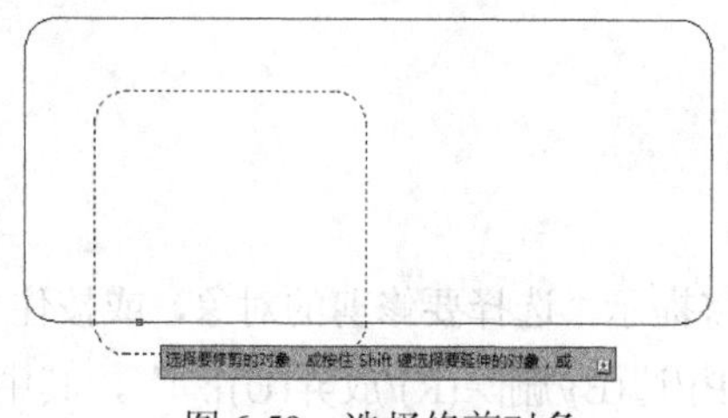

图 6-59　选择修剪对象

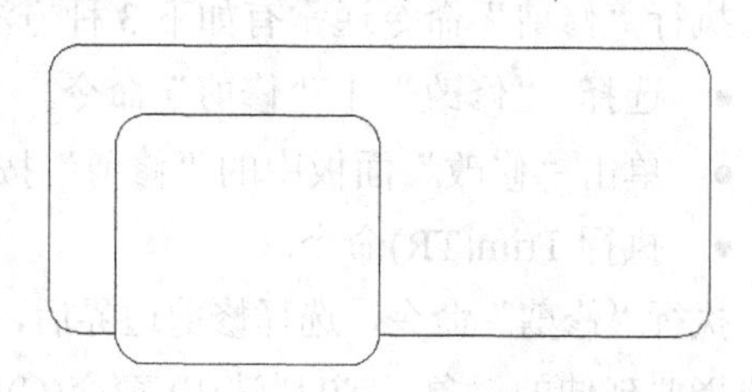

图 6-60　修剪后的效果

(5) 执行 Copy(CO)命令，通过捕捉图形的交点，将小矩形向右复制一次，效果如图 6-61 所示。

(6) 执行 Trim(TR)命令，对右方小矩形内的线段进行修剪对象，如图 6-62 所示，完成本例的制作。

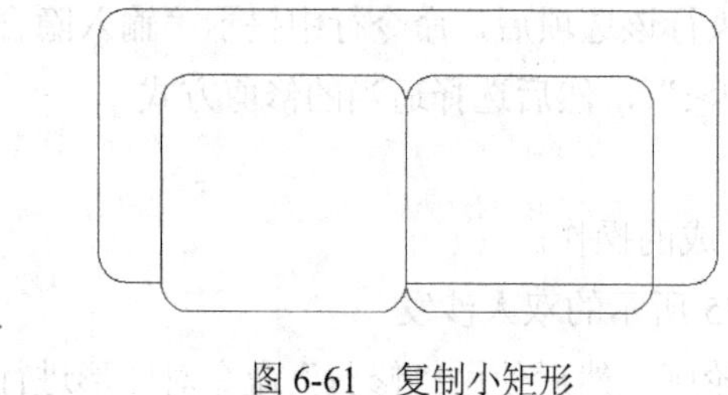

图 6-61　复制小矩形

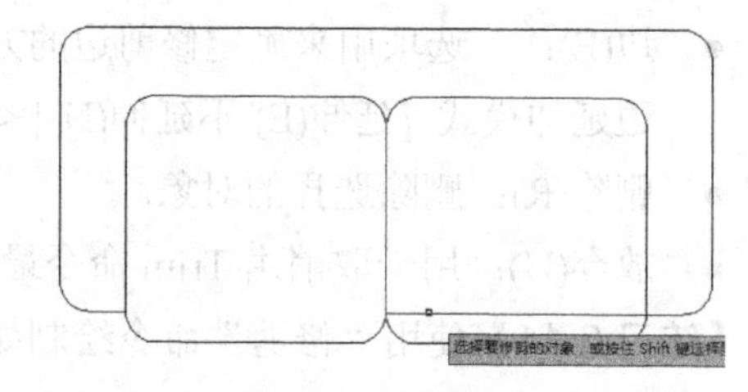

图 6-62　修剪线段

注意：

当 AutoCAD 提示选择剪切边时，如果不选择任何对象并按空格键进行确定，在修剪对象时将以最靠近的候选对象作为剪切边。

6.5.2　延伸图形

使用“延伸”命令可以把直线、弧和多段线等图元对象的端点延长到指定的边界。延伸的对象包括圆弧、椭圆弧、直线、非封闭的 2D 和 3D 多段线等。

启动“延伸”命令通常有如下 3 种方法。

- 选择“修改”|“延伸”命令。
- 单击“修改”面板中的“延伸”按钮。
- 执行 Extend(EX)命令。

执行延伸操作时，系统提示中的各项的含义与修剪操作中的命令相同。使用“延伸”命令进行延伸对象的过程中，可随时使用“放弃(U)”选项取消上一次的延伸操作。

【练习 6-12】在如图 6-63 所示的素材图形上，对图形进行复制和延伸编辑，效果如图 6-64 所示。

实例分析：在本实例中，可以先使用“复制”命令对圆角矩形左方的线段和圆弧进行复制，然后执行“延伸”命令，选择复制得到的圆弧作为延伸边界，对圆角矩形上下两条水平线段进行延伸。

图 6-63　素材图形

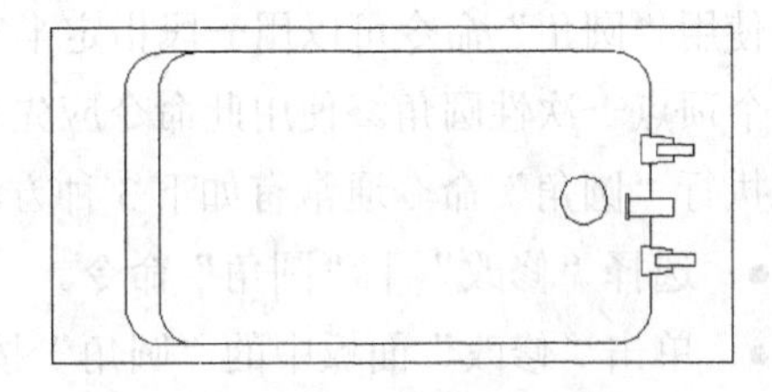

图 6-64　完成效果

(1) 打开“浴缸.dwg”素材图形。

(2) 执行 Copy(CO)命令，选择圆角矩形左方的线段和圆弧，将其向左复制一次，设置复制的距离为 85，如图 6-65 所示。

(3) 执行 Extend(EX)命令，选择复制得到的两个圆弧作为延伸边界，如图 6-66 所示。

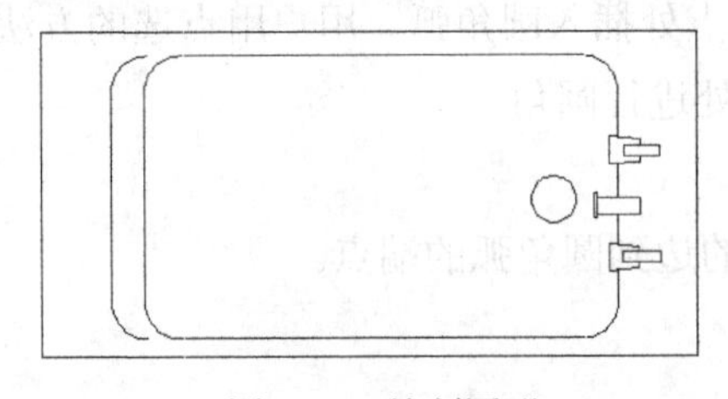

图 6-65　绘制图形

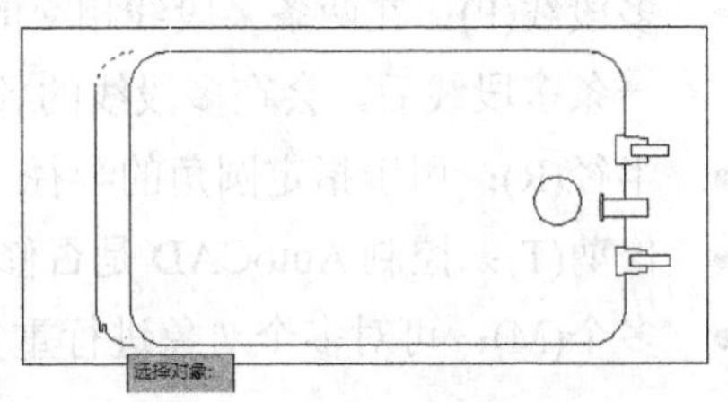

图 6-66　选择延伸边界

(4) 系统提示“选择要延伸的对象，或按住 Shift 键选择要修剪的对象，或[栏选(F)/窗交(C)/投影(P)/边(E)/放弃(U)]:”时，选择如图 6-67 所示的线段作为延伸线段。

(5) 根据系统提示，继续选择如图 6-68 所示的线段作为延伸线段，然后按空格键结束“延伸”命令。

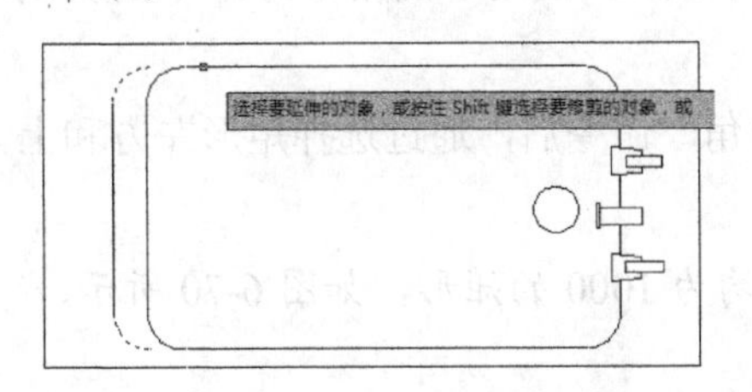

图 6-67　选择延伸对象

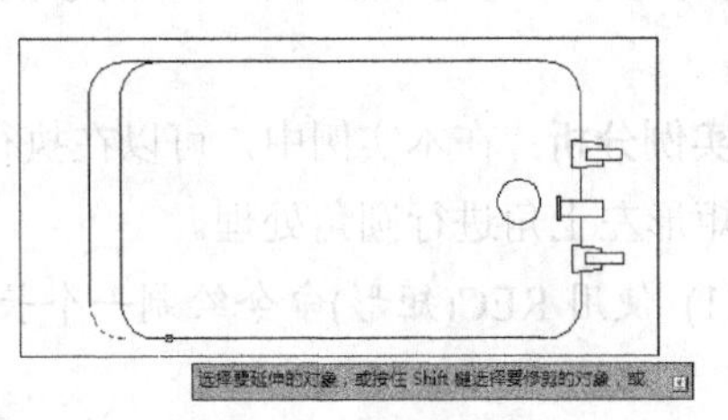

图 6-68　延伸效果

注意：

执行“延伸”命令对图形进行延伸的过程中，按住 Shift 键，可以对图形进行修剪操作；执行“修剪”命令对图形进行修剪的过程中，按住 Shift 键，可以对图形进行延伸操作。

6.6 圆角和倒角图形

在 AutoCAD 制图中，经常会使用“圆角”命令可以对图形进行圆角编辑，使用“倒角”命令可以对图形进行倒角编辑。

6.6.1 圆角图形

使用“圆角”命令可以用一段指定半径的圆弧将两个对象连接在一起，还能将多段线的多个顶点一次性圆角。使用此命令应先设定圆弧半径，再进行圆角。

执行“圆角”命令通常有如下 3 种方法。

- 选择“修改”|“圆角”命令。
- 单击“修改”面板中的“圆角”按钮▢。
- 执行 Fillet(F)命令。

执行 Fillet 命令，系统将提示“选择第一个对象或 [放弃(U)/多段线(P)/半径(R)/修剪(T)/多个(M)]:”，其中各选项的含义如下。

- 选择第一个对象：在此提示下选择第一个对象，该对象是用于定义二维圆角的两个对象之一，或要加圆角的三维实体的边。
- 多段线(P)：在两条多段线相交的每个顶点处插入圆角弧。用户用点选的方法选中一条多段线后，会在多段线的各个顶点处进行圆角。
- 半径(R)：用于指定圆角的半径。
- 修剪(T)：控制 AutoCAD 是否修剪选定的边到圆角弧的端点。
- 多个(M)：可对多个对象进行重复修剪。

注意：

执行“圆角”命令，在对图形进行圆角的操作中，输入参数 P 并确定，选择“多段线(P)”选项，可以对多段线图形的所有边角进行一次性圆角操作。使用“多边形”和“矩形”命令绘制的图形均属于多段线对象。

【练习 6-13】参照如图 6-69 所示的淋浴房图形，使用“圆角”等命令完成该图形的绘制。

实例分析：在本实例中，可以在执行“圆角”命令后，通过选择矩形左方和上方的线段对矩形左上角进行圆角处理。

(1) 使用 REC(矩形)命令绘制一个长、宽均为 1000 的矩形，如图 6-70 所示。

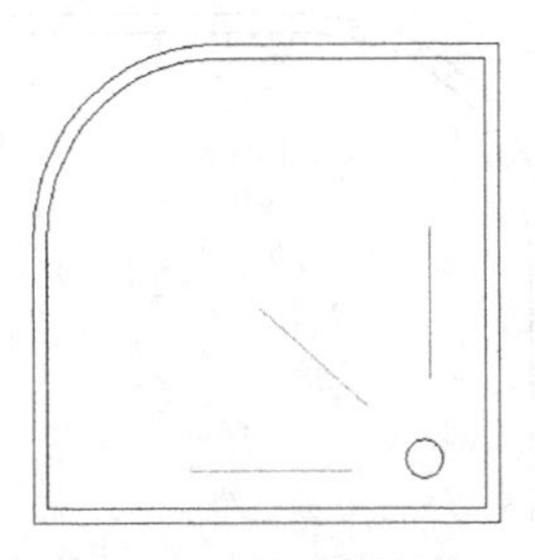

图 6-69　绘制淋浴房

图 6-70　绘制矩形

(2) 执行 Fillet(F)命令，根据系统提示输入 r 并确定，选择“半径(R)”选项，如图 6-71 所示。

(3) 根据系统提示输入圆角的半径为 400 并确定，如图 6-72 所示。

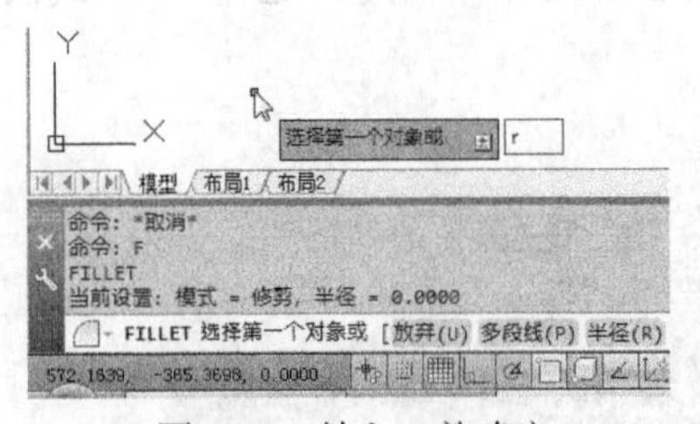

图 6-71　输入 r 并确定

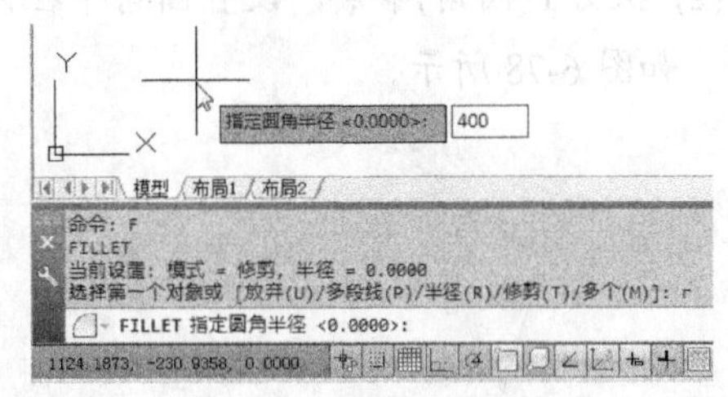

图 6-72　设置圆角半径

(4) 选择矩形的上方线段作为圆角的第一个对象，如图 6-73 所示。

(5) 选择矩形的左方线段作为圆角的第二个对象，如图 6-74 所示，即可对矩形上方和左方线段进行圆角。

图 6-73　择第一个对象

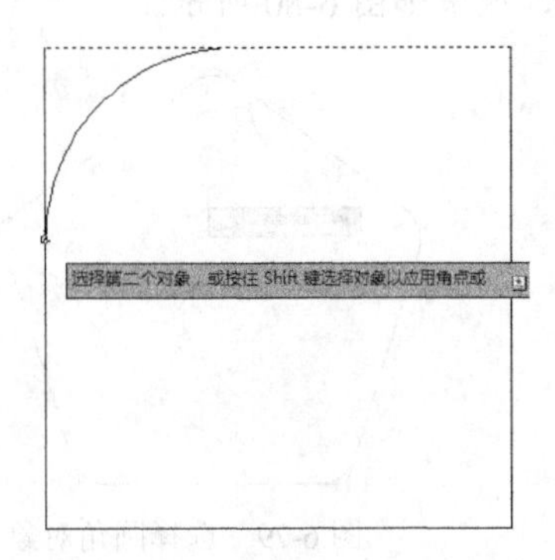

图 6-74　选择第二个对象

(6) 执行 Offset(O)命令，设置偏移距离为 30，将圆角后的矩形向内偏移 1 次，如图 6-75 所示。

(7) 执行 Circle(C)命令，在图形右下方绘制一个半径为 40 的圆，如图 6-76 所示。

(8) 执行 Line(L)命令，在图形中绘制 3 条线段，完成本例图形的绘制。

【练习 6-14】将正多边形作为多段线进行圆角。

实例分析：要将正多边形作为多段线进行圆角处理，在执行“圆角”命令后，需要选择“多段线(P)”选项，即可一次对正多边形的所有角进行圆角处理。

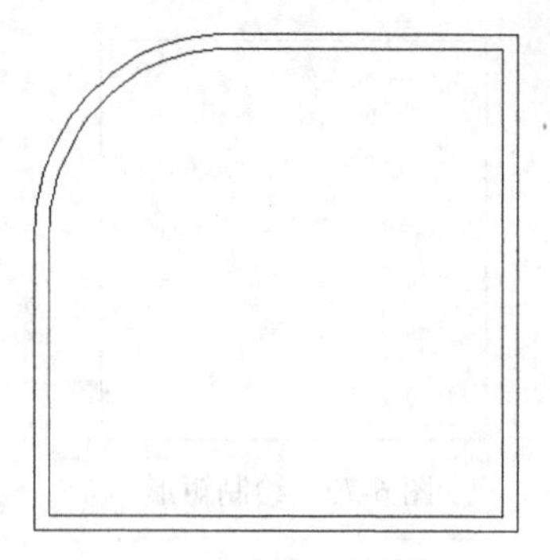

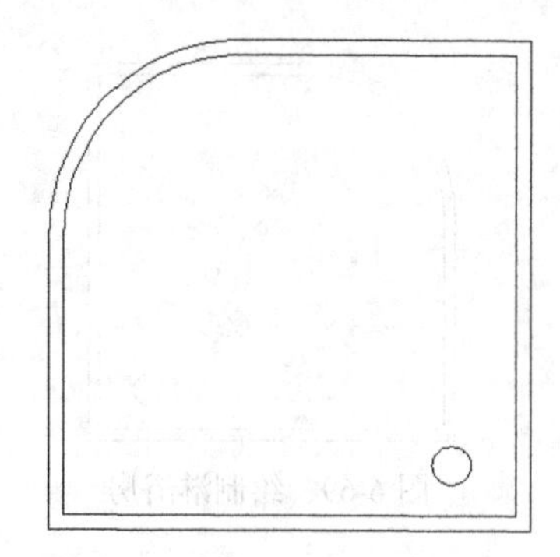

图 6-75　向内偏移图形　　图 6-76　绘制圆形

(1) 使用“多边形”命令绘制一个半径为 200、外切于圆的五边形，如图 6-77 所示。

(2) 执行 F(圆角)命令，设置圆角半径为 50，然后输入 P 并确定，选择　“多线段(P)”选项，如图 6-78 所示。

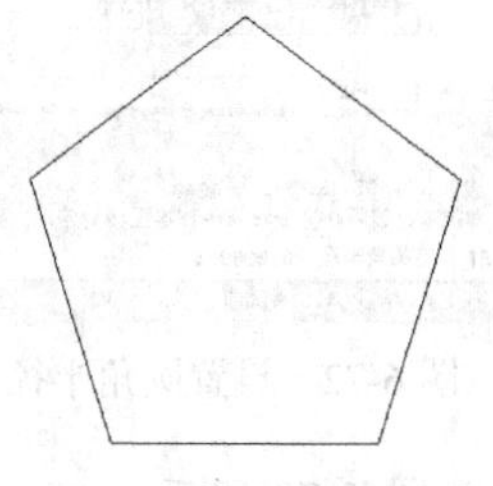

图 6-77　绘制五边形

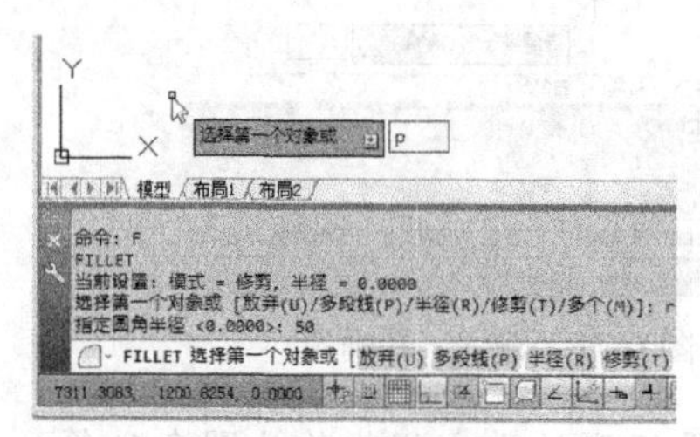

图 6-78　圆角效果

(3) 选择多边形作为圆角的多段线对象，如图 6-79 所示，即可对多边形的所有边角进行圆角，效果如图 6-80 所示。

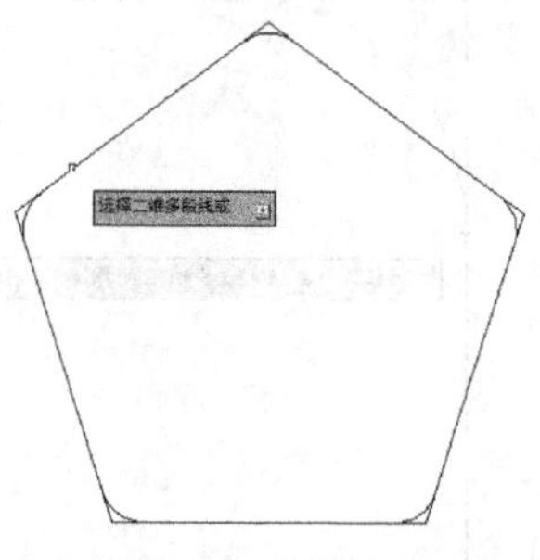

图 6-79　选择圆角对象

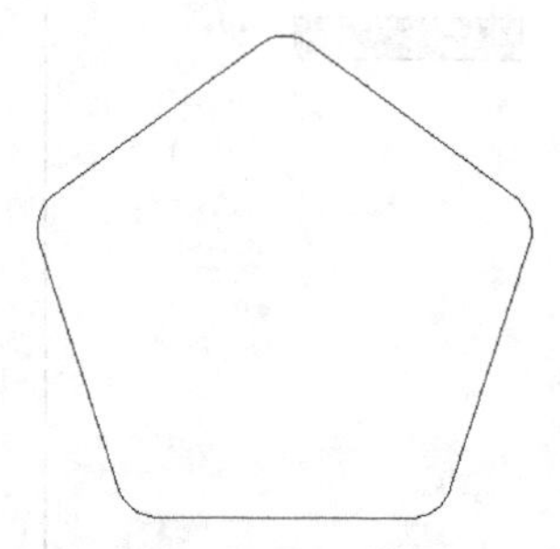

图 6-80　圆角效果

6.6.2　倒角图形

使用“倒角”命令可以通过延伸或修剪的方法，用一条斜线连接两个非平行的对象。使用该命令执行倒角操作时，应先设定倒角距离，然后指定倒角线。

执行“倒角”命令通常有如下 3 种方法。

- 选择“修改”｜“倒角”命令。
- 单击“修改”面板中的“倒角”按钮。
- 执行 Chamfer(CHA)命令。

执行 Chamfer 命令，系统将提示“选择第一条直线或 [放弃(U)/多段线(P)/距离(D)/角度(A)/修剪(T)/方式(E)/多个(M)]:”，其中各选项的含义如下。

- 选择第一条直线：指定倒角所需的两条边中的第一条边或要倒角的二维实体的边。
- 多段线(P)：将对多段线每个顶点处的相交直线段作倒角处理，倒角将成为多段线新的组成部分。
- 距离(D)：设置选定边的倒角距离值。执行该选项后，系统继续提示：指定第一个倒角距离和指定第二个倒角距离。
- 角度(A)：该选项通过第一条线的倒角距离和第二条线的倒角角度设定倒角距离。执行该选项后，命令行中提示指定第一条直线的倒角长度和指定第一条直线的倒角角度。
- 修剪(T)：用于确定倒角时是否对相应的倒角边进行修剪。执行该选项后，命令行中提示输入并执行修剪模式选项 [修剪(T)/不修剪(N)] <修剪>。
- 方式(T)：设置用两个距离还是用一个距离和一个角度的方式来倒角。
- 多个(M)：可重复对多个图形进行倒角修改。

【练习 6-15】打开如图 6-81 所示的螺栓素材图形，使用“偏移”和“倒角”命令绘制如图 6-82 所示的螺栓图形。

实例分析：在本实例中，先使用“偏移”命令将图形右方的线段向左偏移 1 个单位，然后执行“倒角”命令，分别设置第一个倒角距离和第二个倒角距离均为 1，对图形进行倒角。

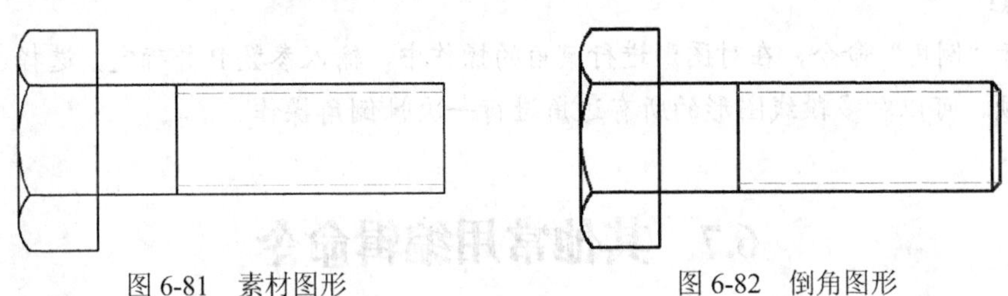

图 6-81　素材图形　　　　　　　　　　　　　　图 6-82　倒角图形

(1) 打开“螺栓.dwg”素材图形。

(2) 执行 Offset(O)命令，设置偏移距离为 1，选择图形右方的线段，将其向左偏移 1 次，如图 6-83 所示。

(3) 执行 Chamfer(CHA)命令，输入 d 并确定，选择“距离(d)”选项，如图 6-84 所示。

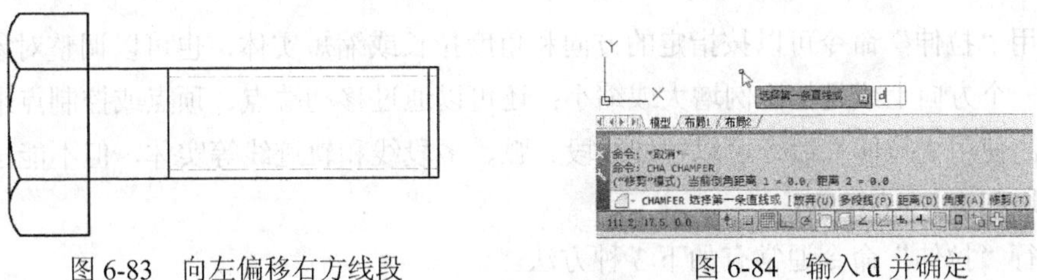

图 6-83　向左偏移右方线段　　　　　　　　　　图 6-84　输入 d 并确定

(4) 系统提示“指定第一个倒角距离:”时，设置第一个倒角距离为 1，如图 6-85 所示。

(5) 根据系统提示设置第二个倒角距离为 1，如图 6-86 所示。

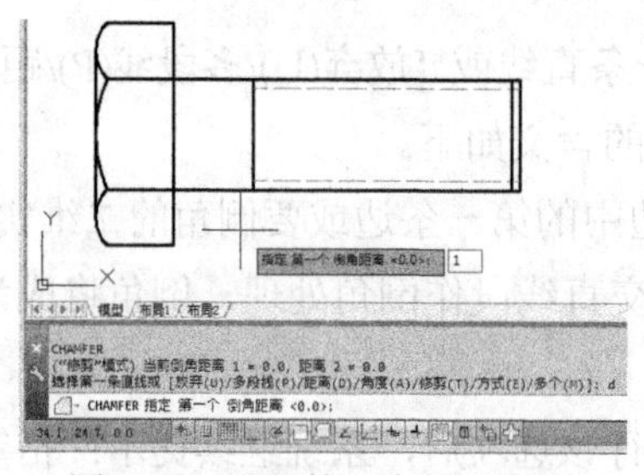
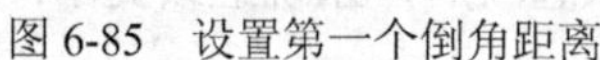

图 6-85 设置第一个倒角距离

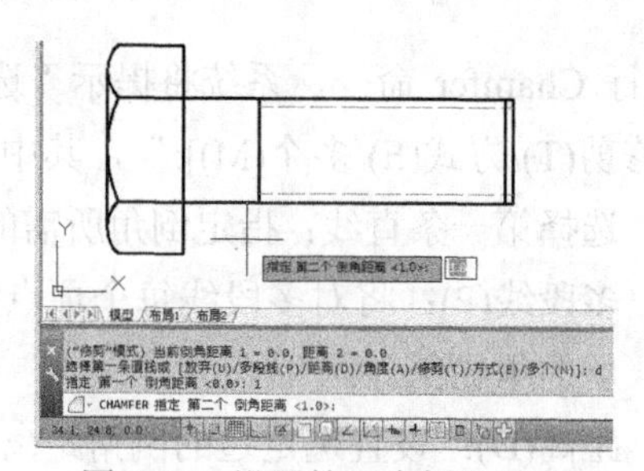

图 6-86 设置第二个倒角距离

(6) 根据系统提示选择如图 6-85 所示的线段作为倒角的第一个对象，如图 6-87 所示。

(7) 根据统提示选择图形右方的线段作为倒角的第二个对象，倒角后的效果如图 6-88 所示。

(8) 重复执行 Chamfer(CHA)命令，继续对图形右下方的夹角进行倒角，至此完成本例的绘制。

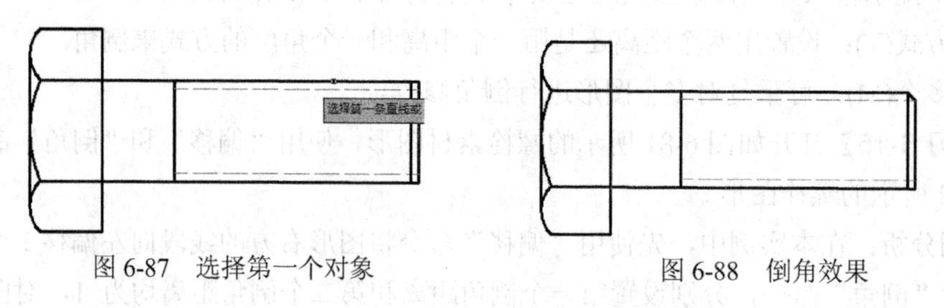

图 6-87 选择第一个对象　　图 6-88 倒角效果

注意：

执行“倒角”命令，在对图形进行倒角的操作中，输入参数 P 并确定，选择“多段线(P)”选项，可以对多段线图形的所有边角进行一次性倒角操作。

6.7 其他常用编辑命令

在编辑图形的操作中，除了前面介绍的常用编辑命令外，还经常会使用“拉伸”、“缩放”、“分解”和“删除”命令。

6.7.1 拉伸图形

使用“拉伸”命令可以按指定的方向和角度拉长或缩短实体，也可以调整对象大小，使其在一个方向上或是按比例增大或缩小；还可以通过移动端点、顶点或控制点来拉伸某些对象。使用“拉伸”命令可以拉伸线段、弧、多段线和轨迹线等实体，但不能拉伸圆、文本、块和点。

执行“拉伸”命令通常有如下 3 种方法。

- 选择“修改”|“拉伸”命令。
- 单击“修改”面板中的“拉伸”按钮。

- 执行 Stretch(S)命令。

【练习 6-16】打开建筑平面图形，使用拉伸命令修改窗户的长度，效果如图 6-89 所示。

实例分析：在本实例中，使用“拉伸”命令可以方便地修改平面窗户的长度，如果使用其他修改命令则比较麻烦。使用“拉伸”命令修改平面窗户的长度时，需要指定拉伸的基点、方向和距离。

(1) 打开“建筑平面.dwg”图形文件。

(2) 执行 Stretch(S)命令，使用窗交选择的方式选择餐厅窗户的左方部分图形并确定，如图 6-89 所示。

(3) 在绘图区的任意位置单击鼠标指定拉伸的基点，如图 6-90 所示。

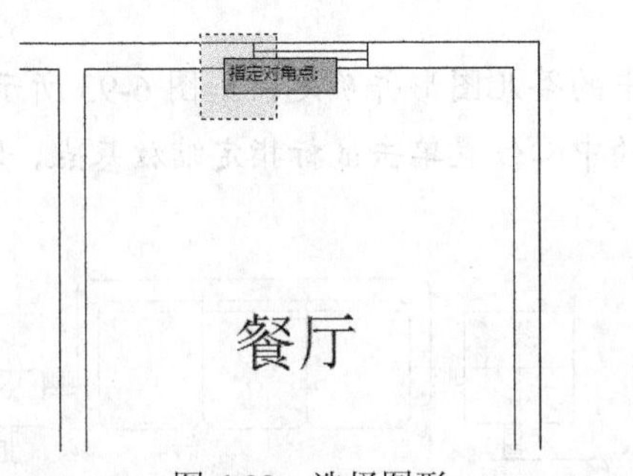

图 6-89　选择图形

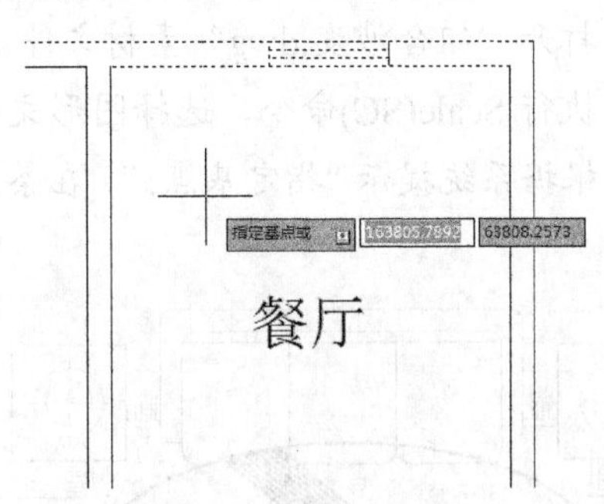

图 6-90　指定拉伸基点

(4) 根据系统提示向左移动光标，然后输入拉伸第二个点的距离为 600，如图 6-91 所示，按空格键进行确定，拉伸效果如图 6-92 所示。

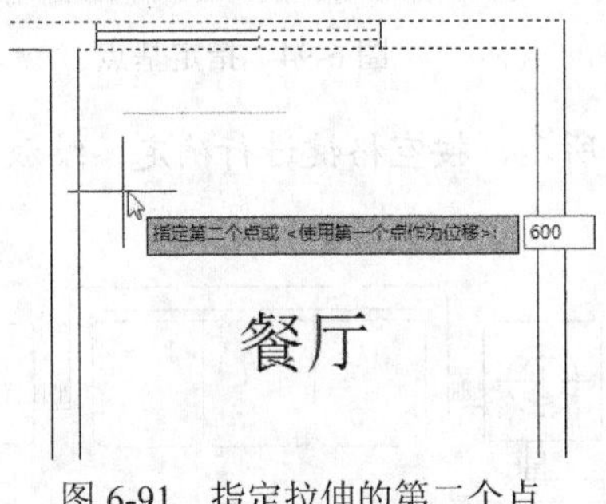

图 6-91　指定拉伸的第二个点

图 6-92　拉伸效果

(5) 重复执行 Stretch(S)命令，使用同样的方法，将窗户右方部分向右拉伸 600，完成本例的制作。

注意：

执行“拉伸”命令改变对象的形状时，只能以窗选方式选择实体，与窗口相交的实体将被执行拉伸操作，窗口内的实体将随之移动。

6.7.2　缩放图形

使用“缩放”命令可以将对象按指定的比例因子改变实体的尺寸大小，从而改变对象的尺寸，但不改变其状态。在缩放图形时，可以把整个对象或者对象的一部分沿 X、Y、Z

方向以相同的比例放大或缩小，由于三个方向上的缩放率相同，因此保证了对象的形状不会发生变化。

执行“缩放”命令的常用方法有如下 3 种。

- 选择“修改”|“缩放”命令。
- 单击“修改”面板中的“缩放”按钮。
- 执行 Scale(SC)命令。

【练习 6-17】使用“缩放”命令将茶几图形缩小为原来大小的二分之一。

实例分析：在本实例中，使用“缩放”命令缩放图形时，需要指定缩放的基点和比例因子。

(1) 打开“组合沙发.dwg”素材文件。

(2) 执行 Scale(SC)命令，选择图形文件中的茶几图形并确定，如图 6-93 所示。

(3) 根据系统提示“指定基点:”，在茶几的中心位置单击鼠标指定缩放基点，如图 6-94 所示。

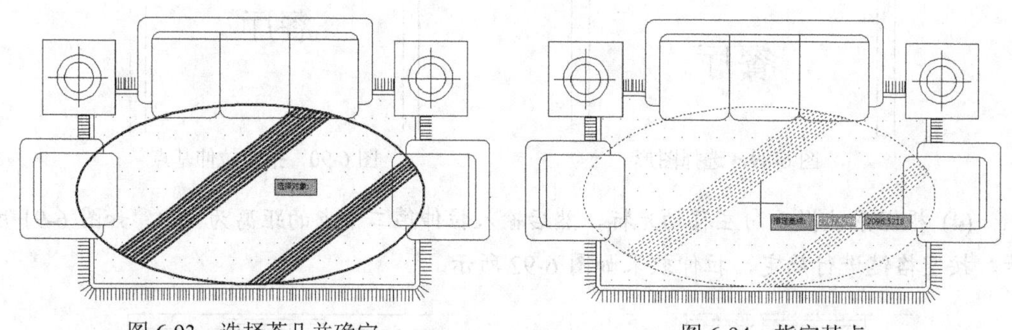

图 6-93　选择茶几并确定　　　　图 6-94　指定基点

(4) 输入缩放对象的比例为 0.5，如图 6-95 所示，按空格键进行确定，缩放后的效果如图 6-96 所示。

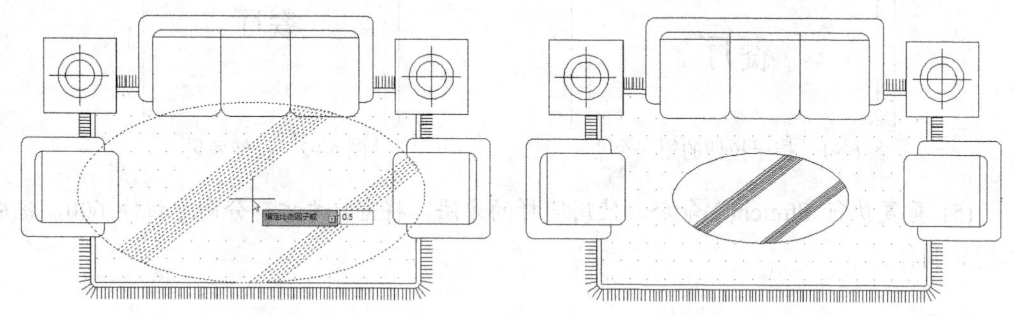

图 6-95　输入缩放比例　　　　图 6-96　缩放图形后的效果

注意：

“缩放(Scale)”命令与“缩放(Zoom)”命令的区别在于：“缩放(Scale)”可以改变实体的尺寸大小，而“缩放(Zoom)”是对视图进行整体缩放，且不会改变实体的尺寸值。

6.7.3　分解图形

使用“分解”命令可以将多个组合实体分解为单独的图元对象。可以分解的对象包括矩形、多边形、多段线、图块、图案填充以及标注等。

执行“分解”命令，通常有如下 3 种方法。

- 选择“修改” | “分解”命令。
- 单击“修改”面板中的“分解”按钮。
- 执行 Explode(X)命令。

执行 Explode(X)命令，系统提示“选择对象：”时，选择要分解的对象，然后按空格键进行确定，即可将其分解。

使用 Explode(X)命令分解带属性的图块后，属性值将消失，并被还原为属性定义的选项。具有一定宽度的多段线被分解后，系统将放弃多段线的任何宽度和切线信息，分解后的多段线的宽度、线型和颜色将变为当前层的属性。

注意：

使用 Minsert 命令插入的图块或外部参照对象，不能使用 Explode(X)命令分解。

6.7.4　删除图形

使用“删除”命令可以将选定的图形对象从绘图区中删除。执行“删除”命令的常用方法有如下 3 种。

- 选择“修改” | “删除”命令。
- 单击“修改”面板中的“删除”按钮。
- 执行 Erase(E)命令。

执行 Erase(E)命令后，选择要删除的对象，按空格键进行确定，即可将其删除；如果在操作过程中，要取消删除操作，可以按 Esc 键退出删除操作。

注意：

在选择图形对象后，按 Delete 键也可以将其删除。

6.8　思考练习

1. 对图形进行镜像复制，可以使其镜像复制后的图形与原图形对象呈 90° 的角吗？
2. 对两条相交的直线进圆角操作后，为什么图形没有发生任何变化？
3. 应用所学的绘图和编辑命令，参照如图 6-97 所示的端盖尺寸和效果，使用 “圆”、“直线”、“偏移”和“复制”等命令绘制该图形。
4. 应用所学的绘图和编辑命令，参照如图 6-98 所示的压盖尺寸和效果，使用 “圆”、“直线”、“修剪”和“复制”等命令绘制该图形。

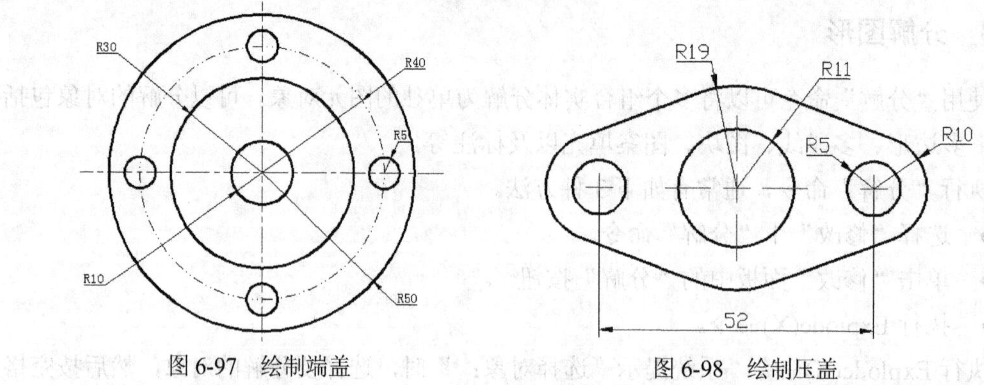

图 6-97　绘制端盖

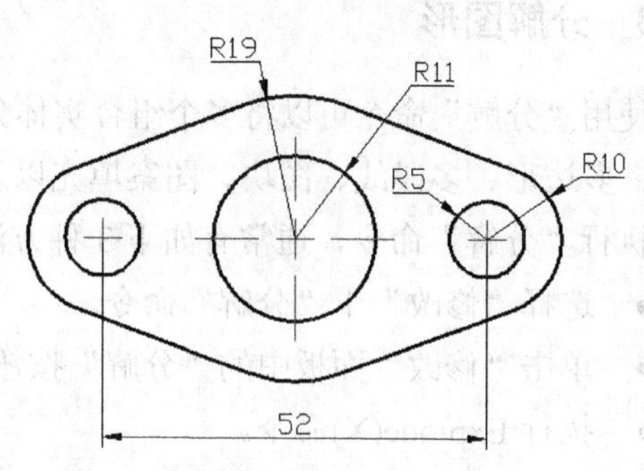

图 6-98　绘制压盖

第7章　使用复杂编辑命令

在 AutoCAD 中，除了上一章介绍的常用编辑命令外，还有许多其他的编辑命令，使用不同的编辑命令，可以完成不同的图形的编辑。本章将继续学习一些较为复杂的编辑命令，包括阵列、打断、合并、夹点编辑和特殊对象的编辑等。

7.1　阵列图形

使用“阵列”命令可以对选定的图形对象进行阵列操作，对图形进行阵列操作的方式包括矩形方式、路径方式和极轴(即环形)方式的排列复制。

执行“阵列”命令的常用方法有如下 3 种。

- 选择“修改”|“阵列”菜单命令，然后选择其中的子命令。
- 单击“修改”面板中的“矩形阵列”下拉按钮器，然后选择子选项。
- 执行 Array(AR)命令。

7.1.1　矩形阵列

矩形阵列图形是指将阵列的图形按矩形进行排列，用户可以根据需要设置阵列的行数和列数。

【练习 7-1】打开如图 7-1 所示的立面门素材图形，使用“阵列”命令对门立面中的造型进行矩形阵列，效果如图 7-2 所示。

实例分析：本实例需要使用“阵列”命令对立面图中的造型图形进行矩形阵列，在执行“阵列”命令后，需要依次设置阵列的方式、列数、行数、列间距和行间距。

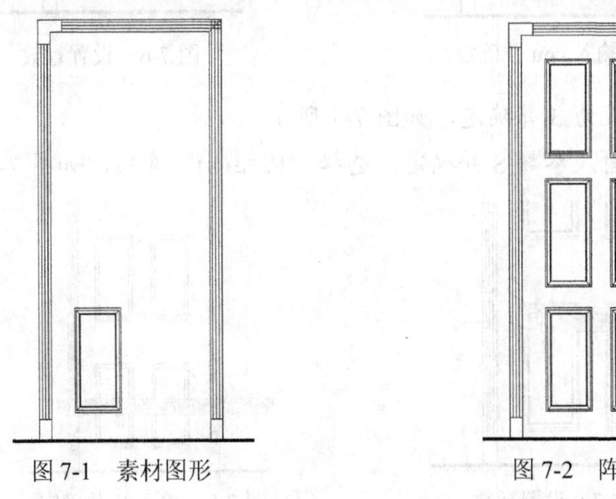

图 7-1　素材图形　　　　图 7-2　阵列图形

(1) 打开“立面门.dwg”素材图形。

(2) 执行 Array(AR)命令，选择立面门左下方的造型作为阵列对象，如图 7-3 所示。

(3) 在弹出的菜单中选择“矩形(R)”选项，如图 7-4 所示。

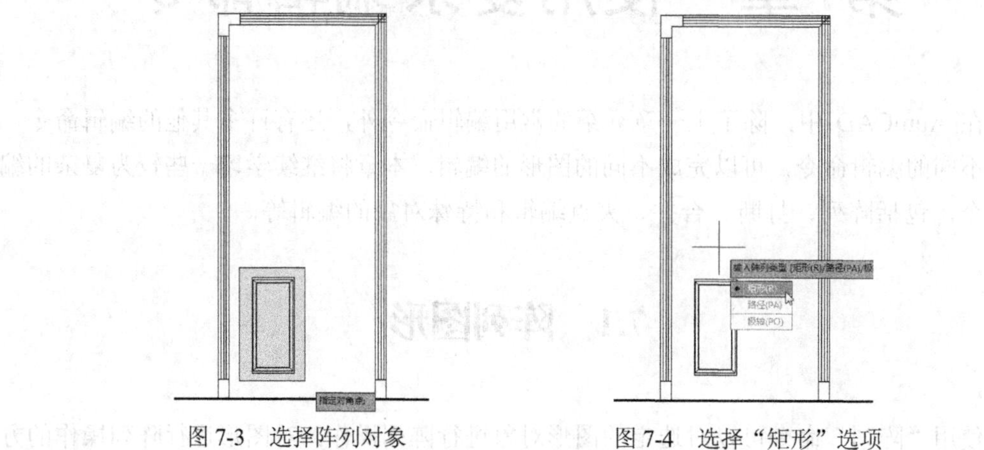

图 7-3　选择阵列对象　　　　图 7-4　选择“矩形”选项

注意：

矩形阵列对象时，默认参数的行数为 3、列数为 4，对象间的距离为原对象尺寸的 1.5 倍，如果阵列结果正好符合默认参数，可以在该操作步骤时直接按空格键进行确定，完成矩形阵列操作。

(4) 在系统提示下输入参数 cou 并确定，选择“计数(COU)”选项，如图 7-5 所示。

(5) 根据系统提示输入阵列的列数为 2 并确定，如图 7-6 所示。

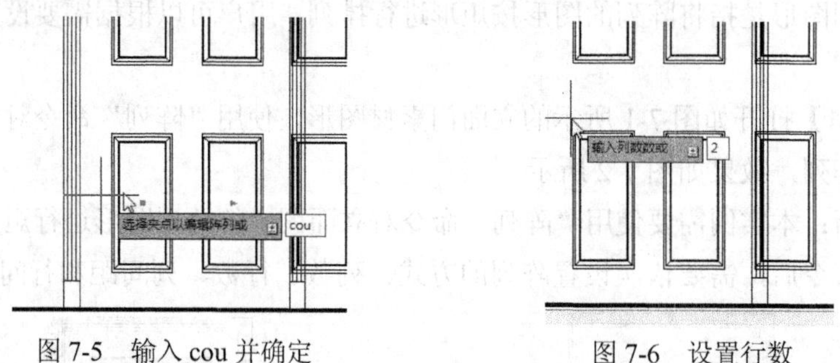

图 7-5　输入 cou 并确定　　　　图 7-6　设置行数

(6) 输入阵列的行数为 3 并确定，如图 7-7 所示。

(7) 在系统提示下输入参数 S 并确定，选择“间距(S)”选项，如图 7-8 所示。

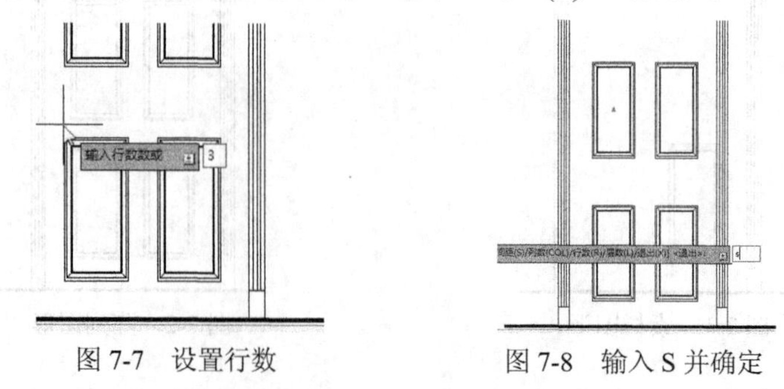

图 7-7　设置行数　　　　图 7-8　输入 S 并确定

(8) 根据系统提示输入列间距为 330 并确定，如图 7-9 所示。

(9) 根据系统提示输入列间距为 617 并确定，如图 7-10 所示，然后按 Enter 键进行确定，至此完成本例的制作。

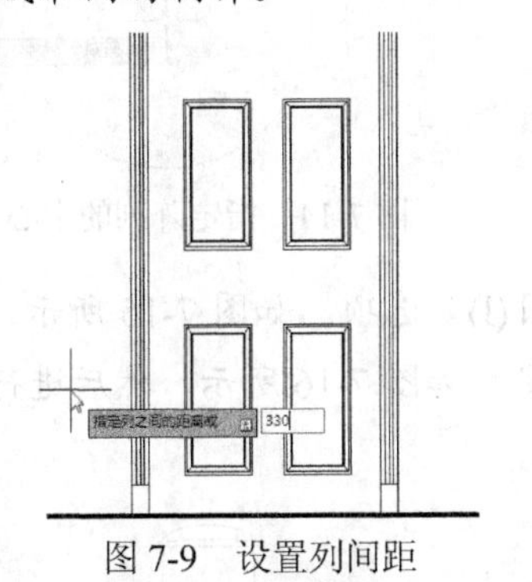

图 7-9　设置列间距

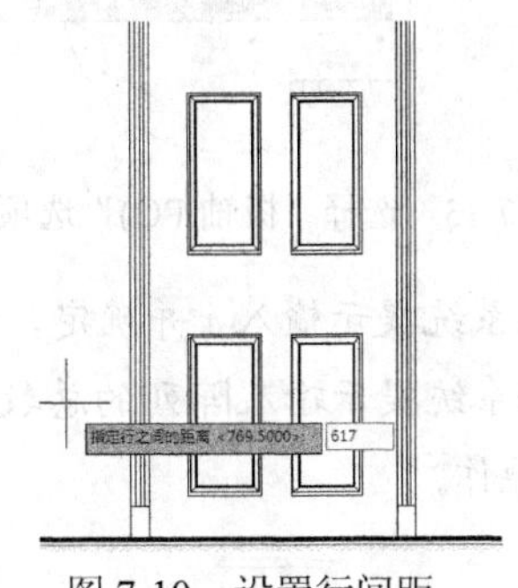

图 7-10　设置行间距

7.1.2　极轴阵列

极轴阵列(即环形阵列)图形是指将阵列的图形按环形进行排列，用户可以根据需要设置阵列的总数和填充的角度。

【练习 7-2】打开如图 7-11 所示的圆形餐桌素材图形，使用“阵列”命令对其中的椅子图形进行环形阵列，效果如图 7-12 所示。

实例分析：本实例需要使用“阵列”命令对圆形餐桌中的椅子图形进行环形阵列，在执行“阵列”命令后，需要依次设置阵列的方式、阵列中心点和项目总数。

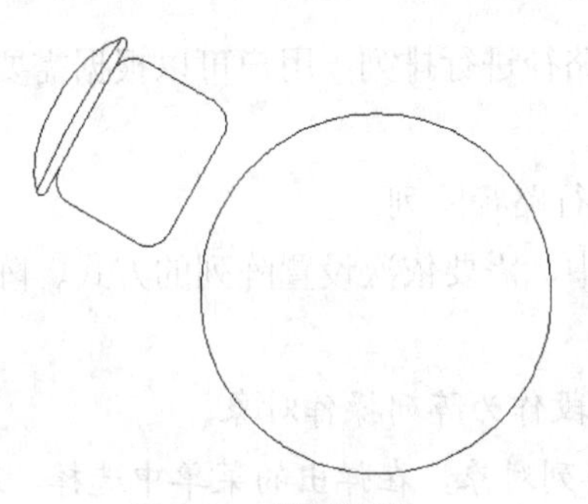
图 7-11　素材图形

图 7-12　阵列图形

(1) 打开“立面门.dwg”素材图形。

(2) 执行 Array(AR)命令，选择圆形餐桌中的椅子作为阵列对象，在弹出的列表菜单中选择“极轴(PO)”选项，如图 7-13 所示。

(3) 根据系统提示在圆形的圆心处指定阵列的中心点，如图 7-14 所示。

注意：

极轴阵列对象时，默认参数的阵列总数为 6，如果阵列结果正好符合默认参数，可以在指定阵列中心点后直接按空格键进行确定，完成极轴阵列操作。

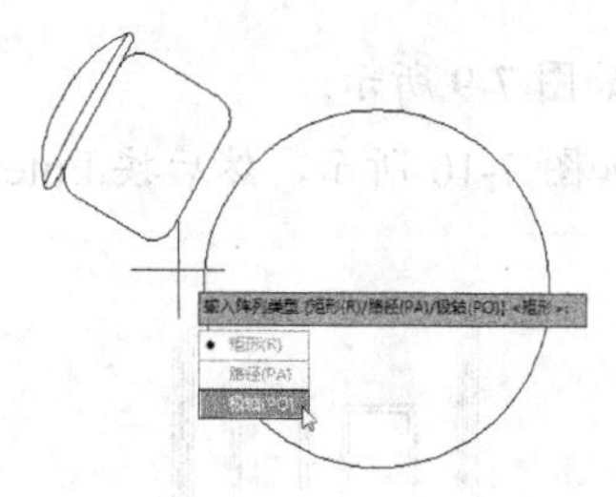

图 7-13　选择“极轴(PO)”选项

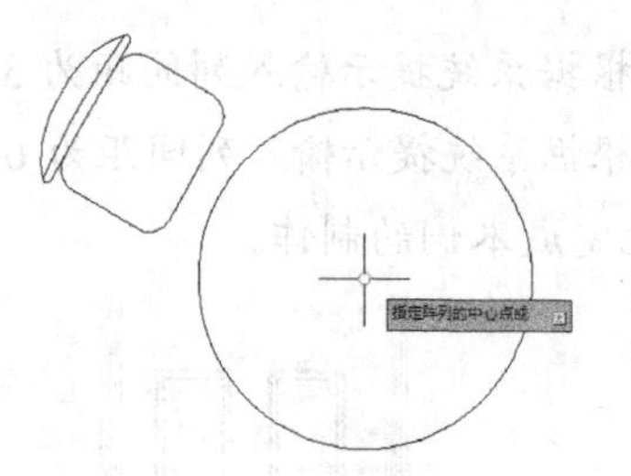

图 7-14　指定阵列的中心点

(4) 根据系统提示输入 i 并确定，选择“项目(I)”选项，如图 7-15 所示。

(5) 根据系统提示输入阵列的总数为 8 并确定，如图 7-16 所示，然后进行确定，完成环形阵列的操作。

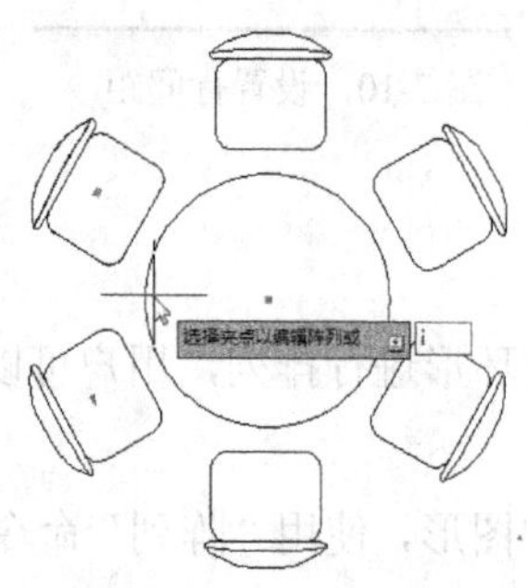

图 7-15　输入 i 并确定

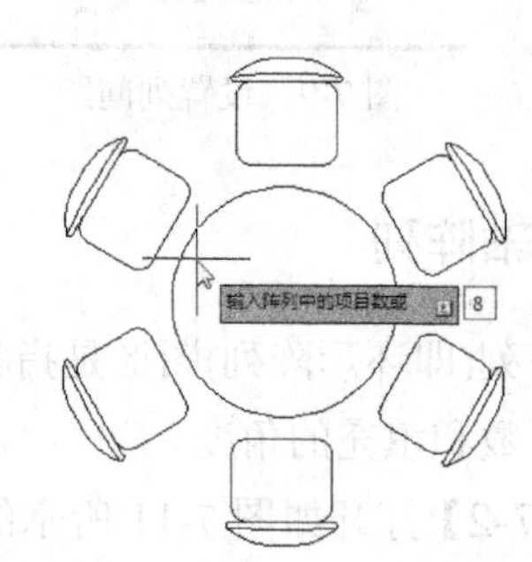

图 7-16　设置阵列的数目

7.1.3　路径阵列

路径阵列图形是指将阵列的图形按指定的路径进行排列，用户可以根据需要设置阵列的总数和间距。

【练习 7-3】以直线为阵列路径，对圆形进行路径阵列。

实例分析：在对图形进行路径阵列的操作中，需要依次设置阵列的方式、阵列路径和项目距离。

(1) 绘制一个半径为 50 的圆和一条倾斜线段作为阵列操作对象。

(2) 执行“阵列(AR)”命令，选择圆作为阵列对象，在弹出的菜单中选择“路径(PA)”选项，如图 7-17 所示。

(3) 选择线段作为阵列的路径，然后根据系统提示输入参数 I 并确定，选择“项目(I)”选项，如图 7-18 所示。

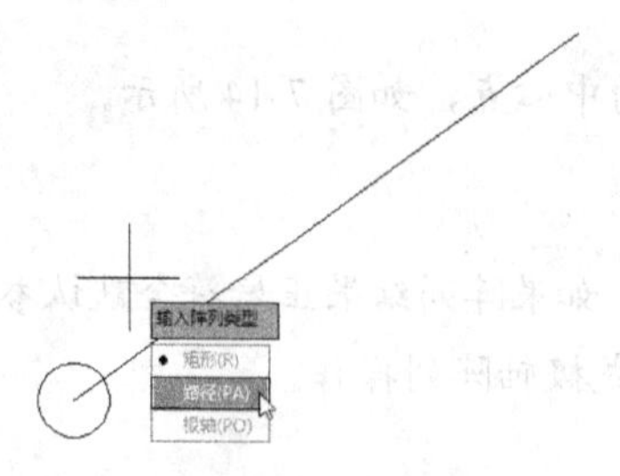

图 7-17　选择“路径(PA)”选项

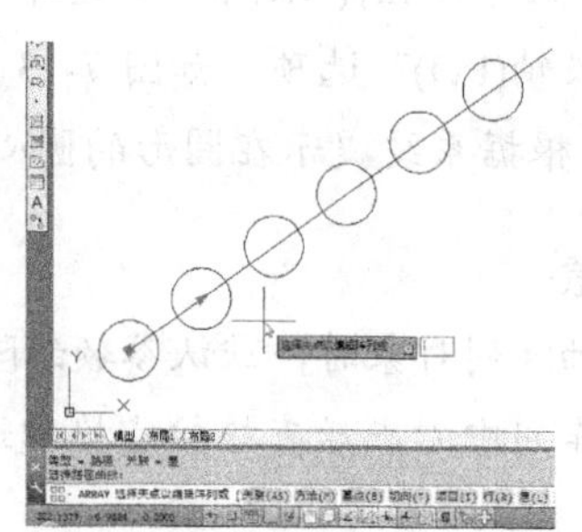

图 7-18　设置阵列的方式

(4) 在系统提示下输入项目之间的距离为 60 并确定，如图 7-19 所示，至此完成路径阵列操作，效果如图 7-20 所示。

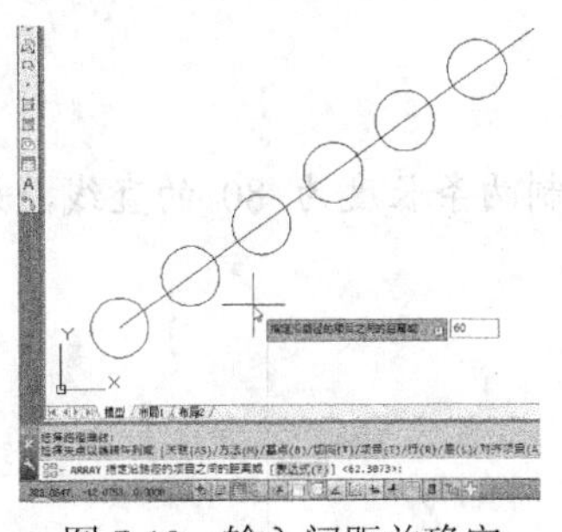

图 7-19　输入间距并确定

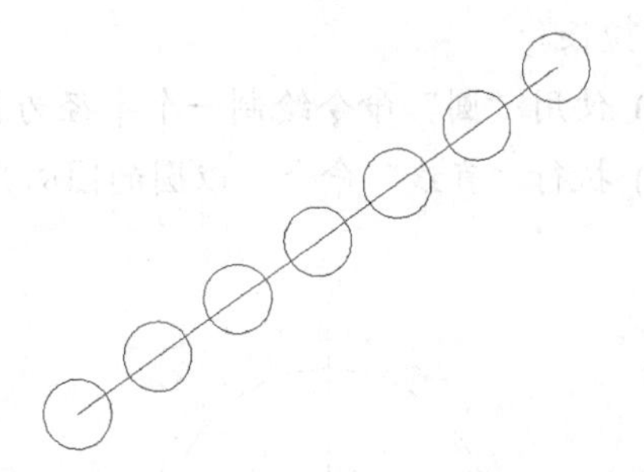

图 7-20　路径阵列效果

7.2　拉长图形

使用“拉长”命令可以延伸和缩短直线，或改变圆弧的圆心角。使用该命令执行拉长操作，允许以动态方式拖拉对象终点，可以通过输入增量值、百分比值或输入对象的总长的方法来改变对象的长度。

执行“拉长”命令通常有以下 3 种方法。

- 选择“修改” | “拉长”命令。
- 单击“修改”面板中的“拉长”按钮。
- 执行 Lengthen(LEN)命令。

执行 Lengthen(LEN)命令，系统将提示“选择对象或 [增量(DE)/百分数(P)/全部(T)/动态(DY)]:”，其中各选项的含义如下。

- 增量(DE)：将选定图形对象的长度增加一定的数值量。
- 百分数(P)：通过指定对象总长度的百分数设置对象长度。百分数也按照圆弧总包含角的指定百分比修改圆弧角度。执行该选项后，系统继续提示：“输入长度百分数 <当前>：”，此时需要输入非零正数值。
- 全部(T)：通过指定从固定端点测量的总长度的绝对值来设置选定对象的长度。“全部(T)”选项也按照指定的总角度设置选定圆弧的包含角。系统继续提示“指定总长度或 [角度(A)]：”，指定距离、输入非零正值、输入 a 或按 Enter 键。
- 动态(DY)：打开动态拖动模式。通过拖动选定对象的端点之一来改变其长度。其他端点保持不变。系统继续提示：选择要修改的对象或[放弃(U)]：，选择一个对象或输入放弃命令 u。

7.2.1　将对象拉长指定增量

执行 Lengthen(LEN)命令，根据系统提示输入 de 并确定，以选择“增量(DE)”选项，可以将图形以指定增量进行拉长。

【练习 7-5】绘制如图 7-21 所示的筒灯图形。

实例分析：在绘制筒灯的过程，可以通过圆心绘制线段，然后使用“拉长”命令对线段进行拉长。

(1) 使用“圆”命令绘制一个半径为 55 的圆。

(2) 执行“直线”命令，以圆的圆心为起点，绘制两条长度为 80 的直线，如图 7-22 所示。

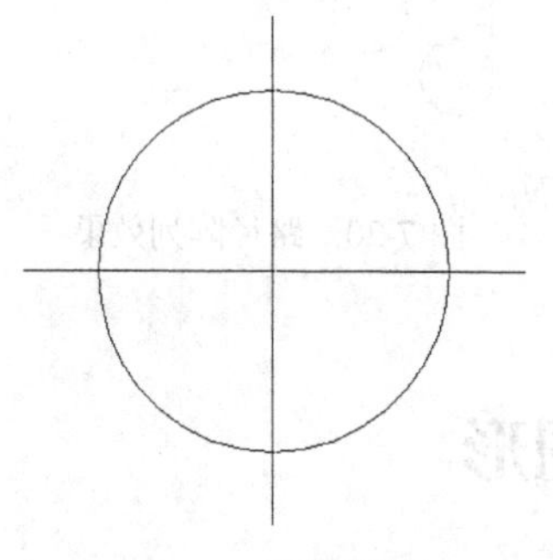

图 7-21　绘制筒灯

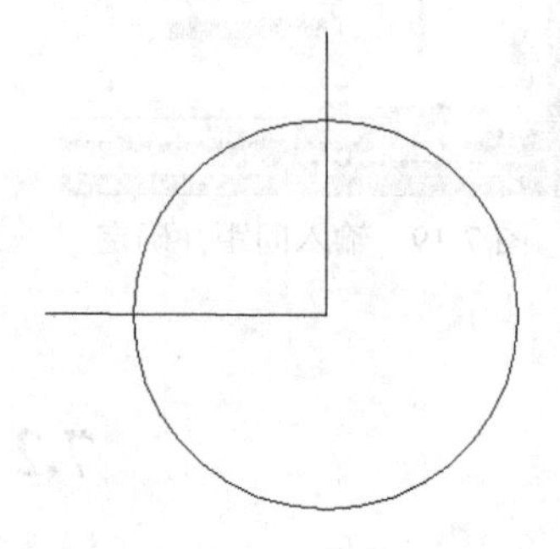

图 7-22　绘制圆和直线

(3) 执行 Lengthen(LEN)命令，根据系统提示输入 de 并确定，选择“增量(DE)”选项，如图 7-23 所示。

(4) 当系统提示“输入长度增量或 [角度(A)]:”时，输入增量值为 80 并确定，如图 7-24 所示。

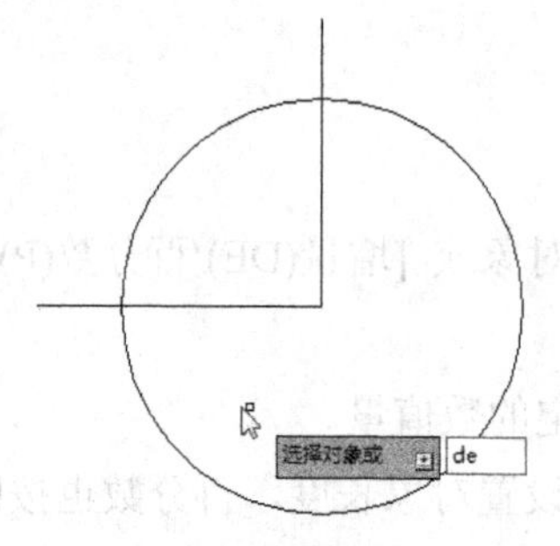

图 7-23　输入 de 并确定

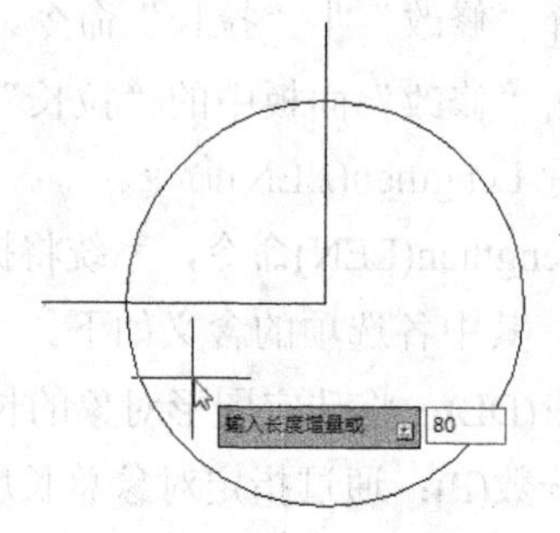

图 7-24　设置增量值

(5) 在水平线段右方单击鼠标，将其向右拉长 80，如图 7-25 所示。

(6) 在垂直线段下方单击鼠标，将其向下拉长 80，如图 7-26 所示，然后按空格键进行确定，至此完成本例的制作。

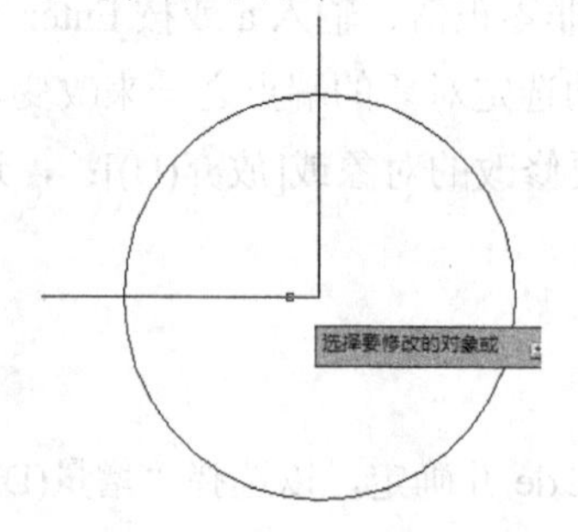

图 7-25　拉长水平线段

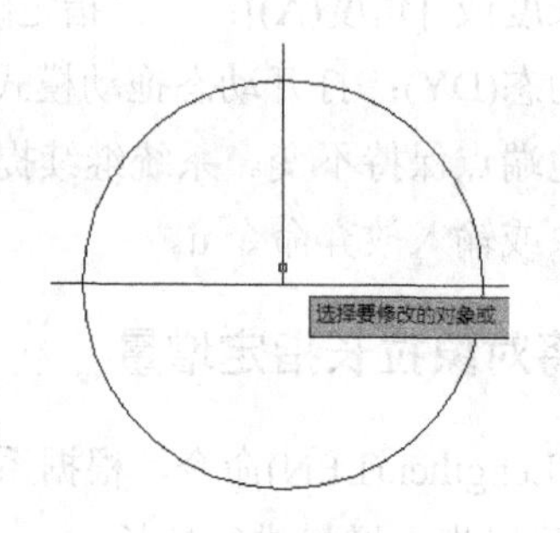

图 7-26　拉长垂直线段

7.2.2 将对象拉长指定百分数

执行 Lengthen(LEN)命令，根据系统提示输入 P 并确定，选择“百分数(P)”选项，可以将图形以指定百分数进行拉长。

【练习 7-6】将线段拉长为原来的两倍。

实例分析：要将线段拉长为原来的两倍，可以在执行“拉长”命令后，选择“百分数(P)”选项，设置长度百分数为 200。

(1) 使用“圆弧”命令绘制一段包括角度为 90 的弧线，如图 7-27 所示。

(2) 执行 Lengthen(LEN)命令，然后输入 P 并确定，选择“百分数(P)”选项，如图 7-28 所示。

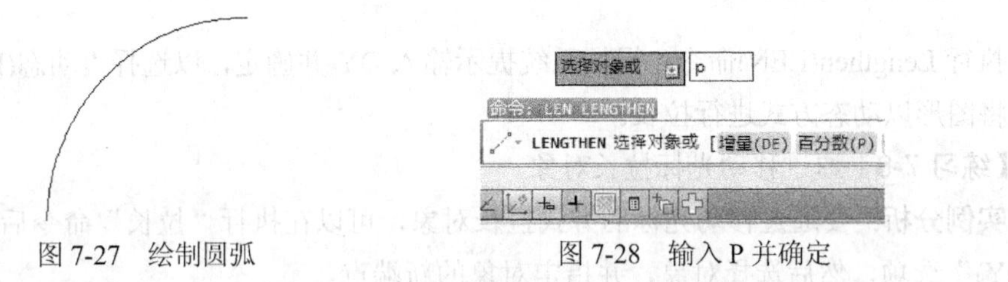

图 7-27　绘制圆弧　　图 7-28　输入 P 并确定

(3) 设置长度百分数为 200，如图 7-29 所示，然后选择绘制的圆弧并确定，拉长圆弧后的效果如图 7-30 所示。

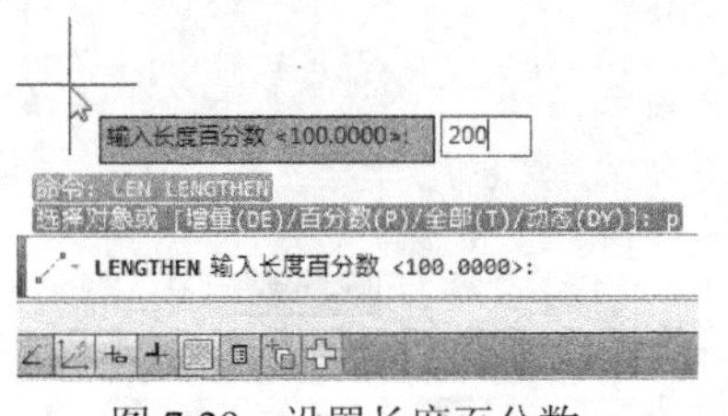

图 7-29　设置长度百分数

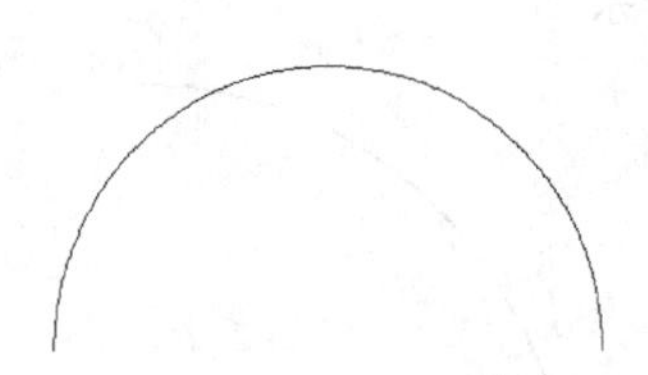

图 7-30　拉长圆弧后的效果

7.2.3 将对象拉长指定总长度

执行 Lengthen(LEN)命令，根据系统提示输入 T 并确定，以选择“全部(T)”选项，可以将图形以指定总长度进行拉长。

【练习 7-7】将线段的总长度拉长为 200。

实例分析：要将线段拉长为指定的长度，可以在执行“拉长”命令后，选择“全部(T)”选项，然后设置拉长线段的长度。

(1) 使用“直线”命令分别绘制两条长度为 100 的线段，如图 7-31 所示。

(2) 执行 Lengthen(LEN)命令，输入 t 并确定，选择“全部(T)”选项，如图 7-32 所示。

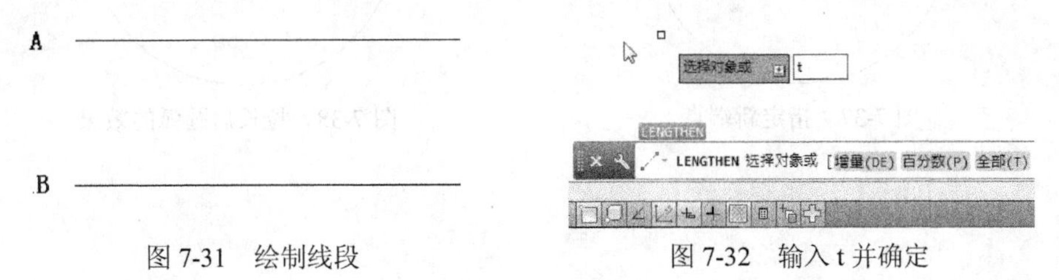

图 7-31　绘制线段　　图 7-32　输入 t 并确定

(3) 系统提示“指定总长度或 [角度(A)] :”时，设置总长度为 200，然后选择要修改的线段 A，如图 7-33 所示，按空格键进行确定，拉长后的效果如图 7-34 所示。

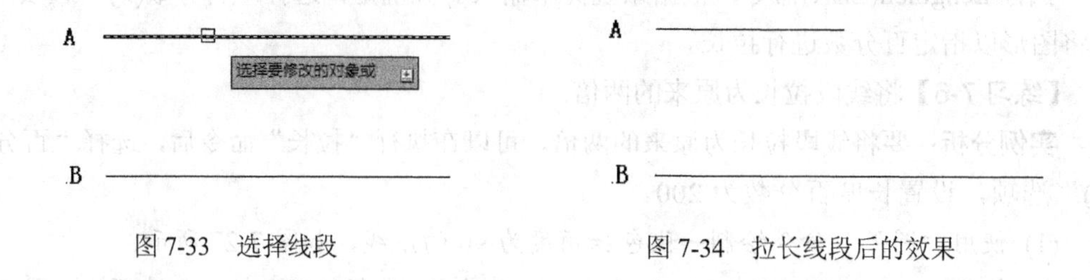

图 7-33　选择线段　　图 7-34　拉长线段后的效果

7.2.4　将对象动态拉长

执行 Lengthen(LEN)命令，根据系统提示输入 DY 并确定，以选择“动态(DY)”选项，可以将图形以动态方式进行拉长。

【练习 7-8】通过移动光标拉长对象。

实例分析：要通过移动光标的方式拉长对象，可以在执行“拉长”命令后，选择“动态(DY)”选项，然后选择对象，并指定对象的新端点。

(1) 使用“圆弧”命令绘制一段包括角度为 90 的弧线，如图 7-35 所示。

(2) 执行 Lengthen(LEN)命令，然后输入 DY 并确定，选择“动态(DY)”选项，如图 7-36 所示。

图 7-35　绘制圆弧　　图 7-36　输入 DY 并确定

(3) 选择绘制的圆弧图形，系统提示“指定新端点:”时，移动光标指定圆弧的新端点，如图 7-37 所示，单击鼠标左键进行确定，拉长后的效果如图 7-38 所示。

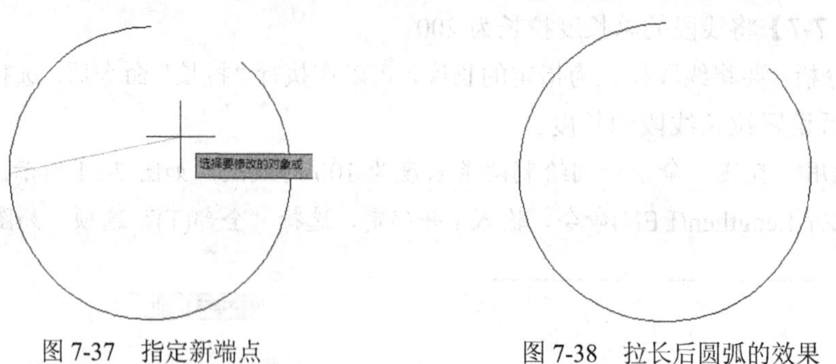

图 7-37　指定新端点　　图 7-38　拉长后圆弧的效果

7.3　打断与合并图形

在 AutoCAD 中，可以将线型图形打断，也可以将相似的图形连接在一起，下面介绍打断与合并图形的具体操作。

7.3.1　打断图形

使用“打断”命令可以将对象从某一点处断开，从而将其分成两个独立的对象，该命令常用于剪断图形，但不删除对象，可以打断的对象包括直线、圆、弧、多段线、样条线、构造线等。

执行“打断”命令的方法有如下 3 种。

- 选择“修改”|“打断”命令。
- 单击“修改”面板中的“打断”按钮。
- 执行 Break(BR)命令。

【练习 7-9】使用“圆”、“多边形”和“打断”命令绘制如图 7-39 所示的螺母图形。

实例分析：在本实例中，先绘制圆和多边形，然后执行“打断”命令，以选择对象时的位置作为打断第一点，再指定打断的第二点。

(1) 在“特性”面板中单击“线宽”下拉列表框，在弹出的列表中设置当前绘图的线宽为 0.3 毫米，如图 7-40 所示。

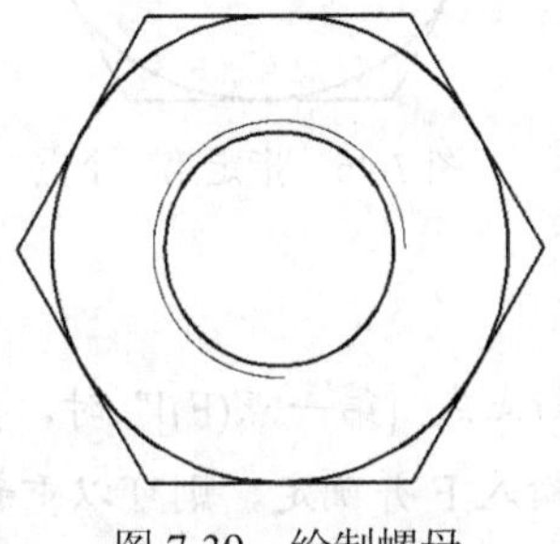

图 7-39　绘制螺母

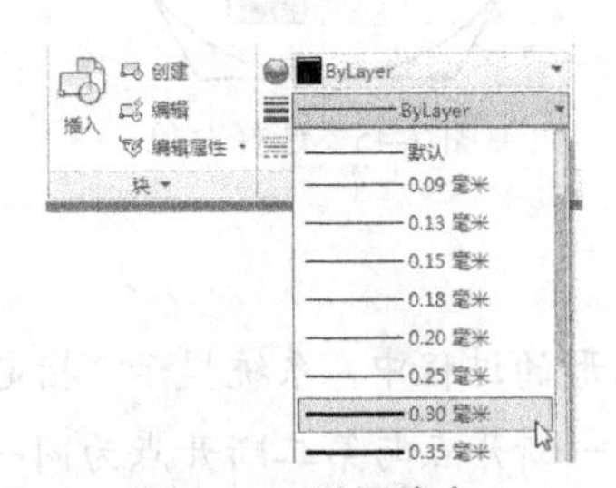

图 7-40　设置线宽

(2) 使用“圆”命令分别绘制一个半径为 5 和一个半径为 10 的同心圆，如图 7-41 所示。

(3) 执行“多边形”命令，以同心圆的圆心为中心点，绘制一个半径为 10 且外切于圆的六边形，如图 7-42 所示。

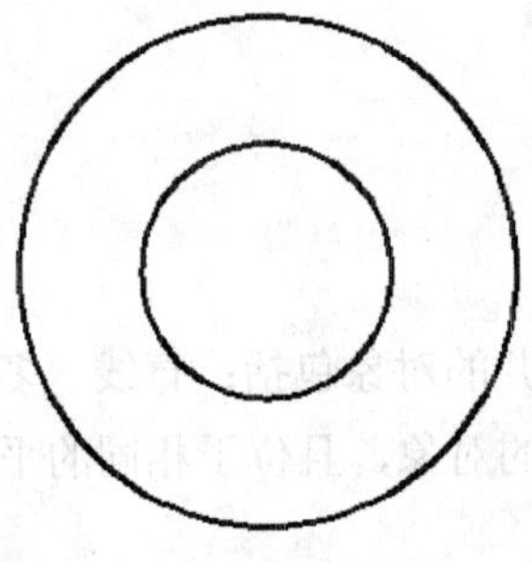

图 7-41　绘制同心圆

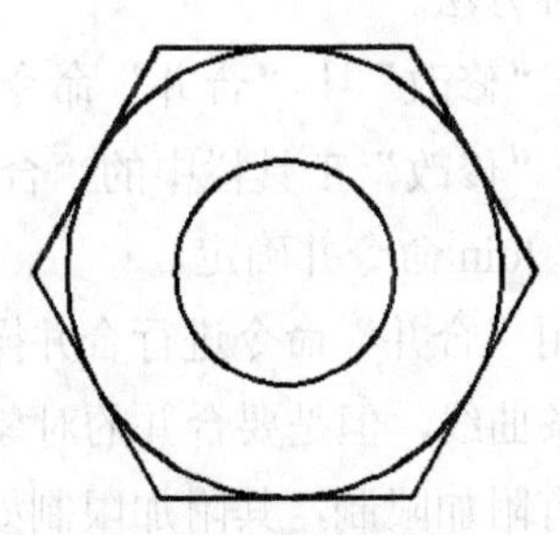

图 7-42　绘制六边形

(4) 重新设置当前绘图的线宽为“默认”线宽，如图 7-43 所示。

(5) 执行“圆”命令，以同心圆的圆心为圆心，绘制一个半径为 5.5 的圆，如图 7-44 所示。

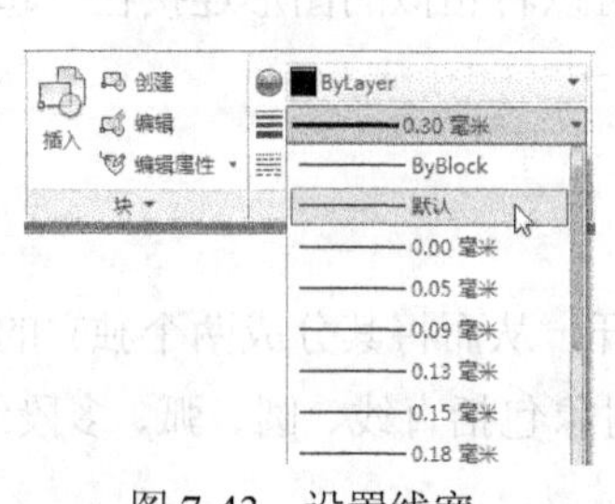

图 7-43　设置线宽

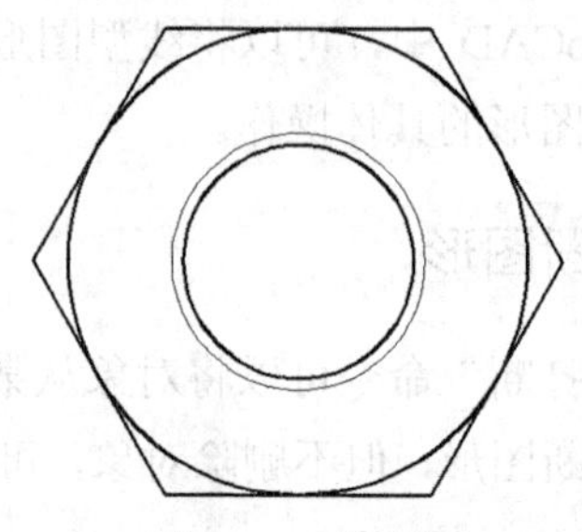

图 7-44　绘制圆

(6) 执行“打断(BR)”命令，选择半径为 5.5 的圆作为要打断的对象，并在如图 7-45 所示的位置指定打断的第一点。

(7) 系统提示“指定第二个打断点或 [第一点(F)]:”时，指定要打断对象的第二个点，如图 7-46 所示，即可以第一次选择点和指定的第二点将圆打断。

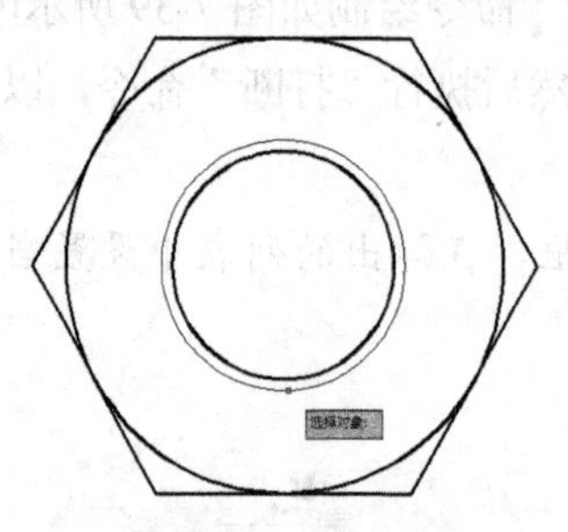

图 7-45　选择对象

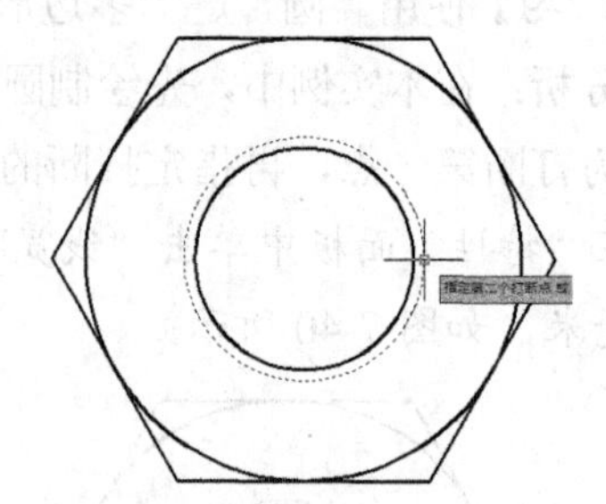

图 7-46　指定第二个点

注意：

打断图形的过程中，系统提示“指定第二个打断点或 [第一点(F)]”时，直接输入@并确定，则第一断开点与第二断开点为同一点。如果输入 F 并确定，则可以重新指定第一个断开点。

7.3.2　合并图形

使用“合并”命令可以将相似的对象合并形成一个完整的对象。执行“合并”命令通常有如下 3 种方法。

- 选择“修改”|“合并”命令。
- 单击“修改”工具栏中的“合并”按钮。
- 执行 Join 命令并确定。

可以使用“合并”命令进行合并操作。可以合并的对象包括：直线、多段线、圆弧、椭圆弧、样条曲线，但是要合并的对象必须是相似的对象，且位于相同的平面上，每种类型的对象均有附加限制，其附加限制如下。

- 直线：直线对象必须共线，即位于同一无限长的直线上，但是它们之间可以有间隙，如图 7-47 和图 7-48 所示。

图 7-47　合并前的两条直线　　　　图 7-48　合并直线效果

- 多段线：对象可以是直线、多段线或圆弧。对象之间不能有间隙，并且必须位于与 UCS 的 XY 平面平行的同一平面上。
- 圆弧：圆弧对象必须位于同一假想的圆上，但是它们之间可以有间隙，使用“闭合(C)”选项可将源圆弧转换成圆，如图 7-49 和图 7-50 所示。

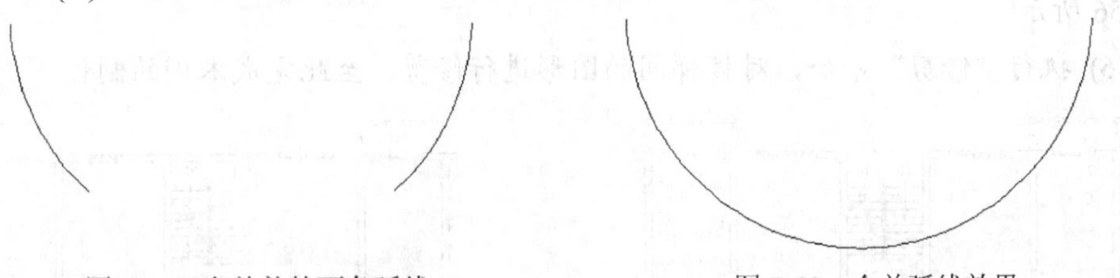

图 7-49　合并前的两条弧线　　　　图 7-50　合并弧线效果

- 椭圆弧：椭圆弧必须位于同一椭圆上，但是它们之间可以有间隙。使用“闭合(C)”选项可将源椭圆弧闭合成完整的椭圆。
- 样条曲线：样条曲线和螺旋对象必须相接(端点对端点)，合并样条曲线的结果是单个样条曲线。

【练习 7-10】打开“建筑平面.dwg”素材图形，如图 7-51 所示，使用“合并”命令完成楼梯间的绘制，如图 7-52 所示。

实例分析：在本实例中，可以通过执行“合并”命令，选择楼梯间对应的两条墙体进行合并，从而连接楼梯间的墙体。

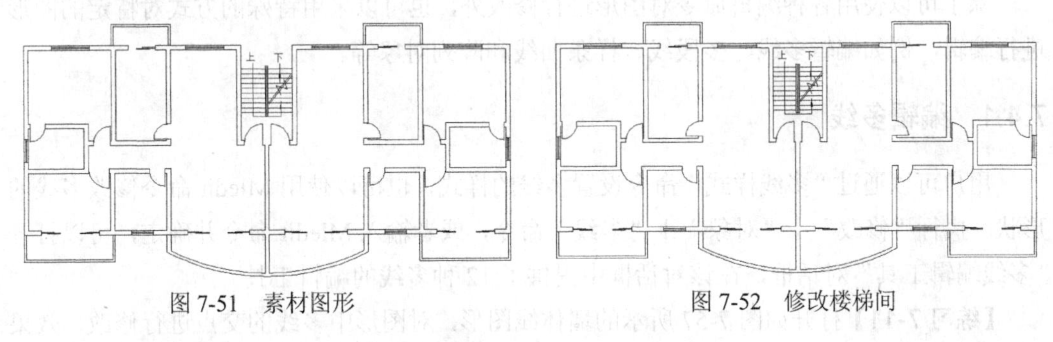

图 7-51　素材图形　　　　图 7-52　修改楼梯间

(1) 打开“建筑平面.dwg”素材图形。

(2) 执行 Join 命令，选择楼梯间左上方的线段作为源对象，如图 7-53 所示。

(3) 系统提示“选择要合并到源的对象:”时，选择楼梯间右上方的线段作为要合并的另一个对象，如图 7-54 所示。

(4) 按空格键结束“合并”命令，即可将选择的两条线段合并为一条线段，效果如图 7-55 所示。

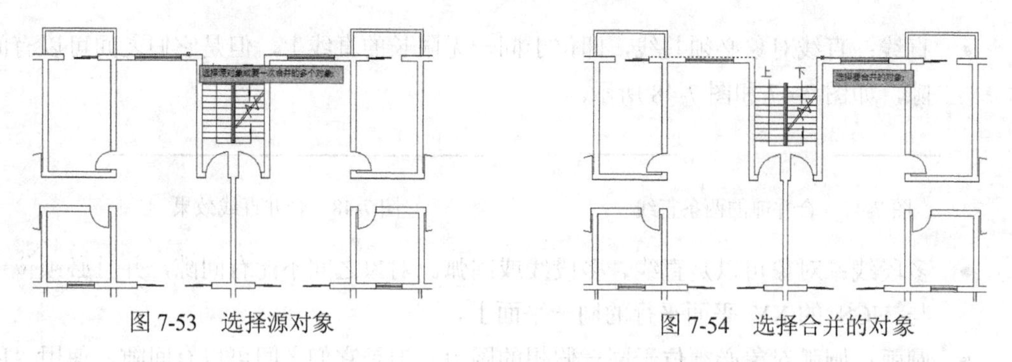

图 7-53　选择源对象　　　　图 7-54　选择合并的对象

(5) 重复执行 Join 命令，使用同样的方法将楼梯间另外两条墙线合并为一条线段，如图 7-56 所示。

(6) 执行“修剪”命令，对楼梯间的图形进行修剪，至此完成本例的制作。

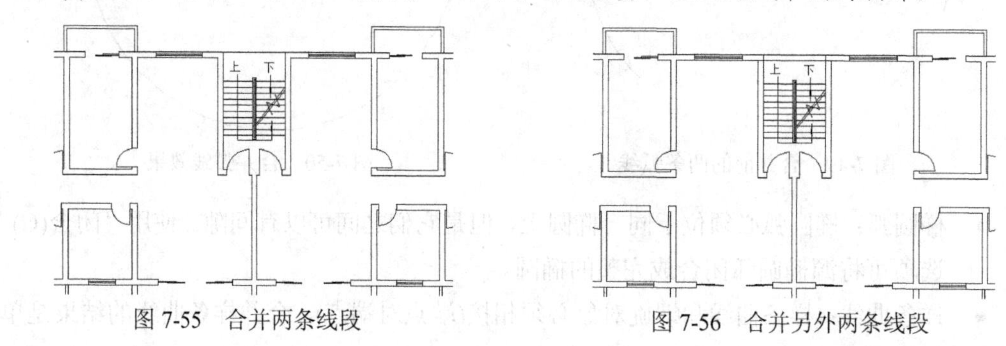

图 7-55　合并两条线段　　　　图 7-56　合并另外两条线段

7.4　编辑特殊对象

除了可以使用各种编辑命令对图形进行修改外，也可以采用特殊的方式对特定的图形进行编辑，例如编辑多线、多段线、样条曲线和阵列对象等。

7.4.1　编辑多线

用户可以通过“多线样式”命令设置多线的样式，也可以使用 Mledit 命令修改多线的形状。执行“修改” | “对象” | “多线”命令，或者输入 Mledit 命令并确定，可以打开“多线编辑工具”对话框，在该对话框中提供了 12 种多线的编辑工具。

【练习 7-11】打开如图 7-57 所示的墙体线图形，对图形中多线的交点进行修改，效果如图 7-58 所示。

实例分析：在本实例中，可以使用“多线编辑工具”对话框中的“角点结合”和“T 形打开”选项对多线相交的接头进行编辑。

(1) 打开“墙体线.dwg”素材图形。

(2) 执行 Mledit 命令，打开“多线编辑工具”对话框，选择“角点结合”选项，如图 7-59 所示。

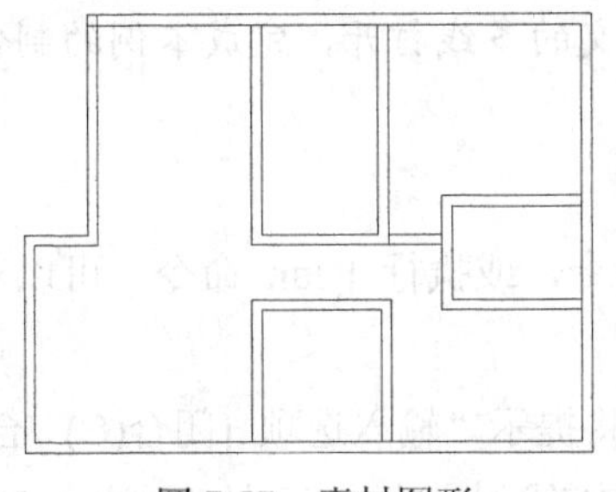

图 7-57　素材图形

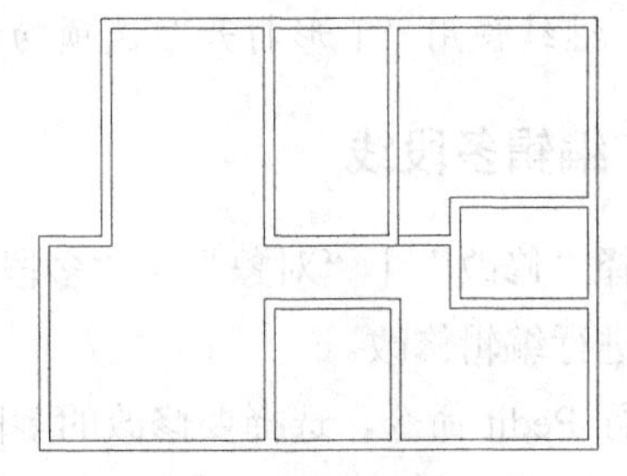

图 7-58　修改多线的接头

(3) 进入绘图区选择左上方垂直的多线作为编辑的第一条多线，如图 7-60 所示。

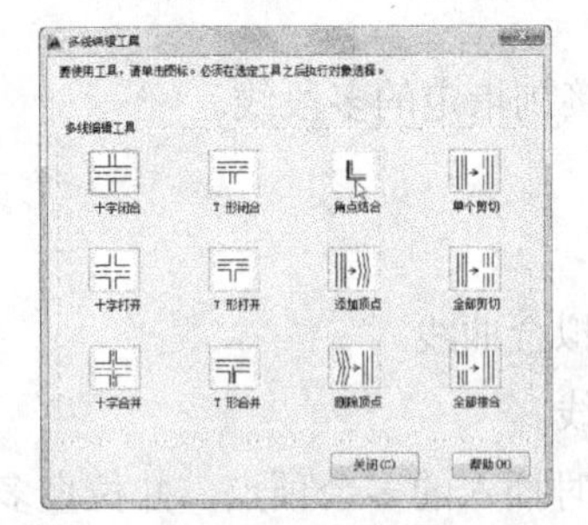

图 7-59　选择“T 形打开”选项

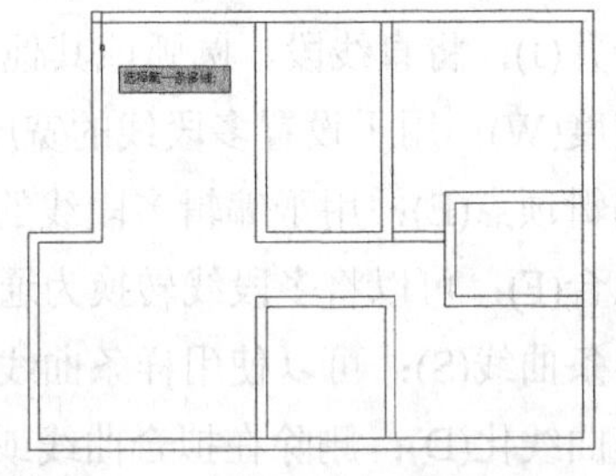

图 7-60　选择第一条多线

(4) 根据系统提示，选择上方水平多线作为编辑的第二条多线，如图 7-61 所示，即可对两条相交的接头进行结合编辑，效果如图 7-62 所示。

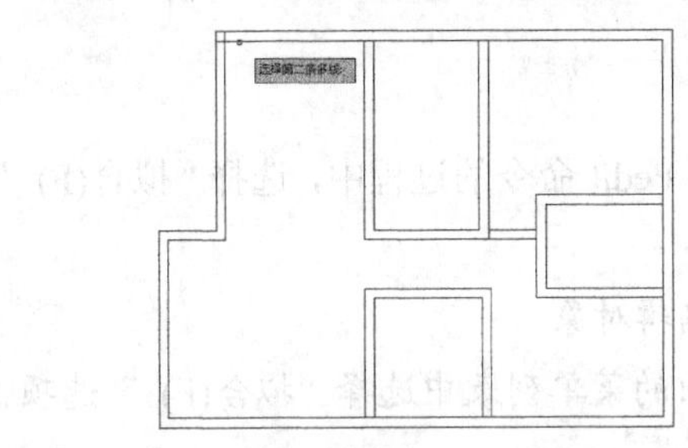

图 7-61　选择第二条多线

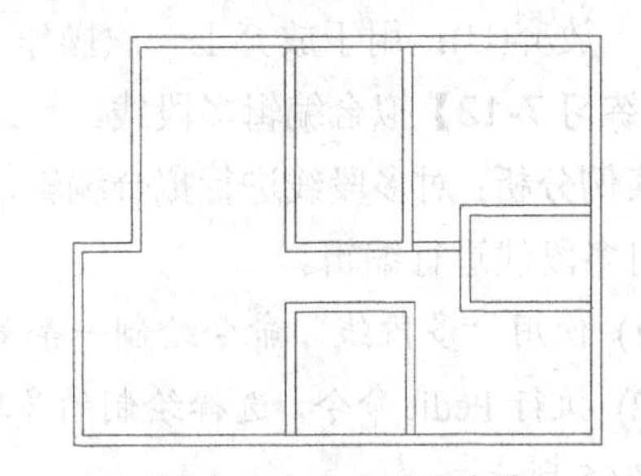

图 7-62　角点结合多线

(5) 重复执行 Mledit 命令，打开“多线编辑工具”对话框，选择“T 形打开”选项，进入绘图区选择如图 7-63 所示的多线作为编辑的第一条多线。

(6) 根据系统提示选择上方的水平多线作为编辑的第二条多线，即可将其在接头处打开，效果如图 7-64 所示。

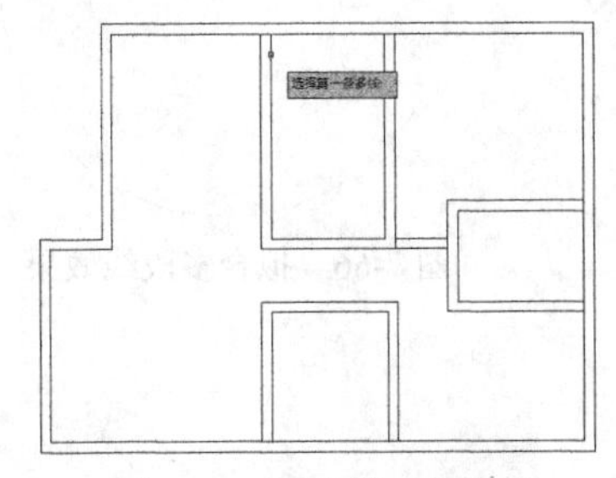

图 7-63　选择第一条多线

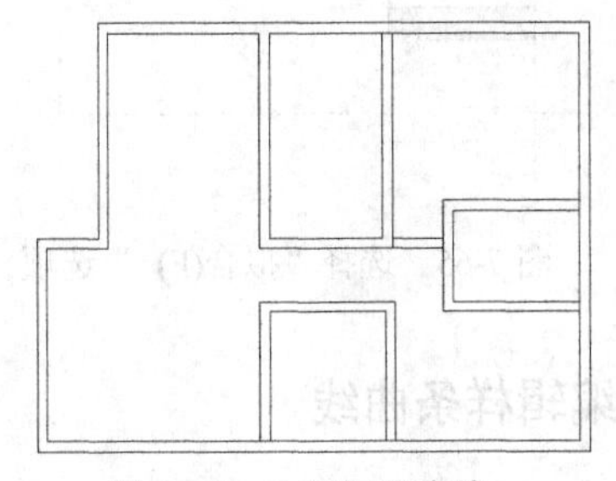

图 7-64　T 形打开多线

(7) 继续使用“T 形打开”选项功能将其他相交的多线打开，完成本例的制作。

7.4.2　编辑多段线

选择“修改” | “对象” | “多段线”菜单命令，或执行 Pedit 命令，可以对绘制的多段线进行编辑修改。

执行 Pedit 命令，选择要修改的多段线，系统将提示“输入选项 [闭合(C) /合并(J)/宽度(W)/编辑顶点(E)/拟合(F)/样条曲线(S)/非曲线化(D)/线型生成(L)/反转(R)/放弃(U)]：”，其中主要选项的含义如下。

- 闭合(C)：用于创建封闭的多段线。
- 合并(J)：将直线段、圆弧或其他多段线连接到指定的多段线。
- 宽度(W)：用于设置多段线的宽度。
- 编辑顶点(E)：用于编辑多段线的顶点。
- 拟合(F)：可以将多段线转换为通过顶点的拟合曲线。
- 样条曲线(S)：可以使用样条曲线拟合多段线。
- 非曲线化(D)：删除在拟合曲线或样条曲线时插入的多余顶点，并拉直多段线的所有线段；保留指定给多段线顶点的切向信息，用于随后的曲线拟合。
- 线型生成(L)：可以将通过多段线顶点的线设置成连续线型。
- 反转(R)：用于反转多段线的方向，使起点和终点互换。
- 放弃(U)：用于放弃上一次操作。

【练习 7-12】拟合编辑多段线。

实例分析：对多段线进行拟合编辑，可以在执行 Pedit 命令的过程中，选择“拟合(F) ”选项对多段线进行编辑。

(1) 使用“多段线”命令绘制一条多段线作为编辑对象。

(2) 执行 Pedit 命令，选择绘制的多段线，在弹出的菜单列表中选择“拟合(F) ”选项，如图 7-65 所示。

(3) 按空格键进行确定，拟合编辑多段线的效果如图 7-66 所示。

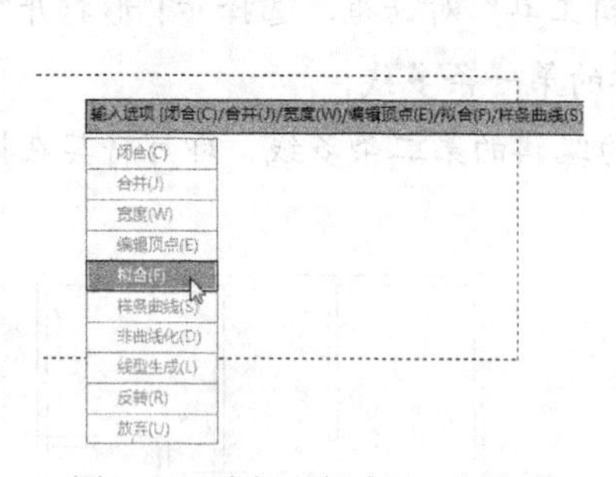

图 7-65　选择“拟合(F) ”选项

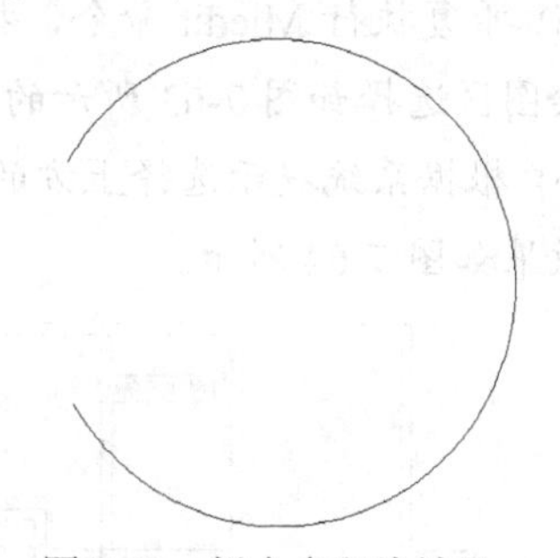

图 7-66　拟合多段线效果

7.4.3　编辑样条曲线

选择“修改” | “对象” | “样条曲线”命令，或者执行 Splinedit 命令，可以对样条

曲线进行编辑，包括定义样条曲线的拟合点、移动拟合点以及闭合开放的样条曲线等。

执行 Splinedit 命令，选择编辑的样条曲线后，系统将提示“输入选项 [闭合(C)/合并(J)/拟合数据(F)/编辑顶点(E)/转换为多段线(P)/反转(R)/放弃(U)/退出(X)]:”，其中各主要选项的含义如下。

- 闭合(C)：如果选择打开的样条曲线，则闭合该样条曲线，使其再端点处切向连续(平滑)。如果选择闭合的样条曲线，则打开该样条曲线。
- 拟合数据(F)：用于编辑定义样条曲线的拟合点数据。
- 移动顶点(M)：用于移动样条曲线的控制顶点并且清理拟合点。
- 反转(R)：用于反转样条曲线的方向，使起点和终点互换。
- 放弃(U)：用于放弃上一次操作。
- 退出(X)：退出编辑操作。

【练习 7-13】编辑样条曲线的顶点。

实例分析：对样条曲线的顶点进行编辑，可以在执行 Splinedit 命令的过程中，选择“编辑顶点(E)”选项对样条曲线进行编辑。

(1) 使用“样条曲线”命令绘制一条样条曲线作为编辑对象。

(2) 执行 Splinedit 命令，选择绘制的曲线，在弹出的下拉菜单中选择“编辑顶点(E)”选项，如图 7-67 所示。

(3) 在继续弹出的下拉菜单中选择“移动(M)”选项，如图 7-68 所示。

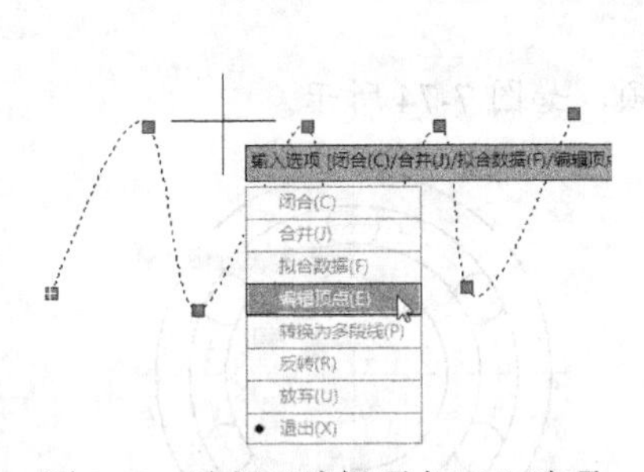

图 7-67　选择“编辑顶点(E)”选项

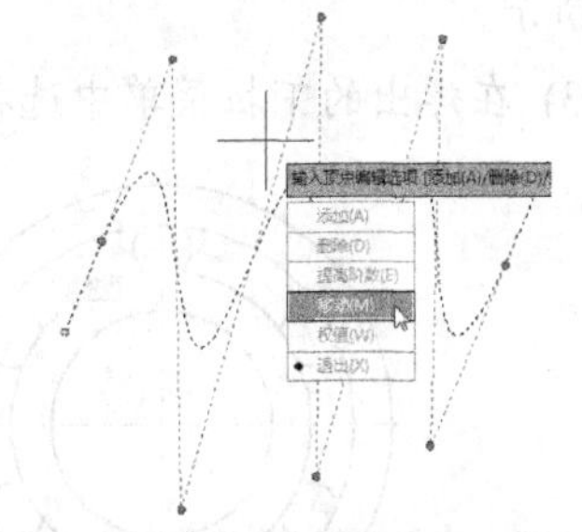

图 7-68　选择“移动(M)”选项

(4) 拖动鼠标移动样条曲线的顶点，如图 7-69 所示。

(5) 当系统提示“指定新位置或 [下一个(N)/上一个(P)/选择点(S)/退出(X)]:”时，输入 x 并确定，选择“退出(X)”选项，结束样条曲线的编辑，效果如图 7-70 所示。

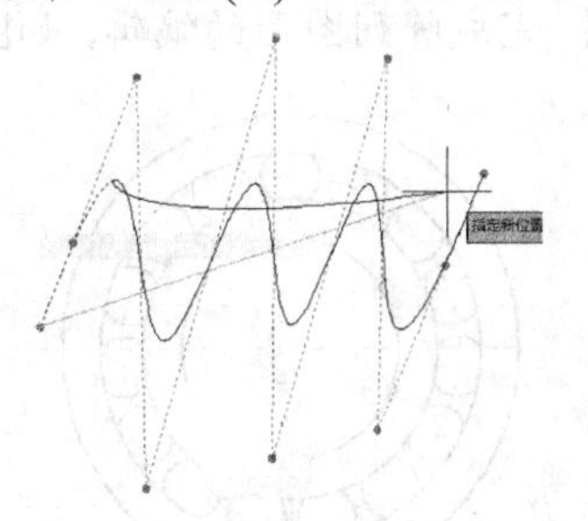

图 7-69　移动顶点

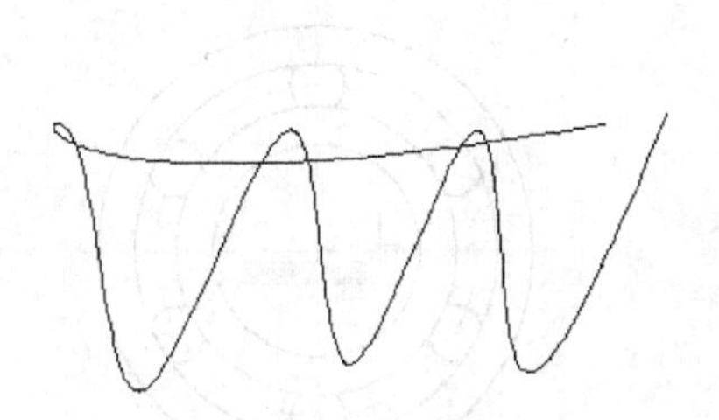

图 7-70　编辑效果

7.4.4 编辑阵列对象

在 AutoCAD 中，阵列的对象为一个整体对象，可以使用“分解”命令将其分解后进行修改，也可以选择“修改”|“对象”|“阵列”命令，或者执行 ArrayEDIT 命令并确定，对关联阵列对象及其源对象进行编辑。

【练习 7-14】打开如图 7-71 所示的球轴承素材图形，然后对图形中的环形阵列对象进行修改，效果如图 7-72 所示。

实例分析：本实例将修改图形中的环形阵列的数量，在选择“修改”|“对象”|“阵列”命令后，选择要修改的阵列对象，然后重新设置阵列的项目数即可。

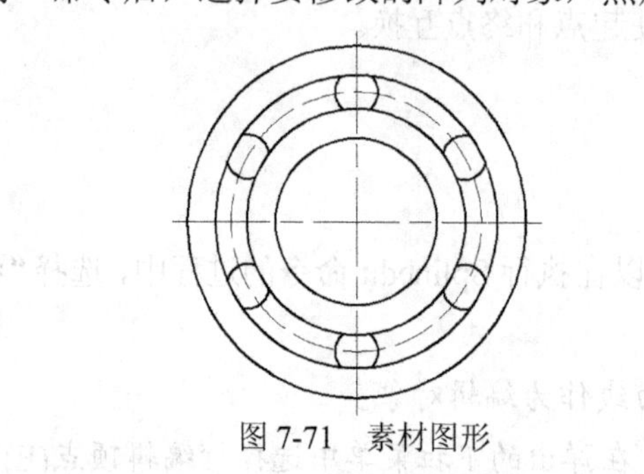

图 7-71　素材图形　　图 7-72　修改阵列对象

(1) 打开“球轴承.dwg”素材图形。

(2) 选择“修改”|“对象”|“阵列”命令，选择阵列图形作为编辑的对象，如图 7-73 所示。

(3) 在弹出的下拉菜单中选择“项目(I)”选项，如图 7-74 所示。

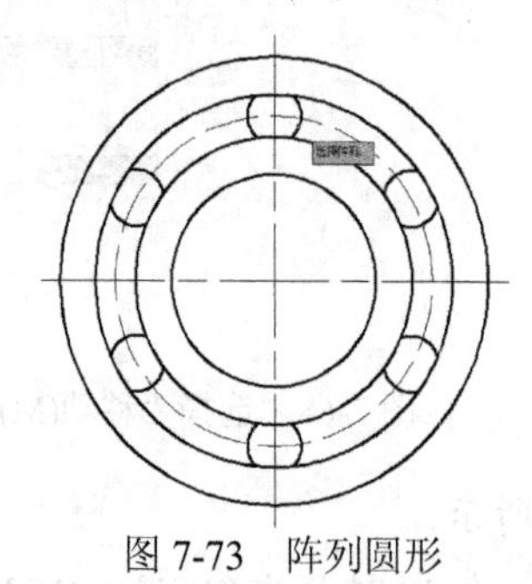

图 7-73　阵列圆形

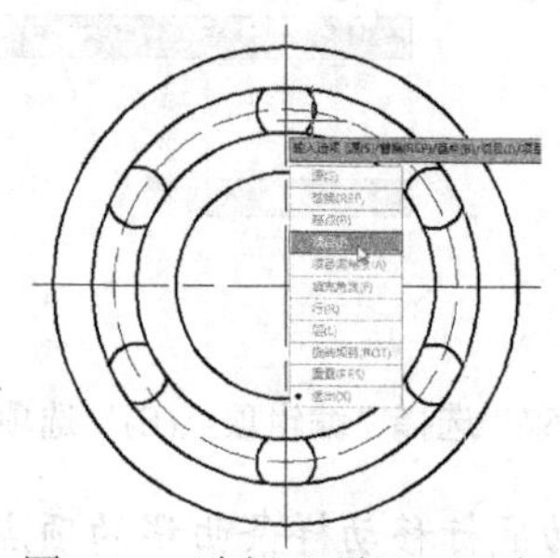

图 7-74　选择“项目(I)”选项

(4) 根据系统提示重新输入环形阵列的项目总数为 15 并确定，如图 7-75 所示。

(5) 在弹出的下拉菜单中选择“退出(X)”选项，完成阵列图形的编辑，如图 7-76 所示。

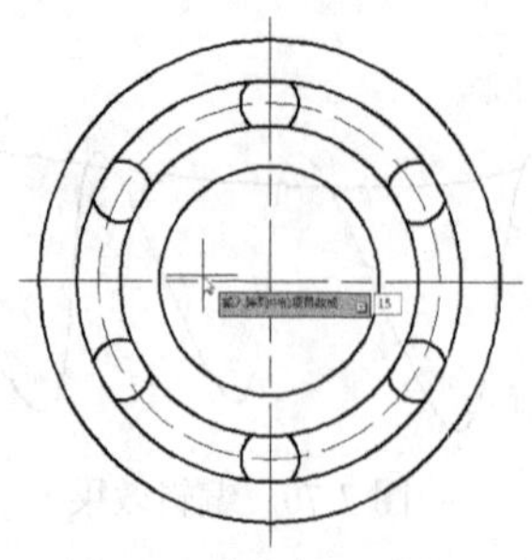

图 7-75　重新输入项目总数

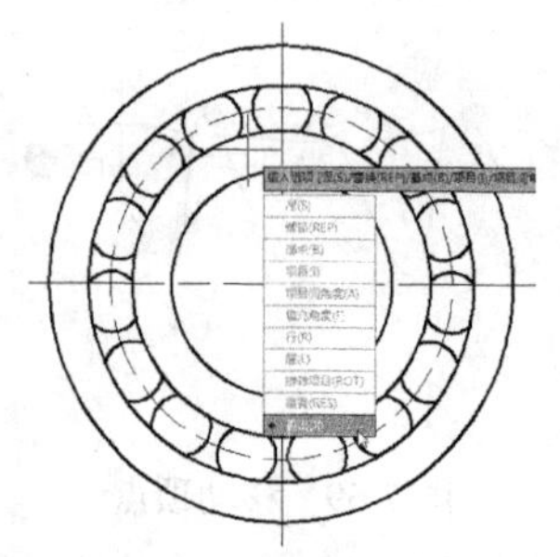

图 7-76　选择“退出(X)”选项

7.5　夹点编辑图形

在编辑图形的操作中，可以通过拖动夹点的方式，改变图形的形状和大小。在拖动夹点时，可以根据系统提示对图形进行移动、缩放等操作。

7.5.1　认识夹点

夹点是选择图形对象后，在图形上方的关键位置处显示的蓝色实心小方框。它是一种集成的编辑模式和一种方便快捷的编辑操作途径。在 AutoCAD 中，系统默认的夹点有以下 3 种显示形式。

- 未选中夹点：在等待命令的情况下直接选择图形时，图形的每个顶点会以蓝色实心小方框显示，如图 7-77 所示。
- 选中夹点：选择图形对象后，在其中单击夹点，即可选中夹点，被选中的夹点呈红色显示并显示相关信息，如图 7-78 所示。
- 悬停夹点：选择图形对象后，移动十字光标到夹点上，将显示相关信息，如图 7-79 所示。

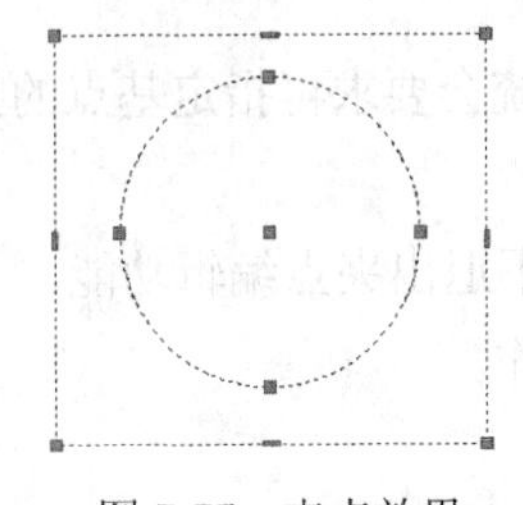

图 7-77　夹点效果

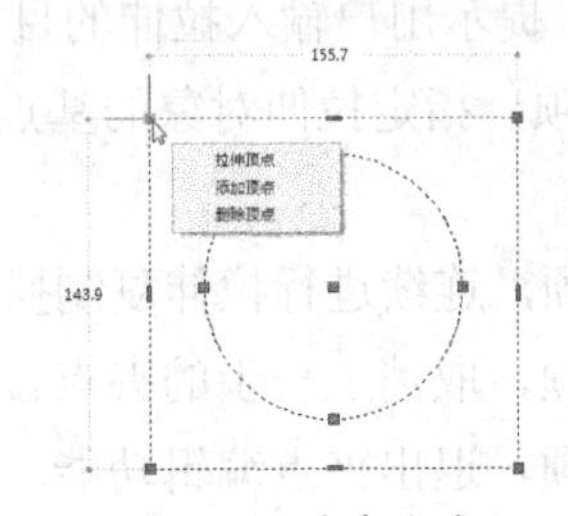

图 7-78　选中夹点

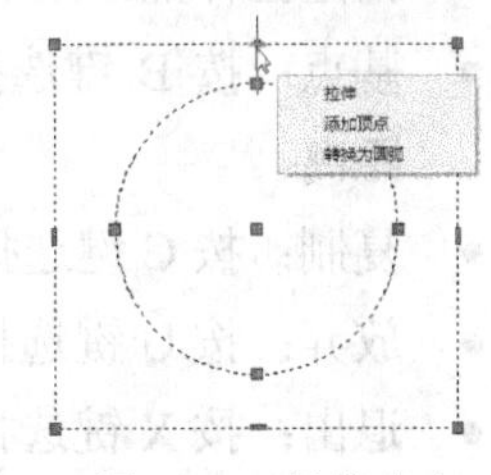

图 7-79　悬停夹点

7.5.2　修改夹点外观

在 AutoCAD 中，用户可以根据自己的爱好对夹点的外观进行设置。选择“工具”|“选项”命令，打开“选项”对话框，如图 7-80 所示，打开“选择集”选项卡，在其中可以对夹点的大小、颜色等进行相关的设置。

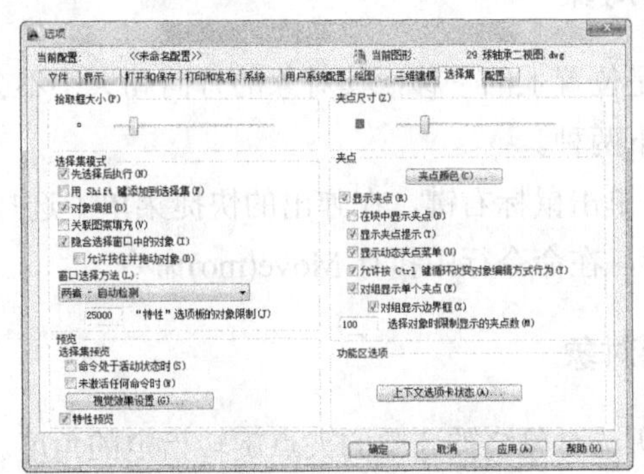

图 7-80　“选项”对话框

在“选择集”选项卡中各主要选项的含义如下。

- “显示夹点”复选框：选中该复选框可显示所选对象的夹点，取消选中该复选框则隐藏所选对象的夹点。
- “在块中显示夹点”复选框：选中该复选框表示在块上也显示夹点。
- “显示夹点提示”复选框：选中该复选框后，当选择某个夹点时，在光标处会显示夹点的提示信息。
- “选择对象时限制显示的夹点数”文本框：当选择的对象多于所设置的数目时，自动隐藏夹点，系统默认值为 100。

7.5.3 使用夹点拉伸对象

使用夹点拉伸对象是指在不执行任何命令的情况下选择对象，显示其夹点，然后选中某个夹点，将夹点作为拉伸的基点自动进入拉伸编辑方式，其命令行提示如下：

```
** 拉伸 **
指定拉伸点或 [基点](B)/复制(C)/放弃(U)/退出(X)]:
```

使用夹点拉伸对象的过程中，各个命令选项的含义如下。

- 指定拉伸点：默认选项，提示用户输入拉伸的目标点。
- 基点：按 B 键选择该选项，指定拉伸对象的基点，系统会要求再指定基点的拉伸距离。
- 复制：按 C 键选择该选项，连续进行拉伸复制操作而不退出夹点编辑功能。
- 放弃：按 U 键选择该选项，取消上一步的夹点拉伸操作。
- 退出：按 X 键选择该选项，退出夹点编辑功能。

图 7-81 所示为对左方直线的端点进行夹点拉伸，拉伸的距离为 100，得到的拉伸效果如右方直线所示。

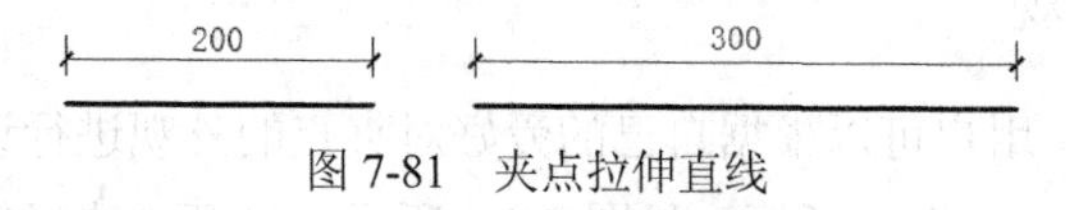

图 7-81　夹点拉伸直线

7.5.4 使用夹点移动对象

夹点移动对象仅仅是位置上的平移，其对象的方向和大小不会发生改变。使用夹点移动对象的方法主要有以下两种。

- 选择某个夹点后单击鼠标右键，在弹出的快捷菜单中选择“移动”命令。
- 选择某个夹点后，在命令行中执行 Move(mo)命令。

7.5.5 使用夹点旋转对象

夹点旋转对象是将所选对象绕被选中的夹点旋转指定的角度。使用夹点旋转对象的方法主要有以下两种。

- 选择某个夹点后，单击鼠标右键，在弹出的快捷菜单中选择“旋转”命令。
- 选择某个夹点后，在命令行中执行 Rotate(ro)命令。

7.5.6 使用夹点缩放对象

夹点缩放对象是在 *X*、*Y* 轴方向以等比例缩放图形对象的尺寸。使用夹点缩放对象的方法主要有以下两种。

- 选择某个夹点，单击鼠标右键，在弹出的快捷菜单中选择“缩放”命令。
- 选择某个夹点后，在命令行中执行 Scale(sc)命令。

7.6 思考练习

1. 为什么在对图形进行环形阵列时，阵列得到的数量为 6？

2. 使用夹点功能可以快速移动图形吗？

3. 为什么使用“合并”命令对两条直线进行合并操作时，无法将两条直线合并为同一条直线？

4. 应用所学的绘图和编辑命令，绘制如图 7-82 所示的灯具图形，灯具底座半径为 200，装饰灯半径为 50。绘制该图形时，首先使用“圆”、“直线”和“拉长”命令绘制灯具轮廓，然后分别使用“圆”、“直线”、“拉长”、“偏移”和“修剪”命令绘制装饰灯图形，最后使用“阵列”命令对装饰灯进行阵列。

5. 应用绘图和编辑命令，参照如图 7-83 所示的尺寸和效果，使用“圆”、“直线”、“偏移”和“阵列”命令绘制法兰盘图形。

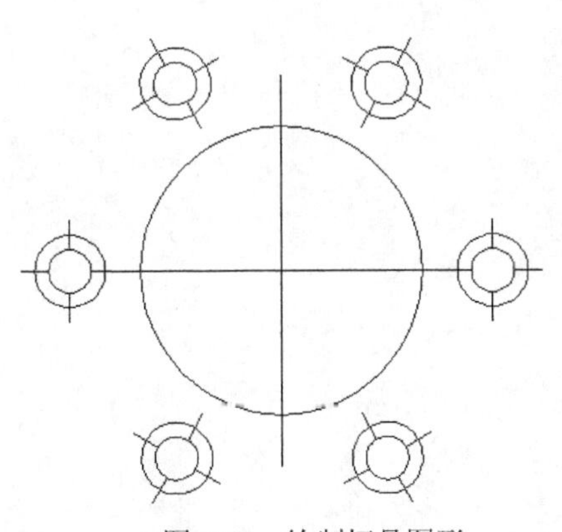

图 7-82 绘制灯具图形

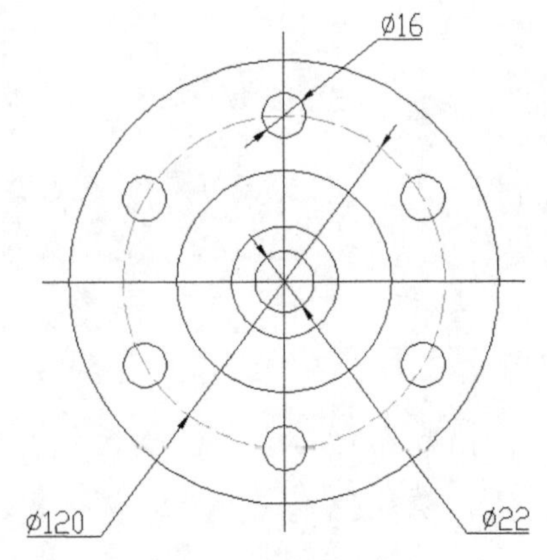

图 7-83 绘制法兰盘

6. 打开如图 7-84 所示的“建筑立面.dwg”素材图形，使用“阵列”命令对左下方的立面窗户进行矩形阵列，使其效果如图 7-85 所示。

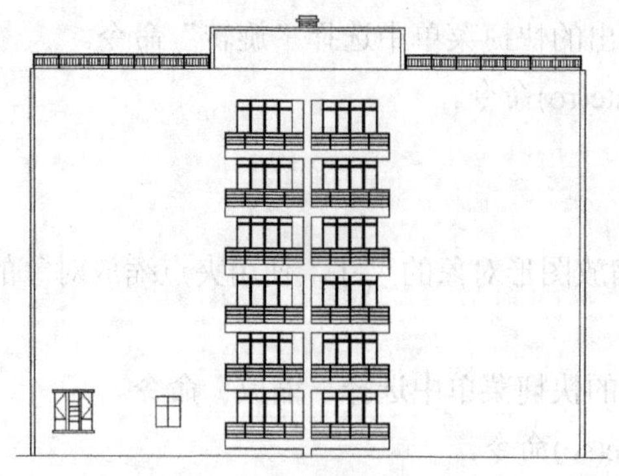

图 7-84　素材图形

图 7-85　阵列立面窗户

第8章　应用图层管理图形

应用 AutoCAD 进行图形的绘制，应该熟悉图层的相关知识，并熟练运用图层功能可以对图形进行分层管理，使图形变得有条理，从而可以更快、更方便地绘制和修改复杂图形。本章将学习如何新建图层、设置图层颜色、线型、线宽和控制图层的状态，以及如何保存与调用图层等操作。

8.1　认识图层

在绘制图形的过程中，要了解图层的含义与作用，才能更好地利用图层功能对图形进行管理。

8.1.1　图层的作用

图层用于按功能在图形中组织信息以及执行线型、颜色等其他标准。图层就像透明的覆盖层，用户可以在上面对图形中的对象进行组织和编组。

在 AutoCAD 中，用户不但可以使用图层控制对象的可见性，还可以使用图层将特性指定给对象，也可以锁定图层防止对象被修改。图层有如下特性。

- 用户可以在一个图形文件中指定任意数量的图层。
- 每一个图层都应有一个名称，其名称可以是汉字、字母或个别的符号($、_、-)。在给图层命名时，最好根据绘图的实际内容命以容易识别的名称，以方便在再次编辑时快速、准确地了解图形文件中的内容。
- 通常情况下，同一个图层上的对象只能为同一种颜色、同一种线型；在绘图过程中，可以根据需要，随时改变各图层的颜色、线型。
- 每一个图层都可以设置为当前层，新绘制的图形只能生成在当前层上。
- 可以对一个图层进行打开、关闭、冻结、解冻、锁定和解锁等操作。
- 如果重命名某个图层并更改其特性，则可恢复除原始图层名外的所有原始特性。
- 如果删除或清理某个图层，则无法恢复该图层。
- 如果将新图层添加到图形中，则无法删除该图层。
- 在制图的过程中，将不同属性的实体建立在不同的图层上，以便管理图形对象，并可以通过修改所在图层的属性，快速、准确地完成实体属性的修改。

8.1.2　认识图层特性管理器

在 AutoCAD 的“图层特性管理器”对话框中可以创建图层，设置图层的颜色、线型和线宽，以及进行其他设置与管理操作。执行打开“图层特性管理器”对话框的命令有如3 几种常用方法。

- 选择“格式”|“图层”命令。
- 单击“图层”面板中的“图层特性管理器”按钮 ，如图 8-1 所示。
- 执行 Layer(LA)命令。

执行以上任意一种命令后，即可打开“图层特性管理器”对话框，对话框的左侧为图层过滤器区域；右侧为图层列表区域，如图 8-2 所示。

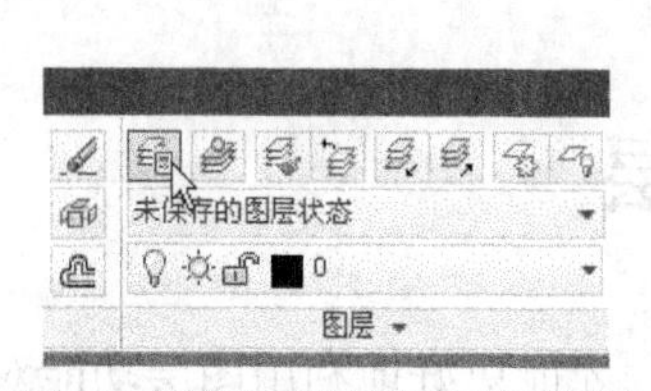

图 8-1　单击“图层特性”按钮

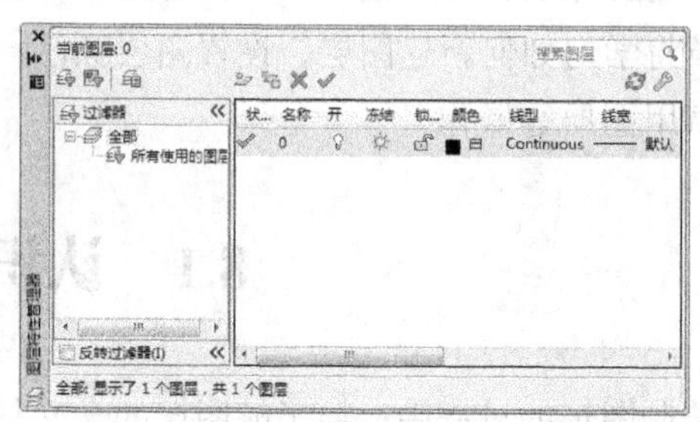

图 8-2　“图层特性管理器”对话框

1. 图层过滤器

图层过滤器区域用于设置图层组，显示了图形中图层和过滤器的层次结构列表，其中常用选项及功能按钮的作用如下。

- “新建特性过滤器”按钮：用于显示如图 8-3 所示的“图层过滤器特性”对话框，从中可以根据图层的一个或多个特性创建图层过滤器。
- “新建组过滤器”按钮：用于创建图层过滤器，其中包含选择并添加到该过滤器的图层，如图 8-4 所示。

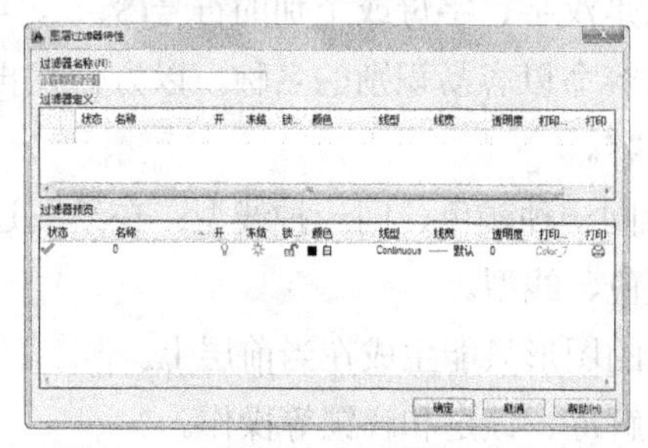

图 8-3　“图层过滤器特性”对话框

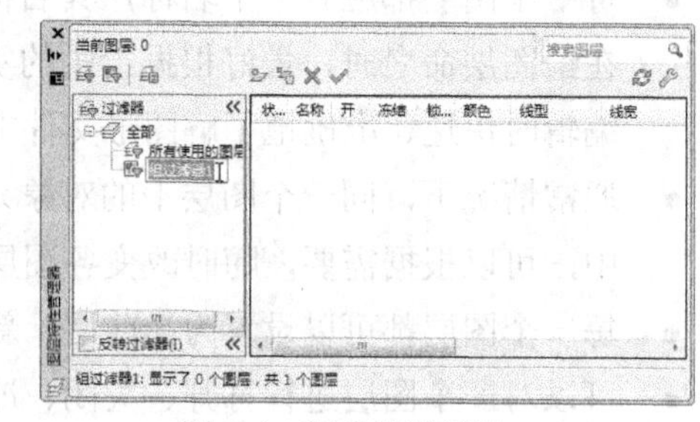

图 8-4　新建组过滤器

- “图层状态管理器”按钮：用于打开“图层状态管理器”对话框。
- 反转过滤器：显示所有不满足选定图层特性过滤器中条件的图层。
- 状态栏：显示当前过滤器的名称、列表视图中显示的图层数和图形中的图层数。

2. 图层列表

图层列表区域用于设置所选图层组中的图层属性，其中显示了图层和图层过滤器及其特性和说明。图层列表区域中常用选项及功能按钮的作用如下。

- “搜索图层”列表框：当输入字符时，按名称快速过滤图层列表。关闭图层特性管理器时，将不保存此过滤器。

- “新建图层”按钮：用于创建新图层，列表中将自动显示一个名为“图层 1”的图层。
- “在所有视口中都被冻结的新图层视口”按钮：用于创建新图层，然后在所有现有布局视口中将其冻结，可以在“模型”选项卡或布局选项卡上单击此按钮。
- “删除图层”按钮：将选定的图层删除。
- “置为当前”按钮：将选定图层设置为当前图层，用户绘制的图形将存置于当前图层上。
- “刷新”按钮，用于刷新图层列表中的内容。
- “设置”按钮：用于打开“图层设置”对话框，在“图层设置”对话框中，可以设置新图层通过设置、是否将图层过滤器更改应用于“图层”工具栏以及更改图层特性替代的背景色。
- 状态：用于指示项目的类型，包括图层过滤器、正在使用的图层、空图层或当前图层。
- 名称：显示图层或过滤器的名称，按 F2 键后可以直接输入新名称。
- 开/关：用于显示与隐藏图层上的 AutoCAD 图形。
- 冻结/解冻：用于冻结图层上的图形，使其不可见，并且使该图层的图形对象不能进行打印，再次单击对应的按钮，可以使其解冻。
- 锁定：为了防止图层上的对象被误编辑，可以将绘制好图形内容的图层锁定，再次单击该按钮，可以进行解锁。
- 颜色：为了区分不同图层上的图形对象，可以为图层设置不同颜色。默认状态下，新绘制的图形将继承该图层的颜色属性。
- 线型：根据需要，为每个图层分配不同的线型。
- 线宽：为线条设置不同的宽度，宽度值从 0～2.11 mm。
- 打印样式：为不同的图层设置不同的打印样式，以及选择是否打印该图层样式属性。
- 打印：用于控制相应图层是否能被打印输出。

8.2　创建与设置图层

应用 AutoCAD 进行建筑或机械制图之前，通常都需要创建需要的图层，并对其进行设置，以便对图形进行管理。

8.2.1　创建新图层

打开“图层特性管理器”对话框，可以创建一个新图层，以便在绘图过程中对相同特性的图形进行统一管理。

【练习 8-1】创建并命名新图层。

实例分析：要创建图层，首先要打开“图层特性管理器”对话框，然后新建图层。新建的图层默认名称为“图层 1”，在名称处理激活的状态下，直接输入新名称并确定，即可修改图层的名称。

(1) 执行 Layer(LA)命令，打开“图层特性管理器”对话框，单击对话框上方的“新建图层”按钮，即可在图层设置区中新建一个图层，图层名称默认为“图层 1”，如图 8-5 所示。

(2) 在图层名处于激活的状态下输入图层名称，然后按 Enter 键即可，如图 8-6 所示的“中心线”图层。

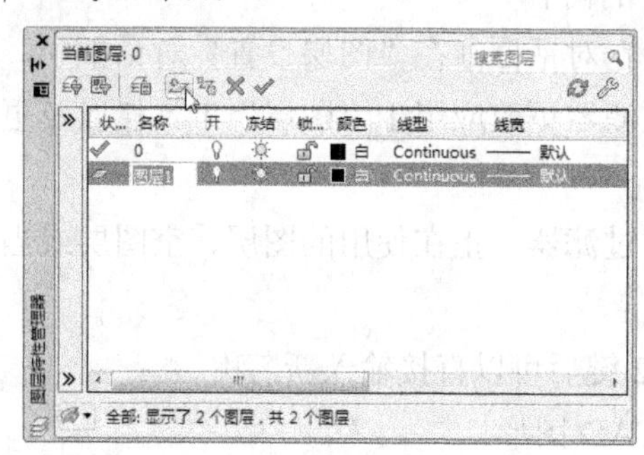

图 8-5　创建新图层

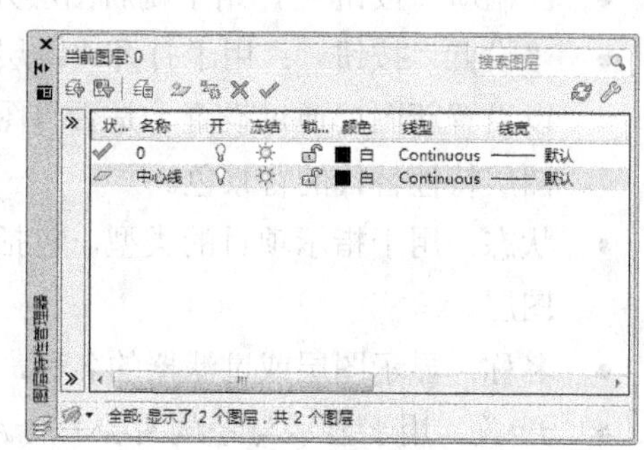

图 8-6　重命名图层

注意：

在 AutoCAD 中创建新图层时，如果在图层设置区选择了其中的一个图层，则新建的图层将自动使用被选中图层的所有属性。

8.2.2　设置图层特性

由于图形中的所有对象都与图层相关联，所以在修改和创建图形的过程中，需要对图层特性进行修改调整。在“图层特性管理器”对话框中，通过单击图层的各个属性对象，可以对图层的名称、颜色、线型和线宽等属性进行设置。

【练习 8-2】修改图层颜色。

实例分析：要修改图层的颜色，需要单击指定图层的颜色图标，在打开的“选择颜色”对话框中修改图层的颜色。

(1) 在“图层特性管理器”对话框中单击“颜色”图标，打开“选择颜色”对话框，选择需要的图层颜色，如图 8-7 所示。

(2) 单击该对话框中的“确定”按钮，即可将图层的颜色设置为选择的颜色，效果如图 8-8 所示。

【练习 8-3】修改图层线型。

实例分析：要修改图层的线型，需要单击指定图层的线型图标，在打开的“选择线型”对话框中修改图层的线型，如果“选择线型”对话框中没有需要的线型，可以先加载线型。

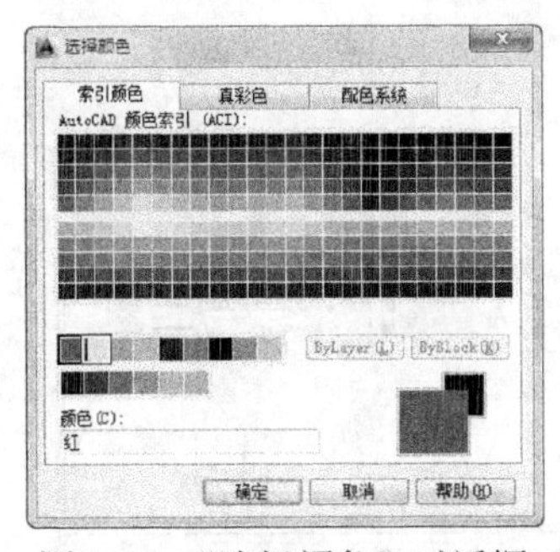

图 8-7　“选择颜色”对话框

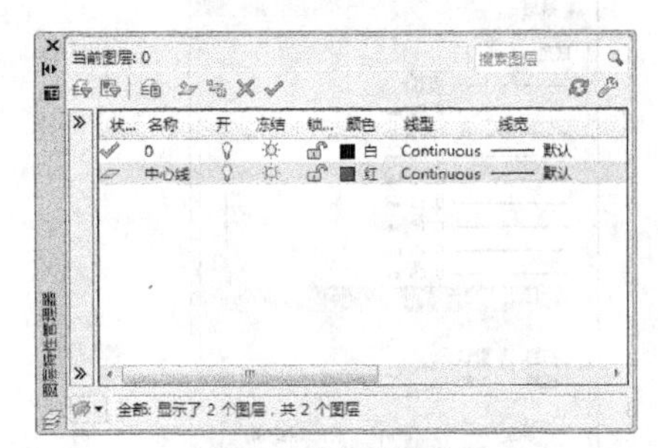

图 8-8　修改颜色

(1) 在“图层特性管理器”对话框中单击“线型”图标，打开如图 8-9 所示的“选择线型”对话框。

(2) 单击“加载”按钮，打开“加载或重载线型”对话框，在该对话框中选择需要加载的线型，如图 8-10 所示。

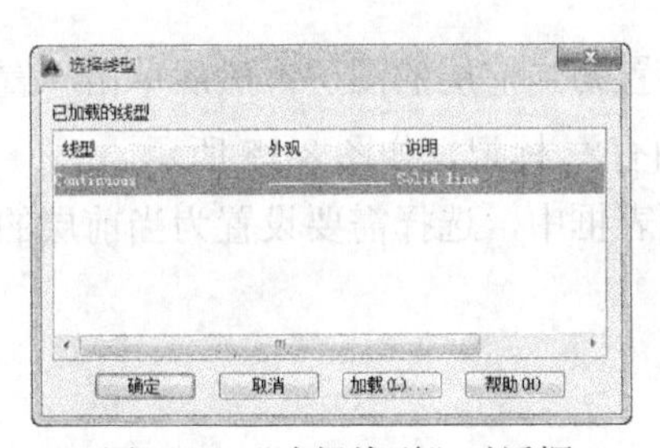

图 8-9　“选择线型”对话框

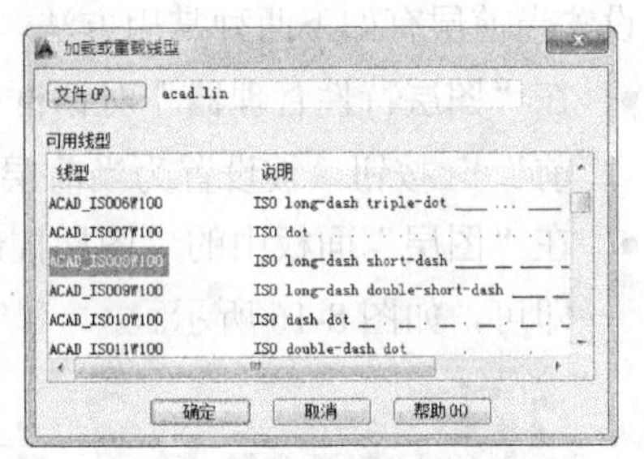

图 8-10　“加载或重载线型”对话框

(3) 单击“确定”按钮，将指定线型加载到“选择线型”对话框中，然后选择需要的线型，如图 8-11 所示。

(4) 单击“确定”按钮，即可完成线型的设置，效果如图 8-12 所示。

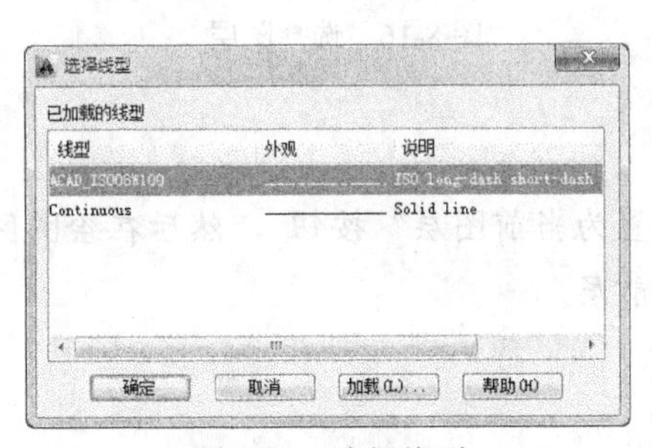

图 8-11　选择线型

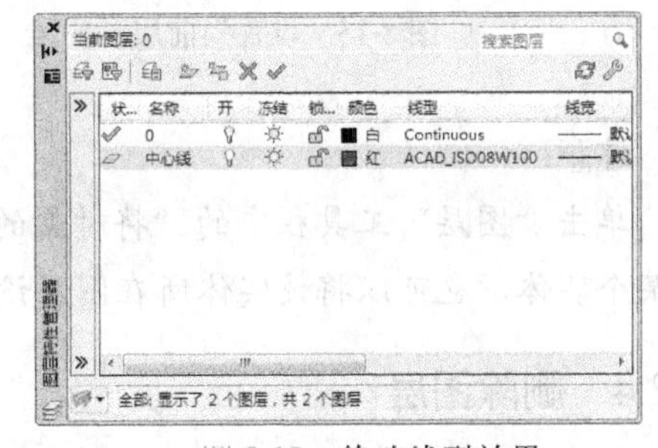

图 8-12　修改线型效果

【练习 8-4】修改图层线宽。

实例分析：要修改图层的线宽，需要单击指定图层的线宽图标，在打开的“线宽”对话框中修改图层的线宽。

(1) 在“图层特性管理器”对话框中创建一个“轮廓线”图层。

(2) 单击“轮廓线”图层对应的“线宽”图标，打开“线宽”对话框，选择需要的线宽，如图 8-13 所示。

(3) 单击“确定”按钮，即可完成线宽的设置，效果如图 8-14 所示。

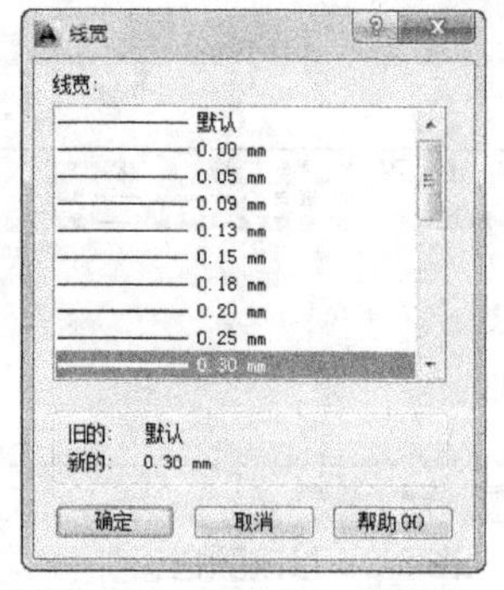

图 8-13　“线宽”对话框

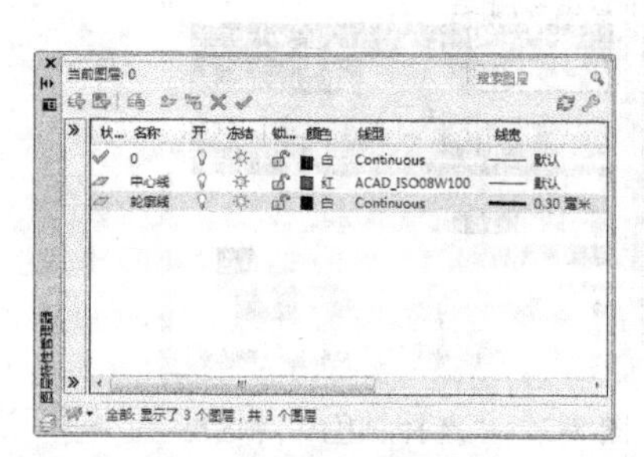

图 8-14　修改线宽效果

8.2.3　设置当前图层

在 AutoCAD 中，当前层是指正在使用的图层，用户绘制图形的对象将存在于当前层上。设置当前层有如下两种常用方法。

- 在“图层特性管理器”对话框中选择需设置为当前层的图层，然后单击“置为当前”按钮，被设置为当前层的图层前面有标记，如图 8-15 所示。
- 在“图层”面板中的“图层控制”下拉列表框中，选择需要设置为当前层的图层即可，如图 8-16 所示。

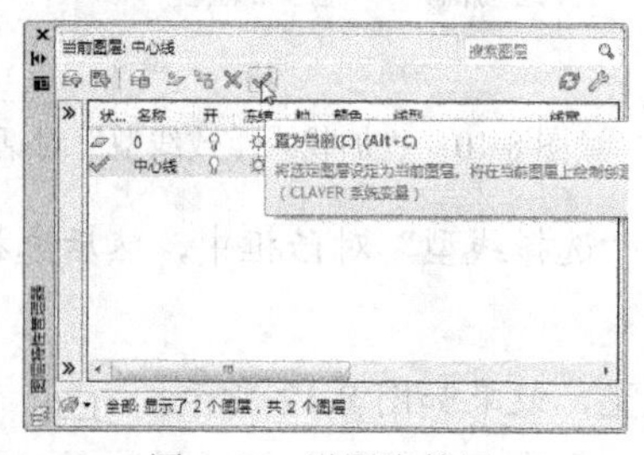

图 8-15　设置当前层

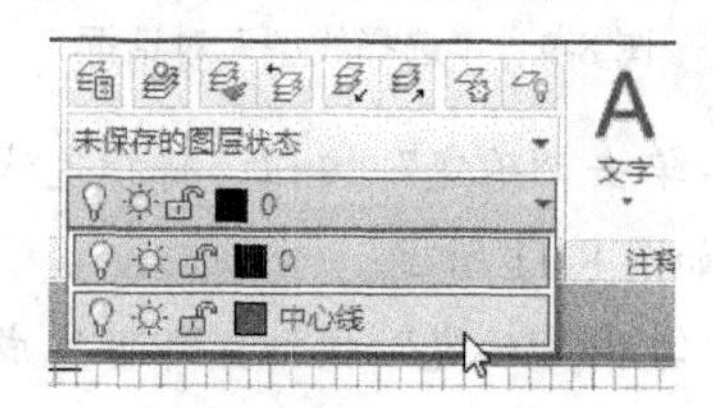

图 8-16　选择图层

注意：

单击“图层”工具栏中的“将对象的图层设置为当前图层”按钮 ，然后在绘图区选择某个实体，也可以将该实体所在图层设置为当前层。

8.2.4　删除图层

在 AutoCAD 中进行图形绘制时，可以将不需要的图层删除，以便于对有用的图层进行管理。选择“格式”|“图层”命令，打开“图层特性管理器”对话框，选中要删除的图层，单击“删除图层”按钮，如图 8-17 所示，即可删除选择的图层，如图 8-18 所示。

注意：

在执行删除图层的操作中，0 层、默认层、当前层、含有图形实体的层和外部引用依赖层均不能被删除。

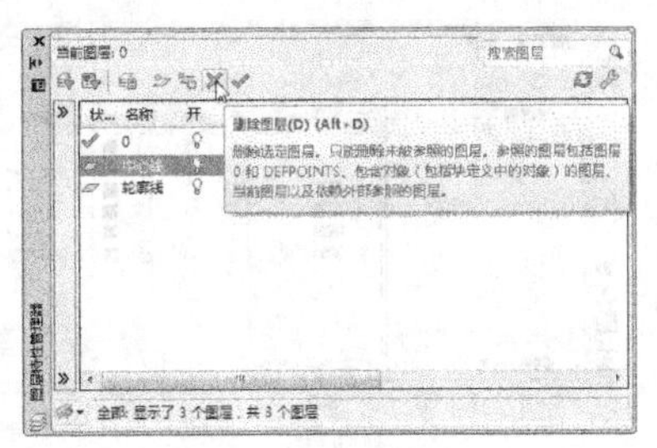

图 8-17 单击“删除图层”按钮

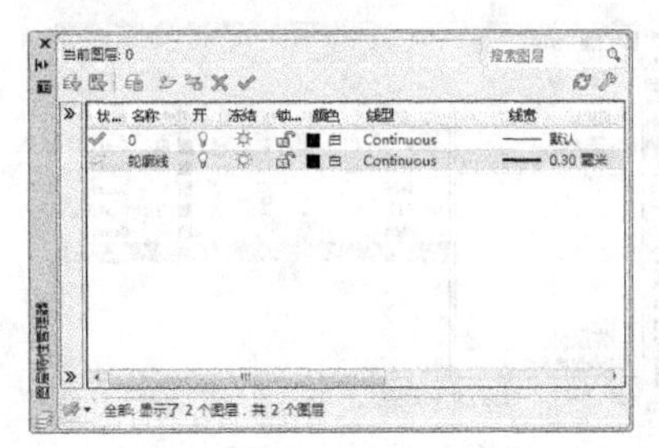

图 8-18 删除“中心线”图层

8.2.5 转换对象所在的图层

转换对象所在的图层是指将一个图层中的图形转换到另一个图层中。例如，将图层 1 中的图形转换到图层 2 中去，被转换后的图形颜色、线型以及线宽将拥有图层 2 的属性。

在需要转换图层时，首先需要在绘图区中选择需要转换图层的图形，然后单击“图层”工具栏上的下拉列表框，如图 8-19 所示，在其中选择要转换到的图层即可。选择被转换图层的对象，在图层列表中即可显示该对象所在的图层，如图 8-20 所示。

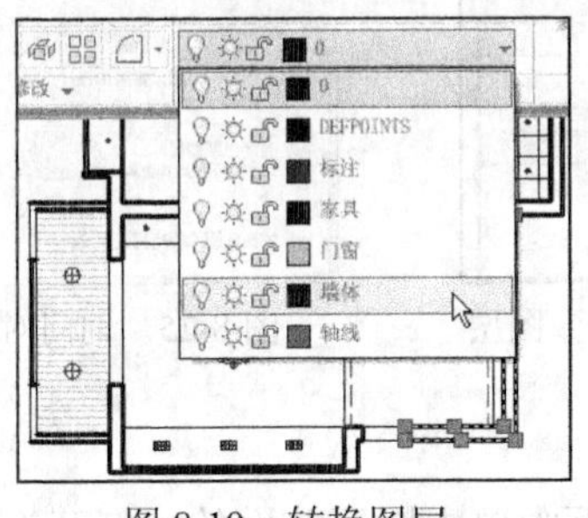

图 8-19 转换图层

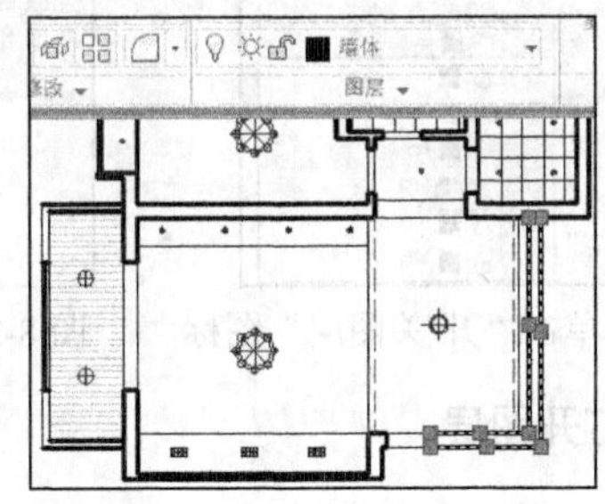

图 8-20 显示对象所在的图层

8.3 控制图层状态

在 AutoCAD 中绘制复杂的图形时，可以将暂时不用的图层进行关闭或冻结等处理，以方便绘图操作。

8.3.1 关闭/打开图层

在绘图操作中，可以将图层中的对象暂时隐藏起来，或将隐藏的对象显示出来。隐藏图层中的图形将不能被选择、编辑、修改和打印。

1. 关闭图层

默认情况下，0 图层和新建的图层均处于打开的状态，用户可以通过如下两种方法将指定的图层关闭。

- 在“图层特性管理器”对话框中单击要关闭图层前面的“开/关图层”图标，如图 8-21 所示，图层前面的图标被单击后转变为图标，表示该图层被关闭。如图 8-22 中所示为被关闭的“轴线”图层。

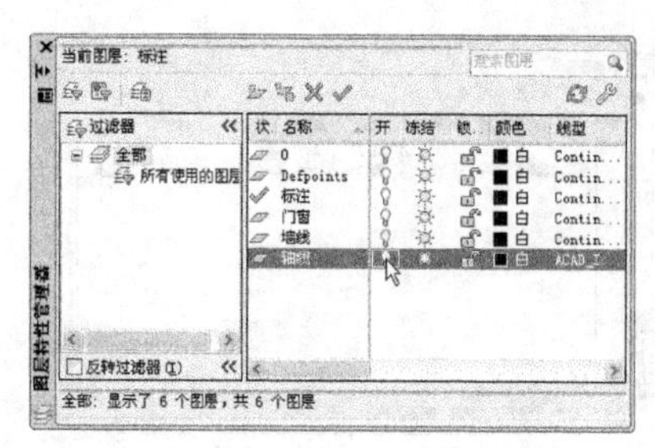
图 8-21　单击“开/关图层”图标

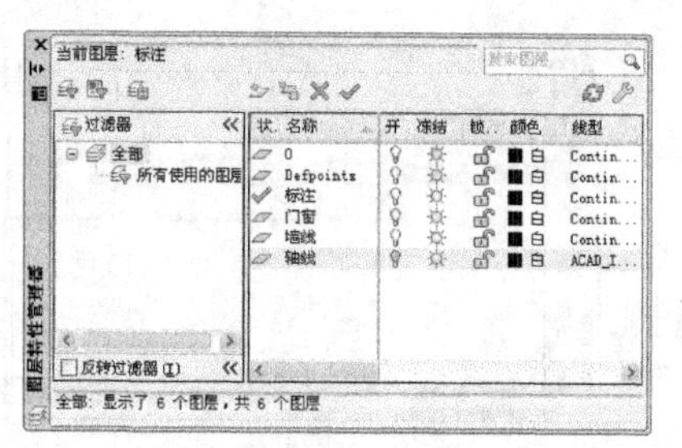
图 8-22　关闭“轴线”图层

- 在“图层”面板中单击“图层控制”下拉列表中的“开/关图层”图标，如图 8-23 所示。图层前面的图标将转变为图标，表示该图层已关闭，如图 8-24 所示为关闭的“标注”图层。

如果进行关闭的图层是当前图层，系统将弹出的如图 8-25 所示的询问对话框，在该对话框中选择“关闭当前图层”选项即可。如果不需要对当前图层执行关闭操作，可以单击“使当前图层保持打开状态”选项取消关闭操作。

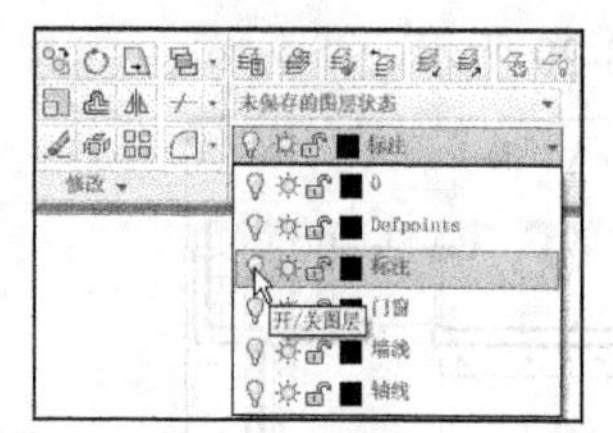
图 8-23　单击“开/关图层”图标

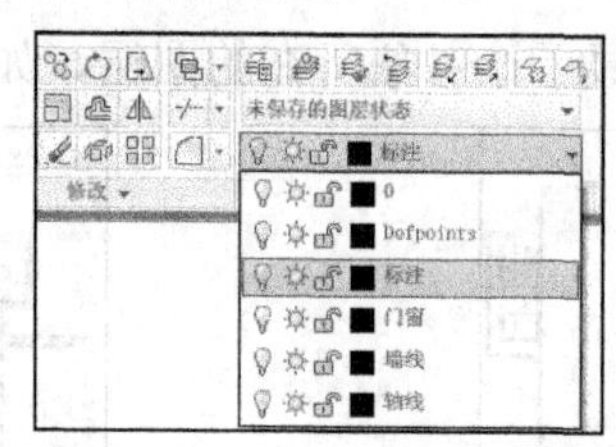
图 8-24　关闭“标注”图层

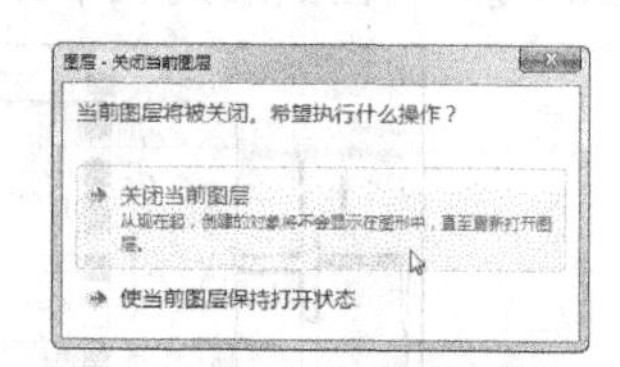
图 8-25　询问对话框

2. 打开图层

当图层被关闭后，在“图层特性管理器”对话框中单击图层前面的“打开”图标，或在“图层”面板中单击“图层控制”下拉列表中的“开/关图层”图标，即可打开被关闭的图层，此时在图层前面的图标将转变为图标。

【练习 8-5】隐藏法兰盘图层中的点划线。

实例分析：要隐藏法兰盘图层中的点划线，可以先将这些图形放入指定的图层，然后将对应的图层隐藏。

(1) 打开“法兰盘.dwg”素材图形，如图 8-26 所示。

(2) 在“图层”面板中单击“图层控制”下拉列表框，在下拉列表中单击“点划线”图层的“开/关图层”图标，如图 8-27 所示。

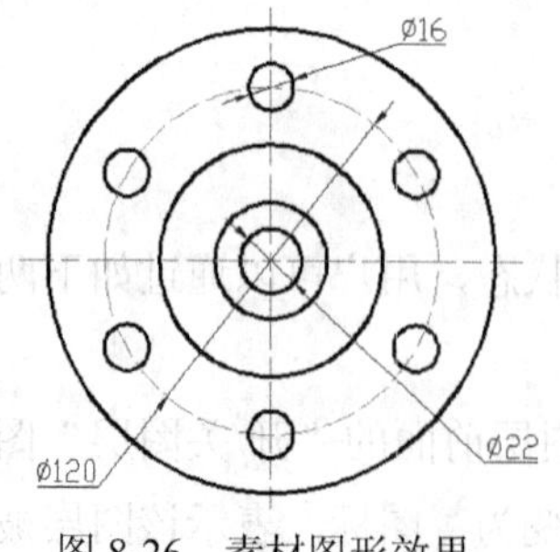

图 8-26　素材图形效果

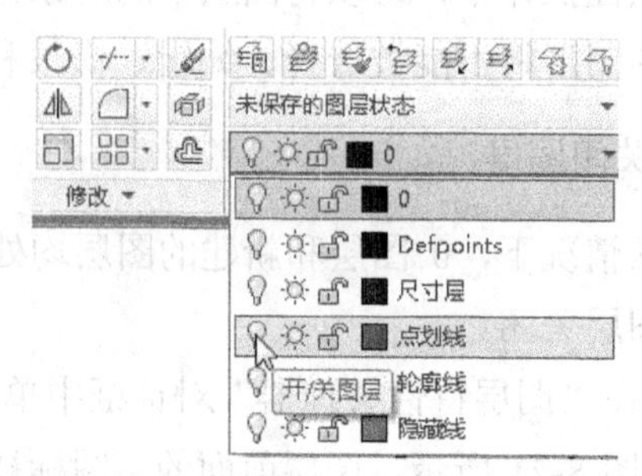

图 8-27　单击“开/关图层”图标

(3) “点划线”图层前面的💡图标将转变为💡图标，如图 8-28 所示，表示该图层已关闭，该图层中的图形将被隐藏，效果如图 8-29 所示。

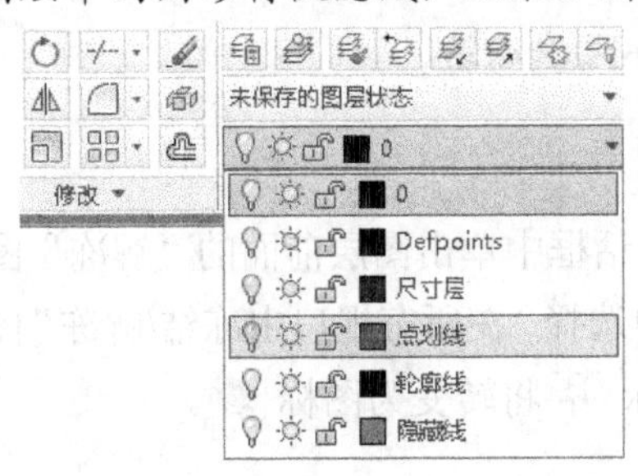

图 8-28　关闭“点划线”图层

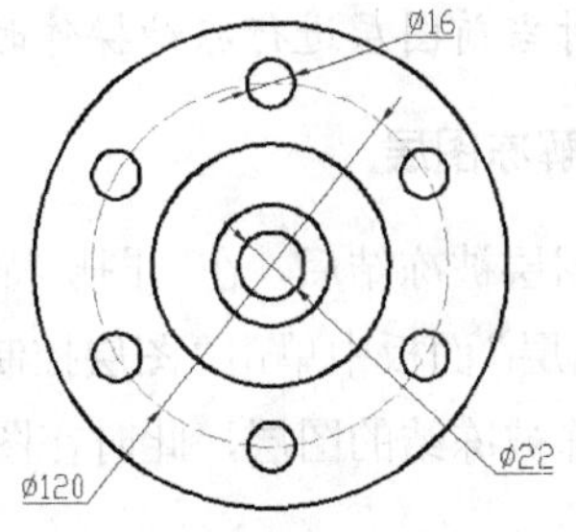

图 8-29　隐藏点划线图形

8.3.2　冻结/解冻图层

将图层中不需要进行修改的对象进行冻结处理，可以避免这些图形受到错误操作的影响。另外，冻结图层可以在绘图过程中减少系统生成图形的时间，从而提高计算机的运行速度。

1. 冻结图层

默认的情况下，0 图层和创建的图层都处于解冻状态，用户可以通过以下两种方法将指定的图层冻结。

- 在“图层特性管理器”对话框中选择要冻结的图层，单击该图层前面的“冻结”图标 ☼，如图 8-30 所示，图标 ☼ 将转变为图标 ❄，表示该图层已经被冻结。如图 8-31 中所示为冻结的“轴线”图层。

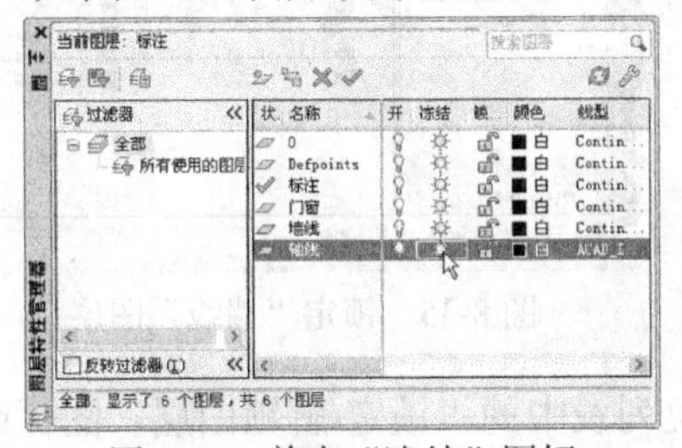

图 8-30　单击“冻结”图标

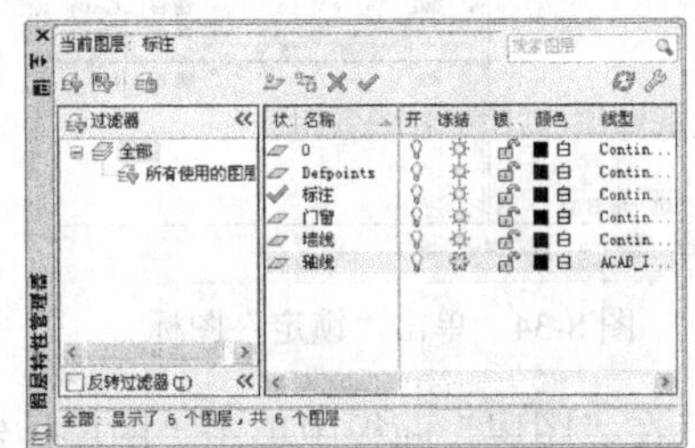

图 8-31　冻结“轴线”图层

- 在“图层”面板中单击“图层控制”下拉列表中的“在所有视口冻结/解冻图层”图标 ☼，如图 8-32 所示，图层前面的图标 ☼ 将转变为图标 ❄，表示该图层已经被冻结。如图 8-33 所示为冻结的“标注”图层。

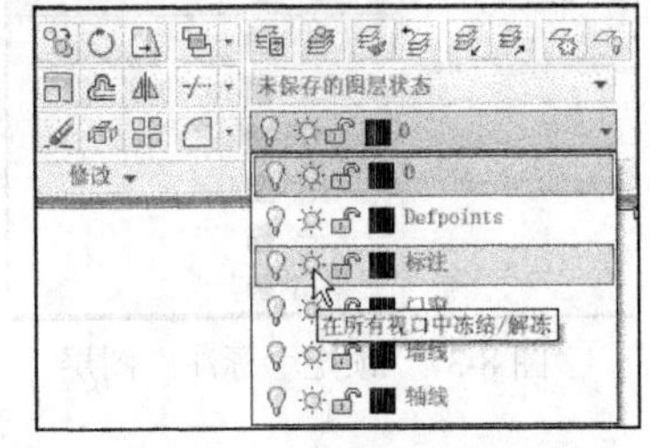

图 8-32　单击“在所有视口中冻结”图标

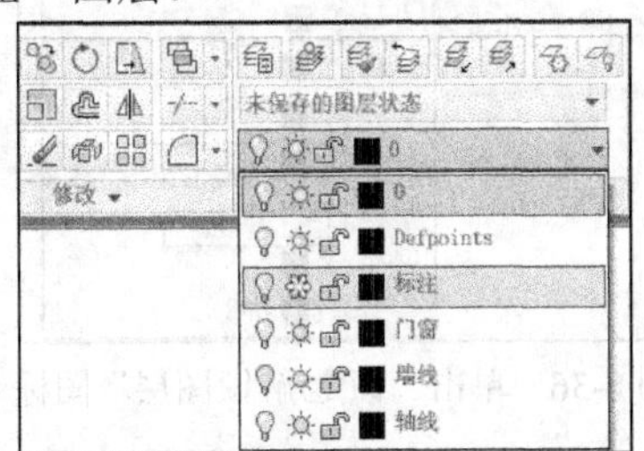

图 8-33　冻结“标注”图层

注意：

由于绘制图形操作是在当前图层上进行的，因此不能对当前的图层进行冻结操作。当用户要对当前图层进行冻结操作时，系统将提示无法冻结。

2. 解冻图层

当图层被冻结后，在“图层特性管理器”对话框中单击图层前面的“解冻”图标，或在“图层”面板中单击“图层控制”下拉列表中选择“在所有视口中冻结/解冻”图标，可以解冻被冻结的图层，此时在图层前面的图标将转变为图标。

8.3.3 锁定/解锁图层

锁定图层可以将该图层中的对象锁定。锁定图层后，图层上的对象仍然处于显示状态，但是用户无法对其进行选择、编辑修改等操作。

1. 锁定图层

默认情况下，0 图层和创建的图层都处于解锁状态，用户可以通过以下两种方法将图层锁定。

- 在“图层特性管理器”对话框中选择要锁定的图层，单击该图层前面的“锁定”图标，如图 8-34 所示。图标将转变为图标，表示该图层已经被锁定，如图 8-35 中所示为锁定的“墙线”图层。

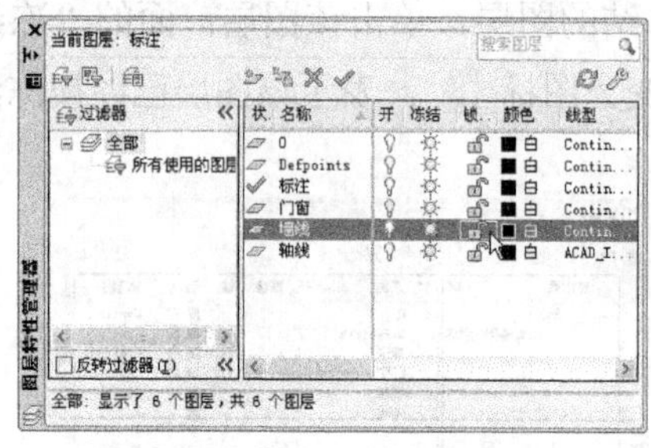

图 8-34　单击“锁定”图标

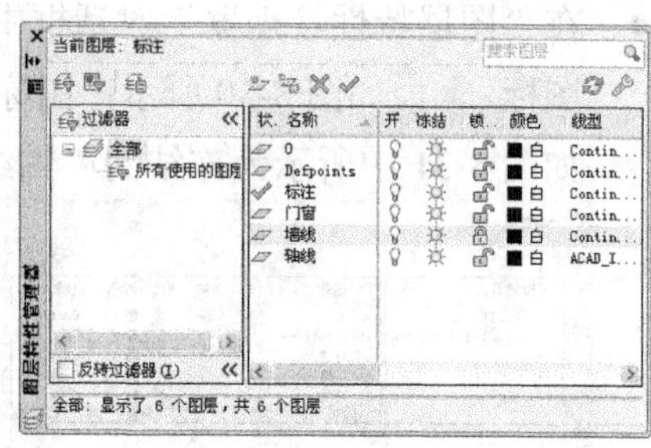

图 8-35　锁定“墙线”图层

- 在“图层”面板中单击“图层控制”下拉列表中的“锁定/解锁图层”图标，如图 8-36 所示，图层前面的图标将转变为图标，表示该图层已经被锁定。如图 8-37 中所示为锁定的“标注”图层。

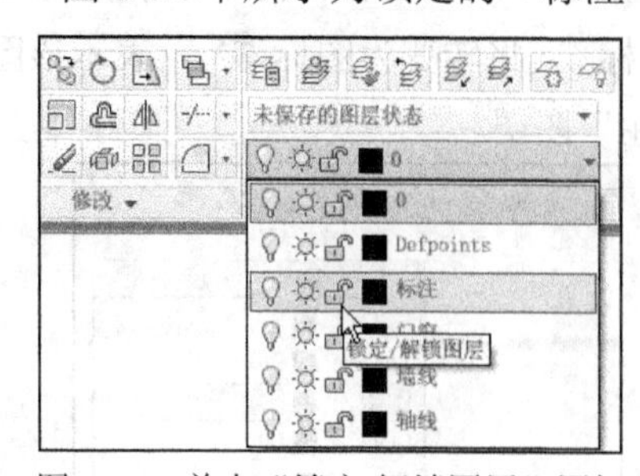

图 8-36　单击“锁定/解锁图层”图标

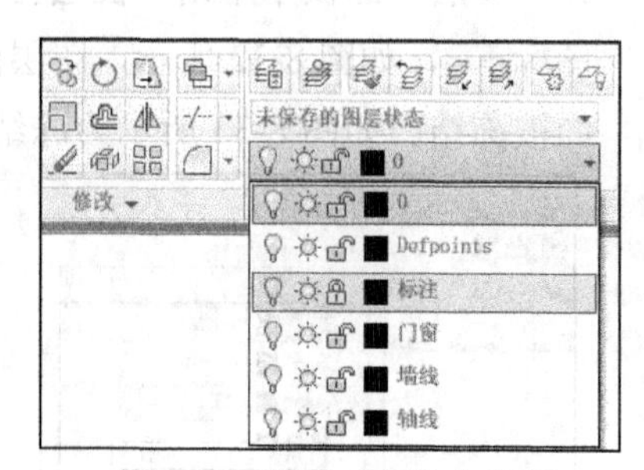

图 8-37　锁定“标注”图层

2. 解锁图层

解锁图层的操作与锁定图层的操作相似。当图层被锁定后，在“图层特性管理器”对话框中单击图层前面的“解锁”图标，或在“图层”面板中单击“图层控制”下拉列表中的“锁定/解锁图层”图标，可以解锁被锁定的图层，此时在图层前面的图标将转变为图标。

8.4　保存与调用图层

如果需要经常进行同类型图形的绘制，可以对图层状态进行保存、输出和输入等操作，从而提高绘图效率。

8.4.1　保存与输出图层状态

在绘制图形的过程中，在创建好图层，并设置好图层参数后，可以保存图层状态的设置，以便创建相同或相似的图层时直接进行调用。

【练习 8-6】将图层保存并输出到名为“建筑.las”的图层状态中。

实例分析：要输出图层状态，首先要打开“图层特性管理器”对话框，然后对图层进行保存，再打开“图层状态管理器”对话框将保存的图层状态输出到指定位置。

(1) 选择“格式”|“图层”命令，打开“图层特性管理器”对话框，依次创建“轴线”、“墙体”、“门窗”和“标注”图层，如图 8-38 所示。

(2) 单击鼠标右键，在弹出的快捷菜单中选择“保存图层状态”命令，如图 8-39 所示。

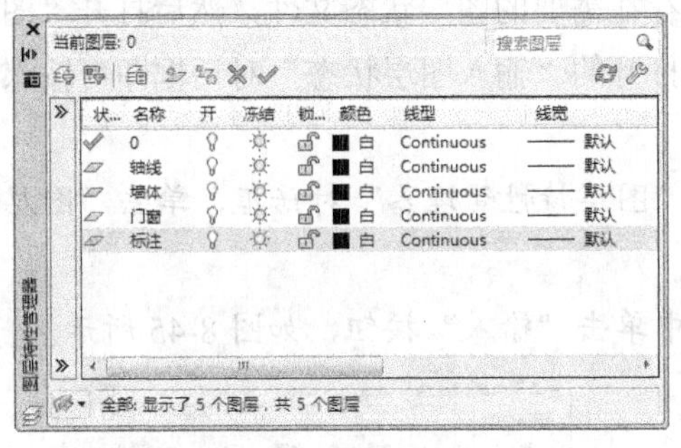

图 8-38　创建图层

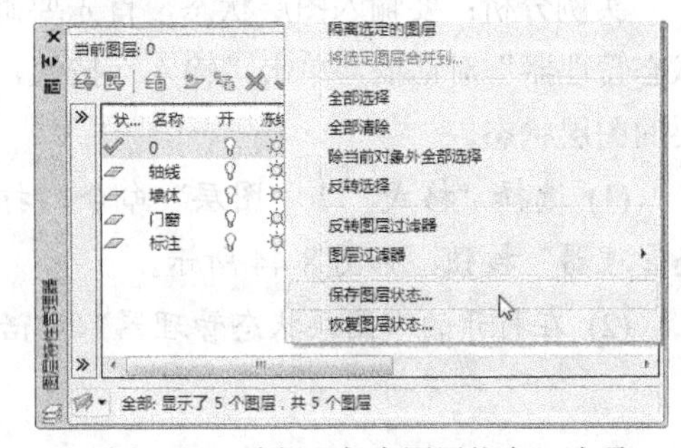

图 8-39　选择“保存图层状态”选项

(3) 在打开的“要保存的新图层状态”对话框的“新图层状态名”的文本框中输入“建筑”，如图 8-40 所示，单击“确定”按钮，即可将图层状态进行保存。

(4) 返回“图层特性管理器”对话框，单击“图层状态管理器”按钮，如图 8-41 所示。

(5) 在打开的“图层状态管理器”对话框中单击“输出”按钮，如图 8-42 所示。

(6) 在打开的“输出图层状态”对话框中分别选择图层的保存位置，并输入图层状态的名称，然后单击“保存”按钮，如图 8-43 所示，即可保存并输出图层状态。

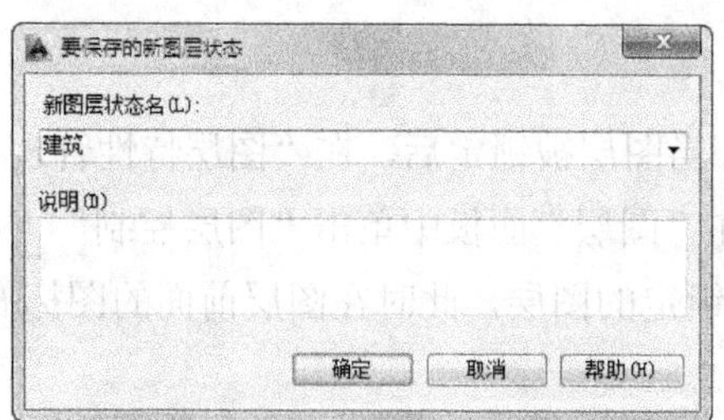

图 8-40　输入状态名

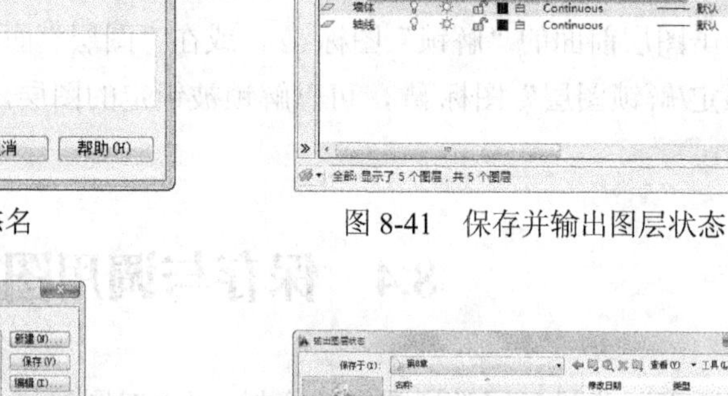

图 8-41　保存并输出图层状态

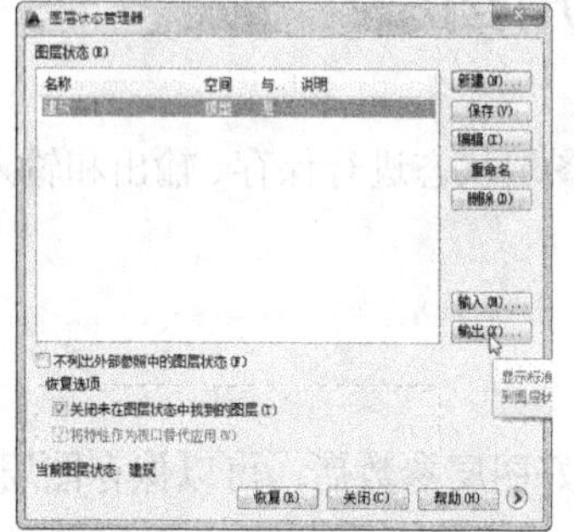

图 8-42　单击“输出”按钮

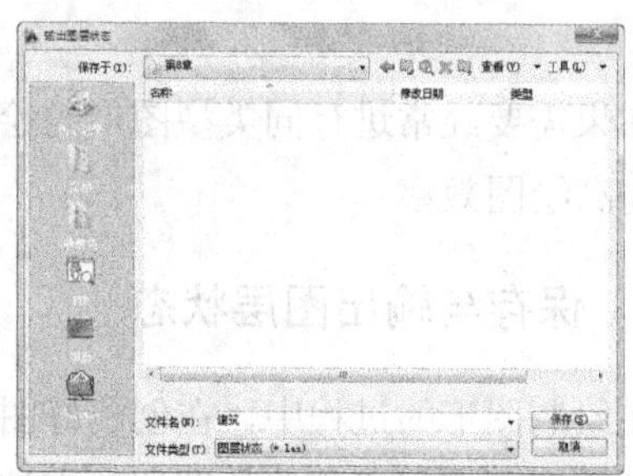

图 8-43　输出图层状态

8.4.2　输入图层状态

在绘制复制图形时，如果要设置相同或相似图层，可以将保存后的图层状态进行调用，从而更快、更好地完成图形的绘制，提高绘图的效率。

【练习 8-7】在新建的图形文件中调用“建筑.las”图层状态。

实例分析：要输入图层状态，首先要确定存在需要的图层状态文件，然后打开“图层状态管理器”对话框，单击“输入”按钮，在打开的“输入图层状态”对话框即可输入需要的图层状态。

(1) 选择“格式”｜“图层”命令，打开“图层特性管理器”对话框，单击“图层状态管理器”按钮，如图 8-44 所示。

(2) 在打开的“图层状态管理器”对话框中单击“输入”按钮，如图 8-45 所示。

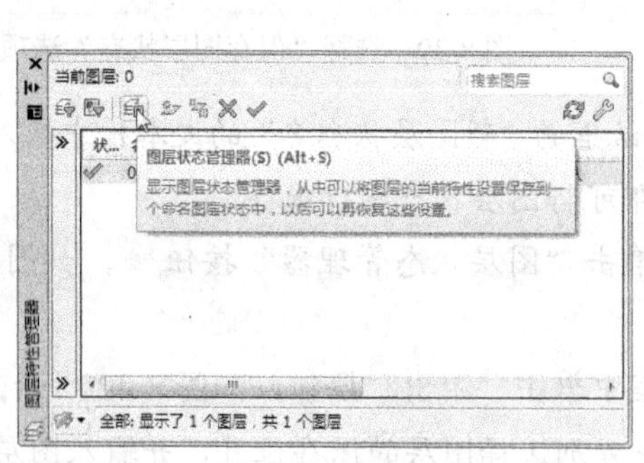

图 8-44　“图层特性管理器”对话框

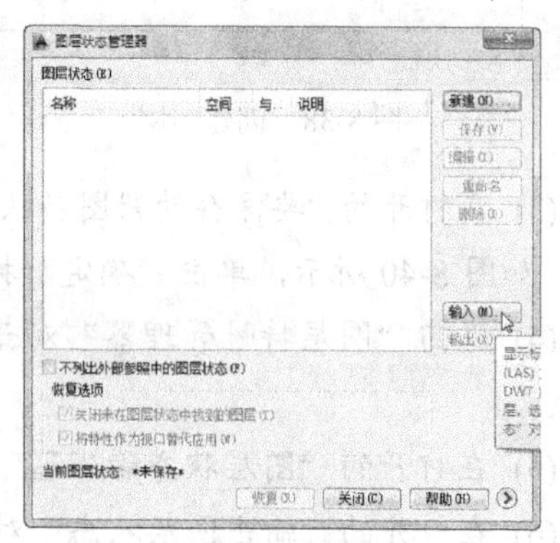

图 8-45　“图层状态管理器”对话框

(3) 在打开的“输入图层状态”对话框中单击“文件类型”选项右方的下拉按钮，在弹出的下拉列表中选择“图层状态(*.las)”选项，然后选择前面输出的“建筑.las”图层状态文件，单击“打开”按钮，如图 8-46 所示。

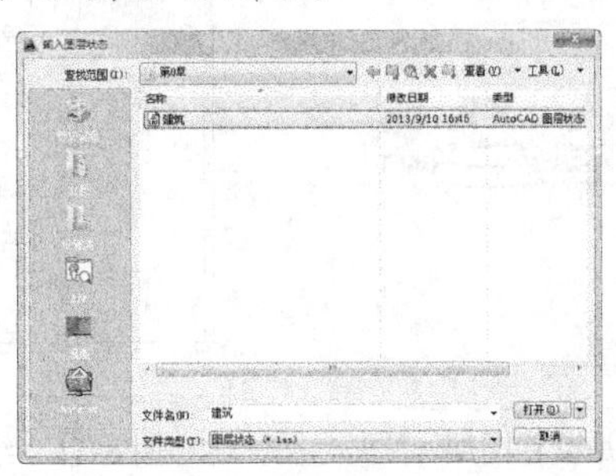

图 8-46　打开图层文件

(4) 在弹出的 AutoCAD 提示窗口中，单击“恢复状态”按钮，如图 8-47 所示。

(5) 返回“图层特性管理器”对话框，即可将“建筑.las”图层文件的图层状态输入到新建的图形文件中。

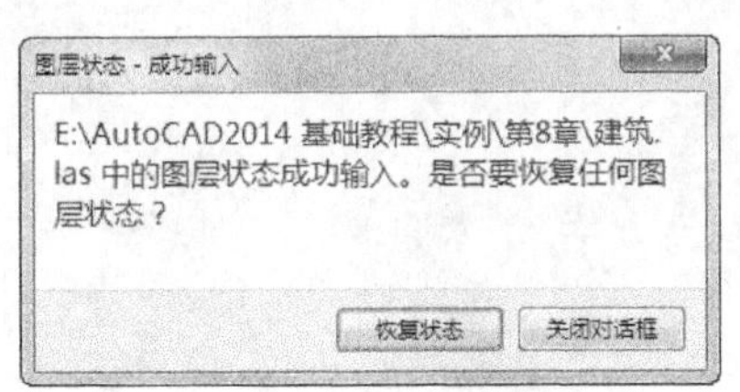

图 8-47　提示信息窗口

8.5　思考练习

1. 在不改变该图层上其他图形对象特性的前提下，使用什么方法可以设置同一个图层上不同对象的特性？

2. 为什么设置好图层的线宽和线型后，在绘图区中的图形还是没有显示需要的线宽和线型？

3. 参照如图 8-48 所示的图层效果，创建并设置需要的图层，然后使用绘制和编辑命令，绘制如图 8-49 所示的螺母三视图。

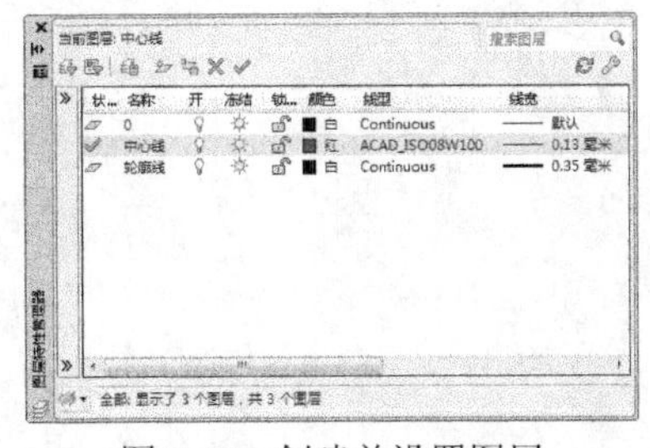

图 8-48　创建并设置图层

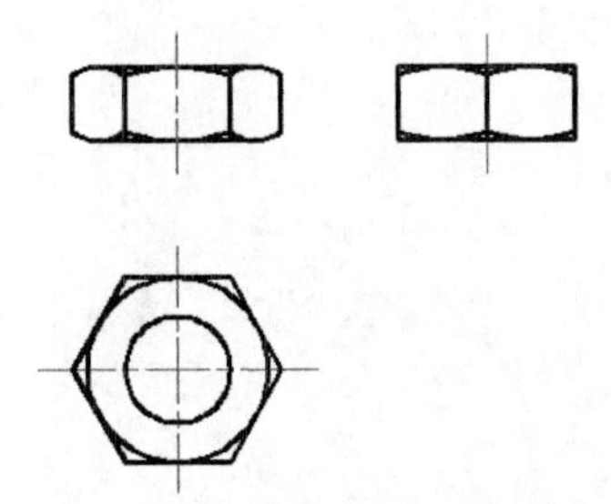

图 8-49　绘制螺母三视图

4. 参照如图 8-50 所示的图层效果，创建并设置需要的图层，然后使用绘制和编辑命令，绘制如图 8-51 所示的建筑结构图。

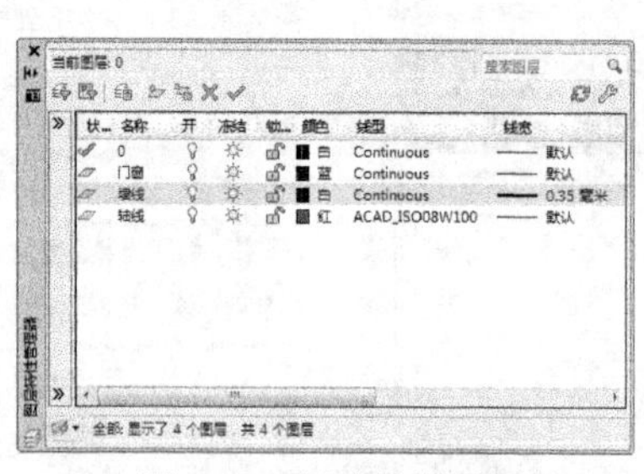

图 8-50　创建并设置图层

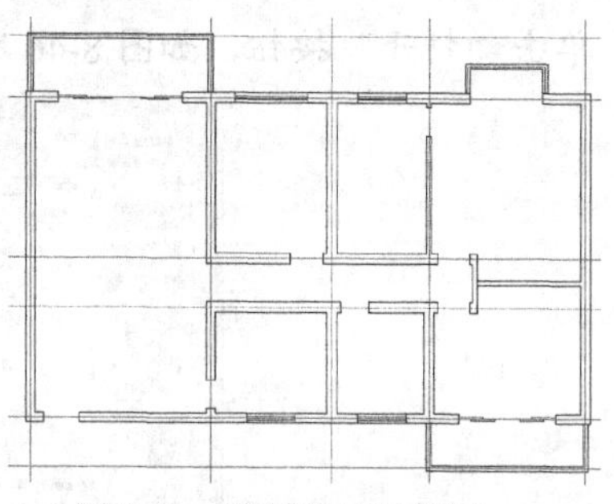
图 8-51　绘制建筑结构图

第9章　应用块与设计中心

在建筑制图过程中，经常会用到一些相同的对象，如果每次都重新绘制，将花费大量的时间和精力。因此，可以使用定义块和插入块的方法提高绘图效率。另外，将要复制的图形定义为块对象后，方便对其进行选择。本章主要介绍在 AutoCAD 中块和设计中心的应用。

9.1　创建块对象

块是一组图形实体的总称，是多个不同颜色、线型和线宽特性的对象的组合，块是一个独立的、完整的对象。用户可以根据需要按一定比例和角度将图块插入到任意指定位置。

尽管块总是在当前图层上，但块参照保存包含在该块中的对象的有关原图层、颜色和线型特性的信息。可以根据需要，控制块中的对象是保留其原特性还是继承当前的图层、颜色、线型或线宽设置。

9.1.1　创建内部块

创建内部块是将对象组合在一起，储存在当前图形文件内部，可以对其进行移动、复制、缩放或旋转等操作。

执行创建块的命令有如下 3 种。

- 选择“绘图”|“块”|“创建”命令。
- 单击“块”面板中的“创建”按钮。
- 执行 Block(B)命令。

执行 Block(B)命令，将打开“块定义”对话框，如图 9-1 所示。在该对话框中可进行定义内部块操作，其中各主要选项含义如下。

- 名称：在该框中输入将要定义的图块名。单击列表框右侧的下拉按钮，系统显示图形中已定义的图块名，如图 9-2 所示。
- 拾取点：在绘图中拾取一点作为图块插入基点。
- 选择对象：选取组成块的实体。
- 转换为块：创建块以后，将选定对象转换成图形中的块引用。
- 删除：生成块后将删除源实体。
- 快速选择：单击该按钮将打开“快速选择”对话框，可以定义选择集。
- 按统一比例缩放：选中该项，在对块进入缩放时将按统一的比例进行缩放。
- 允许分解：勾选该项，可以对创建的块进行分解；如果取消选中该项，将不能对创建的块进行分解。

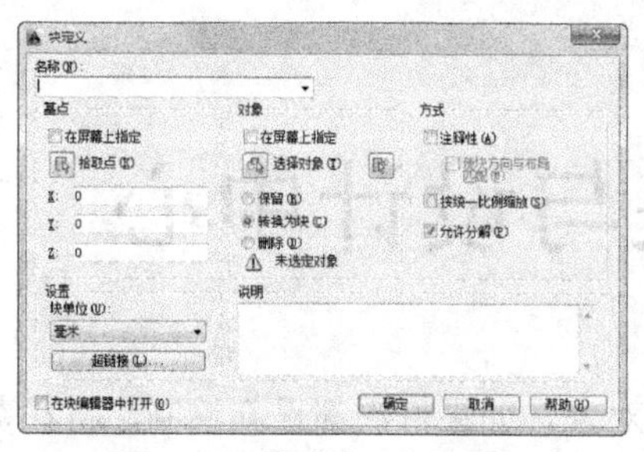

图 9-1 “块定义”对话框

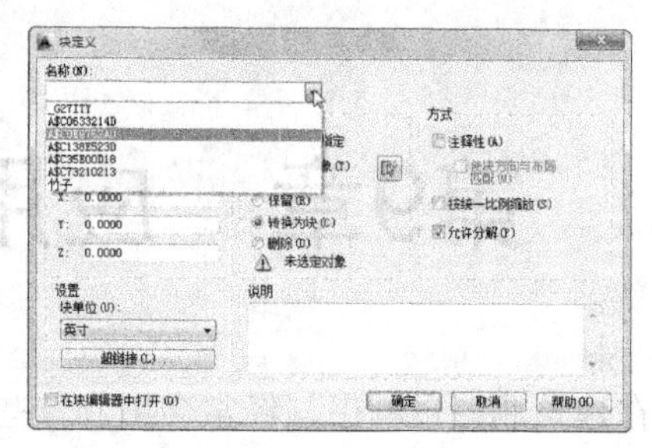

图 9-2 已定义的图块

【练习 9-1】使用 Block 命令将平开门图形定义为块对象。

实例分析：在将图形定义为块对象的过程中，需要设置块的名称，并在绘图区选择需要作为块对象的图形，并指定块的基点，用户也可以根据需要重新设置块的单位。

(1) 打开“建筑结构图.dwg”素材图形，如图 9-3 所示。

(2) 执行 Block(B)命令，打开“块定义”对话框，在“名称”编辑框中输入图块的名称“平开门”，然后单击“选择对象”按钮，如图 9-4 所示。

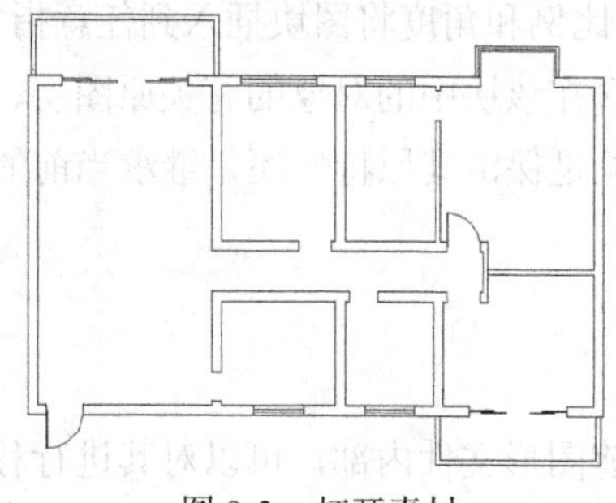

图 9-3 打开素材

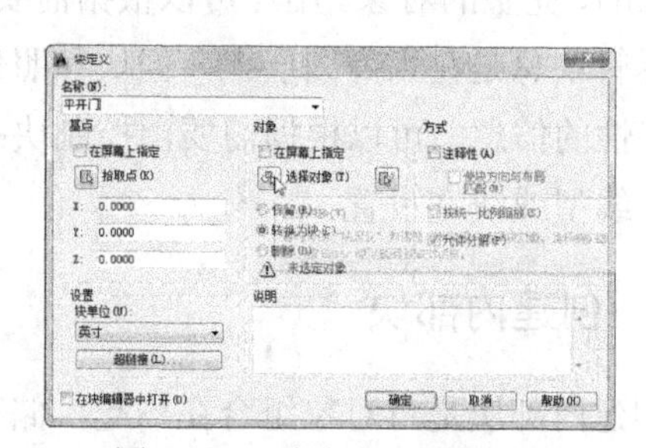

图 9-4 “块定义”对话框

(3) 进入绘图区使用窗交方式选择平开门图形，如图 9-5 所示。

(4) 按空格键进行确定后返回“块定义”对话框，在其中单击“拾取点”按钮，如图 9-6 所示。

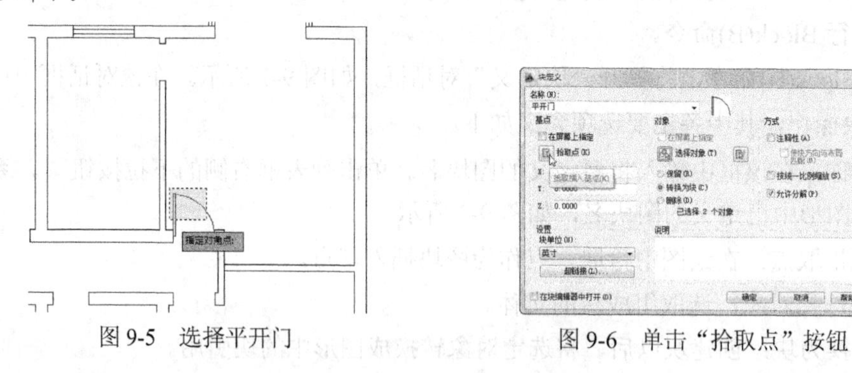

图 9-5 选择平开门

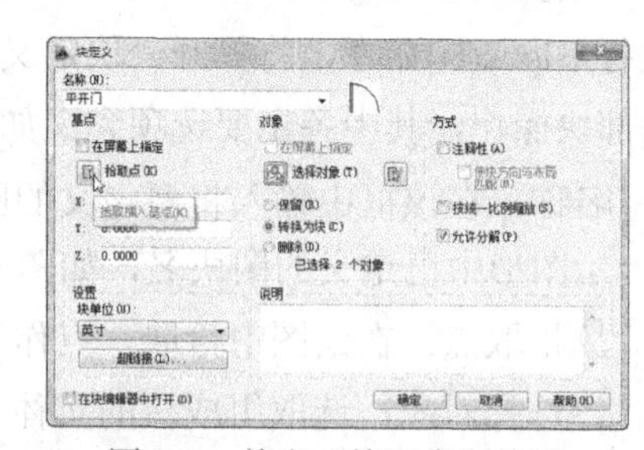

图 9-6 单击“拾取点”按钮

(5) 进入绘图区指定块的基点，如图 9-7 所示。

(6) 按空格键返回“块定义”对话框，然后单击“确定”按钮，完成块的创建。

(7) 将光标移到块对象上，将显示块的信息，如图 9-8 所示。

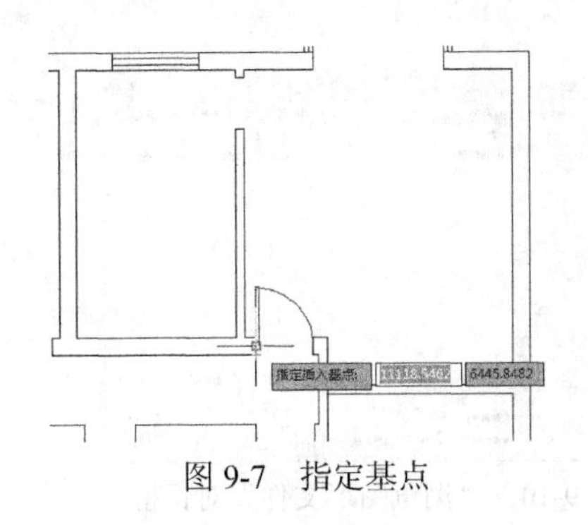

图 9-7　指定基点

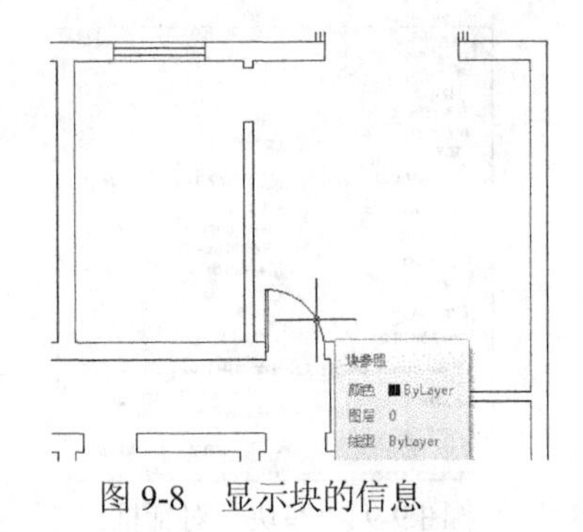

图 9-8　显示块的信息

注意：

通常情况下，都是选择块的中心点或左下角点为块的基点。块在插入过程中，可以围绕基点旋转；旋转角度为 0 的块，将根据创建时使用的 UCS 定向。如果输入的是一个三维基点，则按照指定标高插入块。如果忽略 Z 坐标数值，系统将使用当前标高。

9.1.2　创建外部块

执行“写块”命令 Wblock(W)可以创建一个独立存在的图形文件，使用 Wblock(W)命令定义的图块被称作为外部块。外部块其实是一个 DWG 图形文件，当使用 WBLOCK(W)命令将图形文件中的整个图形定义成外部块写入一个新文件时，将自动删除文件中未用的层定义、块定义以及线型定义等。

执行 Wblock(W)命令，将打开“写块”对话框，如图 9-9 所示，“写块”对话框中各主要选项的含义如下。

- 块：指定要存为文件的现有图块。
- 整个图形：将整个图形写入外部块文件。
- 对象：指定存为文件的对象。
- 保留：将选定对象存为文件后，在当前图形中仍将它保留。
- 转换为块：将选定对象保存为文件后，从当前图形中将它转换为块。
- 从图形中删除：将选定对象保存为文件后，从当前图形中将它删除。
- 选择对象：选择一个或多个保存至该文件的对象。
- 文件名和路径：在列表框中可以指定保存块或对象的文件名。单击列表框右侧的浏览按钮，在打开的“浏览图形文件”对话框中可以选择合适的文件路径，如图 9-10 所示。
- 插入单位：指定新文件插入块时所使用的单位值。

注意：

所有的 dwg 图形文件都可以视为外部块插入到其他的图形文件中。不同的是，使用 Wblock 命令定义的外部块文件的插入基点是用户设置好的，而用 NEW 命令创建的图形文件，在插入其他图形中时将以坐标原点(0，0，0)作为其插入点。

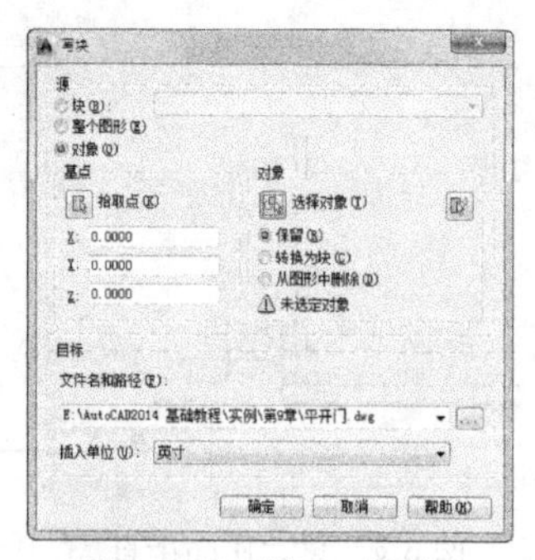

图 9-9　“写块”对话框

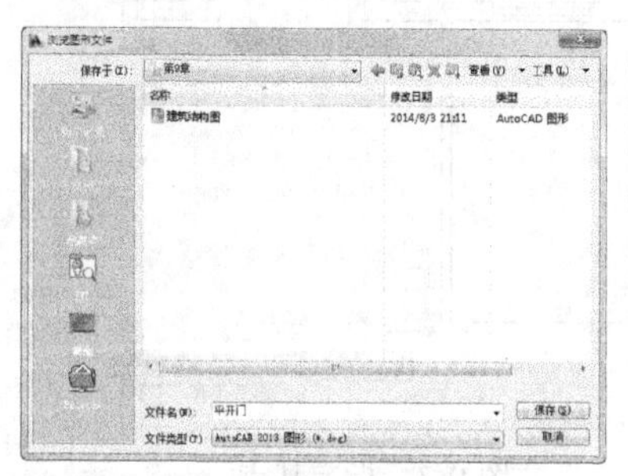

图 9-10　“浏览图形文件”对话框

【练习 9-2】使用 Wblock(W)命令，将灯具图库中的吊灯图形定义为外部块。

实例分析：要将图形创建为外部块对象，需要执行“写块”命令 Wblock(W)，在打开的“写块”对话框中需要设置图块的路径、名称、基点和单位等参数。

(1) 打开“灯具图库.dwg”图形文件，如图 9-11 所示。

(2) 执行 Wblock(W)命令，打开“写块”对话框，单击“选择对象”按钮，如图 9-12 所示。

图 9-11　打开素材

图 9-12　“写块”对话框

(3) 在绘图区中选择要组成外部块的吊灯图形，如图 9-13 所示，然后按下空格键返回“写块”对话框。

(4) 单击“写块”对话框中文件名和路径列表框右方的“浏览”按钮，打开“浏览图形文件”对话框，设置好块的保存路径和块名称，如图 9-14 所示。

图 9-13　选择图形

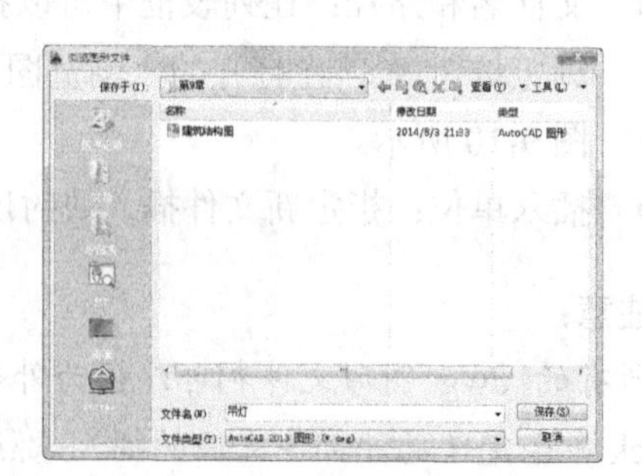

图 9-14　设置块名和路径

(5) 单击“保存”按钮，返回“写块”对话框，在其中单击“拾取点”按钮，进入绘图区指定外部块的基点位置，如图 9-15 所示。

(6) 返回“写块”对话框，保持插入单位为“英寸”，然后单击“确定”按钮，完成创建外部块的操作，如图 9-16 所示。

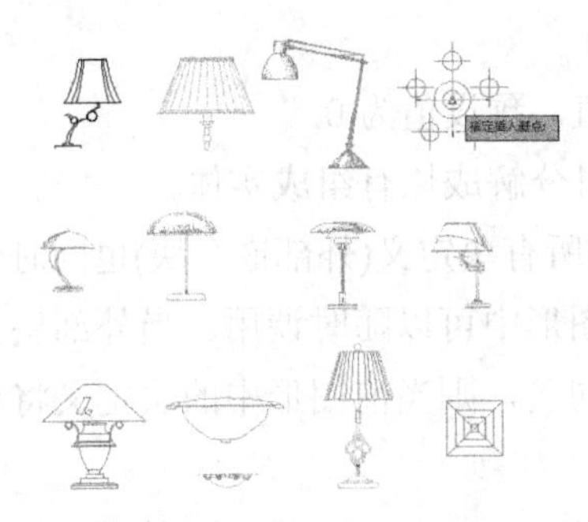

图 9-15　指定基点

图 9-16　单击“确定”按钮

9.2　插入块

用户可以根据需要，按一定比例和角度将图块插入到任一个指定位置。插入图块的操作包括插入单个图块、阵列插入图块、等分插入图块以及等距插入图块。

9.2.1　插入单个块

用户可以根据需要，使用“插入”命令按一定比例和角度将需要的图块插入到指定位置。执行“插入”操作包括如下 3 种常用方法。

- 选择“插入” | “块”命令。
- 单击“块”面板中的“插入”按钮。
- 执行 Insert(I)命令。

执行 Insert(I)命令，系统将打开“插入”对话框，在该对话框中可以选择并设置插入的对象，如图 9-17 所示。“插入”对话框中主要选项的含义如下。

- 名称：在该文本框中可以输入要插入的块名，或在其下拉列表框中选择要插入的块对象的名称。
- 浏览：用于浏览文件。单击该按钮，将打开“选择图形文件”对话框，用户可在该对话框中选择要插入的外部块文件，如图 9-18 所示。

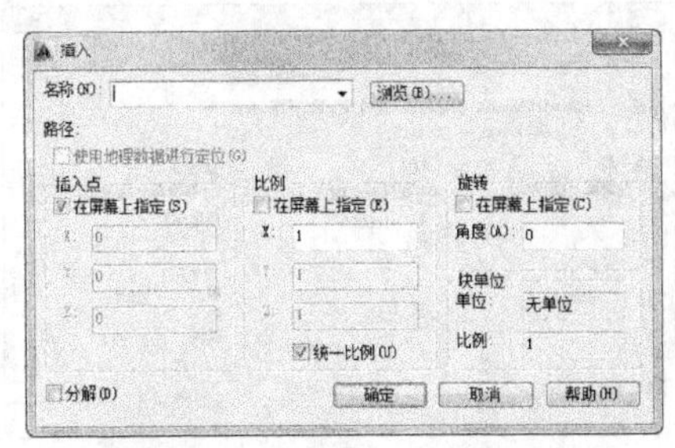

图 9-17　“插入”对话框

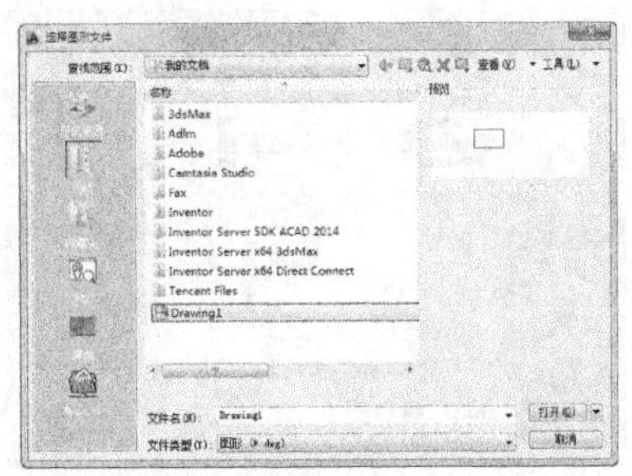

图 9-18　“选择图形文件”对话框

- 路径：用于显示插入外部块的路径。
- 统一比例：该复选框用于统一 3 个轴向上的缩放比例。当选中“统一比例”复选框后，Y、Z 文本框呈灰色，在 X 轴文本框输入比例因子后，Y、Z 文本框中显示相同的值。
- 角度：该文本框用于预先输入旋转角度值，预设值为 0。
- 分解：该复选框确定是否将图块在插入时分解成原有组成实体。
- 外部块文件插入当前图形后，其内包含的所有块定义(外部嵌套块)也同时带入当前图形，并生成同名的内部块，以后在该图形中可以随时调用。当外部块文件中包含的块定义与当前图形中已有的块定义同名，则当前图形中的块定义将自动覆盖外部块包含的块定义。

注意：

当插入的是内部块则可以直接输入块名；当插入的是外部块时，则需要指定块文件的路径。如果图块在插入时选中了“分解”复选框，插入图块会自动分解成单个的实体，其特性如层、颜色以及线型等也将恢复为生成块之前实体具有的特性。

【练习 9-3】在餐桌中插入花瓶图形。

实例分析：要将图形插入到指定的图形中，可以使用“插入”命令打开“插入”对话框，选择并插入需要的对象。

(1) 打开“餐桌.dwg”图形文件，如图 9-19 所示。

(2) 执行“插入(I)”命令，打开“插入”对话框，单击“浏览”按钮，如图 9-20 所示。

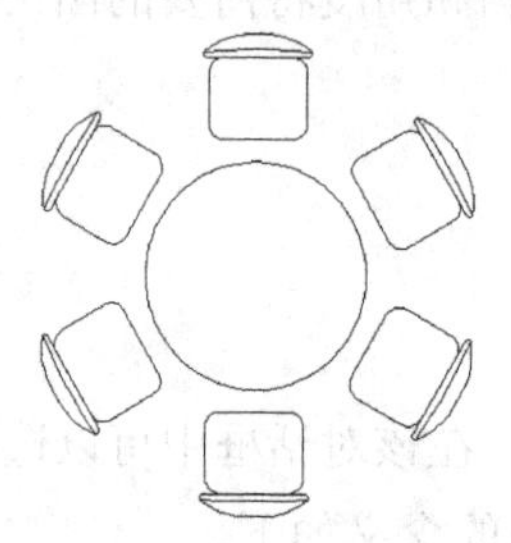

图 9-19　打开素材

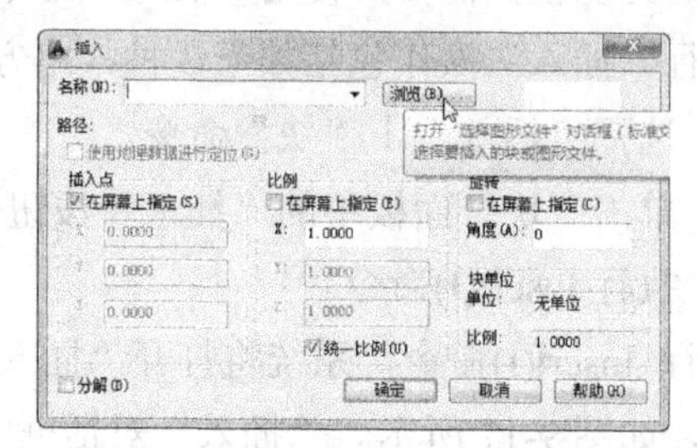

图 9-20　单击“浏览”按钮

(3) 在打开的“选择图形文件”对话框中选择并打开“花瓶.dwg”图形文件，如图 9-21 所示。

(4) 返回到“插入”对话框中单击“确定”按钮，如图 9-22 所示。

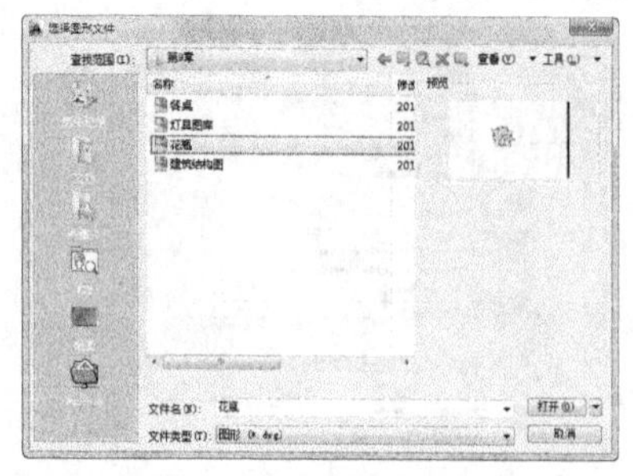

图 9-21　打开图形文件

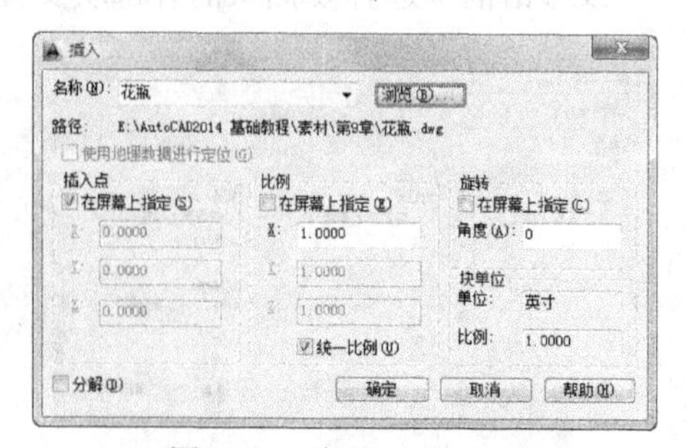

图 9-22　单击“确定”按钮

(5) 进入绘图区指定插入块的插入点位置，如图 9-23 所示，插入花瓶后的效果如图 9-24 所示。

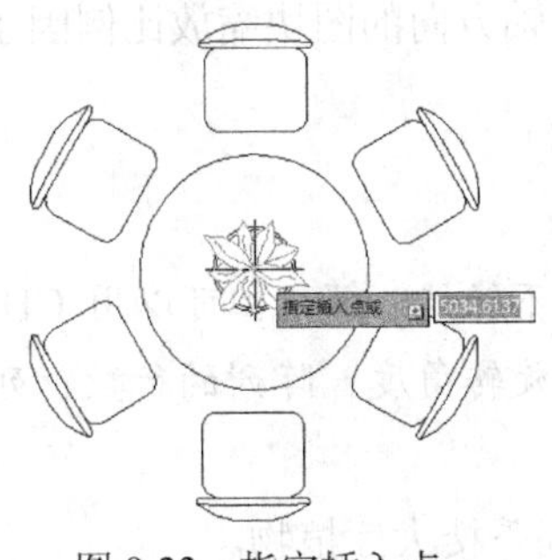

图 9-23 指定插入点

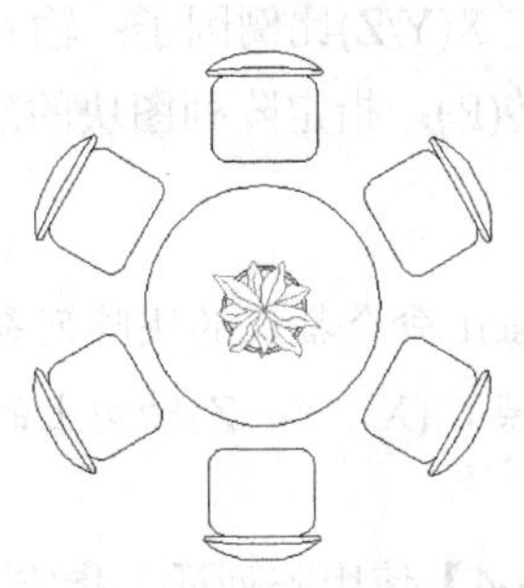

图 9-24 插入花瓶效果

注意：

将图块作为一个实体插入当前图形的应用过程中，AutoCAD 则将其作为一个整体的对象来操作，其中的实体，如线、面以及三维实体等均具有相同的图层、线型等。

9.2.2 阵列插入块

执行 Minsert 命令可以将图块以矩阵复制方式插入当前图形中，并将插入的矩阵视为一个实体。执行 Minsert 命令后，然后输入要插入的块名并确定，系统将提示“指定插入点或[基点(B)/比例(S)/X/Y/Z/旋转(R)]:”。其中各选项的含义如下。

- 指定插入点：指定以阵列方式插入图块的插入点。
- 基点(B)：该选项用于设置指定插入块的基点。
- 比例：该选项用于设置 X、Y 和 Z 轴方向的图块缩放比例因子。选择该项后，系统提示及含义如下：
    - 指定 XYZ 轴比例因子：需要输入 X、Y、Z 轴方向的图块缩放比例因子。
    - 指定旋转角度：指定插入图块的旋转角度，控制每个图块的插入方向，同时也控制所有矩形阵列的旋转方向。
    - 输入行数(...)<>：指定矩阵行数。
    - 输入列数(III)<>：指定矩阵列数。

如果输入的行数大于一行，系统将提示：“输入行间距或指定单位单元(...)：”，在该提示下可以输入矩阵行距；输入的列数人于一列，系统将提示：“指定列间距(III)：”，在该提示下可以输入矩阵列距。

注意：

在进行阵列插入图块的过程式中，也可指定一个矩形区域来确定矩阵行距和列距，矩形 X 方向为矩阵行距长度，Y 方向为矩阵列距长度。

在进行阵列插入图块的过程式中，也可指定一个矩形区域来确定矩阵行距和列距，矩形 X 方向为矩阵行距长度，Y 方向为矩阵列距长度。

“X/Y/Z”选项用于设置 X、Y 或 Z 轴方向的图块缩放比例因子，选择其中一项后系统提示及含义如下。

- 指定 X(Y/Z)比例因子：输入 X、Y 或 Z 轴方向的图块缩放比例因子。
- 旋转(R)：指定阵列图块的旋转角。

注意：

用 Minsert 命令插入的块阵列是一个整体，不能被分解。但可以用 CH 命令修改整个矩阵的插入点、(X、Y、Z)轴向上的比例因子、旋转角度、阵列的行数、列数以及行间距和列间距。

【练习 9-4】使用阵列插入指定块的方式布局茶楼大厅植物。

实例分析：要将图块阵列插入到指定的图形中，可以执行 MINSERT 命令，然后设置阵列插入图块的基点、阵列的行数和列数。

(1) 打开“茶楼.dwg”素材图形，如图 9-25 所示。

(2) 执行 Minsert 命令，当系统提示“输入块名:”时，输入要插入的图块名称“植物”并确定，如图 9-26 所示。

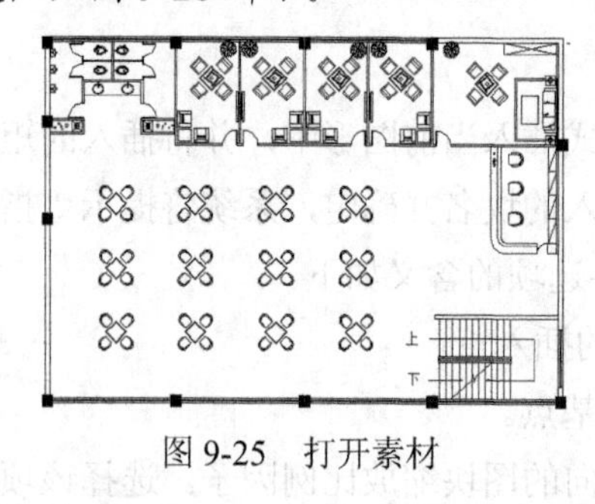

图 9-25　打开素材

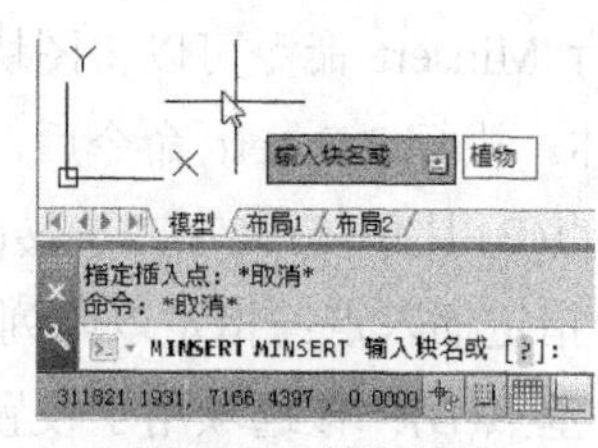

图 9-26　输入块名

(3) 当系统提示“指定插入点或 [基点(B)/比例(S)/X/Y/Z/旋转(R)]:”时，指定插入图块的基点位置，如图 9-27 所示。

(4) 当系统提示“输入 X 比例因子，指定对角点，或 [角点(C)/XYZ(XYZ)] <>:”时，设置 X 比例因子为 1，如图 9-28 所示。

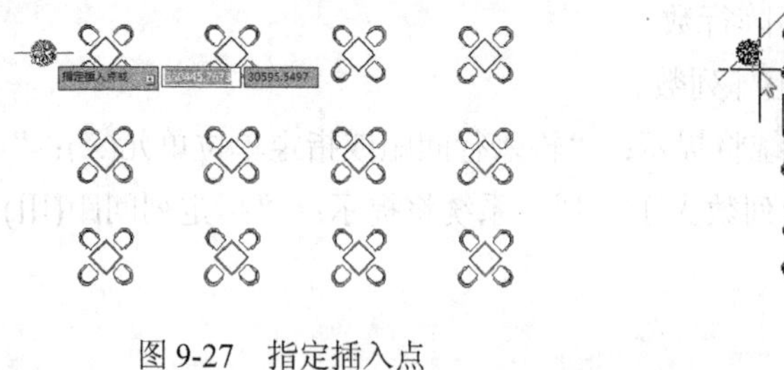

图 9-27　指定插入点

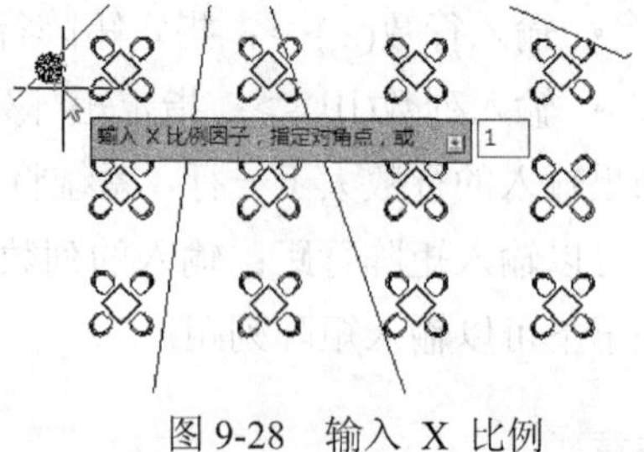

图 9-28　输入 X 比例

(5) 当系统提示“输入 Y 比例因子或 <使用 X 比例因子>:”时，直接进行确定，当系统提示“指定旋转角度 <>:”时，设置插入图块的旋转角度为 0，如图 9-29 所示。

(6) 当系统提示“输入行数 (---) <>:”时，设置行数为 3，如图 9-30 所示。

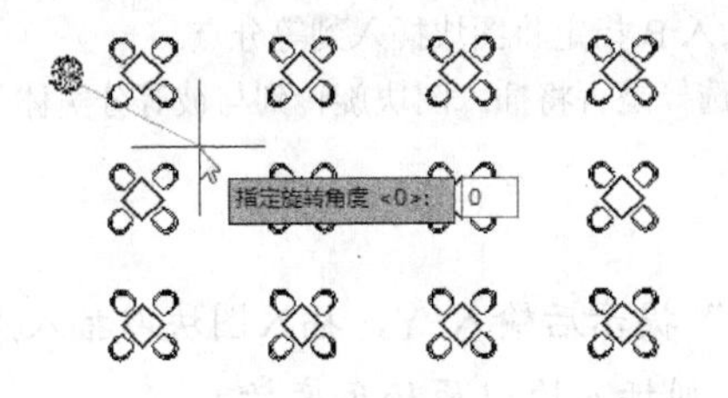

图 9-29　设置旋转角度

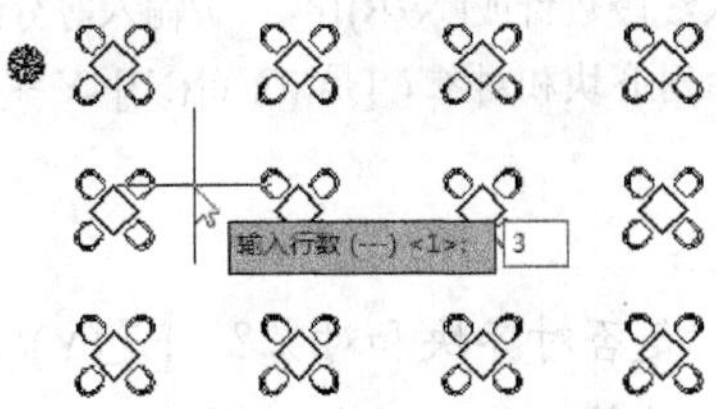

图 9-30　设置行数

(7) 当系统提示“输入列数 (|||) < >:”时，设置列数为 4，如图 9-31 所示。

(8) 当系统提示“输入行间距或指定单位单元 (---):”时，根据桌子的间距设置行间距为-3500，如图 9-32 所示。

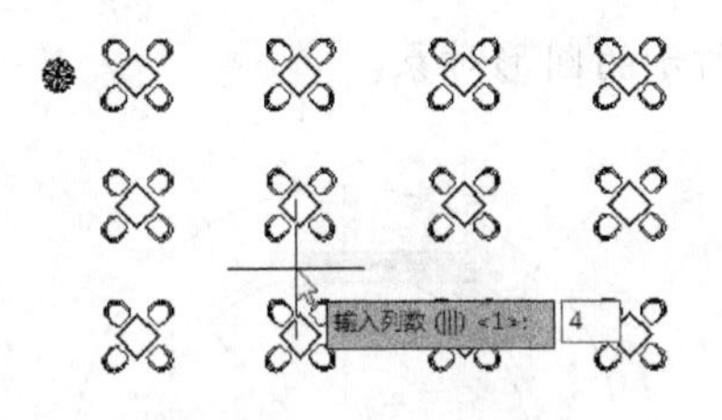

图 9-31　设置列数

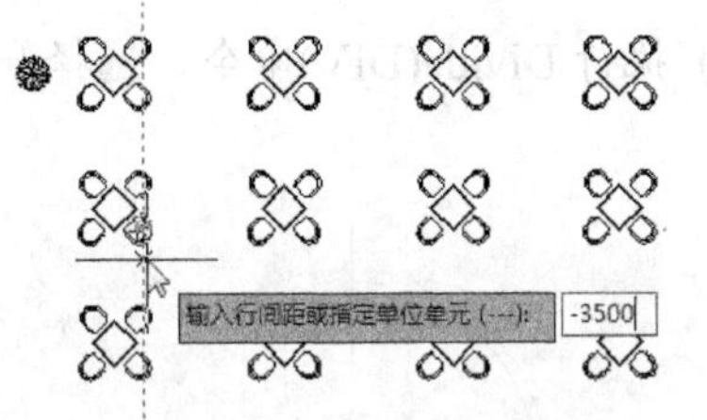

图 9-32　设置行间距

(9) 设置列间距为 4500，如图 9-33 所示，然后按 Enter 键进行确定，完成阵列插入图块的操作，效果如图 9-34 所示。

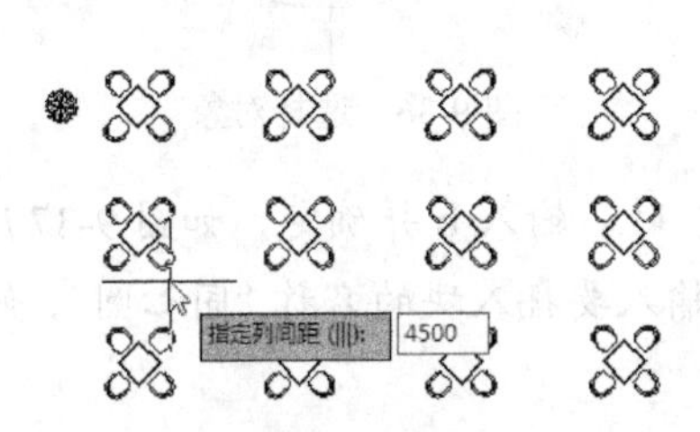

图 9-33　设置列间距

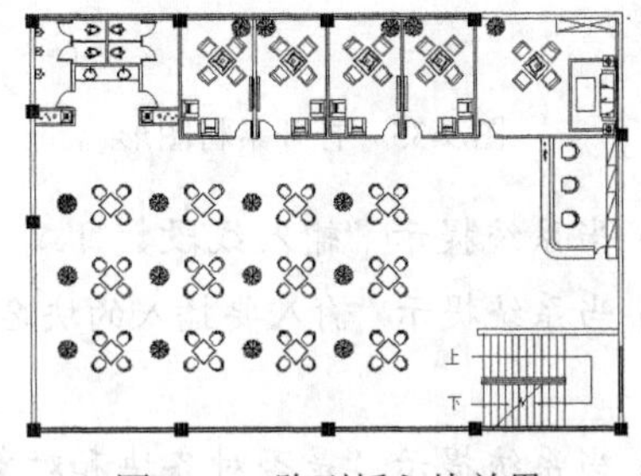

图 9-34　阵列插入块效果

9.2.3　等分插入块

执行 Divide 命令可以通过沿对象的长度或周长放置点对象或块，在选定对象上标记相等长度的指定数目。可以定数等分的对象包括圆弧、圆、椭圆、椭圆弧、多段线和样条曲线。

执行等分插入块的命令有如下两种方法。

- 选择“绘图” | “点” | “定数等分”命令。
- 输入 Divide(DIV)命令并确定。

执行 Divide(DIV)命令，在进行等分插入块的操作中，系统提示及其含义如下：

```
命令：Divide                         //启动 Divide 命令
选择要定数等分的对象：               //选择要等分的实体。
```

输入线段数目或[块(B)]:　　//输入等分线段，或输入 B 指定将图块插入到等分点。
是否对齐块和对象？[是(Y)/否(N)]<Y>:　　//选择是否将插入图块旋转到与被等分实体平行。

注意:

在“是否对齐块和对象？ [是(Y)/否(N)]<>:”提示后输入 Y，插入图块以插入点为轴旋转至与被等分实体平行，若在提示后输入 N，则插入块以原始角度插入。

【练习 9-5】使用等分插入指定块的方式创建吊灯。

实例分析：要在指定线段上等分插入到指定块，可以执行 Divide(DIV)命令，然后选择要等分的对象，并设置等分插入的线段数目。

(1) 打开“吊灯.dwg”素材图形，如图 9-35 所示。

(2) 执行 Divide(DIV)命令，选择如图 9-36 所示的圆形对象。

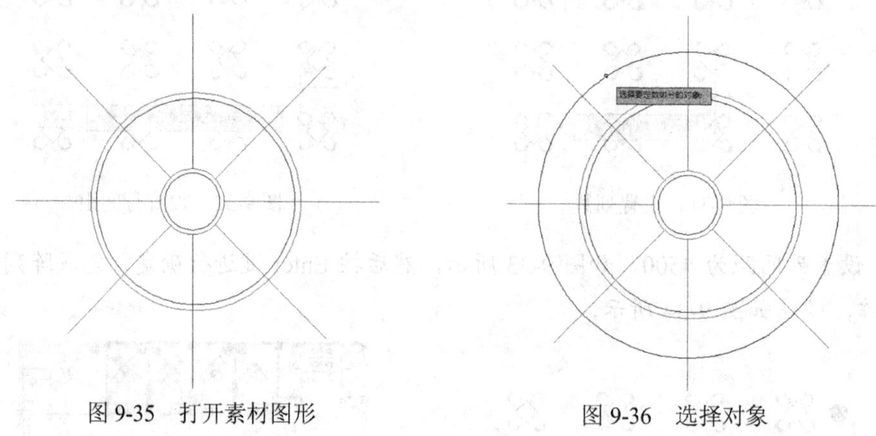

图 9-35　打开素材图形　　　图 9-36　选择对象

(2) 当系统提示“输入线段数目或 [块(B)]:”时，输入 b 并确定，如图 9-37 所示。

(3) 当系统提示“输入要插入的块名：”时，输入要插入块的名称“同心圆”，如图 9-38 所示。

(4) 当系统提示“是否对齐块和对象？[是(Y)/否(N)] <Y>:”时，保持默认选项。

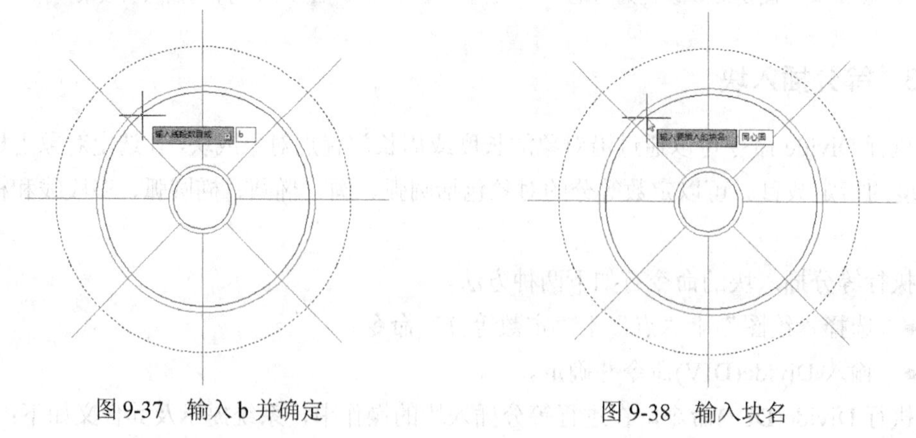

图 9-37　输入 b 并确定　　　图 9-38　输入块名

(5) 当系统提示“是否对齐块和对象？[是(Y)/否(N)] <Y>:”时，保持默认选项。

(6) 当系统提示“输入线段数目：”时，输入线段数目为 8，如图 9-39 所示。

(7) 删除辅助圆，得到等分插入块对象后的效果如图 9-40 所示。

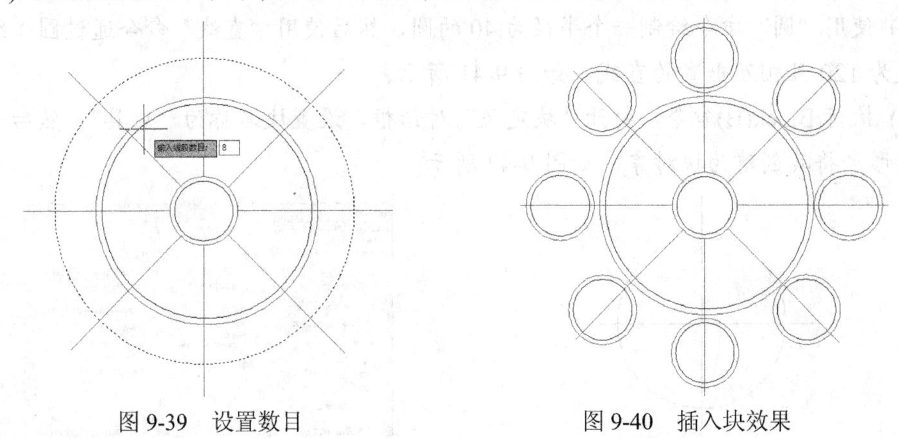

图 9-39　设置数目　　　　　　　　　　　　　　　图 9-40　插入块效果

注意：

使用 Divide 命令将图形等分，只是在等分点处插入点、图块等标记，被等分的图形依然是一个实体，修改被等分的实体不会影响插入的图块。

9.2.4　等距插入块

执行 Measure(ME)命令可在图形上等距地插入点或图块。可以定距等分的对象包括圆弧、圆、椭圆、椭圆弧、多段线和样条曲线。使用 Divide 命令等分图形插入的图块每单个为一整体，可对它进行整体编辑，修改被等分的实体不会影响插入的图块。

执行等距插入块命令有如下两种方法。

- 选择“绘图”|“点”|“定距等分”命令。
- 执行 Measure(ME)命令。

执行 Measure(ME)命令，在等距插入块的过程中，系统的提示及其含义如下：

```
命令: Measure                          //启动 Divide 命令
选择要定距等分的对象:                  //选择要等分的对象
指定线段长度或 [块(B)]:                //输入 B
输入要插入的块名:                      //指定插入块的名称。
是否对齐块和对象？[是(Y)/否(N)]<Y>:   //若输入 Y，块将围绕插入点旋转，水平线与测量的对象对齐并相切；如果输入 N，则块总是以零度旋转角插入。
指定线段长度:                          //指定线段长度，AutoCAD 将按照指定的间距插入块。块具有可变的属性时，插入的块中不包含这些属性。
```

注意：

当系统提示“是否对齐块和对象？[是(Y)/否(N)]<Y>”时，输入 Y，则插入图块以插入点为轴旋转至与被测量实体平行，若在提示后输入 N，则插入块以原始角度插入。

【练习 9-6】使用等距插入指定块的方式创建拉线灯。

实例分析：要将图块等距插入到指定的图形中，可以执行 Measure(ME)命令，然后设置插入图块的距离即可。

(1) 使用“圆”命令绘制一个半径为 40 的圆，然后使用“直线”命令通过圆心绘制两条长度为 120 且相互垂直的直线，如图 9-41 所示。

(2) 执行 Block(B)命令，打开“块定义”对话框，设置块名称为“灯具”，然后选择绘制的图形，将其创建为块对象，如图 9-42 所示。

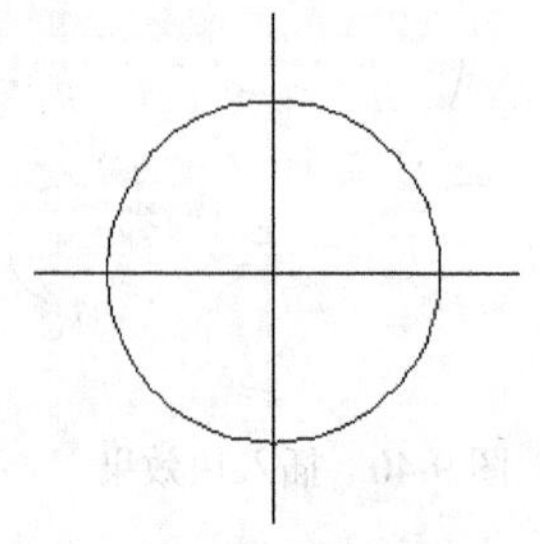

图 9-41　绘制灯具图形

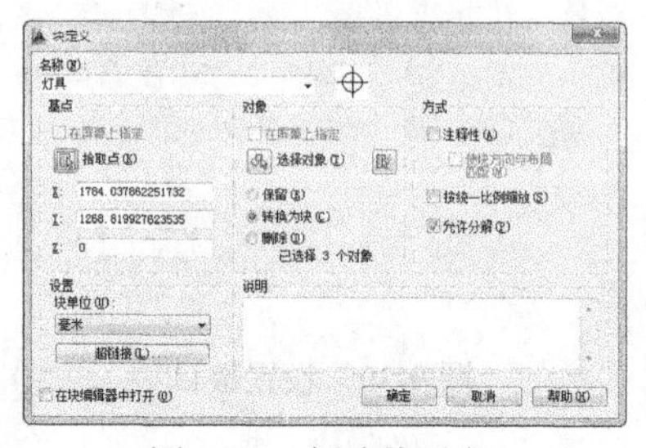

图 9-42　创建块对象

(3) 使用“直线”命令绘制一条长度为 1800 的直线作为拉线灯的支架。

(4) 执行 Measure(ME)命令，根据系统提示选择绘制的直线作为要定距等分的对象，如图 9-43 所示。

(5) 当系统提示“指定线段长度或 [块(B)]:”时，输入 b 并确定，如图 9-44 所示。

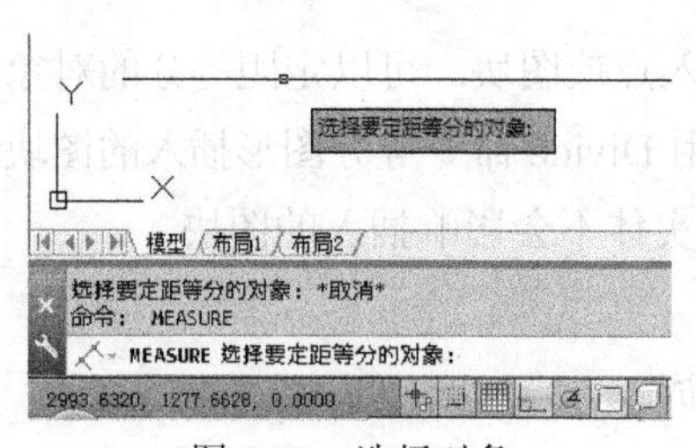

图 9-43　选择对象

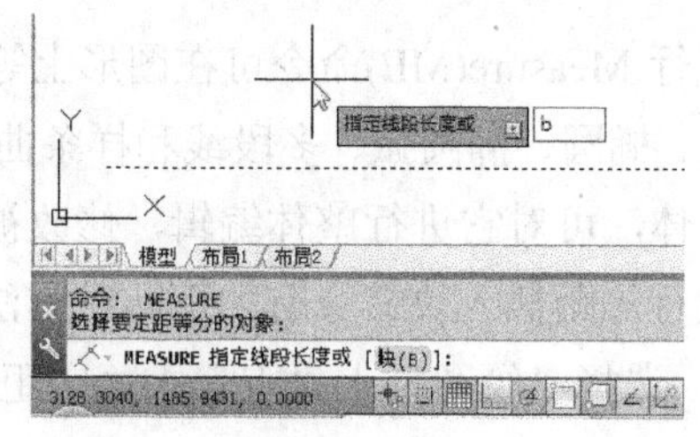

图 9-44　输入 b

(6) 当系统提示“输入要插入的块名:”时，输入需要插入块的名称“灯具”，如图 9-45 所示。

(7) 当系统提示“是否对齐块和对象? [是(Y)/否(N)] <Y>:”时，保持默认选项，然后进行确定，如图 9-46 所示。

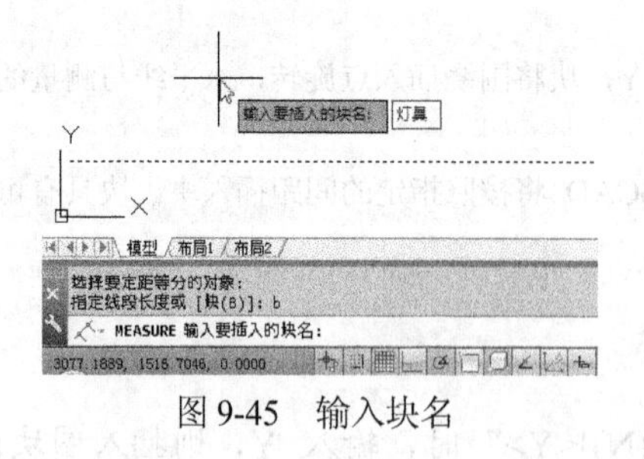

图 9-45　输入块名

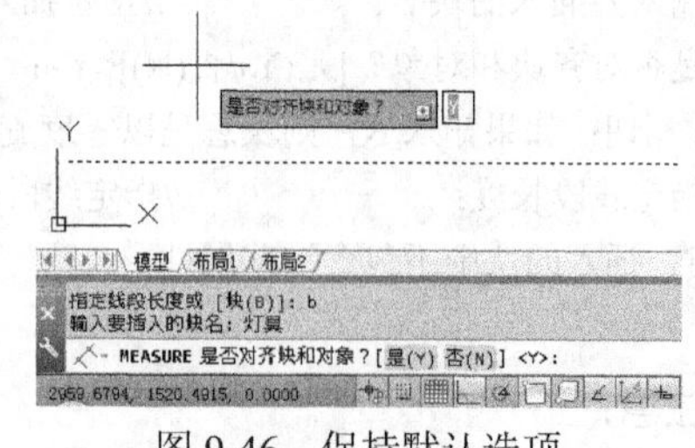

图 9-46　保持默认选项

(8) 当系统提示“指定线段长度:”时，输入要插入块的间距为 500，如图 9-47 所示。然后进行确定，等距插入块图形后的效果如图 9-48 所示。

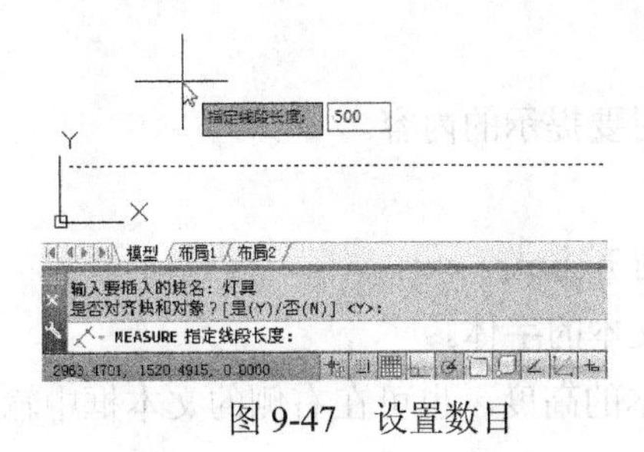

图 9-47　设置数目

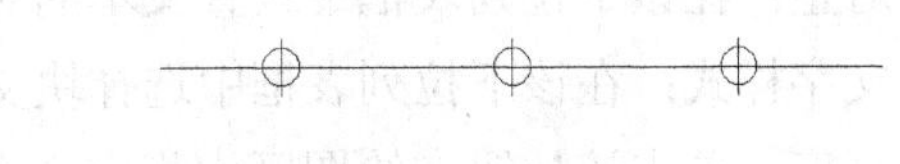

图 9-48　插入等距块

9.3　块属性定义与编辑

在 AutoCAD 中，属性是从属于块的文本信息，是块的组成部分。属性必须信赖于块而存在，当用户对块进行编辑时，包含在块中的属性也将被编辑。为了增强图块的通用性，可以为图块增加一些文本信息，这些文本信息被称为属性。

9.3.1　定义图形属性

在创建块属性之前，需要创建描述属性特征的定义，包括标记、插入块时的提示值的信息，文字格式，位置和可选模式。创建图形属性有以下 3 种常用方法。

- 选择“绘图”|“块”|“属性定义”命令。
- 执行 Attdef 命令。
- 展开“块”面板，单击其中的“定义属性”按钮，如图 9-49 所示。

执行以上操作后，将打开“属性定义”对话框，在该对话框中可定义图形的属性，如图 9-50 所示。

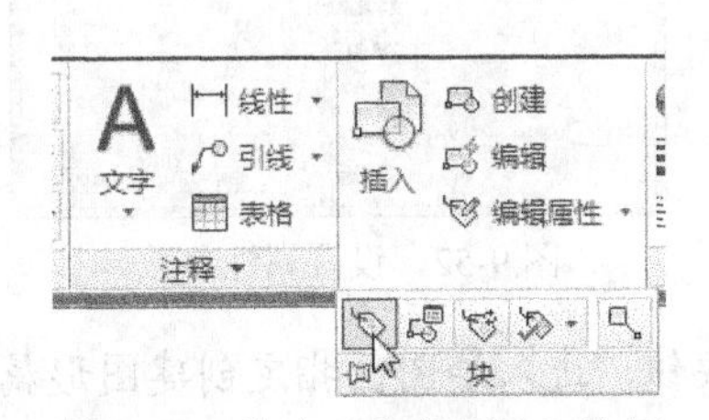

图 9-49　单击“定义属性”按钮

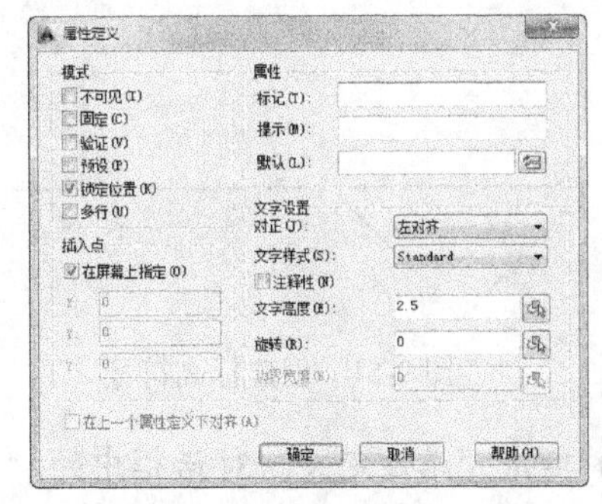

图 9-50　“属性定义”对话框

在“属性定义”对话框中各主要选项的含义如下。

- 不可见：选取该复选框后，属性将不在屏幕上显示。
- 固定：选取该复选框则属性值被设置为常量。
- 验证：在插入属性块时，系统将提醒用户核对输入的属性值是否正确。
- 预置：预设置属性值，将用户指定的属性默认值作为预设值，在以后的属性块插入过程中，不再提示用户输入属性值。

- 标记：可以输入所定义属性的标志。
- 提示：在该文本框中输入插入属性块时要提示的内容。
- 值：可以输入块属性的默认值。
- 对正：在该下拉列表框中设置文本的对齐方式。
- 文字样式：在该下拉列表框中选择块文本的字体。
- 高度：单击该按钮在绘图区中指定文本的高度，也可在右侧的文本框中输入高度值。
- 旋转：单击该按钮在绘图区中指定文本的旋转角度，也可在右侧的文本框中输入旋转角度值。

注意：

当一个图形符号具有多个属性时，可重复执行属性定义命令，当命令提示“指定起点:”时，按下空格键进行确定，即可将增加的属性标记显示在已存在的标签下方。

【练习 9-7】 创建标高图形属性。

实例分析： 首先绘制一个标高图形，然后执行 Attdef 命令，在打开的“属性定义”对话框中设置好图形的属性参数，然后单击“确定”按钮，指定属性的位置。

(1) 使用“直线”命令绘制一条长度为 2000 的线段，然后绘制两条斜线作为标高符号，如图 9-51 所示。

(2) 执行 Attdef(ATT)命令，打开“属性定义”对话框，设置标记为“0.000”、提示为“标高”、文字高度为 200，如图 9-52 所示。

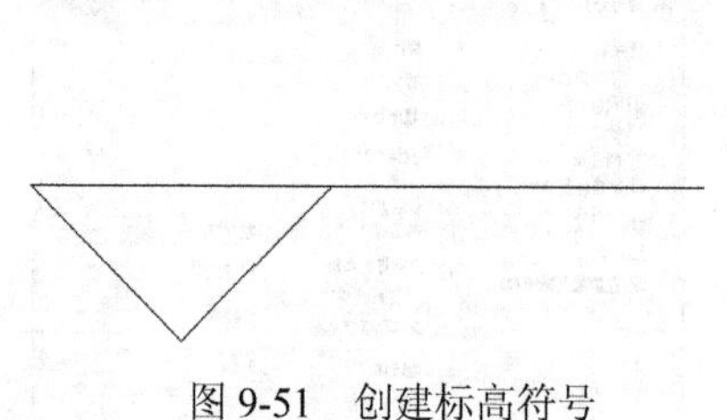

图 9-51　创建标高符号

图 9-52　设置属性参数

(3) 单击“属性定义”对话框中的“确定”按钮，进入绘图区指定创建图形属性的位置，如图 9-53 所示，效果如图 9-54 所示。

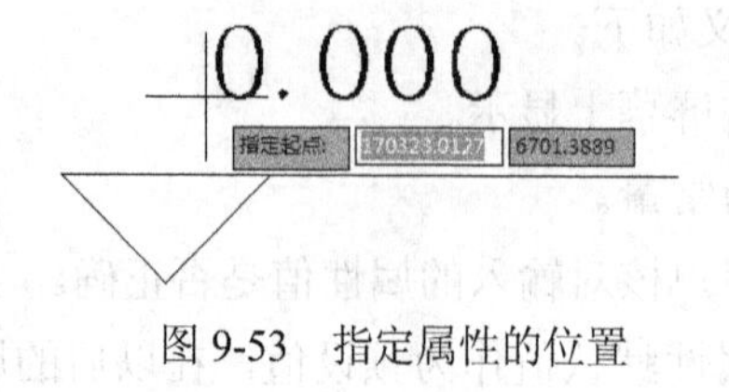

图 9-53　指定属性的位置

0.000

图 9-54　定义图形属性

9.3.2　创建属性块

属性是包含文本信息的特殊实体，不能独立存在及使用，在块插入时才会出现。创建具有属性的块，必须先定义图形的属性。然后使用 Block 或 Wblock 命令将属性定义成块后，才能将其以指定的属性值插入到图形中。

【练习 9-8】使用创建属性块和插入块操作，在如图 9-55 所示建筑剖面图中绘制标高图形，完成后的效果如图 9-56 所示。

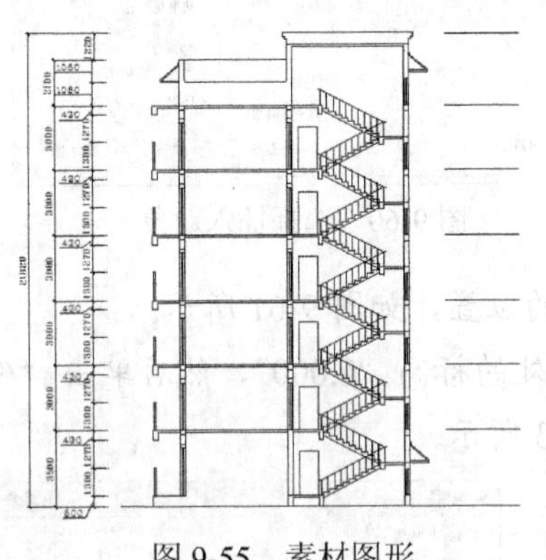

图 9-55　素材图形

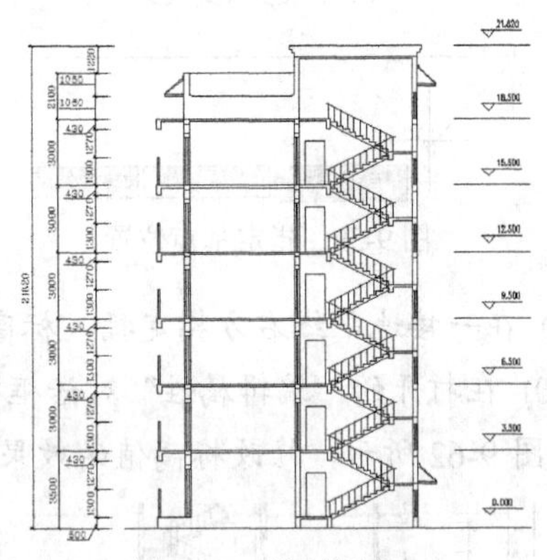

图 9-56　绘制标高

实例分析：首先绘制一个标高图形，然后将其创建为属性块，然后使用“插入”命令将标高属性块插入到各层对应的位置，并对其属性值进行修改。

(1) 打开“建筑剖面图.dwg”素材图形。

(2) 使用“直线”命令绘制一条长度为 2000 的线段，然后绘制两条斜线作为标高符号。

(3) 执行 Attdef(ATT)命令，打开“属性定义”对话框，设置标记为“0.000”、提示为“标高”、文字高度为 200。

(4) 单击“属性定义”对话框中的“确定”按钮，然后指定创建图形属性的位置。

(5) 执行 Block(B)命令，在打开的“块定义”对话框中设置块的名称为“标高”，然后单击“选择对象”按钮，如图 9-57 所示。

(6) 在绘图区中选择绘制的标高和属性对象并确定，如图 9-58 所示。

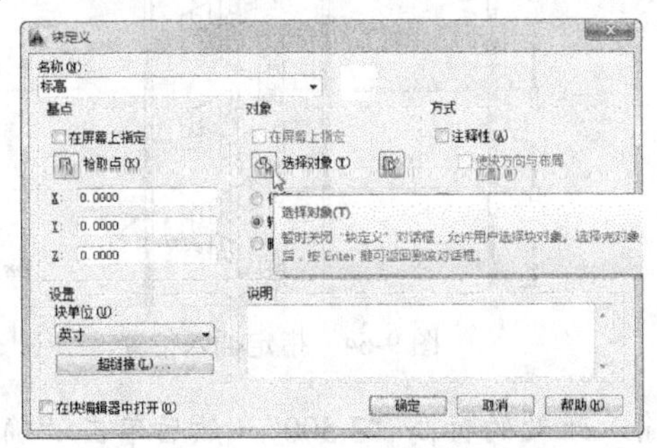

图 9-57　单击“选择对象”按钮

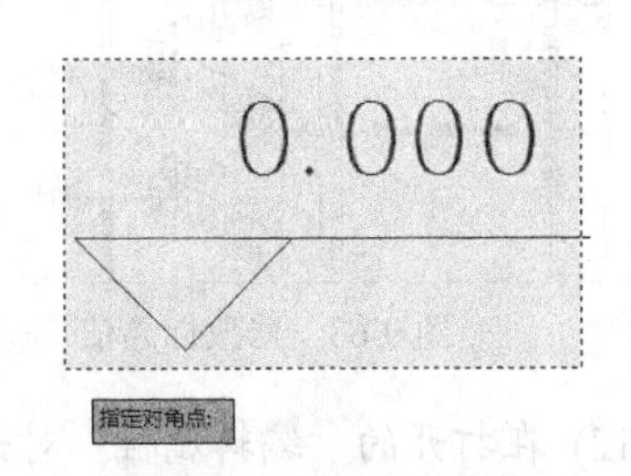

图 9-58　选择标高图形

(7) 返回“块定义”对话框，单击“拾取点”按钮，然后指定标高图块的基点位置，如图 9-59 所示。返回“块定义”对话框进行确定，创建好带属性的标高块。

(8) 选择“插入” | “块”命令，打开“插入”对话框，选择“标高”图块，然后单击“确定”按钮，如图 9-60 所示。

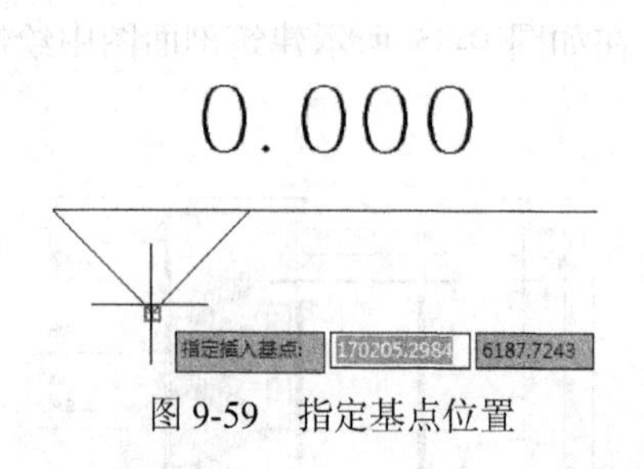

图 9-59　指定基点位置

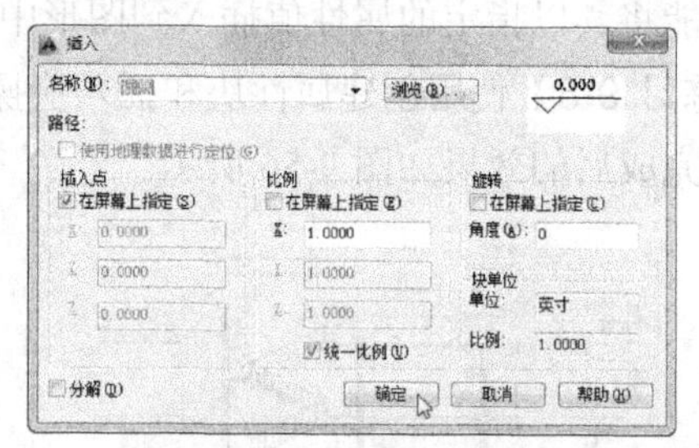

图 9-60　选择插入对象

(9) 在一楼地平线右方指定插入标高属性块的位置，如图 9-61 所示。

(10) 在打开的“编辑属性”对话框中输入此处的标高“0.000”，然后单击“确定”按钮，如图 9-62 所示，修改标高值的效果如图 9-63 所示。

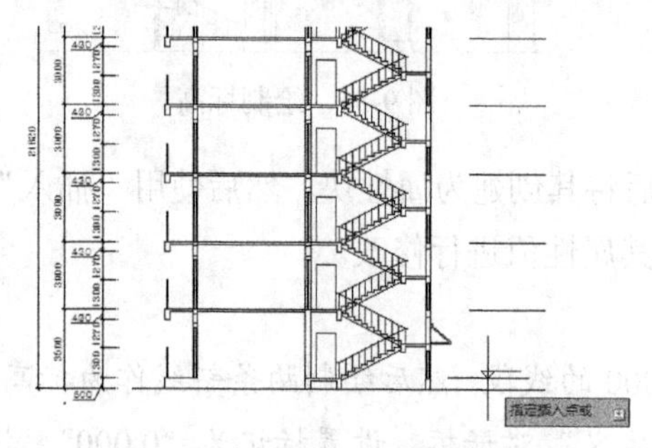

图 9-61　插入标高属性块

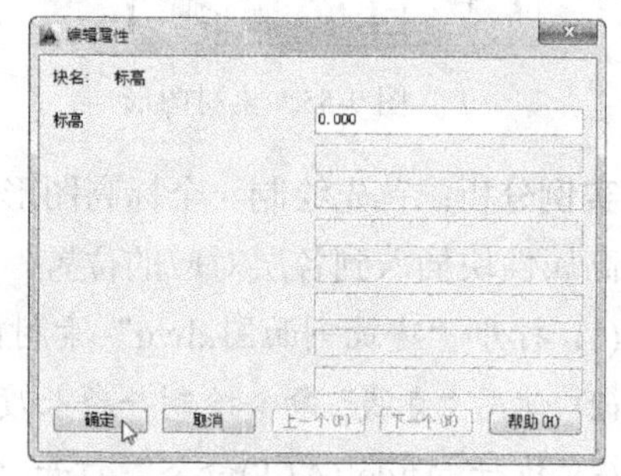

图 9-62　设置标高属性值

(11) 按空格键重复执行“插入块”命令，在打开的“插入”对话框中选择“标高”图块并确定，然后在二楼右方的水平线上指定插入块的位置，如图 9-64 所示。

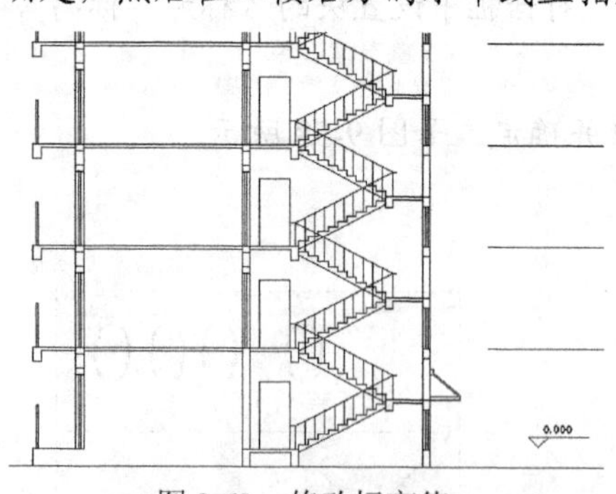

图 9-63　修改标高值

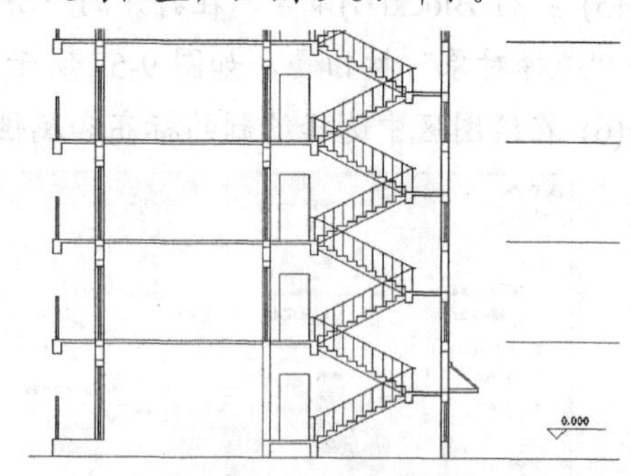

图 9-64　指定插入位置

(12) 在打开的“编辑属性”对话框中输入此处的标高“3.500”，然后单击“确定”按钮，如图 9-65 所示。得到的二楼的标高效果如图 9-66 所示。

(13) 使用相同的方法，在各层中插入标高属性块，并修改各层的标高值，完成本例的绘制。

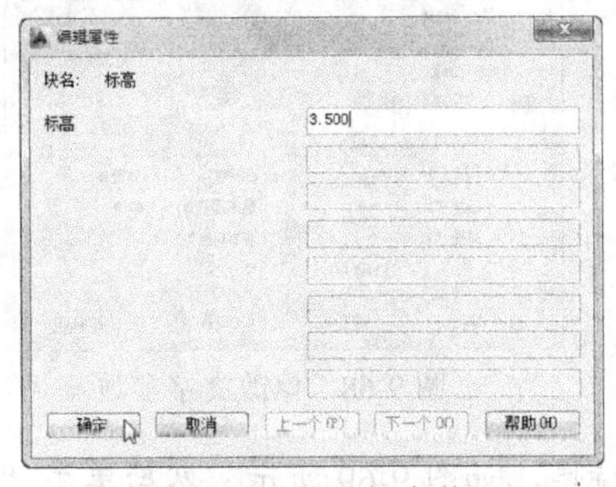

图 9-65　修改标高值

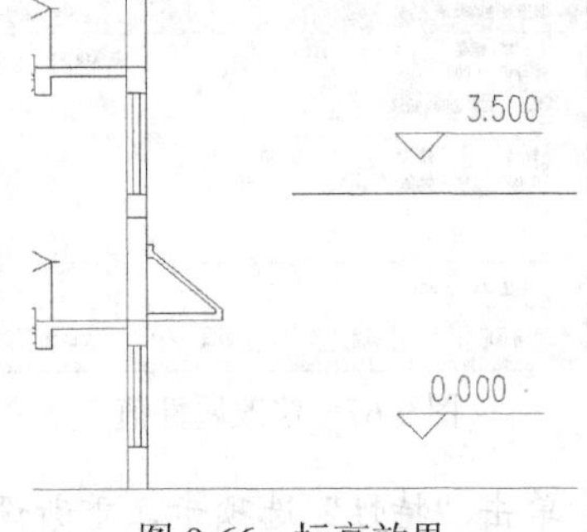

图 9-66　标高效果

(14) 使用相同的方法，在各层中插入标高属性块，并修改各层的标高值，完成本例的绘制。

9.3.3　显示块属性

在创建好属性块后，可以执行“属性显示”命令，控制属性的显示状态。执行“属性显示”命令有如下两种方法。

- 选择“视图”｜“显示”｜“属性显示”菜单命令，然后选择其中的子命令。
- 执行 Attdisp 命令。

执行 Attdisp 命令，系统将提示“输入属性的可见性设置[普通(N)/开(ON)/关(OFF)]：”，其中普通选项用于恢复属性定义时设置的可见性；ON/OFF 用于控制块属性暂时可见或不可见。

9.3.4　编辑块属性值

在 AutoCAD 中，每个图块都有各自的属性，如颜色、线型、线宽和层特性。执行“编辑属性”命令可以编辑块中的属性定义，可以通过增强属性编辑器修改属性值。

执行“编辑属性”命令包括如下两种常用方法。

- 选择“修改”｜“对象”｜“属性”｜“单个”命令。
- 执行 EATTEDIT 命令。

【练习 9-9】编辑块的属性。

实例分析：执行 Eattedit 命令，选择带有属性的块，在打开的“增强属性编辑器”对话框中可以修改块的属性值、文字效果和特性。

(1) 创建一个带属性的块对象，如前面介绍的标高属性块。

(2) 执行 Eattedit 命令，选择创建的属性块，打开“增强属性编辑器”对话框，在“属性”列表框中选择要修改的属性项，在“值”文本框中输入新的属性值，或保留原属性值，如图 9-67 所示。

(3) 单击“文字选项”选项卡，在该选项卡的“文字样式”下拉列表框中，重新设置文本样式，如图 9-68 所示。

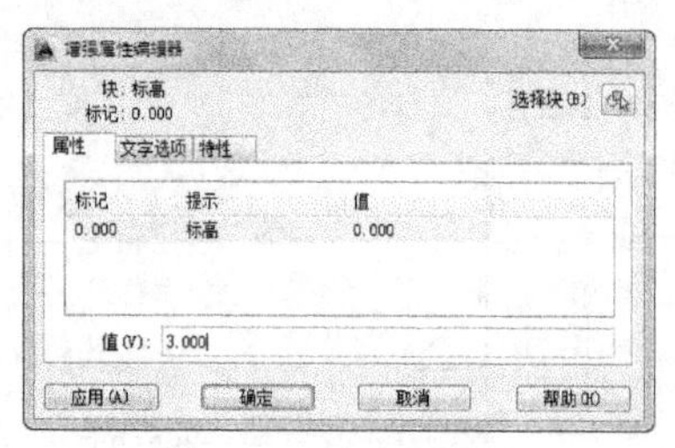

图 9-67　修改属性值

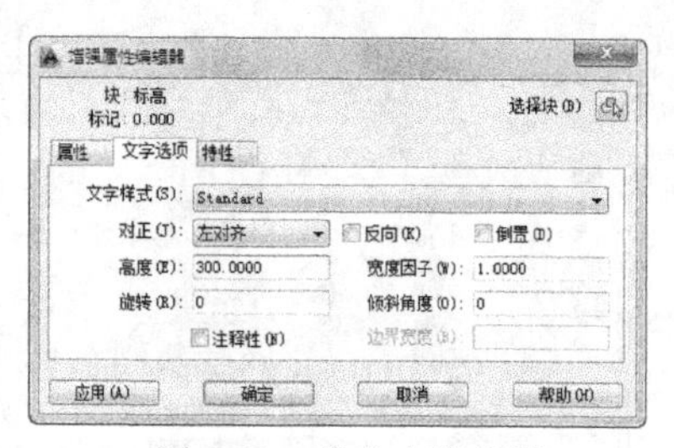

图 9-68　修改文字参数

(4) 单击“特性”选项卡，重新设置对象的特性，如图 9-69 所示。然后单击“确定”按钮完成编辑，效果如图 9-70 所示。

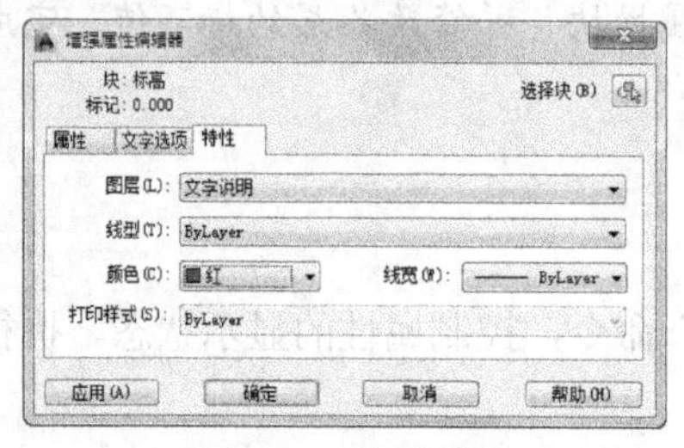

图 9-69　修改特性

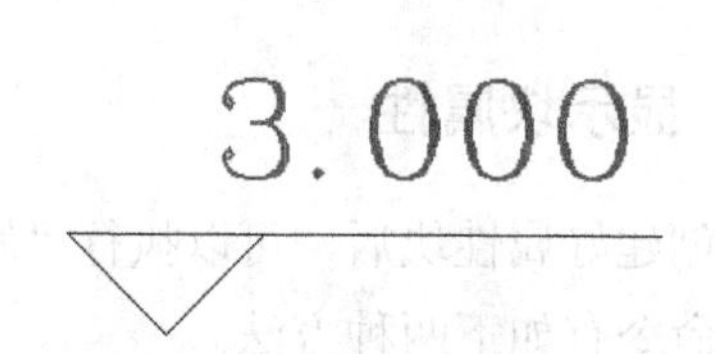

图 9-70　编辑后的效果

9.4　编辑块对象

创建好块对象后，可以根据需要对块进行修改，包括重命名块、分解块以及进行块编辑操作。

9.4.1　分解图块

块作为一个整体进行操作，用户可以对其进行移动、旋转和复制等操作，但不能直接对其进行缩放、修剪以及延伸等操。如果要对图块中的元素进行编辑，可以先将块分解，然后对其中的每一条线进行编辑。

选择“修改”|“分解”命令，在命令提示后选择要进行分解的块对象，按空格键即可将图块分解为多个图形对象。

9.4.2　编辑块定义

除了将图块进行分解并对其进行编辑操作外，还可以直接更改图块的内容，如更改图块的大小、拉伸图块以及修改图块中的线条等。

执行“块编辑”命令包括以下两种常用方法。

- 选择“工具”|“块编辑器”命令。
- 执行 Bedit(Be)命令。

执行“块编辑器”命令，将打开“编辑块定义”对话框，在选择要编辑的块后，单击“确定”按钮，即可打开图块编辑区，在该区域中可对图形进行修改。

【练习 9-10】编辑栏杆图块中的长度。

实例分析：可以将块对象分解后进行编辑，也可以执行 Bedit 命令，然后选择并编辑块对象。

(1) 打开“栏杆.dwg”素材文件，效果如图 9-71 所示。

(2) 执行 Bedit(Be)命令，打开“编辑块定义”对话框，在“要创建或编辑的块”列表中选择要编辑的图块，然后单击“确定”按钮，如图 9-72 所示。

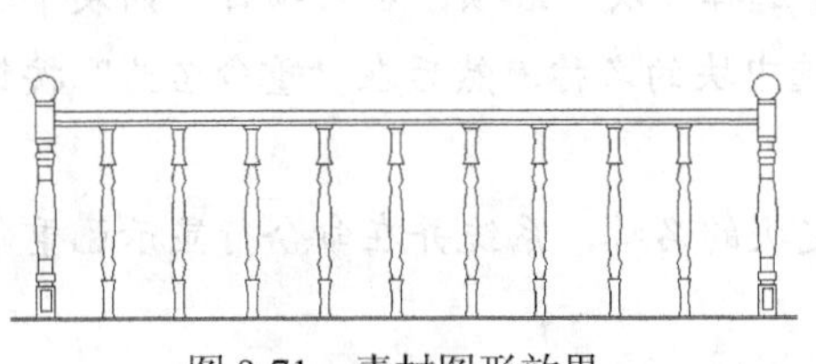

图 9-71 素材图形效果

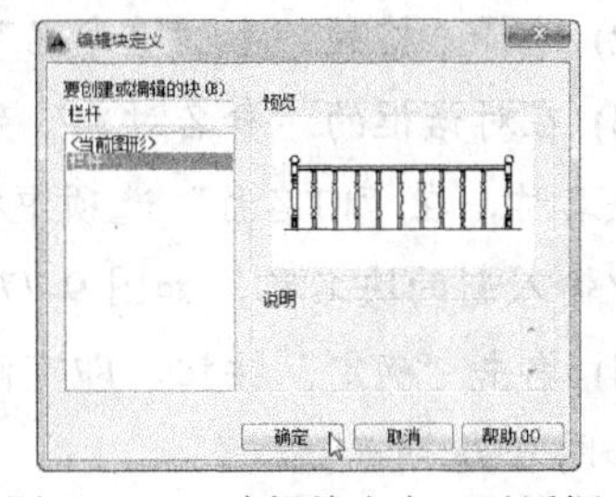

图 9-72 “编辑块定义”对话框

(3) 在打开的图块编辑区中删除图形中右方的 4 根栏杆。

(4) 选择“修改” | “拉伸”命令，使用窗交方式选择右方的图形，如图 9-73 所示。

(5) 将光标向左移动，输入拉伸图形的距离为 1100 并确定，如图 9-74 所示。

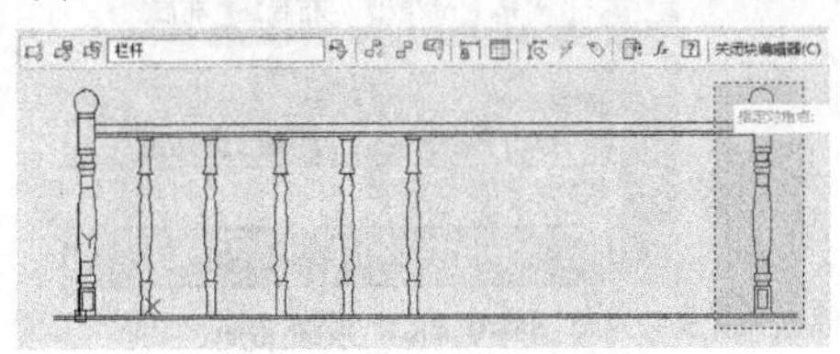

图 9-73 选择拉伸图形

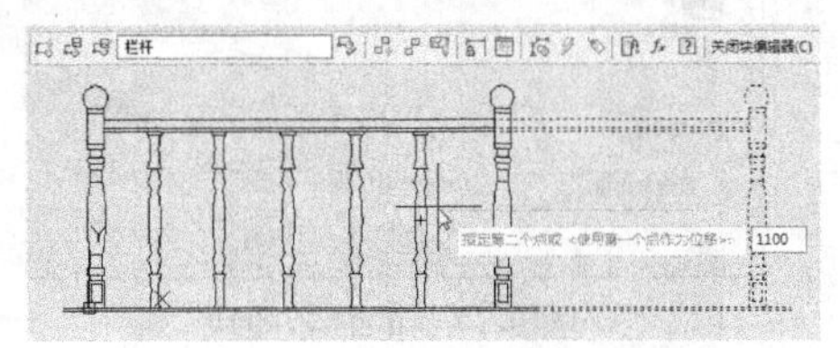

图 9-74 输入拉伸距离

(6) 单击图块编辑区的“关闭块编辑器”按钮，如图 9-75 所示。

(7) 在打开的“块-未保存更改”对话框中选择“将更改保存到栏杆(S)”选项，即可完成对图块的编辑，如图 9-76 所示。

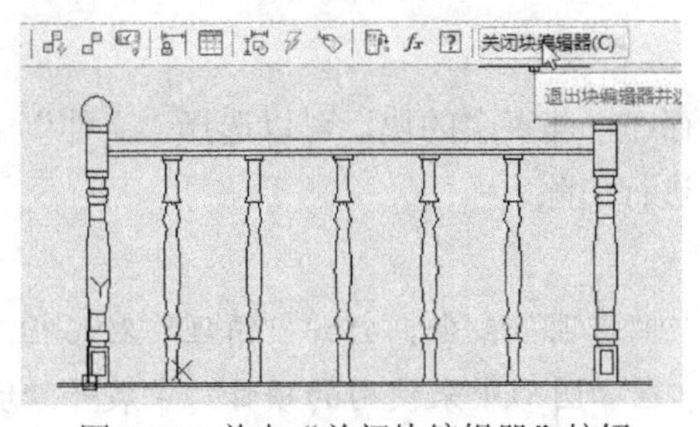

图 9-75 单击“关闭块编辑器”按钮

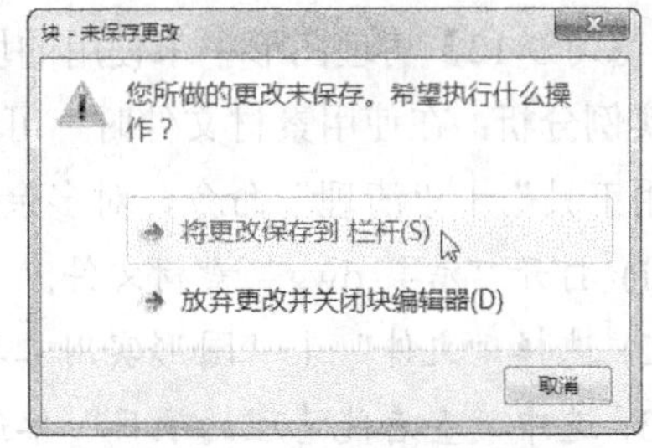

图 9-76 选择需要的选项

9.4.3 重命名块

使用“重命名”命令可以根据需要对图块的名称进行修改，更改名称不会影响图块的元素组成。执行“重命名”命令有以下两种常用方法。

- 选择“格式”|“重命名”命令。
- 执行 Rename 命令。

【练习 9-11】修改块的名称。

实例分析：修改块对象的名称，可以选择“格式”|“重命名”命令，在打开“重命名”对话框中选择要修改名称的块对象，然后进行重命名。

(1) 打开“栏杆.dwg”素材文件。

(2) 选择“格式”|“重命名”命令，打开“重命名”对话框。

(3) 在对话框的“命名对象”列表框中选择“块”选项，在“项目”列表中选择要更改的块名称，在“旧名称”选项中将显示选中块的名称，然后在“重命名为”按钮后的文本框中输入新的块名称，如图 9-77 所示。

(4) 单击“确定”按钮，即可修改指定块的名称，系统并在命令行显示已重命名的提示，如图 9-78 所示。

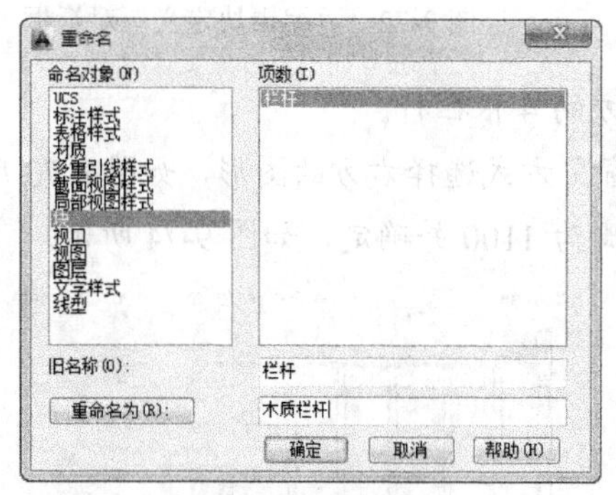

图 9-77　重命名图块

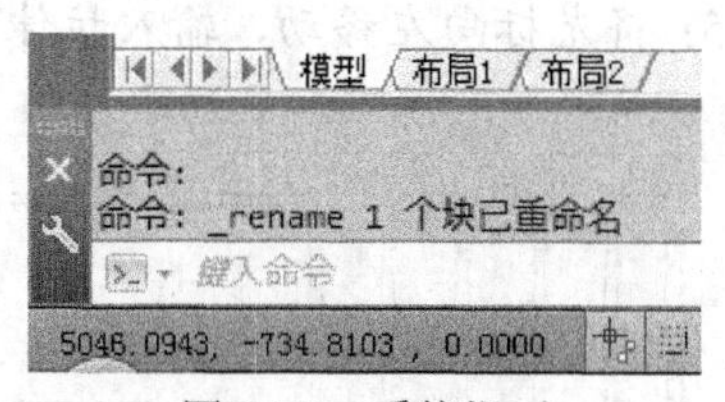

图 9-78　系统提示

9.4.4　清理未使用的块

绘制图形的过程中，如果当前图形文件中定义了某些图块，但是没有插入到当前图形中，则可以将这些块清除。

【练习 9-12】清理图形中未使用的块。

实例分析：在使用素材文件时，可能会存在一些多余的块，可以选择“文件”|“图形实用工具”|“清理”命令，对多余的块进行清除。

(1) 打开“洁具.dwg”素材文件。

(2) 选择“文件”|“图形实用工具”|“清理”命令，打开“清理”对话框。

(3) 选中“查看能清理的项目”单选项，在“图形中未使用的项目”中展开“块”选项，其中显示所有可以清理的块名称，如图 9-79 所示。

(4) 单击“清理”按钮，将打开“清理-确认清理”对话框，如图 9-80 所示，用户即可根据需要清除多余的块，完成清理后，单击“清理”对话框中的“关闭”按钮结束操作。

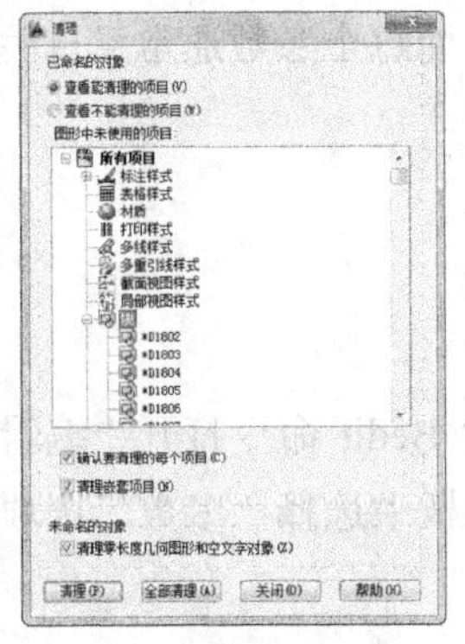

图 9-79　“清理”对话框

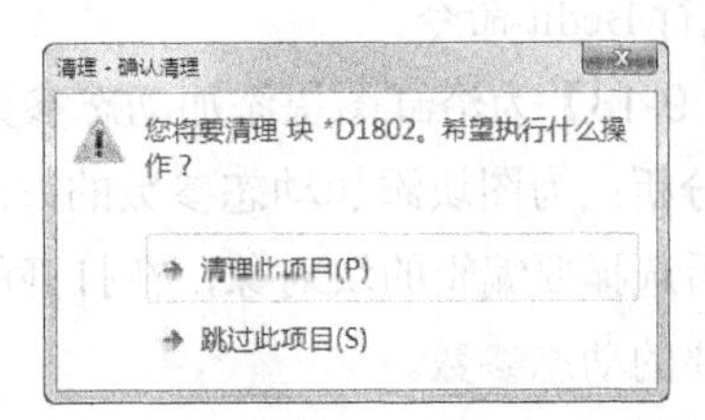

图 9-80　“清理-确认清理”对话框

9.5　应用动态块

在绘图工作过程中，用户可以通过自定义夹点或自定义特性操作动态块参照中的几何图形，而无需搜索要插入的其他块或重新定义现有块。

9.5.1　认识动态块

在绘图过程中，有很多经常使用且相互类似的块，而且会以各种不同的比例和角度插入这些块。例如，以不同角度插入的各种可能尺寸的门，有时需要从左边打开，有时需要从右边打开，动态块是一种具有智能和高灵活度的块，可以用各种方式插入的块。

动态块可以让用户指定每个块的类型和各种变化量，可以使用“块编辑器”创建动态块，要使块变为动态块，必须包含至少一个参数，如图 9-81 所示，而每个参数通常又有关联的动作，如图 9-82 所示。

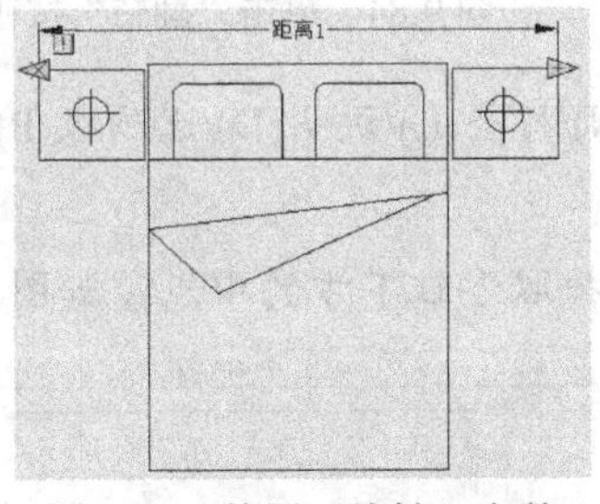

图 9-81　使用“线性”参数

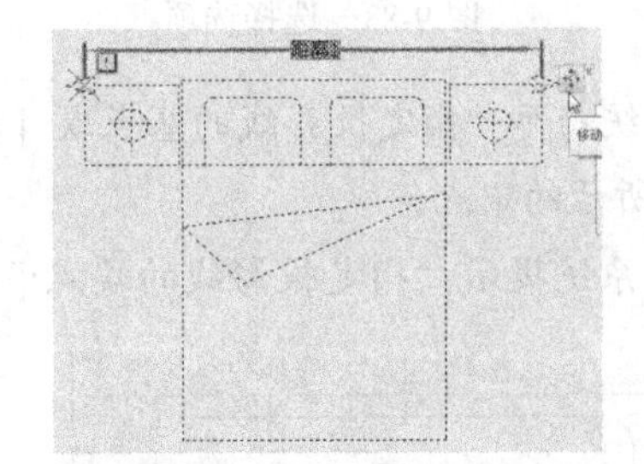

图 9-82　使用“移动”动作

注意：

动态块参数可以定义动态块的特殊属性，包括其位置、距离和角度等，还可以将数值强制设置在参数功能范围之内。

9.5.2　添加动态参数

动态块可以让用户指定每个块的类型和各种变化量，可以使用“块编辑器”命令创建动态块。要使块变为动态块，必须包含至少一个参数，而每个参数通常又有关联的动作。

执行“块编辑器”命令有如下两种常用方法。

- 选择“工具”|“块编辑器”命令。
- 执行 Bedit 命令。

【练习 9-13】为浴缸图块添加动态参数。

实例分析：为图块添加动态参数的方法是通过执行 Bedit 命令打开“编辑块定义”对话框，然后选择要编辑的块对象，在打开的块编写选项板中选择“参数”选项卡，再选择并添加需要的动态参数。

(1) 打开“浴缸.dwg”图形文件。

(2) 执行 Bedit 命令，将打开“编辑块定义”对话框，选择列表中的块或选择“浴缸”选项并确定，如图 9-83 示。

(3) 在打开的块编写选项板中选择“参数”选项卡，然后单击“翻转”参数按钮，如图 9-84 所示。

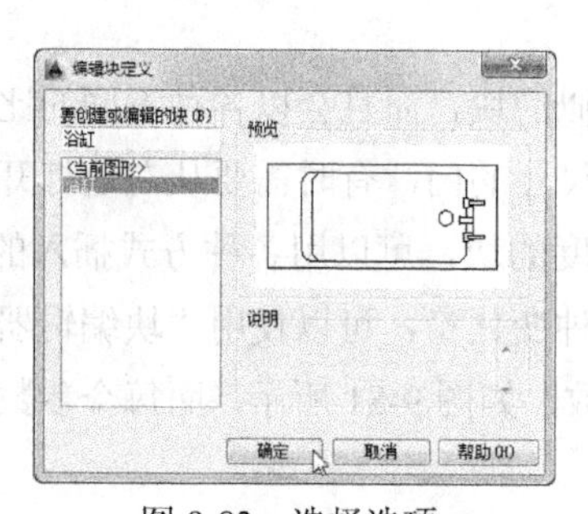

图 9-83　选择选项

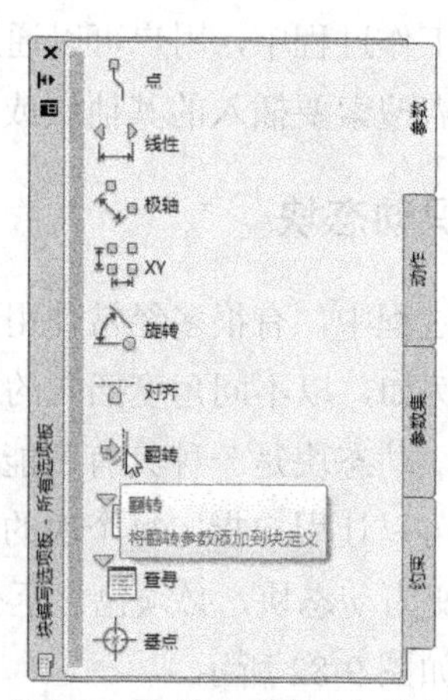

图 9-84　单击“翻转”按钮

(4) 系统提示“指定投影线的基点或 [名称(N)/标签(L)/说明(D)/选项板(P)]:”时，拾取如图 9-85 所示的中点。

(5) 当系统提示“指定投影线的端点:”时，拾取浴缸下方的中点，如图 9-86 所示。

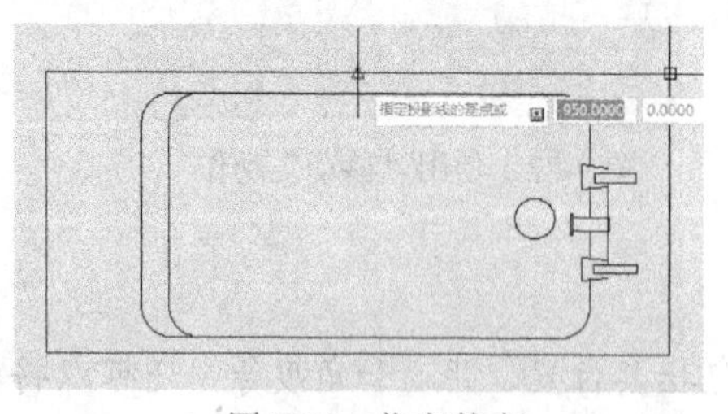

图 9-85　指定基点

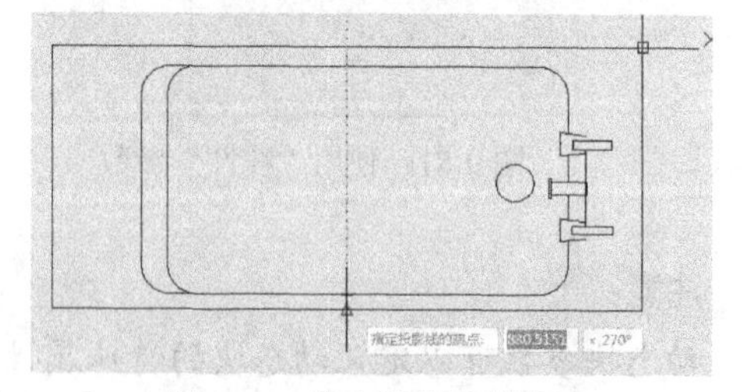

图 9-86　指定投影线端点

(6) 当系统提示“指定标签位置”时，向下拖动鼠标到适合位置并单击，指定标签的位置，如图 9-87 所示。

(7) 为图形添加参数后的效果如图 9-88 所示。关闭块编写选项板，并对块参数进行保存。

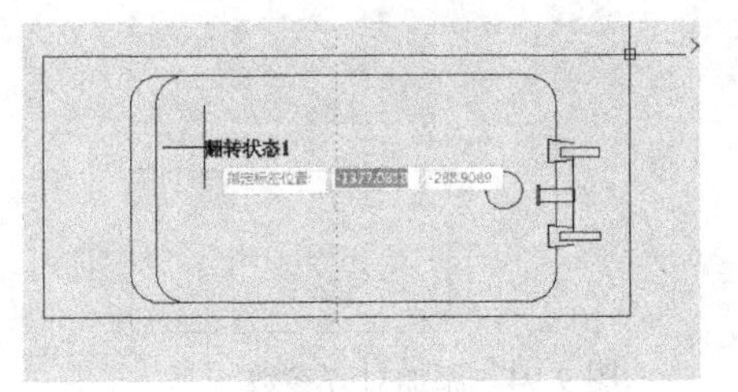

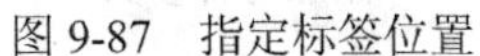

图 9-87　指定标签位置

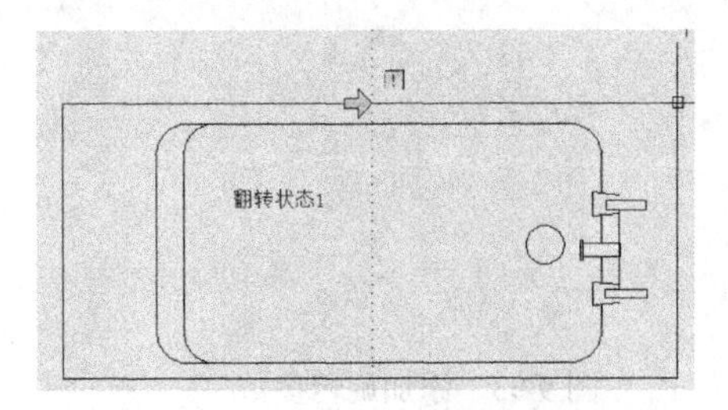

图 9-88　添加参数的效果

在块编写选项板中的“参数”选项卡中主要选项的含义如下。

- 点：点参数为图形中的块定义 X 和 Y 位置。在块编辑器中，点参数的外观与坐标标注类似，如图 9-89 所示。
- 线性：线性参数显示两个目标点之间的距离。插入线性参数时，夹点移动被约束为只能沿预设角度进行。在块编辑器中，线性参数类似于线性标注，如图 9-90 所示。

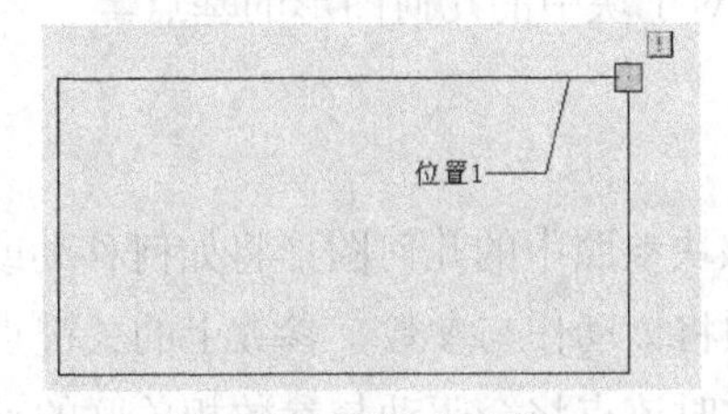

图 9-89　添加点参数

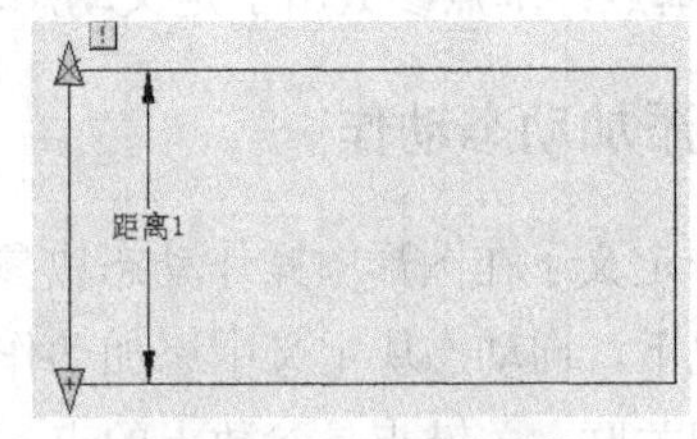

图 9-90　添加线性参数

- 极轴：极轴参数显示两个目标点之间的距离和角度值。可以使用夹点和【特性】选项板同时更改块参照的距离和角度。在块编辑器中，极轴参数类似于对齐标注，如图 9-91 所示。
- XY：XY 参数显示距参数基点的 X 距离和 Y 距离。在块编辑器中，XY 参数显示为水平标注和垂直标注，如图 9-92 所示。

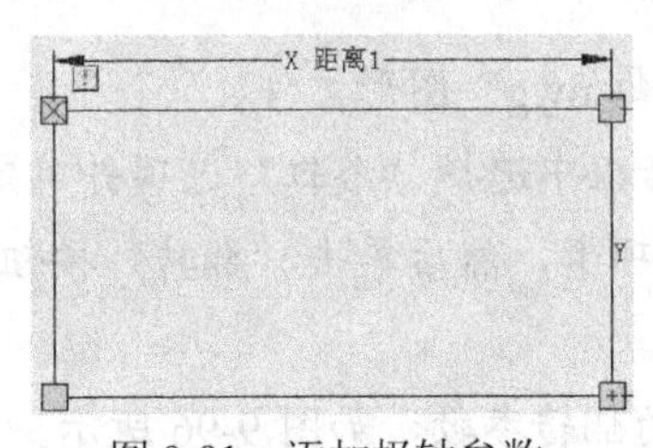

图 9-91　添加极轴参数

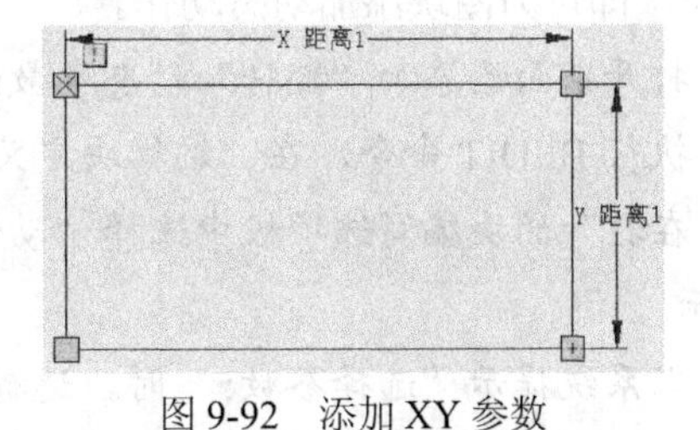

图 9-92　添加 XY 参数

- 旋转：旋转参数用于定义角度。在块编辑器中，旋转参数显示为一个圆，如图 9-93 所示。
- 对齐：对齐参数定义 X、Y 位置和角度。对齐参数允许块参照自动围绕一个点旋转，以便与图形中的另一对象对齐，对齐参数会影响块参照的旋转特性，如图 9-94 所示。
- 翻转：翻转参数用于翻转对象。在块编辑器中，翻转参数显示为投影线。可以围绕这条投影线翻转对象。该参数显示的值用于表示块参照是否已翻转。

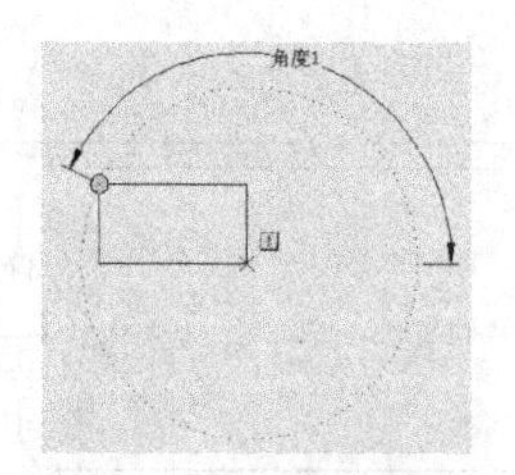
图 9-93　添加旋转参数

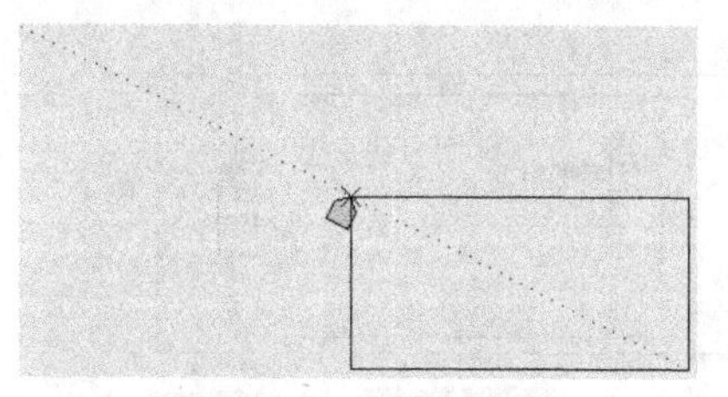
图 9-94　添加对齐参数

- 查寻：查寻参数用于定义自定义特性，用户可以指定该特性，也可以将其设置为从定义的列表或表格中计算值。
- 可见性：可见性参数用于控制块中对象的可见性。可以创建具有许多不同图形表示的块。用户可以轻松修改具有不同可见性状态的块参照，而不必查找不同的块参照以插入到图形中。
- 基点：基点参数用于定义动态块参照相对于块中的几何图形的基点。

9.5.3　添加动态动作

动作定义了在图形中操作动态块参照时，该块参照中的几何图形将如何移动或更改。通常情况下，向动态块定义中添加动作后，必须将该动作与参数、参数上的关键点以及几何图形相关联。关键点是参数上的点，编辑参数时该点将会驱动与参数相关联的动作。与动作相关联的几何图形称为选择集。

添加参数后，就可以添加关联的动作了。在块编写选项板的“动作”选项卡中，列出了可以与各个参数关联的动作。

【练习 9-14】为浴缸图块添加动态动作。

实例分析：在块编写选项板中选择“动作”选项卡，然后在添加的动态参数上添加需要的动作，即可为图块添加动态动作。

(1) 打开前面已添加“翻转”动态参数的“浴缸.dwg”图形文件。

(2) 执行 BEDIT 命令，在“编辑块定义”对话框中选择“浴缸”选项并确定。

(3) 在打开的块编写选项板中选择“动作”选项卡，然后单击“翻转”按钮，如图 9-95 所示。

(4) 当系统提示“选择参数:”时，选择添加的翻转参数，如图 9-96 所示。

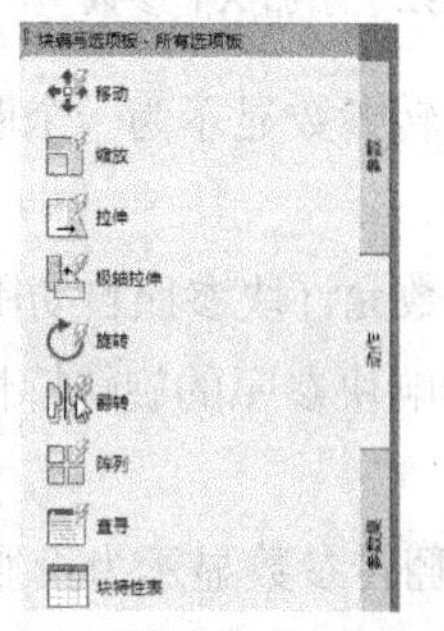

图 9-95　单击“翻转”按钮

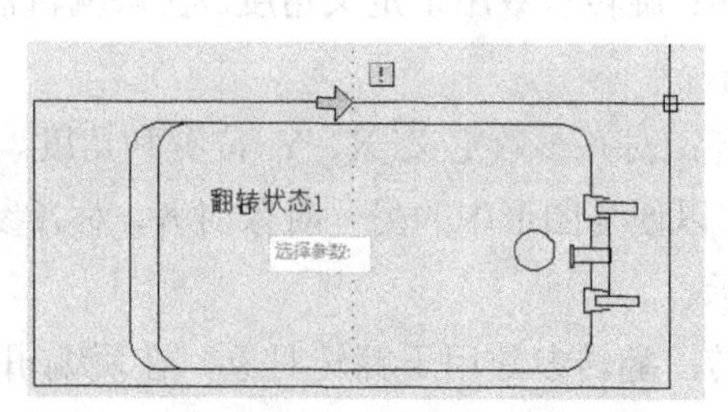

图 9-96　选择翻转参数

(5) 系统提示“选择对象:”时，用窗口选择的方式选择整个图形并确定，然后保存添加的块动作并关闭块编写选项板。

(6) 选择图形，将显示添加动作的效果，如图 9-97 所示。

(7) 单击翻转点图标，可以将图块翻转，如图 9-98 所示。

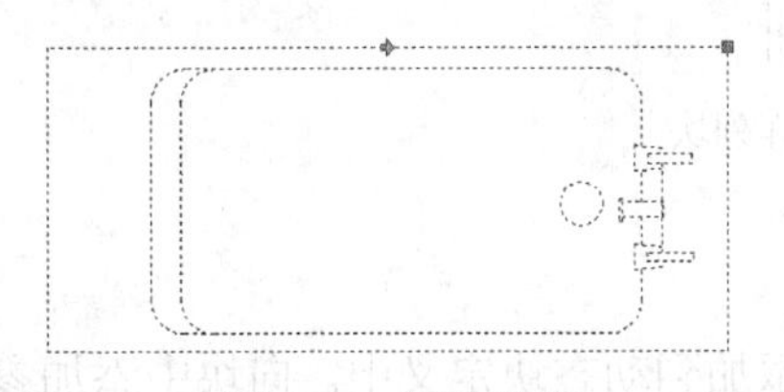

图 9-97 创建动作

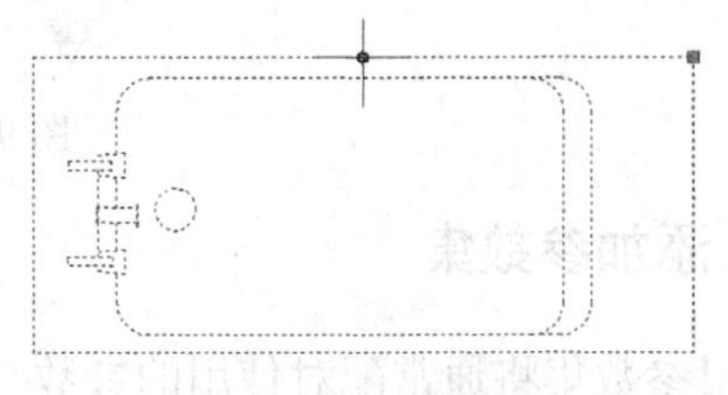

图 9-98 翻转图块

在块编写选项板中的“动作”选项卡中列出了可以与各个参数关联的动作，各主要选项的含义如下。

- 移动：移动动作使对象移动指定的距离和角度，如图 9-99 所示。
- 缩放：缩放动作可以缩放块的选择集，如图 9-100 所示。

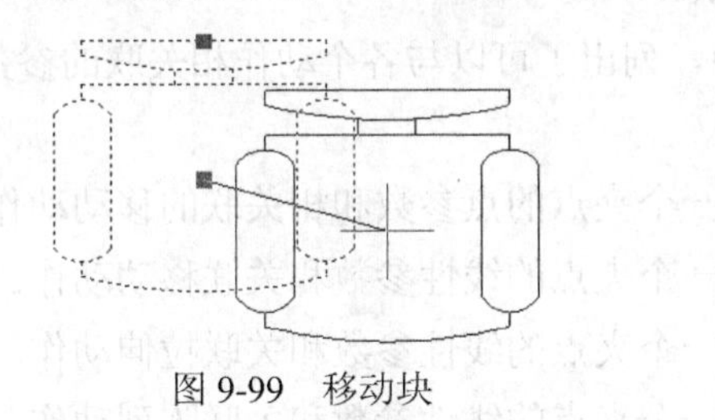

图 9-99 移动块

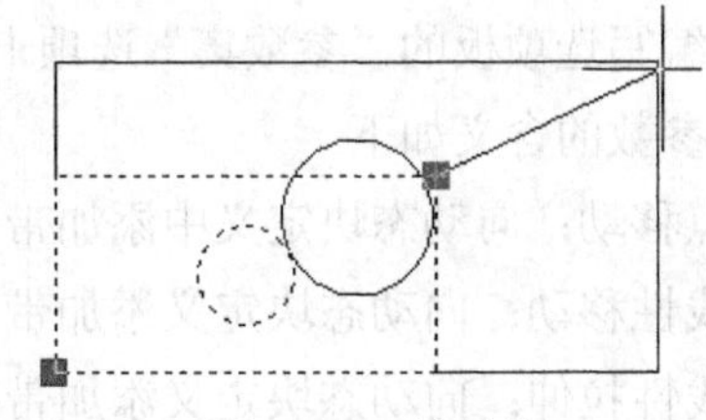

图 9-100 缩放块

- 拉伸：拉伸动作将使对象在指定的位置移动和拉伸指定的距离，如图 9-101 所示。
- 极轴拉伸：使用极轴拉伸动作可以将对象旋转、移动和拉伸指定角度和距离，如图 9-102 所示。

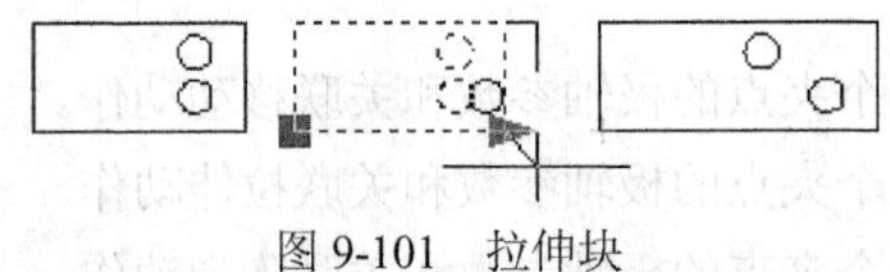

图 9-101 拉伸块

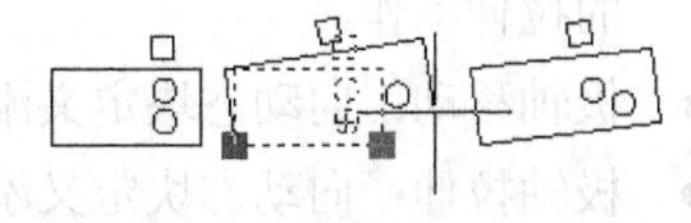

图 9-102 极轴拉伸块

- 旋转：旋转动作使其关联对象进行旋转，如图 9-103 所示。
- 翻转：翻转动作允许用户围绕一条称为投影线的指定轴来翻转动态块参照，如图 9-104 所示。

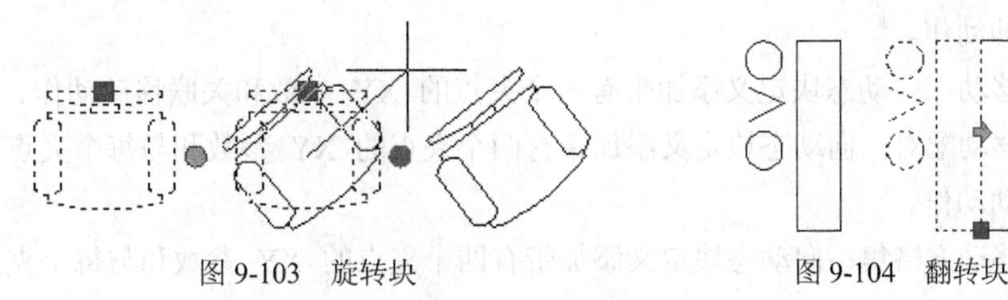

图 9-103 旋转块

图 9-104 翻转块

- 阵列：阵列动作会复制关联对象并以矩形样式对其进行阵列，如图 9-105 所示。
- 查寻：查寻动作将自定义特性和值指定给动态块。

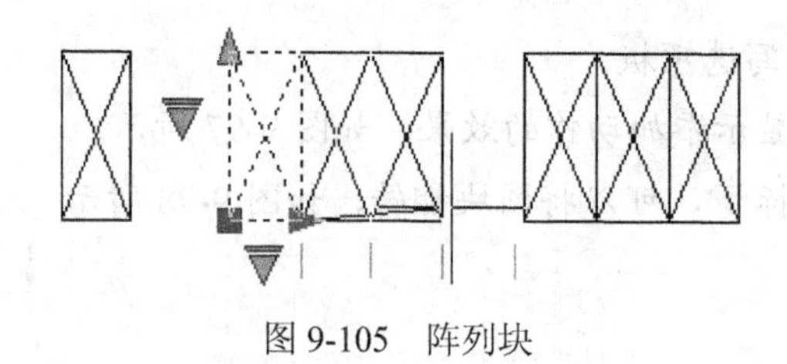

图 9-105　阵列块

9.5.4　添加参数集

使用参数集将通常配对使用的参数与动作添加到动态块定义中。向块中添加参数集与添加参数所使用的方法相同。参数集中包含的动作将自动添加到块定义中，并与添加的参数相关联。接着，必须将选择集(几何图形)与各个动作相关联。

首次向动态块定义添加参数集时，每个动作旁边都会显示一个黄色警告图标。这表示用户需要将选择集与各个动作相关联。可以双击黄色警示图标(或使用 BACTIONSET 命令)，然后按照命令提示将动作与选择集关联。

在块编写选项板的“参数集”选项卡中，列出了可以与各个动作相关联的参数集。其中各主要参数的含义如下。

- 点移动：向动态块定义中添加带有一个夹点的点参数和相关联的移动动作。
- 线性移动：向动态块定义添加带有一个夹点的线性参数和关联移动动作。
- 线性拉伸：向动态块定义添加带有一个夹点的线性参数和关联拉伸动作。
- 线性阵列：向动态块定义添加带有一个夹点的线性参数和关联阵列动作。
- 线性移动配对：向动态块定义添加带有两个夹点的线性参数和与每个夹点相关联的移动动作。
- 线性拉伸配对：向动态块定义添加带有两个夹点的线性参数和与每个夹点相关联的拉伸动作。
- 极轴移动：向动态块定义添加带有一个夹点的极轴参数和关联移动动作。
- 极轴拉伸：向动态块定义添加带有一个夹点的极轴参数和关联拉伸动作。
- 环形阵列：向动态块定义添加带有一个夹点的极轴参数和关联阵列动作。
- 极轴移动配对：向动态块定义添加带有两个夹点的极轴参数和与每个夹点相关联的移动动作。
- 极轴拉伸配对：向动态块定义添加带有两个夹点的极轴参数和与每个夹点相关联的拉伸动作。
- XY 移动：向动态块定义添加带有一个夹点的 XY 参数和关联移动动作。
- XY 移动配对：向动态块定义添加带有两个夹点的 XY 参数和与每个夹点相关联的移动动作。
- XY 移动方格集：向动态块定义添加带有四个夹点的 XY 参数和与每个夹点相关联的移动动作。
- XY 拉伸方格集：向动态块定义添加带有四个夹点的 XY 参数和与每个夹点相关联的拉伸动作。

- XY 阵列方格集：向动态块定义添加带有四个夹点的 XY 参数和与每个夹点相关联的阵列动作。
- 旋转：向动态块定义添加带有一个夹点的旋转参数和关联旋转动作。
- 翻转：向动态块定义添加带有一个夹点的翻转参数和关联翻转动作。
- 可见性：添加带有一个夹点的可见性参数。无需将任何动作与可见性参数相关联。
- 查寻：向动态块定义添加带有一个夹点的查寻参数和查寻动作。

9.6　应用外部参照

使用外部参照可以将整个图形文件作为参照图形附着到当前图形中。通过外部参照，参照图形中所作的修改将反映在当前图形中。附着的外部参照链接至另一图形，并不真正插入。因此，使用外部参照可以生成图形而不会显著增加图形文件的大小。

9.6.1　附着图形文件

选择“插入”|“外部参照”命令，或执行 Externalreferences 命令，打开“外部参照”选项板。该选项板中显示了外部参照的详细信息，如图 9-106 所示。

“外部参照”选项板用于组织、显示和管理参照文件，例如 DWG 文件(外部参照)、DWF、DWFx、PDF 或 DGN 参考底图以及光栅图像。DWG、DWF、DWFx、PDF 和光栅图像文件可以从“外部参照”选项板中直接打开。

单击“外部参照”选项板上方的“附着 DWG”按钮，将打开“选择参照文件”对话框，在该对话框中可以选择插入到当前文件中的 DWG 图形文件，如图 9-107 所示。

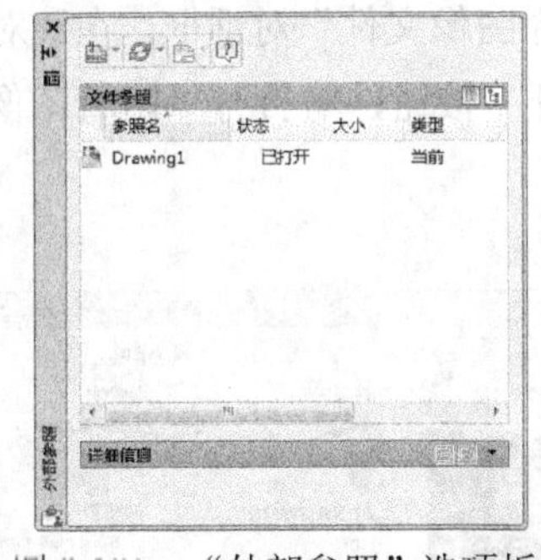

图 9-106　“外部参照”选项板

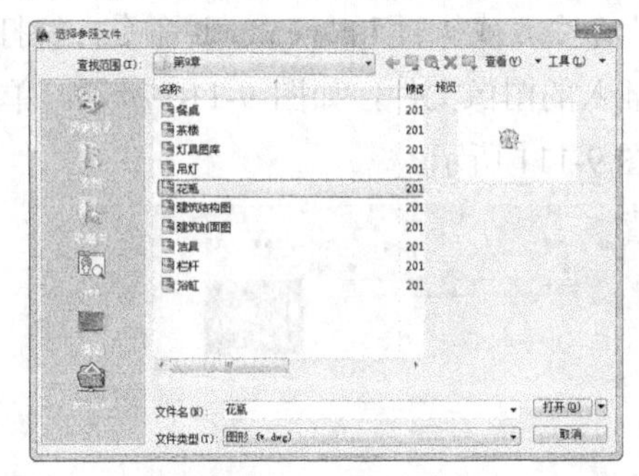

图 9-107　选择文件

注意：

如果在“外部参照”选项板之外的任意位置单击鼠标，“外部参照”选项板将返回到自动隐藏状态。

选择 DWG 图形文件后，单击“打开”按钮，将打开“附着外部参照”对话框，如图 9-108 所示，在该对话框中可以预览插入的图形文件效果。设置好参数后，单击“确定”按钮，即可在绘图区指定插入图形位置，并将其插入到当前文件中，如图 9-109 所示。

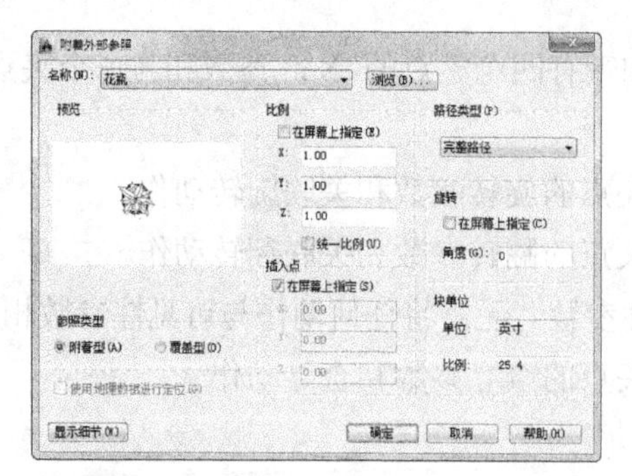

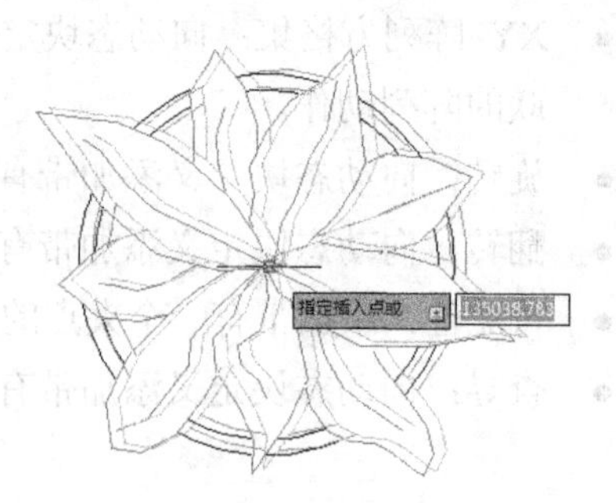

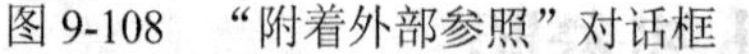

图 9-108　“附着外部参照”对话框　　　　图 9-109　插入文件

在“附着外部参照”对话框中，可以将插入的图形文件指定为“附着型”和“覆盖型”两种参照类型，各选类型的含义如下。

- 附着型：可以嵌套附着的 DWG 参照(外部参照)，也就是可以附着包含其他外部参照的外部参照。外部参照可以嵌套在其他外部参照中，即可以附着包含其他外部参照的外部参照。用户可以根据自己的需要附着任意多个具有不同位置、缩放比例和旋转角度的外部参照副本。
- 覆盖型：与附着的外部参照不同，当图形作为外部参照附着或覆盖到另一图形中时，不包括覆盖的外部参照。覆盖外部参照用于在网络环境中共享数据。通过覆盖外部参照，无需通过附着外部参照来修改图形便可以查看图形与其他编组中的图形的相关方式。

9.6.2　附着图像文件

“光栅图像参照”命令用于将新的图像插入到当前图形中。选择“插入”|“光栅图像参照”命令，或执行 Imageattach 命令，将打开“选择图像文件”对话框，在该对话框中选择要插入的图像文件，如图 9-110 所示。单击“打开”按钮，将打开“附着图像”对话框，如图 9-111 所示。

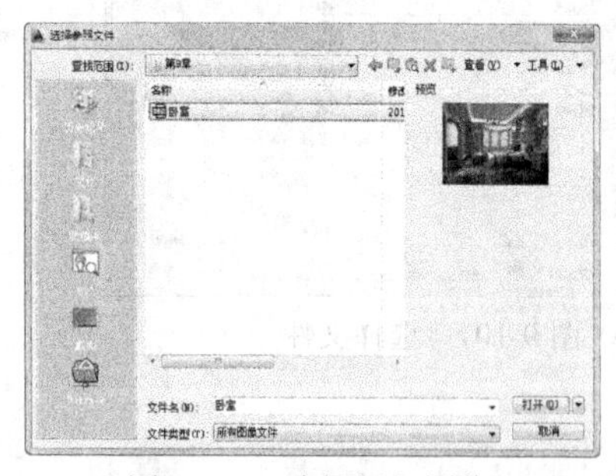

图 9-110　选择插入图像

图 9-111　“附着图像”对话框

在“附着图像”对话框中显示了插入图像的效果，设置好参数后，单击“确定”按钮，将进入绘图区指定插入图像的位置，如图 9-112 所示。然后系统将提示指定缩放比例因子，设置好缩放比例因子后，按 Enter 键进行确定，即可将选择的图像插入到当前文件中，如图 9-113 所示。

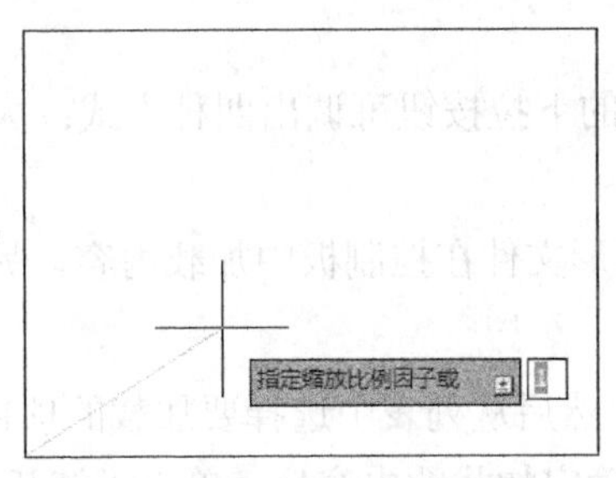

图 9-112　指定插入图像位置

图 9-113　插入图像

9.7　应用设计中心

通过设计中心可以方便地浏览计算机或网络上任何图形文件中的内容。其中包括图块、标注样式、图层、布局、线型、文字样式以及外部参照。另外，可以使用设计中心从任意图形中选择图块，或从 AutoCAD 图元文件中选择填充图案，然后将其置于工具选项板上以便以后使用。

AutoCAD 设计中心的主要作用包括以下 3 个方面。

- 浏览图形内容，包括从经常使用的文件图形到网络上的符号等。
- 在本地硬盘和网络驱动器上搜索和加载图形文件，可将图形从设计中心拖到绘图区域并打开图形。
- 查看文件中图形和图块定义，并可将其直接插入、或复制粘贴到目前的文件中。

9.7.1　初识设计中心

选择“工具”|“选项板”|“设计中心”命令，或执行 Adcenter(ADC)命令，即可打开“设计中心”选项板，如图 9-114 所示。

在树状视图窗口中显示了图形源的层次结构，在右边控制板用于查看图形文件的内容。展开文件夹标签，选择指定文件的块选项，在右边控制板中便显示该文件中的图块文件。在设计中心界面的上方有一系列工具栏按钮，选取任一图标，即可显示相关的内容，其中各选项的作用如下。

- 加载：向控制板中加载内容。
- 上一页：单击该按钮进入上一次浏览的页面。
- 下一页：在选择浏览上一页操作后，可以单击该按钮返回到后来浏览的页面。
- 上一级目录：回到上级目录。
- 搜索：搜索文件内容。
- 收藏夹：列出 AutoCAD 的收藏夹。
- 主页：列出本地和网络驱动器。
- 树状图切换：扩展或折叠子层次。
- 预览：预览图形。

- 说明：进行文本说明。
- 显示：控制图标显示形式，单击右侧的下拉按钮可调出四种方式：大图标、小图标、列表、详细内容。

在树状图中选择图形文件，可以通过双击该图形文件在控制板中加载内容，另外，也可以通过加载按钮向控制板中加载内容。

单击“加载”按钮，打开“加载”对话框，然后从列表中选择要加载的项目内容，在预览框中会显示选定的内容，如图 9-115 所示。确定加载的内容后，单击“打开”按钮，即可加载该文件的内容。

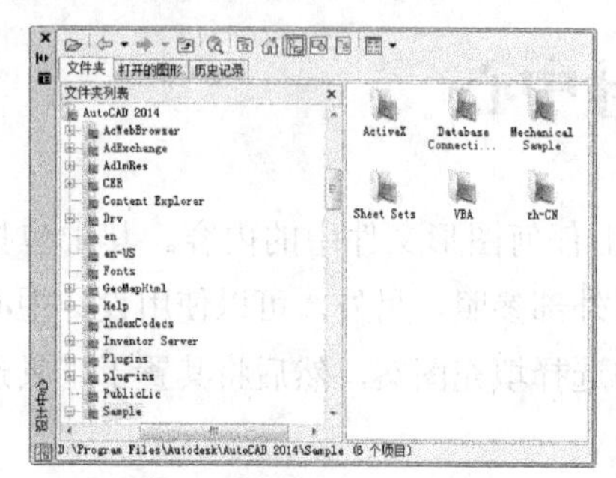

图 9-114　设计中心

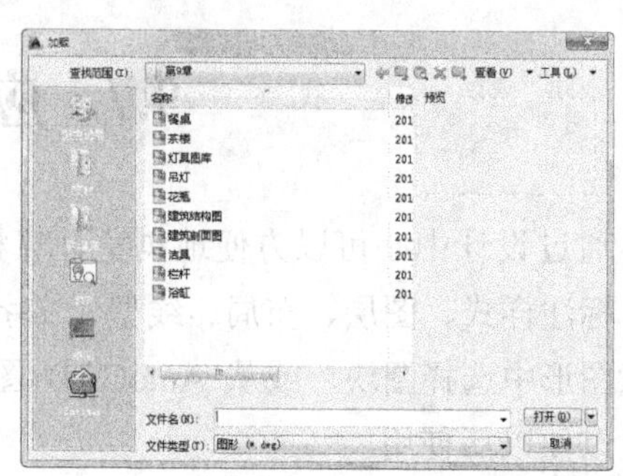

图 9-115　“加载”对话框

9.7.2　搜索文件

使用 AutoCAD 设计中心搜索功能，可以搜索文件、图形、块和图层定义等，从 AutoCAD 设计中心的工具栏中单击“搜索”按钮，打开“搜索”对话框，在该对话框的查找栏中可以选择要查找的内容类型，包括标注样式、布局、块、填充图案、图层、图形等。

【练习 9-15】在“设计中心”选项板中搜索灯具图形。

实例分析：在“设计中心”选项板中搜索图形文件，可以在“设计中心”选项板中单击工具栏中的“搜索”按钮，然后在“搜索”对话框中输入要搜索图形的名称，并指定搜索的位置，然后单击“立即搜索”按钮。

(1) 执行 Adcenter(ADC)命令，打开“设计中心”选项板，单击工具栏中的“搜索”按钮，打开“搜索”对话框，然后单击“浏览”按钮，如图 9-116 所示。

(2) 在打开的“浏览文件夹”对话框中选择搜索的位置，然后单击“确定”按钮，如图 9-117 所示。

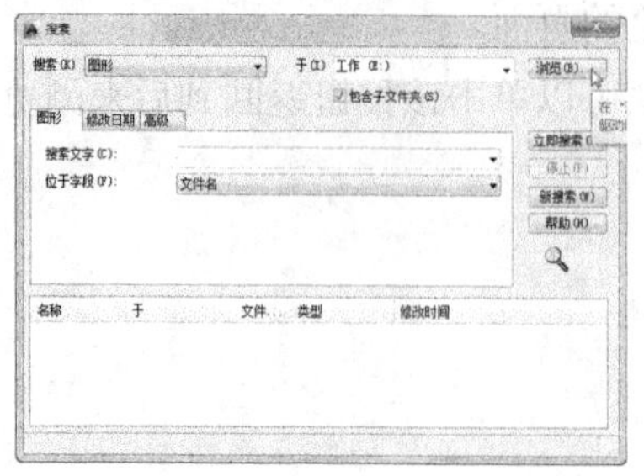

图 9-116　单击“浏览”按钮

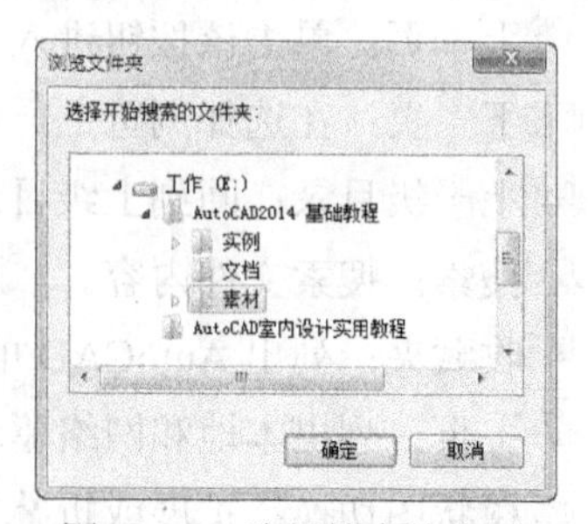

图 9-117　选择搜索的位置

(3) 返回“搜索”对话框中输入搜索的图形名称，然后单击“立即搜索”按钮，即可开始搜索指定的文件，其结果显示在对话框的下方列表中，如图 9-118 所示。

(4) 双击搜索到的文件，可以直接将其加载到“设计中心”选项板中，如图 9-119 所示。

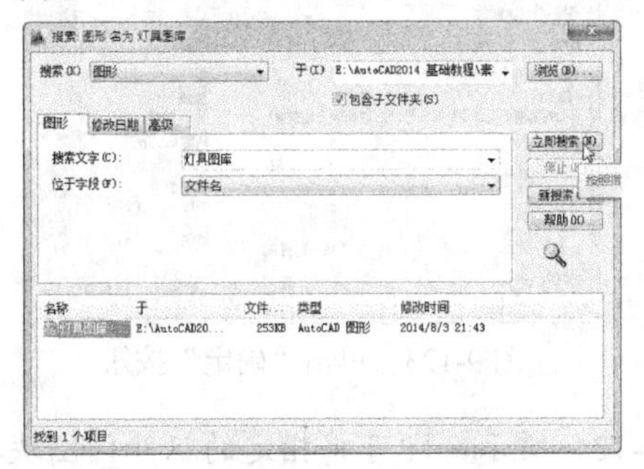

图 9-118　搜索文件

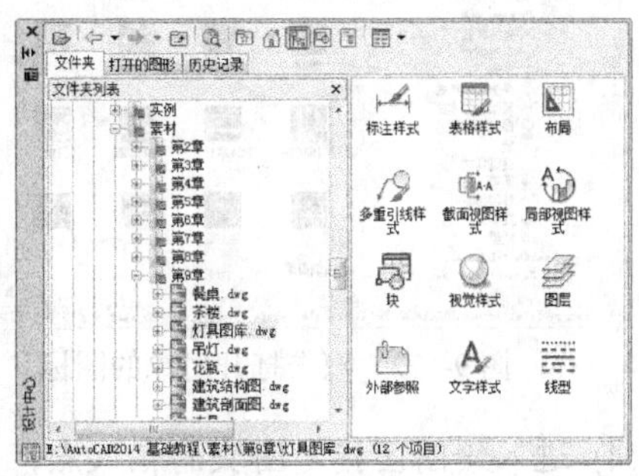

图 9-119　加载文件

注意：

单击“立即搜索”按钮即可开始进行搜索，其结果显示在对话框的下部列表中。如果在完成全部搜索前就已经找到所要的内容，可单击“停止”按钮停止搜索；单击“新搜索”按钮可清除当前的搜索内容，重新进行搜索。在搜索到所需要的内容后，选定，用鼠标双击即可直接将其加载到控制板选项板上。

9.7.3　在图形中添加对象

应用 AutoCAD 设计中心不仅可以搜索需要的文件，还可以向图形中添加内容。在“设计中心”选项板中将块对象拖放到打开的图形中，即可将该内容加载到图形中去，如图 9-120 所示。如果在“设计中心”选项板中双击块对象，可以打开“插入”对话框，然后将指定的块对象插入到图形中，如图 9-121 所示。

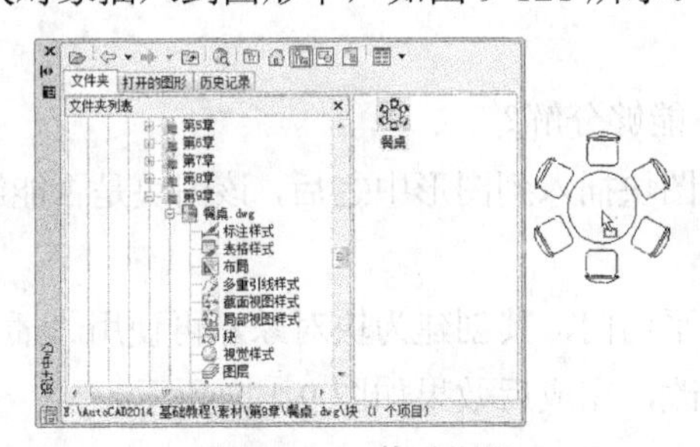

图 9-120　拖动图形

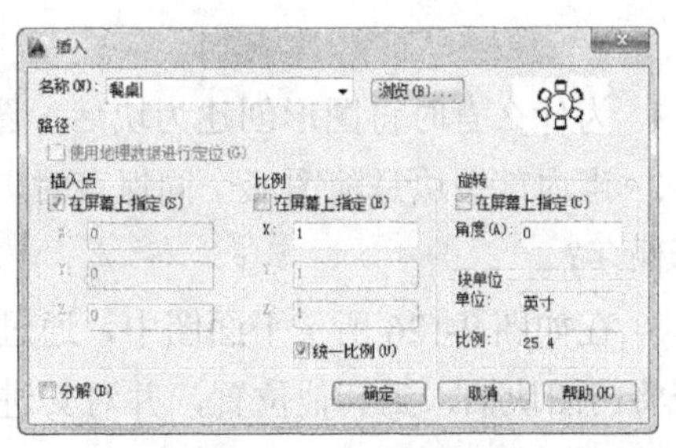

图 9-121　“插入”对话框

【练习 9-16】将设计中心的“双开门”图块插入到绘图区中。

实例分析：在“设计中心”选项板中有许多自带的块图形，在“设计中心”选项板的“文件夹列表”中选择要插入图块文件的位置，然后双击要插入的块，即可打开“插入”对话框，插入指定的块。

(1) 执行 Adcenter(ADC)命令，打开“设计中心”选项板。

(2) 在“设计中心”选项板的“文件夹列表”中选择要插入图块文件的位置，并单击“块”选项，在右端的文件列表中双击“DR-69P”图标，如图 9-122 所示。

(3) 在打开的“插入”对话框中单击“确定”按钮，如图 9-123 所示。

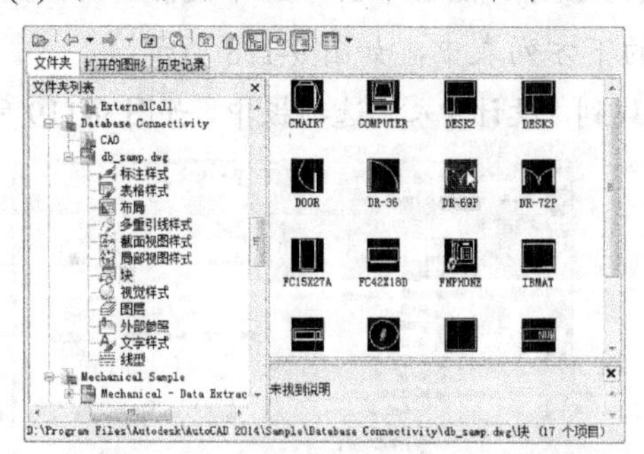

图 9-122　双击打开对象的图标

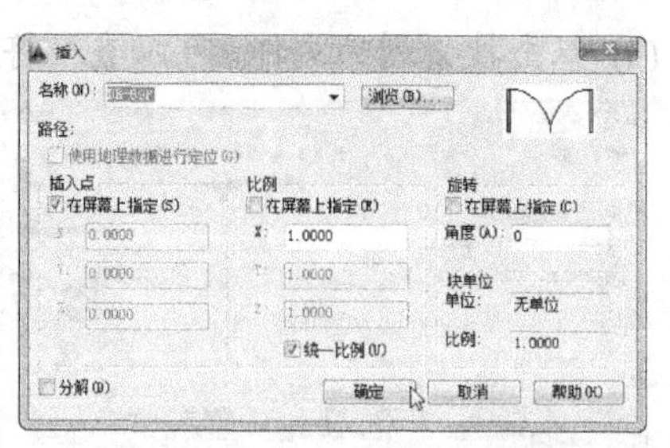

图 9-123　单击“确定”按钮

(4) 进入绘图区指定图块的插入点，如图 9-124 所示，即可将指定的双开门图块插入到绘图区中，如图 9-125 所示。

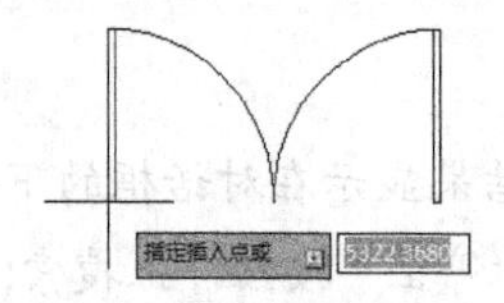

图 9-124　指定图块插入点

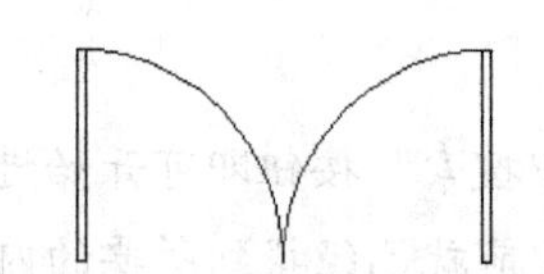

图 9-125　插入的双开门效果

注意：

使用“设计中心”命令不仅可以插入 AutoCAD 自带的图块，也可以插入其他文件中的图块，在“设计心中”选项板中找到并展开要打开的图块，双击该图块打开“插入”对话框将其插入到绘图区中，也可以将图块从“设计心中”选项板中直接拖入绘图区。

9.8　思考练习

1. 为什么有时将图形创建为块后，图块不能够分解？

2. 当内部图块是随图形一同保存时，外部图块插入到图形中之后，该图块是否能够随图形保存？

3. 在如图 9-126 所示平面图中，通过绘制平门门，其创建为块对象，再使用“插入”命令将门图块插入到其他位置，并对其进行修改，完成后效果如图 9-127 所示。

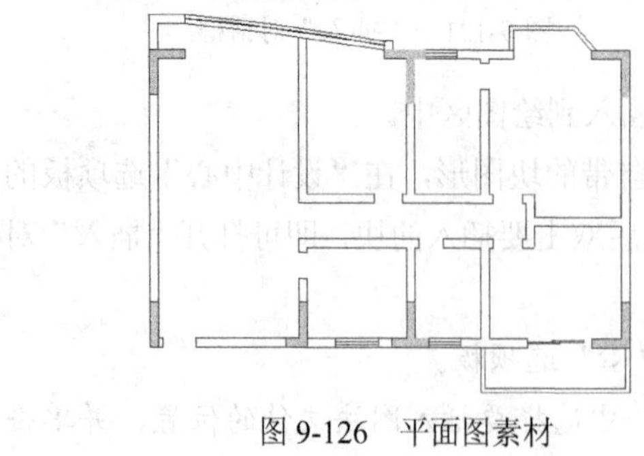

图 9-126　平面图素材

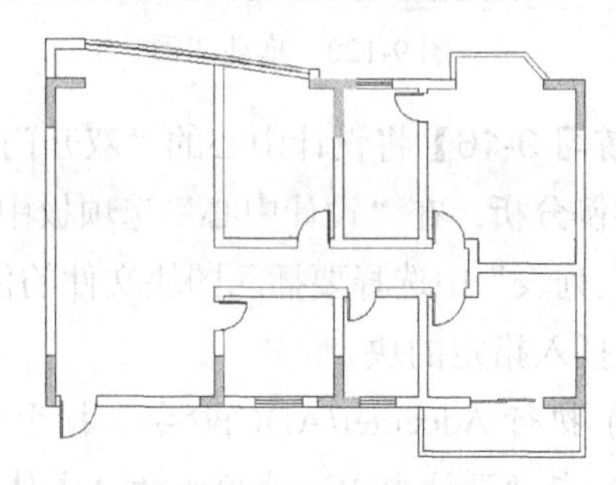

图 9-127　绘制门图形

4. 打开“感应器详图.dwg”素材图形，如图 9-128 所示。执行 Adcenter(ADC)命令，在“设计中心”选项板中依次展开 Sample\zh-CN\DesignCenter\Fasteners-US.dwg 文件中的图块，将六角螺母图块插入到当前图形中，效果如图 9-129 所示。

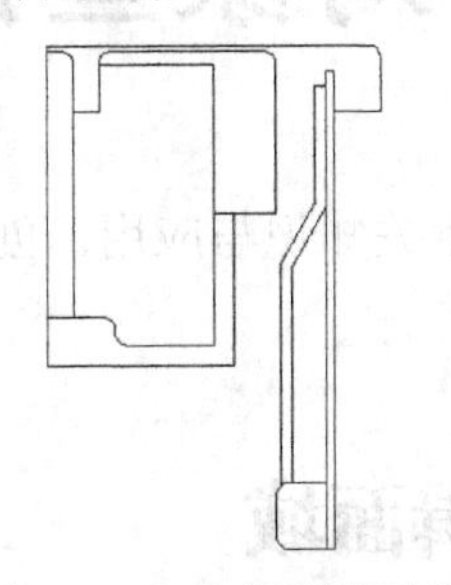

图 9-128　感应器详图素材

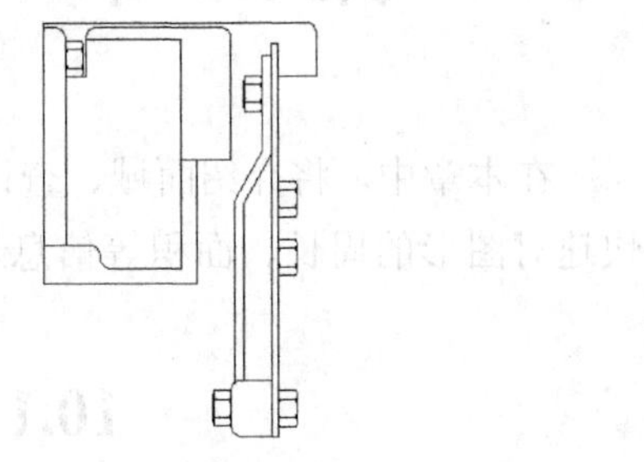

图 9-129　插入六角螺母

5. 打开如图 9-130 所示的建筑立面图，通过创建标高图形，并使用块属性方法快速完成立面图标高的绘制，效果如图 9-131 所示。

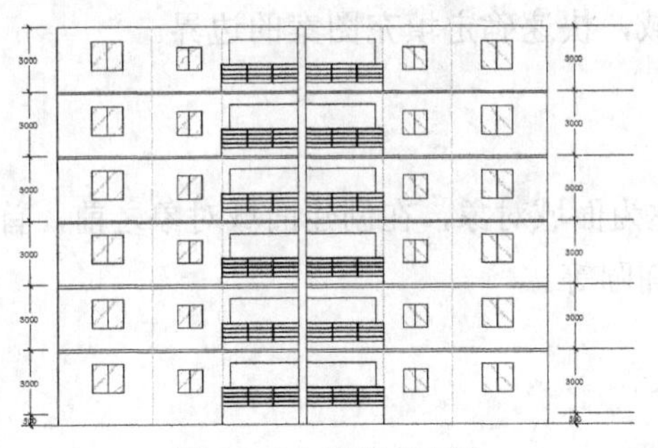

图 9-130　建筑立面图

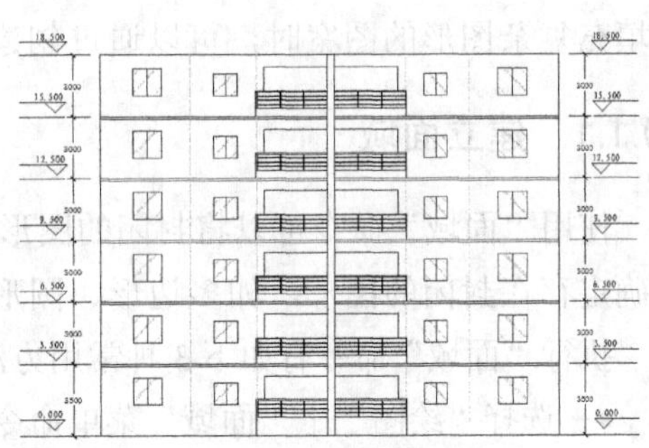

图 9-131　绘制建筑标高

第10章　面域与对象查询

在本章中，将介绍面域、查询和快速计算机的相关知识与应用。创建面域对象可以快速对图形的周长、面积等信息进行查询。

10.1　创建与编辑面域

在 AutoCAD 中，面域是由封闭区域所形成的二维实体对象，其边界可以由直线、多段线、圆、圆弧或椭圆等对象形成。用户可以对面域进行布尔运算，创建出各种形状。在填充复杂图形的图案时，可以通过创建面域，快速确定填充图案的边界。

10.1.1　建立面域

使用“面域”命令可以将封闭的图形创建为面域对象，在创建面域对象之前，首先要确定存在封闭的图形，如多边形、圆形或椭圆等。

执行“面域”命令有如下 3 种常用方法。

- 选择“绘图”|“面域”菜单命令。
- 单击“绘图”面板中的“面域”按钮。
- 执行 Region(REG)命令。

【练习 10-1】将图形创建为面域对象。

实例分析：将图形创建为面域的操作很简单，在执行 Region(REG)命令后，选择要创建为面域的对象并确定即可。

(1) 使用“矩形”和“圆”命令绘制一个矩形和圆。

(2) 执行 Region(REG)”命令，选择圆形作为创建面域的对象，如图 10-1 所示。

(3) 按空格键进行确定，即可将选择的对象转换为面域对象，将鼠标指针移向面域对象时，将显示该面域的属性，如图 10-2 所示。

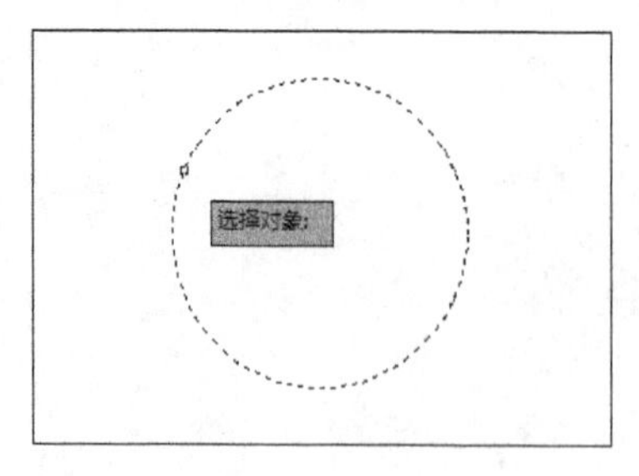

图 10-1　选择图形

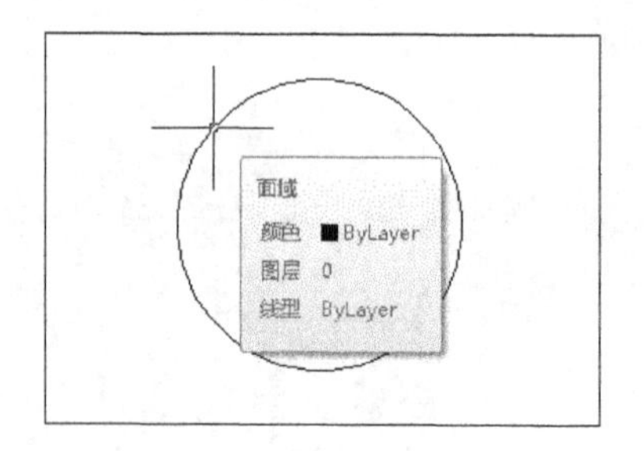

图 10-2　显示面域属性

10.1.2　运算面域

在 AutoCAD 中，可以对面域进行并集、差集和交集 3 种布尔运算，通过不同的组合来创建复杂的新面域。

1. 并集运算

并集运算是将多个面域对象相加合并成一个对象。在 AutoCAD 中，执行“并集”运算命令有如下两种常用方法。

- 选择“修改”|“实体编辑”|“并集”命令。
- 执行 UnionNION(UNI)命令。

【练习 10-2】对面域对象进行并集运算。

实例分析：执行 Union(UNI)命令可以进行并集运算，可以将多个面域对象相加合并成一个对象。

(1) 使用“圆”命令绘制两个圆，然后将其创建为面域对象，如图 10-3 所示。

(2) 执行 Union(UNI)命令，然后选择创建好的两个面域对象并确定，即可将两个面域进行并集运算，并集效果如图 10-4 所示。

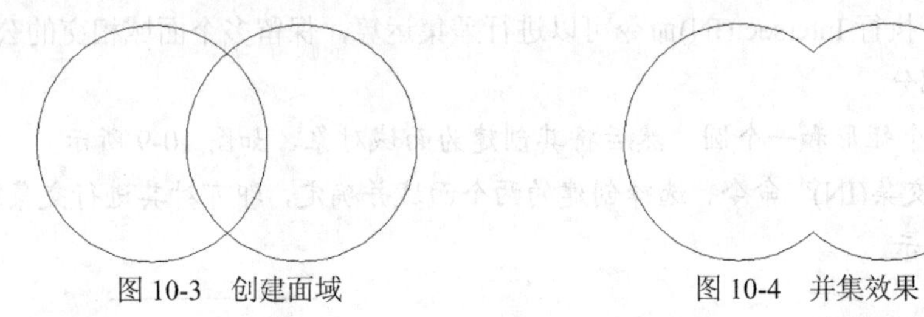

图 10-3　创建面域　　　　图 10-4　并集效果

2. 差集运算

差集运算是在一个面域中减去其他与之相交面域的部分。执行面域的差集运算命令有如下两种常用方法。

- 选择“修改”|“实体编辑”|“差集”菜单命令。
- 执行 Subtract(SU)命令。

【练习 10-3】对面域对象进行差集运算。

实例分析：执行 Subtract(SU)命令可以进行差集运算，可以在一个面域中减去其他与之相交面域的部分。

(1) 绘制一个矩形和一个圆，然后将其创建为面域对象，如图 10-5 所示。

(2) 执行 Subtract(SU)命令，选择圆作为差集运算的源对象，如图 10-6 所示。

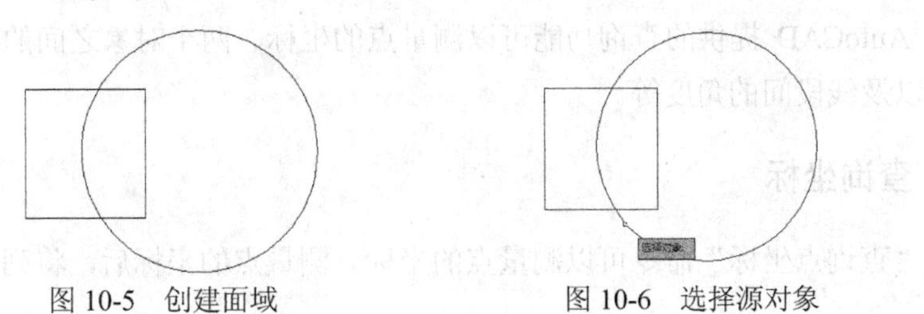

图 10-5　创建面域　　　　图 10-6　选择源对象

(3) 选择矩形作为要减去的对象，如图 10-7 所示。按空格键进行确定，差集运算面域的效果如图 10-8 所示。

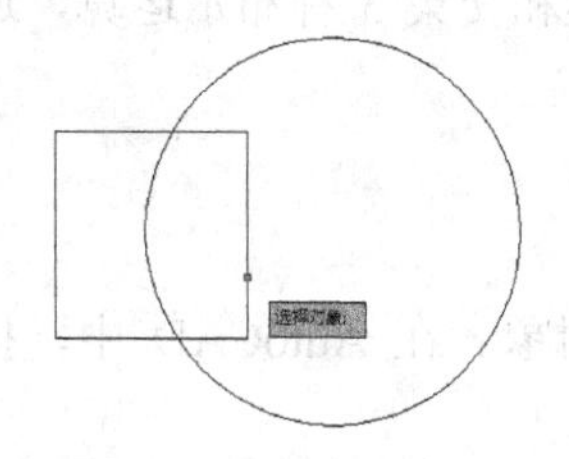

图 10-7　选择减去的对象

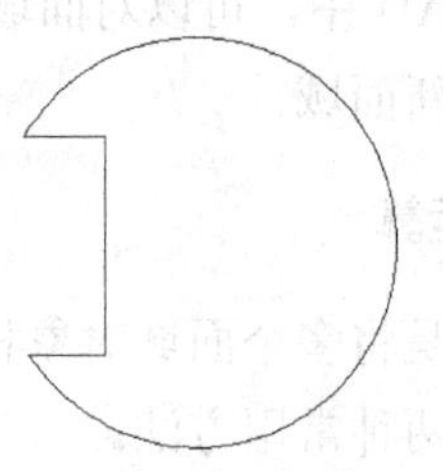

图 10-8　差集效果

3. 交集运算

交集运算是保留多个面域相交的公共部分，而除去其他部分的运算方式。执行面域的交集运算命令有如下两种常用方法。

- 选择“修改”|“实体编辑”|“交集”命令。
- 执行 Intersect(IN)命令。

【练习 10-4】对面域对象进行交集运算。

实例分析：执行 Intersect(IN)命令可以进行差集运算，保留多个面域相交的公共部分，而除去其他的部分。

(1) 绘制一个矩形和一个圆，然后将其创建为面域对象，如图 10-9 所示。

(2) 执行“交集(IN)”命令，选择创建的两个面域并确定，即可对其进行交集运算，效果如图 10-10 所示。

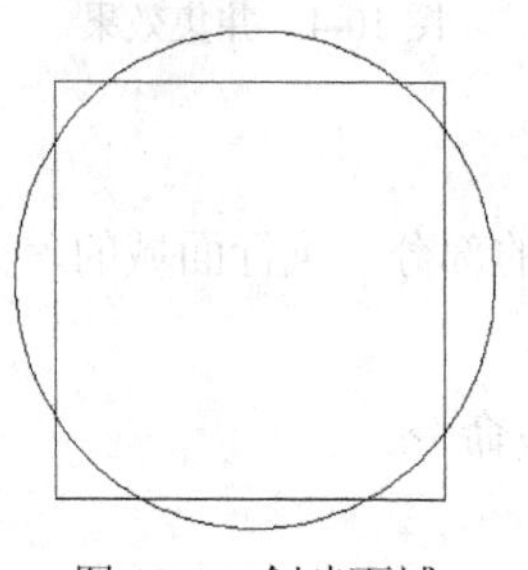

图 10-9　创建面域

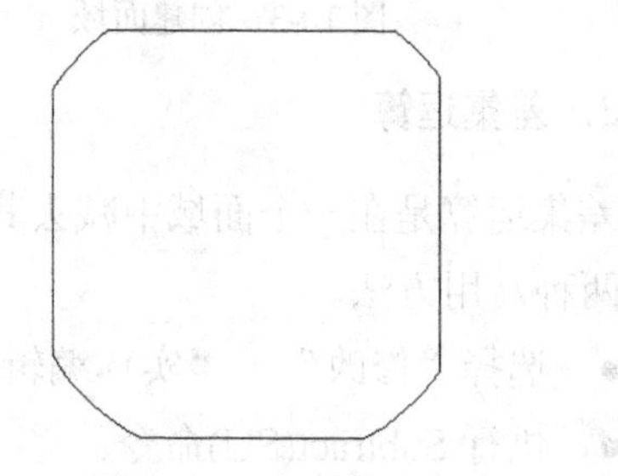

图 10-10　交集效果

10.2　对象查询

使用 AutoCAD 提供的查询功能可以测量点的坐标、两个对象之间的距离、图形的面积与周长以及线段间的角度等。

10.2.1　查询坐标

使用“查询点坐标”命令可以测量点的坐标。测量点的坐标后，将列出指定点的 X、

Y 和 Z 值，并将指定点的坐标存储为上一点坐标。可以通过在输入点的下一步提示输入"@"符号来引用上一点。

启用"查询点坐标"命令有如下 3 种常用方法。

- 选择"工具"|"查询"|"点坐标"命令，如图 10-11 所示。
- 单击"实用工具"面板中的"点坐标"按钮，如图 10-12 所示。
- 执行 ID 命令。

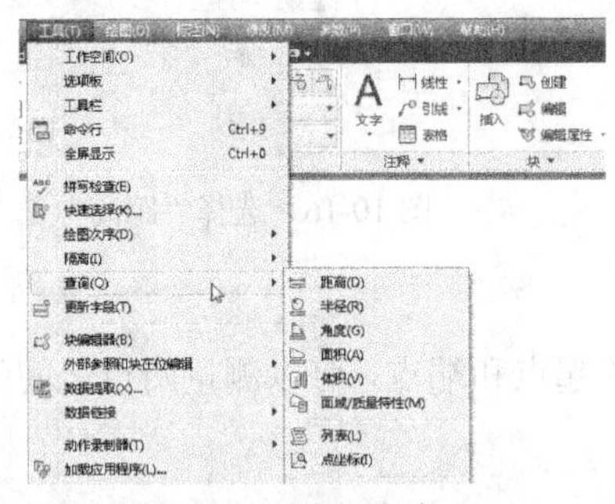

图 10-11　选择命令

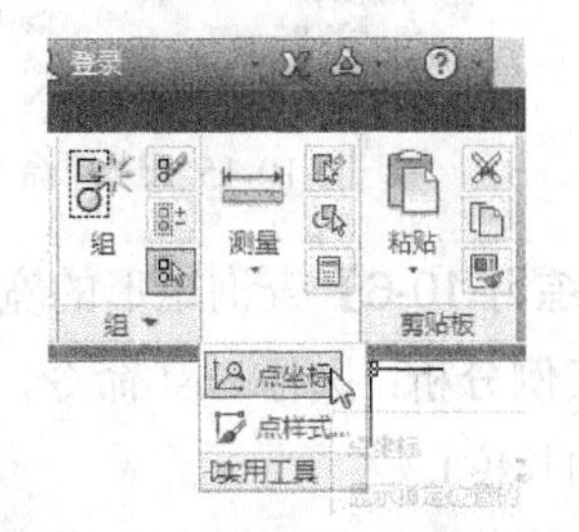

图 10-12　单击按钮

【练习 10-5】查询矩形顶点的坐标。

实例分析：执行 ID 命令，捕捉需要查询的点，即可查询该点的坐标。

(1) 使用 Rectang(REC)命令绘制一个矩形。

(2) 执行 ID 命令，然后在矩形顶点位置单击鼠标，如图 10-13 所示，即可测出指定圆的圆心坐标并显示，如图 10-14 所示。

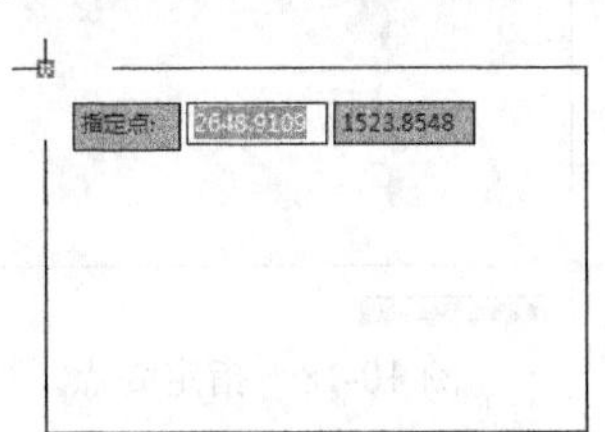

图 10-13　指定测量点

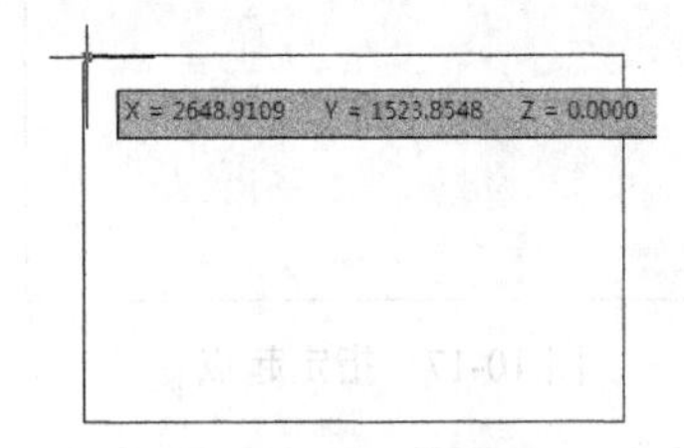

图 10-14　显示坐标值

注意：

在完成点的坐标测量后，可以在命令窗口中查看点的坐标值。

10.2.2　查询距离

使用"查询距离"命令可以计算 AutoCAD 中真实的三维距离。XY 平面中的倾角相对于当前 X 轴，与 XY 平面的夹角相对于当前 ZY 平面。如果忽略 Z 轴的坐标值，利用 DIST 命令计算的距离将采用第一点或第二点的当前距离。

启用"查询距离"命令有如下 3 种常用方法。

- 选择"工具"|"查询"|"距离"命令，如图 10-15 所示。
- 单击"实用工具"面板中的"测量"下拉按钮，在弹出的列表中选择"距离"工具，如图 10-16 所示。

● 执行 Dist 命令。

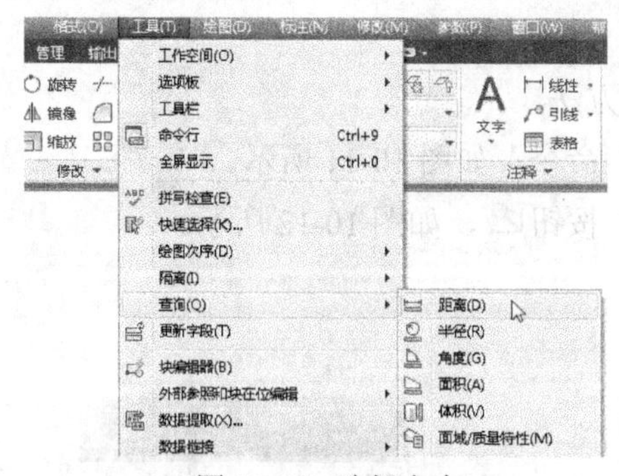
图 10-15　选择命令

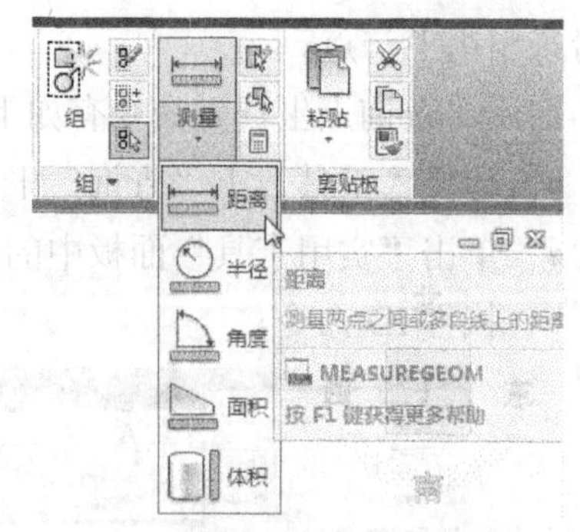
图 10-16　选择“距离”工具

【练习 10-6】查询矩形的宽度。

实例分析：执行 Dist 命令，通过捕捉线段的起点和端点，可以测量两点之间的距离(即线段的长度)。

(1) 使用 Rectang(REC)命令绘制一个矩形。

(2) 执行 Dist 命令，在矩形的左上方端点处单击鼠标指定测量对象的起点，如图 10-17 所示。

(3) 在矩形左下方端点处单击鼠标指定测量对象的终点，如图 10-18 所示。

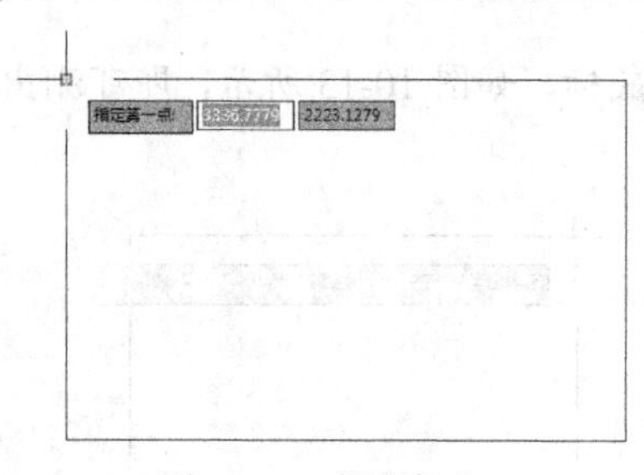
图 10-17　指定起点

图 10-18　指定终点

(4) 测量完成后，系统将显示测量的结果，如图 10-19 所示。同时会在命令窗口中显示测量结果，如图 10-20 所示。

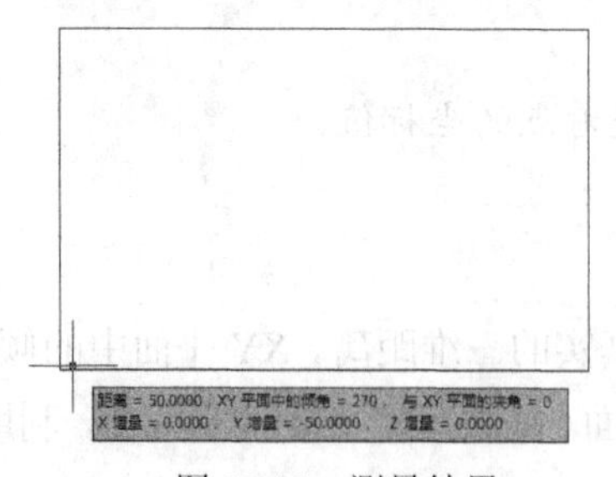
图 10-19　测量结果

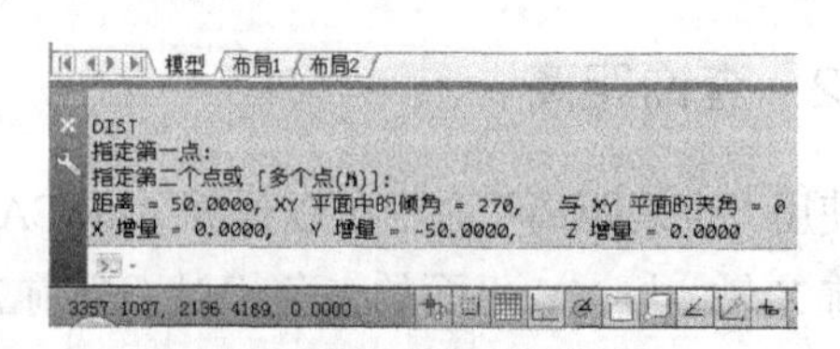
图 10-20　命令行中信息

10.2.3　查询半径

使用查询半径操作可以测量圆或圆弧的半径值，启用查询半径的命令有如下 3 种常用方法。

- 选择“工具”|“查询”|“半径”命令。
- 单击“实用工具”面板中的“测量”下拉按钮，在下拉列表中选择“半径”工具。
- 执行 Measuregeom 命令。

【练习 10-7】查询圆弧的半径。

实例分析：选择“工具”|“查询”|“半径”命令，通过选择要查询的圆或圆弧对象，可以测量出选择对象的半径。

(1) 使用 Arc(A)命令绘制一段圆弧。

(2) 选择“工具”|“查询”|“半径”命令，然后选择要查询的圆弧，如图 10-21 所示。

(3) 系统将显示所选圆弧的半径和直径，如图 10-22 所示。在弹出的列表中选择“退出”选项即可结束查询半径的操作。

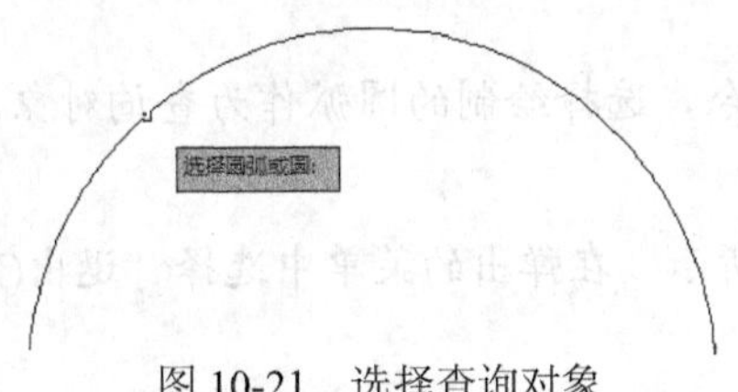

图 10-21　选择查询对象

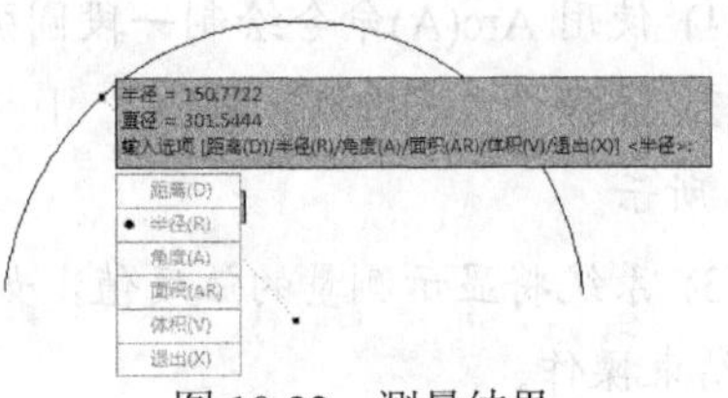

图 10-22　测量结果

10.2.4　查询角度

使用“查询角度”的操作可以测量出对象的夹角，也可以测量出圆弧对象的弧度，启用查询角度的命令有如下 3 种常用方法。

- 选择“工具”|“查询”|“角度”命令。
- 单击“实用工具”面板中的“测量”下拉按钮，在下拉列表中选择“角度”工具。
- 执行 Measuregeom 命令。

【练习 10-8】查询五边形的夹角角度。

实例分析：选择“工具”|“查询”|“角度”命令，通过选择要查询的夹角对象，可以测量出指定夹角的角度。

(1) 选择“绘图”|“多边形”命令，绘制一个正五边形，如图 10-23 所示。

(2) 选择“工具”|“查询”|“角度”命令，选择五边形的一个边，如图 10-24 所示。

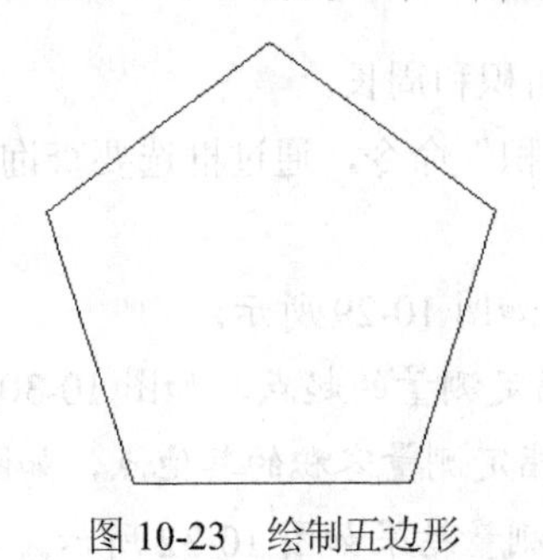

图 10-23　绘制五边形

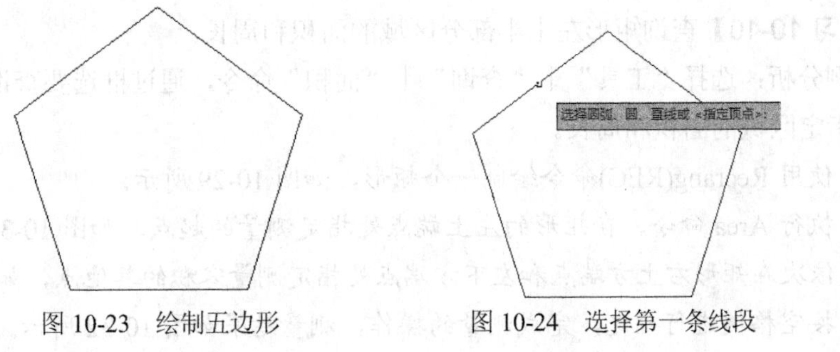

图 10-24　选择第一条线段

(3) 根据提示指定测量的第二条线段，如图 10-25 所示，即可显示测量的结果。在弹出的菜单中选择“退出(X)”选项，结束查询操作，如图 10-26 所示。

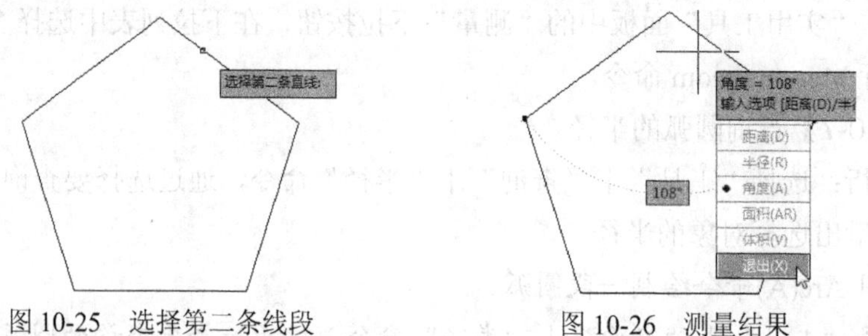

图 10-25　选择第二条线段　　图 10-26　测量结果

【练习 10-9】查询圆弧的弧度。

实例分析：选择“工具”|“查询”|“角度”命令，通过选择要查询的圆弧对象，可以测量出指定圆弧的弧度。

(1) 使用 Arc(A)命令绘制一段圆弧。

(2) 选择“工具”|“查询”|“角度”命令，选择绘制的圆弧作为查询对象，如图 10-27 所示。

(3) 系统将显示测量的弧度值，如图 10-28 所示。在弹出的菜单中选择“退出(X)”选项，结束操作。

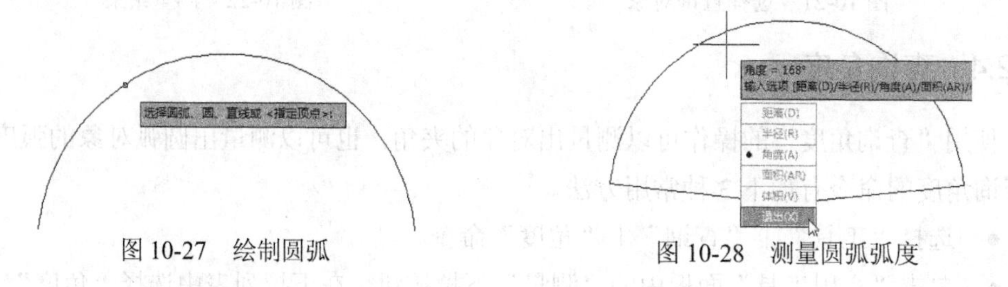

图 10-27　绘制圆弧　　图 10-28　测量圆弧弧度

10.2.5　查询面积和周长

使用“面积”命令可以测量出对象或某区域的面积或周长，启用“面积”命令有如下 3 种常用方法。

- 选择“工具”|“查询”|“面积”命令。
- 单击“实用工具”面板中的“测量”下拉按钮，在下拉列表中选择“面积”工具。
- 执行 Area 命令。

【练习 10-10】查询矩形左上半部分区域的面积和周长。

实例分析：选择“工具”|“查询”|“面积”命令，通过框选要查询的区域，即可测量出指定区域的面积和周长。

(1) 使用 Recrang(REC)命令绘制一个矩形，如图 10-29 所示。

(2) 执行 Area 命令，在矩形的左上端点处指定测量的起点，如图 10-30 所示。

(3) 依次在矩形右上方端点和左下方端点处指定测量容积的其他点，如图 10-31 所示。

(4) 按空格键进行确定，完成测量的操作，测量结果如图 10-32 所示。

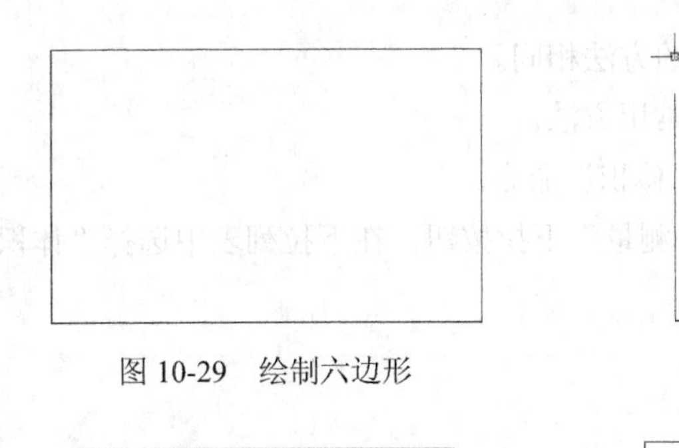

图 10-29　绘制六边形

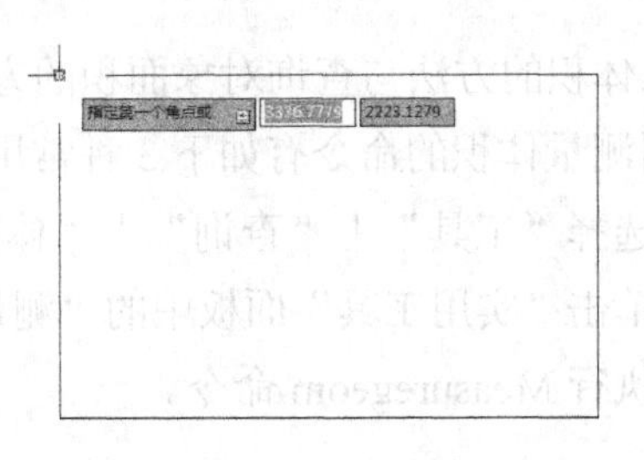

图 10-30　指定测量起点

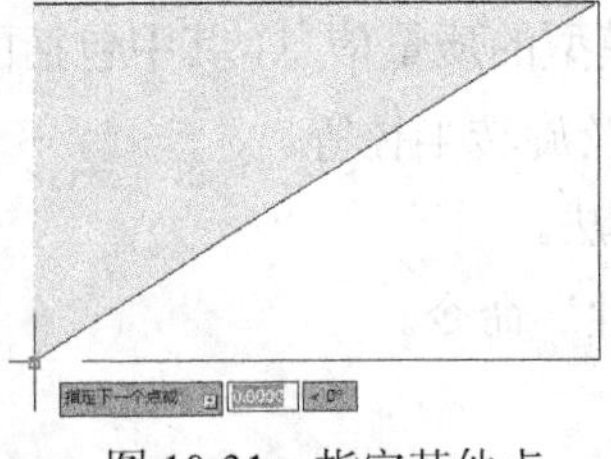

图 10-31　指定其他点

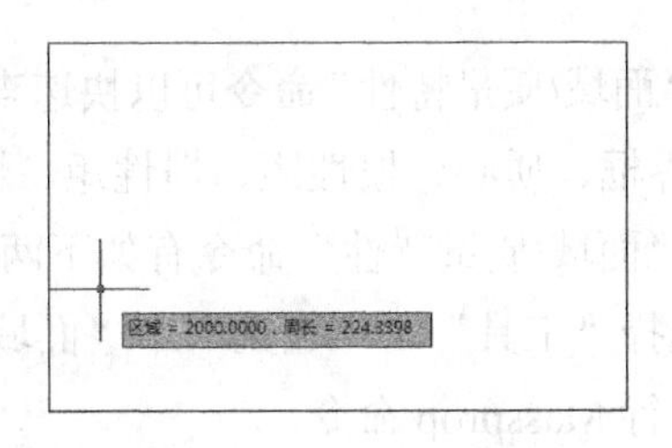

图 10-32　测量结果

【练习 10-11】查询对象面积和周长。

实例分析：选择“工具”｜“查询”｜“面积”命令，启用“对象(O)”选项，可以直接测量出选择对象的面积和周长。

(1) 使用 Circle(C)命令绘制一个圆形，如图 10-33 所示。

(2) 执行 Area 命令，输入 O 并确定，启用“对象(O)”选项，如图 10-34 所示。

图 10-33　绘制圆形

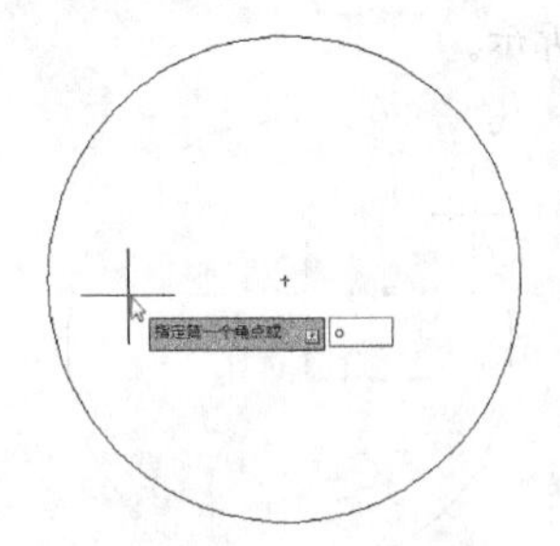

图 10-34　输入 O 并确定

(3) 选择圆形作为要测量的对象，如图 10-35 所示，即可显示测量的结果如图 10-36 所示。

图 10-35　选择测量对象

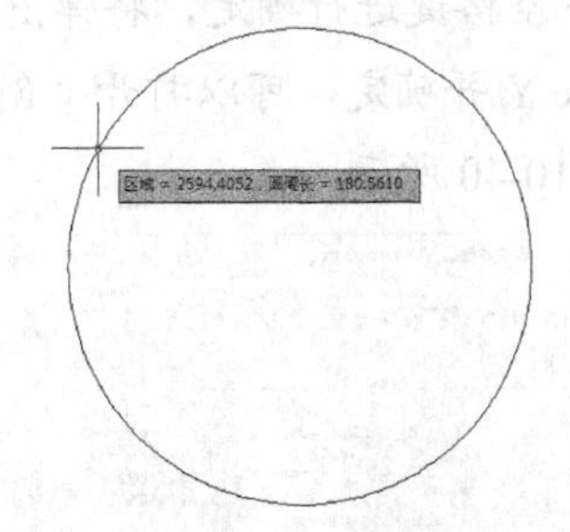

图 10-36　测量结果

10.2.6　查询体积

在 AutoCAD 中，不仅可以测量图形的面积和周长，还可以测量三维实体对象的体积。

查询对象体积的方法与查询对象面积的方法相同。

启用测量体积的命令有如下 3 种常用方法。

- 选择“工具”|“查询”|“体积”命令。
- 单击“实用工具”面板中的“测量”下拉按钮，在下拉列表中选择“体积”工具。
- 执行 Measuregeom 命令。

10.2.7　查询质量特性

使用“面域/质量特性”命令可以快速查询面域模型的质量信息，其中包括面域的周长、面积、边界框、质心、惯性矩、惯性矩、惯性积以及旋转半径等。

启用“面域/质量特性”命令有如下两种常用方法。

- 选择“工具”|“查询”|“面域/质量特性”命令。
- 执行 Massprop 命令。

【练习 10-12】查询面域特性。

实例分析：选择“工具”|“查询”|“面域/质量特性”命令，通过选择要查询的面域，可以测量出指定面域的周长、面积以及质心等特性。

(1) 使用 Circle 命令绘制一个圆形。

(2) 执行 Region 命令，选择绘制的圆形并确定，将其创建为面域，如图 10-37 所示。

(3) 选择“工具”|“查询”|“面域/质量特性”命令，然后选择创建的面域对象，如图 10-38 所示。

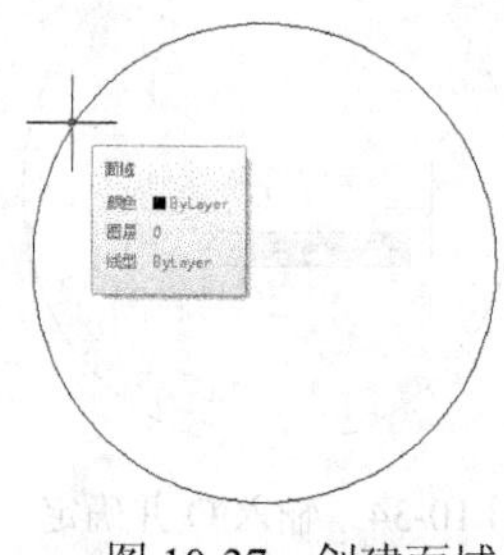

图 10-37　创建面域

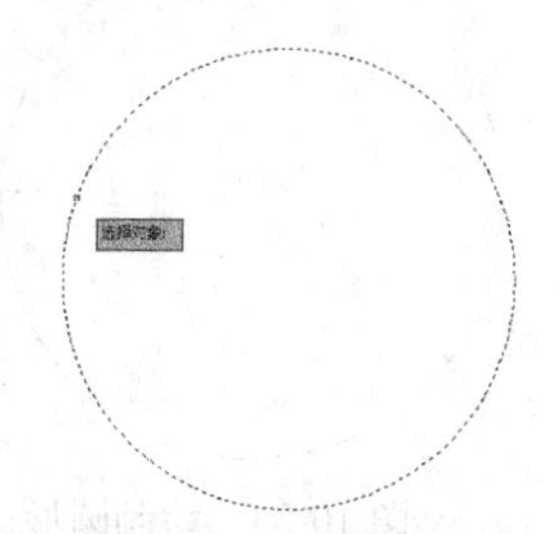

图 10-38　选择对象

(4) 按下空格键进行确定，将弹出面域的相关信息，如图 10-39 所示。

(5) 输入 Y 并确定，可以打开“创建质量与面积特性文件”对话框，对当前信息进行保存，如图 10-40 所示。

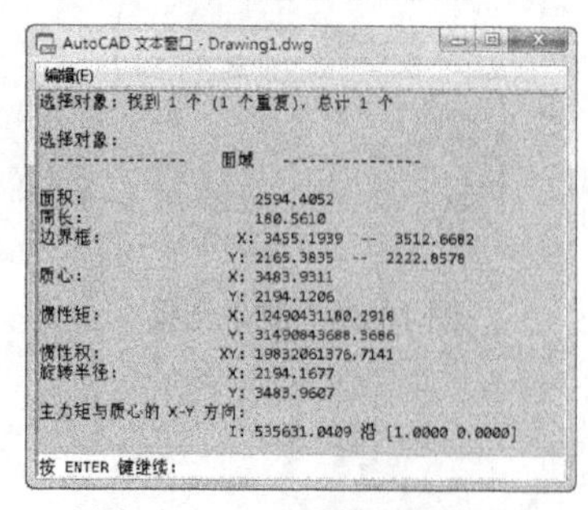

图 10-39　面域的相关信息

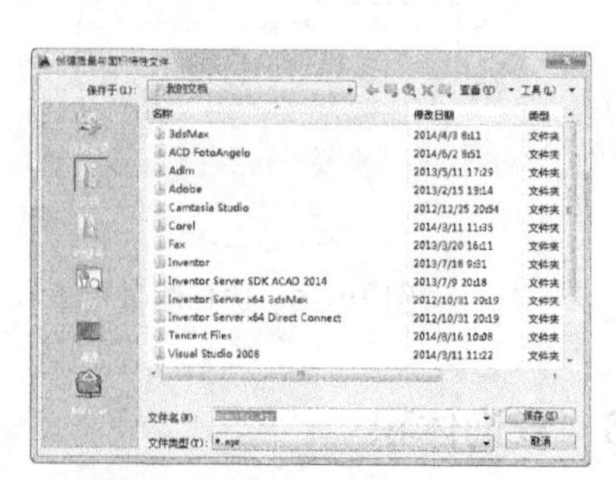

图 10-40　保存信息内容

10.3　应用快速计算器

在 AutoCAD 中，快速计算器包括了与大多数标准数学计算器类似的基本功能。另外，AutoCAD 中的快速计算器还具有特别适用于 AutoCAD 的功能，例如几何函数、单位转换区域和变量区域等。

10.3.1　认识快速计算器

与大多数计算器不同，AutoCAD 中的“快速计算器”是一个表达式生成器。为了获取更大的灵活性，它不会在用户单击某个函数时立即计算出答案。相反，允许用户成本输入一个轻松编辑的表达式，完成后，用户可以单击“等号 ”按钮 = 或按下 Enter 键。然后，用户可以从“历史记录”区域中检索出该表达式，对其进行修改并重新计算结果。在 AutoCAD 2014 中，快速计算器的界面如图 10-41 所示。

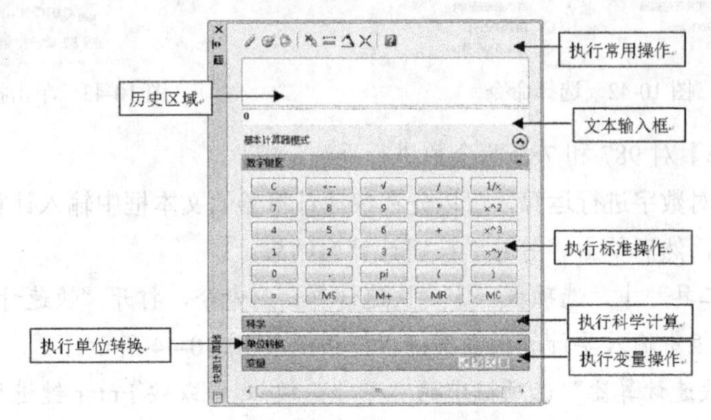

图 10-41　快速计算器

使用“快速计算器”可以进行以下操作。

- 执行数学计算和三角计算。
- 访问和检查以前输入的计算值进行重新计算。
- 从“特性”选项板访问计算器来修改对象特性。
- 转换测量单位。
- 执行与特定对象相关的几何计算。
- 向(或从)“特性”选项板和命令提示复制和粘贴值和表达式。
- 计算混合数字(分数)、英寸和英尺。
- 定义、存储和使用计算器变量。
- 使用 CAL 命令中的几何函数。

注意：

单击计算器上的“更少”按钮，将只显示输入框和“历史记录”区域。可以使用展开箭头或收拢箭头打开和关闭该区域。还可以通过拖动快速计算器的边框，控制其大小，通过拖动快速计算器的标题栏改变其位置。

10.3.2　使用快速计算器

在“快速计算器”选项板中可以快速计算出需要的数据结果，打开“快速计算器”选项板的常用方法有如下 3 种。

- 选择“工具”|“选项板”|“快速计算器”命令，如图 10-42 所示。
- 单击“实用工具”面板中的“快速计算器”按钮，如图 10-43 所示。
- 按 Ctrl+8 组合键。

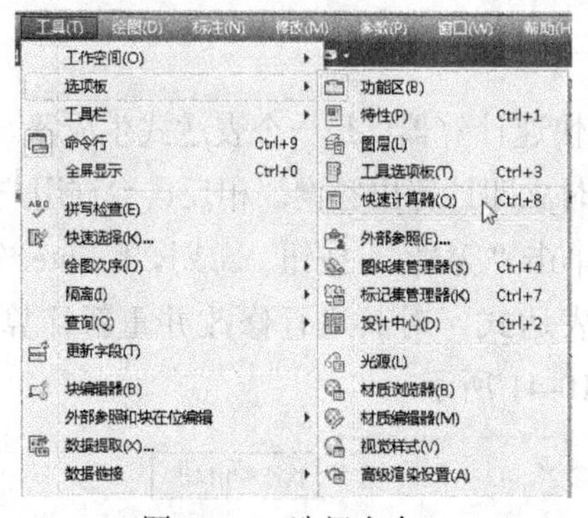

图 10-42　选择命令

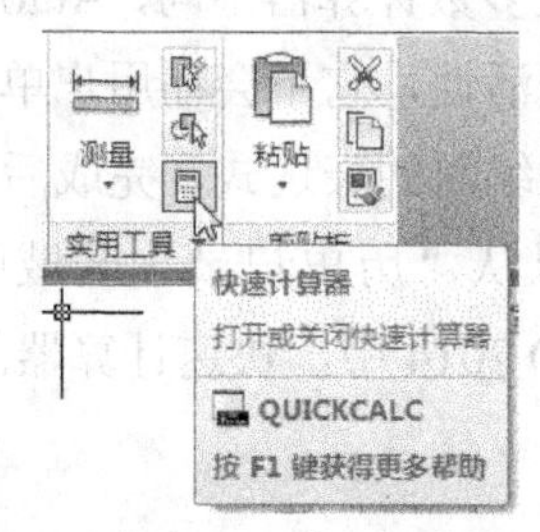

图 10-43　单击按钮

【练习 10-13】对 987 和 789 两个数进行乘法运算。

实例分析：对数字进行运算，可以先在快速计算器的文本框中输入计算的内容，包括数字和运算符号，然后单击“等号”按钮计算出结果。

(1) 选择“工具”|“选项板”|“快速计算器”命令，打开“快速计算器”选项板，然后在文本输入框中输入要计算的内容(987*789)，如图 10-44 所示。

(2) 单击“快速计算器”选项板中的“等号”按钮 = 或按 Enter 键进行确定，将在文本输入框中显示计算结果，在文本输入框和历史区域将显示计算内容和计算结果，如图 10-45 所示。

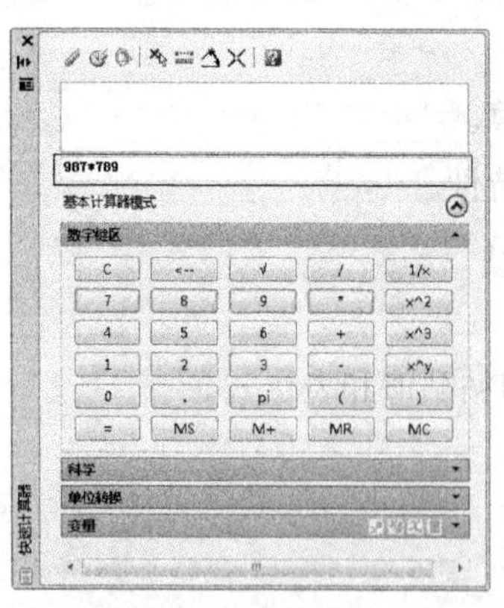

图 10-44　输入计算内容

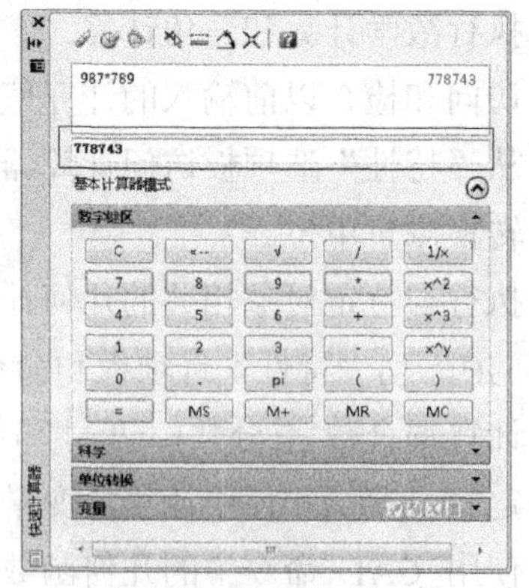

图 10-45　计算结果

注意：

在历史区域单击鼠标右键，在弹出的快捷菜单中选择“清除历只记录”命令，可以将历史区域的内容删除。

【练习 10-14】计算建筑平面的套内面积。

实例分析：在本实例中，可以使用快速计算器工具对平面图中各个区域的面积进行相加，得到建筑平面的套内面积。

(1) 打开 “建筑平面图.dwg” 素材图形文件，如图 10-46 所示。

(2) 选择“工具” | “选项板” | “快速计算器”命令，打开“快速计算器”选项板，然后在文本框中输入各房间面积相加的算式，如图 10-47 所示。

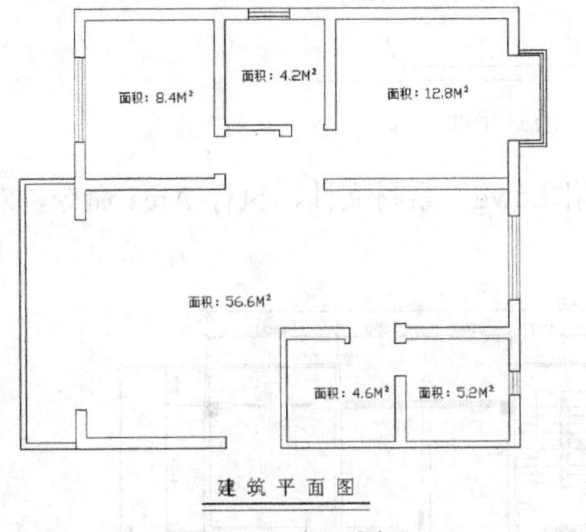

图 10-46　打开图形

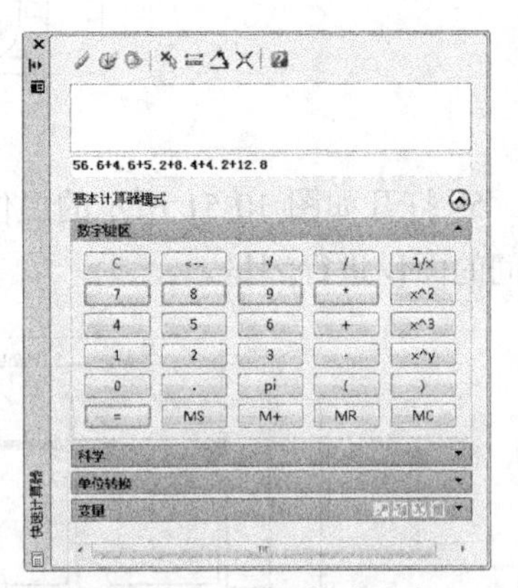

图 10-47　输入算式内容

(3) 单击快速计算器中的“等号”按钮 = 或按 Enter 键进行确定，将在文本输入框中显示计算的结果，如图 10-48 所示。

(4) 根据计算结果得出室内面积约为 91.8 平方米，然后选择“绘图” | “文字” | “单行文字”命令，记录计算的结果，如图 10-49 所示。

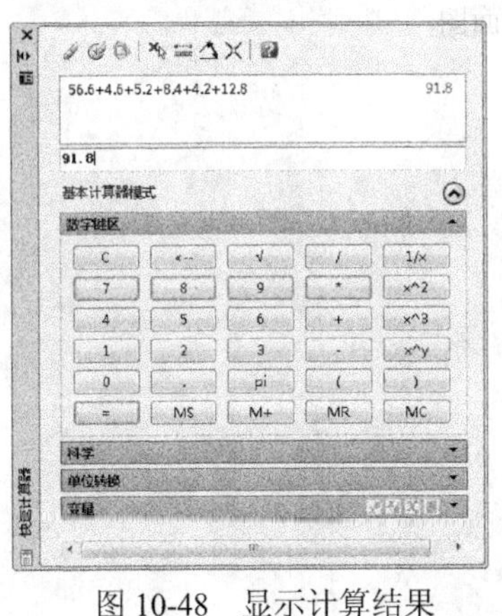

图 10-48　显示计算结果

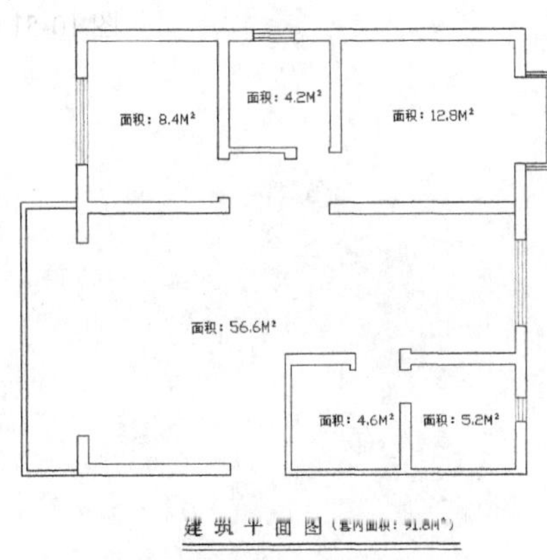

图 10-49　记录结果

10.4　思考练习

1. 面域的作用是什么？用户可以对面域进行哪几种运算？
2. 如何测量线段的长度或两个点之间的距离？

3. 使用“快速计算器”可以进行哪些操作？

4. 打开如图 10-50 所示的“浴缸平面.dwg”素材文件，使用 Dist 命令测量浴缸的长度和宽度。

图 10-50　浴缸平面

5. 打开如图 10-51 所示的“住宅楼平面图.dwg”素材文件，执行 Area 命令，对各个房间的面积进行测量。

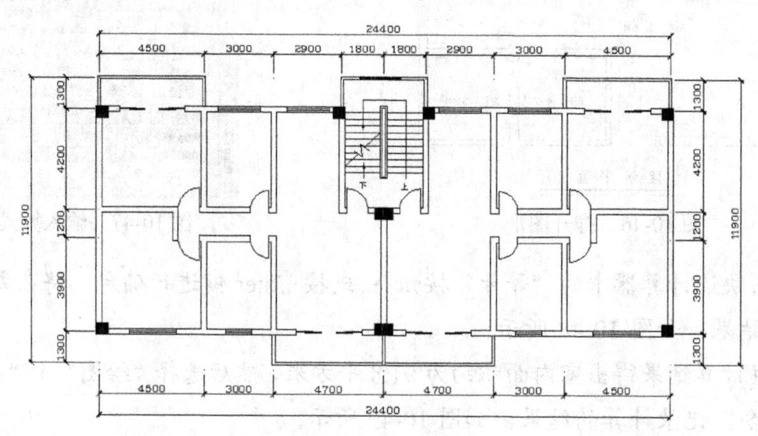

图 10-51　住宅楼平面图

第11章 图案与渐变色填充

使用 AutoCAD 的图案和渐变色填充功能，可以方便地对图形进行图案和渐变色填充，以区别不同形体的各个组成部分。在 AutoCAD 的经典工作空间，将以对话框的形式展现图案和渐变色的参数；在 AutoCAD 的草图与注释工作空间，将以功能面板的形式展现图案和渐变色的参数。

11.1 认识图案与渐变色填充

本节将针对习惯于对话框操作和功能面板的用户，分别介绍在 AutoCAD 经典工作空间和草图与注释工作空间中“图案和渐变色填充”的主要参数。

11.1.1 认识“图案填充和渐变色”对话框

切换到“AutoCAD 经典”工作空间中，可以执行以下 3 种操作方法打开“图案填充和渐变色”对话框。

- 选择“绘图”|“图案填充”命令。
- 单击“绘图”工具栏中的“图案填充”按钮。
- 执行 Hatch(H)命令。

在“图案填充和渐变色”对话框中包括“图案填充”和“渐变色”两个选项卡，如图 11-1 所示。在“图案填充”选项卡中单击对话框右下角的“更多选项”按钮，可以展开隐藏部分的选项内容，如图 11-2 所示。

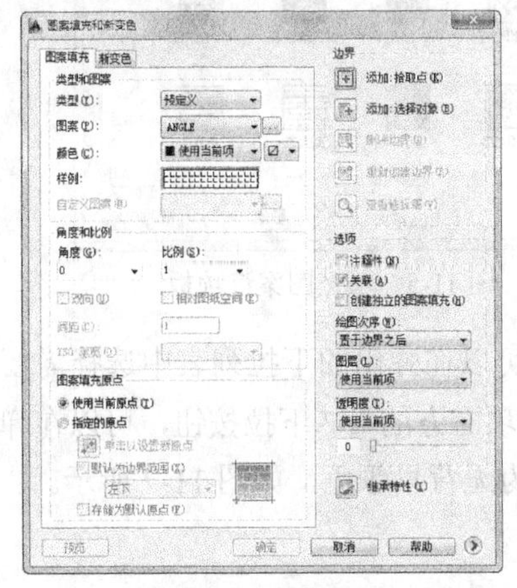

图 11-1 “图案填充和渐变色”对话框

图 11-2 展开更多选项

1. 图案填充常用参数

打开“图案填充和渐变色”对话框，选择“图案填充”选项卡，可以对填充的图案进行设置，主要包括类型和图案、角度和比例、边界和孤岛等。

(1) 类型和图案

“类型和图案”选项栏用于指定图案填充的类型和图案，其中主要选项的含义如下。

- 类型：在该下拉列表中可以选择图案的类型，如图 11-3 所示。其中，用户定义的图案基于图形中的当前线型。自定义图案是在任何自定义 PAT 文件中定义的图案，这些文件已添加到搜索路径中，可以控制任何图案的角度和比例。

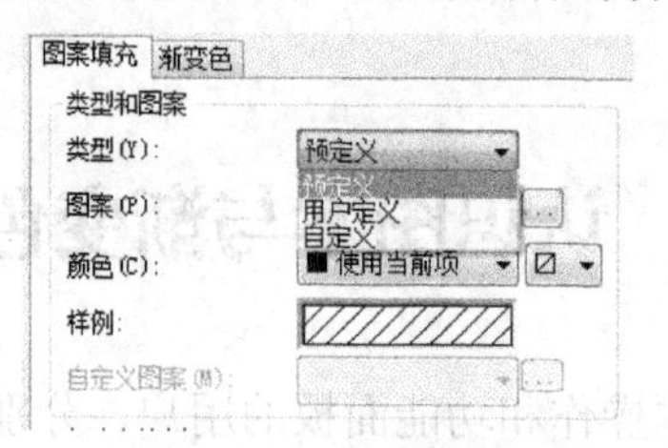

图 11-3　选择图案类型

- 图案：单击“图案”选项右方的下拉按钮，可以在弹出的下拉列表中选择需要的图案，如图 11-4 所示；单击“图案”选项右方的[...]按钮，将打开“填充图案选项板”对话框，其中显示各种预置的图案及效果，帮助用户做出选择，如图 11-5 所示。

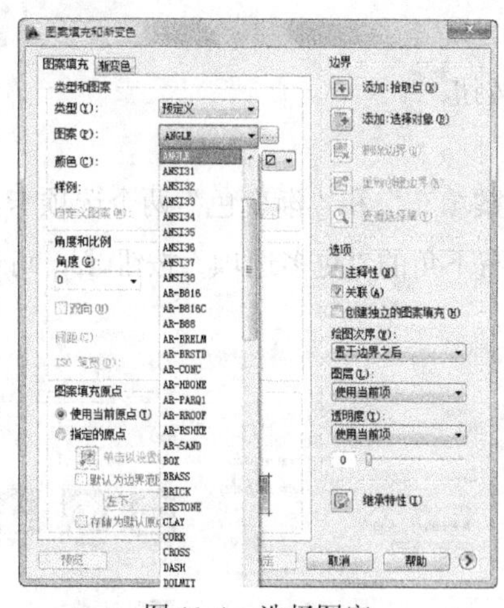

图 11-4　选择图案

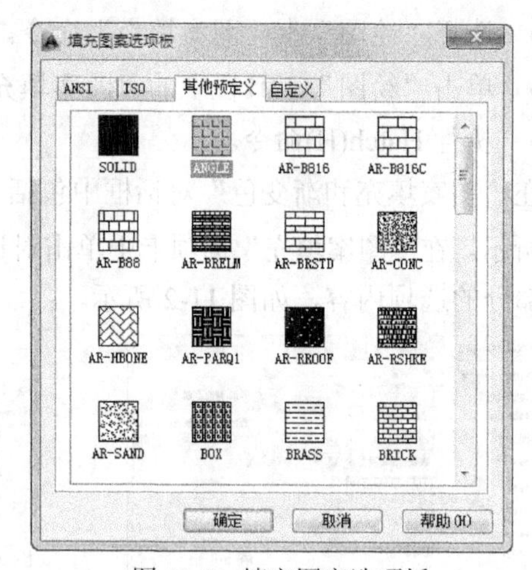

图 11-5　填充图案选项板

- 颜色：单击“颜色”选项的颜色下拉按钮，可以在弹出的下拉列表中选择需要的图案颜色，如图 11-6 所示；单击“颜色”选项右方的[⊘▾]下拉按钮，可以在弹出的列表中选择图案的背景颜色，默认状态下为无背景颜色，如图 11-7 所示。

注意：

在“图案填充和渐变色”对话框中，用户可以选择填充的图案，但这些图案所使用的颜色和线型将使用当前图层的颜色和线型。用户也可以指定填充图案所使用的颜色和线型。

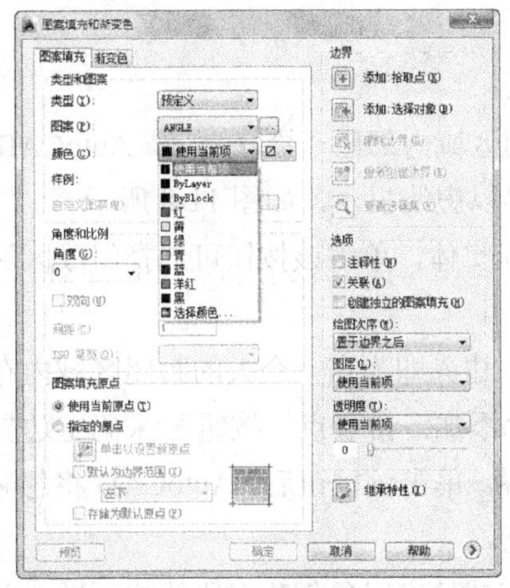

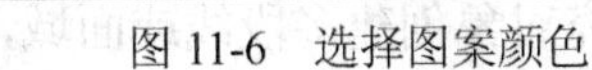

图 11-6　选择图案颜色

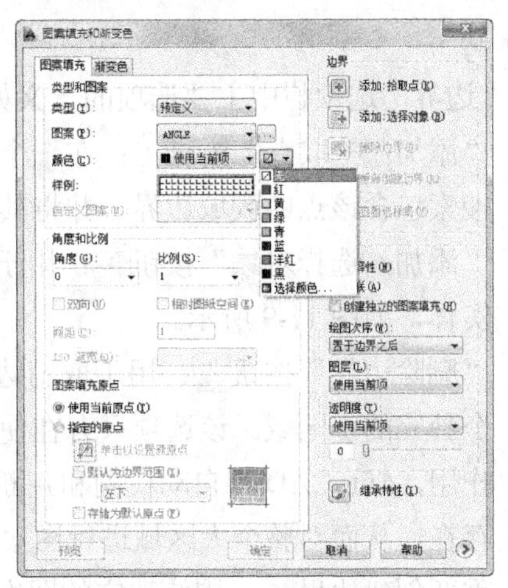

图 11-7　选择背景颜色

- 样例：在该显示框中显示了当前使用的图案效果，单击该显示框，可以打开“填充图案选项板”对话框。
- 自定义图案：该选项只有在选择“自定义”图案类型后才可用。单击右方的“浏览”按钮[...]，可以打开用于选择自定义图案的“填充图案选项板”对话框。

(2) 角度和比例

在“角度和比例”选项栏中可以指定图案填充的角度和比例，其中主要选项的含义如下。

- 角度：在该下拉列表中可以设置图案填充的角度。
- 比例：在该下拉列表中可以设置图案填充的比例。
- 双向：当使用“用户定义”方式填充图案时，此选项才可用，选择该项可自动创建两个方向相反并互成 90 度的图样。
- 相对图纸空间：相对于图纸空间单位缩放填充图案。使用此选项，可很方便地做到以适合于布局的比例显示填充图案。该选项仅适用于布局。
- 间距：指定用户定义图案中的直线间距。AutoCAD 将间距存储在 HPSPACE 系统变量中。只有将填充类型设置为“用户定义”方式，此选项才可用。
- ISO 笔宽：决定使用 ISO 剖面线图案的线与线之间的间隔，此选项只有在选择 ISO 线型图案时才呈高亮显示。

(3) 图案填充原点

在“图案填充原点”选项栏中可以控制填充图案生成的起始位置。某些图案填充(例如地板图案)需要与图案填充边界上的一点对齐，其中主要选项的含义如下。

- 使用当前原点：使用存储在 HPORIGINMODE 系统变量中的设置。默认情况下，原点设置为 0,0。
- 指定的原点：指定新的图案填充原点，单击此选项可使以下选项可用。
- 单击以设置新原点：直接指定新的图案填充原点。
- 默认为边界范围：根据图案填充对象边界的矩形范围计算新原点。可以选择该范围的四个角点及其中心。

(4) 边界

在“边界”选项栏中主要选项的含义如下。

- “添加：拾取点”按钮：在一个封闭区域内部任意拾取一点，AutoCAD 将自动搜索包含该点的区域边界，并将其边界以虚线显示，如图 11-8 所示。
- “添加：选择对象”按钮：用于选择实体，单击该按钮可选择组成区域边界的实体，如图 11-9 所示。
- “删除边界”按钮：用于取消边界，边界即为在一个大的封闭区域内存在的一个独立的小区域。该选项只有在使用“添加：拾取点”按钮来确定边界时才起作用，AutoCAD 将自动检测和判断边界。单击该按钮后，AutoCAD 将忽略边界的存在，从而对整个大区域进行图案填充。
- 重新创建边界：围绕选定的图案填充或填充对象创建多段线或面域，并使其与图案填充对象相关联。单击“重新创建边界”后，对话框会暂时关闭并显示一个命令提示。
- “查看选择集”按钮：用于查看所确定的边界。

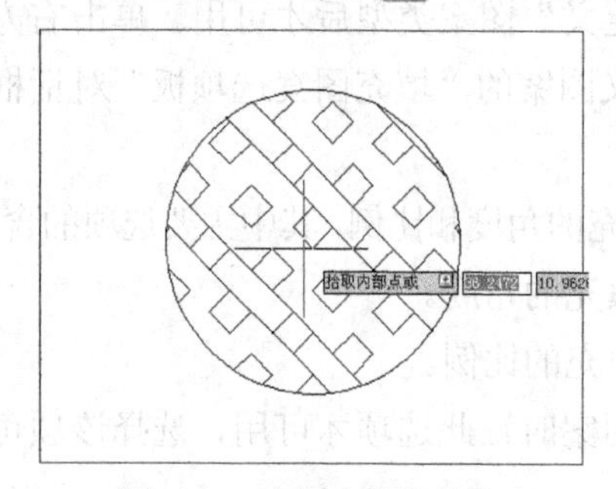

图 11-8　在圆内指定拾取点

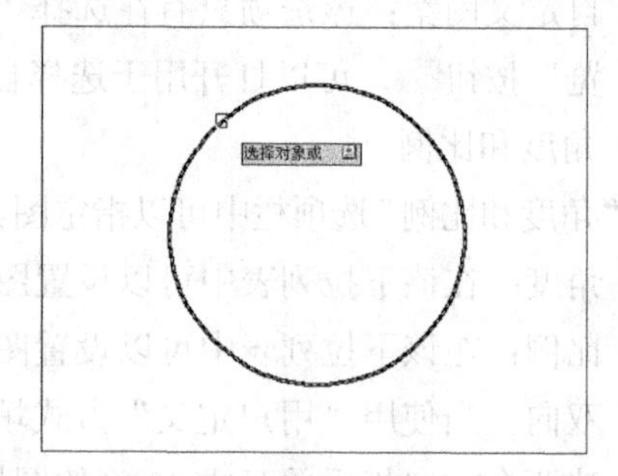

图 11-9　选择圆作为边界

(5) 选项

在“选项”选项栏中用于控制填充图案是否具有关联性，其中主要选项的含义如下。

- 关联：关联填充是指当用于定义区域边界的实体发生移动或修改时，该区域内的填充图样将自动更新，重新填充新的边界。
- 创建独立的图案填充：区域内的填充图样不受边界变化的影响。
- 绘图次序：为图案填充或填充指定绘图次序。图案填充可以放在所有其他对象之后、所有其他对象之前、图案填充边界之后或图案填充边界之前。
- 图层：在右方的下拉列表中可以指定图案填充所在的图层。
- 透明度：拖动下方的滑块，可以设置填充图案的透明度。

(6) 继承特性

“继承特性”按钮的作用是使用选定图案填充对象的图案进行图形填充或填充特性对指定的边界进行填充。

在选定要继承其特性的图案填充对象之后，可以在绘图区域中单击鼠标右键，并使用快捷菜单在“选择对象”和“拾取点”选项之间进行切换以创建边界。单击“继承特性”按钮时，对话框将暂时关闭并显示命令提示。

(7) 孤岛

在“孤岛”选项栏中包括了“孤岛检测”和“孤岛显示样式”两个选项。下面以填充如图 11-10 所示的图形为例，对其中各选项的含义进行解释。

- 孤岛检测：控制是否检测内部闭合边界。
- 普通：用普通填充方式填充图形时，是从最外层的外边界向内边界填充，即第一层填充，第二层则不填充，如此交替进行填充，直到将选定边界填充完毕，普通填充效果如图 11-11 所示。
- 外部：该方式只填充从最外边界向内第一边界之间的区域，效果如图 11-12 所示。
- 忽略：该方式将忽略最外层边界包含的其他任何边界，从最外层边界向内填充全部图形，效果如图 11-13 所示。

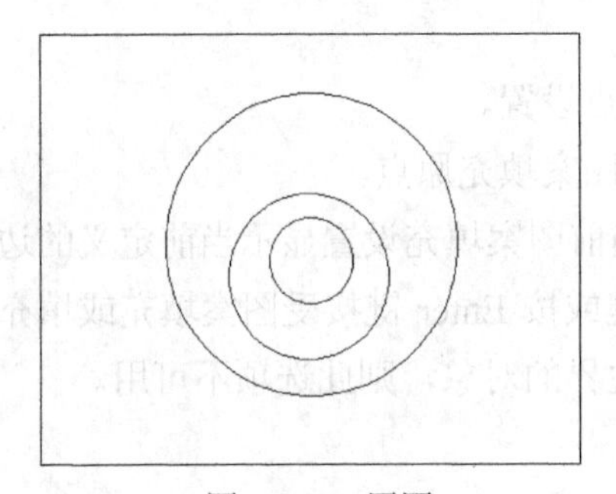

图 11-10　原图

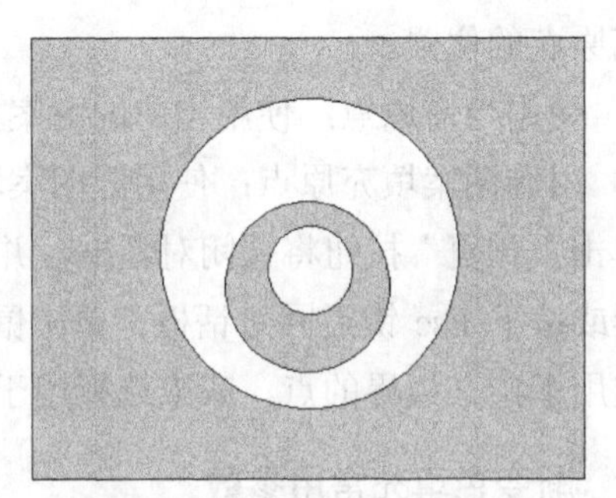

图 11-11　普通填充效果

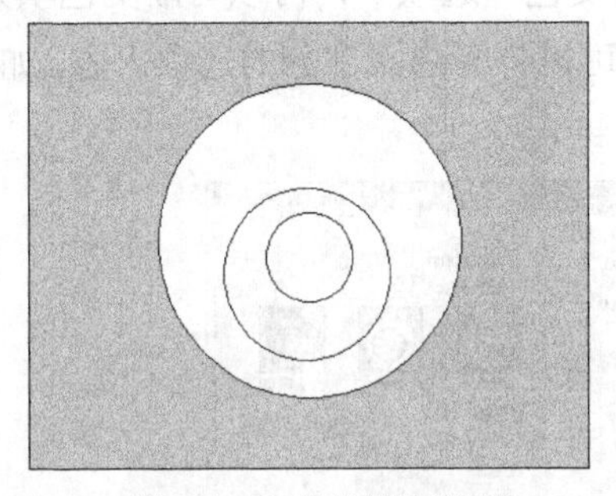

图 11-12　外部填充效果

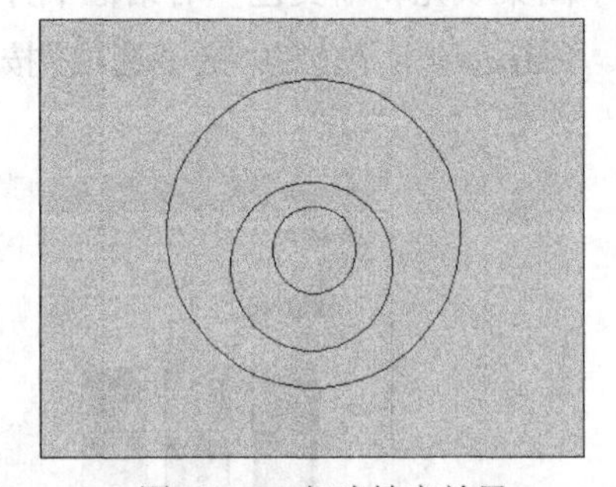

图 11-13　忽略填充效果

(8) 边界保留

在“边界保留”选项栏中各项的含义如下。

- 保留边界：选择该复选框将保留填充边界。系统缺省设置为不保留填充边界，即系统为图案填充生成的填充边界是临时的，当图案填充完毕后，系统会自动删除这些边界。
- 对象类型：在该下拉列表中可以选择是以多段线还是面域的方式来绘制该边界。

(9) 边界集

“边界集”选项栏中定义当从指定点定义边界时要分析的对象集。当使用“选择对象”定义边界时，选定的边界集无效。

- 当前视口：根据当前视口范围中的所有对象定义边界集。选择此选项将放弃当前的任何边界集。

- 现有集合：从使用“新建”按钮选定的对象定义边界集。如果未使用“新建”按钮创建边界集，则“现有集合”选项不可用。
- 新建：提示用户选择用来定义边界集的对象。

(10) 其他选项

“允许的间隙”选项栏中设置将对象用作图案填充边界时可以忽略的最大间隙。默认值为 0，此值指定对象必须封闭区域而没有间隙。按图形单位输入一个值(从 0 到 5000)，以设置将对象用作图案填充边界时可以忽略的最大间隙。任何小于等于指定值的间隙都将被忽略，并将边界视为封闭。

“继承选项”选项栏中用于在使用“继承特性”创建图案填充时，这些设置将控制图案填充原点的位置。

- 使用当前原点：使用当前的图案填充原点设置。
- 用源图案填充原点：使用源图案填充的图案填充原点。

单击“预览”按钮将关闭对话框，并使用当前图案填充设置显示当前定义的边界。单击图形或按下 Esc 键返回对话框。单击鼠标右键或按 Enter 键接受图案填充或填充。如果未指定用于定义边界的点，或未选择用于定义边界的对象，则此选项不可用。

2. 渐变色填充常用参数

在“图案填充和渐变色”对话框中打开“渐变色”选项卡，可以对渐变色填充选项进行设置。单击选项卡下方的“更多选项”按钮⊙，可以打开隐藏部分的选项内容，如图 11-14 所示。

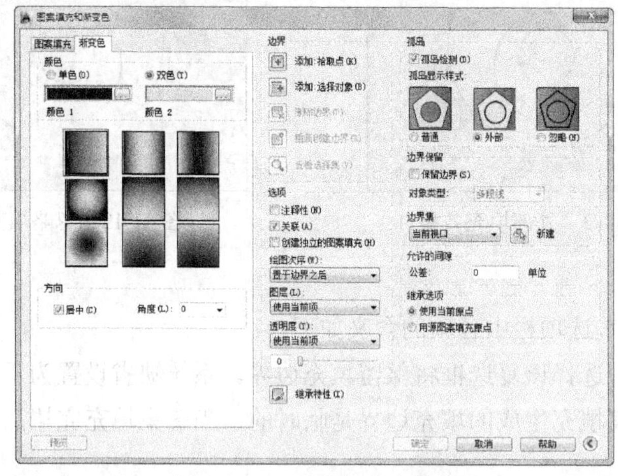

图 11-14 “渐变色”选项卡

在“渐变色”选项卡中除了“颜色”和“方向”选项栏中的选项属于渐变色填充特有的选项外，其他选项与“图案填充”选项卡相同。

(1) 颜色

“颜色”选项栏用于设置渐变色填充的颜色，用户可以根据需要选择单色渐变填充或双色渐变填充。

- 单色：选择此选项，渐变的颜色将从单色到透明进行过渡。
- 双色：选择此选项，渐变的颜色将从第一种色到第二种色进行过渡。
- 颜色样本：用于快速指定渐变填充的颜色。单击浏览按钮[...]以显示“选择颜色”对话框，从中可以选择 AutoCAD 颜色索引 (ACI) 颜色、真彩色或配色系统颜色。显示的默认颜色为图形的当前颜色。

渐变样式：在渐变样式区域可以选择渐变的样式，如径向渐变、线性渐变等。

(2) 方向

“方向”选项栏用于设置渐变色的填充方向，还可以根据需要设置渐变的填充角度。

- 居中：选中该复选框，颜色将从中心开始渐变，如图 11-15 所示；取消选择该复选框，颜色将呈不对称渐变，如图 11-16 所示。

图 11-15 从中心开始渐变

图 11-16 不对称渐变

- 角度：用于设置渐变色填充的角度。如图 11-17 所示是 0 度线性渐变效果；如图 11-18 所示是 45 度线性渐变效果。

图 11-17 0 度线性渐变

图 11-18 45 度线性渐变

11.1.2 认识“图案填充创建”功能区

在“草图与注释”工作空间中执行“图案填充”命令，或单击“绘图”面板中的“图案填充”按钮，系统将打开如图 11-19 所示的“图案填充创建”功能区，其中各选项的作用与“图案填充和渐变色”对话框中对应的选项相同。

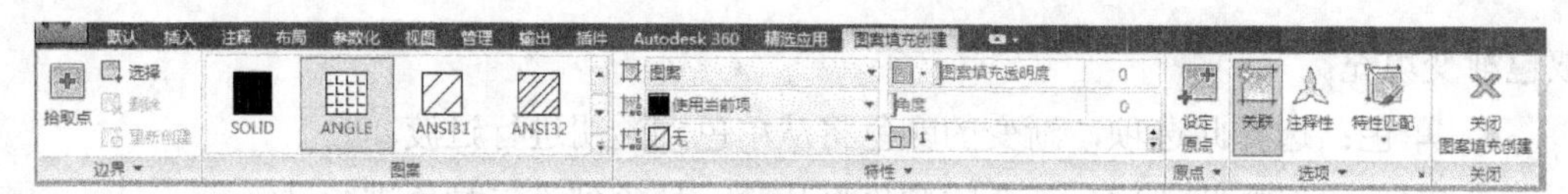

图 11-19　“图案填充创建”面板

1. 选择填充边界

在“边界”面板中可以通过单击“拾取点”按钮指定填充的区域，或单击“选择”按钮选择要填充的对象。单击“边界”面板下方的倒三角按钮，如图 11-20 所示，可以展开“边界”面板中隐藏的选项，如图 11-21 所示。

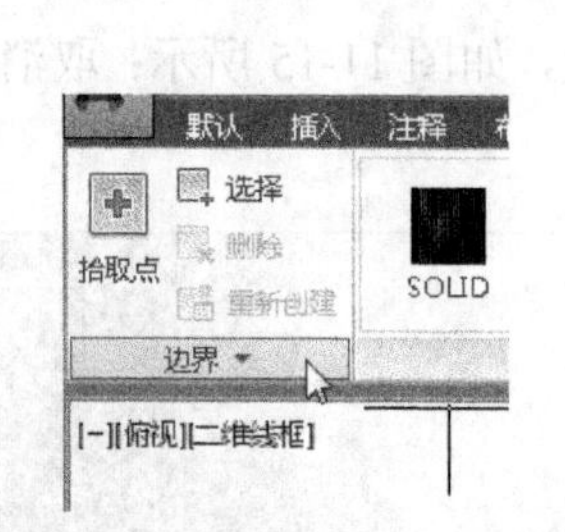

图 11-20　单击“边界”下拉按钮

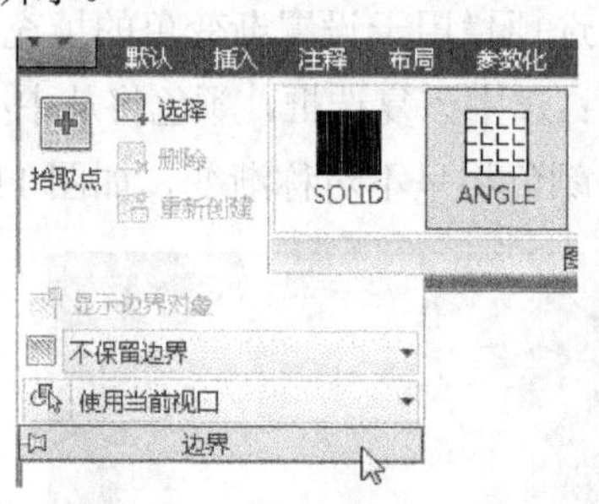

图 11-21　展开“边界”面板

2. 选择填充图案

在“图案”面板中可以选择要填充的图案或渐变色。单击“图案”面板中右下方的按钮，如图 11-22 所示，可以展开“图案”面板，拖动“图案”面板右方的滚动条，可以显示隐藏的图案或渐变色，如图 11-23 所示。

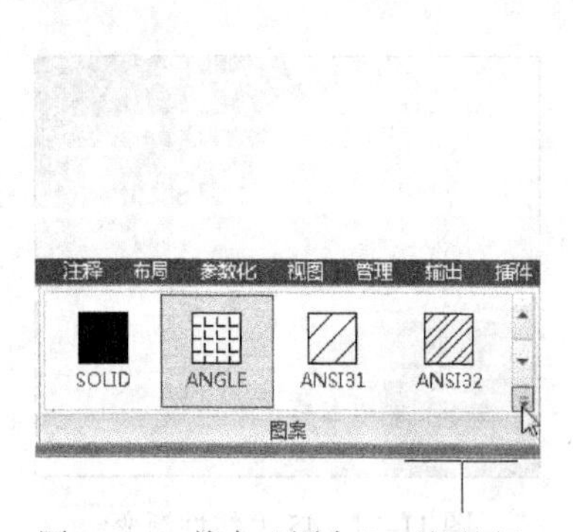

图 11-22　单击“图案”下拉按钮

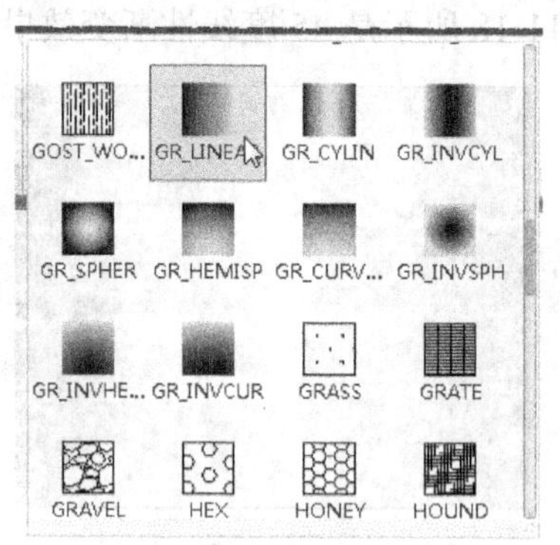

图 11-23　选择渐变色填充

3. 设置图案特性

在“特性”面板中可以设置图案或渐变色的样式、颜色、角度和比例等特性。单击“特性”面板中右下方的倒三角形按钮，可以展开“特性”面板中隐藏的选项，如图 11-24 所示。

4. 设置其他选项

“原点”面板用于控制填充图案生成的起始位置。“选项”面板用于控制填充图案的关联、特性匹配和孤岛等选项，单击“选项”面板中下方的倒三角形按钮，可以展开“选项”面板中隐藏的选项，如图 11-25 所示。

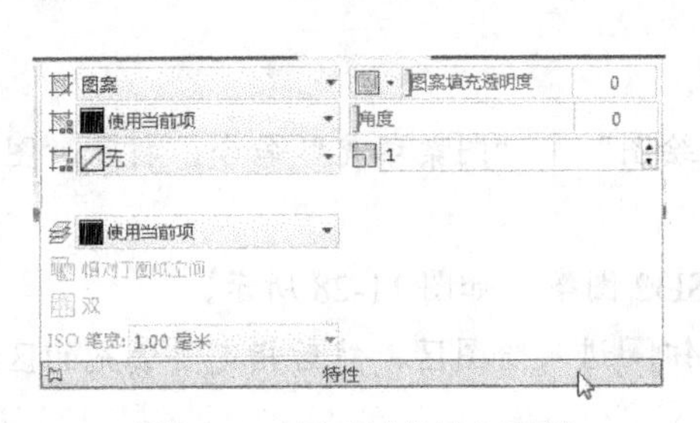

图 11-24　展开“特性”面板

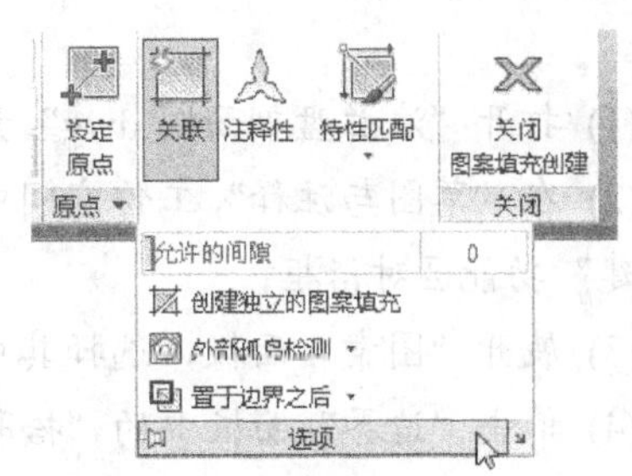

图 11-25　展开“选项”面板

注意：

在设置好图案填充的参数后，单击“关闭”面板中的“关闭图案填充创建”按钮，即可完成图案或渐变色的填充操作。

11.2　填充图形

前面介绍了图案和渐变色填充的常用参数，下面将以简单的案例介绍对图形填充图案和渐变色的具体操作。

11.2.1　填充图案

在填充图案的过程中，用户可以选择需要填充的图案，在默认情况下，这些图案的颜色和线型将使用当前图层的颜色和线型。用户也可以在后面的操作中重新设置填充图案的颜色和线型。对图形进行图案填充，一般包括执行“图案填充”命令、定义填充区域、设置填充图案、预览填充效果和应用图案几个步骤。

【练习 11-1】对如图 11-26 所示的法兰盘剖面图进行图案填充，得到如图 11-27 所示的效果。

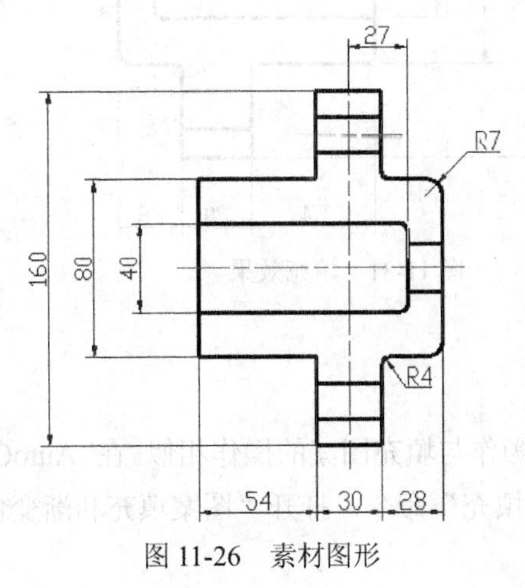

图 11-26　素材图形

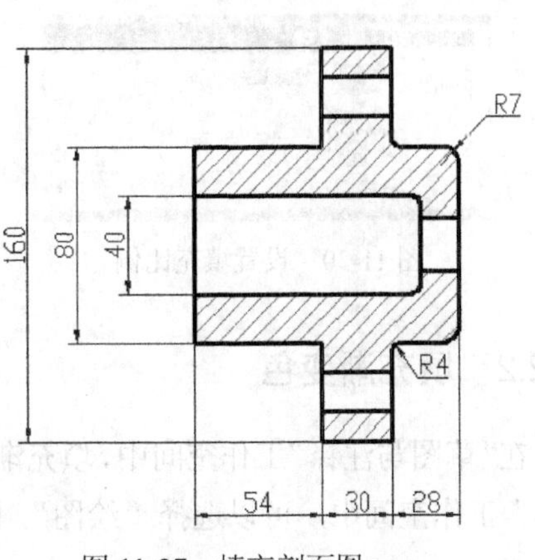

图 11-27　填充剖面图

实例分析：对图形进行填充，可以根据个人习惯选择对话框或功能面板的形式设置图案的参数，本例将介绍在“草图与注释”工作空间中使用功能面板的形式对图形进行填充设置。

(1) 打开“法兰盘剖面图.dwg”素材图形。

(2) 在“草图与注释”工作空间中选择“绘图”｜“图案填充”命令，打开“图案填充创建”功能区对话框。

(3) 展开“图案”面板，选择其中的 ANSI32 图案，如图 11-28 所示。

(4) 单击“边界”面板中的“拾取点”按钮进入绘图区，然后指定要填充的区域，如图 11-29 所示。

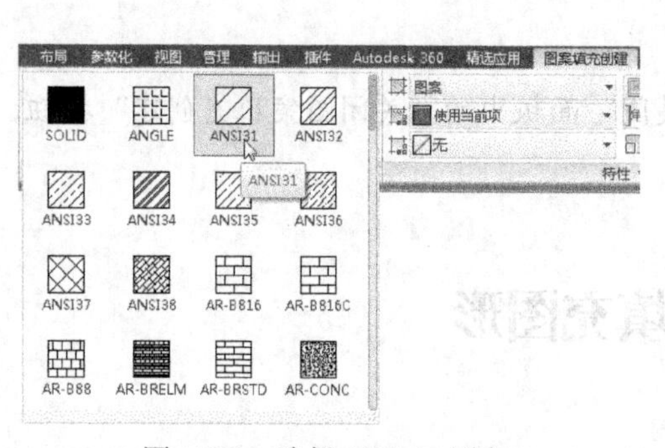

图 11-28　选择 ANSI32 图案

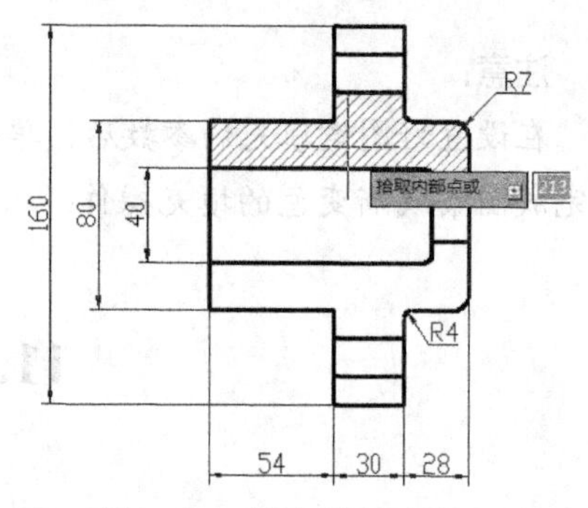

图 11-29　指定填充区域

(5) 在“特性”面板中设置填充比例值为 1.5，如图 11-30 所示。

(6) 单击“关闭”面板中的“关闭图案填充创建”按钮，填充图案的效果如图 11-31 所示。

(7) 使用同样的方法，对其他区域的图案进行填充。

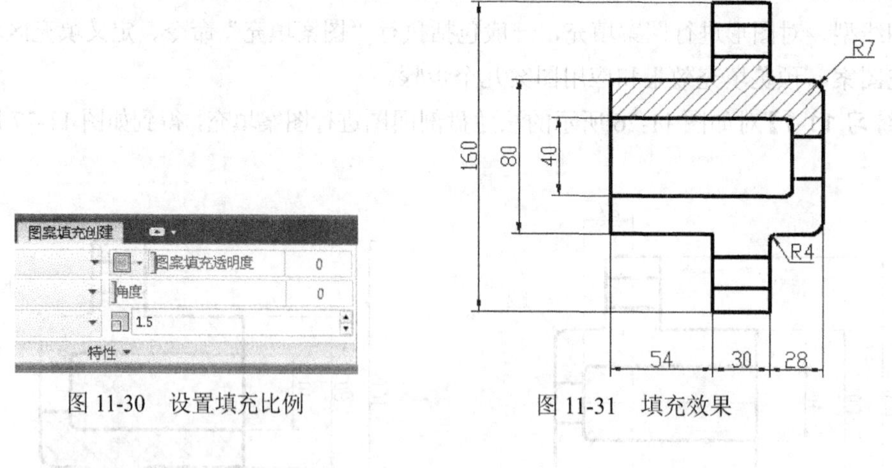

图 11-30　设置填充比例　　图 11-31　填充效果

11.2.2　填充渐变色

在“草图与注释”工作空间中，填充渐变色的操作与填充图案的操作相似。在“AutoCAD 经典”工作空间中，可以选择“绘图”｜“图案填充”命令，打开“图案填充和渐变色”

对话框，然后选择“渐变色”选项卡，对渐变色进行设置，也可以选择“绘图”|“渐变色”命令，打开“图案填充和渐变色”对话框，直接对渐变色进行设置。

【练习 11-2】对如图 11-32 所示的灯具图形进行渐变色填充，得到如图 11-33 所示的效果。

实例分析：对图形进行渐变色填充，可以使用单色或双色渐变填充。本例将介绍在“AutoCAD 经典”工作空间中使用单色渐变填充图形的操作。

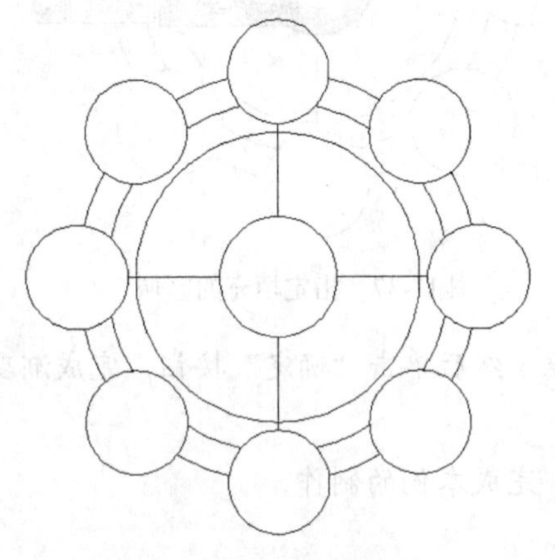

图 11-32　打开素材图形

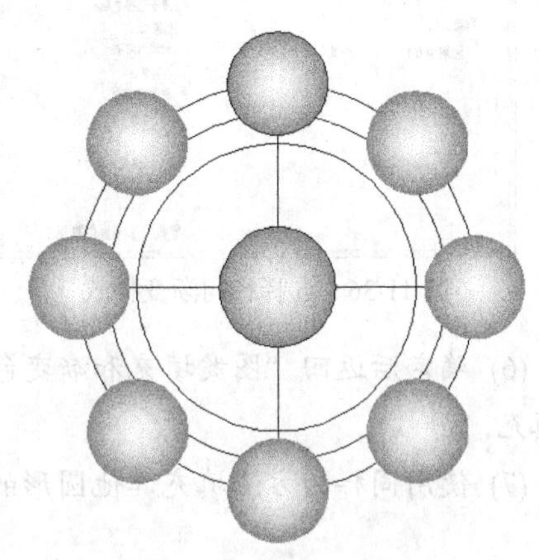

图 11-33　填充渐变色

(1) 打开“灯具.dwg”素材图形文件。

(2) 切换到“AutoCAD 经典”工作空间中，选择“绘图”|“渐变色”命令，在打开的“图案填充和渐变色”对话框中选中“单色”单选按钮，然后单击选项下方的…按钮，如图 11-34 所示。

(3) 在打开的“选择颜色”对话框中选择索引颜色为 8 的浅灰色，然后进行确定，如图 11-35 所示。

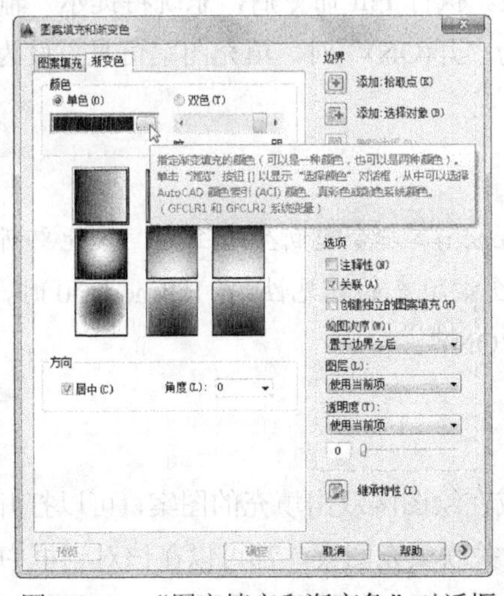

图 11-34　“图案填充和渐变色”对话框

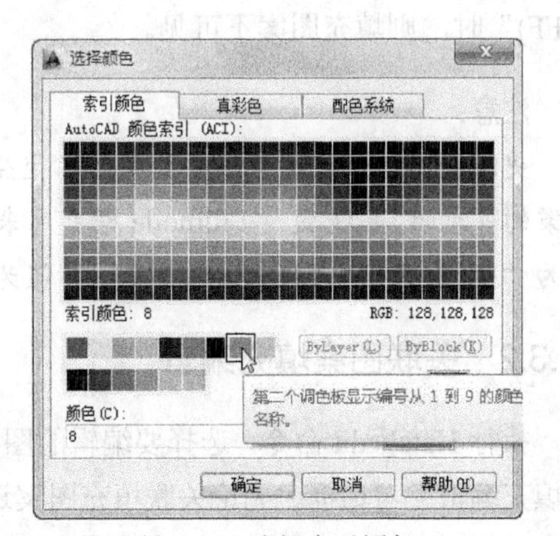

图 11-35　选择索引颜色

(4) 返回“图案填充和渐变色”对话框中选择径向渐变样式，如图 11-36 所示。

(5) 单击“添加：拾取点”按钮，进入绘图区指定填充的区域，如图 11-37 所示。

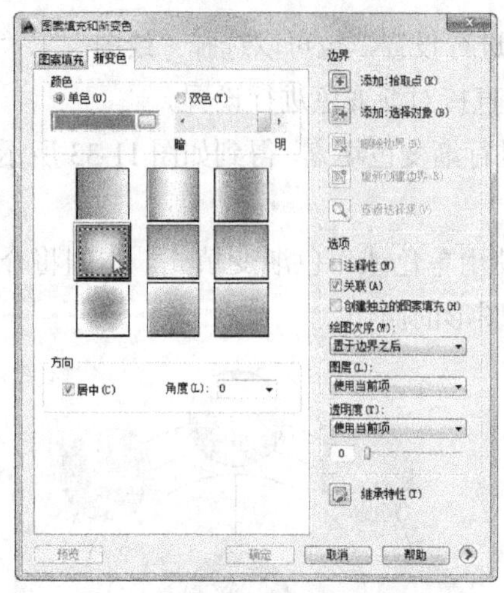

图 11-36　选择径向渐变样式

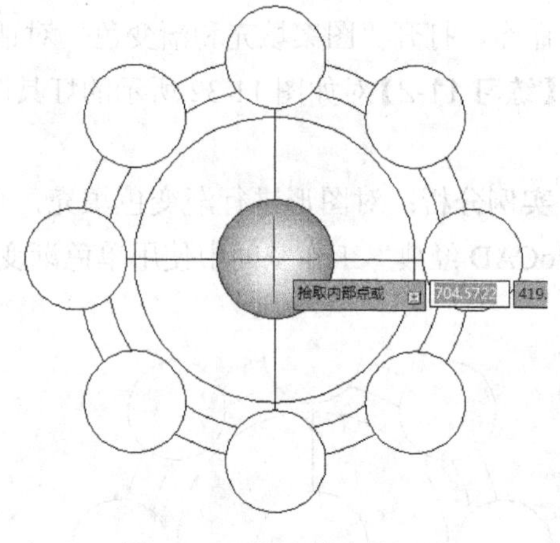

图 11-37　指定填充的区域

(6) 确定后返回“图案填充和渐变色”对话框，然后单击“确定”按钮，完成渐变色的填充。

(7) 使用同样的方法填充其他圆形的渐变色，完成本例的制作。

11.3　编辑填充图案

利用 AutoCAD 可以对填充好的图形图案进行编辑，例如控制填充图案的可见性、关联图案填充编辑、以及夹点编辑关联图案填充等。

11.3.1　控制填充图案的可见性

执行 Fill 命令，可以控制填充图案的可见性。执行 Fill 命令后，系统将提示“输入模式 [开(ON)/关(OFF)] <开>:”，将 FILL 命令设为“开(ON)”时，填充图案可见，设为“关(OFF)”时，则填充图案不可见。

注意：

更改 Fill 命令设置后，需要执行“重生成(Regen)”命令重新生成图形，才能更新填充图案的可见性。系统变量 Fillmode 也可用来控制图案填充的可见性。当 Fillmode=0 时，FILL 值为“关(OFF)”；Fillmode=1 时，Fill 值为“开(ON)”。

11.3.2　关联图案填充编辑

执行 Hatchedit 命令，选择要编辑的图案，或在绘图区双击填充的图案，可以打开“图案填充编辑”对话框。无论关联填充图案还是非关联填充图案，都可以在该对话框中进行编辑，如图 11-38 所示。使用编辑命令修改填充边界后，如果其填充边界继续保持封闭，则图案填充区域自动更新，并保持关联性；如果边界不再保持封闭，则其关联性消失。

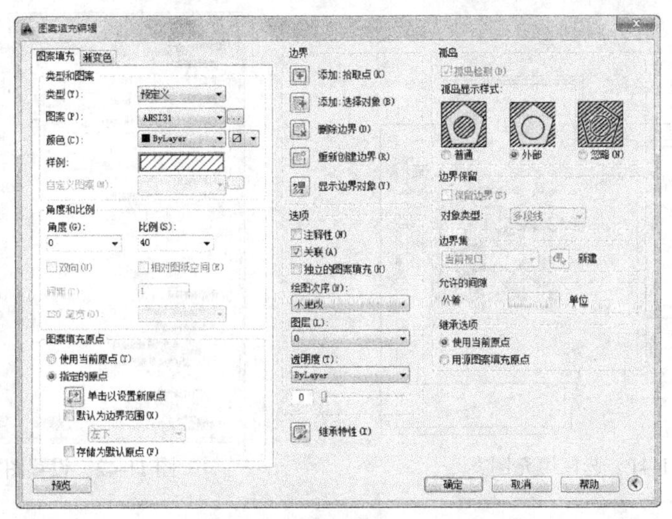

图 11-38 “图案填充编辑”对话框

注意：

关联图案填充的特点是图案填充区域与填充边界互相关联，当边界发生变动时，填充图形的区域随之自动更新，这一关联属性为已有图案填充编辑提供了方便。当填充图案对象所在的图层被锁定或冻结时，则在修改填充边界时，其关联性消失。

【练习 11-3】对如图 11-39 所示的地面材质图案进行修改，将地砖材质修改为地板材质，效果如图 11-40 所示。

实例分析：对图案进行编辑，可以先修改图案的样例，然后根据需要重复设置图案的角度和比例。

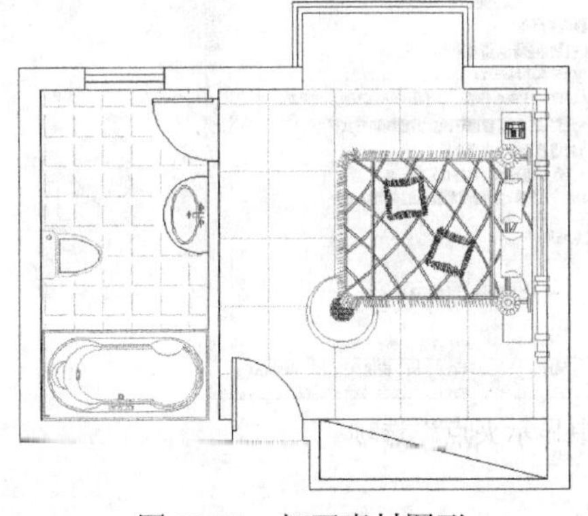

图 11-39　打开素材图形

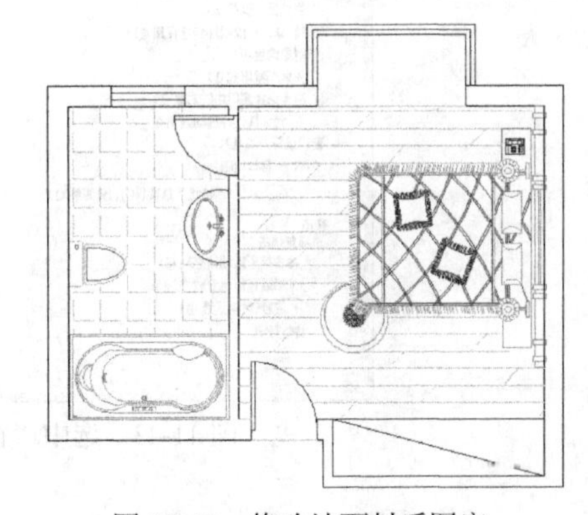

图 11-40　修改地面材质图案

(1) 打开“卧室平面.dwg”素材图形文件。

(2) 执行 Hatchedit 命令，根据系统提示选择图形中的填充图案，如图 11-41 所示。

(3) 在打开的“图案填充和渐变色”对话框中单击“图案”选项右方的下拉按钮，选择 DOLMIT 图案。

(4) 在“比例”文本框中输入图案的比例为 800，如图 11-42 所示。

(5) 单击“确定”按钮，完成图案参数的编辑。

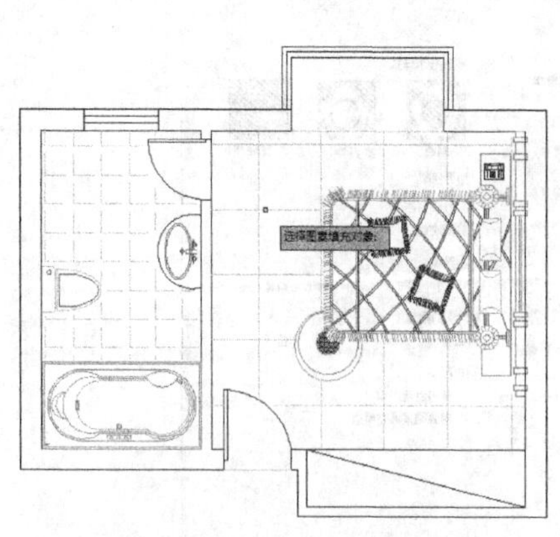

图 11-41　选择填充图案

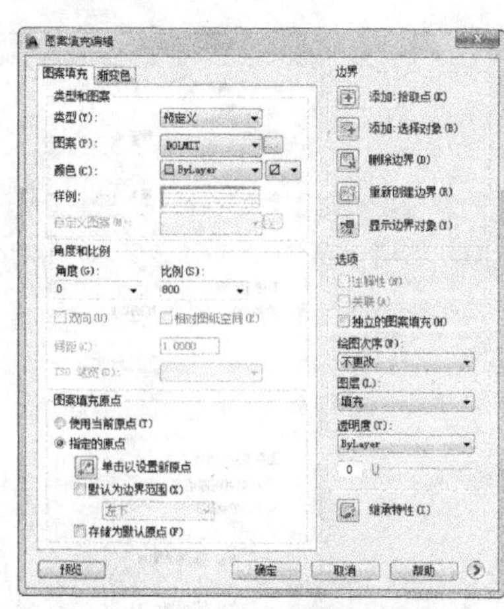

图 11-42　设置图案参数

11.3.3　夹点编辑关联图案填充

和其他实体对象一样，关联图案填充也可以用夹点方法进行编辑。AutoCAD 将关联图案填充对象作为一个块处理，其夹点只有一个，位于填充区域的外接矩形的中心点上。

如果要对图案填充本身的边界轮廓直接进行夹点编辑，可以执行 Ddgrips 命令，在打开的“选项”对话框中选中“在块中显示夹点”选项，然后即可选择边界进行编辑，如图 11-43 所示。

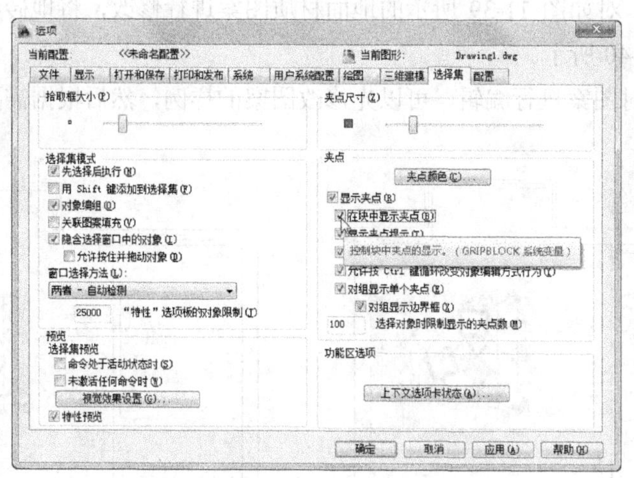

图 11-43　选中“在块中显示夹点”选项

注意：

使用夹点方式编辑填充图案时，如果编辑后填充边界仍然保持封闭，那么其关联性继续保持；如果编辑后填充边界不再封闭，那么其关联性消失，填充区域将不会自动改变。

11.3.4　分解填充图案

填充的图案是一种特殊的块，无论图案的形状多么复杂，都可以作为一个单独的对象。使用 Explode(X)命令可以分解填充的图案，将一个填充图案分解后，填充的图案将分解成一组组成图案的线条，用户可以对其中的部分线条进行选择并编辑。如图 11-44 所示是选择未分解的剖面图案效果；如图 11-45 所示是将图案分解后，选择其中两条线段的效果。

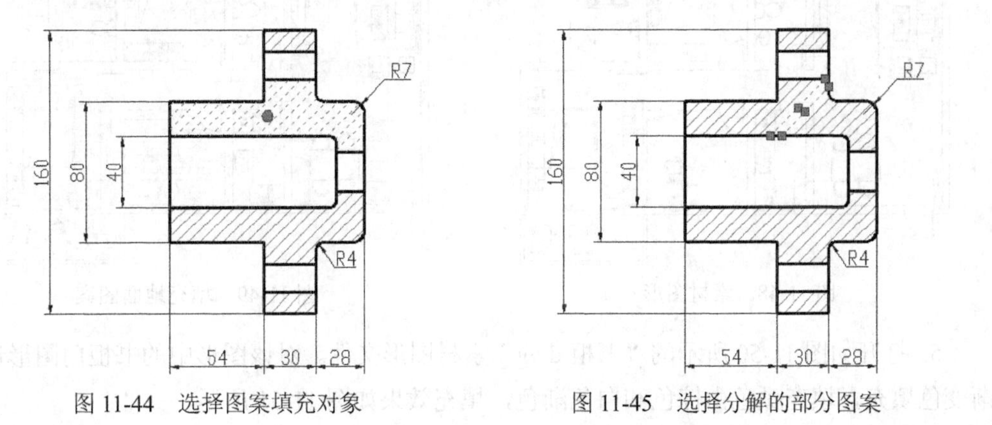

图 11-44　选择图案填充对象

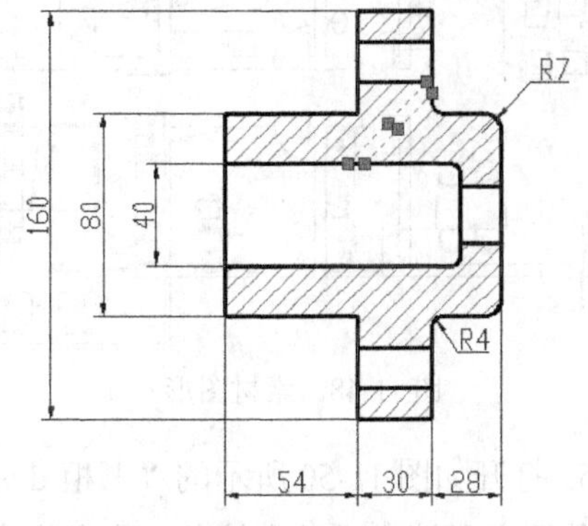

图 11-45　选择分解的部分图案

注意：

由于分解后的图案不再是单一的对象，而是一组组成图案的线条。因而分解后的图案不再具有关联，因此无法使用 Hatchedit 命令对其进行编辑。

11.4　思考练习

1. 进行图案填充时，如果因为比例不合适而不能正确显示，利用什么办法调整？

2. 在对图形进行图案填充时，应该如何自定义图案？

3. 打开如图 11-46 所示的“阀盖剖视图.dwg”图形文件，对该图形进行图案填充，设置图案为 ANSI31、比例为 0.8，填充效果如图 11-47 所示。

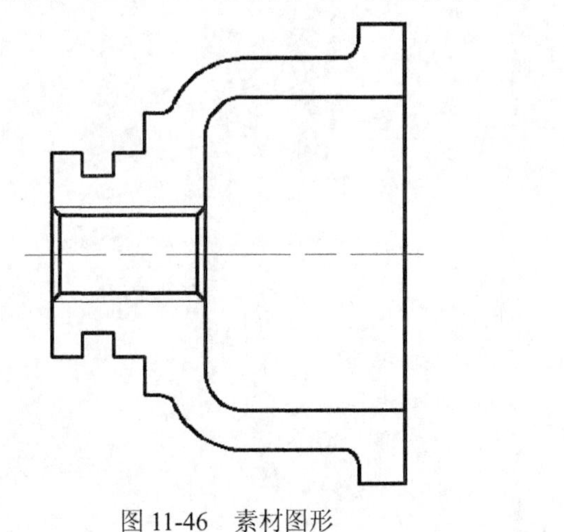

图 11-46　素材图形

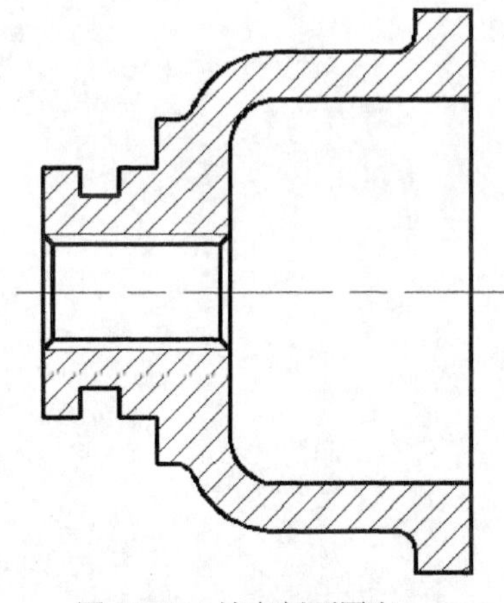

图 11-47　填充剖面图案

4. 打开如图 11-48 所示的“室内装修平面图.dwg”图形文件，对该图形的地面进行图案填充，填充效果如图 11-49 所示。

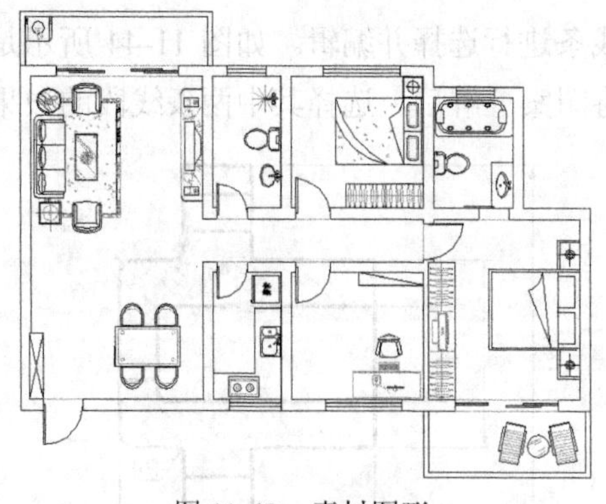

图 11-48　素材图形

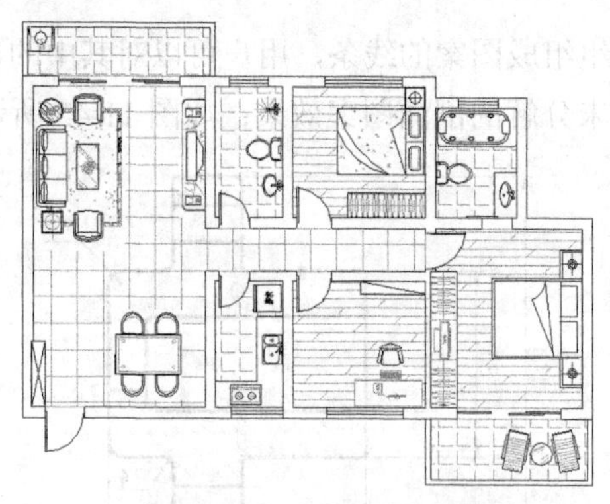

图 11-49　填充地面图案

5. 打开如图 11-50 所示的“书柜.dwg”素材图形文件。对该图形中的书柜门图形进行渐变色填充，填充颜色由棕色和白色渐色，填充效果如图 11-51 所示。

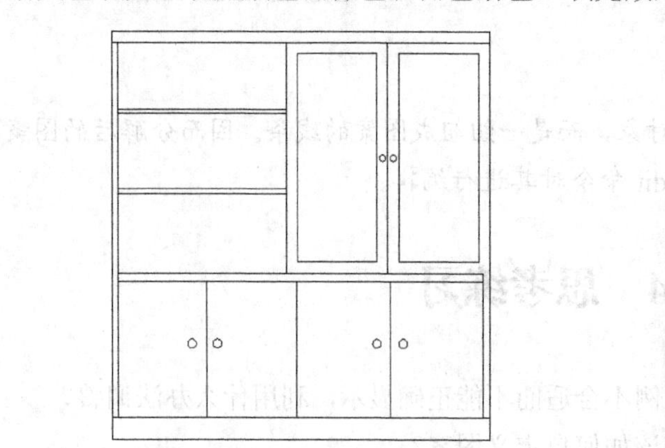

图 11-50　素材图形

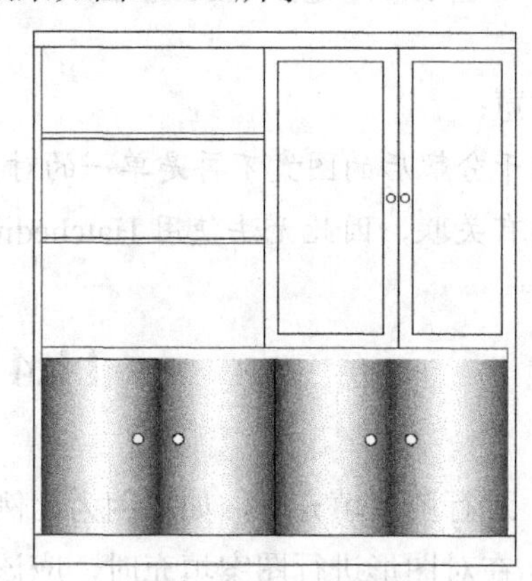

图 11-51　填充渐变色

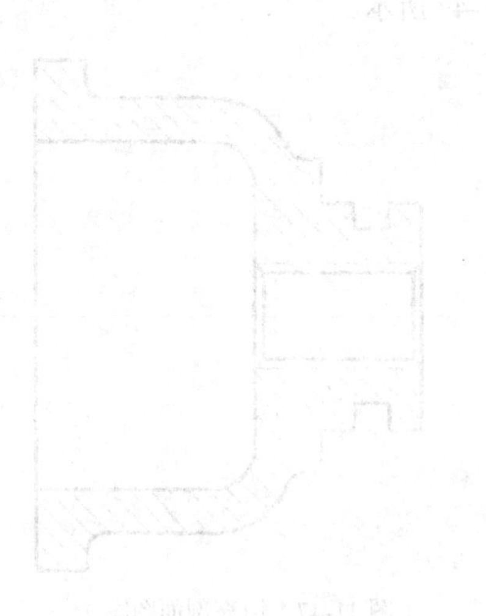

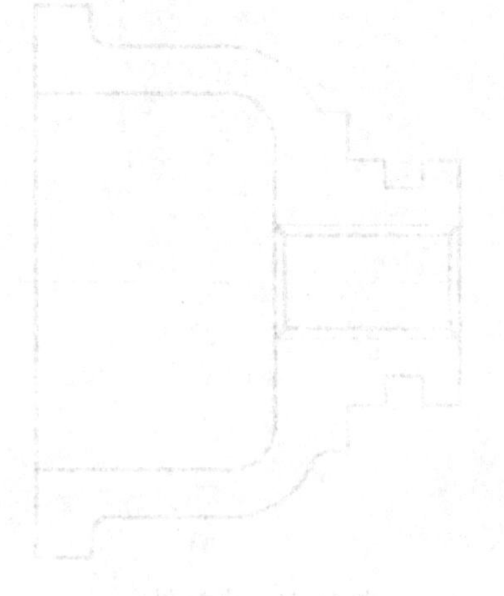

第12章　文本注释与表格绘制

在各种绘图设计中，常常需要对图形进行文字标注说明。例如建筑结构的说明、建筑体的空间标注，以及机械的加工要求、零部件名称等。本章将详细介绍文本注释与表格绘制的操作。

12.1　创建文字

在创建文字注释的操作中，包括创建多行文字和单行文字。当输入文字对象时，将使用默认的文字样式，用户也可以在创建文字之前，对文字样式进行设置。

12.1.1　设置文字样式

AutoCAD 中的文字拥有相应的文字样式，文字样式是用来控制文字基本形状的一组设置，包括文字的字体、字型和文字的大小。

执行“文字样式”对话框有如下 3 种方法。

- 选择“格式”|“文字样式”命令。
- 在“注释”功能区中单击“文字”面板右下方的“文字样式”按钮 ↘，如图 12-1 所示。
- 执行 DDstyle 命令。

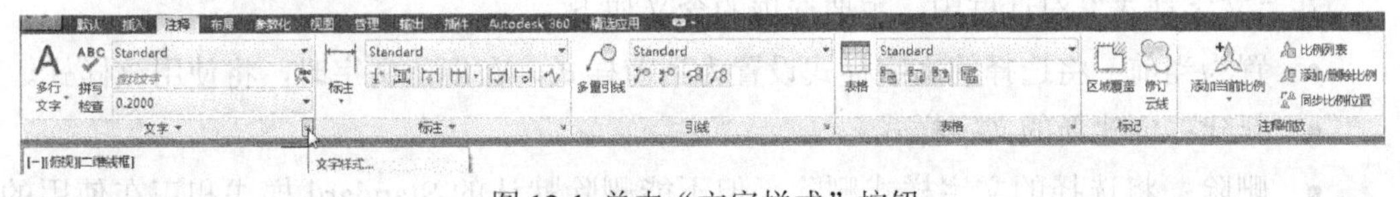

图 12-1 单击“文字样式”按钮

【练习 12-1】新建并设置文字样式。

实例分析：创建和设置文字样式需要在“文字样式”对话框中进行操作，设置文字样式主要是对文字的字体和高度进行设置。

(1) 执行 DDstyle 命令，打开“文字样式”对话框，如图 12-2 所示。

(2) 单击“文字样式”对话框中的“新建”按钮，打开“新建”对话框。在“样式名”文本框中输入新建文字样式的名称，如图 12-3 所示。

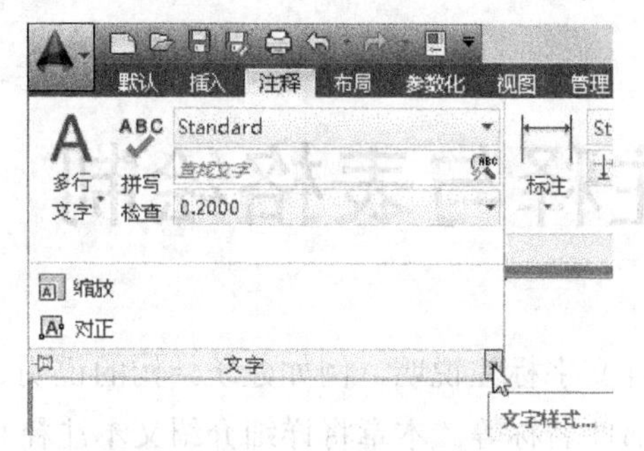

图 12-2 “文字样式”对话框

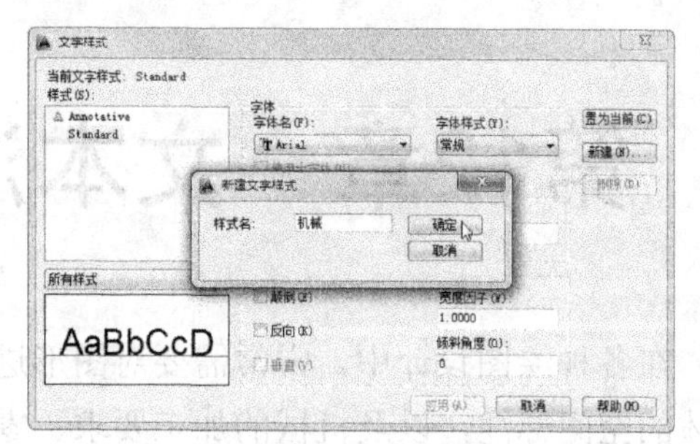

图 12-3 输入文字样式名称

注意：

在“样式名”文本框中输入的新建文字样式的名称不能与已经存在的样式名称重复。

(3) 单击“确定”按钮，即可创建新的文字样式，在样式名称列表框中将显示新建的文字样式。单击“字体名”列表框，在弹出的下拉列表中选择文字的字体，如图 12-4 所示。

(4) 在“大小”选项栏的“高度”文本框中输入文字的高度，如图 12-5 所示。在“效果”选项栏中可以修改字体的效果、宽度因子以及倾斜角度等，然后单击“应用”按钮。

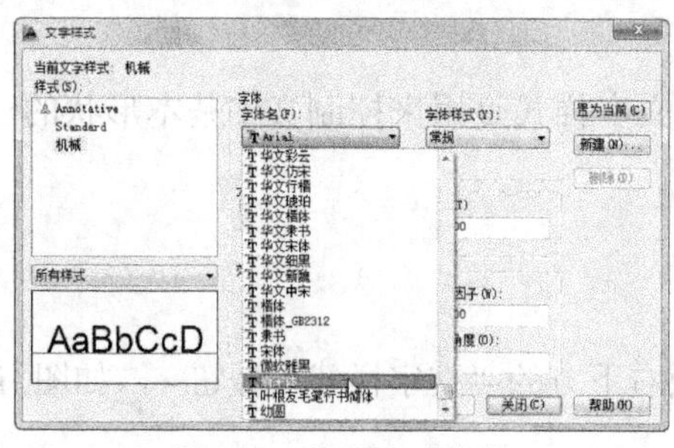

图 12-4 设置文字字体

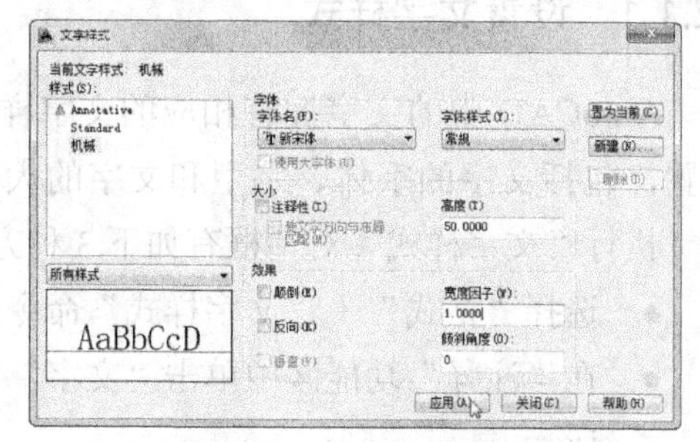

图 12-5 设置文字高度

在“文字样式”对话框中，主要选项的含义如下。

- 置为当前：将选择的文字样式设置为当前样式，在创建文字时，将使用该样式。
- 新建：创建新的文字样式。
- 删除：将选择的文字样式删除，但不能删除默认的 Standard 样式和正在使用的样式。
- 字体名：列出所有注册的中文字体和其他语言的字体名。
- 字体样式：在该列表中可以选择其他的字体样式。
- 高度：根据输入的值设置文字高度。如果输入 0.0，则每次用该样式输入文字时，文字默认值为 0.2 高度。输入大于 0.0 的高度值则为该样式设置固定的文字高度。
- 颠倒：选中此复选框，在用该文字样式来标注文字时，文字将被垂直翻转，如图 12-6 所示。
- 宽度因子：在“宽度比例”文本框中，可以输入作为文字宽度与高度的比例值。系统在标注文字时，会以该文字样式的高度值与宽度因子相乘来确定文字的高度。

当宽度因子为 1 时，文字的高度与宽度相等；当宽度因子小于 1 时，文字将变得细长；当宽度因子大于 1 时，文字将变得粗短。

- 反向：选中此复选框，可以将文字水平翻转，使其呈镜像显示，如图 12-7 所示。

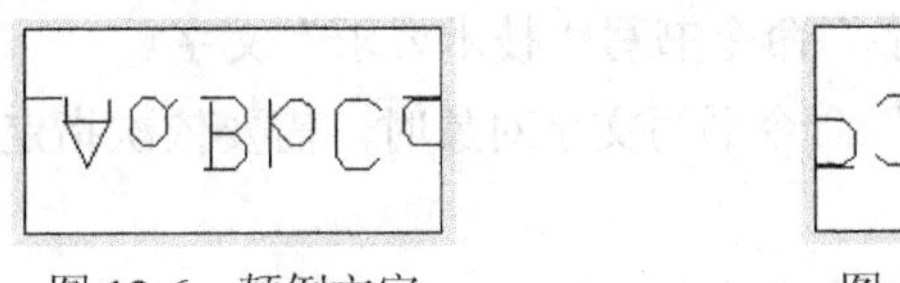

图 12-6　颠倒文字　　　　图 12-7　反向文字

- 垂直：选中此复选框，标注文字将沿竖直方向显示，如图 12-8 所示。该选项只有当字体支持双重定向时才可用，并且不能用于 TrueType 类型的字体。
- 倾斜角度：在“倾斜角度”文本框中输入的数值将作为文字旋转的角度，如图 12-9 所示。设置此数值为 0 时，文字将处于水平方向。文字的旋转方向为顺时针方向，即当输入一个正值时，文字将会向右方倾斜。

图 12-8　垂直排列　　　　图 12-9　倾斜文字

12.1.2　书写单行文字

在 AutoCAD 中，单行文字主要用于制作不需要使用多种字体的简短内容，可以对单行文字进行样式、大小、旋转以及对正等设置。

执行“单行文字”命令有如下 3 种常用方法。

- 选择“绘图”｜“文字”｜“单行文字”命令。
- 在“注释”功能区中单击“文字”面板中的“多行文字”下拉按钮，然后选择“单行文字”选项，如图 12-10 所示。
- 执行 Text(DT)命令。

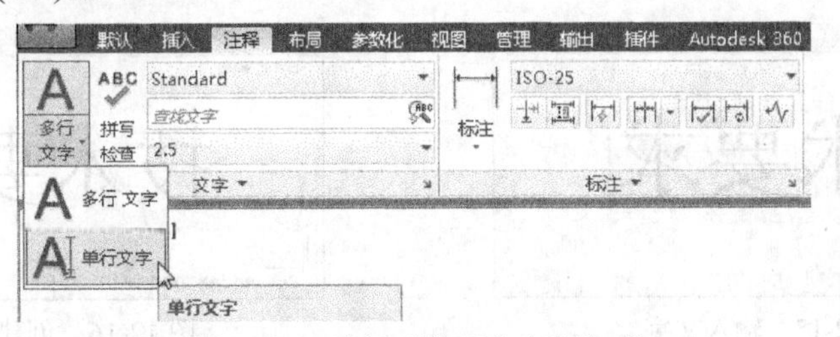

图 12-10　选择“单行文字”选项

执行 Text(DT)命令，系统将提示“指定文字的起点或[对正(J)/样式(S)]:”，其中的“对正”选项用于设置标注文本的对齐方式；“样式”选项用于设置标注文本的样式。

选择“对正”选项后，系统将提示：“[左(L)/居中(C)/右(R)/对齐(A)/中间(M)/布满(F)/左上(TL)/中上(TC)/右上(TR)/左中(ML)/正中(MC)/右中(MR)/左下(BL)/中下(BC)/右下(BR)]:”，其中各主选项的含义如下。

- 居中：从基线的水平中心对齐文字，此基线是由用户给出的点指定的。
- 对齐：通过指定基线端点来指定文字的高度和方向。
- 中间：文字在基线的水平中点和指定高度的垂直中点上对齐。

【练习 12-2】使用“单行文字”命令书写“技术要求”文字。

实例分析：使用“单行文字”命令书写文字对象时，需要依次指定文字的起点位置、文字的高度和旋转角度等参数。

(1) 执行 Text(DT)命令，在绘图区单击鼠标确定输入文字的起点，如图 12-11 所示。

(2) 当系统提示“指定高度 <>:”时，输入文字的高度为 20 并确定，如图 12-12 所示。

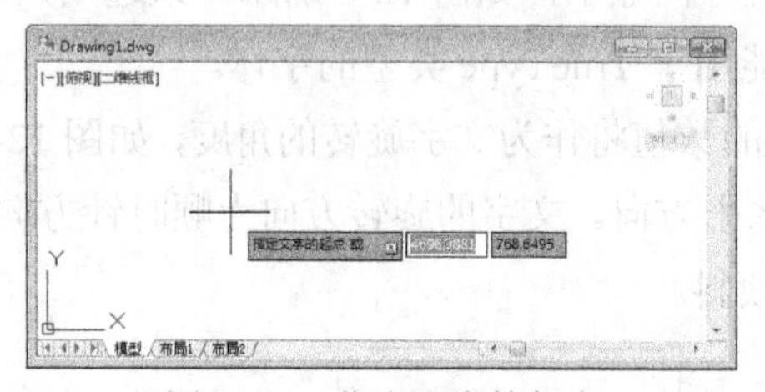

图 12-11　指定文字的起点

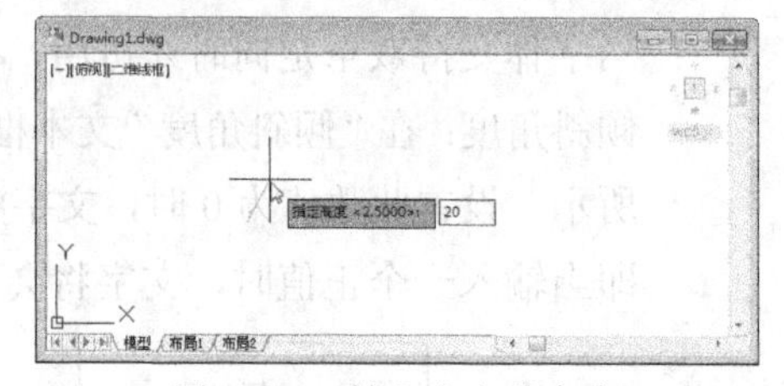

图 12-12　输入文字的高度

(3) 当系统将提示“指定文字的旋转角度 <>:”时，输入文字的旋转角度为 0 并确定，如图 12-13 所示，此时将出现闪烁的光标，如图 12-14 所示。

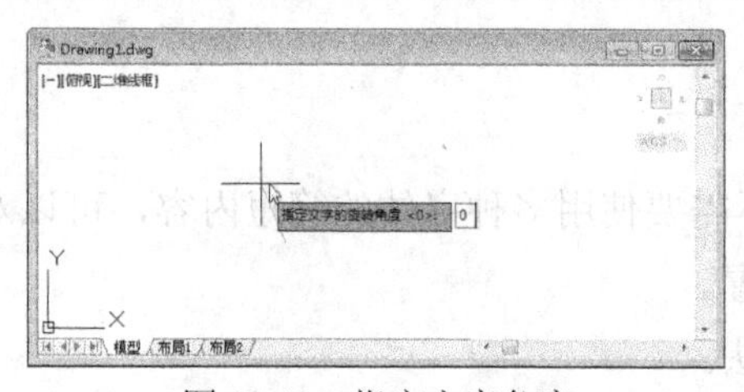

图 12-13　指定文字角度

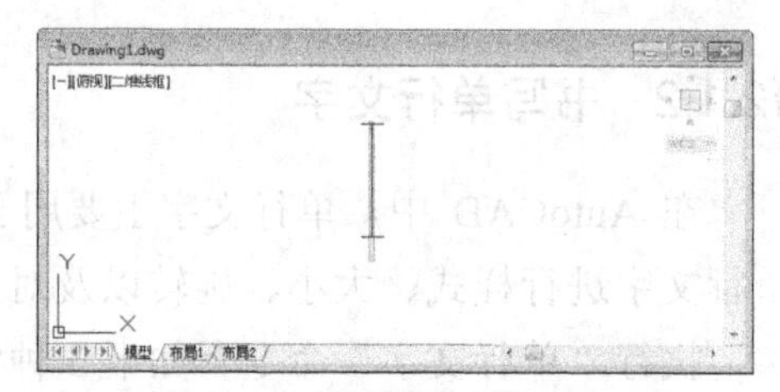

图 12-14　出现闪烁的光标

(4) 输入单行文字内容“技术要求”，如图 12-15 所示。

(5) 连续两次按下 Enter 键，或在文字区域外单击鼠标，即可完成单行文字的创建，如图 12-16 所示。

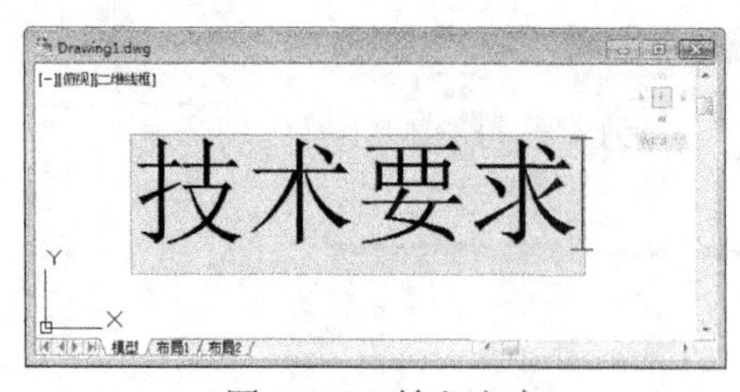

图 12-15　输入文字

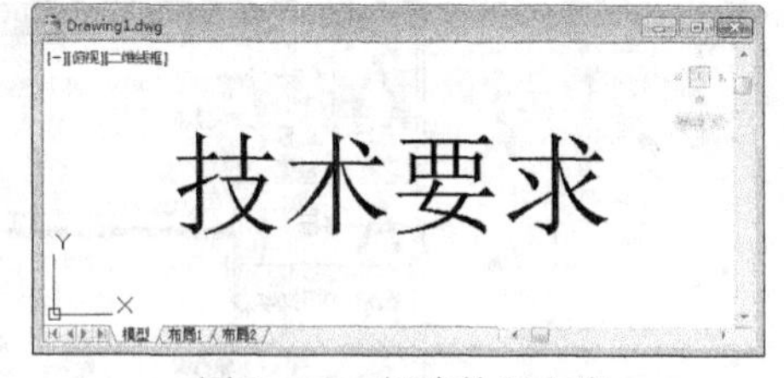

图 12-16　创建单行文字

12.1.3　书写多行文字

在 AutoCAD 中，多行文字是由沿垂直方向任意数目的文字行或段落构成，可以指定文字行段落的水平宽度，主要用于制作一些复杂的说明性文字。

执行“多行文字”命令有如下 3 种常用方法。

- 选择“绘图”|“文字”|“多行文字”命令。
- 单击“文字”面板中的“多行文字”按钮A。
- 执行 Mtext(T)命令。

执行上述任意一种操作，然后在绘图区指定一个区域，系统将打开设置文字格式的“文字编辑器”功能区，如图 12-17 所示。

图 12-17　“文字编辑器”功能区

注意：

如果是在“AutoCAD 经典”工作空间中执行“多行文字”命令，将打开“文字格式”工具栏，其中各选项的作用与“文字编辑器”功能区对应的选项相同。

在“文字编辑器”功能区中主要选项的含义如下。

- 样式列表：用于设置当前使用的文本样式，可以从下拉列表框中选取一种已设置好的文本样式作为当前样式。
- Arial 字体：在该下拉列表中可以选择为当前使用的字体类型。
- 2.5 文字高度：用于设置当前使用的字体高度。可以在下拉列表框中选取一种合适的高度，也可直接输入数值。
- B、I、U、Ō：用于设置标注文本是否加粗、倾斜、加下划线、加上划线。反复单击这些按钮，可以实现打开与关闭相应功能之间的切换。
- ByLayer 颜色：在下拉列表中可以选择为当前使用的文字颜色。
- 多行文字对正：显示“多行文字对正”列表选项，并且有 9 个对齐选项可用，如图 12-18 所示。
- 段落：单击该按钮将打开用于设置段落参数的“段落”对话框，如图 12-19 所示。

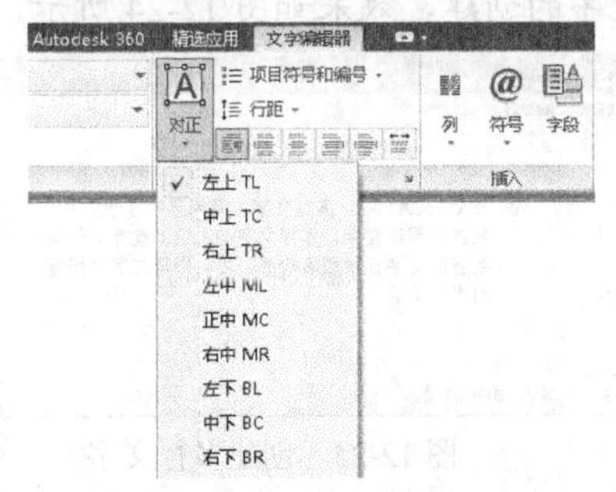

图 12-18　“对正”列表选项

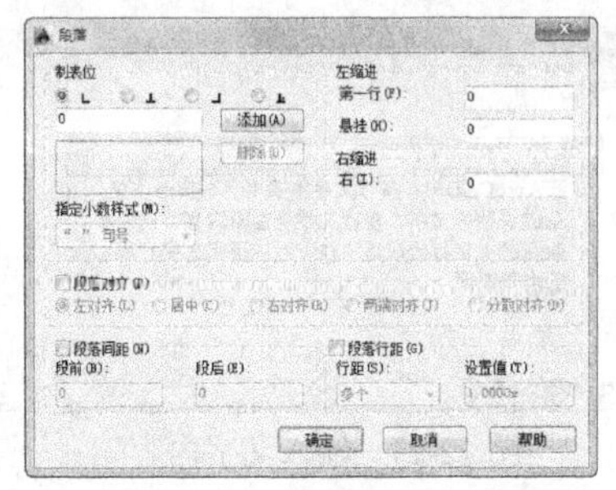

图 12-19　“段落”对话框

- 左对齐、居中、右对齐、对正和分布：分别设置当前段落左、中或右文字边界的对正和对齐方式。包含在一行的末尾输入的空格，并且这些空格会影响行的对正。
- 撤销：单击该按钮用于撤销上一步操作。

- 恢复：单击该按钮用于恢复上一步操作

注意：

使用 MTXET 创建的文本，无论是多少行，都将作为一个实体，用户可以对它进行整体选择和编辑；而使用 TEXT 命令输入多行文字时，每一行都是一个独立的实体，只能单独对每行进行选择和编辑。

【练习 12-3】使用"多行文字"命令创建段落文字。

实例分析：使用"多行文字"命令书写段落文字时，需要依次指定文字的书写范围、文字的字体以及高度等参数。

(1) 执行 Mtext(T)命令，在绘图区指定文字区域的第一个角点，如图 12-20 所示。拖动鼠标指定对角点，确定创建文字的区域，如图 12-21 所示。

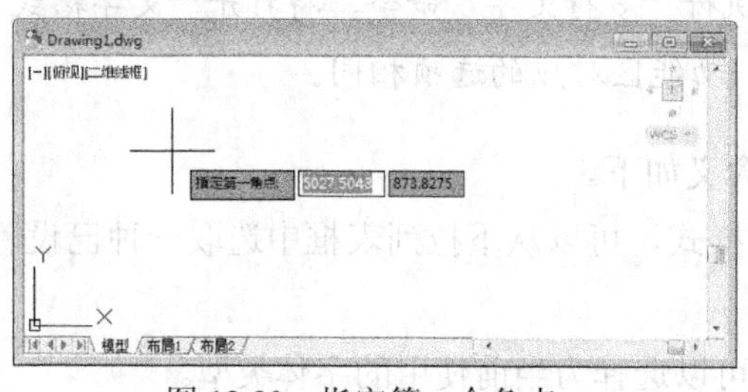

图 12-20　指定第一个角点

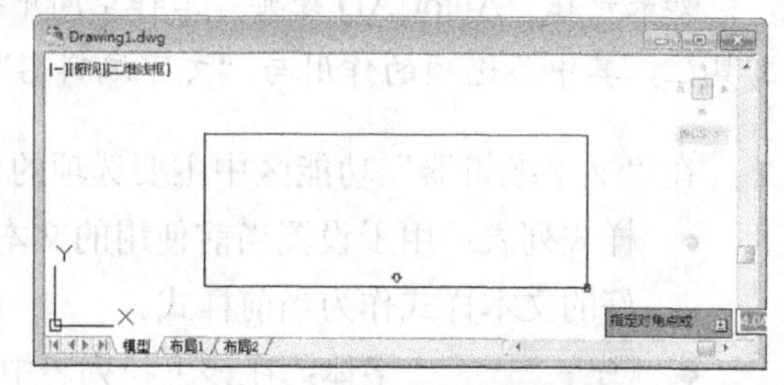

图 12-21　指定输入文字区域

(2) 在打开的"文字编辑器"功能区中设置文字的字体、高度和颜色等参数，如图 12-22 所示。

图 12-22　设置文字参数

(3) 在文字输入窗口中输入文字内容，如图 12-23 所示，然后单击"文字编辑器"功能区中的"关闭文字编辑器"按钮，完成多行文字的创建，效果如图 12-24 所示。

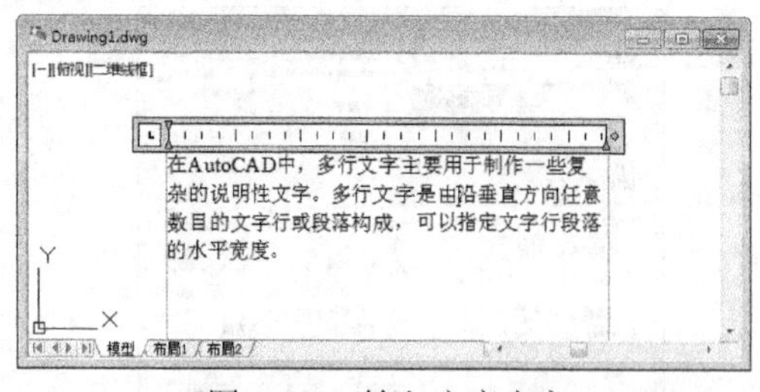

图 12-23　输入文字内容

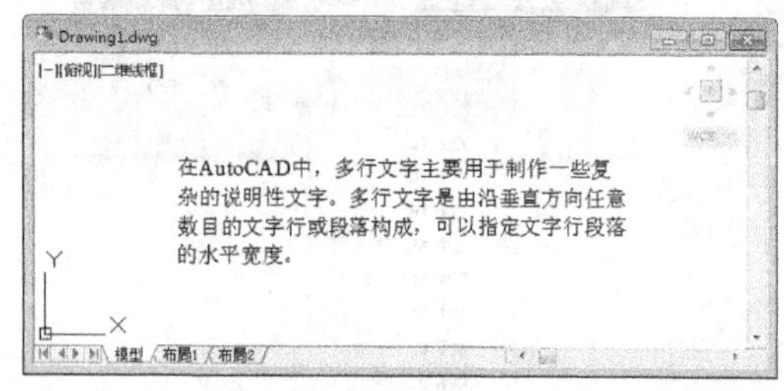

图 12-24　创建多行文字

12.1.4　书写特殊字符

在文本标注的过程中，有时需要输入一些控制码和专用字符，AutoCAD 根据用户的需要提供了一些特殊字符的输入方法。AutoCAD 提供的特殊字符内容如下表所示。

特 殊 字 符	输 入 方 式	字 符 说 明
~	%%p	公差符号
	%%o	上划线
_	%%u	下划线
%	%%%	百分比符号
	%%c	直径符号
°	%%d	度

12.2　编辑文字

用户在书写文字内容时，难免会出错，或者后期对于文字的参数进行修改时，都需要对文字进行编辑操作。

12.2.1　编辑文字内容

选择“修改”|“对象”|“文字”命令，或者执行 Ddedit(ED)命令，可以增加或替换字符，以达到修改文本内容的目的。

【练习 12-4】将“室内设计”文字改为“建筑设计”。

实例分析：编辑文字内容时，可以使用文字编辑命令将文字对象激活，然后使用拖动光标的方式，创建要修改的文字，再重新输入需要的文字即可。

(1) 创建一个内容为“室内设计”的多行文字。

(2) 执行 Ddedit 命令，选择要编辑的文本“室内设计”，如图 12-25 所示。

(3) 在激活文字内容“室内设计”后，拖动光标选择文字“室内”，如图 12-26 所示。

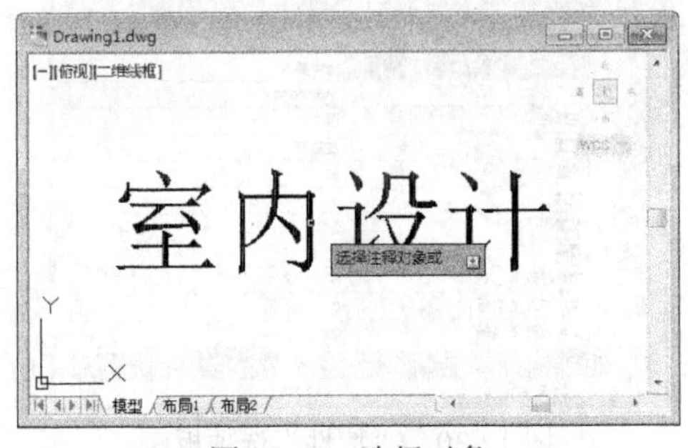

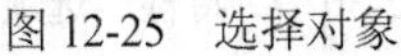

图 12-25　选择对象

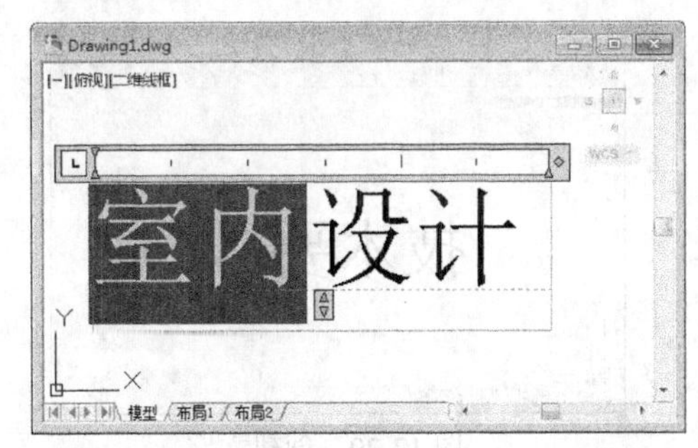

图 12-26　选取文字

(4) 输入新的文字内容“建筑”，如图 12-27 所示。

(5) 单击“文字编辑器”功能区中的“关闭文字编辑器”按钮，完成文字的修改，效果如图 12-28 所示。

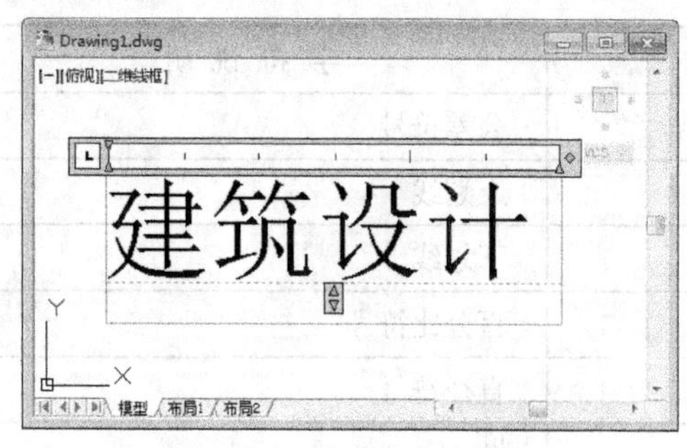

图 12-27　修改文字内容

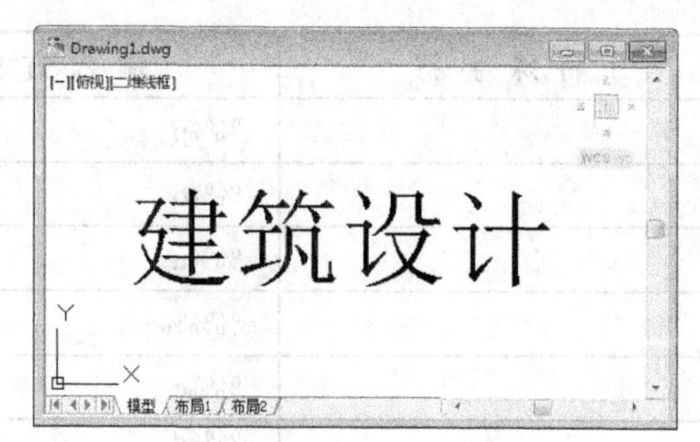

图 12-28　修改后的效果

12.2.2　编辑文字特性

可以通过执行 Ddedit(ED)命令，在打开的“文字编辑器”功能区中修改使用“多行文字”命令创建的文字对象的特性。但是 Ddedit 命令只能修改单行文字的文字内容，不能修改单行文字的特性，单行文字的特性需要在“特性”选项板中进行修改。

打开“特性”选项板可以使用如下两种方法。

- 选择“修改”|“特性”命令。
- 执行 Properties(PR)命令。

【练习 12-5】将“技术要求”单行文字旋转 15 度、高度设置为 50。

实例分析：在“特性”面板中修改文字特性时，需要展开其中的“文字”选项栏，然后根据需要修改文字的高度和旋转角度。

(1) 使用“单行文字”命令创建“技术要求”文字内容，设置文字的高度为 30，如图 12-29 所示。

(2) 执行 Properties(PR)命令，打开“特性”选项板，选择创建的文字，在该选项板中将显示文字的特性，如图 12-30 所示。

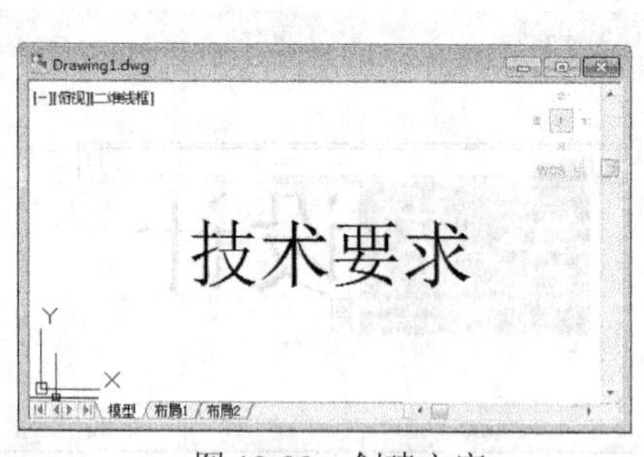

图 12-29　创建文字

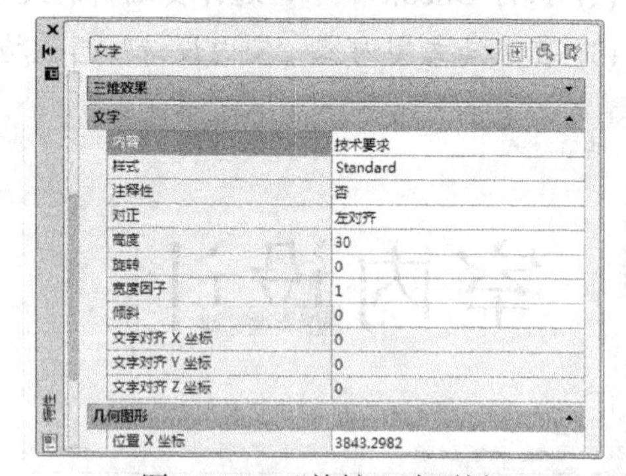

图 12-30　“特性”选项板

(3) 在“特性”选项板中设置文字旋转角度为 15°、文字高度为 50，如图 12-31 所示。修改后的文字效果如图 12-32 所示。

图 12-31　设置文字特性

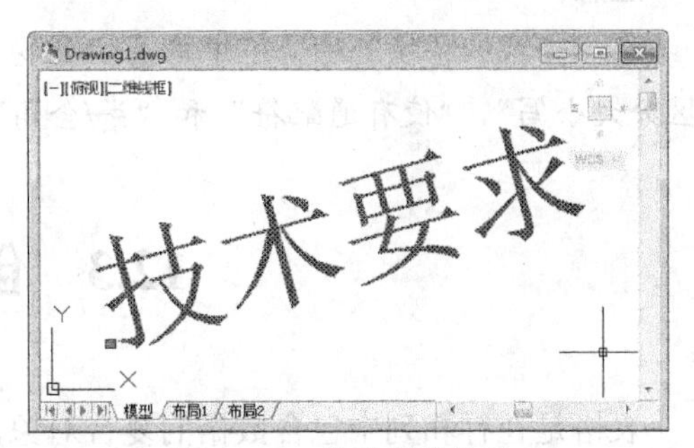

图 12-32　修改后的效果

12.2.3　查找和替换文字

使用“查找”命令可以对文本内容进行查找和替换操作。执行“查找”命令有如下两种常用方法。

- 选择“编辑”|“查找”命令。
- 执行 FIND 命令。

【练习 12-6】查找“机械”文字内容，并将其替换为“建筑”文字。

实例分析：执行 Find 命令，在“查找和替换”对话框中输入查找和替换文字，并指定查找的位置，即可快速找到和替换指定的文字对象。

(1) 使用“多行文字”命令创建一段如图 12-33 所示的文字内容。

(2) 执行 Find 命令，打开 “查找和替换”对话框，在“查找内容”文本框中输入文字“机械”，然后在“替换为”文本框中输入文字“建筑”，如图 12-34 所示。

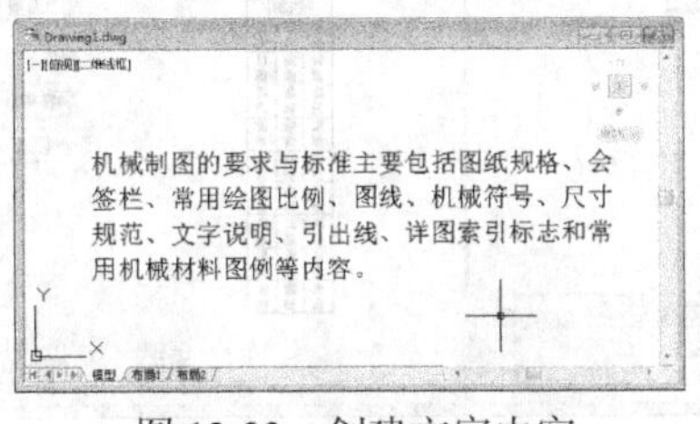

图 12-33　创建文字内容

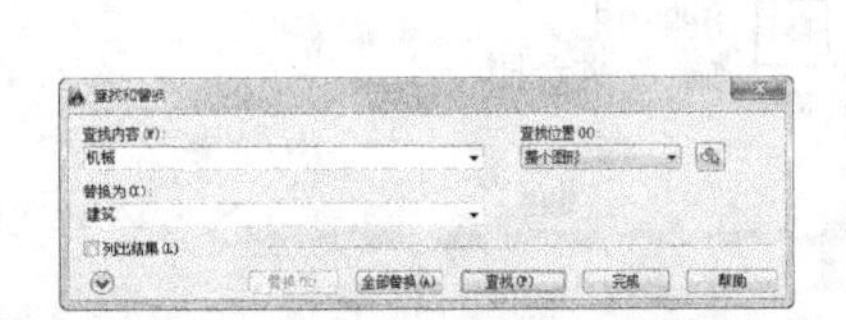

图 12-34　输入查找与替换内容

(3) 单击“查找”按钮，将查找到图形中的第一个文字对象，并在窗口正中间显示该文字，如图 12-35 所示。

(4) 单击“全部替换”按钮，可以将文字“机械”全部替换为文字“建筑”。单击“完成”按钮，结束查找和替换操作，如图 12-36 所示。

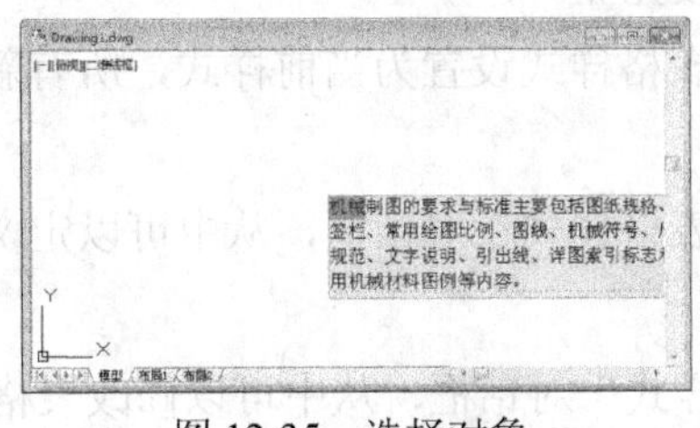

图 12-35　选择对象

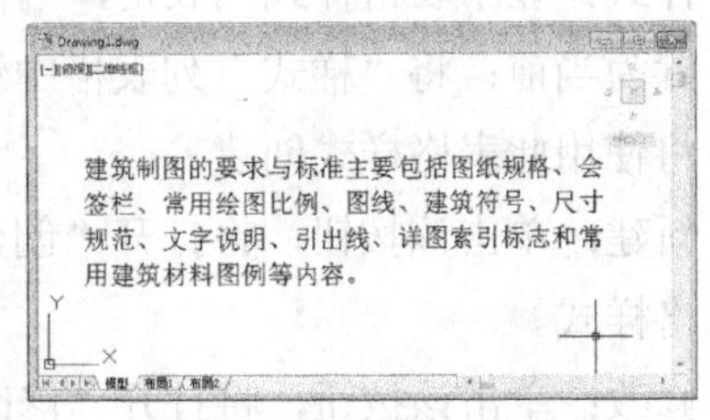

图 12-36　替换后的文字

注意：

在“查找和替换”对话框中单击“更多”按钮，可以展示更多选项内容，可以应用“区分大小写”、“使有通配符”和“半/全角”等选项。

12.3　创建表格

表格是在行和列中包含数据的复合对象，可用于绘制图纸中的标题栏和图纸明细栏。用户可以通过空的表格或表格样式创建表格对象。

12.3.1　创建与设置表格样式

在创建表格之前可以先根据需要设置好表格的样式，执行“表格样式”命令的常用方法有如下 3 种。

- 选择“格式”｜“表格样式”菜单命令。
- 在“注释”功能区中单击“表格”面板右下方的“表格样式”按钮，如图 12-37 所示。
- 执行 Tablestyle 命令。

执行上述任意一种操作，打开“表格样式”对话框，在该对话框中可以修改当前表格样式，也可以新建和删除表格样式，如图 12-38 所示。

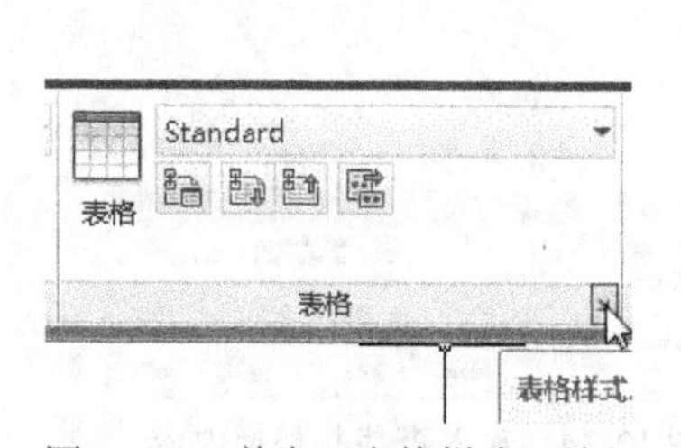

图 12-37　单击“表格样式”按钮

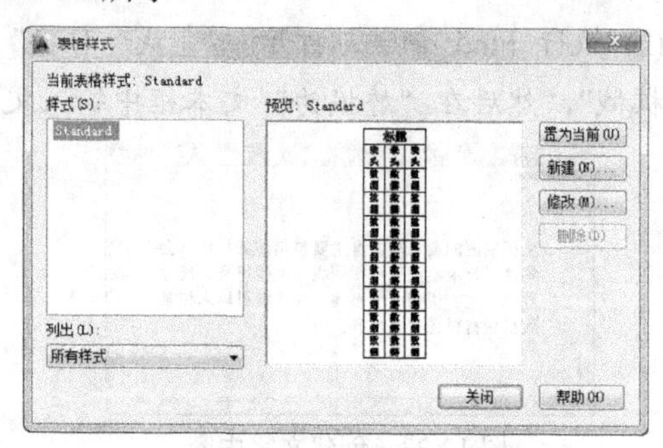

图 12-38　“表格样式”对话框

“表格样式”对话框中主要选项的含义如下。

- 当前表格样式：显示应用于所创建表格的表格样式的名称，默认表格样式为 STANDARD。
- 样式：显示表格样式列表格，当前样式被亮显。
- 置为当前：将“样式”列表格中选定的表格样式设置为当前样式，所有新表格都将使用此表格样式创建。
- 新建：单击该按钮，将打开“创建新的表格样式”对话框，从中可以定义新的表格样式。
- 修改：单击该按钮，将打开“修改表格样式”对话框，从中可以修改表格样式。

- 删除：单击该按钮，将删除“样式”列表格中选定的表格样式，但不能删除图形中正在使用的样式。

【练习 12-7】 新建“千斤顶装配明细表”表格样式。

实例分析：选择“格式” | “表格样式”菜单命令，打开“创建新的表格样式”对话框，在该对话框中即可创建或修改表格样式。

(1) 选择“格式” | “表格样式”菜单命令，打开“表格样式”对话框，单击“新建”按钮，如图 12-39 所示。

(2) 在打开的“创建新的表格样式”对话框中输入新的表格样式名称“千斤顶装配明细表”，然后单击“继续”按钮，如图 12-40 所示。

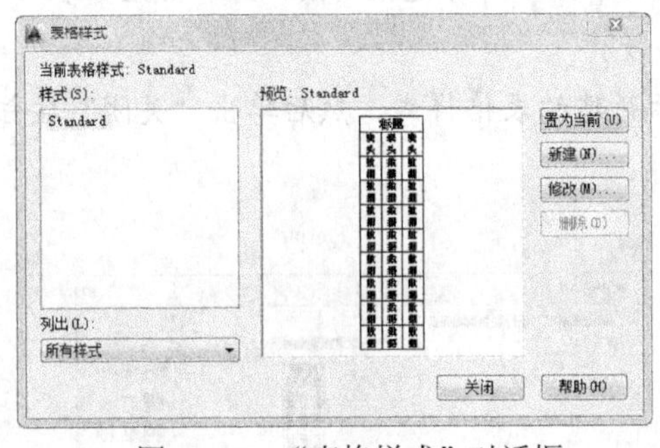

图 12-39　“表格样式”对话框

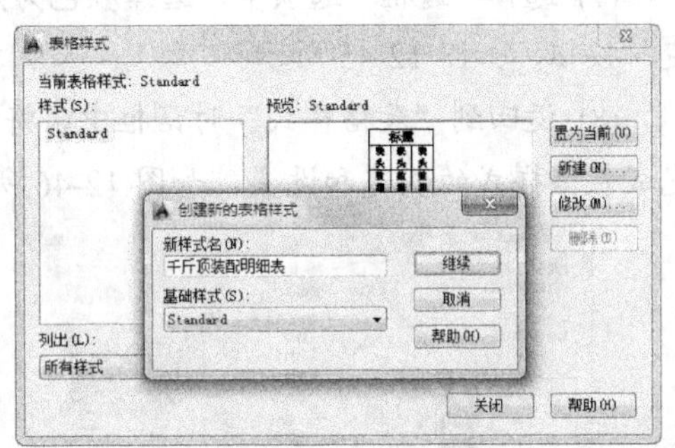

图 12-40　新建表格样式

(3) 在打开的“新建表格样式：千斤顶装配明细表”对话框中单击“单元样式”下拉列表框，然后选择“标题”单元，如图 12-41 所示。

(4) 选择“文字”选项卡，设置文字的高度为 80、文字的颜色为黑色，如图 12-42 所示。

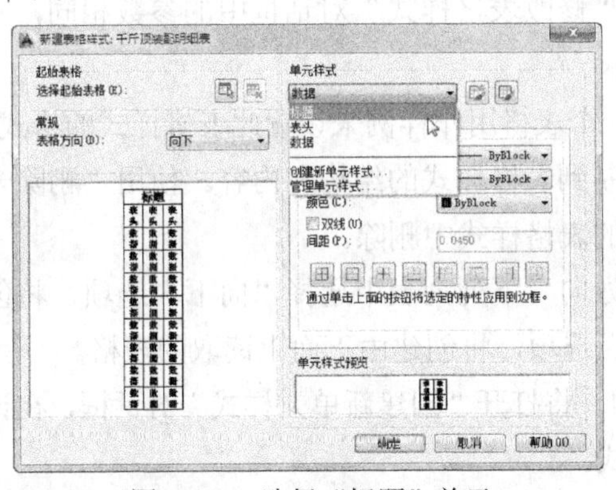

图 12-41　选择“标题”单元

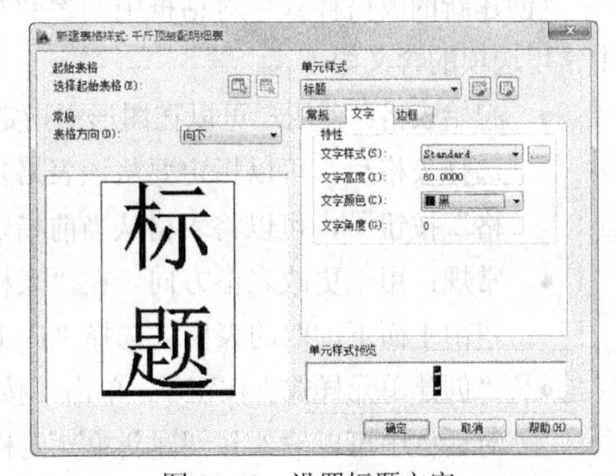

图 12-42　设置标题文字

(5) 选择“边框”选项卡，选择颜色为黑色，然后单击“所有边框”按钮田，如图 12-43 所示。

(6) 在“单元样式”下拉列表框中选择“数据”单元，再选择“文字”选项卡，设置文字的高度为 50、文字的颜色为黑色， 如图 12-44 所示。

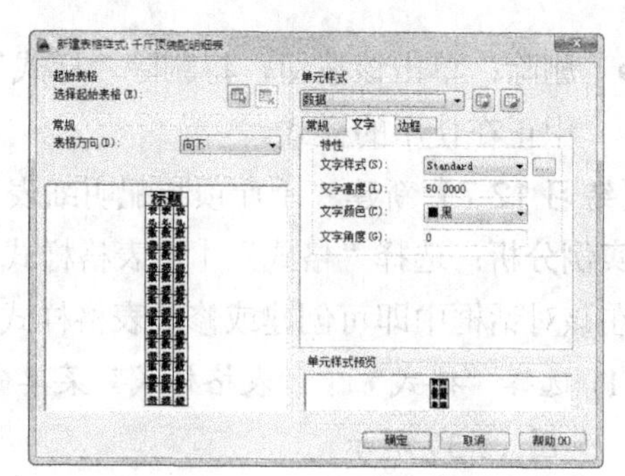

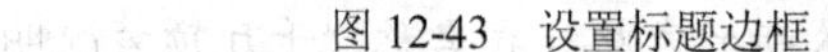

图 12-43　设置标题边框　　图 12-44　设置数据文字

(7) 选择“边框”选项卡，选择颜色为黑色，单击“所有边框”按钮田，然后单击“确定”按钮，如图 12-45 所示。

(8) 返回到“表格样式”对话框中，将显示新建的表格样式，然后单击“关闭”按钮，完成表格样式的创建和设置，如图 12-46 所示。

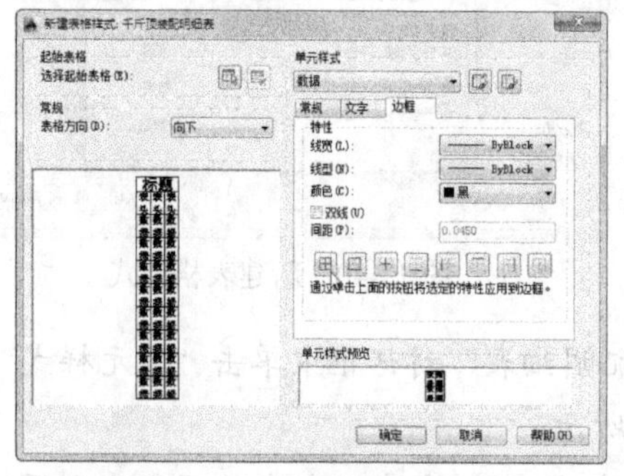

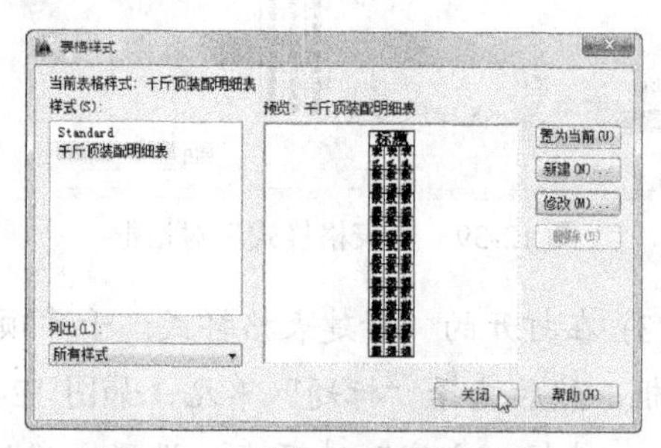

图 12-45　设置数据边框　　图 12-46　单击“关闭”按钮

“创建新的表格样式”对话框中的参数与“修改表格样式”对话框中的参数相同，其中常用选项的含义如下。

- 起始表格：使用户可以在图形中指定一个表格用作样例来设置此表格样式的格式。选择表格后，可以指定要从该表格复制到表格样式的结构和内容。使用“删除表格”按钮，可以将表格从当前指定的表格样式中删除。
- 常规：用于更改表格方向。在“表格方向”下列列表中选择“向下”选项，将创建由上而下读取的表格。选择“向上”选项，将创建由下而上读取的表格。
- “创建单元样式”按钮：单击该按钮，将打开“创建新单元样式”对话框，在该对话框中可以输入并创建新单元的样式。
- “管理单元样式”按钮：单击该按钮，将打开如图 12-47 所示的“管理单元样式”对话框，在该对话框中可以新建、删除和重命名单元样式。
- 在如图 12-48 所示的“常规”选项卡中包括“特性”和“页边距”两个区域“特性”区域用于设置表格的特性；“页边距”区域用于控制单元边界和单元内容之间的间距。
- 填充颜色：用于指定单元的背景色，默认值为“无”，选择列表中的“选择颜色”选项，可以打开“选择颜色”对话框。

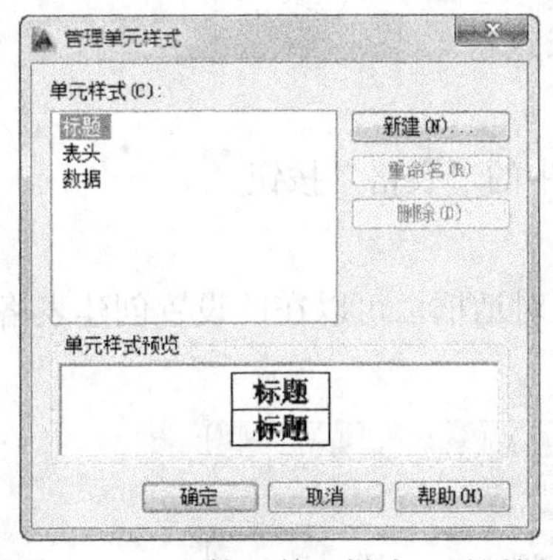

图 12-47　“管理单元样式”对话框

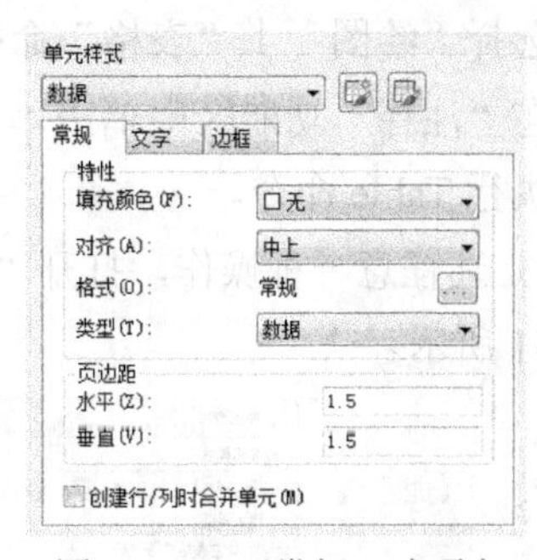

图 12-48　“常规”选项卡

- 对齐：用于设置表格单元中文字的对正和对齐方式。文字相对于单元的顶部边框和底部边框进行居中对齐、上对齐或下对齐。文字相对于单元的左边框和右边框进行居中对正、左对正或右对正。
- 格式：为表格中的“数据”、“列标题”或“标题”行设置数据类型和格式。单击该按钮将显示“表格单元格式”对话框，从中可以进一步定义格式选项。
- 类型：用于将单元样式指定为标签或数据。
- 水平：设置单元中的文字或块与左右单元边界之间的距离。
- 垂直：设置单元中的文字或块与上下单元边界之间的距离。
- 创建行/列时合并单元：用于将使用当前单元样式创建的所有新行或新列合并为一个单元。可以使用此选项在表格的顶部创建标题行。
- 如图 12-49 所示的“文字”选项卡，将显示用于设置文字特性的选项。如图 12-50 所示的“边框”选项卡，将显示用于设置边框特性的选项。“边框”选项卡的下方列出了各个边框按钮，使用这些按钮，可以控制单元边框的外观。边框特性包括栅格线的线宽和颜色。

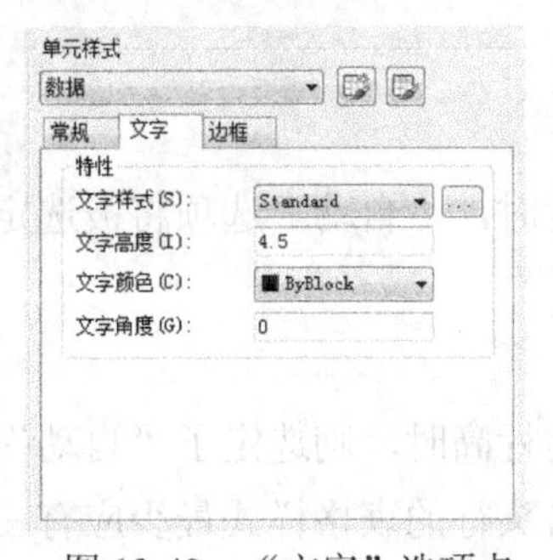

图 12-49　“文字”选项卡

图 12-50　“边框”选项卡

12.3.2　创建表格

用户可以从空表格或表格样式创建表格对象。完成表格的创建后，用户可以单击该表格上的任意网格线选中该表格，然后通过“特性”选项板或夹点编辑修改该表格对象。

执行“表格”命令通常有如下 3 种常用方法。

- 选择“绘图”|“表格”命令。
- 在“注释”功能区中单击“表格”面板中的“表格”按钮。
- 执行 Table 命令。

执行上述任意一种操作，打开“插入表格”对话框，可以在此设置创建表格的参数，如图 12-51 所示。

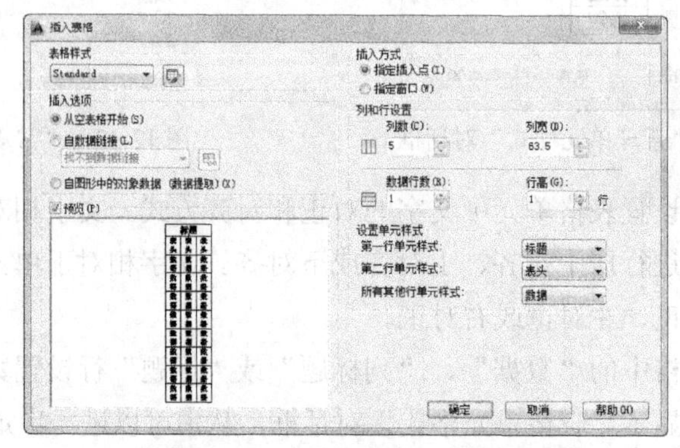

图 12-51 “插入表格”对话框

在“插入表格”对话框主要选项的含义如下。

- 表格样式：在要从创建表格的当前图形中选择表格样式。通过单击下拉列表旁边的按钮，用户可以创建新的表格样式。
- 从空表格开始：创建可以手动填充数据的空表格。
- 自数据链接：从外部电子表格中的数据创建表格。
- 插入方式：指定表格位置。
- 指定插入点：指定表格左上角的位置。可以使用定点设备，也可以在命令提示下输入坐标值。
- 指定窗口：指定表格的大小和位置。
- 列和行设置：设置列和行的数目和大小。
- 列数：选定“指定窗口”选项并指定列宽时，“自动”选项将被选定，且列数由表格的宽度控制。
- 列宽：指定列的宽度。
- 数据行数：选定“指定窗口”选项并指定行高时，则选定了“自动”选项，且行数由表格的高度控制。带有标题行和表格头行的表格样式最少应有三行。最小行高为一个文字行。如果已指定包含起始表格的表格样式，则可以选择要添加到此起始表格的其他数据行的数量。
- 行高：按照行数指定行高。文字行高基于文字高度和单元边距，这两项均在表格样式中设置。
- 设置单元样式：对于那些不包含起始表格的表格样式，可以指定新表格中行的单元格式。

- 第一行单元样式：指定表格中第一行的单元样式。在默认情况下，将使用标题单元样式。
- 第二行单元样式：指定表格中第二行的单元样式。在默认情况下，将使用表头单元样式。
- 所有其他行单元样式：指定表格中所有其他行的单元样式。默认情况下，使用数据单元样式。
- 标题：保留新插入表格中的起始表格表头或标题行中的文字。
- 表格：对于包含起始表格的表格样式，从插入时保留的起始表格中指定表格元素。
- 数据：保留新插入表格中的起始表格数据行中的文字。

【练习 12-8】绘制千斤顶装配明细表。

实例分析：在绘制表格时，可以先设置表格样式，或选择已有的表格样式，再执行“表格”命令，打开“插入表格”对话框，设置好表格的参数，然后插入表格并在表格中输入需要的文字内容。

(1) 选择“绘图” | “表格”命令，打开“插入表格”对话框，在“表格样式”下拉列表框中选择前面创建的“千斤顶装配明细表”表格样式。

(2) 设置列数为 6、列宽为 200、数据行数为 6，在“第二行单元样式”下拉列表框中选择“数据”选项，如图 12-52 所示。

(3) 在绘图区指定插入表格的位置，即可创建一个指定列数和行数的表格，如图 12-53 所示。

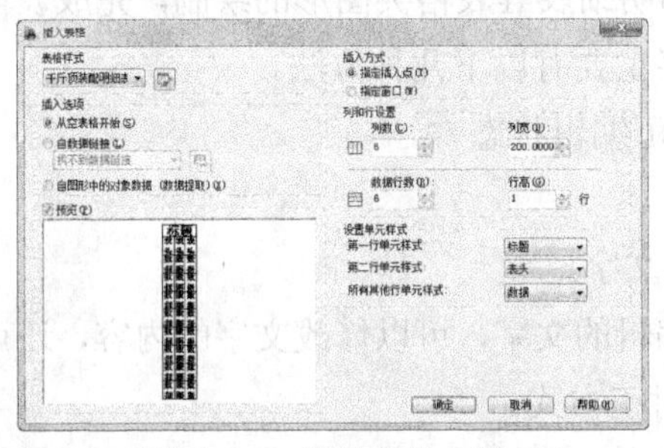

图 12-52　设置表格参数

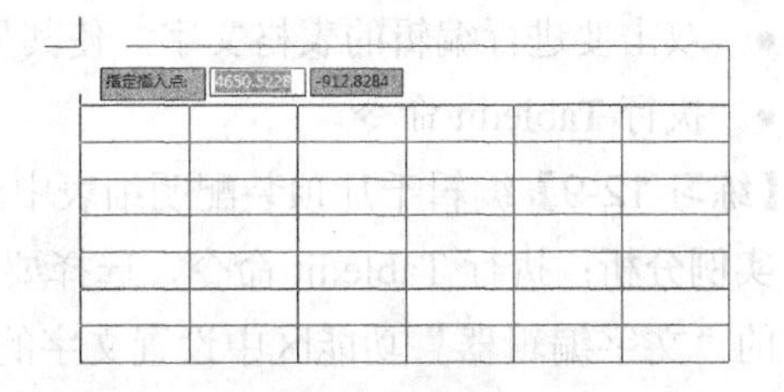

图 12-53　插入表格

注意：

在“插入表格”对话框中虽设置的数据行数为 6，但是第一行为标题对象，第二行为数据行，因此再加上另外 6 行数据行，插入的表格拥有 8 行对象。

(4) 输入标题内容“千斤顶装配明细表”，然后在表格以外的区域单击鼠标，完成插入表格的操作，效果如图 12-54 所示。

(5) 单击表格中的下一个单元格将其选中，如图 12-55 所示。

(6) 在选中的单元格中直接输入需要的文字“序号”，如图 12-56 所示。在表格以外的地方单击鼠标，即可结束表格文字的输入操作。

(7) 继续在其他单元格中输入其他相应的文字，完成后的表格效果如图 12-57 所示。

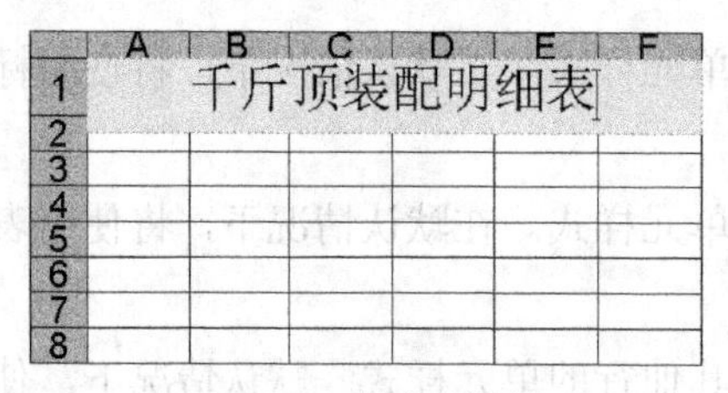

图 12-54　输入标题内容

图 12-55　选中单元格

图 12-56　输入数据内容

千斤顶装配明细表					
序号	图号	名称	数量	材料	备注
1	1-01	螺套	1	QA19-4	
2	1-02	螺钉	1	35钢	GB/T73-1985
3	1-03	绞杆	1	Q215	
4	1-04	螺杆	1	255	
5	1-05	底座	1	HT200	GB/T75-1985
6	1-06	顶垫	1	Q275	

图 12-57　创建表格

12.3.3　编辑表格

创建好表格后，还可以对表格进行编辑，包括编辑表格中的数据、编辑表格和单元格，如在表格中插入行和列，或将相邻的单元格进行合并等。

1. 编辑表格文字

使用表格功能，可以快速完成如标题栏和明细表等表格类图形的绘制，完成表格操作后，可以对表格内容进行编辑。编辑表格文字主要有以下几种方法。

- 双击要进行编辑的表格文字，使其呈可编辑状态。
- 执行 Tabledit 命令。

【练习 12-9】编辑千斤顶装配明细表中的文字。

实例分析：执行 Tabledit 命令，选择要编辑的文字，可以修改文字的内容，还可以在打开的“文字编辑器”功能区中设置文字的对正方式。

(1) 执行 Tabledit 命令，单击千斤顶装配明细表中的“螺钉”单元格作为要进行编辑的对象，如图 12-58 所示。

(2) 单击后的单元格呈编辑状态，然后将其中的文字修改为“螺栓”，如图 12-59 所示。

千斤顶装配明细表					
序号	图号	名称	数量	材料	备注
1	1-01	螺套	1	QA19-4	
2	1-02	螺钉	1	35钢	GB/T73-1985
3	1-03	绞杆	1	Q215	
4	1-04	螺杆	1	255	
5	1-05	底座	1	HT200	GB/T75-1985
6	1-06	顶垫	1	Q275	

图 12-58　指定要编辑的单元格

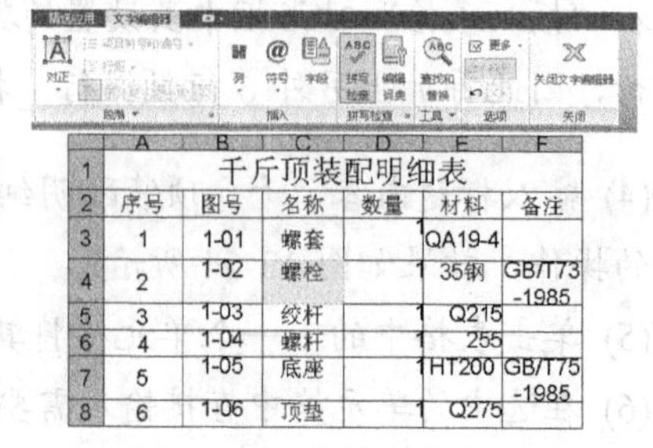

图 12-59　修改文字内容

(3) 选择数量列的数字文字，在打开的“文字编辑器”功能区中单击“对正”下拉按钮，在下拉列表中选择“正中 MC”选项，如图 12-60 所示。

(4) 使用同样的方法修改其他文字的对正方式为“正中 MC”，然后在“文字编辑器”功能区中单击“关闭”面板中的“关闭文字编辑器”按钮，结束文字的编辑，如图 12-61 所示。

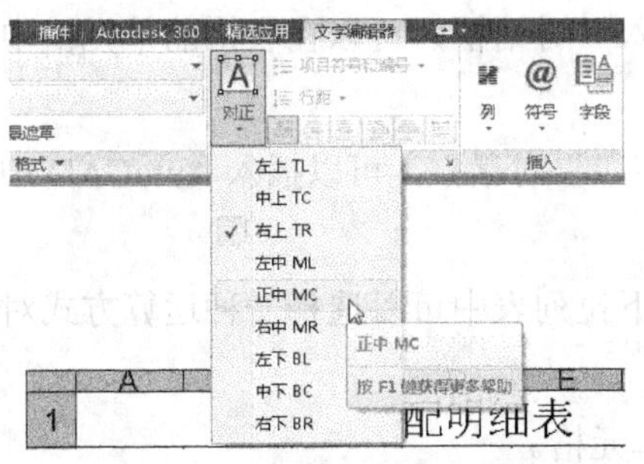

图 12-60　修改文字的对正方式

千斤顶装配明细表					
序号	图号	名称	数量	材料	备注
1	1-01	螺套	1	QA19-4	
2	1-02	螺栓	1	35钢	GB/T73-1985
3	1-03	绞杆	1	Q215	
4	1-04	螺杆	1	255	
5	1-05	底座	1	HT200	GB/T75-1985
6	1-06	顶垫	1	Q275	

图 12-61　修改文字后的效果

2. 编辑表格和单元格

在“表格单元”功能区中可以对表格进行编辑操作。插入表格后，选择表格中的任意单元格，可打开如图 12-62 所示的“表格单元”功能区中，单击相应的按钮可完成表格的编辑。

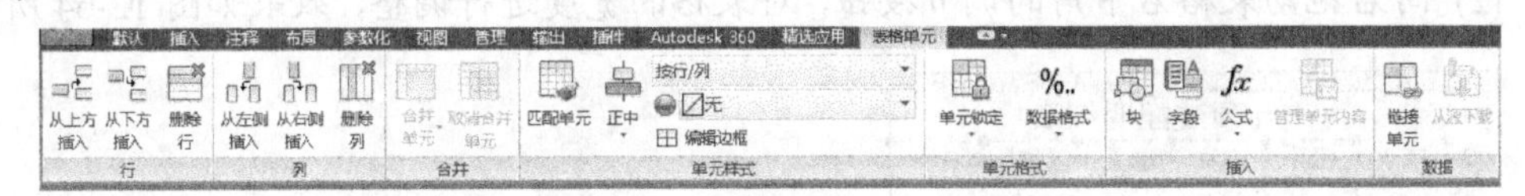

图 12-62　“表格单元”功能区

“表格单元”功能区中主要选项的作用如下。

- 行：单击按钮，将在当前单元格上方插入一行单元格；单击按钮，将在当前单元格下方插入一行单元格；单击按钮，将删除当前单元格所在的行。
- 列：单击按钮，将在当前单元格左侧插入一列单元格；单击按钮，将在当前单元格右侧插入一列单元格；单击按钮，将删除当前单元格所在的列。
- 合并单元：当选择了多个连续的单元格时，单击按钮，在弹出的下拉列表中选择相应的合并方式，可以对选择的单元格进行全部合并。
- 取消合并单元：选择合并后的单元格，单击按钮可取消合并的单元格。
- “匹本单元”按钮：单击该按钮，可以将当前选择的单元格格式复制到其他单元格中，与“特性匹配”功能的作用相同。
- “对齐”按钮：单击该按钮右侧的按钮，在弹出的下拉列表中可以修改所选单元格的对齐方式，默认为正中对齐方式。
- “表格单元样式”下拉列表框：在该下拉列表框中可以为单元格选择一种单元样式，如数据、标题或表头等。
- “编辑边框”按钮：该选项用于设置单元格的边框效果。单击该按钮，在打开的“单元边框特性”对话框中可以设置单元格边框的线宽和颜色。

- “单元锁定”按钮：单击该按钮，在弹出的下拉列表中可以对所选单元格进行格式或内容的锁定以及解锁等操作。
- “数据格式”按钮：单击该按钮，在打开的下拉列表中可以选择单元格中数据的类型及格式。
- “块”按钮：单击该按钮，将打开“插入”对话框，可以在表格的单元格中插入图块。
- “字段”按钮：单击该按钮，将打开“字段”对话框，可以插入 AutoCAD 中设置的一些短语。
- “公式”按钮：单击该按钮，在弹出的下拉列表中可以选择一种运算方式对所选单元格中的数据进行运算。

【练习 12-10】编辑千斤顶装配明细表格和单元格。

实例分析：在选择表格后，通过拖动表格右下方的调节按钮，可以调节表格的宽度和高度；选中多个相邻的单元格，通过“表格单元”功能区的相应按钮，可以合并选择的单元格。

(1) 打开前面绘制的千斤顶装配明细表，选择表格对象，然后将光标移动到表格右下角，如图 12-63 所示。

(2) 向右拖动表格右下角的调节按钮，对表格的宽度进行调整，效果如图 12-64 所示。

千斤顶装配明细表					
序号	图号	名称	数量	材料	备注
1	1-01	螺套	1	QA19-4	
2	1-02	螺栓	1	35钢	GB/T73-1985
3	1-03	绞杆	1	Q215	
4	1-04	螺杆	1	255	
5	1-05	底座	1	HT200	GB/T75-1985
6	1-06	顶垫	1	Q275	

图 12-63　选中表格

千斤顶装配明细表					
序号	图号	名称	数量	材料	备注
1	1-01	螺套	1	QA19-4	
2	1-02	螺栓	1	35钢	GB/T73-1985
3	1-03	绞杆	1	Q215	
4	1-04	螺杆	1	255	
5	1-05	底座	1	HT200	GB/T75-1985
6	1-06	顶垫	1	Q275	

图 12-64　调整表格宽度

(3) 在“备注”列选择如图所示的 3 个单元格，如图 12-65 所示。

(4) 在打开的“表格单元”功能区中单击“合并单元”下拉按钮，然后选择“合并全部”选项，如图 12-66 所示。

数量	材料	备注
1	QA19-4	
1	35钢	GB/T73-1985
1	Q215	
1	255	
1	HT200	GB/T75-1985
1	Q275	

图 12-65　选中单元格

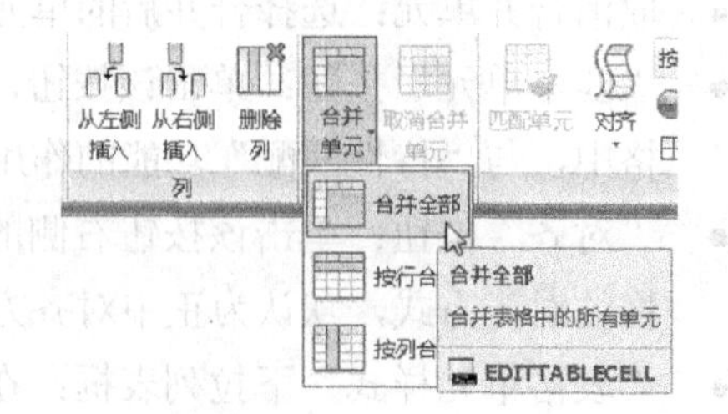

图 12-66　选择“合并全部”选项

(5) 合并选择单元格的效果如图 12-67 所示。合并下方的两个单元格，完成本例的制作，效果如图 12-68 所示。

数量	材料	备注
1	QA19-4	GB/T73-1985
1	35钢	
1	Q215	
1	255	GB/T75-1985
1	HT200	
1	Q275	

图 12-67　合并单元格的效果

千斤顶装配明细表					
序号	图号	名称	数量	材料	备注
1	1-01	螺套	1	QA19-4	GB/T73-1985
2	1-02	螺栓	1	35钢	
3	1-03	绞杠	1	Q215	
4	1-04	螺杆	1	255	GB/T75-1985
5	1-05	底座	1	HT200	
6	1-06	顶垫	1	Q275	

图 12-68　完成效果

12.4　思考练习

1. 使用“多行文字”命令和“单行文字”命令创建的文本内容有什么区别？

2. 如何调整表格行、列的宽度？

3. 为什么设置的表格行数为“6”，而在绘图区中插入的表格却有 8 行？

4. 打开如图 12-69 所示“法兰盘.dwg”素材图形，然后参照如图 12-70 所示的效果，使用“多行文字”命令书写技术要求文字内容。

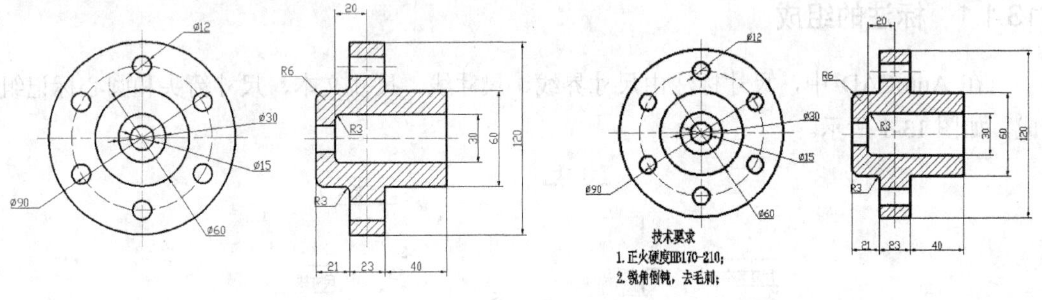

图 12-69　法兰盘　　　　　　　　　　　　　　　图 12-70　书写文字

5. 通过设置表格的样式，使用插入表格和创建表格文字内容的方法，创建变压器产品明细表，效果如图 12-71 所示。

变压器产品明细表			
编号	名称	型号	说明
1	矿用隔爆型干式变压器	KBSG-100/6	
2	矿用隔爆型干式变压器	KBSG-100/10	
3	矿用隔爆型干式变压器	KBSG-200/6	
4	矿用隔爆型干式变压器	KBSG-200/10	
5	矿用隔爆型干式变压器	KBSG-315/6	
6	矿用隔爆型干式变压器	KBSG-315/10	
7	矿用隔爆型干式变压器	KBSG-400/6	
8	矿用隔爆型干式变压器	KBSG-400/10	
9	矿用隔爆型干式变压器	KBSG-630/6	
10	矿用隔爆型干式变压器	KBSG-630/10	

图 12-71　变压器产品明细表

第13章 标 注 图 形

在绘制好图形后，需要对图形进行具体的尺寸标注。尺寸标注能准确地反映物体的形状、大小和相互关系，它是识别图形和现场施工的主要依据。本章将学习标注样式的设置、各类图形的标注方法以及形位公差的应用。

13.1 创建与设置标注样式

尺寸标注样式决定着尺寸各组成部分的外观形式。在没有改变尺寸标注格式时，当前尺寸标注格式将作为预设的标注格式。系统预设标注格式为 Standard，用户可以根据实际情况重新建立并设置尺寸标注样式。

13.1.1 标注的组成

在 AutoCAD 中，尺寸标注由尺寸界线、尺寸线、尺寸文本、尺寸箭头和圆心标记组成，如图 13-1 所示。

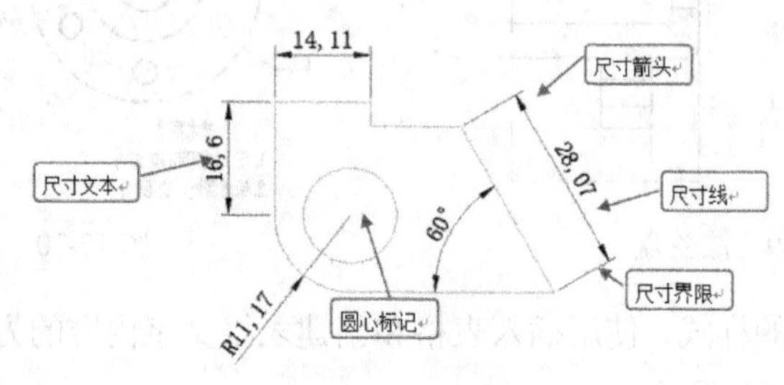

图 13-1 尺寸标注的组成

- 尺寸界线：尺寸界线是由测量点引出的延伸线。通常尺寸界线用于直线型及角度型尺寸的标注。在预设状态下，尺寸界线与尺寸线是互相垂直的，用户也可以将其改变到自己所需的角度。AutoCAD 可以将尺寸界线隐藏。
- 尺寸线：在图纸中使用尺寸来标注距离或角度。在预设状态下，尺寸线位于两个尺寸界线之间，尺寸线的两端有两个箭头，尺寸文本沿着尺寸线显示。
- 尺寸文本：尺寸文本是用来标明图纸中的距离或角度等数值及说明文字的。标注时可以使用 AutoCAD 中自动给出的尺寸文本，也可以输入新的文本。尺寸文本的大小和采用的字体可以根据需要重新设置。
- 尺寸箭头：箭头位于尺寸线与尺寸界线相交处，表示尺寸线的终止端。在不同的情况使用不同样式的箭头符号来表示。在 AutoCAD 中，可以用箭头、短斜线、开口箭头、圆点及自定义符号来表示尺寸的终止。

- 圆心标记：圆心标记通常用来标示圆或圆弧的中心，它由两条相互垂直的短线组成。

13.1.2　新建标注样式

AutoCAD 默认的标注格式是 Standard，用户可以根据有关规定及所标注图形的具体要求，使用“标注样式”命令新建标注样式。

执行“标注样式”命令有如下 3 种常用方法。

- 选择“格式”|“标注样式” 命令。
- 在功能区选择“注释”选项卡，单击“标注”面板右下方的“标注样式”按钮，如图 13-2 所示。
- 执行 Dimstyle(D)命令。

执行“标注样式(D)”命令后，将打开“标注样式管理器”对话框。在该对话框中可以新建一种标注格式，也可以对原有的标注格式进行修改，如图 13-3 所示。

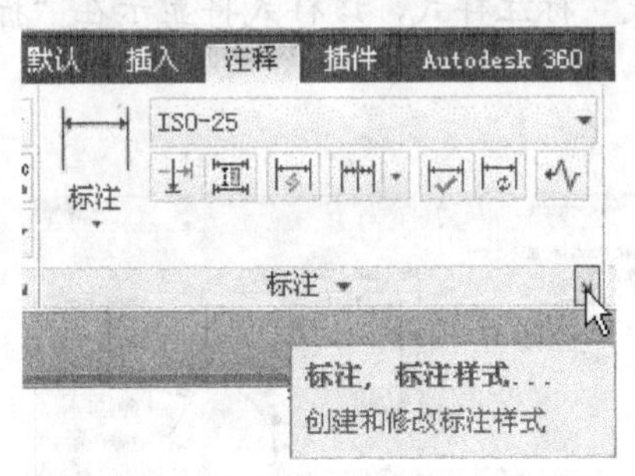

图 13-2　单击“标注样式”按钮

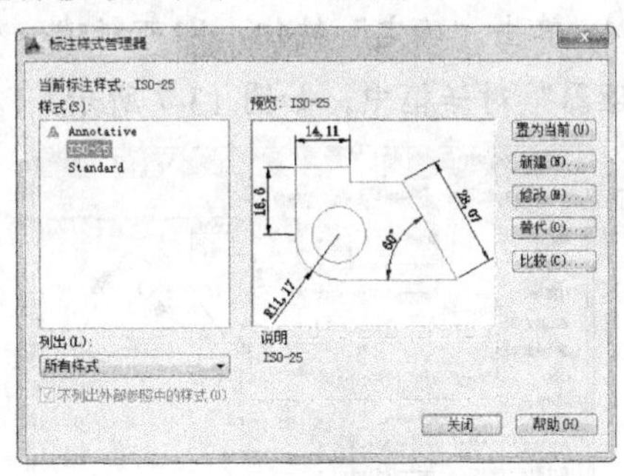

图 13-3　“标注样式管理器”对话框

“标注样式管理器”对话框中主要选项的作用如下。

- 置为当前：单击该按钮，可以将选定的标注样式设置为当前标注样式。
- 新建：单击该按钮，将打开“创建新标注样式”对话框，用户可以在其中创建新的标注样式。
- 修改：单击该按钮，将打开“修改当前样式”对话框，用户可以在其中修改标注样式。
- 替代：单击该按钮，将打开“替代当前样式”对话框，用户可以在其中设置标注样式的临时替代。

【练习 13-1】创建“建筑标注”样式。

实例分析：执行 Dimstyle(D)命令，在打开的“标注样式管理器”对话框中可以创建新的样式，注意新样式的名称不能与已有样式的名称相同。

(1) 执行 Dimstyle(D)命令，打开“标注样式管理器”对话框，单击“新建”按钮，在打开的“创建新标注样式”对话框中输入新标注样式名“建筑”，如图 13-4 所示。

(2) 在“基础样式”下拉列表中选择 ISO-25 选项，然后单击“继续”按钮，如图 13-5 所示。

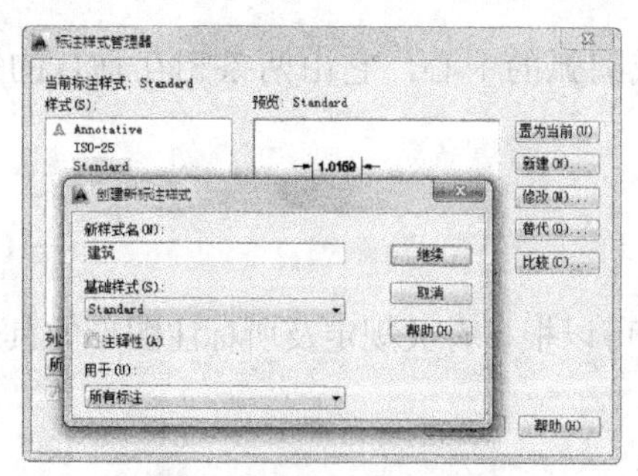

图 13-4　输入新样式名

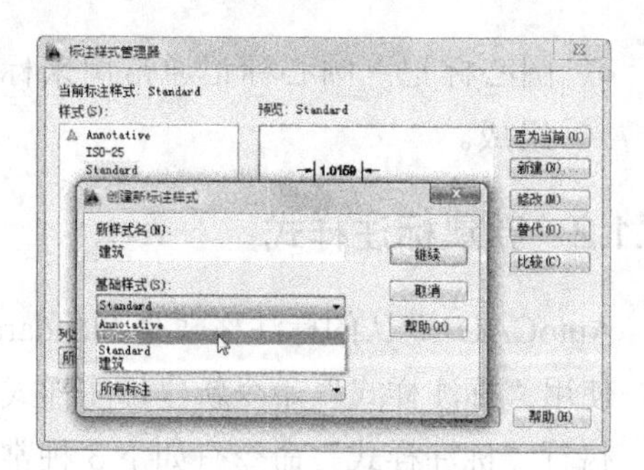

图 13-5　选择基础样式

注意:

在“基础样式”下拉列表中选择一种基础样式，用户可以在该样式的基础上进行修改，从而建立新样式。

(3) 在打开的“新建标注样式：建筑”对话框中设置样式效果，如图 13-6 所示。

(4) 单击“确定”按钮，即可新建一个“建筑”标注样式，该样式将显示在“标注样式管理器”对话框中，如图 13-7 所示。

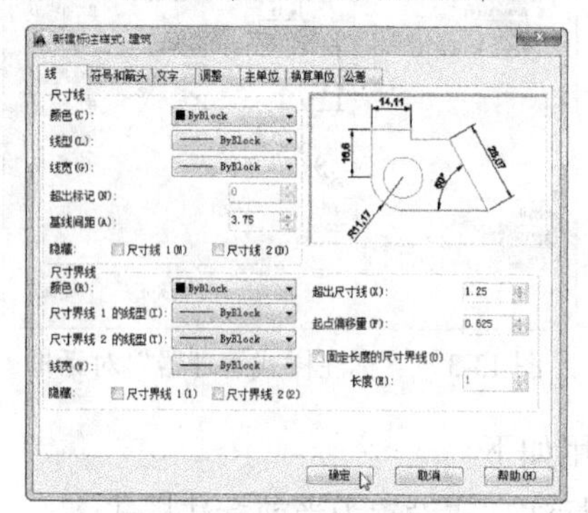

图 13-6　设置标注样式

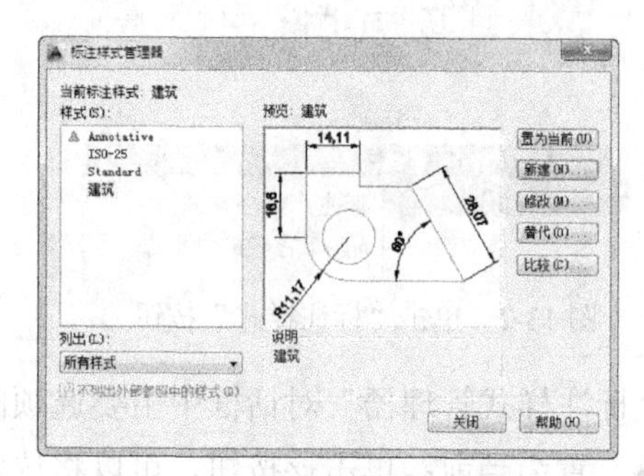

图 13-7　新建的建筑标注样式

13.1.3　设置标注样式

在创建新标注样式的过程中，在打开的“新建标注样式”对话框中可以设置新的尺寸标注样式，设置的内容包括线、符号和箭头、文字、调整、主单位、换算单位以及公差等。

注意:

在“标注样式管理器”对话框中选择要修改的样式，单击“修改”按钮，可以在“修改标注样式”对话框中修改尺寸标注样式，其参数与“新建标注样式”对话框相同。

1. 设置标注尺寸线

在“线”选项卡中，可以设置尺寸线和尺寸界线的颜色、线型、线宽以及超出尺寸线的距离、起点偏多量的距离等内容，其中主要选项的含义如下。

- 颜色：单击“颜色”列表框右侧的下拉按钮，可以在打开的“颜色”列表中选择尺寸线的颜色。

- 线型：在“线型”下拉列表中，可以选择尺寸线的线型样式。
- 线宽：在线宽下拉列表中，可以选择尺寸线的线宽。
- 超出标记：当使用箭头倾斜、建筑标记、积分标记或无箭头标记时，使用该文本框可以设置尺寸线超出尺寸界线的长度，如图 13-8 所示的是未超出标记的样式，如图 13-9 所示的是超出标记长度为 3 个单位的样式。

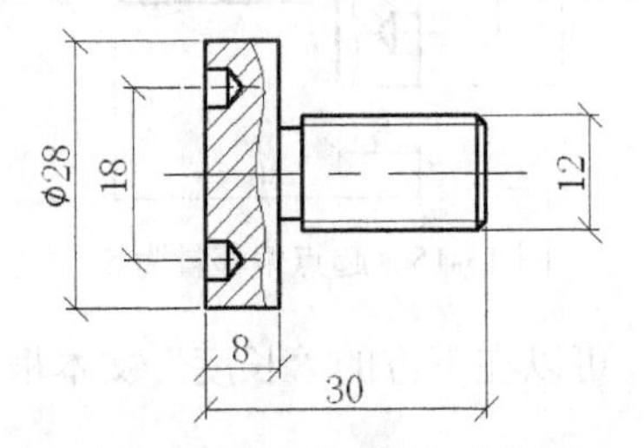

图 13-8　没有超出标记的样式

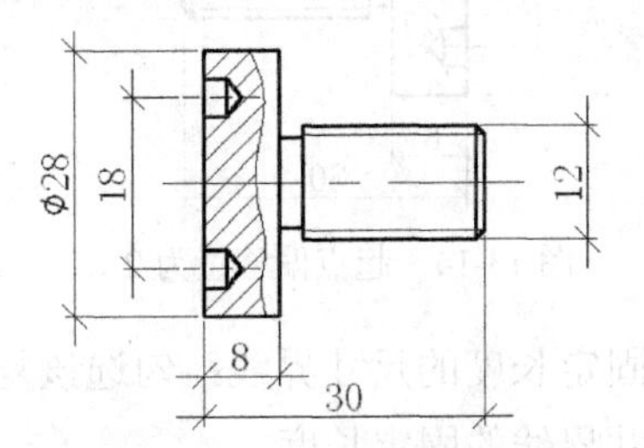

图 13-9　超出标记的样式

- 基线间距：设置在进行基线标注时尺寸线之间的间距。
- 隐藏尺寸线：用于控制第 1 条和第 2 条尺寸线的隐藏状态。如图 13-10 所示的是隐藏尺寸线 1 的样式，如图 13-11 所示的是隐藏所有尺寸线的样式。

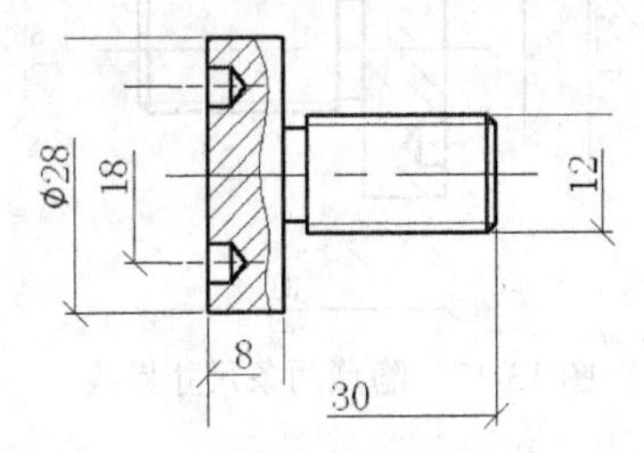

图 13-10　隐藏尺寸线 1 的样式

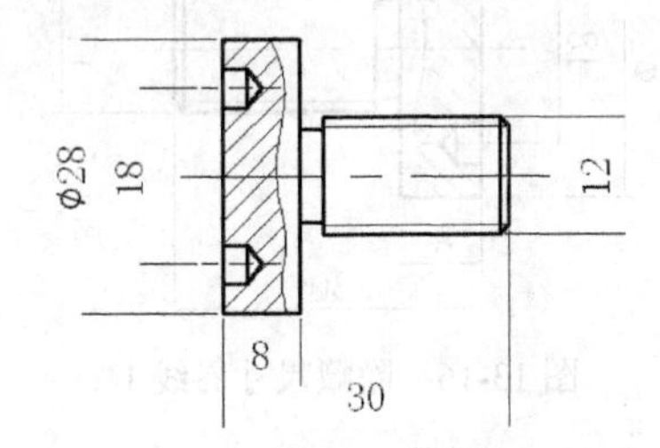

图 13-11　隐藏所有尺寸线的样式

在“尺寸界线”选项栏中可以设置尺寸界线的颜色、线型和线宽等，也可以隐藏某条尺寸界线，其中主要选项的含义如下。

- 颜色：在该下拉列表中，可以选择尺寸界线的颜色。
- 尺寸界线 1 的线型：可以在相应下拉列表中选择第 1 条尺寸界线的线型。
- 尺寸界线 2 的线型：可以在相应下拉列表中选择第 2 条尺寸界线的线型。
- 线宽：在该下拉列表中，可以选择尺寸界线的线宽。
- 超出尺寸线：用于设置尺寸界线伸出尺寸的长度。如图 13-12 所示的是超出尺寸线长度为 2 个单位的样式，如图 13-13 所示的是超出尺寸线长度为 5 个单位的样式。

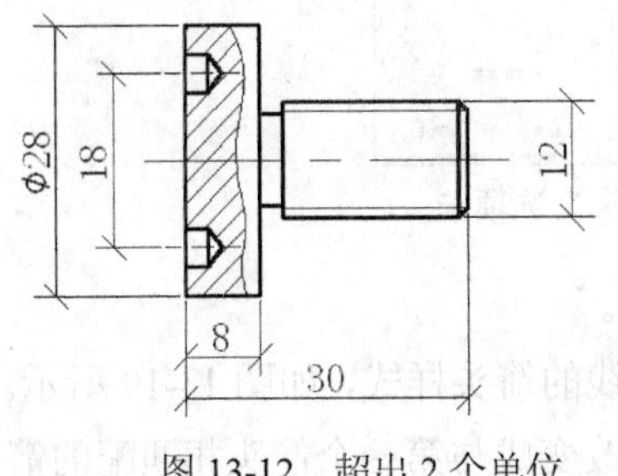

图 13-12　超出 2 个单位

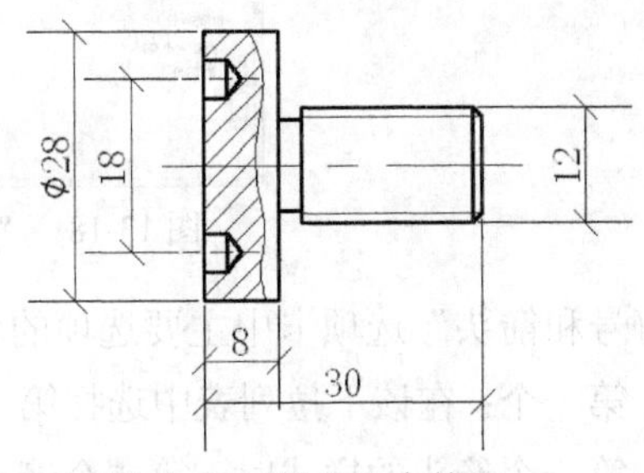

图 13-13　超出 5 个单位

- 起点偏移量：设置标注点到尺寸界线起点的偏移距离。如图 13-14 所示的是起点偏移量为 2 个单位的样式，如图 13-15 所示的是起点偏移量为 5 个单位的样式。

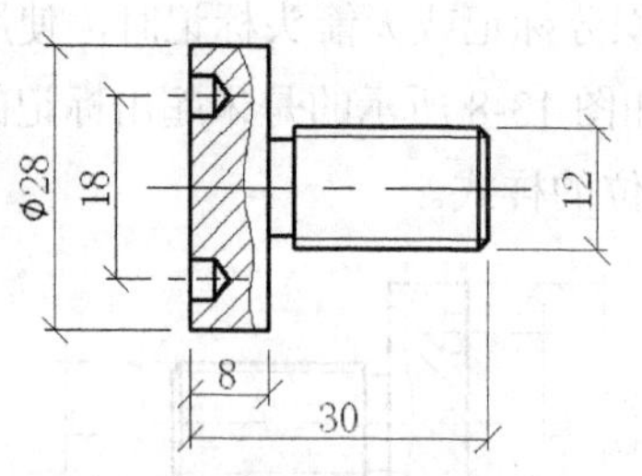

图 13-14　起点偏移量为 2

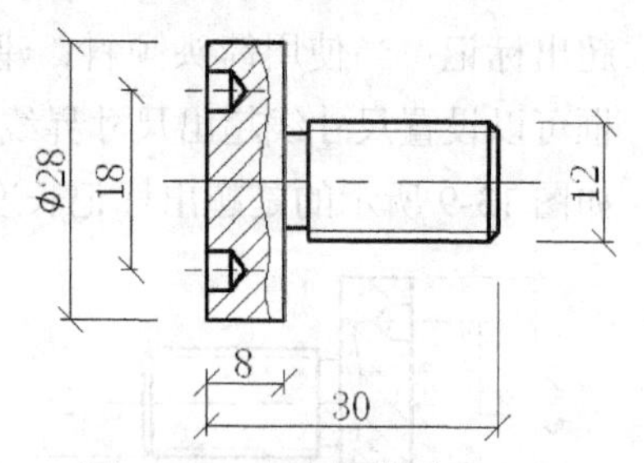

图 13-15　起点偏移量为 5

- 固定长度的尺寸界线：勾选该复选框后，可以在下方的“长度”文本框中设置尺寸界线的固定长度。
- 隐藏尺寸界线：用于控制第一条和第二条尺寸界线的隐藏状态。如图 13-16 所示的是隐藏尺寸界线 1 的样式，如图 13-17 所示的是隐藏两条尺寸界线的样式。

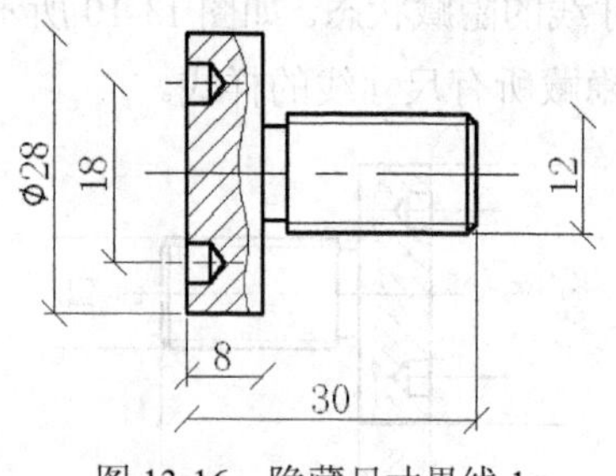

图 13-16　隐藏尺寸界线 1

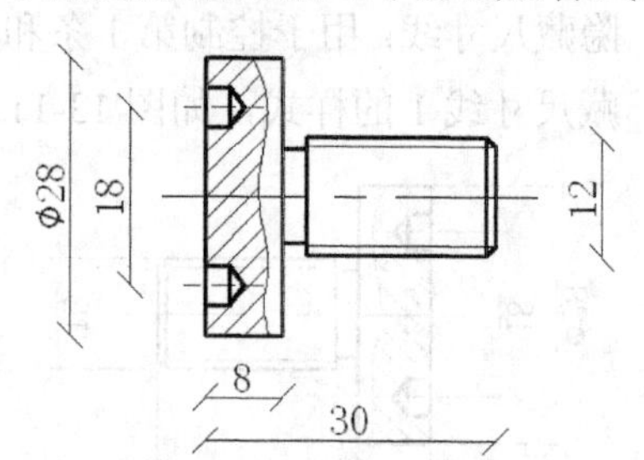

图 13-17　隐藏两条尺寸界线

2. 设置标注符号和箭头

选择“符号和箭头”选项卡，可以设置符号和箭头样式与大小、圆心标记的大小、弧长符号以及半径与线性折弯标注等，如图 13-18 所示。

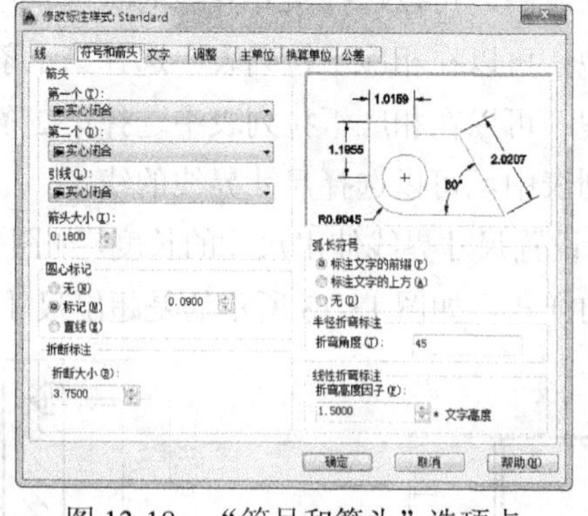

图 13-18　“符号和箭头”选项卡

“符号和箭头”选项卡中主要选项的含义如下。

- 第一个：在该下拉列表中选择第一条尺寸线的箭头样式，如图 13-19 所示。在改变第一个箭头的样式时，第二个箭头将自动改变成与第一个箭头相匹配的箭头样式。

- 第二个：在该下拉列表中，可以选择第二条尺寸线的箭头。
- 引线：在该下拉列表中，可以选择引线的箭头样式。
- 箭头大小：用于设置箭头的大小。
- “圆心标记”选项栏用于控制直径标注和半径标注的圆心标记以及中心线的外观。
- “折断标注”选项栏用于控制折断标注的间距宽度。

3. 设置标注文字

选择“文字”选项卡，可以设置文字的外观、位置和对齐方式，如图 13-19 所示。

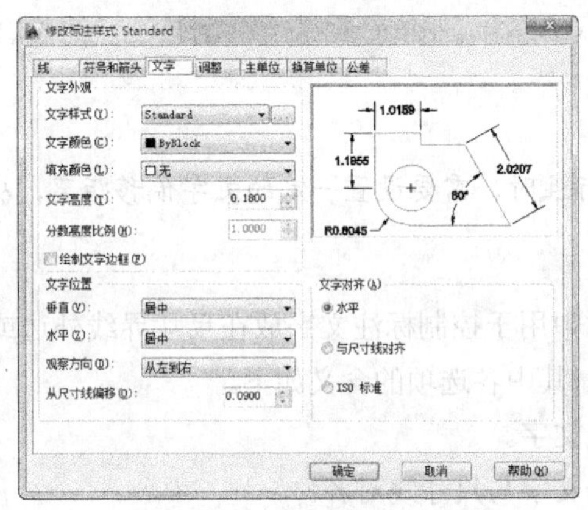

图 13-19　“文字”选项卡

在“文字外观”选项栏中主要选项含义如下。

- 文字样式：在该下拉列表中，可以选择标注文字的样式。单击右侧的按钮，打开“文字样式”对话框，可以在该对话框中设置文字样式。
- 文字颜色：在该下拉列表中，可以选择标注文字的颜色。
- 填充颜色：在该下拉列表中，可以选择标注中文字背景的颜色。
- 文字高度：设置标注文字的高度。
- 分数高度比例：设置相对于标注文字的分数比例，只有当选择了“主单位”选项卡中的“分数”作为“单位格式”时，此选项才可用。

“文字位置”选项栏中用于控制标注文字的位置，其中主要选项的含义如下。

- 垂直：在该下拉列表中，可以选择标注文字相对尺寸线的垂直位置，如图 13-20 所示。
- 水平：在该下拉列表中，可以选择标注文字相对于尺寸线和尺寸界线的水平位置，如图 13-21 所示。

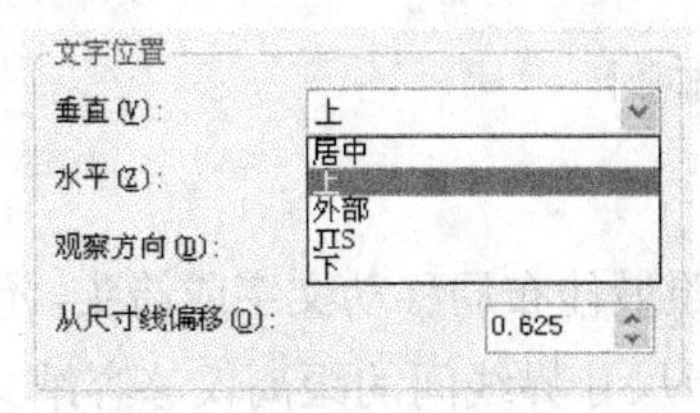

图 13-20　选择垂直位置

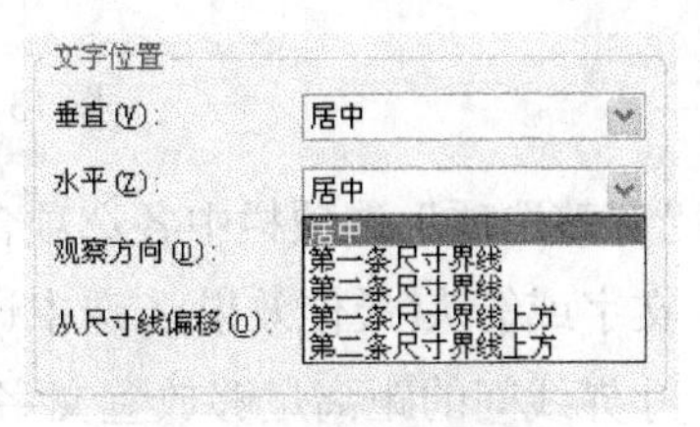

图 13-21　设置水平位置

- 从尺寸线偏移：设置标注文字与尺寸线的距离。如图 13-22 所示的是文字从尺寸线偏移 1 个单位的样式，如图 13-23 所示的是文字从尺寸线偏移 4 个单位的样式。

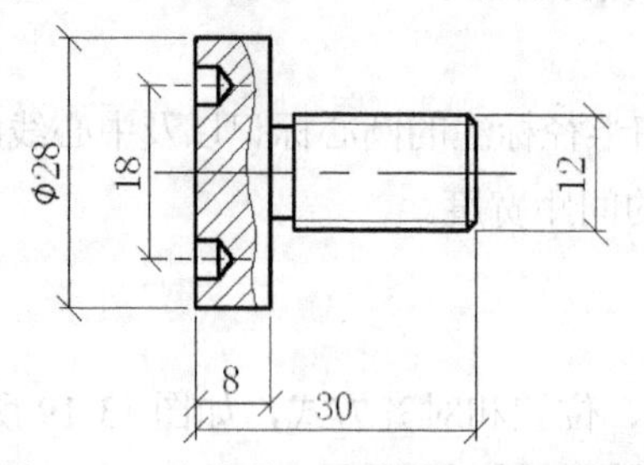

图 13-22　文字从尺寸线偏移 1 个单位

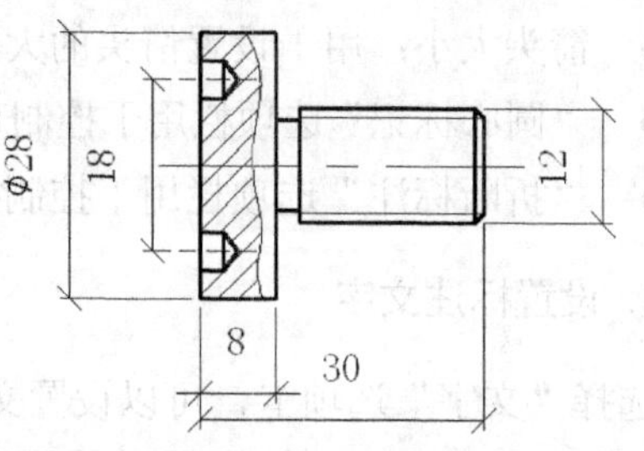

图 13-23　文字从尺寸线偏移 4 个单位

注意：

在对图形进行尺寸标注时，需要设置一定的文字偏移距离，从而能够更清楚地显示文字内容。

“文字对齐”选项栏中用于控制标注文字放在尺寸界线外边或里边时的方向是保持水平还是与尺寸界线平行，其中各选项的含义如下。

- 水平：水平放置文字。
- 与尺寸线对齐：文字与尺寸线对齐。
- ISO 标准：当文字在尺寸界线内时，文字与尺寸线对齐。当文字在尺寸界线外时，文字水平排列。

4. 调整尺寸样式

选择“调整”选项卡，可以在该选项卡中设置尺寸的尺寸线与箭头的位置、尺寸线与文字的位置、标注特征比例以及优化等内容，如图 13-24 所示。

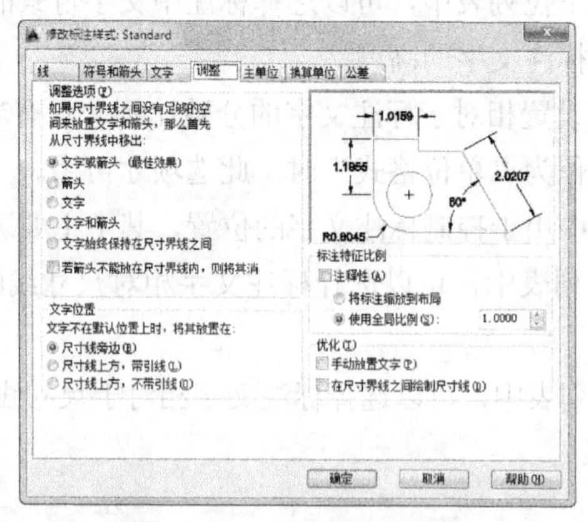

图 13-24　“调整”选项卡

在“调整选项”选项栏中各选项含义如下。

- 文字或箭头(最佳效果)：选中该单选按钮按照最佳布局移动文字或箭头，包括当尺寸界线间的距离足够放置文字和箭头时、当尺寸界线间的距离仅够容纳文字时、当尺寸界线间的距离仅够容纳箭头时和当尺寸界线间的距离既不够放文字又不够放箭头时的4种布局情况，各种布局情况的含义如下。

- 当尺寸界线间的距离足够放置文字和箭头时，文字和箭头都将放在尺寸界线内，效果如图13-25所示。
- 当尺寸界线间的距离仅够容纳文字时，则将文字置于尺寸界线内，而将箭头置于尺寸界线外，效果如图13-26所示。

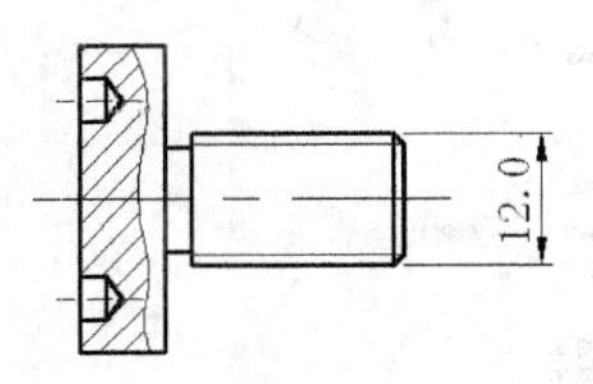

图13-25　足够放置文字和箭头的效果

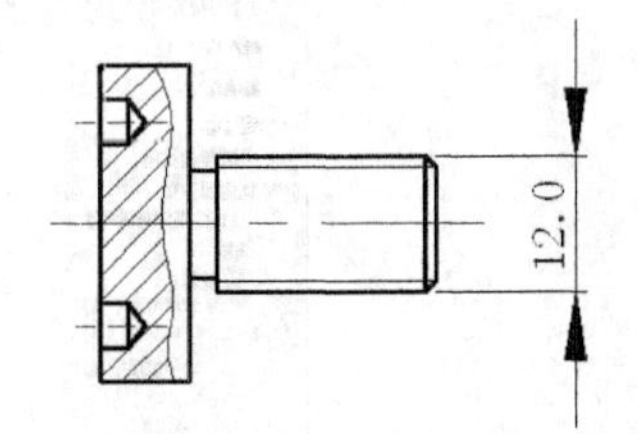

图13-26　仅够容纳文字的效果

- 当尺寸界线间的距离仅够容纳箭头时，则将箭头置于尺寸界线内，而将文字置于尺寸界线外，效果如图13-27所示。
- 当尺寸界线间的距离既不够放文字又不够放箭头时，文字和箭头将全部置于尺寸界线外，效果如图13-28所示。

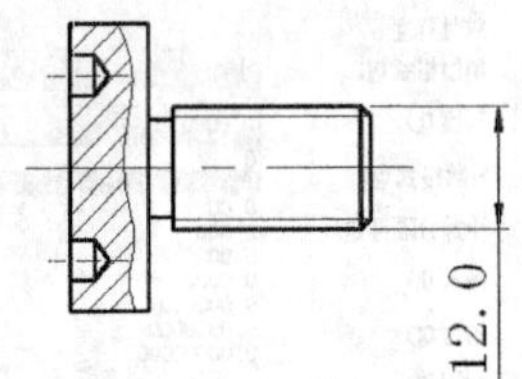

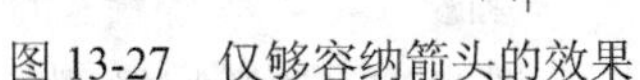

图13-27　仅够容纳箭头的效果

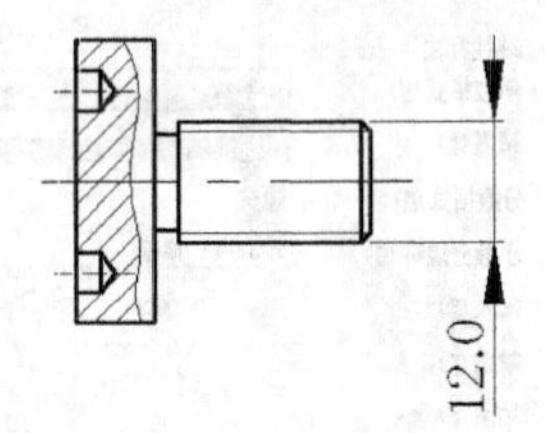

图13-28　文字或箭头都不够放

- 箭头：指定当尺寸界线间距离不足以放下箭头时，箭头都置于尺寸界线外。
- 文字和箭头：当尺寸界线间距离不足以放下文字和箭头时，文字和箭头都置于尺寸界线外。
- 文字始终保持在尺寸界线之间：始终将文字置于尺寸界线之间。
- 若不能放在尺寸界线内，则将其消除：当尺寸界线内没有足够空间时，将自动隐藏箭头。

“文字位置”选项栏中用于设置特殊尺寸文本的摆放位置。当标注文字不能按“调整选项”选项栏中选项所规定的位置摆放时，可以通过以下的选项来确定其位置。

- 尺寸线旁边：选中该单选按钮，可以将标注文字置于尺寸线旁边。
- 尺寸线上方，带引线：选中该单选按钮，可以将标注文字置于尺寸线上方，并添加引线。
- 尺寸线上方，不带引线：选中该单选按钮，可以将标注文字置于尺寸线上方，但不添加引线。

5. 设置尺寸主单位

选择“主单位”选项卡，在该选项卡中可以设置线性标注和角度标注。线性标注包括单位格式、精度、舍入、测量单位比例和消零等内容。角度标注包括单位格式、精度和消零，如图 13-29 所示。

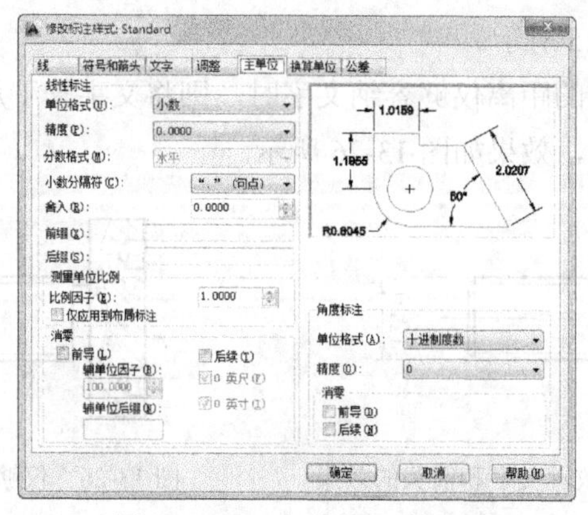

图 13-29　“主单位”选项卡

在“主单位”选项卡中常用选项的含义如下。

- 单位格式：在该下拉列表中，可以选择标注的单位格式，如图 13-30 所示。
- 精度：在该下拉列表中，可以选择标注文字中的小数位数，如图 13-31 所示。

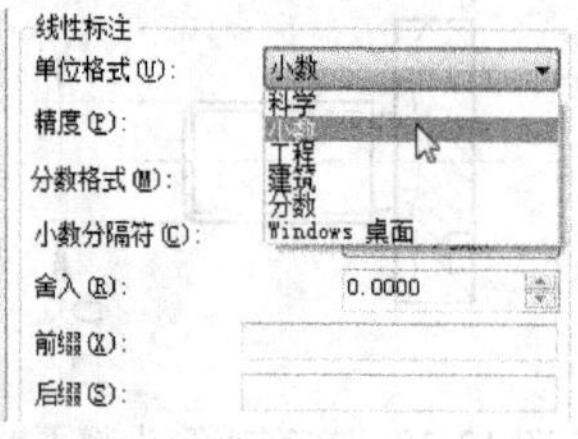

图 13-30　选择单位格式

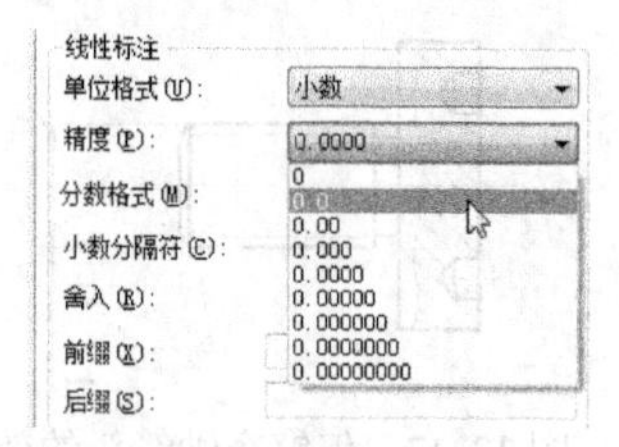

图 13-31　选择小数位数

注意：

在设置标注样式时，应根据行业标准设置小数的位数，在没有特定要求的情况下，可以将主单位的精度设置在一位小数内，这样有利于在标注中更清楚地查看数字内容。

13.2　标注图形对象

在 AutoCAD 制图中，针对不同的图形，可以使用不同的标注命令，其中包括线性标注、对齐标注、基线标注、连续标注、半径标注和角度标注等。

13.2.1　线性标注

使用线性标注可以标注长度类型的尺寸，用于标注垂直、水平和旋转的线性尺寸。线性标注可以水平、垂直或对齐放置。创建线性标注时，可以修改文字内容、文字角度或尺寸线的角度。

执行“线性”标注命令有如下3种常用方法。

- 选择“标注”|“线性”命令。
- 在功能区选择“注释”选项卡，单击“标注”面板中的“线性”按钮。
- 执行Dimlinear(DLI)命令。

执行Dimlinear(DLI)命令，系统将提示“指定第一条尺寸界线原点或<选择对象>：”，用户选择对象后系统将提示“指定尺寸线位置或[多行文字(M)/文字(T)/角度(A)/水平(H)/垂直(V)/旋转(R)]：”，该提示中各选项含义如下。

- 多行文字：用于改变多行标注文字，或为多行标注文字添加前缀、后缀。
- 文字：用于改变当前标注文字，或为标注文字添加前缀、后缀。
- 角度：用于修改标注文字的角度。
- 水平：用于创建水平线性标注。
- 垂直：用于创建垂直线性标注。
- 旋转：用于创建旋转线性标注。

【练习13-2】使用“线性”命令标注V带传动图的尺寸。

实例分析：在标注图形尺寸之前，首先需要设置好标注的样式，或者在已有样式中选择需要的样式，然后执行Dimlinear(DLI)命令，即可对图形进行线性标注。

(1) 打开“V带传动图.dwg”素材图形，如图13-32所示。

(2) 在功能区选择“注释”选项卡，在“标注”面板中单击“样式”下拉列表框，然后选择ISO-25标注样式，如图13-33所示。

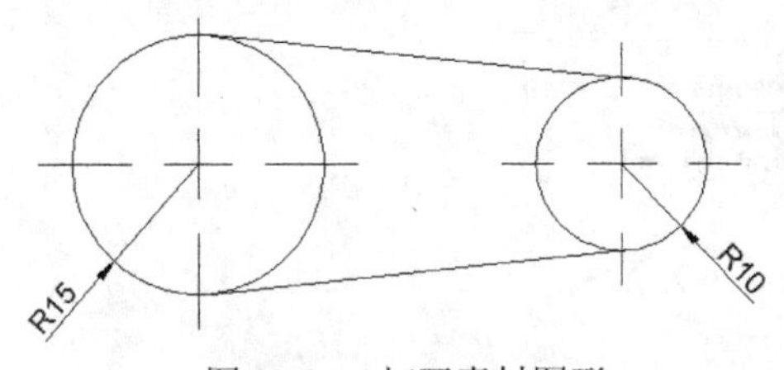

图13-32 打开素材图形

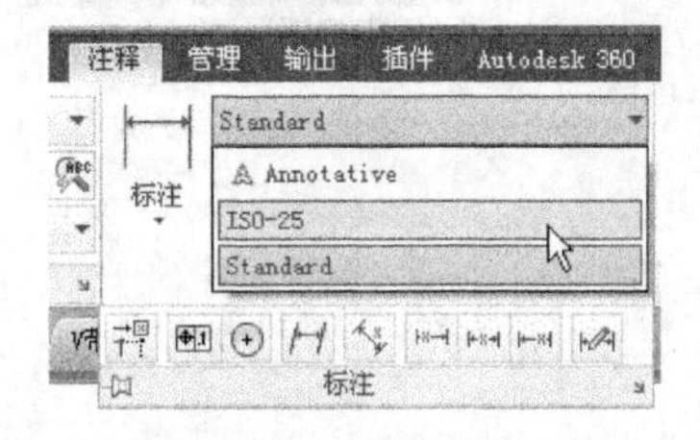

图13-33 选择标注样式

(3) 执行Dimlinear(DLI)命令，在左方辅助线的交点处指定标注的第一个原点，如图13-34所示。

(4) 在右方辅助线的交点处指定标注对象的第二个原点，如图13-35所示。

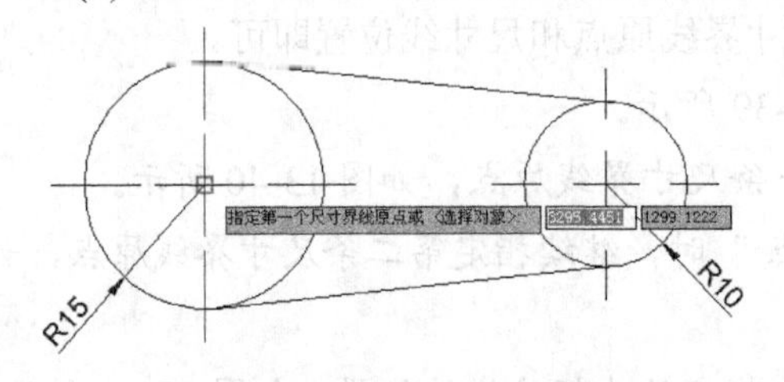

图13-34 选择第一个原点

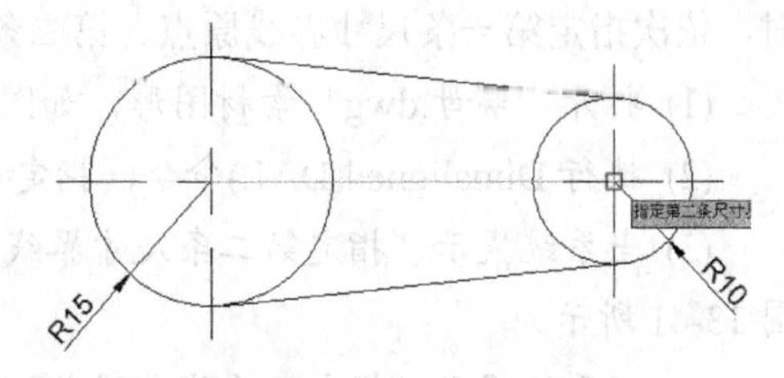

图13-35 指定第二个原点

(5) 向下移动光标指定尺寸标注线的位置，如图13-36所示。单击鼠标左键，即可完成线性标注，如图13-37所示。

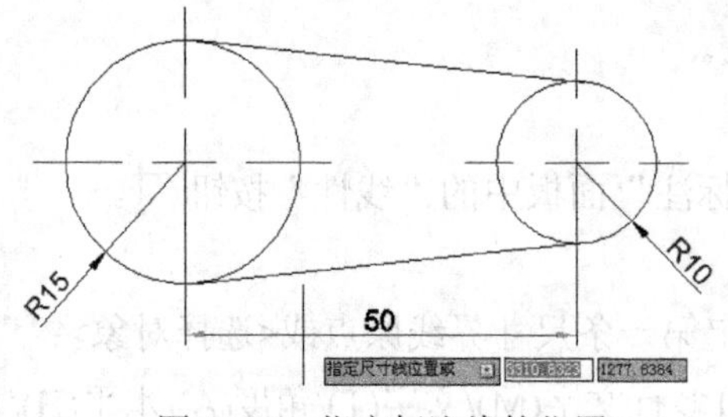

图 13-36　指定标注线的位置

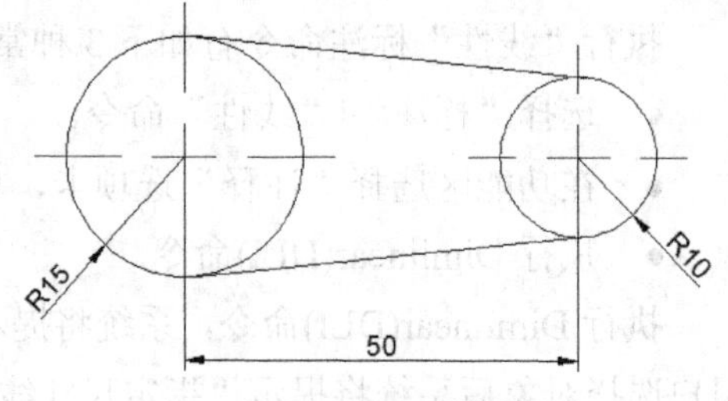

图 13-37　完成线性标注

13.2.2　对齐标注

对齐标注是线性标注的一种形式，尺寸线始终与标注对象保持平行，若标注的对象是圆弧，则对齐尺寸标注的尺寸线与圆弧的两个端点所连接的弦保持平行。

执行“对齐”标注命令有以下 3 种常用方法。

- 选择“标注”|“对齐”命令。
- 单击“标注”面板中的“标注”下拉按钮，在下拉列表中选择“对齐”选项，如图 13-38 所示。
- 执行 DIMALIGNED(DAL)命令。

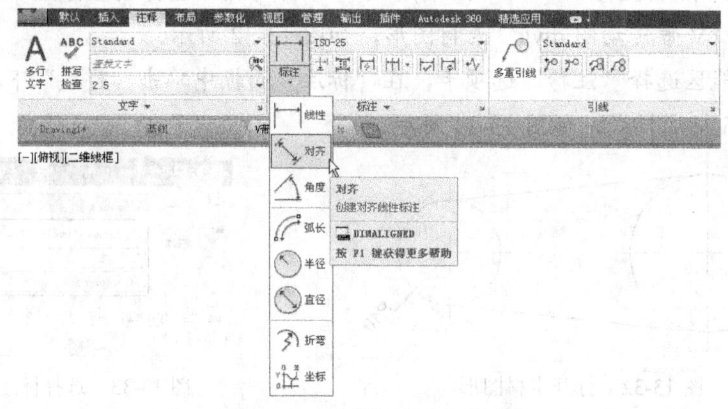

图 13-38　选择“对齐”选项

【练习 13-3】使用“对齐”命令标注螺母的斜边长度。

实例分析：使用“对齐”命令标注图形尺寸的方法与“线性”命令相同，在标注图形时，依次指定第一条尺寸界线原点、第二条尺寸界线原点和尺寸线位置即可。

(1) 打开“螺母.dwg”素材图形，如图 13-39 所示。

(2) 执行 Dimaligned(DAL)命令，指定第一条尺寸界线原点，如图 13-40 所示。

(3) 当系统提示“指定第二条尺寸界线原点:”时，继续指定第二条尺寸界线原点，如图 13-41 所示。

(4) 当系统提示“指定尺寸线位置或”时，指定尺寸标注线的位置，如图 13-42 所示。单击鼠标结束标注操作，对齐标注效果如图 13-43 所示。

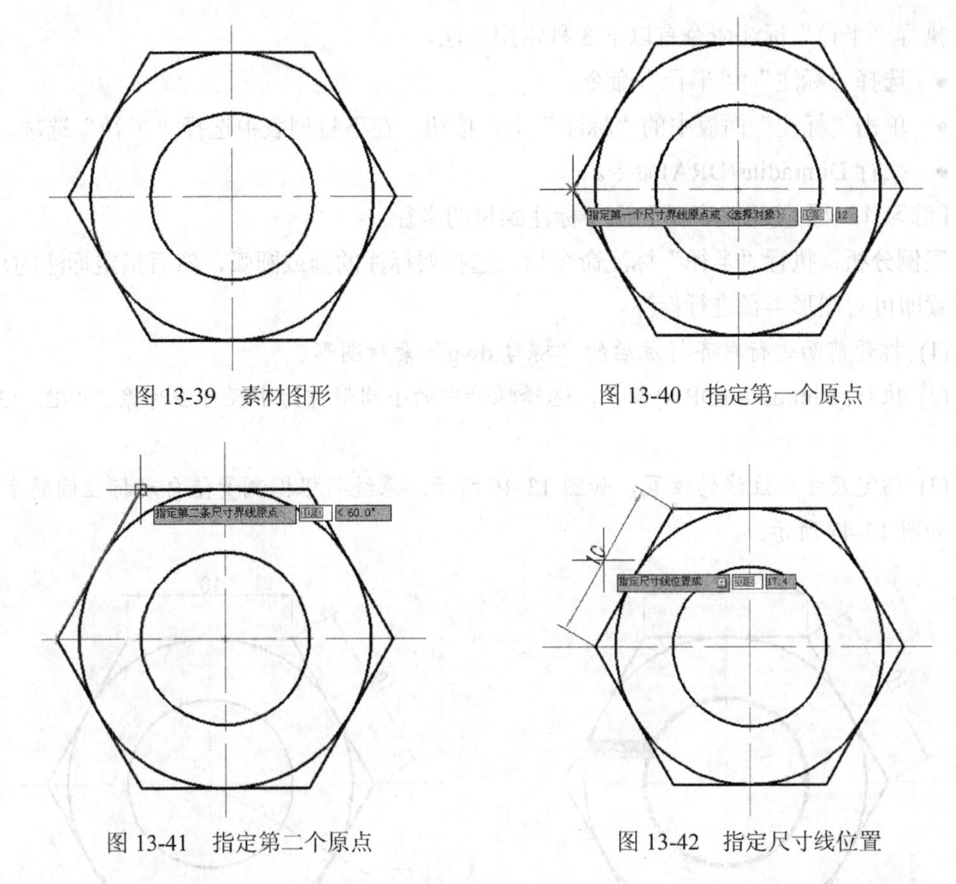

图 13-39　素材图形　　　　图 13-40　指定第一个原点

图 13-41　指定第二个原点　　　　图 13-42　指定尺寸线位置

(5) 执行 Dimaligned(DLI)命令，在螺母上方标注图形的长方尺寸，效果如图 13-44 所示。

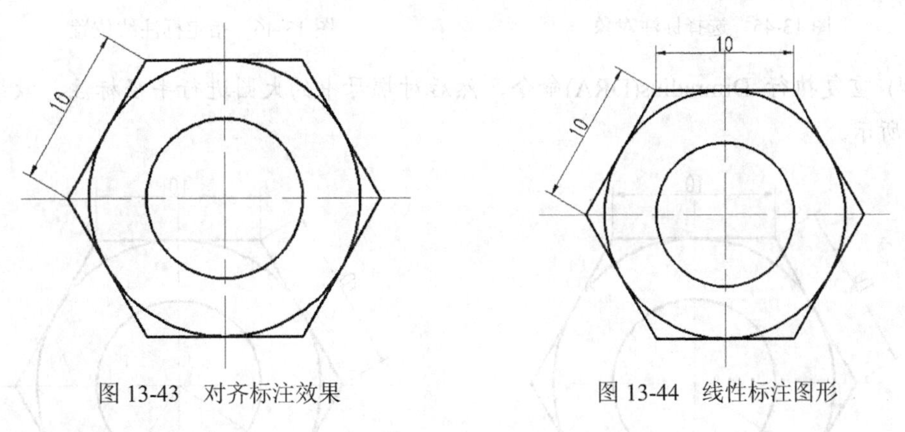

图 13-43　对齐标注效果　　　　图 13-44　线性标注图形

13.2.3　半径标注

使用“半径”命令可以根据圆和圆弧的半径大小、标注样式的选项设置以及光标的位置来绘制不同类型的半径标注。标注样式控制圆心标记和中心线。当尺寸线画在圆弧或圆内部时，AutoCAD 不绘制圆心标记或中心线。

执行“半径”标注命令有以下 3 种常用方法。

- 选择“标注”|“半径”命令。
- 单击“标注”面板中的“标注”下拉按钮，在下拉列表中选择“半径”选项。
- 执行 Dimradius(DRA)命令。

【练习 13-4】使用“半径”命令标注螺母的半径。

实例分析：执行“半径”标注命令后，选择要标注的圆或圆弧，然后指定标注的尺寸线位置即可对图形半径进行标注。

(1) 打开前面进行对齐标注后的“螺母.dwg”素材图形。

(2) 执行 Dimradius(DRA)命令，选择螺母中的小圆形作为半径标注对象，如图 13-45 所示。

(3) 指定尺寸标注线的位置，如图 13-46 所示。系统将根据测量值自动标注圆的半径，效果如图 13-47 所示。

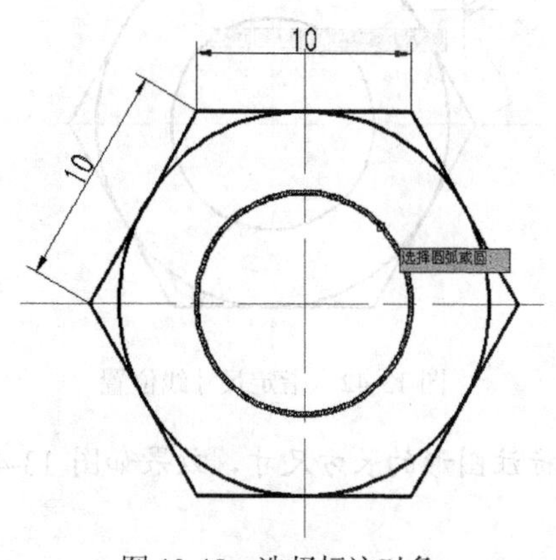

图 13-45　选择标注对象

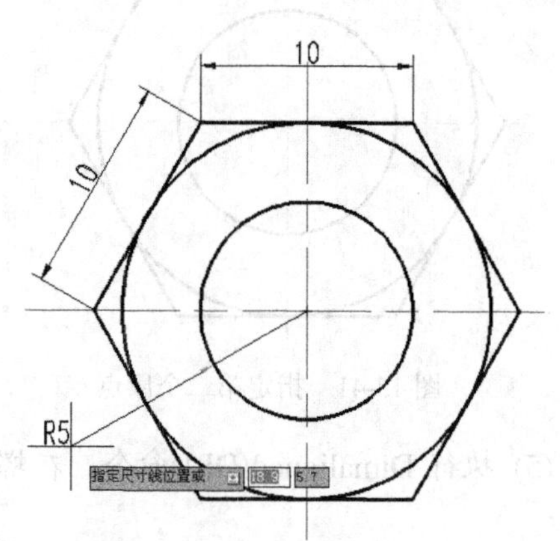

图 13-46　指定标注线位置

(4) 重复执行 Dimradius(DRA)命令，然后对螺母中的大圆进行半径标注，效果如图 13-48 所示。

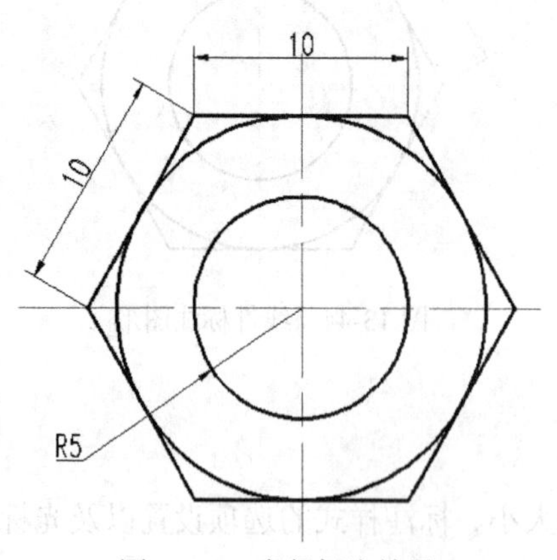

图 13-47　半径标注效果

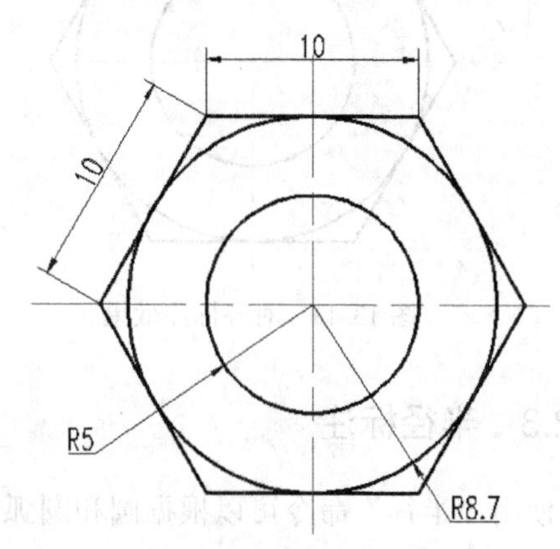

图 13-48　标注大圆半径

注意：

进行尺寸样式的设置时，可设置一个只用于半径尺寸标注的附属格式，以满足半径尺寸标注的要求。

13.2.4　直径标注

直径标注用于标注圆或圆弧的直径，直径标注是由一条具有指向圆或圆弧的箭头的直径尺寸线组成。标注图形直径的方法与标注半径的方法相同，执行“直径”标注命令，然后指定标注线位置，如图 13-49 所示，即可完成直径的标注。直径标注的效果如图 13-50 所示。

执行“直径”标注命令有以下 3 种常用方法。

- 选择“标注”|“直径”命令。
- 单击“标注”面板中的“标注”下拉按钮，在下拉列表中选择“直径”选项。
- 执行 Dimdiamter(DDI)命令。

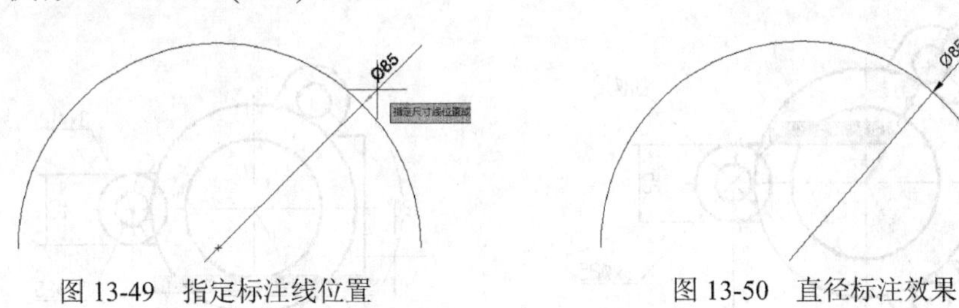

图 13-49　指定标注线位置　　　图 13-50　直径标注效果

13.2.5　角度标注

使用“角度”命令可以准确地标注对象之间的夹角或圆弧的弧度，如图 13-51 和图 13-52 所示。

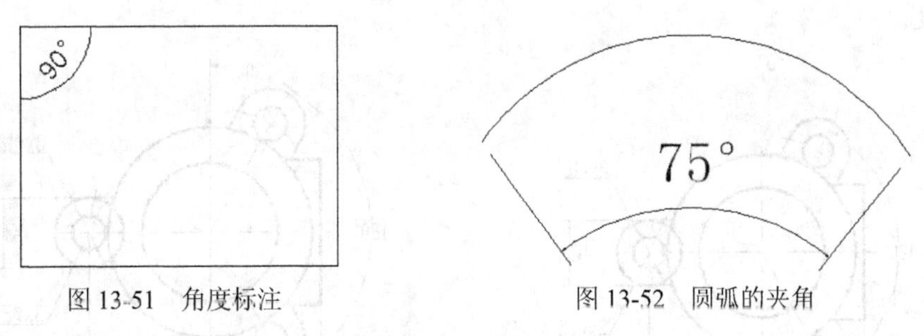

图 13-51　角度标注　　　图 13-52　圆弧的夹角

执行“角度”标注命令有如下 3 种常用方法。

- 选择“标注”|“角度”命令。
- 单击“标注”面板中的“标注”下拉按钮，在下拉列表中选择“角度”选项。
- 执行 Dimangular(DAN)命令。

【练习 13-5】使用“角度”命令标注壳体图形的夹角。

实例分析：执行“角度”命令，标注图形夹角的角度时，首先选择形成夹角的线段，然后指定标注弧线的位置。

(1) 打开“壳体.dwg”素材图形，如图 13-53 所示。

(2) 执行 Dimangular(DAN)命令，选择标注角度图形的第一条边，如图 13-54 所示。

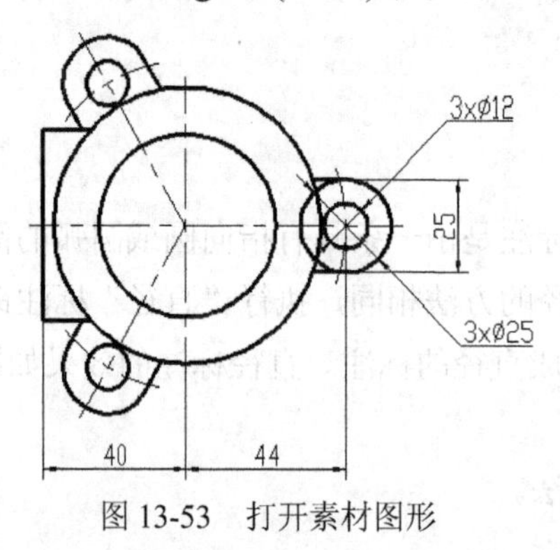

图 13-53　打开素材图形

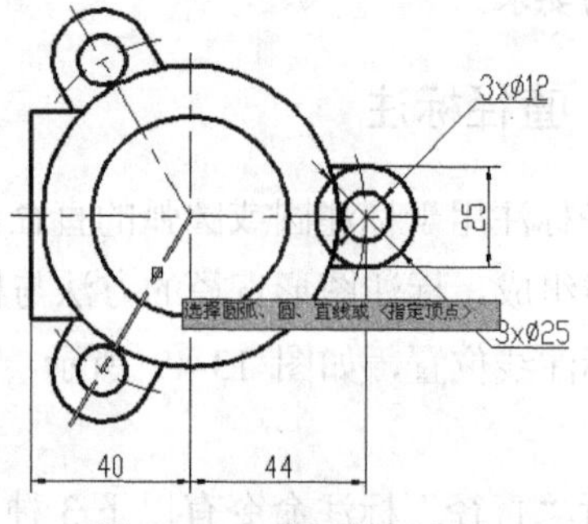

图 13-54　选择第一条边

(3) 根据提示选择标注角度图形的第二条边，如图 13-55 所示。

(4) 指定标注弧线的位置，如图 13-56 所示。标注夹角角度的效果如图 13-57 所示。

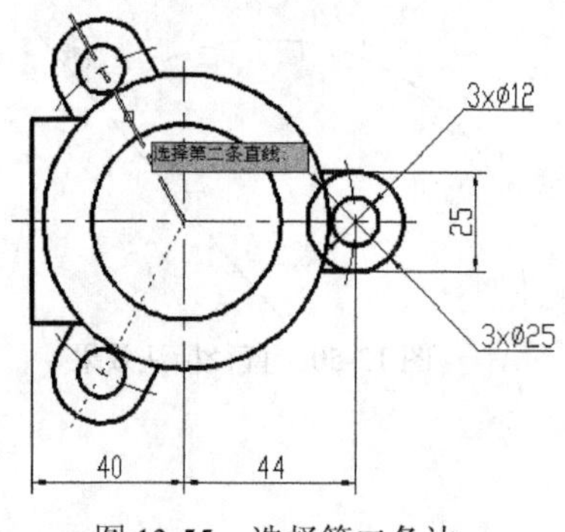

图 13-55　选择第二条边

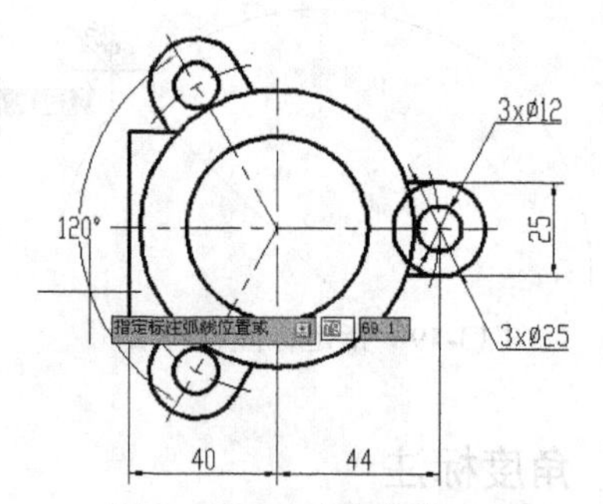

图 13-56　指定标注的位置

(5) 重复执行 Dimangular(DAN)命令，参照如图 13-58 所示的效果，标注图形另一个夹角的角度。

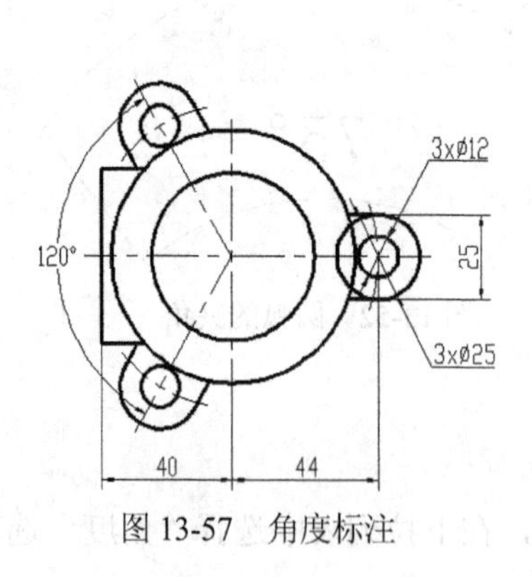

图 13-57　角度标注

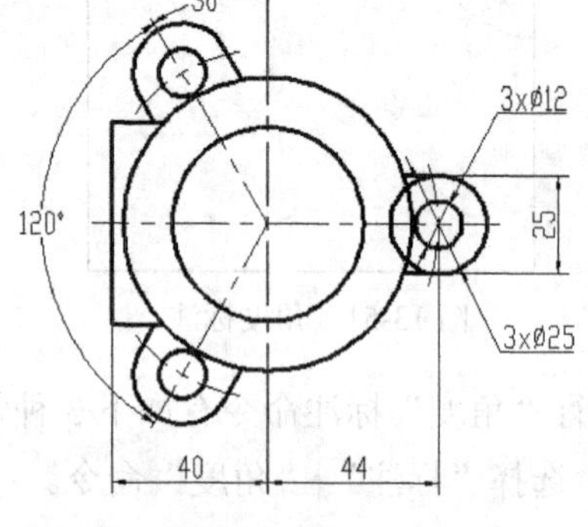

图 13-58　标注另一个夹角

13.2.6　弧长标注

“弧长”标注用于测量圆弧或多段线圆弧上的距离。弧长标注的尺寸界线可以正交或径向。在标注文字的上方或前面将显示圆弧符号。

执行“弧长”标注命令有如下 3 种常用方法。

- 选择“标注”|“弧长”命令。
- 单击“标注”面板中的“标注”下拉按钮，在下拉列表中选择“弧长”选项。
- 执行 Dimarc(DAR)命令。

【练习 13-6】使用“弧长”命令标注圆弧的弧长。

实例分析：执行“弧长”命令，选择要标注的圆弧，然后指定弧长标注位置，即可标注选择对象的弧长。

(1) 绘制一个圆弧作为标注对象。

(2) 执行 Dimarc(DAR)命令，选择圆弧作为标注的对象。

(3) 当系统提示“指定弧长标注位置或 [多行文字(M)/文字(T)/角度(A)/部分(P)/引线(L)]:”时，指定弧长标注位置，如图 13-59 所示。

(4) 单击鼠标结束弧长标注操作，效果如图 13-60 所示。

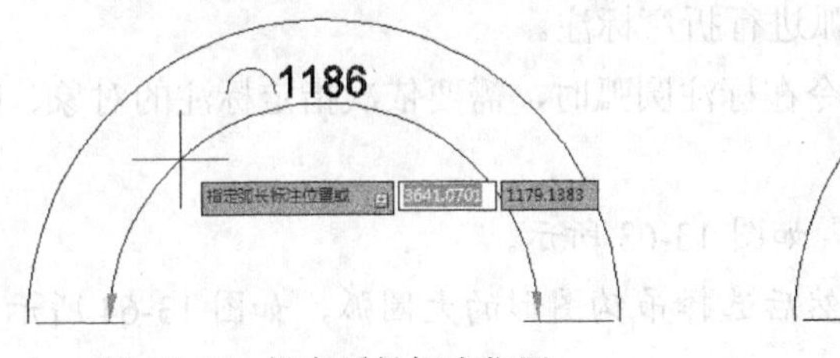

图 13-59　指定弧长标注位置

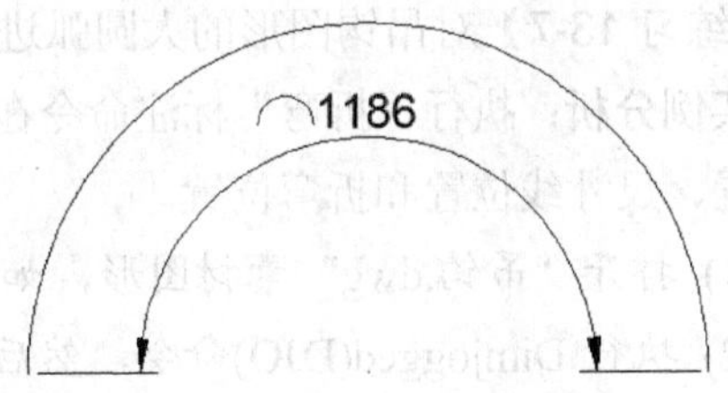

图 13-60　弧长标注效果

13.2.7　圆心标注

使用“圆心标记”命令可以标注圆或圆弧的圆心点，执行“圆心标记”命令有以下 3 种常用方法。

- 选择“标注”|“圆心标记” 命令。
- 单击“标注”面板中的“标注”下拉按钮，在下拉列表中选择“圆心标记”选项。
- 执行 Dimcenter(DCE)命令。

执行 Dimcenter(DCE)命令后，系统将提示“选择圆或圆弧：”，然后选择要标注的圆或圆弧，即可标注出圆或圆弧的圆心，如图 13-61 和图 13-62 所示。

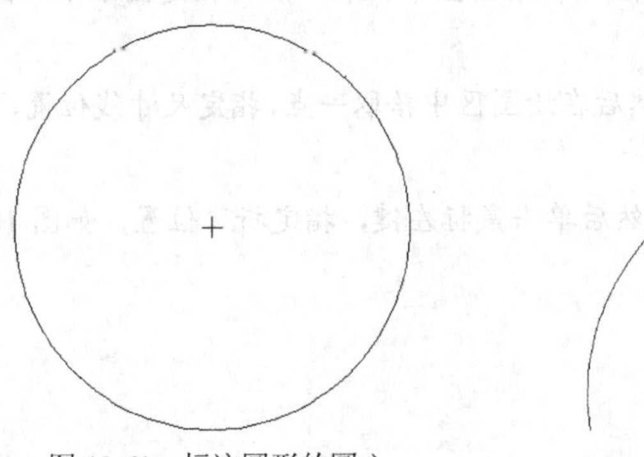

图 13-61　标注圆形的圆心

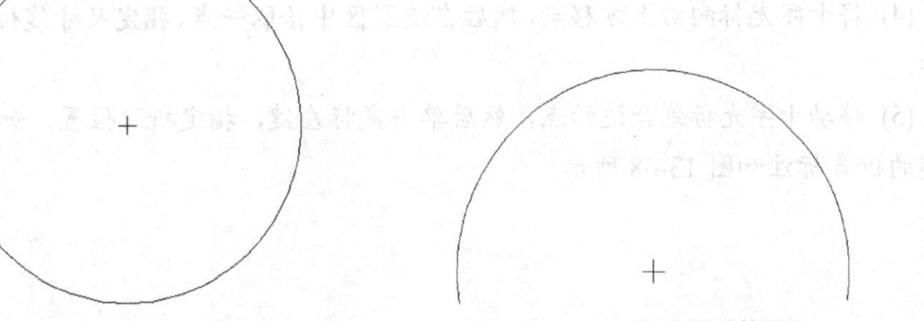

图 13-62　标注圆弧的圆心

13.3　运用标注技巧

在标注图形的操作中，应用 AutoCAD 提供的技巧可以更快地标注特殊图形，提高标注的速度，下面具体介绍这些标注的使用。

13.3.1　折弯标注

使用“折弯”命令可以创建折弯半径标注。当圆弧的中心位置位于布局外，并且无法在其实际位置显示时，可以使用折弯半径标注来标注。

执行“折弯”标注命令有以下 3 种常用方法。

- 选择“标注”|“折弯”单命令。
- 单击“标注”面板中的“折弯”按钮。
- 执行 Dimjogged(DJO)命令。

【练习 13-7】对吊钩图形的大圆弧进行折弯标注。

实例分析：执行“折弯”标注命令在标注圆弧时，需要依次指定标注的对象、图示中心位置、尺寸线位置和折弯位置。

(1) 打开“吊钩.dwg”素材图形，如图 13-63 所示。

(2) 执行 Dimjogged(DJO)命令，然后选择吊钩图形的大圆弧，如图 13-64 所示。

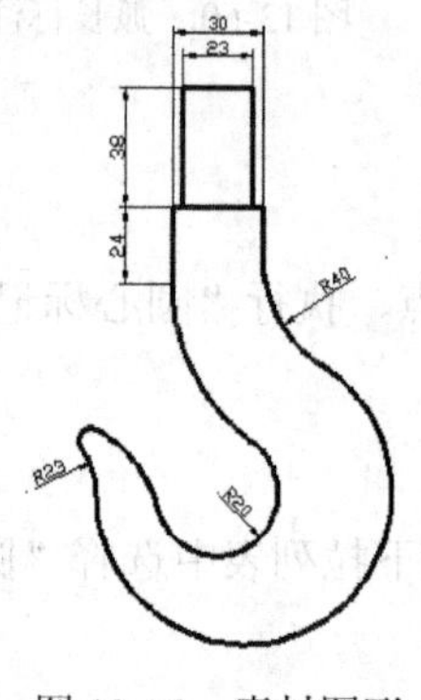

图 13-63　素材图形

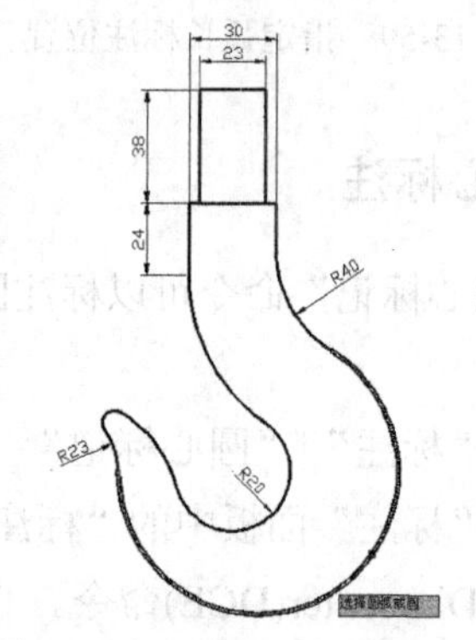

图 13-64　选择标注对象

(3) 将十字光标向右下方移动，然后在绘图区中拾取一点，指定图示中心的位置，如图 13-65 所示。

(4) 将十字光标向右上方移动，然后在绘图区中拾取一点，指定尺寸线位置，如图 13-66 所示。

(5) 移动十字光标到合适的点，然后单击鼠标左键，指定折弯位置，如图 13-67 所示。创建的折弯标注如图 13-68 所示。

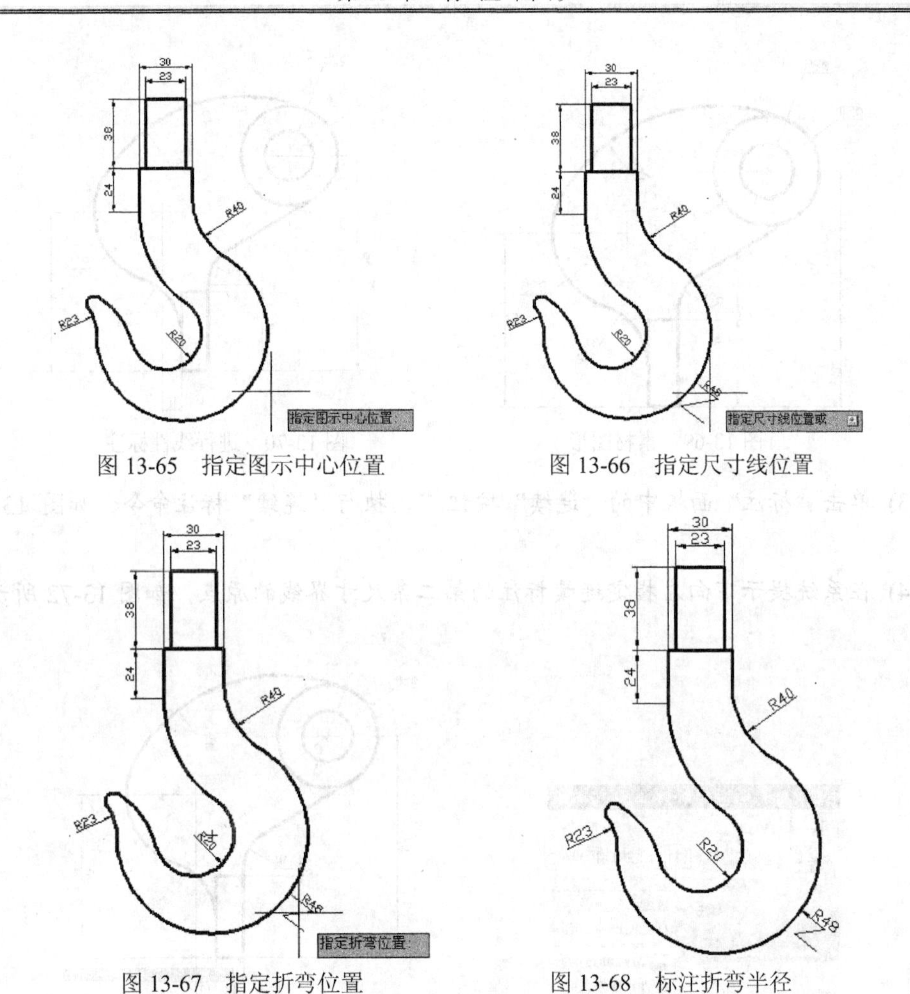

图 13-65　指定图示中心位置　　图 13-66　指定尺寸线位置

图 13-67　指定折弯位置　　图 13-68　标注折弯半径

13.3.2　连续标注

连续标注用于标注在同一方向上连续的线型或角度尺寸。在进行连续标注之前，需要对图形进行一次标注操作，以确定连续标注的起始点，否则无法进行连续标注。执行“连续”命令，可以从上一个或选定标注的第二尺寸界线处创建线性、角度或坐标的连续标注。

执行“连续”标注命令有以下 3 种常用方法。

- 选择“标注”|“连续”命令。
- 单击“标注”面板中的“连续”按钮 。
- 执行 Dimcontinue(DCO)命令。

【练习 13-8】使用“线性”和“连续”命令标注连杆图形。

实例分析：执行“连续”标注命令需要在其他标注对象的基础上进行操作。如果上一步操作正是标注操作，则可以直接进行连续标注；如果上一步不是标注操作，则需要重新选择标注对象，再依次指定连续标注的界线原点。

(1) 打开“连杆.dwg”素材图形文件，如图 13-69 所示。

(2) 执行“线性”标注命令，在连杆下方进行一次线性标注，如图 13-70 所示。

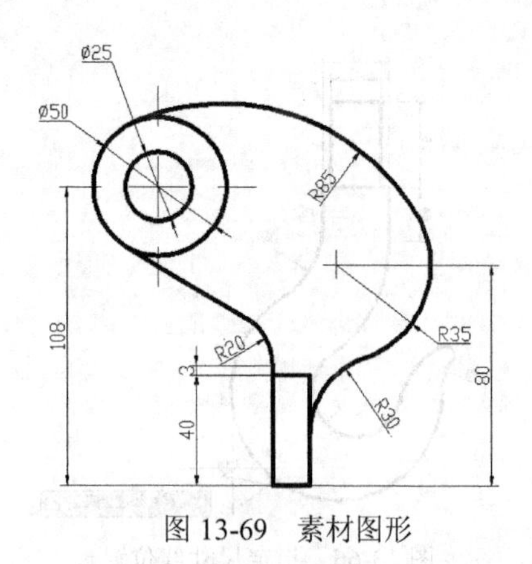

图 13-69　素材图形

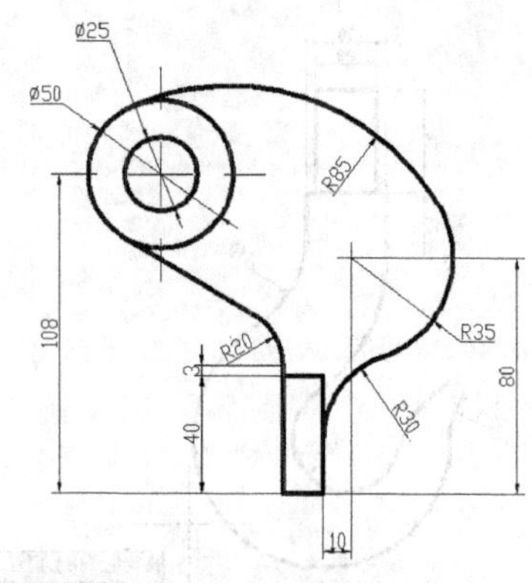

图 13-70　进行线性标注

(3) 单击“标注”面板中的“连续”按钮，执行“连续”标注命令，如图 13-71 所示。

(4) 在系统提示下向左指定连续标注的第二条尺寸界线的原点，如图 13-72 所示。

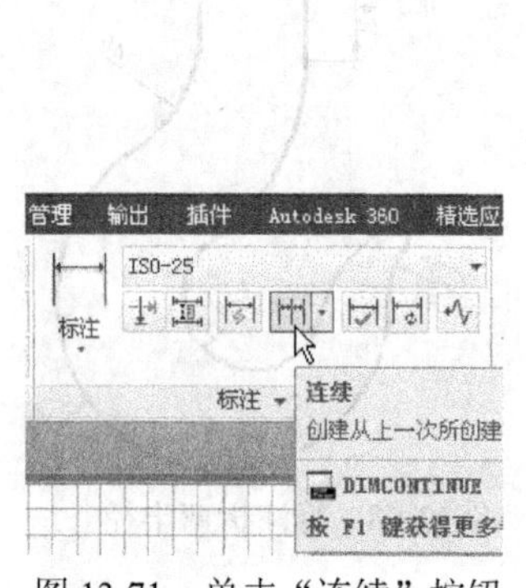

图 13-71　单击“连续”按钮

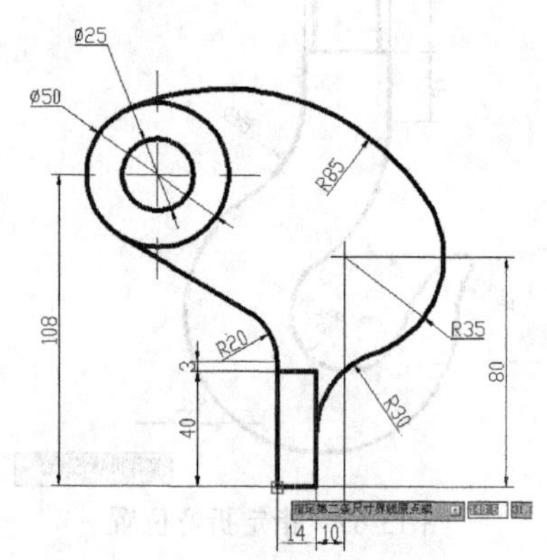

图 13-72　指定标注界线的原点

(5) 根据系统提示再次指定连续标注的第二条尺寸界线的原点，如图 13-73 所示。

(6) 按空格键进行确定，完成连续尺寸标注，效果如图 13-74 所示。

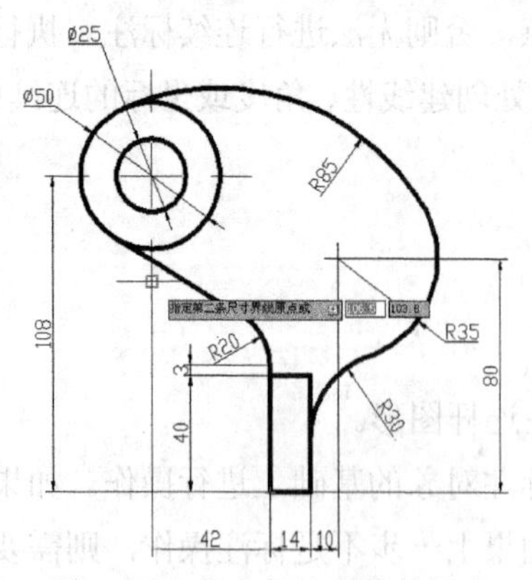

图 13-73　指定标注界线的原点

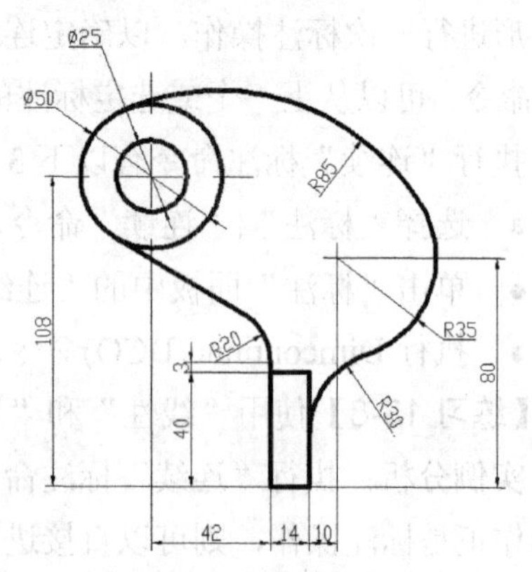

图 13-74　完成连续标注

13.3.3　基线标注

“基线标注”命令用于标注图形中有一个共同基准的线型或角度尺寸。基线标注是以某一点、线、面作为基准，其他尺寸按照该基准进行定位。因此在使用“基线”标注之前，需要对图形进行一次标注操作，以确定基线标注的基准点，否则无法进行基线标注。

执行“基线”标注命令有以下 3 种常用方法。

- 选择“标注”|“基线”命令。
- 单击“标注”面板中的“基线”按钮。
- 执行 Dimbaseline(DBA)命令。

【练习 13-9】使用“线性”和“基线”命令标注法兰套剖面图形。

实例分析：执行“基线”标注命令同执行“连续”标注命令一样，都需要在其他标注对象的基础上进行操作。另外，执行“基线”标注的过程中，还要正确设置基线的间距。

(1) 打开“法兰套剖面.dwg”素材图形文件，如图 13-75 所示。

(2) 执行 Dimastyle(D)命令，打开“标注样式管理器”对话框，然后单击“修改”按钮，如图 13-76 所示。

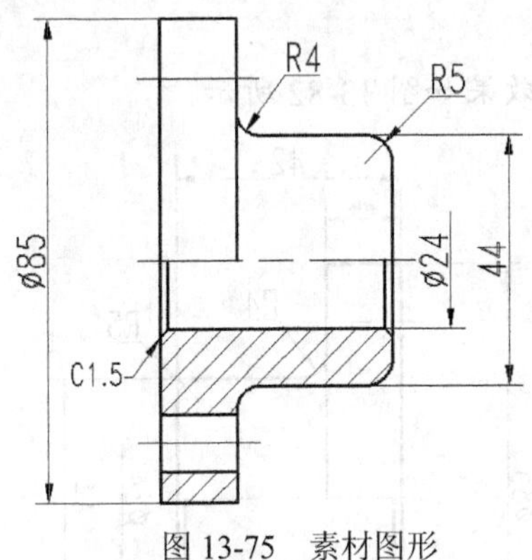

图 13-75　素材图形

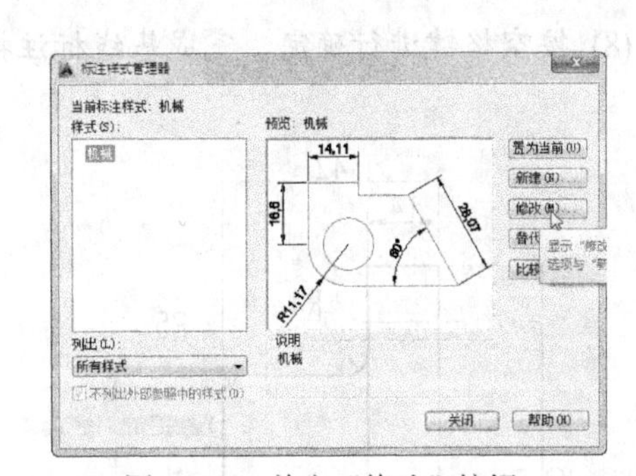

图 13-76　单击“修改”按钮

(3) 在打开的“修改标注样式：机械”对话框中选择“线”选项卡，设置“基线间距”值为 7.5，然后进行确定，如图 13-77 所示。

(4) 执行“线性”标注命令，在图形上方进行一次线性标注，如图 13-78 所示。

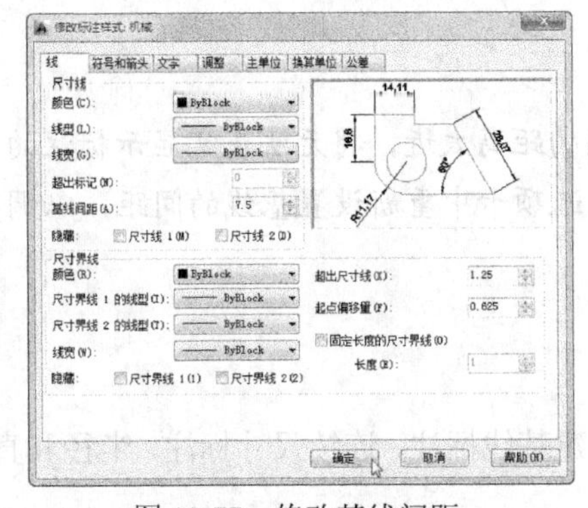

图 13-77　修改基线间距

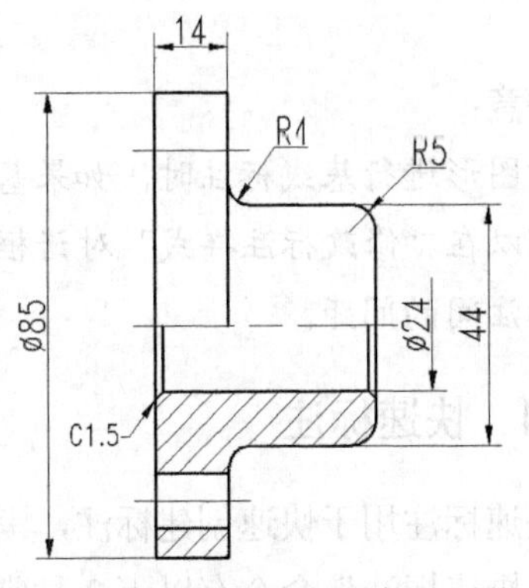

图 13-78　进行线性标注

(5) 执行 Dimbaseline(DBA)命令，当系统提示“指定第二条尺寸界线原点或 [放弃(U)/选择(S)] ”时，输入 S 并确定，启用“选择(S)”选项，如图 13-79 所示。

(6) 当系统提示“选择基准标注:”时，选择前面创建的线性标注作为基准标注，如图 13-80 所示。

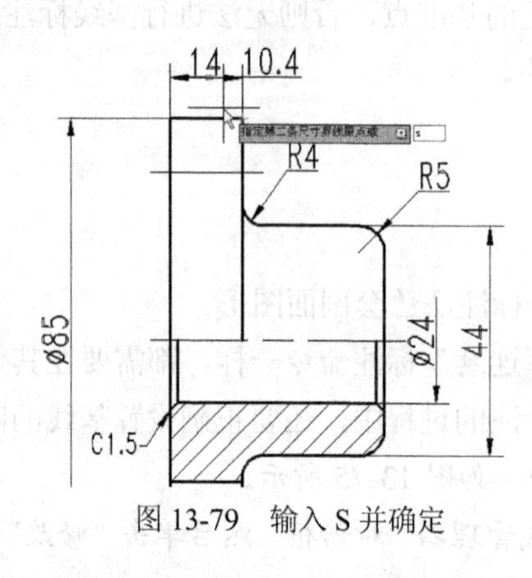

图 13-79　输入 S 并确定

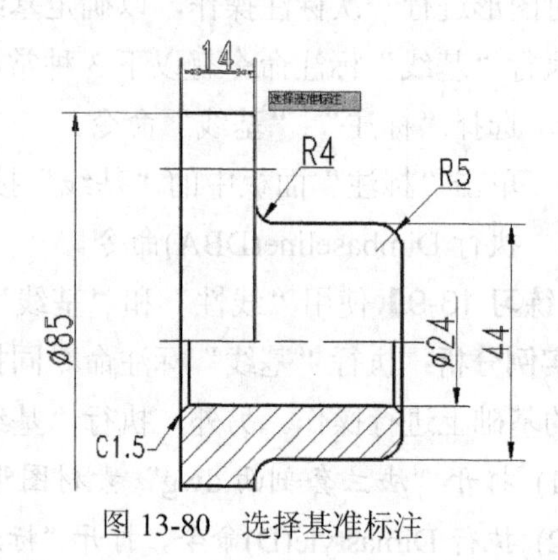

图 13-80　选择基准标注

(7) 当系统再次提示“指定第二条尺寸界线原点或 [放弃(U)/选择(S)] ”时，指定基准标注第二条尺寸界线的原点，如图 13-81 所示。

(8) 按空格键进行确定，完成基线标注操作，效果如图 13-82 所示。

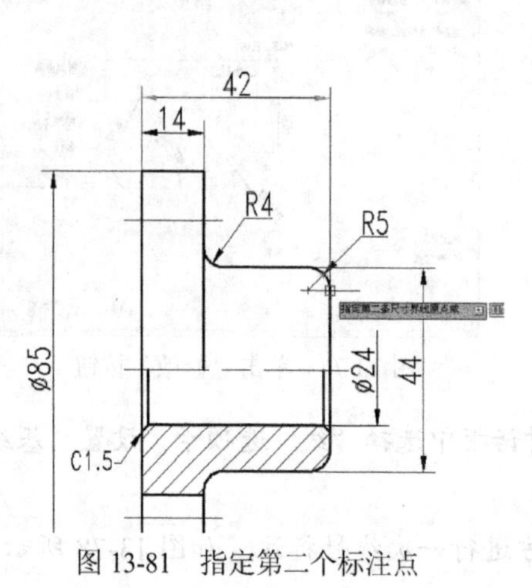

图 13-81　指定第二个标注点

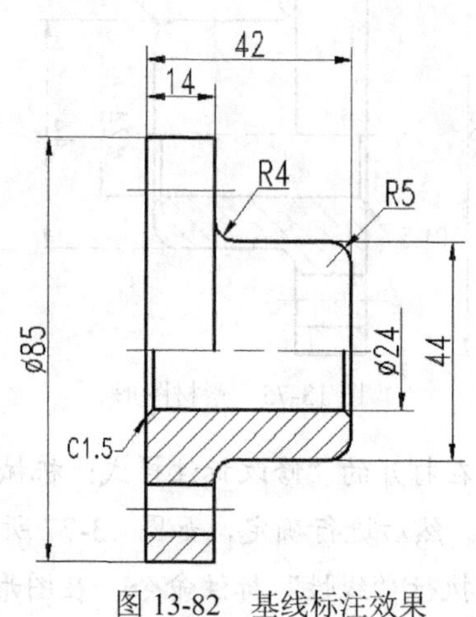

图 13-82　基线标注效果

注意:

对图形进行基线标注时，如果基线标注间的距离太近，将无法正常显示标注的内容。用户可以在“修改标注样式”对话框的“线”选项卡中重新设置基线的间距，以调整各个基线标注间的间距。

13.3.4　快速标注

快速标注用于快速创建标注，其中包含创建基线标注，连续尺寸标注，半径和直径等。执行“快速标注”命令有以下 3 种常用方法。

- 选择“标注”|“快速标注” 命令。
- 单击“标注”面板中的“快速标注”按钮。
- 执行 Qdim 命令。

执行上述任意一种操作后，系统将提示“选择要标注的几何图形：”，在此提示下选择标注图样，系统将提示“指定尺寸线位置或[连续/并列/基线/坐标/半径/直径/基准点/编辑]<>：”，该提示中各选项含义如下。

- 连续：用于创建连续标注。
- 并列：用于创建交错标注。
- 基线：用于创建基线标注。
- 坐标：以一基点为准，标注其他端点相对于基点的相对坐标。
- 半径：用于创建半径标注。
- 直径：用于创建直径标注。
- 基准点：确定用“基线”和“坐标”方式标注时的基点。
- 编辑：启动尺寸标注的编辑命令，用于增加或减少尺寸标注中尺寸界线的端点数。

【练习 13-10】使用“快速标注”命令标注书房立面图尺寸。

实例分析：使用“快速标注”命令标注图形，首先要选择进行标注的尺寸界线，然后指定尺寸线位置，即可快速标注所选择的尺寸界线区域。

(1) 打开“书房立面图.dwg.dwg”素材图形，如图 13-83 所示。

(2) 执行“快速标注(QDIM)”命令，在图形下方依次选择要进行标注的尺寸界线，如图 13-84 所示。

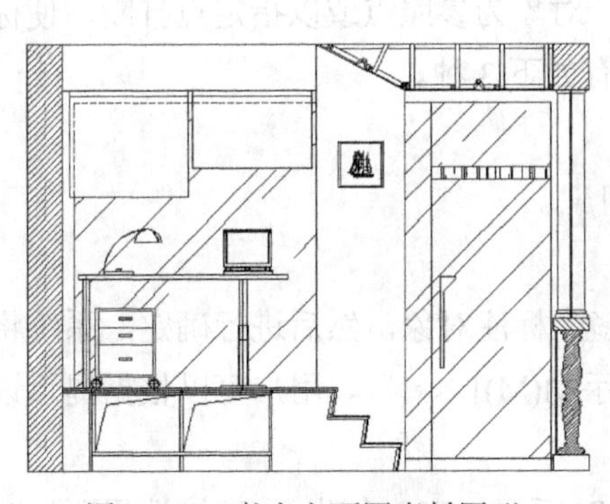

图 13-83 书房立面图素材图形

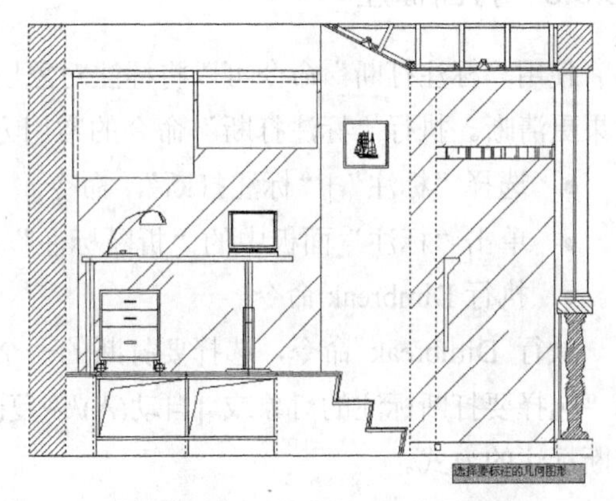

图 13-84 选择标注的尺寸界线

(3) 根据系统提示指定尺寸线位置，效果如图 13-85 所示，即可以选择的尺寸界线对图形进行快速标注，效果如图 13-86 所示。

(4) 使用同样的方法，对立面图的高度尺寸进行快速标注，效果如图 13-87 所示。

(5) 使用“线性”标注命令对立面图进行线性标注，效果如图 13-88 所示。

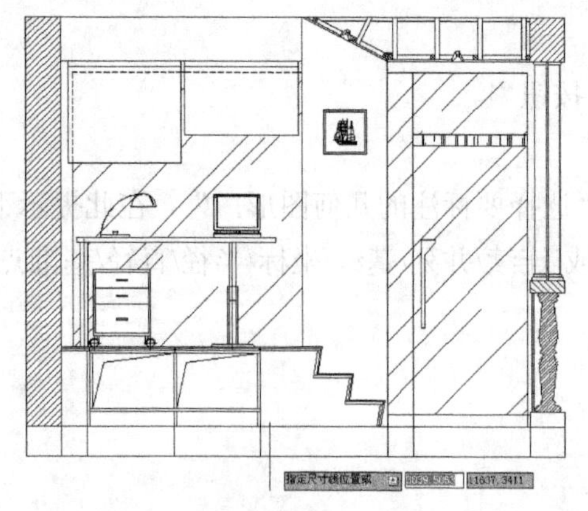

图 13-85　指定尺寸线位置

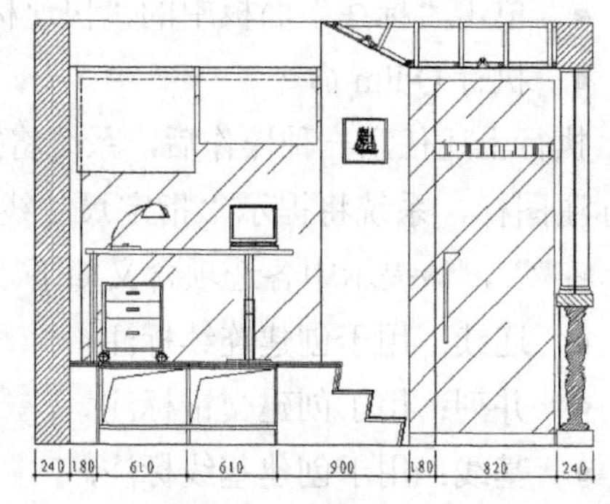

图 13-86　快速标注效果

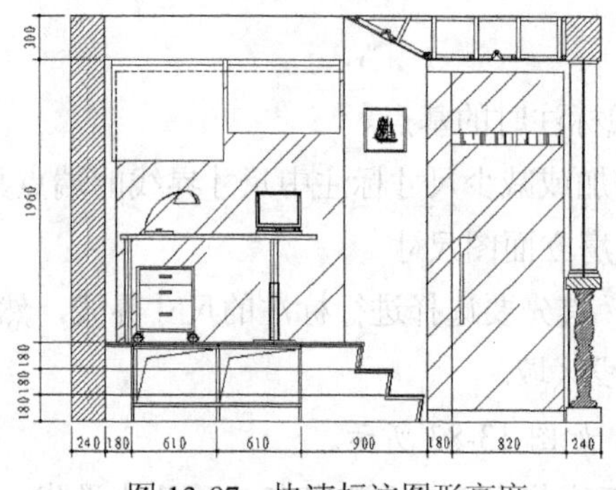

图 13-87　快速标注图形高度

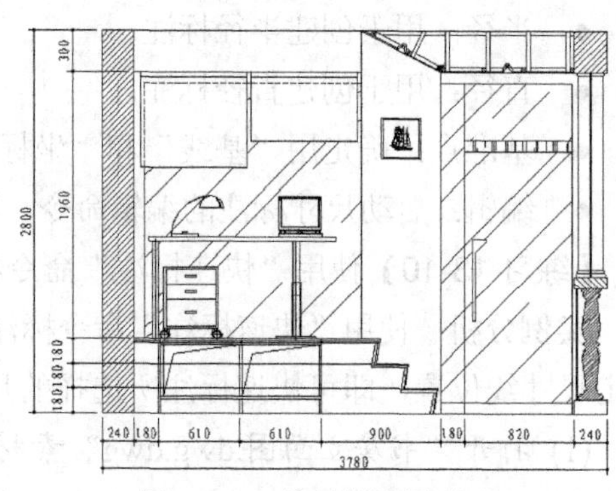

图 13-88　线性标注图形

13.3.5　打断标注

使用“标注打断”命令可以将标注对象以某一对象为参照点或以指定点打断，使标注效果更清晰。执行“标注打断”命令的常用方法有如下 3 种。

- 选择“标注”|“标注打断”　命令。
- 单击“标注”面板中的“折断标注”按钮。
- 执行 Dimbreak 命令。

执行 Dimbreak 命令，选择要打断的一个或多个标注对象，然后进行确定，系统将提示“选择要打断标注的对象或 [自动(A)/恢复(R)/手动(M)] <>:”。用户可以根据提示设置打断标注的方式。

- 选择要打断标注的对象或 [自动(A)/恢复(R)/手动(M)] <自动>：直接选择要打断标注的对象或者相应的选项并按空格键进行确定。
- 自动：自动将折断标注放置在与选定标注相交的对象的所有交点处。修改标注或相交对象时，会自动更新使用此选项创建的所有折断标注。
- 恢复：从选定的标注中删除所有折断标注。
- 手动：使用手动方式为打断位置指定标注或尺寸界线上的两点。如果修改标注或相交对象，则不会更新使用此选项创建的任何折断标注。使用此选项，一次仅可以放置一个手动折断标注。

【练习 13-11】打断标注中的尺寸线。

实例分析：执行“标注打断”命令，选择要打断的标注对象，然后选择作为打断标注的对象即可。

(1) 打开“螺钉.dwg”图形文件，如图 13-89 所示。

(2) 执行 Dimbreak 命令，然后选择图形左方的线性标注，如图 13-90 所示。

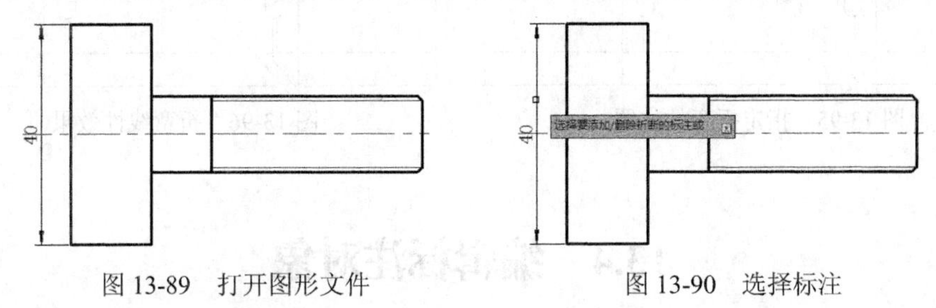

图 13-89 打开图形文件　　图 13-90 选择标注

(3) 根据系统提示选择点划线作为要折断标注的对象，如图 13-91 所示，系统即可自动在点划线的位置折断标注，如图 13-92 所示。

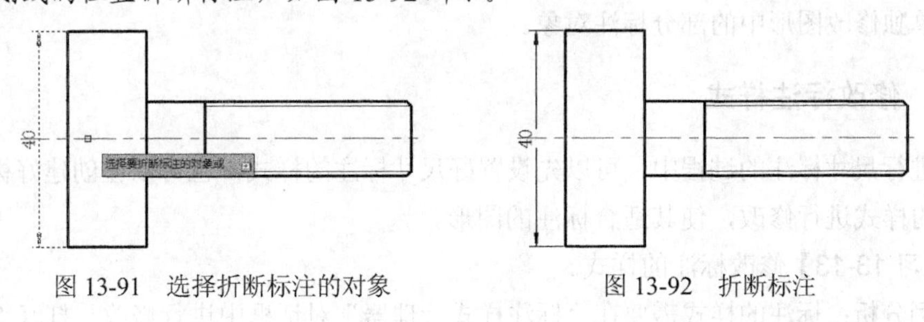

图 13-91 选择折断标注的对象　　图 13-92 折断标注

13.3.6 折弯标注

执行“折弯线性”命令，可以在线性标注或对齐标注中添加或删除折弯线，用于表示标注的对象并非是完整的对象。执行“折弯线性”命令的常用方法有如下 3 种。

- 选择“标注”|“折弯线性” 命令。
- 单击“标注”面板中的“折弯线性”按钮。
- 执行 Dimjogline(DJL)命令。

【练习 13-12】折弯标注中的尺寸线

实例分析：执行“折弯线性”命令，选择要折弯的标注对象，再指定折弯的位置即可。

(1) 打开“栏杆.dwg”图形文件，如图 13-93 所示。

(2) 执行 Dimjogline 命令(DJL)，选择其中的线性标注，如图 13-94 所示。

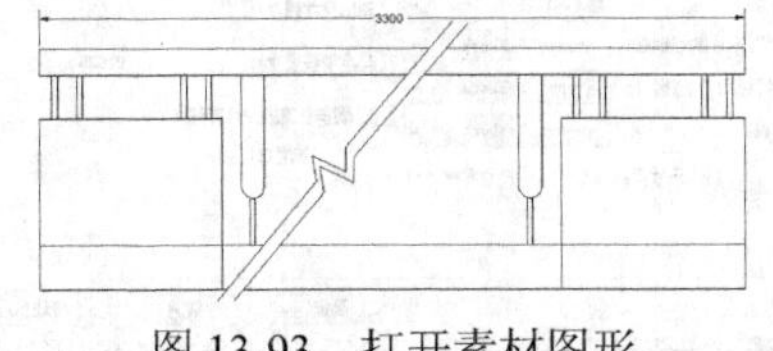

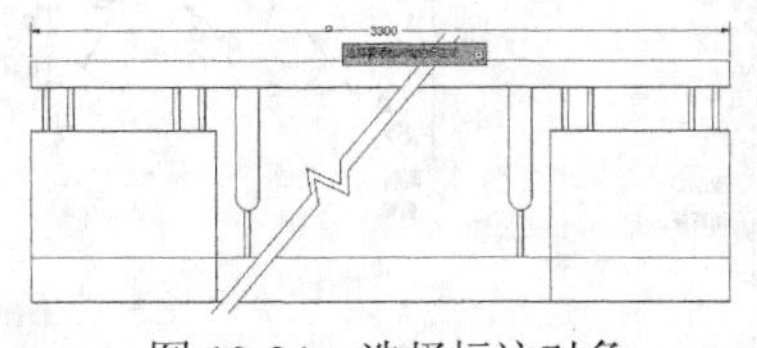

图 13-93 打开素材图形　　图 13-94 选择标注对象

(3) 根据系统提示指定折弯的位置，如图 13-95 所示，创建的折弯线性效果如图 13-96 所示。

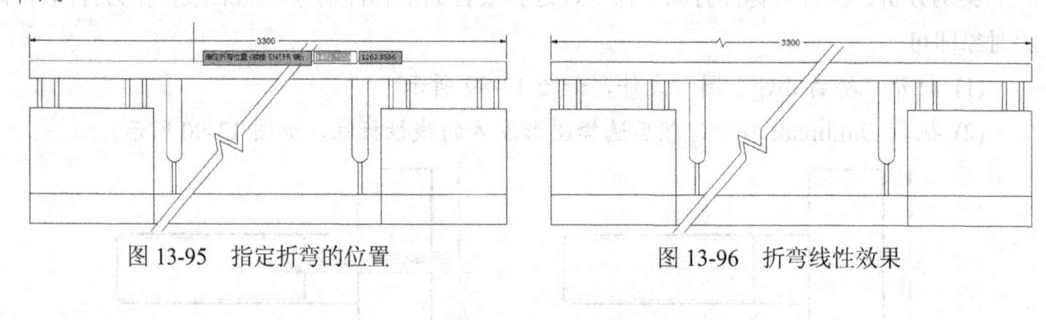

图 13-95　指定折弯的位置　　　　图 13-96　折弯线性效果

13.4　编辑标注对象

当创建尺寸标注后，如果需要对其进行修改，可以使用标注样式对所有标注进行修改，也可以单独修改图形中的部分标注对象。

13.4.1　修改标注样式

在进行尺寸标注的过程中，可以先设置好尺寸标注的样式，也可以在创建好标注后，对标注的样式进行修改，使其适合标注的图形。

【练习 13-13】修改标注的样式。

实例分析：标注的样式需要在“标注样式管理器”对话框中进行修改。打开“标注样式管理器”对话框，单击“修改”按钮，即可在打开的对话框中对标注样式进行修改。

(1) 创建一个“机械”标注样式。

(2) 选择“标注”|“样式”命令，在打开的“标注样式管理器”对话框中选中需要修改的样式，然后单击“修改”按钮，如图 13-97 所示。

(3) 在打开的“修改标注样式”对话框中即可根据需要对标注的各部分样式进行修改，修改好标注样式后，确定即可，如图 13-98 所示。

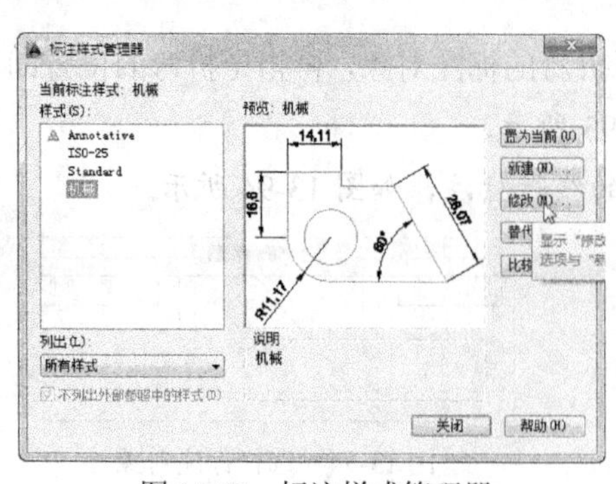

图 13-97　标注样式管理器

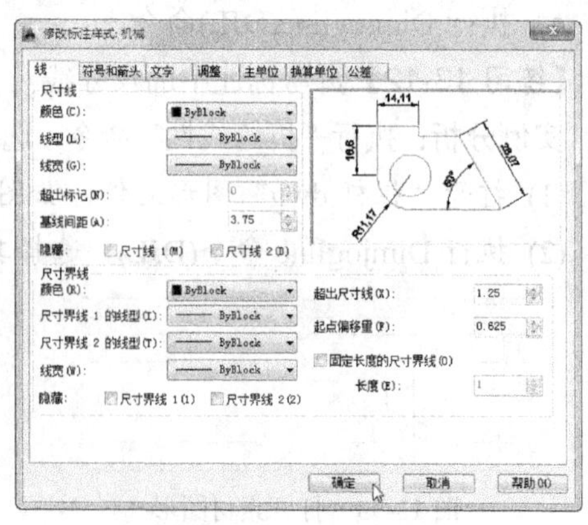

图 13-98　修改标注样式

13.4.2 编辑尺寸界线

使用 Dimedit 命令可以修改一个或多个标注对象上的文字标注和尺寸界线。执行 DIMEDIT 命令后，系统将提示“输入标注编辑类型 [默认(H)/新建(N)/旋转(R)/倾斜(O)] <默认>: ”，其中各选项的含义如下。

- 默认(H)：将旋转标注文字移回默认位置。
- 新建(N)：使用“多行文字编辑器”修改编辑标注文字。
- 旋转(R)：旋转标注文字。
- 倾斜(O)：调整线性标注尺寸界线的倾斜角度。

【练习 13-14】将标注中的尺寸界线倾斜 30 度。

实例分析：执行 Dimedit 命令，选择要修改的标注对象，可以对选择的标注进行倾斜或对标注文字进行旋转。

(1) 打开“浴缸.dwg”图形文件，如图 13-99 所示。

(2) 执行 Dimedit 命令，在弹出的菜单中选择“倾斜”选项，如图 13-100 所示。

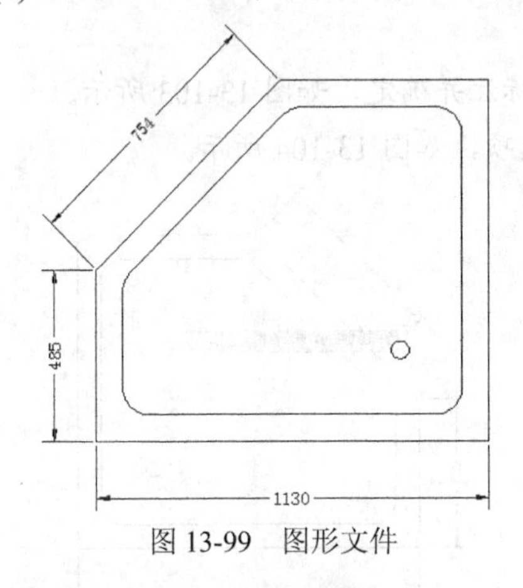

图 13-99 图形文件

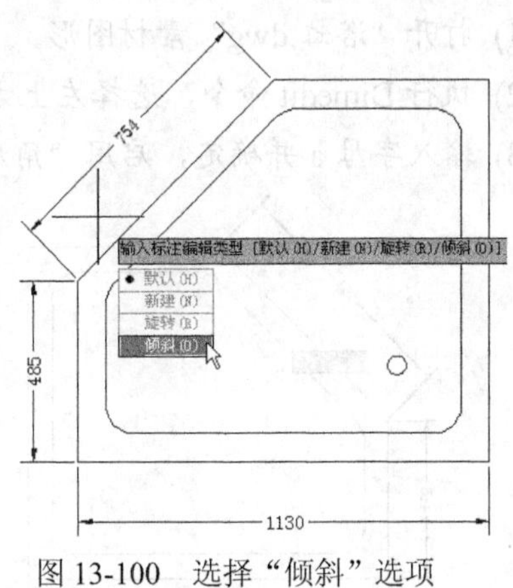

图 13-100 选择“倾斜”选项

(3) 根据系统提示选择左方的标注作为修改对象，然后输入倾斜的角度为 15 并确定，如图 13-101 所示。倾斜尺寸界线后的效果如图 13-102 所示。

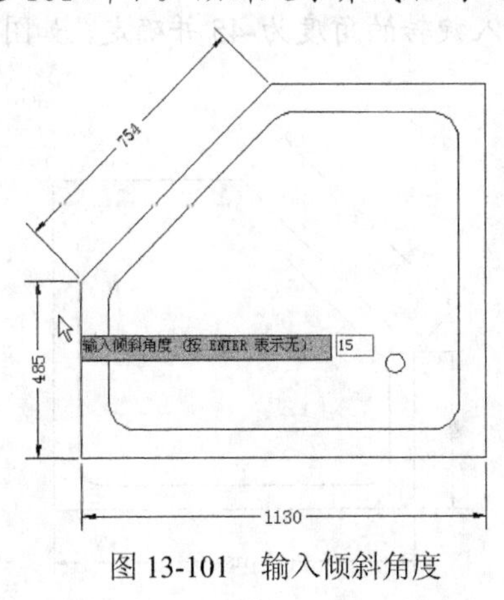

图 13-101 输入倾斜角度

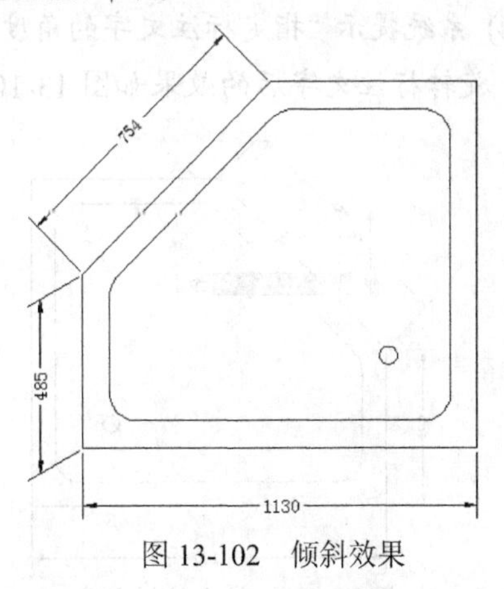

图 13-102 倾斜效果

13.4.3　修改标注文字

使用 Dimedit 命令可以移动和旋转标注文字。执行 Dimedit 命令，选择要编辑的标注后，系统将提示“指定标注文字的新位置或 [左对齐(L)/右对齐(R)/居中(C)/默认(H)/角度(A)]:”其中各选项的含义如下。

- 新位置：拖曳时动态更新标注文字的位置。
- 左对齐(L)：沿尺寸线左对正标注文字。
- 右对齐(R)：沿尺寸线右对正标注文字。
- 居中(C)：将标注文字置于尺寸线的中间。
- 默认(H)：将标注文字移回默认位置。
- 角度(A)：修改标注文字的角度。

【练习 13-15】将标注中的文字旋转-45 度。

实例分析：执行 Dimedit 命令，选择要修改的标注对象，可以通过选择需要的选项，对标注文字的位置、对齐方式和角度进行修改。

(1) 打开“浴缸.dwg”素材图形。

(2) 执行 Dimedit 命令，选择左上方的对齐标注并确定，如图 13-103 所示。

(3) 输入字母 a 并确定，启用“角度(A)”选项，如图 13-104 所示。

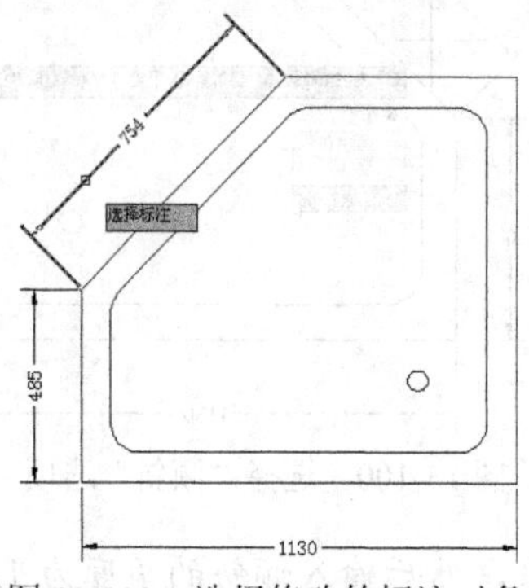

图 13-103　选择修改的标注对象

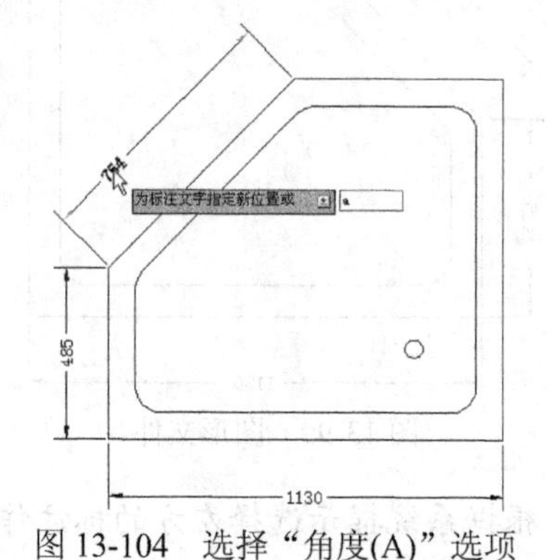

图 13-104　选择“角度(A)”选项

(4) 系统提示“指定标注文字的角度:”时，输入旋转的角度为-45 并确定，如图 13-105 所示。旋转标注文字后的效果如图 13-106 所示。

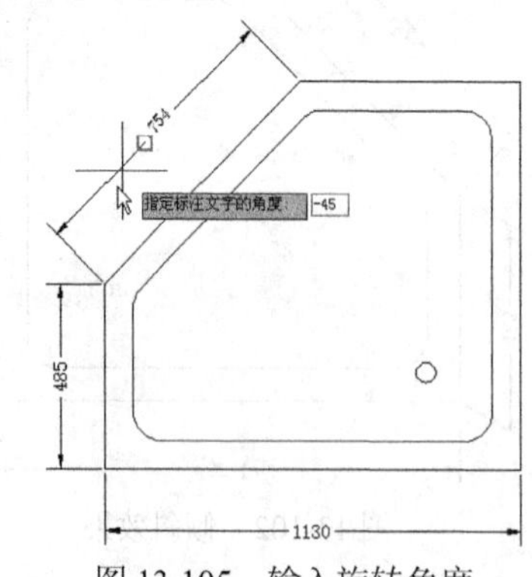

图 13-105　输入旋转角度

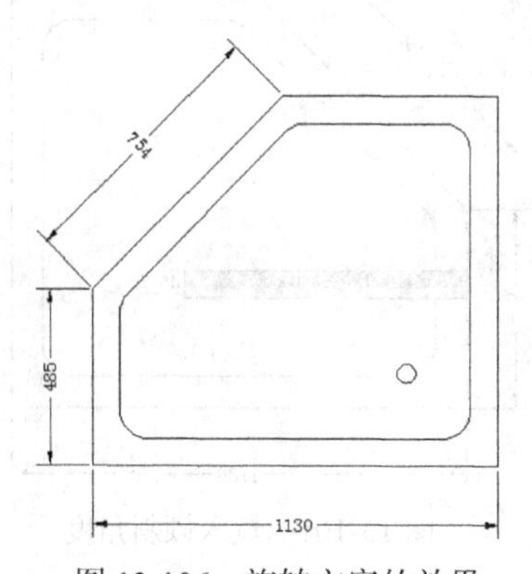

图 13-106　旋转文字的效果

13.4.4　修改标注间距

执行“标注间距”命令，可以调整线性标注或角度标注之间的间距。该命令仅适用于平行的线性标注或共用一个顶点的角度标注。

执行“标注间距”命令的常用方法有如下3种。

- 选择“标注”|“标注间距” 命令。
- 单击“标注”面板中的“等距标注”按钮。
- 执行Dimspace命令。

【练习13-16】修改两个标注对象之间的距离。

实例分析：当两个或两个以上的标注对象之间的距离太近时，可以执行DIMSPAC命令快速修改标注之间的距离。

(1) 打开“法兰盘剖面.dwg”素材图形。

(2) 执行Dimspace命令，然后选择图形左方的线性标注，如图13-107所示。

(3) 选择下一个与选择标注相邻的线性标注，如图13-108所示。

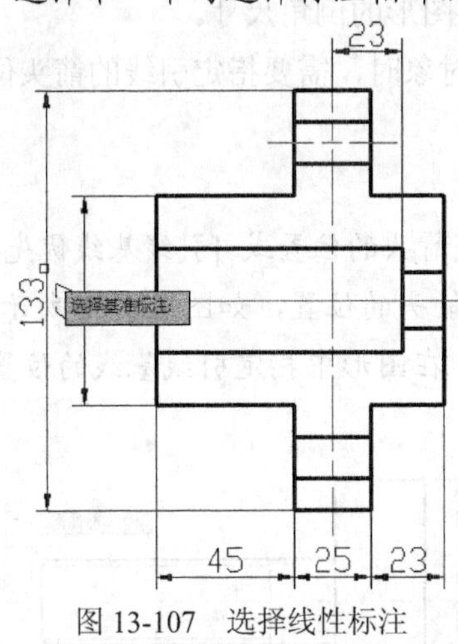

图13-107　选择线性标注

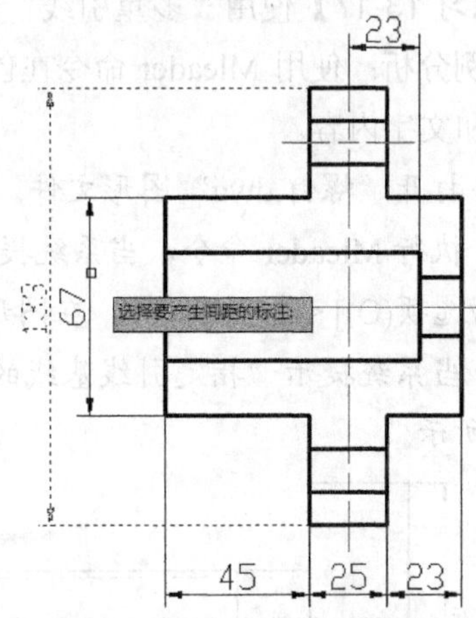

图13-108　选择另一个标注

(4) 在弹出的列表选项中选择“自动(A)”选项，如图13-109所示。系统即可自动调整两个标注之间的间距，如图13-110所示。

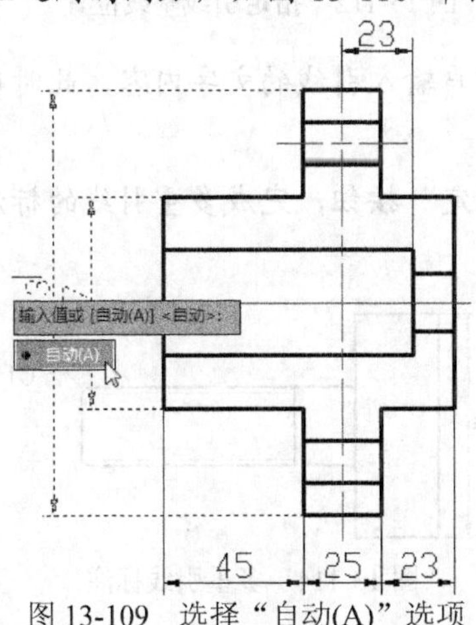

图13-109　选择“自动(A)”选项

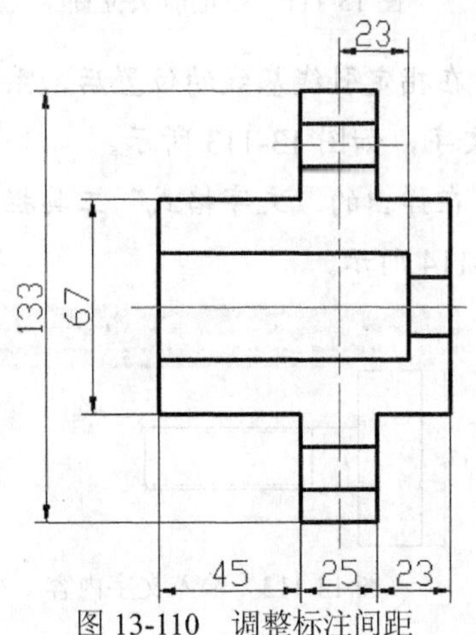

图13-110　调整标注间距

13.5　创建引线标注

在 AutoCAD 中，引线是由样条曲线或直线段连着箭头组成的对象，通常由一小段水平线将文字和特征控制框连接到引线上。绘制图形时，通常可以使用引线功能标注图形特殊部分的尺寸或进行文字注释。

13.5.1　绘制多重引线

执行“多重引线”命令，可以创建连接注释与几何特征的引线，对图形进行标注。执行“多重引线”命令的常用方法有如下 3 种。

- 选择“标注”|“多重引线”命令。
- 单击“引线”面板中的“多重引线”按钮。
- 执行 Mleader 命令。

【练习 13-17】使用“多重引线”命令绘制螺钉图形的倒角尺寸。

实例分析：使用 Mleader 命令在创建多重引线对象时，需要指定引线的箭头位置、基线位置和文字内容。

(1) 打开“螺钉.dwg”图形文件。

(2) 执行 Mleader 命令，当系统提示“指定引线箭头的位置或 [引线基线优先(L)/内容优先(C)/选项(O)] <选项>:”时，在图形中指定引线箭头的位置，如图 13-111 所示。

(3) 当系统提示“指定引线基线的位置: ”时，在图形中指定引线基线的位置，如图 13-112 所示。

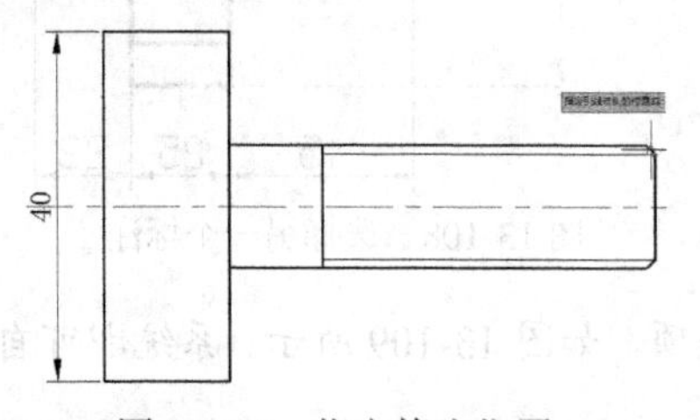

图 13-111　指定箭头位置

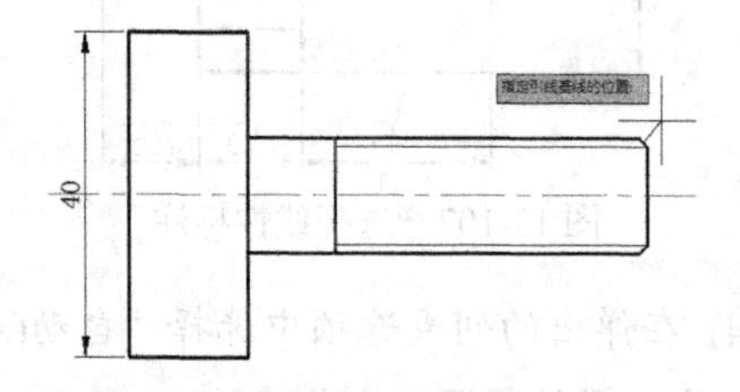

图 13-112　指定引线基线位置

(4) 在指定引线基线的位置后，系统将要求用户输入引线的文字内容，此时可以输入标注的文字，如图 13-113 所示。

(5) 在弹出的“文字格式”工具栏中单击“确定”按钮，完成多重引线的标注，效果如图 13-114 所示。

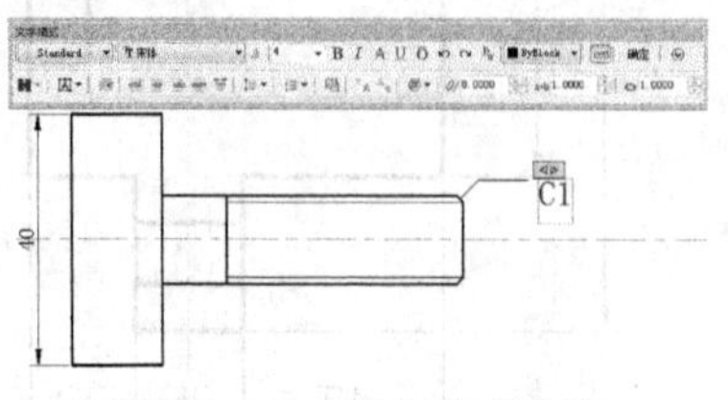

图 13-113　输入文字内容

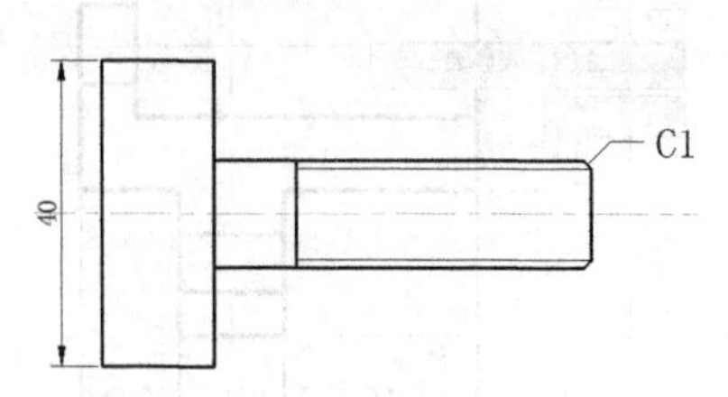

图 13-114　多重引线标注

注意：

在机械制图中，在不方便进行倒角或圆角的尺寸标注时，通常可以使用引线标注方式标注对象的倒角或圆角。C 表示倒角标注的尺寸；R 表示圆角标注的尺寸。

13.5.2　绘制快速引线

使用“快速引线”命令 Qleader(QL)可以快速创建引线注释。执行 Qleader(QL)命令后，可以通过输入 S 并确定，打开“引线设置”对话框，在其中设置适合绘图需要的引线点数和注释类型。

【练习 13-18】使用“快速引线”命令绘制圆头螺钉图形的倒角尺寸。

实例分析：执行 Qleader(QL)命令，输入 S 并确定，可以打开“引线设置”对话框设置引线的样式。在创建快速引线对象时，需要指定引线的各个点和文字内容。

(1) 打开“圆头螺钉.dwg”图形文件，如图 13-115 所示。

(2) 执行 Qleader(QL)命令，然后输入 S 并确定，如图 13-116 所示。

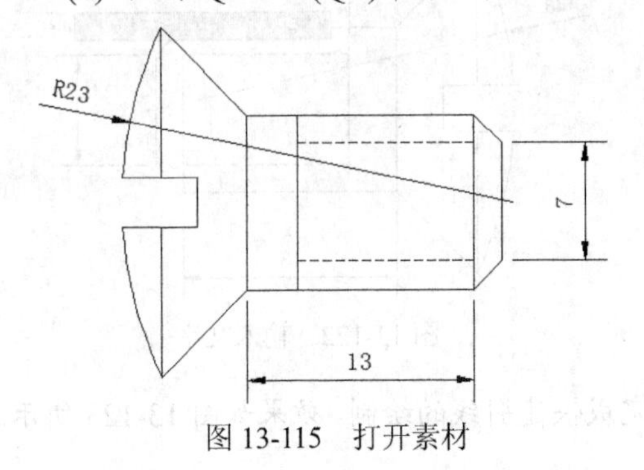

图 13-115　打开素材　　　　图 13-116　输入 S 并确定

(3) 在打开的“引线设置”对话框中设置注释类型为“多行文字”，如图 13-117 所示。

(4) 选择“引线和箭头”选项卡，设置点数为 3、箭头样式为“实心闭合”、设置第一段的角度为任意角度，设置第二段的角度为水平并确定，如图 13-118 所示。

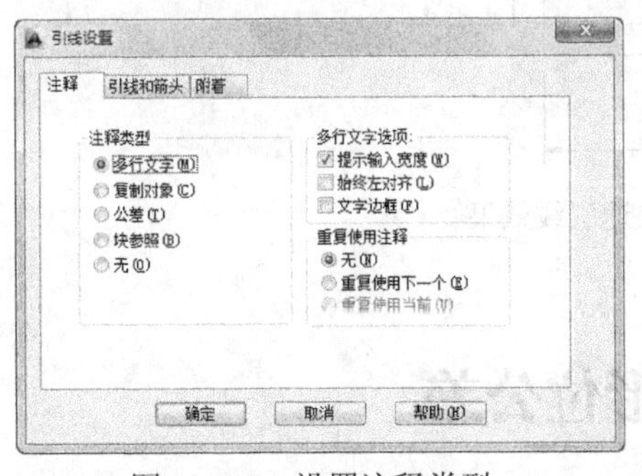

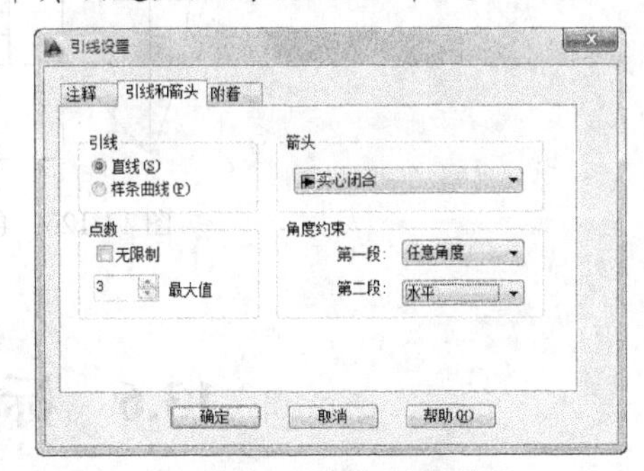

图 13-117　设置注释类型　　　　图 13-118　设置引线和箭头

(5) 当系统继续提示“指定第一个引线点或 [设置(S)]”时，在图形中指定引线的第一个点，如图 13-119 所示。

(6) 当系统提示“指定下一点：”时，向右上方移动鼠标指定引线的下一个点，如图 13-120 所示。

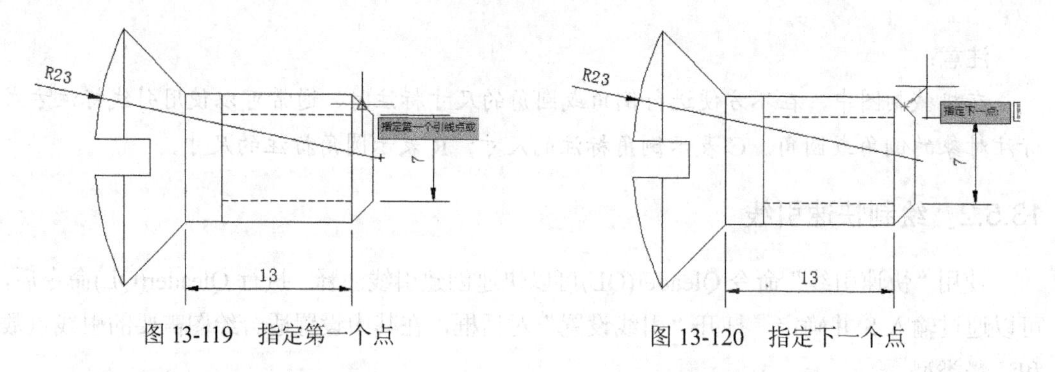

图 13-119　指定第一个点　　图 13-120　指定下一个点

(7) 当系统提示“指定下一点: ”时，向右方移动鼠标指定引线的下一个点，如图 13-121 所示。

(8) 当系统提示“输入注释文字的第一行 <多行文字(M)>:”时，输入快速引线的文字内容“C2”，如图 13-122 所示。

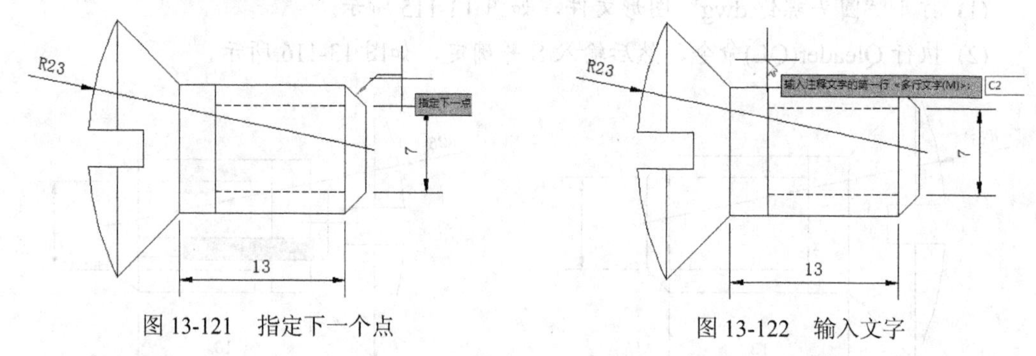

图 13-121　指定下一个点　　图 13-122　输入文字

(9) 输入文字内容后，连续按两次 Enter 键完成快速引线的绘制，效果如图 13-123 所示。

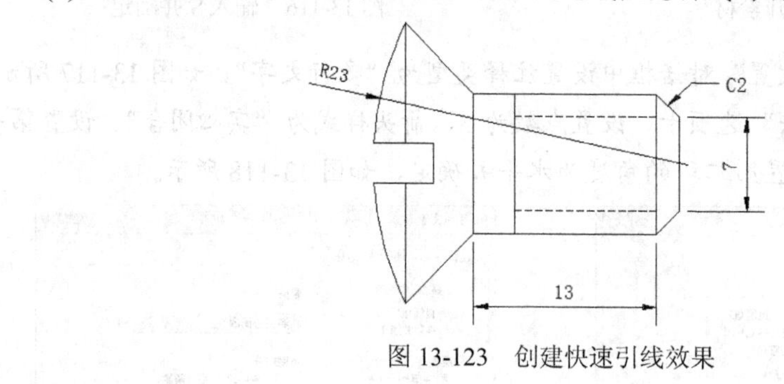

图 13-123　创建快速引线效果

13.6　标注形位公差

在产品生产过程中，如果在加工零件时所产生的形状误差和位置误差过大，将会影响机器的质量。因此对要求较高的零件，必须根据实际需要，在图纸上标注出相应表面的形状误差和相应表面之间的位置误差的允许范围，即标出表面形状和位置公差，简称形位公差。在 AutoCAD 中使用特征控制框向图形中添加形位公差，如图 13-124 所示。

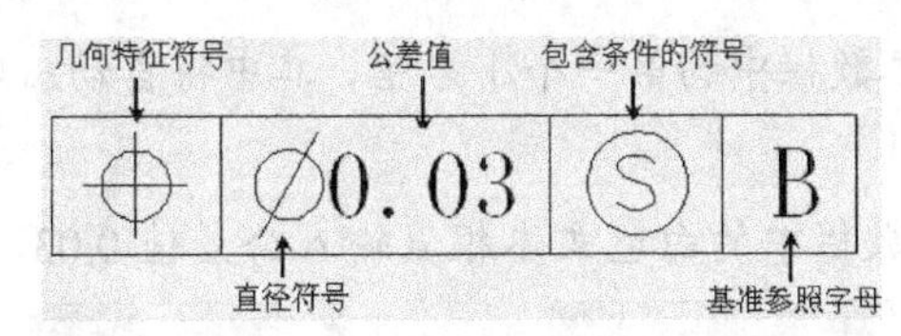

图 13-124　形位公差说明

AutoCAD 向用户提供了 14 种常用的形位公差符号，如下表所示。用户也可以自定义工程符号，常用的方法是通过定义块来定义基准符号或粗糙度符号。

符号	特征	类型	符号	特征	类型
⌖	位置	位置	∥	平行度	方向
◎	同轴(同心)度	位置	⊥	垂直度	方向
⌯	对称度	位置	∠	倾斜度	方向
⌓	面轮廓度	轮廓	↗	圆跳动	跳动
⌒	线轮廓度	轮廓	⌰	全跳动	跳动
○	圆度	形状	⌭	圆柱度	形状
⌭	圆柱度	形状	—	直线度	形状

【练习 13-19】创建公差为 0.03 的直径公差。

实例分析：创建公差对象需要执行 Qleader(QL)命令，打开“引线设置”对话框，选择注释类型为“公差”，然后创建一个引线，再指定形位公差的符号。

(1) 执行 Qleader 命令，然后输入 S 并确定，打开“引线设置”对话框，在其中选中“公差”单选按钮，然后单击 “确定”按钮，如图 13-125 所示。

(2) 根据命令提示绘制如图 13-126 所示的引线。

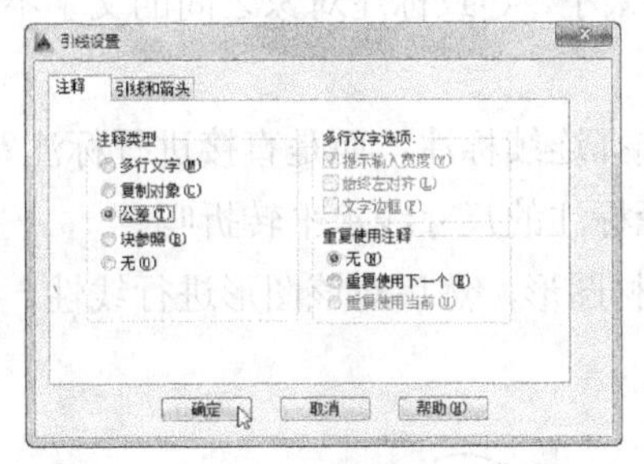

图 13-125　“引线设置”对话框

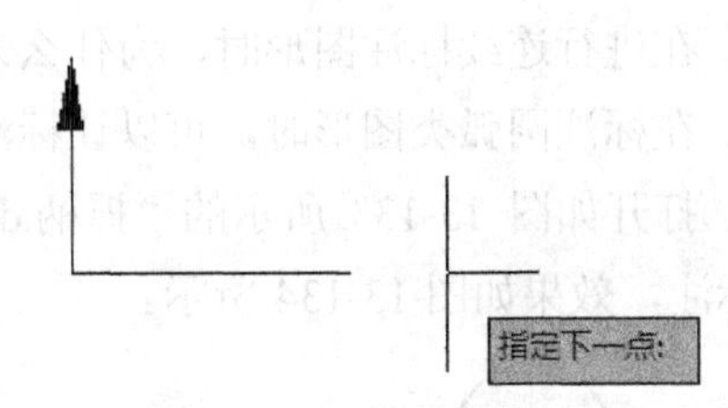

图 13-126　绘制引线

(3) 在打开的“形位公差”对话框中使用鼠标左键单击“符号”参数栏下的黑框，如图 13-127 所示。

(4) 在打开的“特征符号”对话框中选择符号 ⌖，如图 13-128 所示。

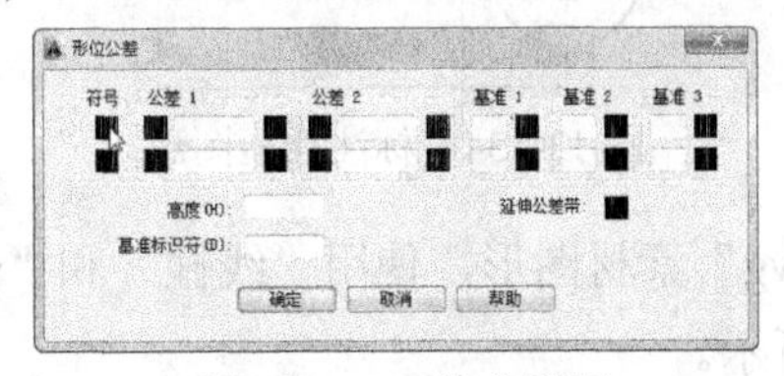

图 13-127　单击黑框

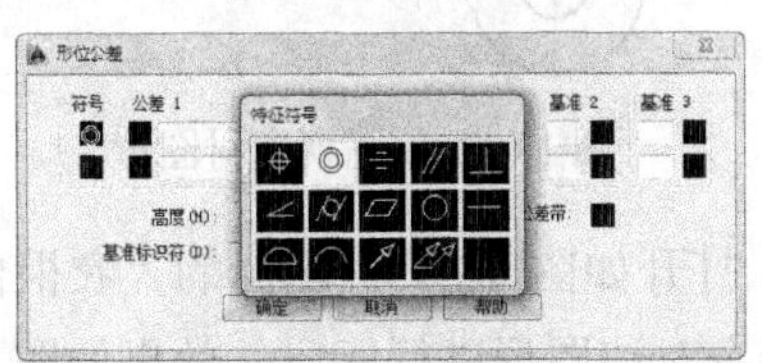

图 13-128　选择符号

(5) 单击“公差 1”参数栏中的第一个小黑框，其中将自动出现直径符号，如图 13-129 所示。

(6) 在“公差 1”参数栏中的白色文本框里输入公差值 0.03，如图 13-130 所示。

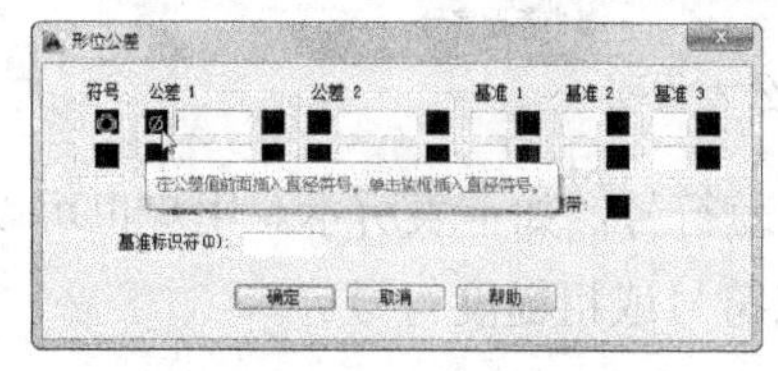

图 13-129　添加直径符号

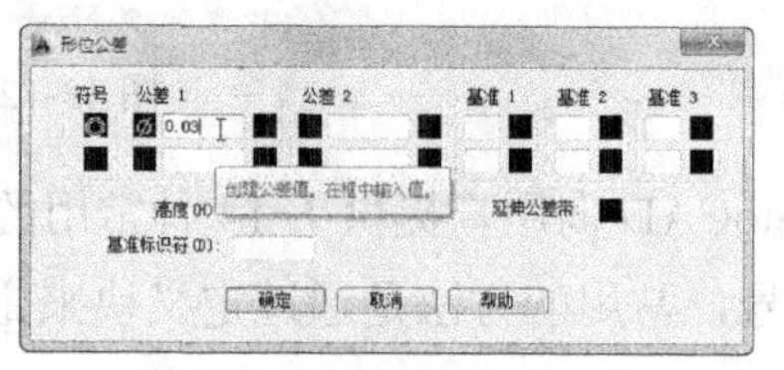

图 13-130　输入公差值

(7) 单击“公差 1”参数栏中的第二个小黑框，打开“附加符号”对话框，从中选择附加符号，如图 13-131 所示。

(8) 单击“确定”按钮，完成形位公差标注，效果如图 13-132 所示。

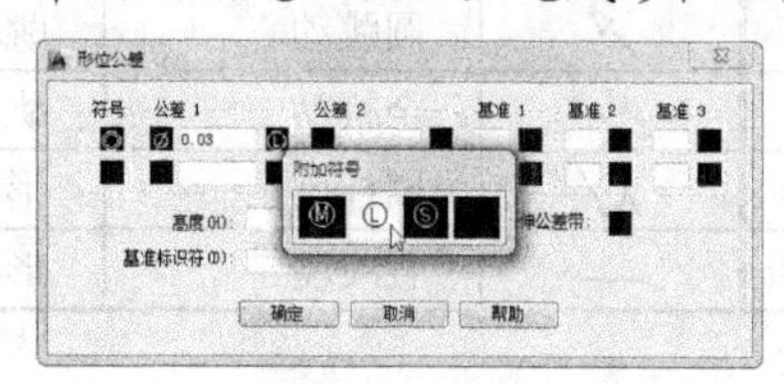

图 13-131　选择附加符号

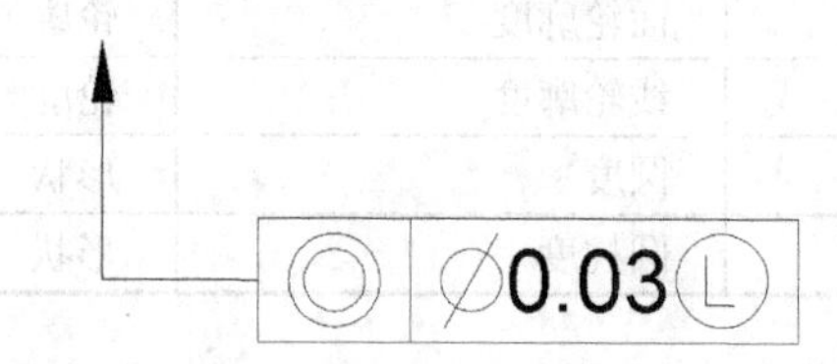

图 13-132　形位公差标注效果

13.7 思考练习

1. 在 AutoCAD 中，尺寸标注通常由哪几部分组成？

2. 在标注图形时，由于尺寸界线之间的距离太小，导致标注对象之间的文字不能清楚地显示，应如何调整？

3. 在进行连续标注图形时，为什么未提示选择连续标注，而是直接进行标注？

4. 在标注圆弧类图形时，可以让标注的直径标注的尺寸线水平转折吗？

5. 打开如图 13-133 所示的“摇柄.dwg”素材图形，然后对该图形进行线性、半径和角度标注，效果如图 13-134 所示。

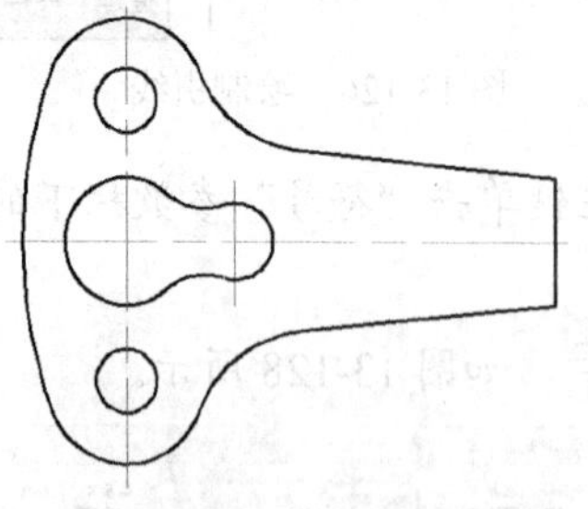

图 13-133　摇柄素材图形

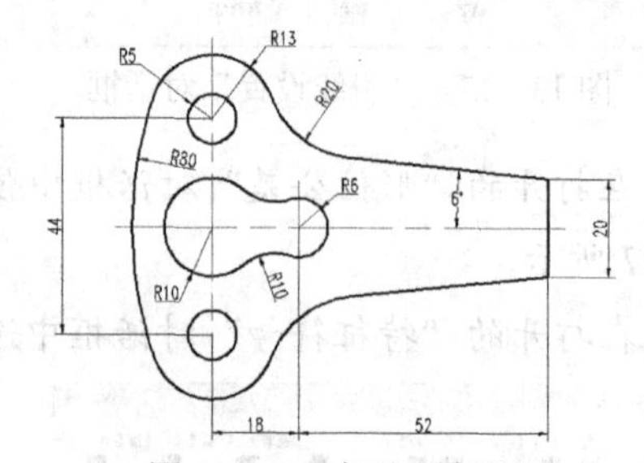

图 13-134　标注摇柄图形

6. 打开如图 13-135 所示的“衣柜内立面.dwg”素材图形，使用“线性”和“快速标注”命令对该图形进行标注，效果如图 13-136 所示。

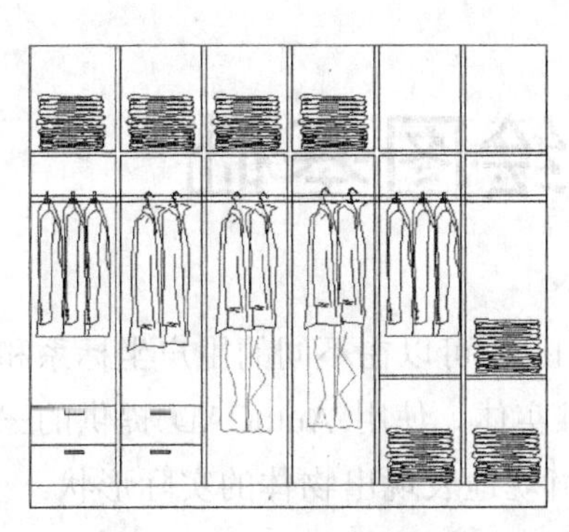

图 13-135 衣柜素材图形

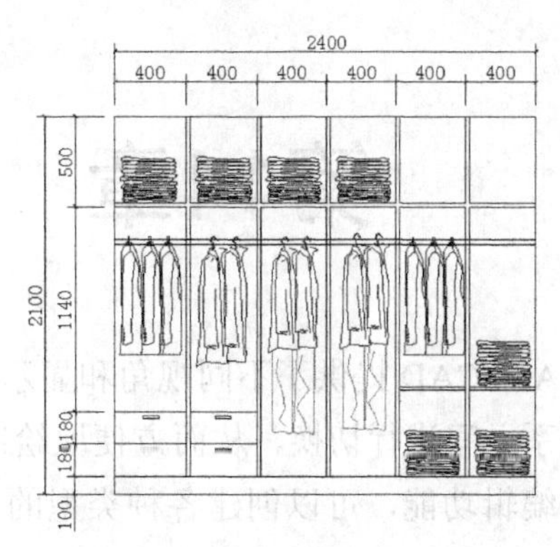

图 13-136 标注衣柜图形

7. 打开如图 13-137 所示的“建筑平面图.dwg”素材图形，然后设置“建筑”标注样式，并对该图形进行线性和连续标注，效果如图 13-138 所示。

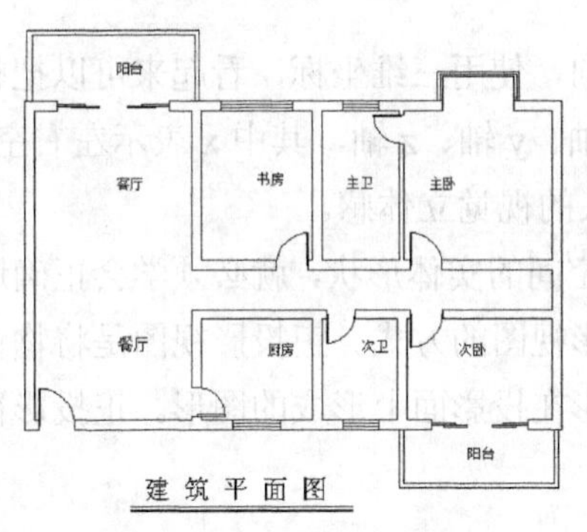

图 13-137 建筑平面图素材

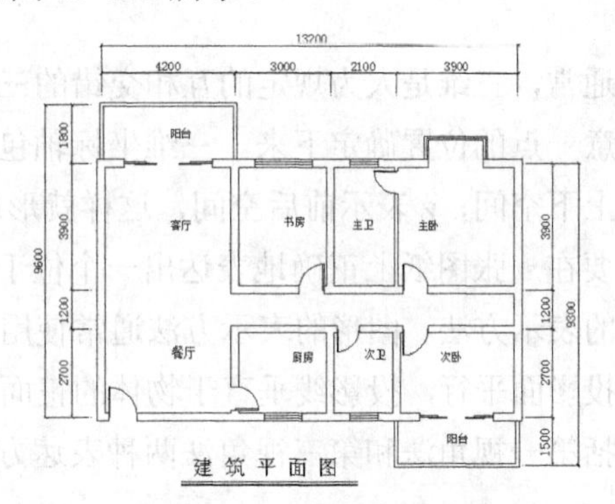

图 13-138 标注建筑平面图

第14章　三维绘图基础

AutoCAD 提供了不同视角和显示图形的设置工具，可以在不同的用户坐标系和正交坐标系之间进行切换，从而方便地绘制和编辑三维实体。使用 AutoCAD 提供的三维绘图和编辑功能，可以创建各种类型的三维模型，直观地表现出物体的实际形状。

14.1　认识三维投影

通常，三维是人为规定的互相交错的三个方向，使用三维坐标，看起来可以把整个世界任意一点的位置确定下来。三维坐标轴包括 x 轴、y 轴、z 轴，其中 x 表示左右空间，y 表示上下空间，z 表示前后空间，这样就形成了人的视觉立体感。

要在一张图纸上正确地表达出一个位于三维空间的实体形状，就必须学会正确地应用图形的表示方法。图形的表示方法通常使用正投影视图的方式。正投影视图是将物体的正面与投影面平行，投影线垂直于物体的正面所投影在投影面上形成的图形。正投影视图通常包括第一视角法和第三视角法两种表达方式。

14.1.1　第一视角法

在我国第一视角投影应用比较多，通常使用第一视角投影的国家还有德国、法国等一些欧洲国家。GB 和 ISO 标准一般都使用第一视角法。在 ISO 国际标准中第一角投影方法规定使用图 14-1 所示的图形符号来表示。

在图形空间中，三个互相垂直的平面将空间分为八个分角，分别称为第Ⅰ角、第Ⅱ角、第Ⅲ角……如图 14-2 所示。第一视角画法是将机件置于第Ⅰ角内，使机件处于观察者与投影面之间(即保持观察点→物→面的位置关系)而得到正投影的方法。

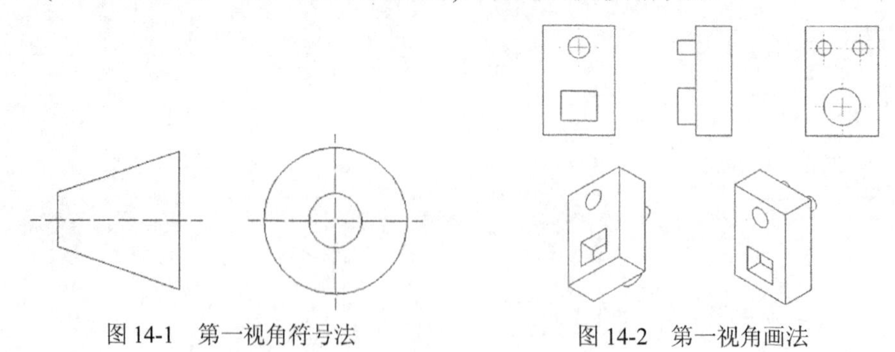

图 14-1　第一视角符号法　　　　图 14-2　第一视角画法

14.1.2　第三视角法

第三视角法常称为美国方法或 A 法。第三视角投影法是假想将物体置于透明的玻璃盒之中，玻璃盒的每一侧面作为投影面，按照“观察点→投影面→物体”的相对位置关系，作正投影所得图形的方法。在 ISO 国际标准中第三视角投影法规定用图 14-3 所示的图形符号表示。

第三视角画法是将机件置于第III角内，使投影面处于观察者与机件之间(即保持观察点→面→物的位置关系)而得到正投影的方法，如图 14-4 所示。从示意图中可以看出，这种画法是把投影面假想成透明的来处理。顶视图是从机件的上方往下看所得的视图，把所得的视图画在机件上方的投影面上；前视图是从机件的前方往后看所得的视图，把所得的视图画在机件前方的投影面上。

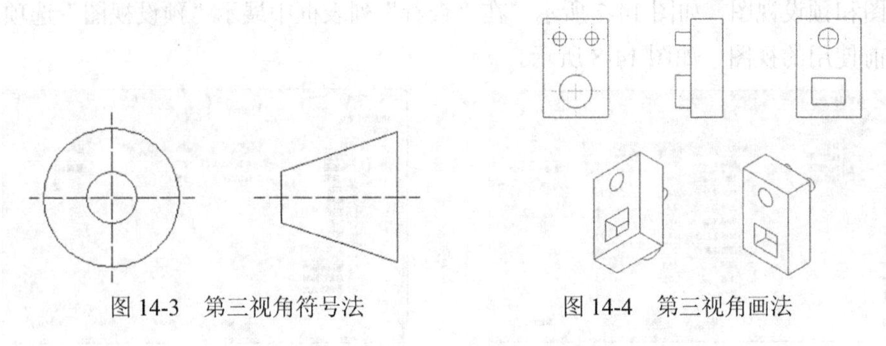

图 14-3　第三视角符号法　　　　图 14-4　第三视角画法

14.2　控制三维视图

在 AutoCAD 中模型空间是三维的，但在 AutoCAD 传统工作空间中只能在屏幕上看到二维图像或三维空间的局部沿一定方向在平面上的投影。为了能够在三维空间中进行建模，用户可以选择进入 AutoCAD 提供的三维视图。

14.2.1　切换三维视图

在默认状态下，三维绘图命令绘制的三维图形都是俯视的平面图，用户可以根据系统提供的俯视、仰视、前视、后视、左视和右视六个正交视图，以及西南、西北、东南以及东北 4 个等轴测视图分别从不同方位进行观察。

用户还可以使用如下两种常用方法切换场景中的视图。

- 选择“视图” | “三维视图” 菜单命令，然后子菜单中根据需要选择应的视图命令，如图 14-5 所示。
- 选择“视图”选项卡，在“视图”面板中单击“视图”列表框中的下拉按钮，然后在弹出的下拉列表中选择相应的视图选项，如图 14-6 所示。

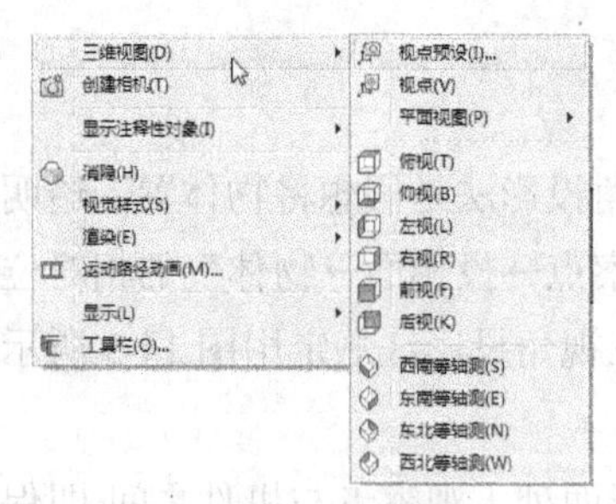

图 14-5　选择视图命令

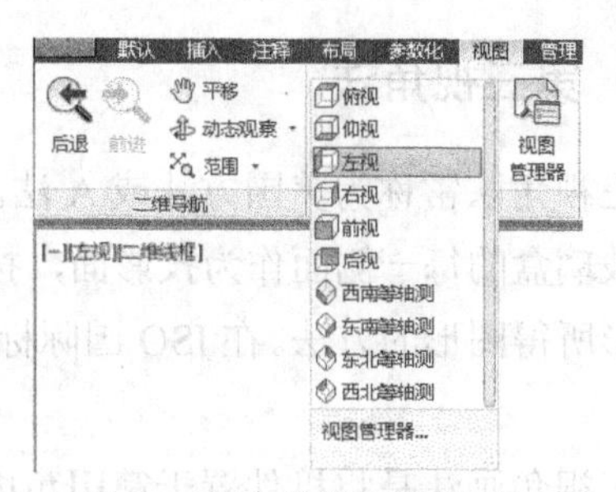

图 14-6　选择视图选项

14.2.2　管理视图

执行 View(V)命令，打开“视图管理器”对话框，可以保存和恢复命名模型空间视图、布局视图和预设视图，如图 14-7 所示。在“查看”列表框中展示“预设视图”选项，可以设置当前使用的视图，如图 14-8 所示。

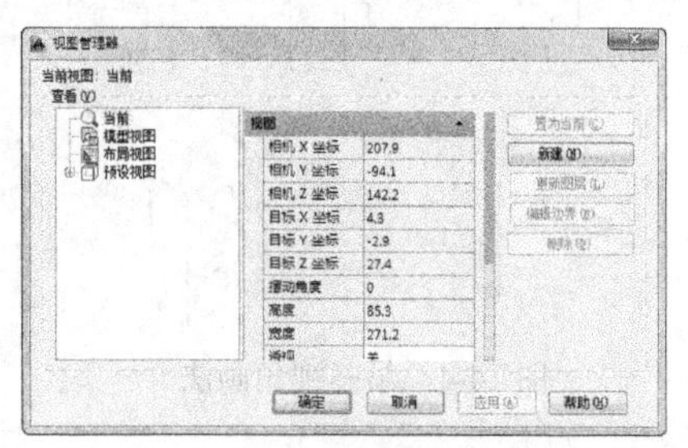

图 14-7　“视图管理器”对话框

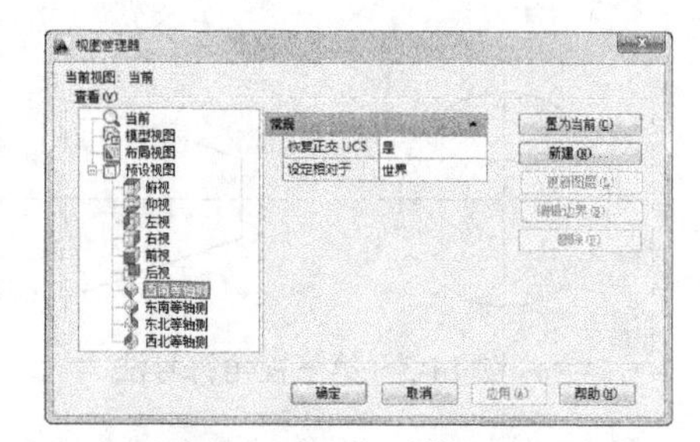

图 14-8　设置使用的当前视图

在“视图管理器”对话框中各主要选项的含义如下。

- 当前：显示当前视图及其“查看”和“剪裁”特性。
- 模型视图：显示命名视图和相机视图列表，并列出选定视图的“常规”、“查看”和“剪裁”特性。
- 布局视图：在定义视图的布局上显示视口列表，并列出选定视图的“常规”和“查看”特性。
- 预设视图：显示正交视图和等轴测视图列表，并列出选定视图的“常规”特性。
- 置为当前：恢复选定的视图。
- 新建：显示“新建视图/快照特性”对话框或“新建视图”对话框。
- 更新图层：更新与选定的视图一起保存的图层信息，使其与当前模型空间和布局视口中的图层可见性匹配。
- 编辑边界：显示选定的视图，绘图区域的其他部分以较浅的颜色显示，从而显示命名视图的边界。
- 删除：删除选定的视图。

14.2.3　动态观察三维视图

除了可以通过切换系统提供的三维视图来观察模型外，还可以使用动态的方式观察模型，其中包括受约束的动态观察、自由动态观察和连续动态观察三种模式。

1. 受约束的动态观察

受约束的动态观察是指沿 XY 平面或 Z 轴约束的三维动态观察。执行受约束的动态观察的命令有以下几种常用方法。

- 选择“视图” | “动态观察” | “受约束的动态观察”命令。
- 选择“视图”选项卡，在“二维导航”面板中单击“动态观察”按钮，如图 14-9 所示。
- 执行 3dorbit 命令。

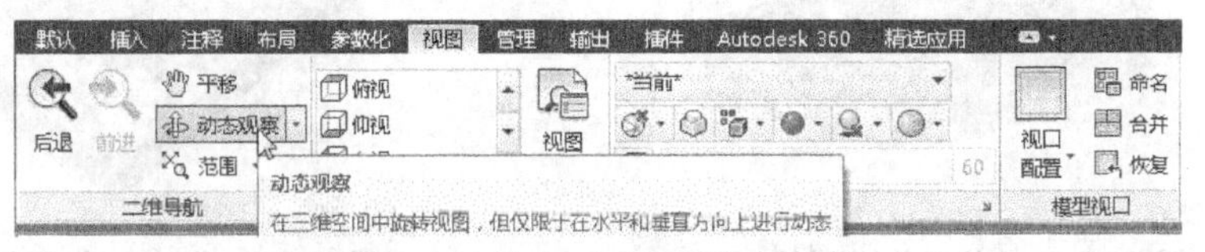

图 14-9　单击“动态观察”按钮

执行上述任意命令后，绘图区会出现图标，如图 14-10 所示，这时用户拖动鼠标，即可动态地观察对象，效果如图 14-11 所示。观察完毕后，按 Esc 键或 Enter 键即可退出操作。

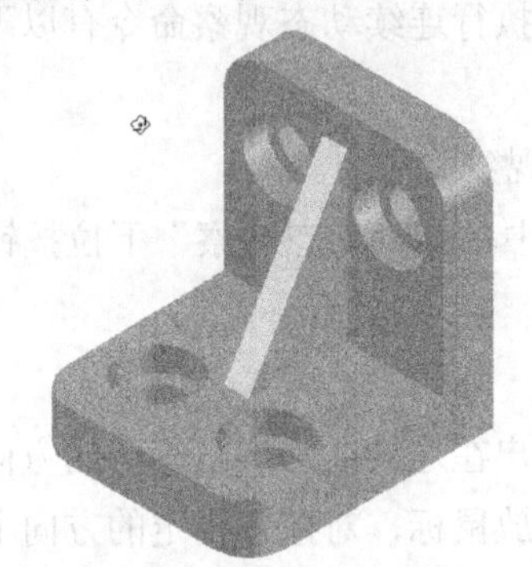
图 14-10　按住并拖动鼠标

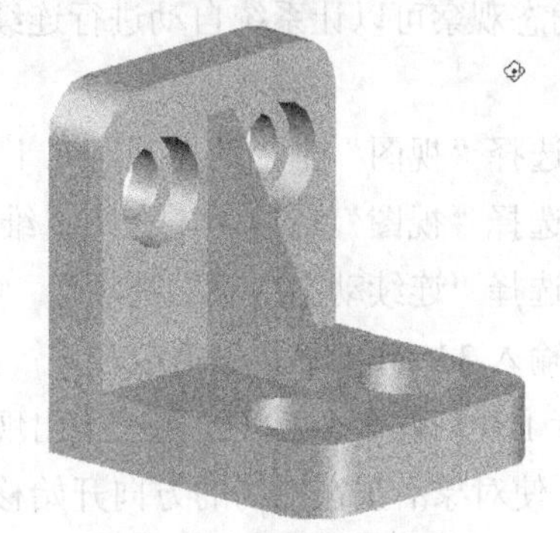
图 14-11　旋转视图效果

2. 自由动态观察

自由动态观察是指不参照平面，在任意方向上进行动态观察。当用户沿 XY 平面和 Z 轴进行动态观察时，视点是不受约束的。执行自由动态观察命令有以下几种常用方法。

- 选择“视图” | “动态观察” | “自由动态观察”命令。
- 选择“视图”选项卡，在“二维导航”面板中单击“动态观察”下拉按钮，然后选择 “自由动态观察”选项，如图 14-12 所示。
- 输入 3dforbit 命令并确定。

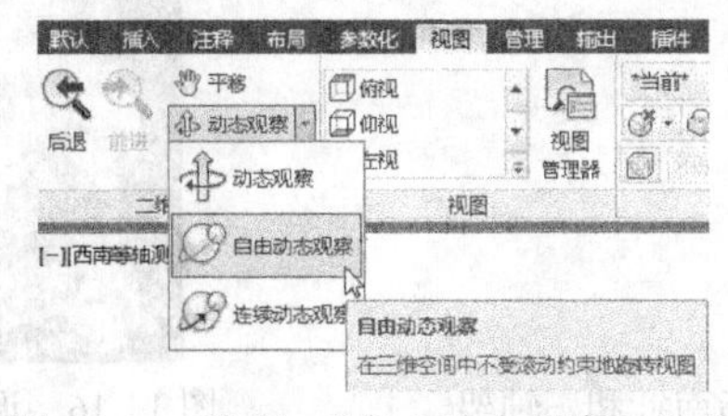

图 14-12　选择 “自由动态观察”选项

执行上述任意命令后，绘图区会显示一个导航球，它被小圆分成 4 个区域，如图 14-13 所示，用户拖动该导航球可以旋转视图，如图 14-14 所示。观察完毕后，按 Esc 键或 Enter 键即可退出操作。

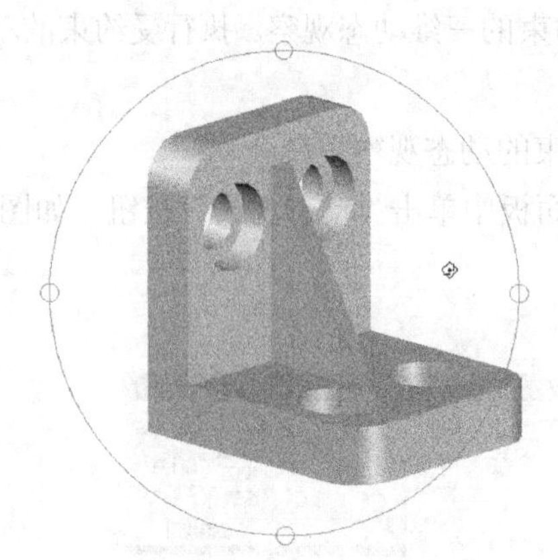

图 14-13　按住并拖动鼠标

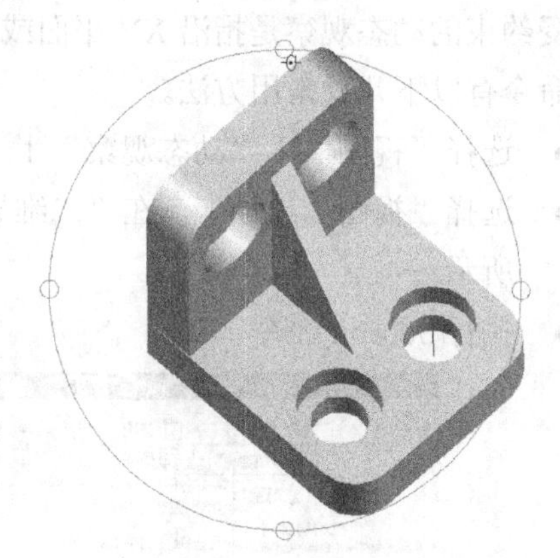

图 14-14　自由动态观察

3. 连续动态观察

该动态观察可以让系统自动进行连续动态观察。执行连续动态观察命令有以下几种常用方法。

- 选择“视图” | “动态观察” | “连续动态观察”命令。
- 选择“视图”选项卡，在“二维导航”面板中单击“动态观察”下拉按钮，然后选择“连续动态观察”选项。
- 输入 3dcorbit 命令并确定。

执行上述任意命令后，绘图区中出现图标，用户在连续动态观察移动的方向上单击并拖动，使对象沿正在拖动的方向开始移动，然后释放鼠标，对象在指定的方向上继续沿它们的轨迹运动。其运动的速度由光标移动的速度决定。观察完毕后，按 Esc 键或 Enter 键即可退出操作。

14.2.4　设置三维视图视点

选择“视图” | “三维视图” | “视点”命令，或执行 VPOINT 命令，将显示定义观察方向的指南针和三轴架，拖动鼠标可以调整视图的视点，如图 14-15 所示，调整视点后对应的模型效果如图 14-16 所示。

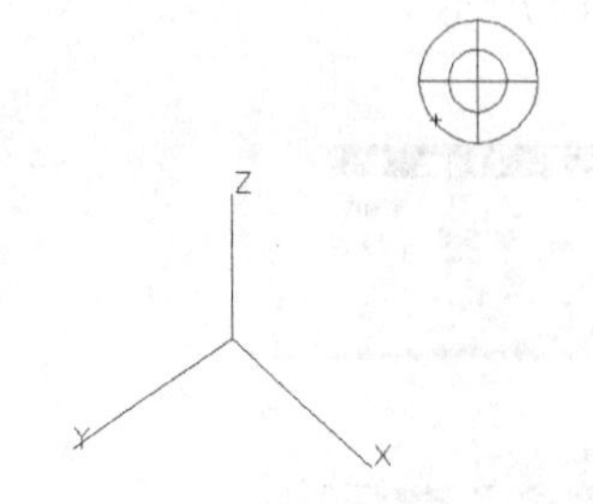

图 14-15　显示指南针和三轴架

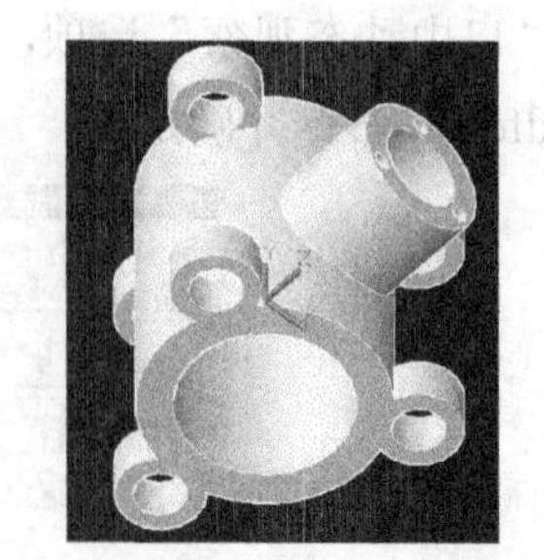

图 14-16　调整视点后效果

执行“视点”命令后，系统将提示“指定视点或 [旋转(R)] <显示指南针和三轴架>:”，其中各选项的含义如下。

- 视点：创建一个矢量，该矢量定义通过其查看图形的方向。定义的视图好像是观察者在该点向原点 (0,0,0) 方向观察。
- 旋转：使用两个角度指定新的观察方向。
- 显示指南针和三轴架：显示坐标球和三轴架，用来定义视口中的观察方向。

注意：

指南针是球体的二维表示。圆心是北极 (0,0,n)，内环是赤道 (n,n,0)，整个外环是南极 (0,0,-n)。移动十字光标时，三轴架根据坐标球指示的观察方向旋转。要选择观察方向，将定点设备移动到球体上的某个位置并单击鼠标即可。

14.2.5　多视图设置

在绘制三维图形时，通过切换视图可以从不同角度观察三维模型，但是工作起来并不方便。用户可以根据自己的需要新建多个视口，同时使用不同的视图来观察三维模型，以提高视图效率。

【练习 14-1】创建多个视口。

实例分析：执行 Vports(新建视口)命令，打开“视口”对话框，可以设置视口的效果。

(1) 打开“亭子.dwg”素材图形。

(2) 执行 Vports(新建视口)命令，在打开的“视口”对话框中输入视口新名称“三维绘图”。

(3) 在“标准视口”列表框中选择“四个：左”选项，在“设置”下拉列表框中选择“三维”选项，如图 14-17 所示。

(4) 单击“确定”按钮，创建一个新的视口，效果如图 14-18 所示。

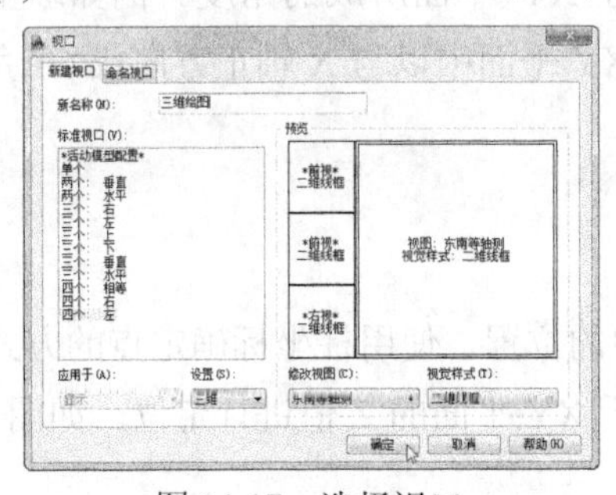

图 14-17　选择视口

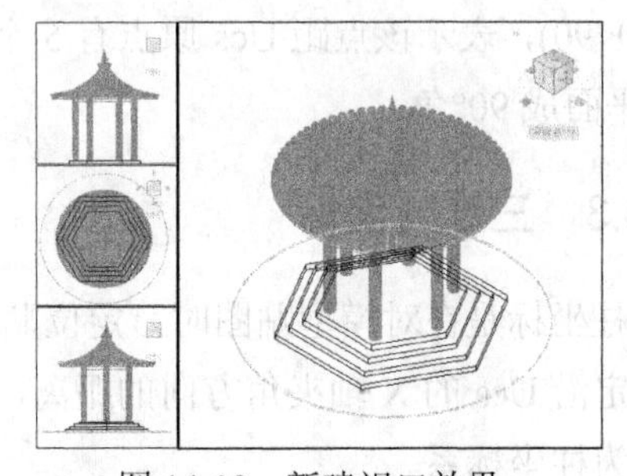

图 14-18　新建视口效果

14.3　三维坐标系

AutoCAD 的默认坐标系为世界坐标系，其坐标原点和方向是固定不变的。用户也可以根据自己的需要创建三维用户坐标系。三维坐标系包括三维笛卡尔坐标、球坐标和柱坐标 3 种坐标形式。

14.3.1　三维笛卡尔坐标

三维笛卡尔坐标是通过使用 X、Y 和 Z 坐标值来指定精确的位置。在屏幕底部状态栏上所显示的三维坐标值即为笛卡尔坐标系中的数值，它可以准确地反映当前十字光标的位置。

输入三维笛卡尔坐标值(X,Y,Z)类似于输入二维坐标值(X,Y)。在绘图和编辑过程中，世界坐标系的坐标原点和方向都不会改变。默认情况下，X 轴以水平向右为正方向，Y 轴以垂直向上为正方向，Z 轴以垂直屏幕向外为正方向，坐标原点在绘图区的左下角。如图 14-19 所示为二维坐标系，如图 14-20 所示为三维笛卡尔坐标。

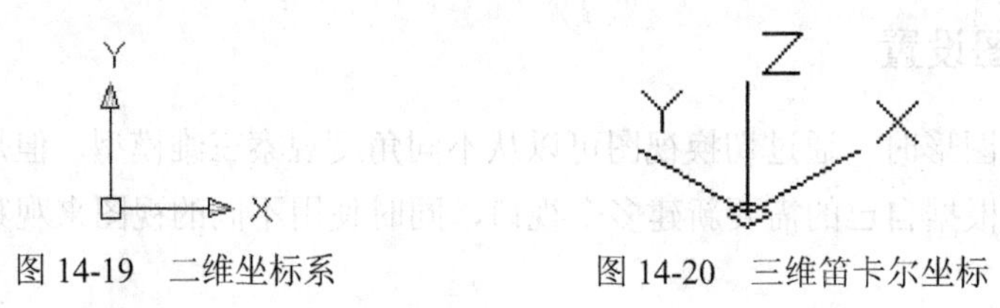

图 14-19　二维坐标系　　图 14-20　三维笛卡尔坐标

14.3.2　三维球坐标

球坐标与柱坐标的功能和用途相同，主要都是用于对模型进行定位贴图。球坐标点的定位方式是通过指定某个位置距当前 Ucs 原点的距离、在 XY 平面中与 X 轴所成的角度及其与 XY 平面所成的角度来指定该位置，如图 14-21 所示为球坐标系。

三维球坐标通过指定某个位置距当前 Ucs 原点的距离、在 XY 平面中与 X 轴所成的角度以及与 XY 平面所成的角度来指定该位置。在球坐标系中，x(该点与 Ucs 原点的距离)<该点在 XY 平面中与 X 轴所成的角度、<该点与 XY 平面所成的角度。例如球坐标点(5<60<90)，表示该点距 Ucs 原点有 5 个单位、在 XY 平面中以与 X 轴正方向成 60°角，与 XY 平面成 90°角。

14.3.3　三维柱坐标

柱坐标是在对模型贴图时，定位贴纸在模型中的位置。使用柱坐标确定点的方式是通过指定沿 Ucs 的 X 轴夹角方向的距离，以及垂直于 XY 平面的 Z 值进行定位。如图 14-22 所示为柱坐标系。

图 14-21　球坐标系　　图 14-22　柱坐标系

三维柱坐标通过XY平面中与Ucs原点之间的距离、XY平面中与X轴的角度以及Z值来描述精确的位置。柱坐标使用XY平面的角及沿Z轴的距离来表示。

柱坐标点在XY平面投影距离小于点在XY平面投影与X轴夹角与Z轴方向上的距离。例如柱坐标点(30<50，200)，表示该点在XY平面内平面上的投影距离为50、与X轴正方向的夹角为30°、在Z轴上的投影与原点的距离为200。

14.3.4　用户坐标系

为了方便用户绘制图形，AutoCAD提供了可变用户坐标系统Ucs。通过Ucs命令，用户可以设置适合当前图形应用的坐标系统。一般情况下，用户坐标系统与世界坐标系统重合，而在进行一些复杂的实体造型时，用户可以根据具体需要设定自己的Ucs。

绘制三维图形时，在同一实体不同表面上绘图，可以将坐标系设置为当前绘图面的方向及位置。在AutoCAD中，Ucs命令可以方便、准确、快捷地完成这项工作。执行以下两种操作，均可进行用户坐标系的设置。

- 选择“工具”|“新建Ucs”|“三点”命令。
- 执行Ucs命令。

【练习14-2】新建用户坐标系。

实例分析：执行Ucs命令，根据系统提示设置轴和平面的点位置，输入NA并确定，可以在弹出的快捷菜单中选择“保存(S)”选项对创建的坐标系进行保存。

(1) 根据素材路径打开“三维底座.dwg”图形文件，如图14-23所示。

(2) 执行Ucs命令，系统提示“指定Ucs的原点或[面(F)/命名(NA)/对象(OB)/上一个(P)/视图(V)/世界(W)/X/Y/Z/Z轴(ZA)]”时，拾取如图14-24所示的点作为原点。

(3) 系统提示“指定X轴上的点或<当前>”时，继续指定X轴上的点，如图14-25所示。

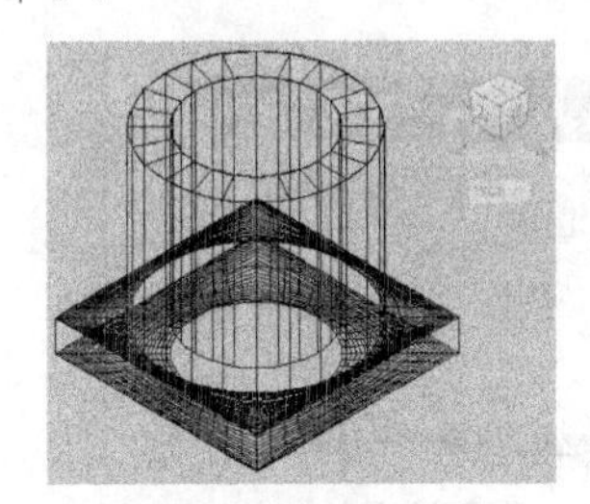

图14-23　原有视图

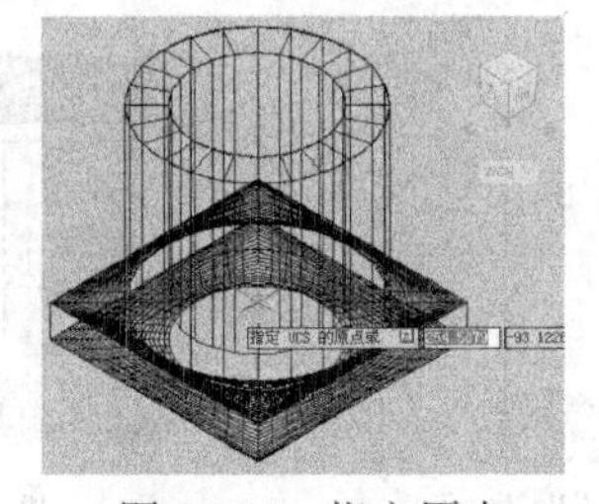

图14-24　指定原点

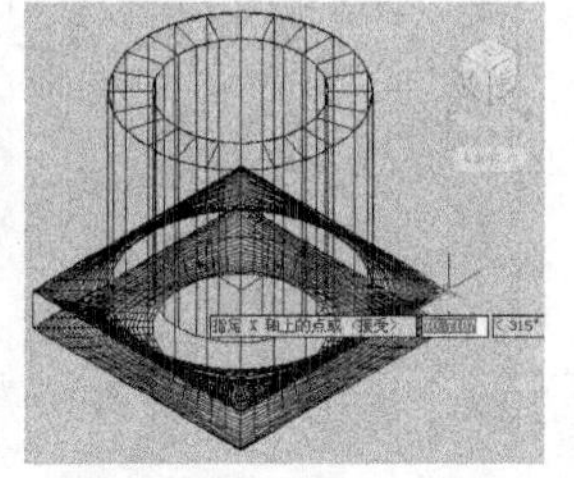

图14-25　指定X轴上的点

(4) 系统提示“指定XY平面上的点或<当前>”时，在视图中继续指定XY平面上的点，如图14-26所示。

(5) 执行Ucs命令，根据系统提示输入NA并确定，在弹出的快捷菜单中选择“保存(S)”选项，如图14-27所示。

(6) 创建视图的名称(如“三维底座”)并按Enter键确定，完成用户坐标系的创建，即可在绘图区右上角查找到创建的用户坐标系，如图14-28所示。

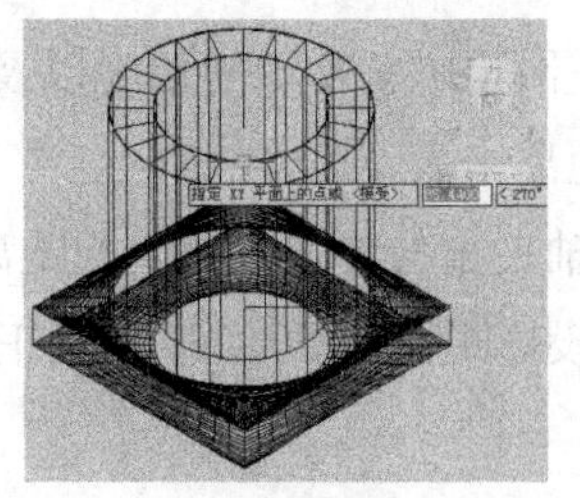

图 14-26　指定 XY 平面上的点

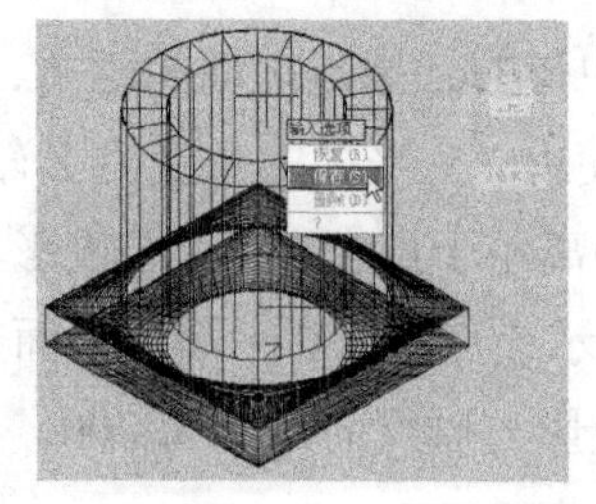

图 14-27　选择“保存(S)”选项

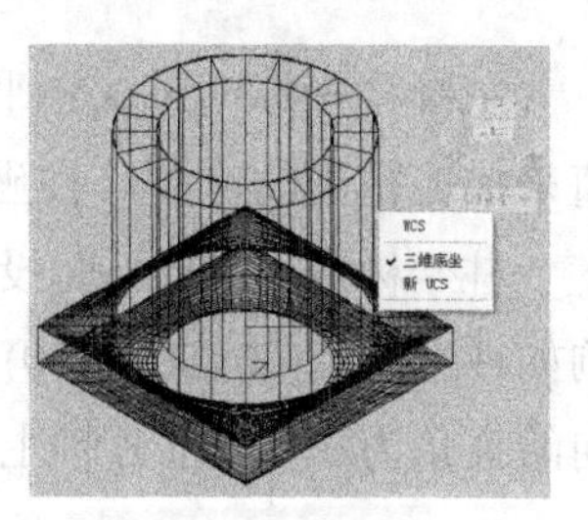

图 14-28　查找新建坐标系

14.4　绘制三维基本体

在 AutoCAD 中，可以使用命令的方式绘制三维基本体，也可以使用三维工具绘制三维基本体。在功能区单击鼠标右键，在弹出的菜单中选择“显示选项卡”菜单，然后选中“三维工具”选项，如图 14-29 所示，可以打开“三维工具”功能选项卡。

14.4.1　绘制长方体

使用“长方体”命令可以创建三维长方体或立方体。执行“长方体”命令有如下 3 种常用方法。

- 选择“绘图”｜“建模”｜“长方体”命令。
- 选择“三维工具”选项卡，单击“建模”面板中的“长方体”按钮，如图 14-30 所示。
- 执行 Box 命令。

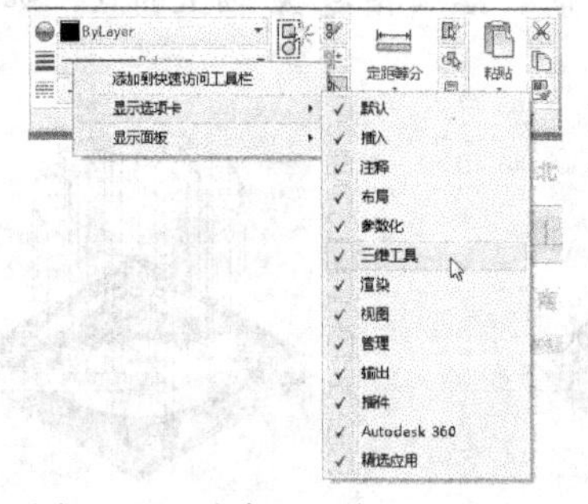

图 14-29　选中“三维工具”选项

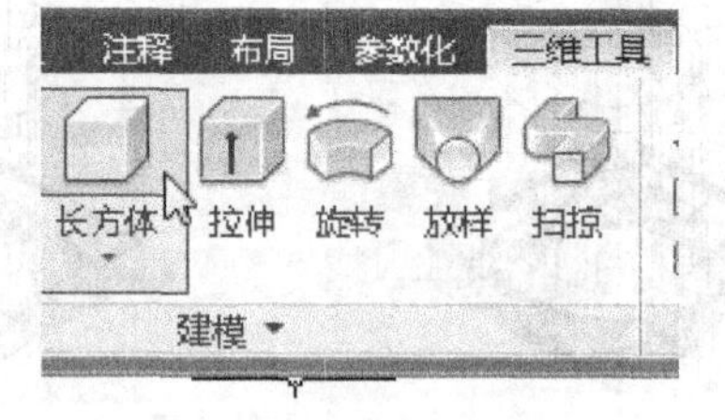

图 14-30　单击长方体

执行上述任意一种操作后，系统将提示“指定长方体的角点或［中心点(CE)］<0,0,0>”。确定立方体底面角点位置或底面中心，默认值为<0,0,0>，输入后命令行将提示“指定角点或［立方体(C)/长度(L)］”，其中各项的含义如下。

- 立方体(C)：选择该选项可以创建立方体。
- 长度(L)：使用该项创建长方体，创建时先输入长方体底面 X 方向的长度，然后继续输入长方体 Y 方向的宽度，最后输入正方体的高度值。

【练习 14-3】绘制长度为 1000、宽度为 800、高度为 500 的长方体。

实例分析：在绘制长方体时，可以根据实际需要选择绘制长方体的方式，然后根据系统提示设置长方体的长、宽、高。

(1) 执行 Box 命令，系统提示“指定长方体的角点或 [中心点(CE)]”时，单击鼠标指定长方体的起始角点坐标。

(2) 当系统提示“指定角点或 [立方体(C)/长度(L)]”时，输入 L 并确定，选择“长度(L)”选项。

(3) 当系统提示“指定长度”时，拖动鼠标指定绘制长方体的长度方向，然后输入长方体的长度值并确定，如图 14-31 所示。

(4) 继续拖动鼠标指定长方体的宽度方向，然后输入宽度值并确定，如图 14-32 所示。

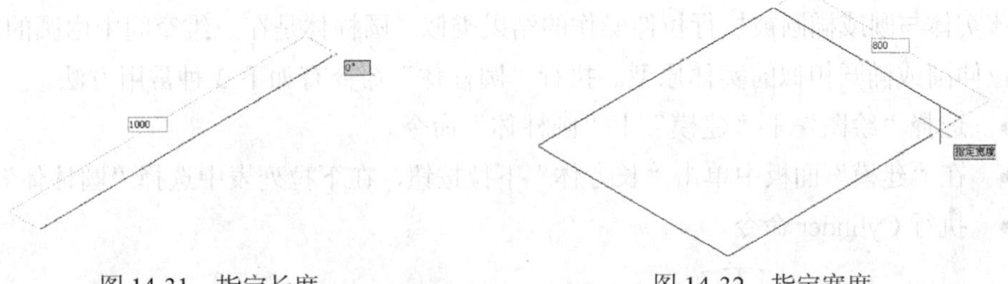

图 14-31　指定长度　　图 14-32　指定宽度

(5) 当系统提示“指定高度”时，拖动鼠标指定长方体的高度方向，然后输入高度值并确定，如图 14-33 所示，即可完成长方体的创建，效果如图 14-34 所示。

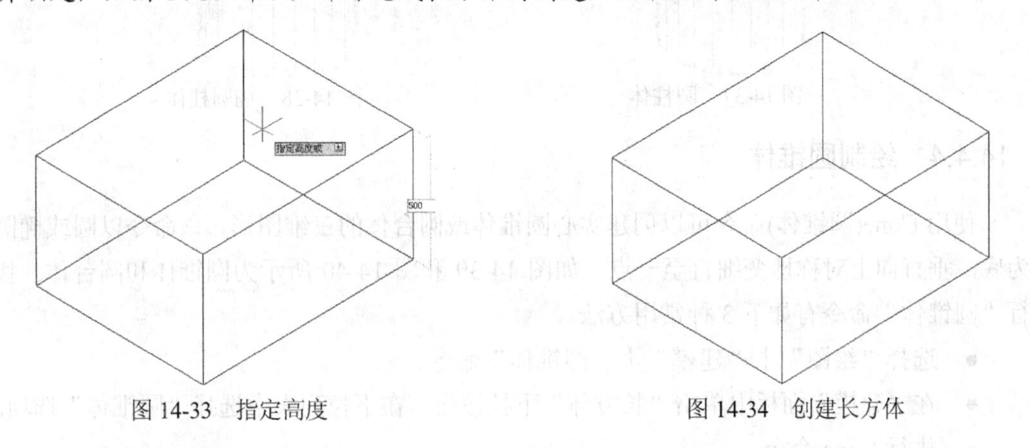

图 14-33　指定高度　　图 14-34　创建长方体

14.4.2　绘制球体

使用“球体”命令可创建如图 14-35 所示的三维实心球体，该实体是通过半径或直径及球心来定义的。执行“球体”命令有如下 3 种常用方法。

- 选择“绘图” | “建模” | “球体”命令。
- 在“建模”面板中单击“长方体”下拉按钮，在下拉列表中选择“球体”选项，如图 14-36 所示。
- 执行 Sphere 命令。

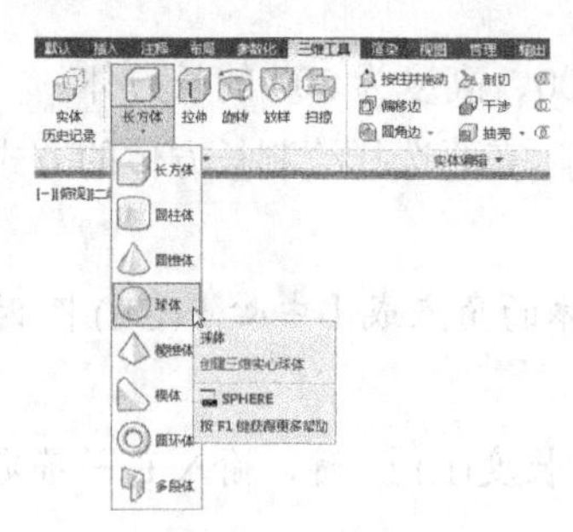

图 14-35　选择“球体”选项

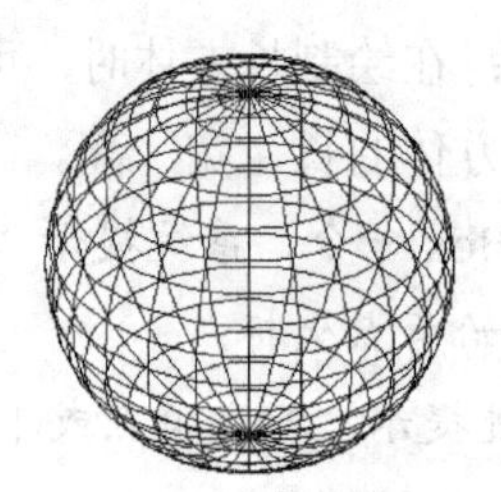

图 14-36　球体

14.4.3　绘制圆柱体

使用“圆柱体”命令可以生成无锥度的圆柱体或椭圆柱体，如图 14-37 和图 14-38 所示。该实体与圆或椭圆被执行拉伸操作的结果类似。圆柱体是在三维空间中由圆的高度创建与拉伸圆或椭圆相似的实体原型。执行“圆柱体”命令有如下 3 种常用方法。

- 选择“绘图” | “建模” | “圆柱体”命令。
- 在“建模”面板中单击“长方体”下拉按钮，在下拉列表中选择“圆柱体”选项。
- 执行 Cylinder 命令。

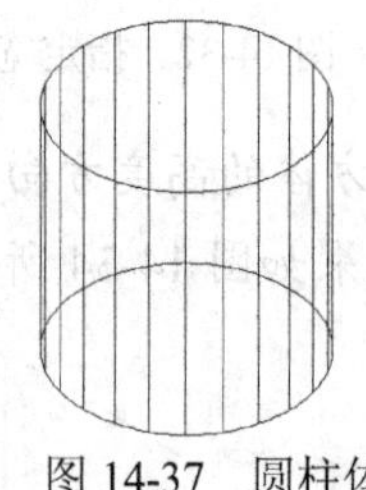

图 14-37　圆柱体

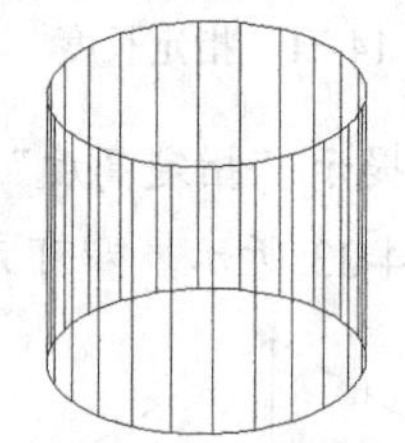

图 14-38　椭圆柱体

14.4.4　绘制圆锥体

使用 Cone(圆锥体)命令可以创建实心圆锥体或圆台体的三维图形，该命令以圆或椭圆为底，垂直向上对称地变细直至一点，如图 14-39 和图 14-40 所示为圆锥体和圆台体。执行“圆锥体”命令有如下 3 种常用方法。

- 选择“绘图” | “建模” | “圆锥体”命令。
- 在“建模”面板中单击“长方体”下拉按钮，在下拉列表中选择“圆锥体”选项。
- 执行 Cone 命令。

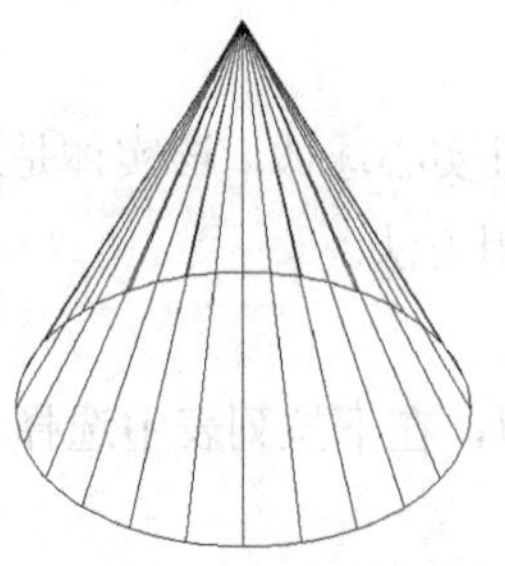

图 14-39　圆锥体

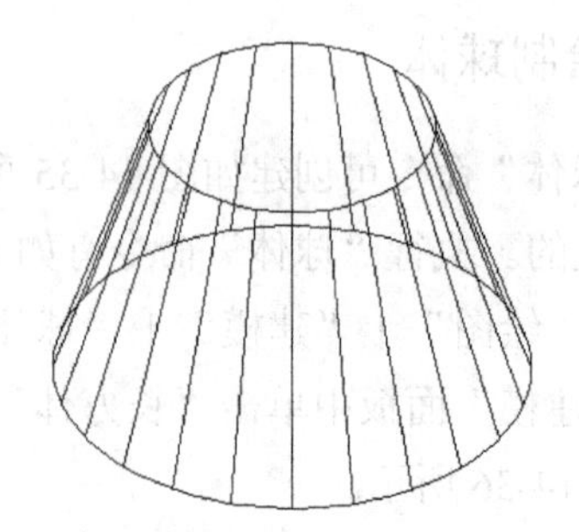

图 14-40　圆台体

注意：

创建圆锥体时，如果设置圆锥体的顶面半径为大于零的值，那么创建的对象将是一个圆台体。

14.4.5　绘制圆环体

使用“圆环体”命令可以创建圆环体对象，如图 14-41 所示。如果圆管半径和圆环体半径均为正值，且圆管半径大于圆环体半径，结果就像一个两极凹陷的球体；如果圆环体半径为负值，圆管半径为正值，且大于圆环体半径的绝对值，则结果就像一个两极尖锐突出的球体，如图 14-42 所示。执行“圆环体”命令有如下 3 种常用方法。

- 选择“绘图”|“建模”|“圆环体”命令。
- 在“建模”面板中单击“长方体”下拉按钮，在下拉列表中选择“圆环体”选项。
- 执行 Torus(TOR)命令。

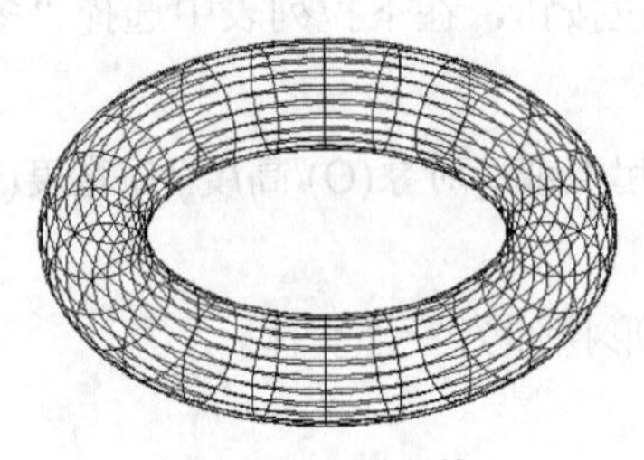

图 14-41　圆环体

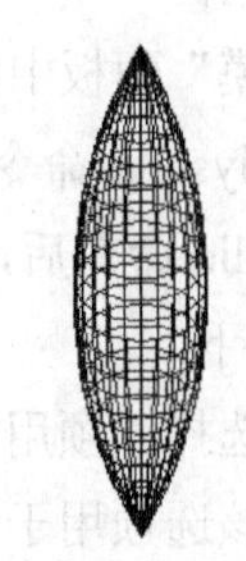

图 14-42　异形圆环

14.4.6　绘制棱锥体

执行“棱锥体”命令，可以创建倾斜至一个点的棱锥体，如图 14-43 所示，在绘制模型的过程中，如果重新指定模型顶面半径为大于零的值，可以绘制出棱台体，如图 14-44 所示。执行“棱锥体”命令有如下 3 种常用方法。

- 选择“绘图”|“建模”|“棱锥体”命令。
- 在“建模”面板中单击“长方体”下拉按钮，在下拉列表中选择“棱锥体”选项。
- 执行 Pyramid 命令。

14.4.7　绘制楔体

执行“楔体”命令，可以创建倾斜面在 X 轴方向的三维实体，如图 14-45 所示。执行“楔体”命令有如下 3 种常用方法。

- 选择“绘图”|“建模”|“楔体”命令。
- 在“建模”面板中单击“长方体”下拉按钮，在下拉列表中选择“楔体”选项。
- 执行 Wedge 命令。

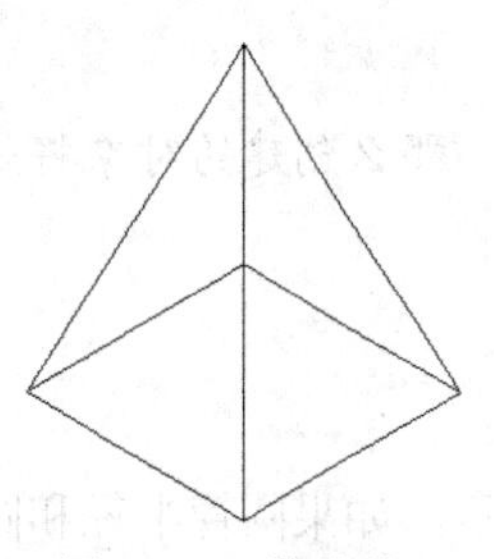

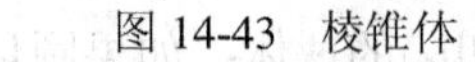

图 14-43　棱锥体

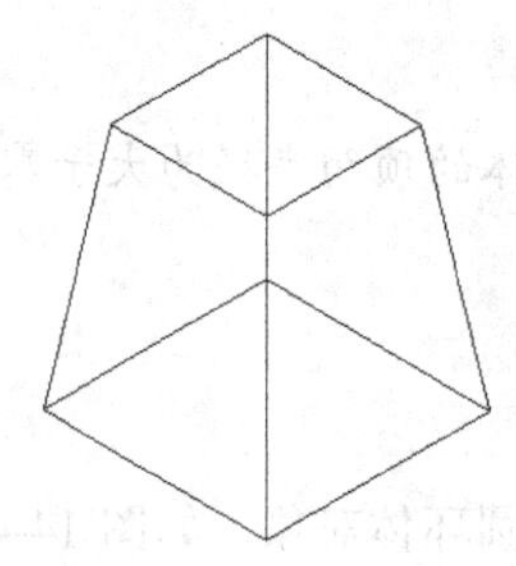

图 14-44　棱台体

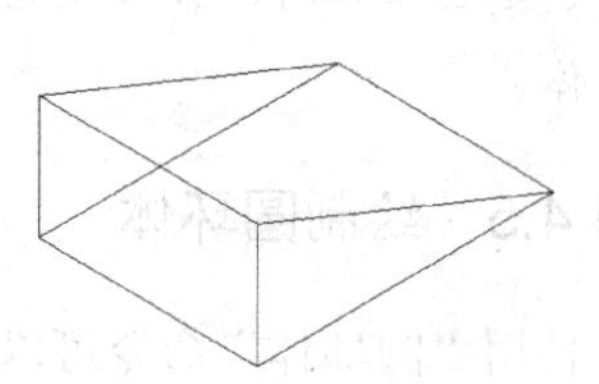

图 14-45　楔体

14.4.8　绘制多段体

使用“多段体”命令可以绘制三维墙状实体。用户可以使用创建多段线所使用的方法来创建多段体。执行“多段体”命令有如下 3 种常用方法。

- 选择“绘图” | “建模” | “多段体”命令。
- 在“建模”面板中单击“长方体”下拉按钮，在下拉列表中选择“多段体”选项。
- 执行 Polysolid 命令。

执行 Polysolid 命令后，系统将提示“指定起点或 [对象(O)/高度(H)/宽度(W)/对正(J)]”，其中各项含义如下。

- 对象：选择该项用于将指定的二维图形拉伸为三维实体。
- 高度：该选项用于设置多段体的高度。
- 宽度：该选项用于设置多段体的宽度。
- 对正：该选项用于设置绘制多段线的对正方式，包括左对正、居中以及右对正 3 种。

【练习 14-4】使用“多段体”命令绘制墙体模型。

实例分析：本实例将使用“多段体”命令绘制墙体，在绘制多段体时，需要设置多段体的高度和宽度。

(1) 选择“视图” | “三维视图” | “西南等轴测”命令，切换到西南等轴测视图。

(2) 输入 Polysolid 并确定，当系统提示“指定起点或 [对象(O)/高度(H)/宽度(W)/对正(J)] ”时，输入 h 并确定，选择“高度”选项，如图 14-46 所示，然后输入多段体的高度为 280，如图 14-47 所示。

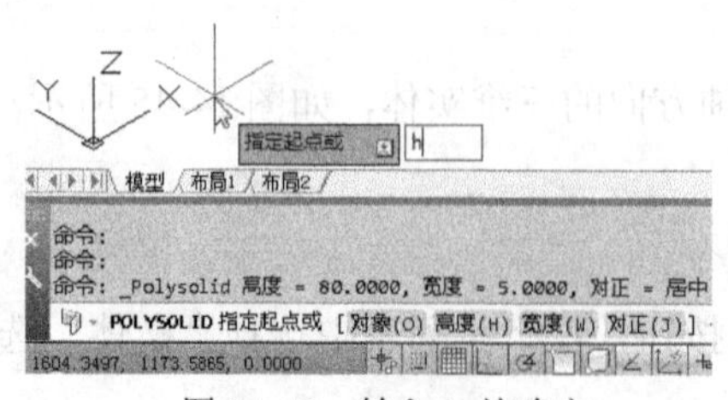

图 14-46　输入 h 并确定

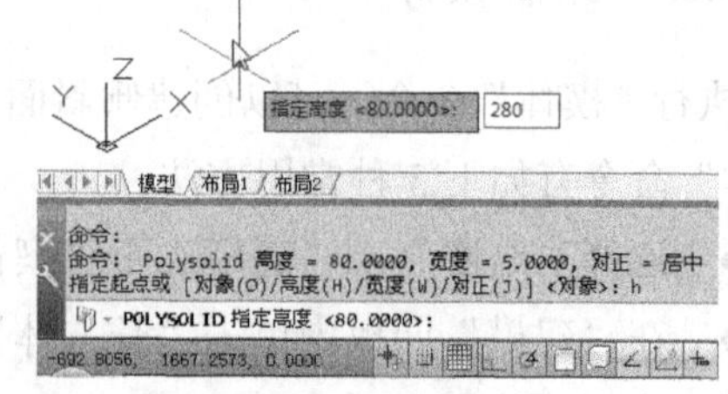

图 14-47　指定高度

(3) 当系统再次提示“指定起点或 [对象(O)/高度(H)/宽度(W)/对正(J)] ”时，输入 W 并确定，选择“宽度”选项，如图 14-48 所示，然后输入多段体的宽度为 24，如图 14-49

所示。

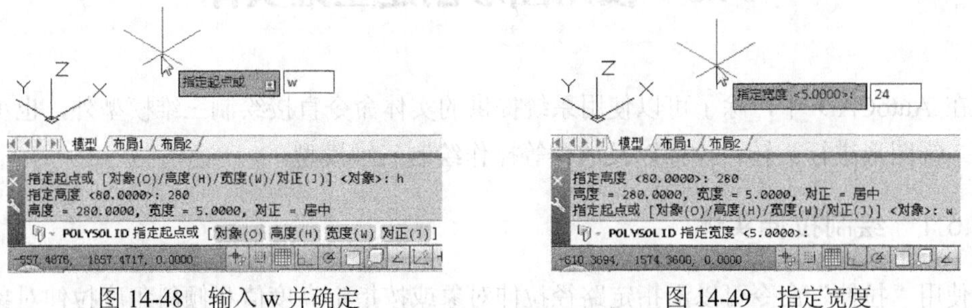

图 14-48　输入 w 并确定　　　　图 14-49　指定宽度

(4) 根据系统提示指定多段体的起点，然后拖动鼠标指定多段体的下一个点，并输入该段多段体的长度并确定，如图 14-50 所示。

(5) 继续拖动鼠标指定多段体的下一个点，并输入该段多段体的长度并确定，如图 14-51 所示。

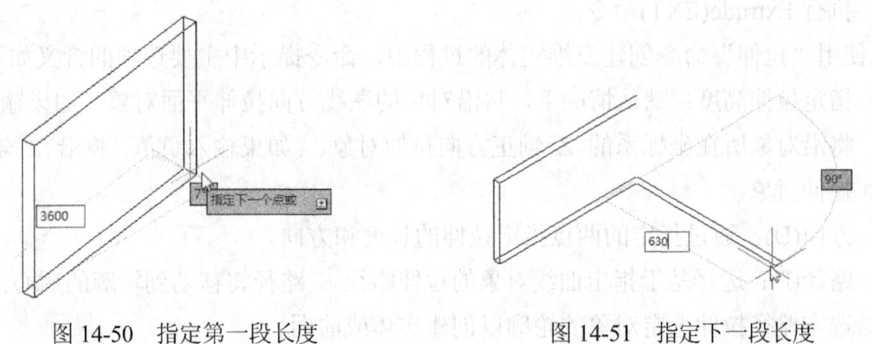

图 14-50　指定第一段长度　　　　图 14-51　指定下一段长度

(6) 继续拖动鼠标指定多段体的下一个点，输入多段体的长度并确定，如图 14-52 所示，然后按下空格键进行确定，完成多段体的绘制，效果如图 14-53 所示。

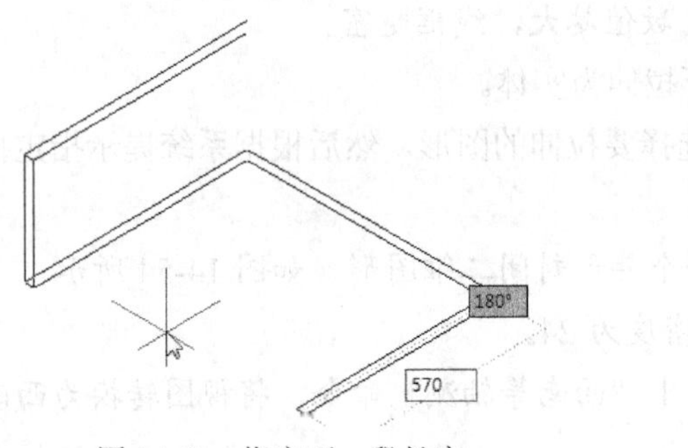

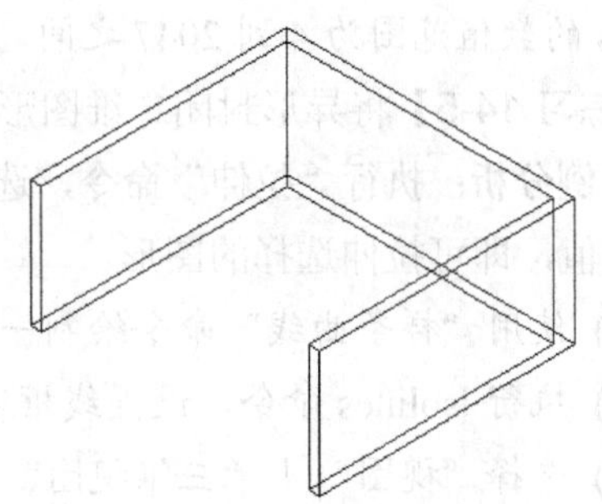

图 14-52　指定下一段长度　　　　图 14-53　创建多段体

注意：

在三维绘图中，与实体显示相关的系统变量是 Isolines 和 Surftab。其中 Isolines 用于设置实体表面轮廓线的数量，而 Surftab 用于设置网格对象的密度。

14.5 使用图形创建三维实体

在 AutoCAD 中，除了可以使用系统提供的实体命令直接绘制三维模型外，也可以通过对二维图形进行旋转、拉伸以及放样等操作绘制三维模型。

14.5.1 绘制拉伸实体

使用“拉伸”命令可以沿指定路径拉伸对象或按指定高度值和倾斜角度拉伸对象，从而将二维图形拉伸为三维实体。

执行“拉伸”命令有如下 3 种常用方法。

- 选择“绘图” | “建模” | “拉伸”命令。
- 单击“建模”面板中的“旋转”按钮。
- 执行 Extrude(EXT)命令。

在使用“拉伸”命令创建三维实体的过程中，命令提示中主要选项的含义如下。

- 指定拉伸高度：默认情况下，将沿对象的法线方向拉伸平面对象。如果输入正值，将沿对象所在坐标系的 Z 轴正方向拉伸对象。如果输入负值，将沿 Z 轴负方向拉伸对象。
- 方向(D)：通过指定的两点指定拉伸的长度和方向。
- 路径(P)：选择基于指定曲线对象的拉伸路径。路径将移动到轮廓的质心，然后沿选定路径拉伸选定对象的轮廓以创建实体或曲面。

注意：

三维实体表面以线框的形式来表示，线框密度由系统变量 Isolines 控制。系统变量 Isolines 的数值范围为 4 到 2047 之间，数值越大，线框越密。

【练习 14-5】将异形封闭二维图形拉伸为实体。

实例分析：执行“拉伸”命令，选择要拉伸的图形，然后根据系统提示指定拉伸图形的高度值，即可拉伸选择的图形。

(1) 使用“样条曲线”命令绘制一个异形封闭二维图形，如图 14-54 所示。

(2) 执行 Isolines 命令，设置线框密度为 24。

(3) 选择“视图” | “三维视图” | “西南等轴测”命令，将视图转换为西南等轴测视图，图形效果如图 14-55 所示。

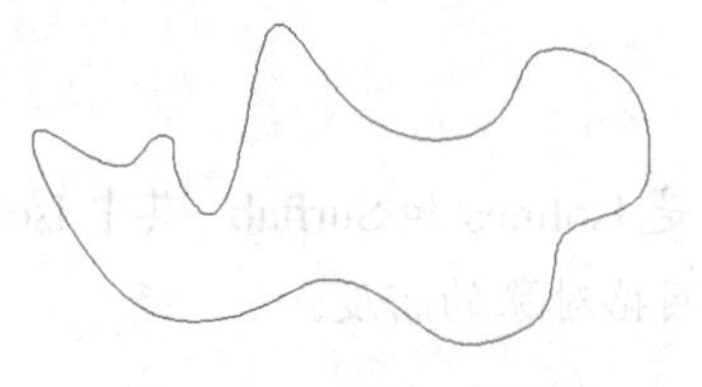

图 14-54 绘制二维图形

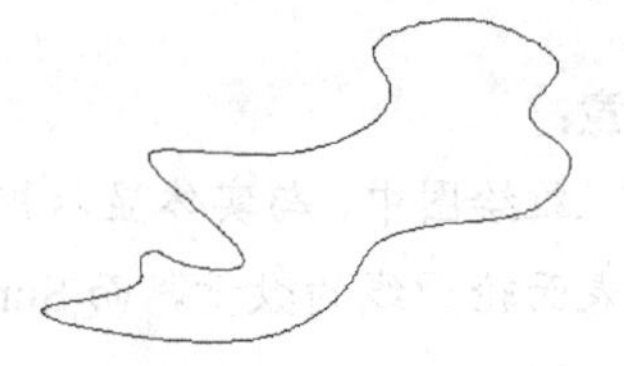

图 14-55 转换为西南等轴测

(4) 选择“绘图” | “建模” | “拉伸”命令，选择绘制的图形，系统提示“指定拉

伸的高度或 [方向(D)/路径(P)/倾斜角(T)]:”时，输入拉伸对象的高度值，如图 14-56 所示。

(5) 按空格键进行确定，完成拉伸二维图形的操作，效果如图 14-57 所示。

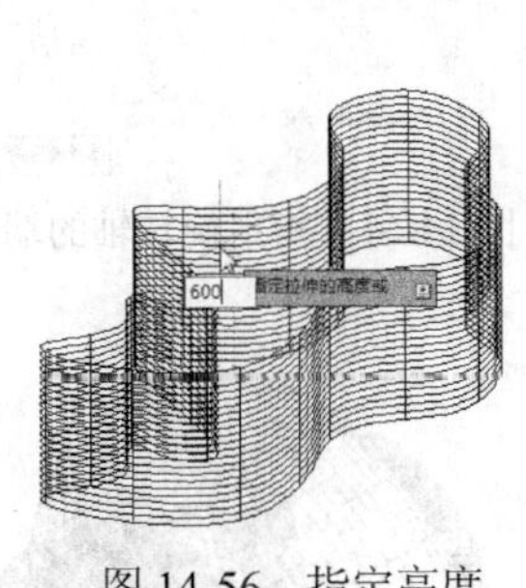

图 14-56　指定高度

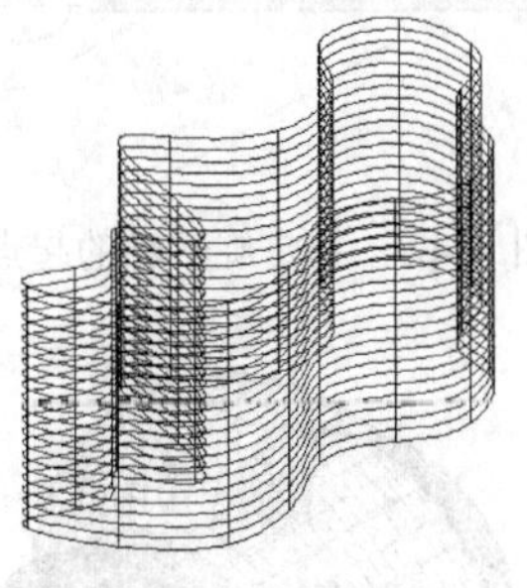

图 14-57　拉伸效果

14.5.2　绘制旋转实体

使用“旋转”命令可以通过绕轴旋转开放或闭合的平面曲线来创建新的实体或曲面，并且可以同时旋转多个对象。

执行“旋转”命令有如下 3 种常用方法。

- 选择“绘图”|“建模”|“旋转”命令。
- 单击“建模”面板中的“旋转”按钮。
- 执行 Revolve(REV)命令并确定。

【练习 14-6】将二维图形以指定轴旋转为实体。

实例分析：执行“旋转”命令，选择要旋转的图形，然后通过指定轴起点和轴端点，确定旋转图形旋转轴，再指定旋转角度，即可旋转选择的图形。

(1) 使用“直线”和“多段线”命令绘制如图 14-58 所示的直线和封闭图形。

(2) 选择“绘图”|“建模”|“旋转”命令，选择封闭图形作为旋转对象，如图 14-59 所示。

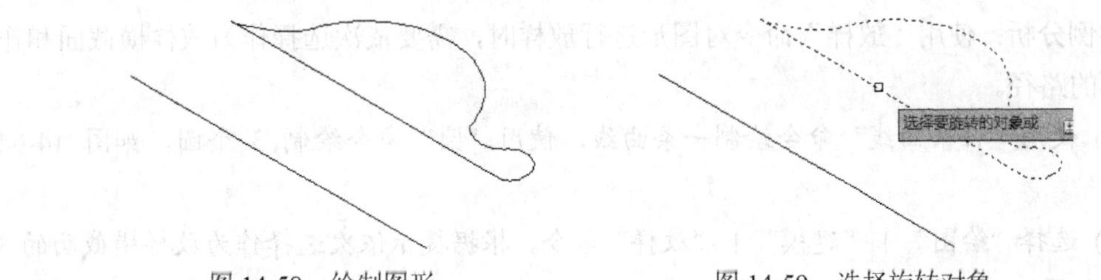

图 14-58　绘制图形　　图 14-59　选择旋转对象

(3) 系统提示“指定轴起点或根据以下选项之一定义轴 [对象(O)/X/Y/Z]:”时，指定旋转轴的起点，如图 14-60 所示。

(4) 系统提示“指定轴端点:”时，指定旋转轴的端点，如图 14-61 所示。

(5) 系统提示“指定旋转角度或 [起点角度(ST)]:”时，指定旋转的角度为 360，如图 14-62 所示，完成对二维图形的旋转，效果如图 14-63 所示。

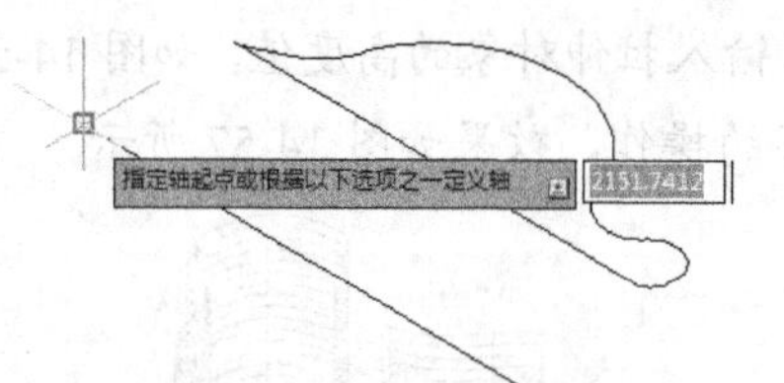

图 14-60　指定旋转轴的起点

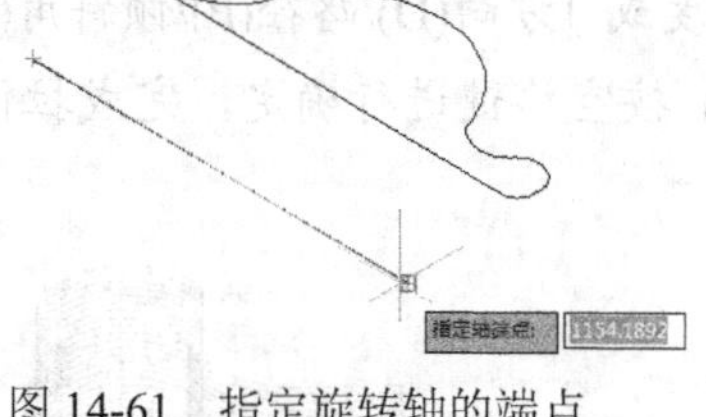

图 14-61　指定旋转轴的端点

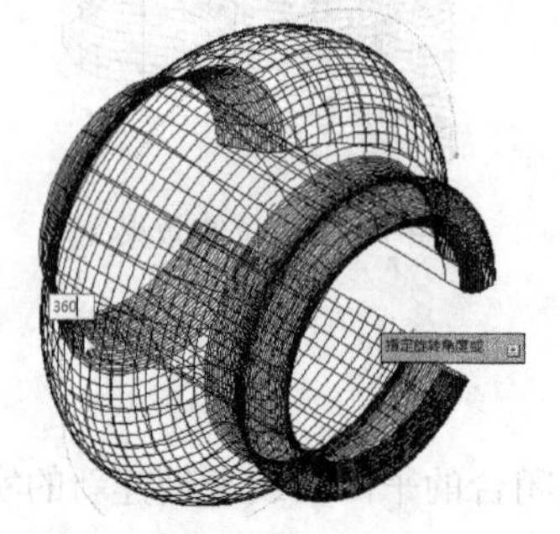

图 14-62　指定旋转的角度

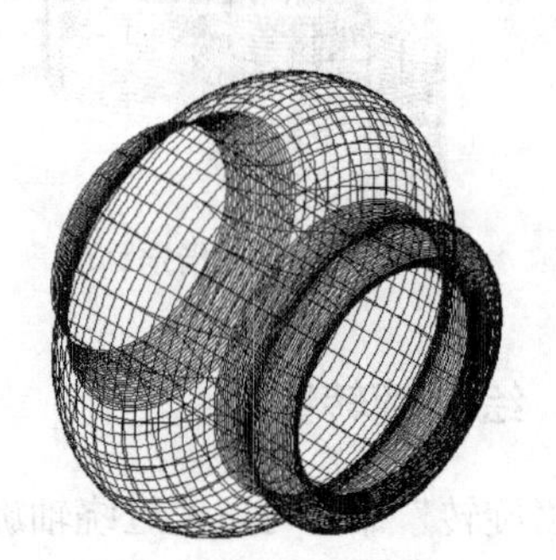

图 14-63　旋转实体的效果

14.5.3　绘制放样实体

使用“放样”命令可以通过对包含两条或两条以上横截面曲线的一组曲线进行放样来创建三维实体或曲面。其中横截面决定了放样生成实体或曲面的形状，它可以是开放的线或直线，也可以是闭合的图形，如圆，椭圆、多边形和矩形等。

执行“放样”命令有如下 3 种常用方法。

- 选择“绘图” | “建模” | “放样”命令。
- 单击“建模”面板中的“放样”按钮。
- 执行 Loft 命令。

【练习 14-7】使用“放样”命令对二维图形进行放样。

实例分析：使用“放样”命令对图形进行放样时，需要依次选择作为放样横截面和作为放样的路径。

(1) 使用“样条曲线”命令绘制一条曲线，使用“圆”命令绘制 3 个圆，如图 14-64 所示。

(2) 选择“绘图” | “建模” | “放样”命令，根据提示依次选择作为放样横截面的 3 个圆，如图 14-65 所示。

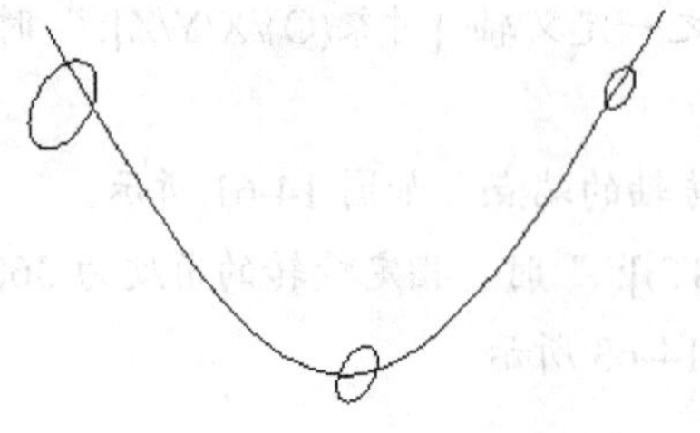

图 14-64　绘制二维图形

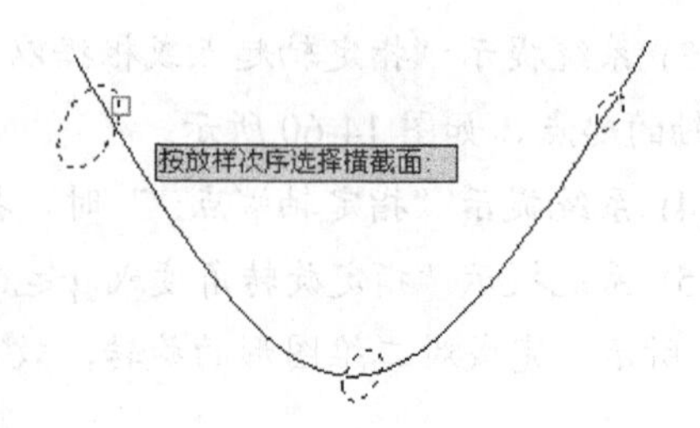

图 14-65　选择图形

(3) 在弹出的菜单列表中选择“路径(P)”选项，如图 14-66 所示，然后选择曲线作为路径对象，即可完成二维图形的放样操作，效果如图 14-67 所示。

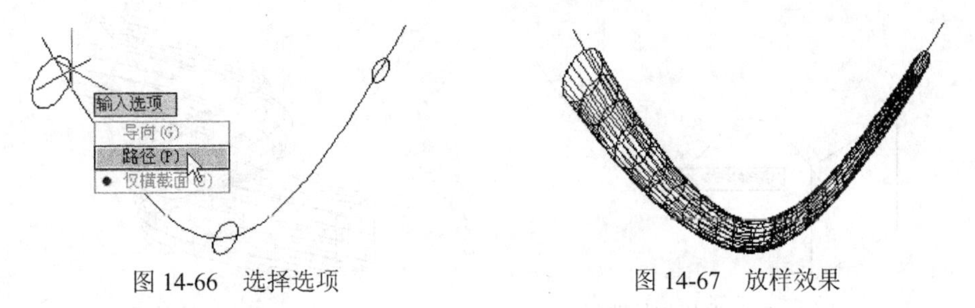

图 14-66　选择选项　　　　图 14-67　放样效果

14.5.4　绘制扫掠实体

使用“扫掠”命令可以通过沿指定路径延伸轮廓形状(被扫掠的对象)来创建实体或曲面。沿路径扫掠轮廓时，轮廓将被移动并与路径垂直对齐。开放轮廓可创建曲面，而闭合曲线可创建实体或曲面。

执行“扫掠”命令有如下 3 种常用方法。

- 选择“绘图”|“建模”|“扫掠”命令。
- 单击“建模”面板中的“扫掠”按钮。
- 执行 Sweep 命令。

【练习 14-8】使用“扫掠”命令对二维图形进行扫掠。

实例分析：使用“扫掠”命令对图形进行扫掠时，需要依次选择作为扫掠的对象和作为扫掠的路径，还可以根据需要设置扫掠的扭曲角度。

(1) 使用“矩形”命令和“样条曲线”命令绘制如图 14-68 所示的二维图形。

(2) 执行 Sweep 命令，然后选择矩形作为扫掠对象，如图 14-69 所示。

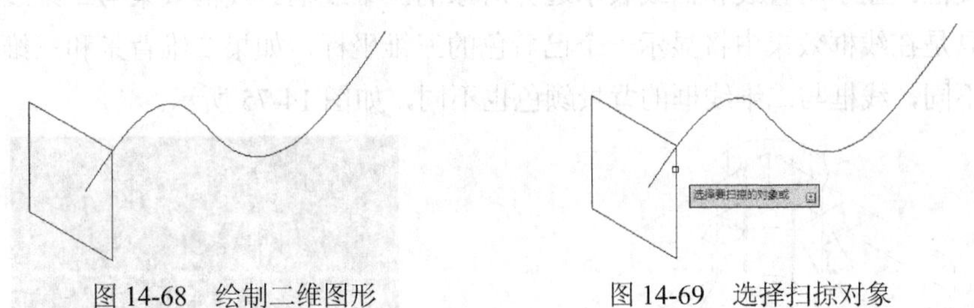

图 14-68　绘制二维图形　　　　图 14-69　选择扫掠对象

(3) 根据系统提示输入 t 并确定，启用“扭曲(T)”选项，如图 14-70 所示，然后输入扭曲的角度(如 30)并确定，如图 14-71 所示。

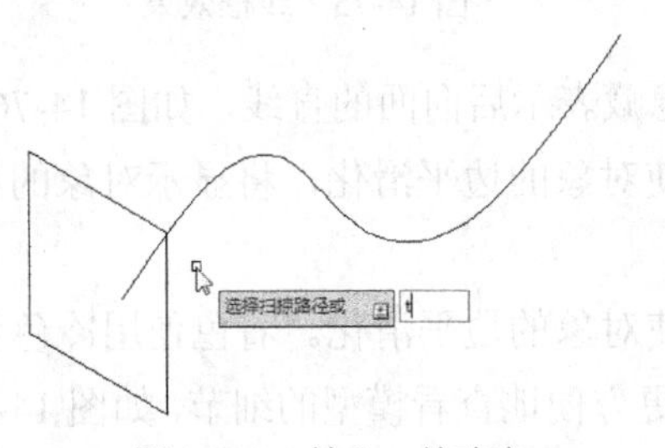

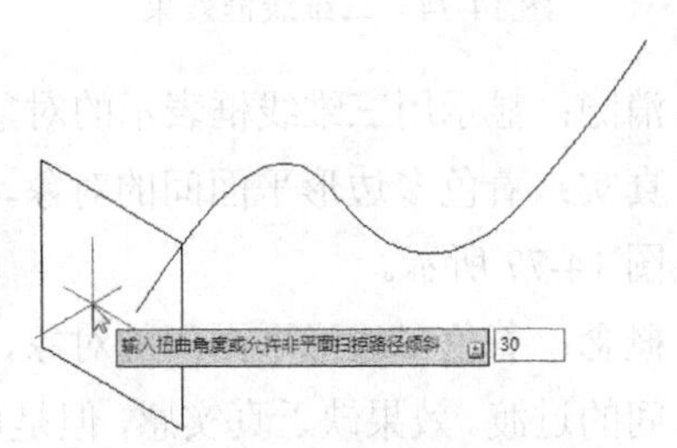

图 14-70　输入 t 并确定　　　　图 14-71　输入扭曲的角度

(4) 选择样条曲线作为扫掠的路径对象，如图 14-72 所示，即可完成扫掠的操作，效果如图 14-73 所示。

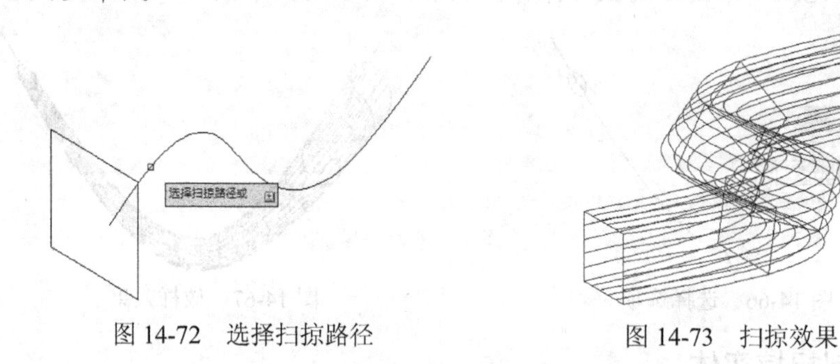

图 14-72　选择扫掠路径　　图 14-73　扫掠效果

14.6　设置模型的视觉样式

在等轴测视图中绘制三维模型时，默认状态下以线框方式进行显示，为了获得直观的视觉效果，可以更改视觉样式来改善显示效果。

14.6.1　设置视觉样式

选择“视图”|“视觉样式”命令，在子菜单中可以根据需要选择相应的视图样式。在视觉样式菜单中各种视觉样式的含义如下。

- 二维线框：显示用直线和曲线表示边界的对象，光栅和 OLE 对象、线型和线宽均可见，如图 14-74 所示。
- 线框：显示用直线和曲线表示边界对象的三维线框。线框效果与二维线框相似，只是在线框效果中将显示一个已着色的三维坐标，如果二维背景和三维背景颜色不同，线框与二维线框的背景颜色也不同，如图 14-75 所示。

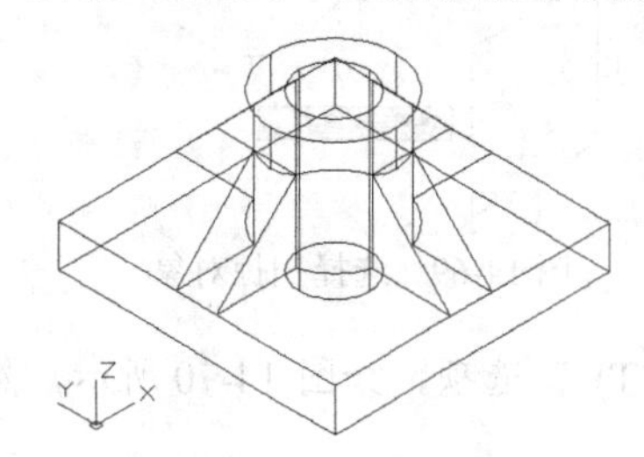

图 14-74　二维线框效果

图 14-75　线框效果

- 消隐：显示用三维线框表示的对象并隐藏表示后向面的直线，如图 14-76 所示。
- 真实：着色多边形平面间的对象，并使对象的边平滑化，将显示对象的材质，如图 14-77 所示。
- 概念：着色多边形平面间的对象，并使对象的边平滑化。着色使用冷色和暖色之间的过渡。效果缺乏真实感，但是可以更方便地查看模型的细节，如图 14-78 所示。

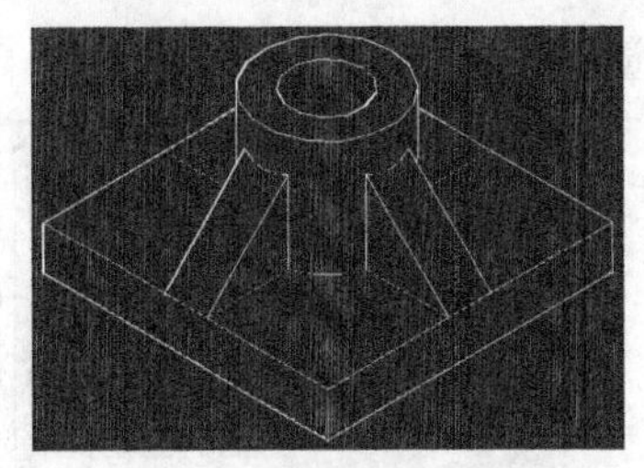
图 14-76　消隐效果

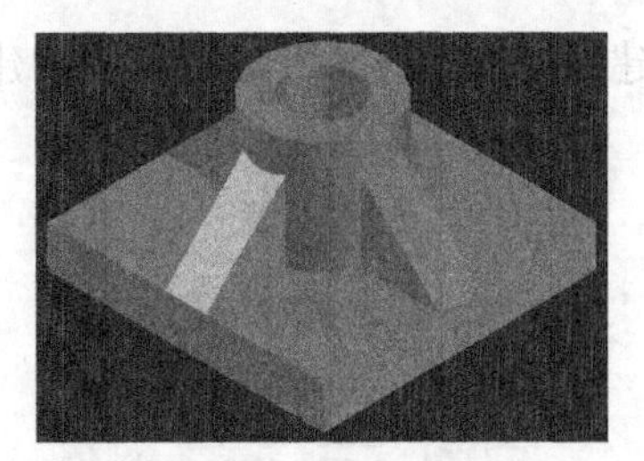
图 14-77　真实效果

- 着色：使用平滑着色显示对象，如图 14-79 所示。

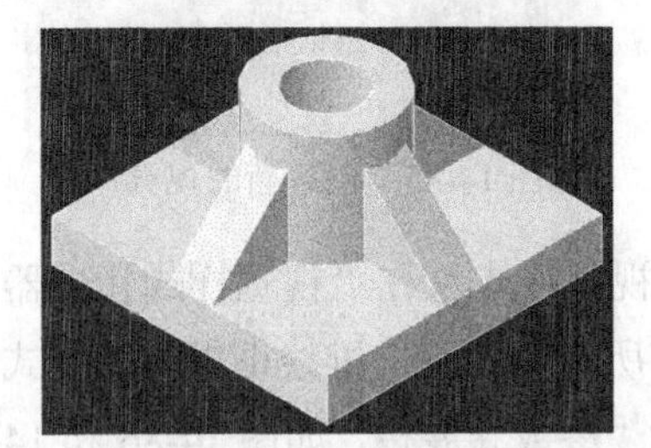
图 14-78　概念效果

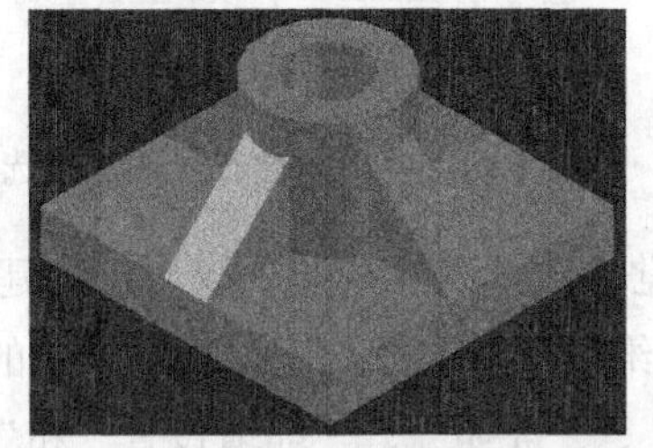
图 14-79　着色效果

- 带边缘着色：使用平滑着色和可见边显示对象，如图 14-80 所示。
- 灰度：使用平滑着色和单色灰度显示对象，如图 14-81 所示。

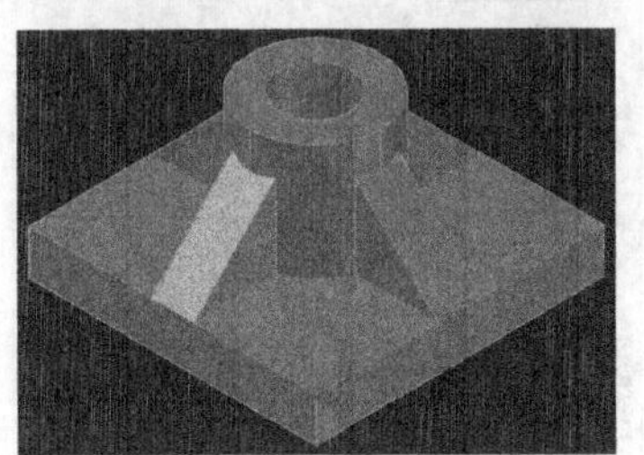
图 14-80　带边缘着色效果

图 14-81　灰度效果

- 勾画：使用线延伸和抖动边修改器显示手绘效果的对象，如图 14-82 所示。
- X 射线：以局部透明度显示对象，如图 14-83 所示。

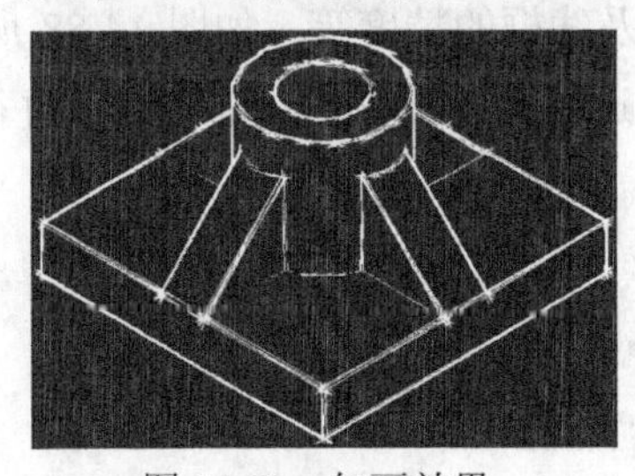
图 14-82　勾画效果

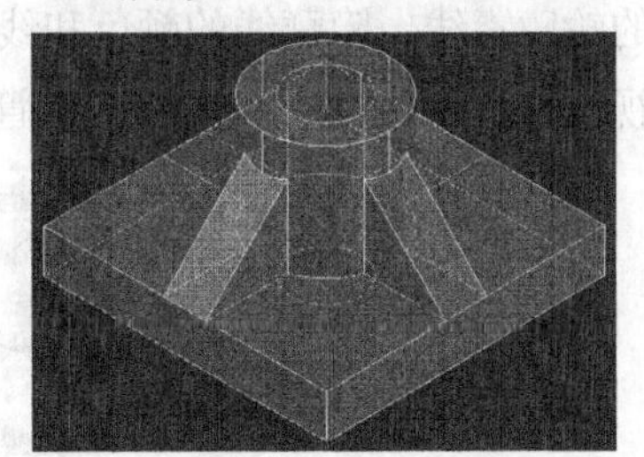
图 14-83　X 射线效果

14.6.2　视觉样式管理器

选择“视图”|“视觉样式”|“视觉样式管理器”命令，打开“视觉样式管理器”选项板，在此可以创建和修改视觉样式，并将视觉样式应用于视口，如图 14-84 所示。

在打开的“视觉样式管理器”选项板中单击“创建新的视觉样式”按钮，即可在打开的“创建新的视觉样式”对话框中创建新的视觉样式，如图 14-85 所示。

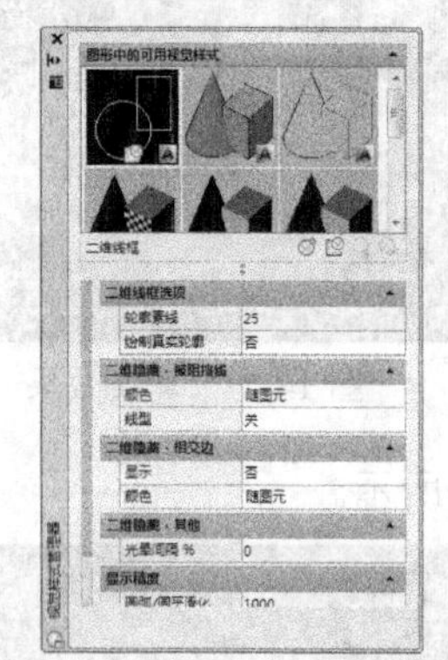

图 14-84　“视觉样式管理器”选项板

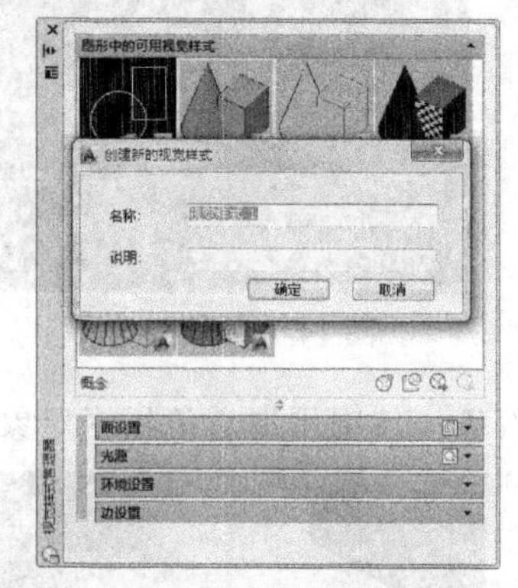

图 14-85　创建新的视觉样式

“视觉样式管理器”选项板用于创建和修改视觉样式。在“视觉样式管理器”选项板中选择二维线框与选择其他样式所出现的参数有所不同，除二维线框以外的样式，都包含“面设置”、“光照”、“环境设置“和”边设置“参数卷展栏，如图 14-86 和 14-87 所示。

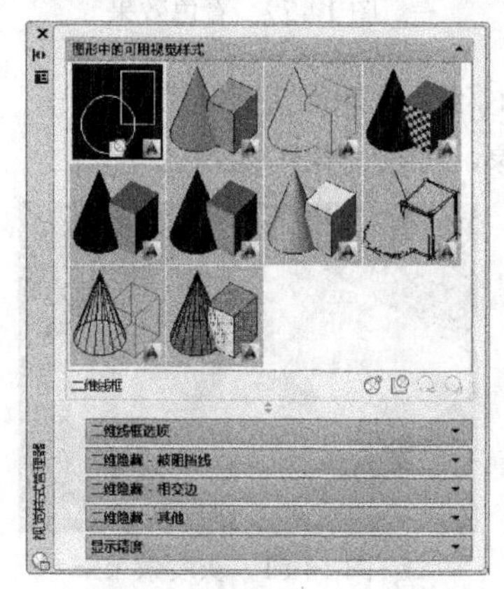

图 14-86　二维线框样式

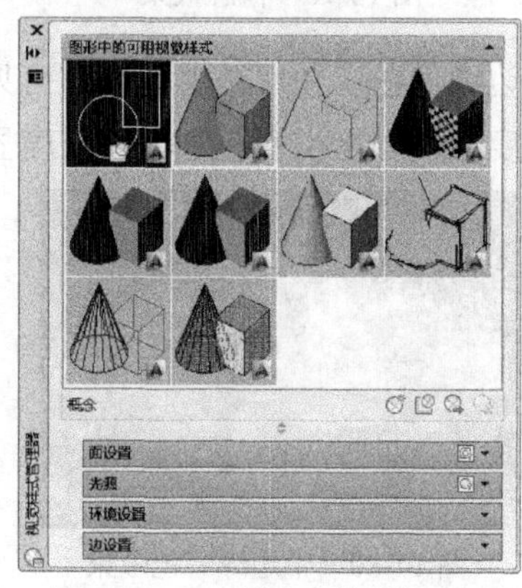

图 14-87　选择非二维线框样式

在“视觉样式管理器”选项板中选择二维线框样式后，选项板中的参数主要用于设置二维线框的轮廓素线、隐藏线的颜色和线型、以及线框的精度等，如图 14-88 所示。下面将以其他视觉样式为例，对“视觉样式管理器”选项板各部分的功能和参数进行讲解。

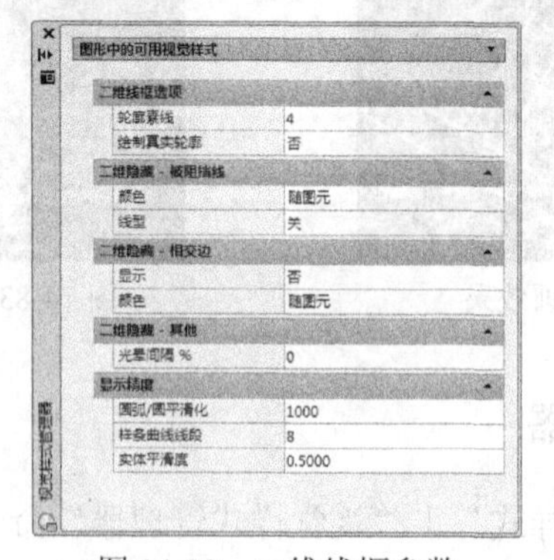

图 14-88　二维线框参数

1. 工具按钮

“视觉样式管理器”面板中的工具按钮对常用选项提供按钮访问，其中包括“创建新的视觉样式”按钮、“将选定的视觉样式应用于当前视口”按钮、“将选定的视觉样式输出到工具选项板”按钮和“删除选定的视觉样式”按钮，其中各选项的含义如下。

- “创建新的视觉样式”按钮：单击该按钮将显示“创建新的视觉样式”对话框，用户可以从中输入名称和可选说明，新的样例图像被置于面板末端并被选中。
- “将选定的视觉样式应用于当前视口”按钮：单击该按钮，将选定的视觉样式应用于当前视口。
- “将选定的视觉样式输出到工具选项板”按钮：单击该按钮可以为选定的视觉样式创建工具并将其置于活动工具选项板上。如果“工具选项板”窗口已关闭，则该窗口将被打开并且该工具将被置于顶部选项板上。
- “删除选定的视觉样式”按钮：单击该按钮将从图形中删除视觉样式。但默认视觉样式和正在使用的视觉样式无法被删除。

2. 面设置

单击“面设置”卷展栏右方的按钮，将展开该项的参数，如图 14-89 所示，该项参数用于控制面在视口中的外观，其中各参数的含义如下。

- 面样式：用于定义面上的着色，在右方的下拉列表中包括“真实”、“古氏”和“无”3 个选项，如图 14-90 所示。
- 真实：非常接近于面在现实中的表现方式。
- 古氏：使用冷色和暖色而不是暗色和亮色来增强面的显示效果，这些面可以附加阴影并且很难在真实显示中看到。
- 无：不应用面样式，其他面样式将被禁用。

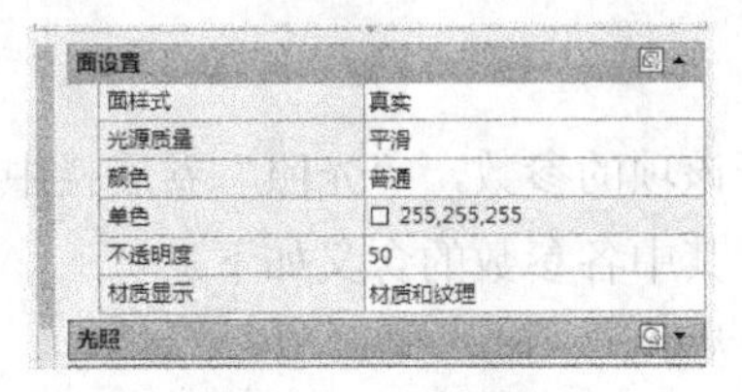

图 14-89　面设置

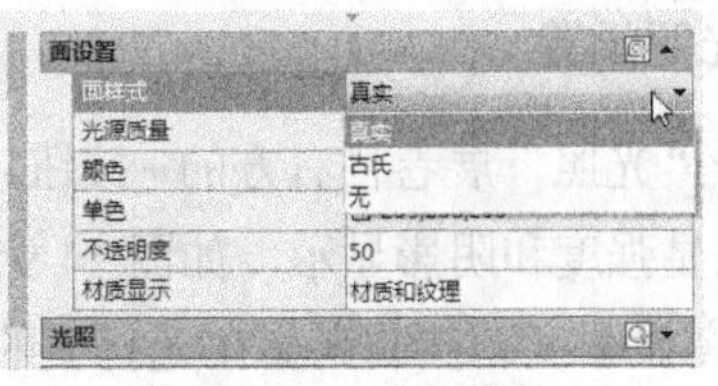

图 14-90　面样式

- 光源质量：设置为三维实体的面和当前视口中的曲面插入颜色的方法，在其下拉列表中包括“镶嵌面的”、“平滑”和“最平滑”3 个选项，如图 14-91 所示。
- 镶嵌面的：用于镶嵌面外观。
- 平滑：显示常规质量平滑外观。
- 最平滑：将显示高质量平滑外观。
- 颜色：用于设置为三维实体面的颜色方式，在其下拉列表中包括“普通”、“单色”、“明”和“降饱和度”4 个选项，如图 14-92 所示。

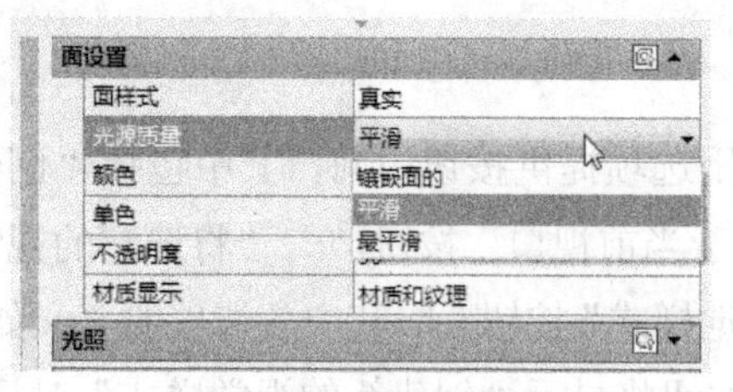

图 14-91　光源质量

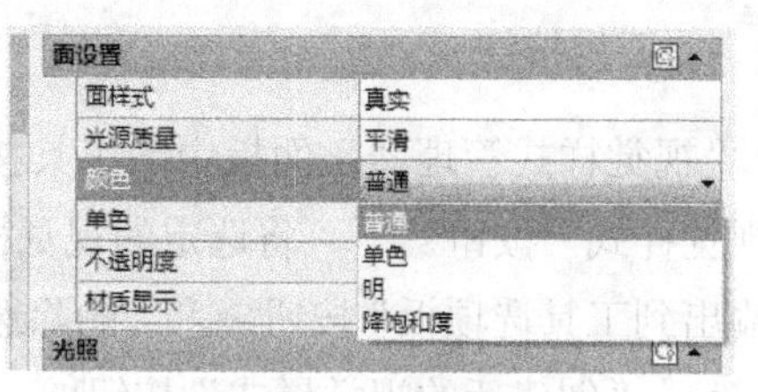

图 14-92　设置颜色

注意：

在“光源质量”下拉列表中选择“最平滑”选项，仅当在“手动性能调节”对话框中打开“单像素光照”硬件效果选项时才能产生可见的改善。

- 单色：用于设置三维实体面的单色颜色，在其下拉列表中可以选择需要的颜色，如图 14-93 所示。该选项仅在“颜色”下拉列表中选择“单色”选项后可用。
- 不透明度：控制面在视口中的不透明度或透明度，在该选项在选择“X 射线”样式时可用。
- 材质显示：用于控制面上的材质和颜色的显示，在其下拉列表中可以选择“材质和纹理”、“材质”和“关”选项，如图 14-94 所示。

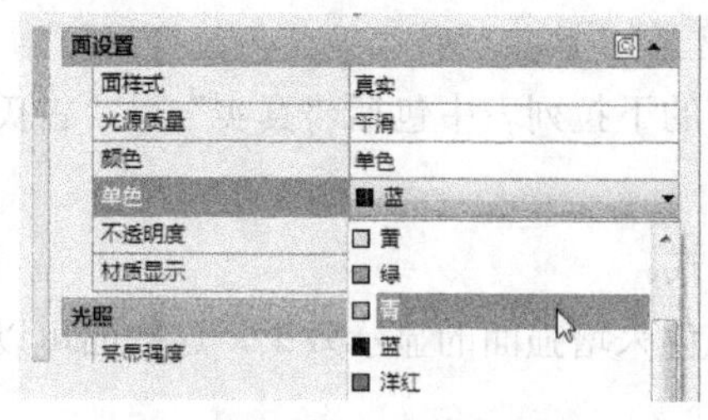

图 14-93　设置单色

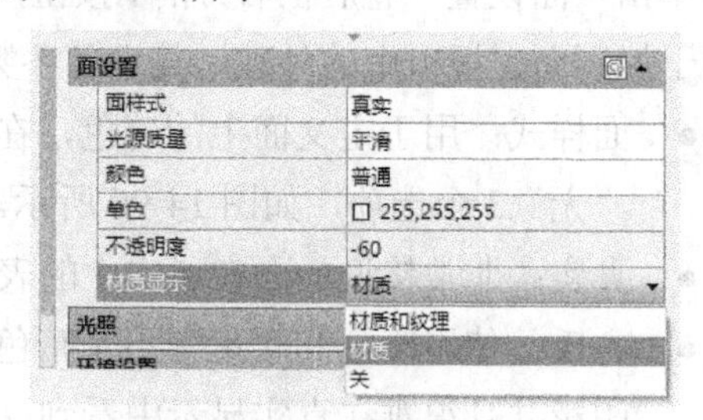

图 14-94　设置材质

3. 光照设置

单击“光照”展卷栏右方的▾按钮，将展开该项的参数，“光照”卷展栏中的参数用于控制亮显强度和阴影显示，如图 14-95 所示，其中各参数的含义如下。

- 亮显强度：控制亮显在无材质的面上的大小。
- 阴影显示：控制阴影的显示，其中包括“映射对象阴影”、“地面阴影”和“关”3 个选项，如图 14-96 所示，关闭阴影可以增强性能。

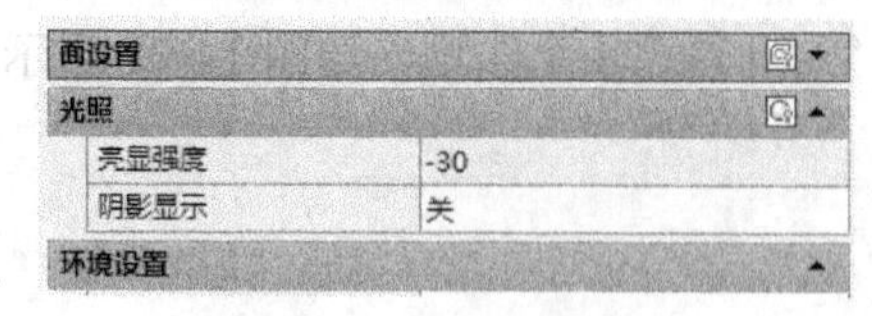

图 14-95　光照设置

图 14-96　阴影显示参数

4. 环境设置

单击“环境设置”卷展栏右方的▾按钮，将展开该项的参数，“环境设置”卷展栏中的参数用于控制背景的开关，如图 14-97 所示。在“背景”选项右方的下拉列表中可以选择“开”和“并”选项，如图 14-98 所示。

图 14-97　环境设置

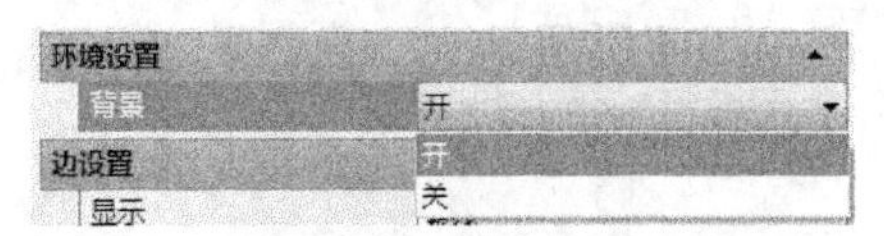

图 14-98　背景开关控制

5. 边设置

“边设置”卷展栏中的参数会因选择不同的视觉样式而发生变化。如图 14-99 所示是选择“真实”视觉样式的“边设置”参数内容；如图 14-100 所示是选择“线框”视觉样式的“边设置”参数内容。

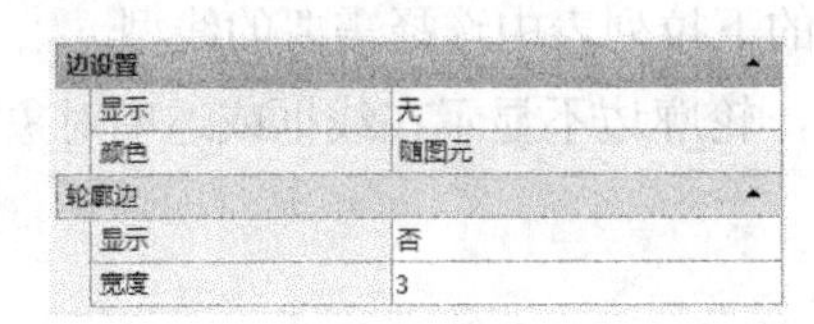

图 14-99　“边设置”参数 1

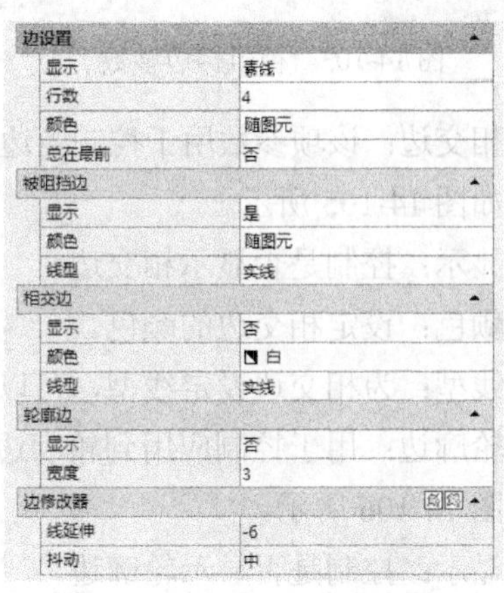

图 14-100　“边设置”参数 2

- 显示：可以将边显示设置为“镶嵌面边”、“素线”或“无”，如图 14-101 所示。
- 行数：设置边的显示行数。
- 颜色：从颜色列表中可以设置边的颜色，如图 14-102 所示。
- 总在最前：设置边是否在最前面显示。

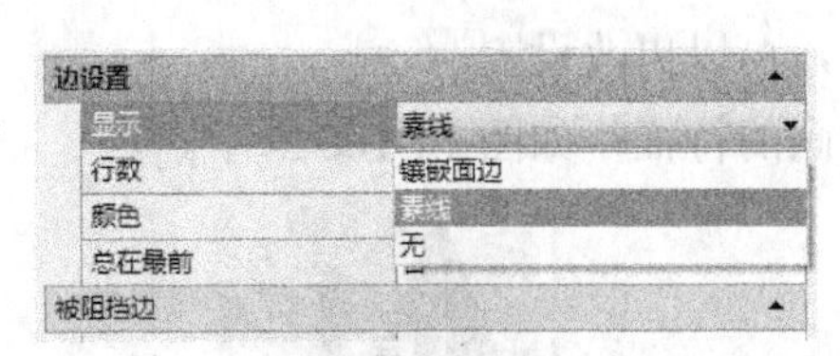

图 14-101　显示设置

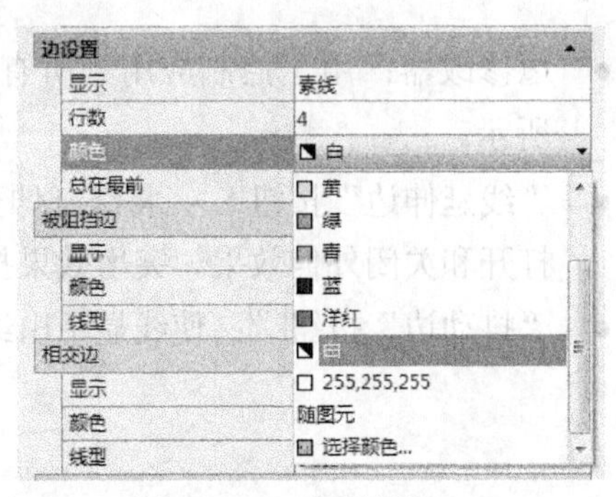

图 14-102　选择颜色

- 被阻挡边：用于控制应用到所有边显示(“无”选项除外)的设置，如图 14-103 所示。
- 显示：控制是否显示被阻挡边。

- 颜色：设定被阻挡边的颜色。
- 线型：为被阻挡边设定线型，可以在右方的下拉列表中选择需要的线型，如图 14-104 所示。

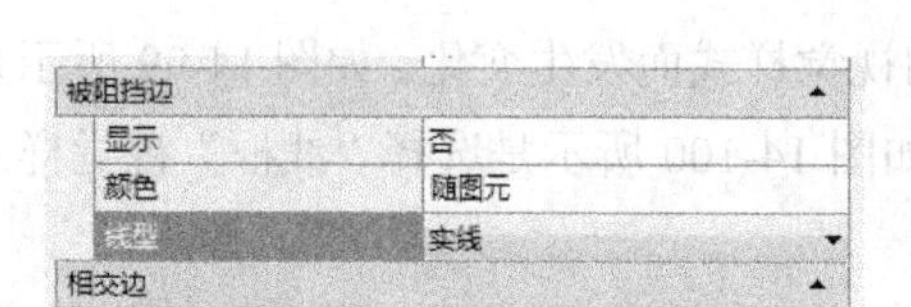

图 14-103　被阻挡边参数

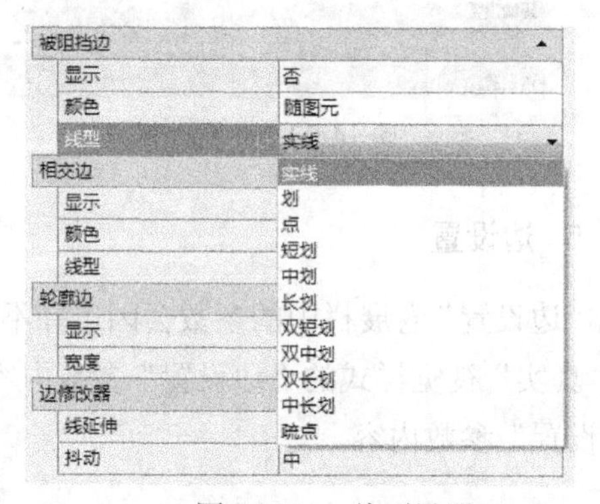

图 14-104　线型设置

- 相交边：该项参数用于控制当边显示设置为“镶嵌面边”时应用到相交边的设置，如图 14-105 所示。
- 显示：控制是否显示相交边。
- 颜色：设定相交边的颜色。
- 线型：为相交边设定线型，可以在右方的下拉列表中选择需要的线型。
- 轮廓边：用于控制应用到轮廓边的设置，轮廓边不显示在线框或透明对象上，如图 14-106 所示。
- 显示：控制是否显示轮廓边。
- 线宽：为轮廓边设定线宽，可以在右方的数字框中设置线宽值。

图 14-105　相交边参数

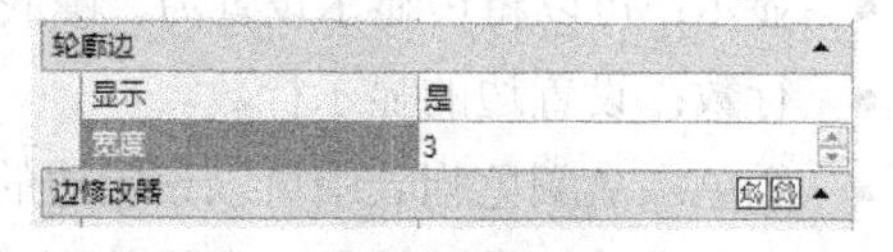

图 14-106　轮廓边参数

- 边修改器：用于控制应用到所有边显示(“无”选项除外)的设置，如图 14-107 所示。
- “线延伸边”按钮：将线延伸至超过其交点，以达到手绘的效果。该按钮可以打开和关闭外伸效果。突出效果打开时，可以更改设置。
- “抖动边”按钮：使线显示出经过勾画的特征，如图 14-108 所示。

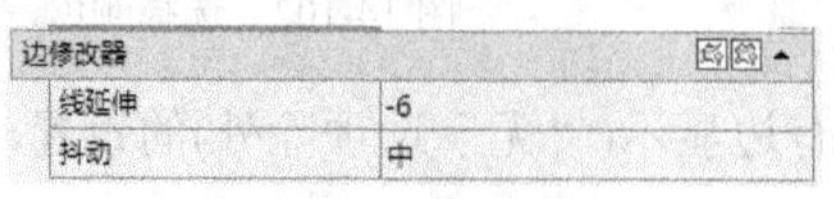

图 14-107　外伸边效果

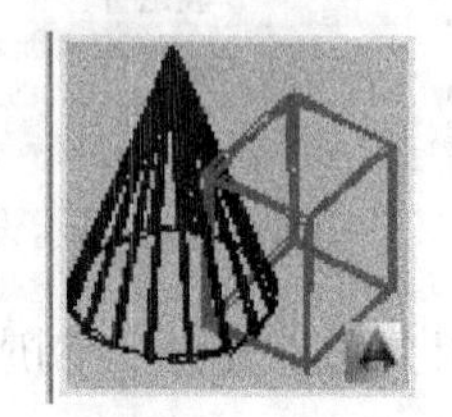

图 14-108　抖动边效果

14.7　思考练习

1. 在三维绘图中，控制实体显示的系统变量有哪些？

2. 在 AutoCAD 中，提供了哪几种观察模型的视图？

3. 除了切换三维视图外，是否还有其他方法改变模型的观察角度？

4. 在绘制好三维实体后，为什么重新设置 Isolines 的值后，实体的显示效果仍然未产生变化？

5. 参照如图 14-109 所示的工件模型图，使用长方体和楔体绘制该模型。

6. 参照如图 14-110 所示的哑铃模型图，使用球体和圆柱体绘制该模型。

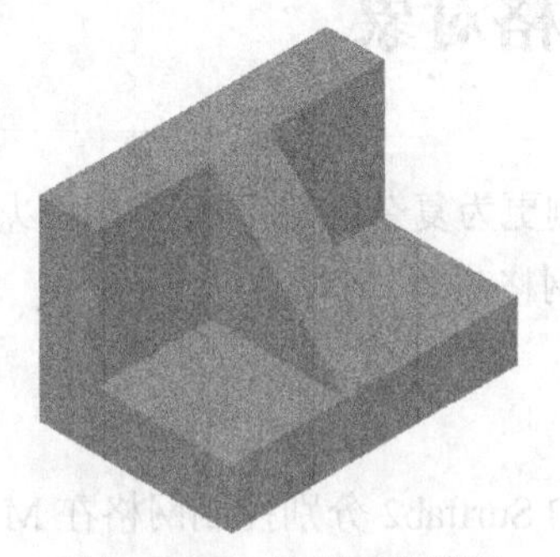

图 14-109　绘制工件模型

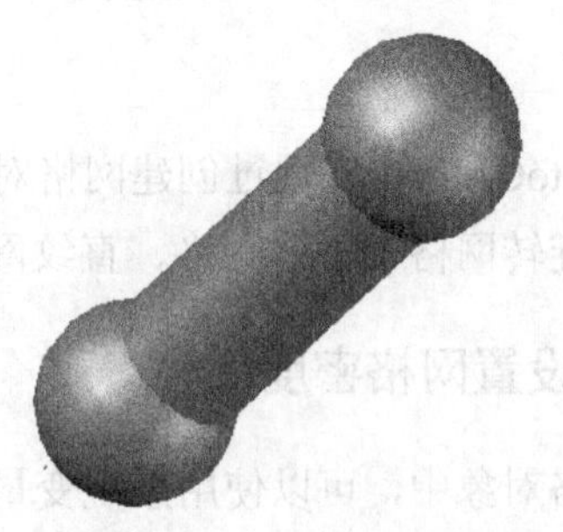

图 14-110　绘制哑铃模型

7. 打开“齿轮.dwg”平面图，如图 14-111 所示。使用“拉伸”命令，将平面图拉伸为三维实体，效果如图 14-112 所示，在创建三维实体的过程中，注意将齿轮边缘的线条转换为多段线对象。

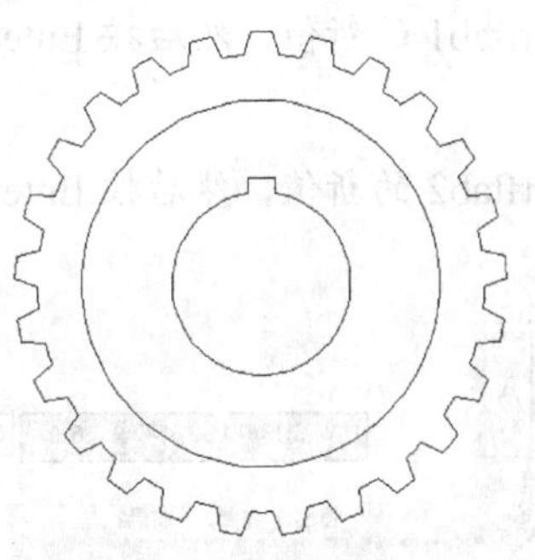

图 14-111　齿轮平面图

图 14-112　创建三维实体

第15章　三维高级建模

在 AutoCAD 中，不仅可以使用三维实体命令绘制基本的实体，还可以结合网格命令和三维编辑命令创建比较复杂的实体。本章将重点介绍网格的创建和实体的编辑操作，以及实体的渲染等。

15.1　创建网格对象

在 AutoCAD 中，通过创建网格对象可以绘制更为复杂的三维模型，可以创建的网格对象包括旋转网格、平移网格、直纹网格和边界网格对象。

15.1.1　设置网格密度

在网格对象中，可以使用系统变量 Surftab1 和 Surftab2 分别控制网格在 M、N 方向的网格密度，其中旋转网格的旋转轴定义为 M 方向，旋转轨迹定义为 N 方向。

【练习 15-1】设置网格 1 和网格 2 的密度。

实例分析：使用 Surftab1 和 Surftab2 命令可以分别设置网格 1 和网格 2 的密度，其预设值为 6，网格密度越大，生成的网格面越光滑。

(1) 执行 Surftab1 命令，根据系统提示输入 Surftab1 的新值，然后按 Enter 键确定，如图 15-1 所示。

(2) 执行 Surftab2 命令，根据系统提示输入 Surftab2 的新值，然后按 Enter 键确定，如图 15-2 所示。

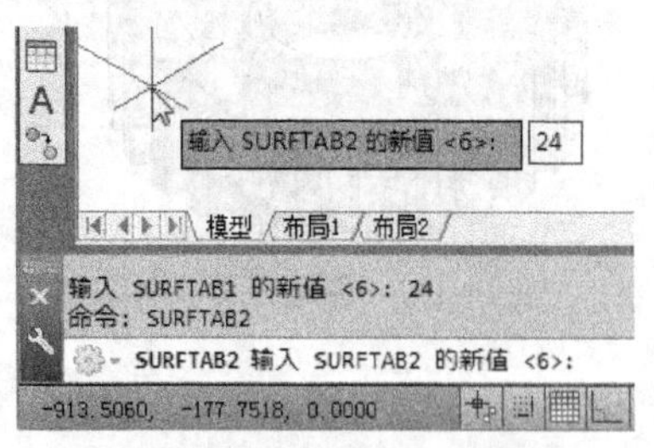

图 15-1　输入 Surftab1 的新值

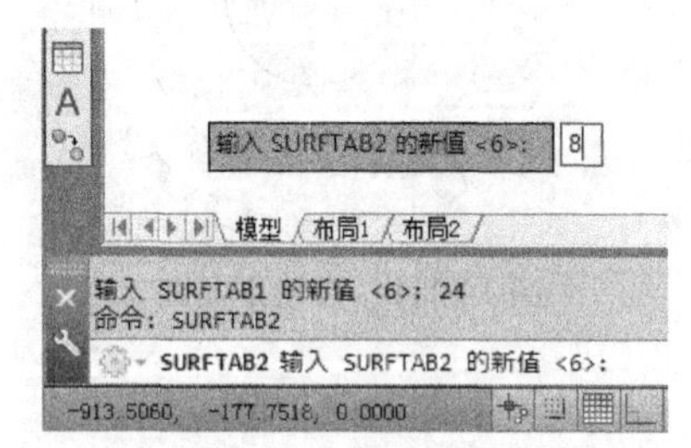

图 15-2　输入 Surftab2 的新值

(3) 设置 Surftab1 值为 24，设置 Surftab2 值为 8 后，创建的边界网格效果如图 15-3 所示。

(4) 如果设置 Surftab1 值为 6，设置 Surftab2 值为 6，创建的边界网格效果将如图 15-4 所示。

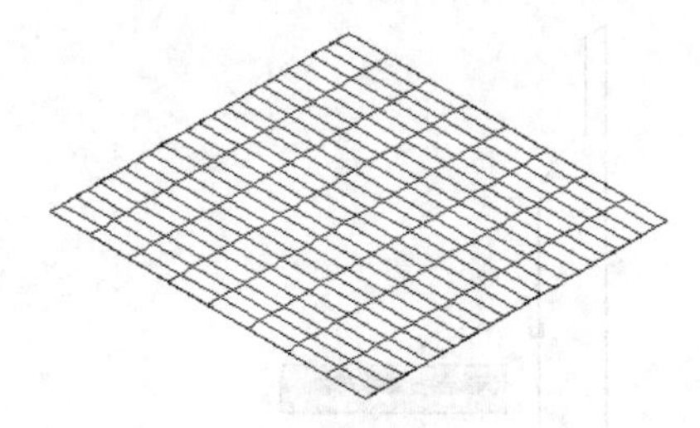

图 15-3　边界网格的效果 1

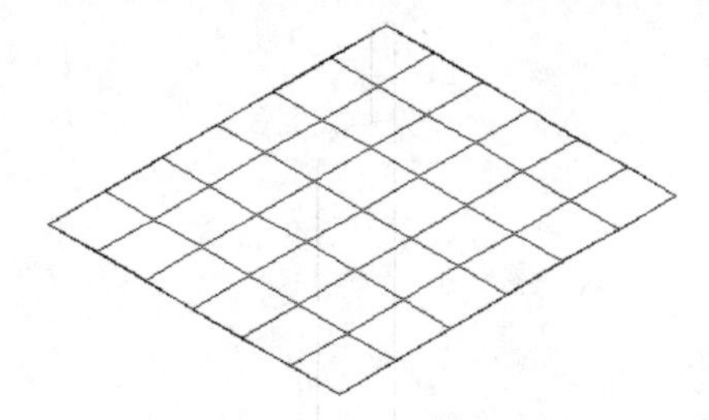

图 15-4　边界网格的效果 2

注意：

要指定网格的密度，应先设置 Surftab1 和 Surftab2 的值，再绘制网格对象。修改 Surftab1 和 Surftab2 的值只能改变后面绘制的网格对象的密度，而不能改变之前绘制的网格对象的密度。

15.1.2　创建旋转网格

旋转网格是通过将路径曲线或轮廓(直线、圆、圆弧、椭圆、椭圆弧、闭合多段线、多边形、闭合样条曲线或圆环)绕指定的轴旋转构造一个近似于旋转网格的多边形网格。

在创建三维形体时，可以使用“旋转网格”命令将形体截面的外轮廓线围绕某一指定轴旋转一定的角度生成一个网格。被旋转的轮廓线可以是圆、圆弧、直线、二维多段线或三维多段线，但旋转轴只能是直线、二维多段线和三维多段线。旋转轴选取的是多段线，而实际轴线为多段线两端点的连线。

执行“旋转网格”命令有如下两种常用方法。

- 执行“绘图”|“建模”|“网格”|“旋转网格”命令。
- 执行 Revsurf 命令。

【练习 15-2】使用“旋转网格”命令绘制瓶子模型。

实例分析：使用“旋转网格”命令绘制模型时，需要先选择作为旋转对象的图形，然后指定旋转轴。

(1) 在左视图中使用“多段线(SPL)”命令和“直线(L)”命令绘制两个线条图形。如图 15-5 所示是由一条多段线和一条垂直直线组成的图形。

(2) 执行 Surftab1 命令，将网络密度值 1 设置为 24，然后执行 Surftab2 命令，将网络密度值 2 设置为 24。

(3) 切换到西南等轴测视图中，执行“绘图”|“建模”|“网格”|“旋转网格”命令，选择多段线作为要旋转的对象，如图 15-6 所示。

(4) 系统提示“选择定义旋转轴的对象:”时，选择垂直直线作为旋转轴，如图 15-7 所示。

(5) 保持默认起点角度和包含角并确定，完成旋转网格的创建，效果如图 15-8 所示。

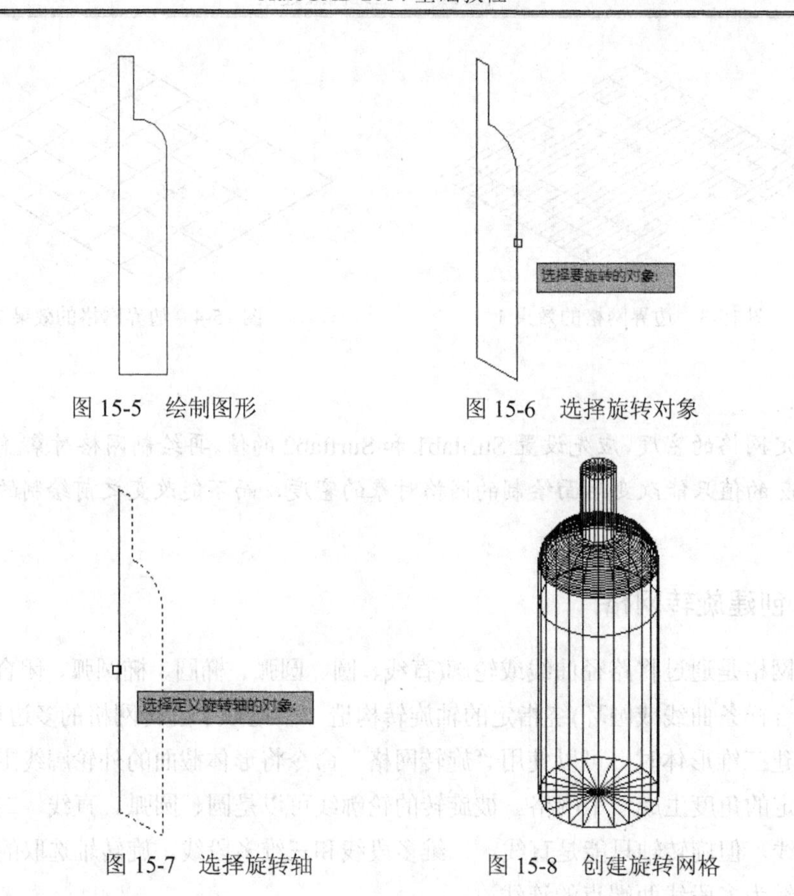

图 15-5　绘制图形　图 15-6　选择旋转对象

图 15-7　选择旋转轴　图 15-8　创建旋转网格

15.1.3　创建平移网格

使用“平移网格”命令可以创建以一条路径轨迹线沿着指定方向拉伸而成的网格。创建平移网格时，指定的方向将沿指定的轨迹曲线移动。创建平移网格时，拉伸向量线必须是直线、二维多段线或三维多段线，路径轨迹线可以是直线、圆弧、圆、二维多段线或三维多段线。拉伸向量线选取多段线则拉伸方向为两端点连线，且拉伸面的拉伸长度即为向量线长度。

执行“平移网格”命令有如下两种常用方法。

- 执行“绘图”|“建模”|“网格”|“平移网格”命令。
- 执行 Tabsurf 命令。

【练习 15-3】使用“平移网格”命令绘制波浪平面。

实例分析：使用“平移网格”命令绘制模型时，需要先选择作为作为轮廓曲线的图形，然后指定作为方向矢量的图形。

(1) 使用 SPL(样条曲线)命令和 L(直线)命令绘制一个样条曲线和一条直线，效果如图 15-9 所示。

(2) 执行 Tabsurf 命令，选择样条曲线作为轮廓曲线的对象，如图 15-10 所示。

(3) 系统提示“选择用作方向矢量的对象：”时，选择直线作为方向矢量的对象，如图 15-11 所示。创建的平移网格效果如图 15-12 所示。

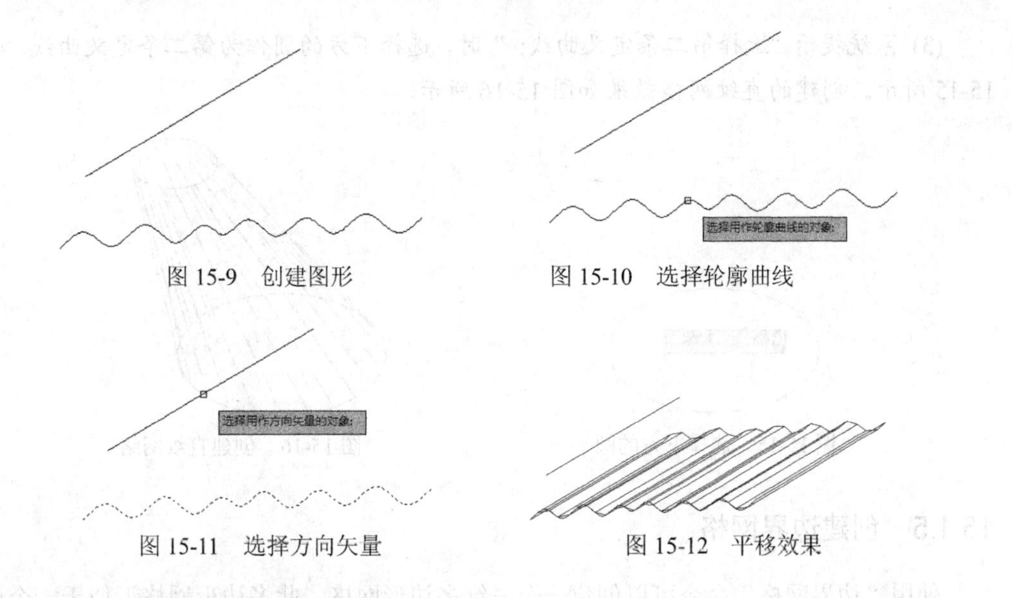

图 15-9　创建图形　　图 15-10　选择轮廓曲线

图 15-11　选择方向矢量　　图 15-12　平移效果

15.1.4　创建直纹网格

使用“直纹网格”命令可以在两条曲线之间构造一个表示直纹网格的多边形网格，在创建直纹网格的过程中，所选择的对象用于定义直纹网格的边。

在创建直纹网格对象时，选择的对象可以是点、直线、样条曲线、圆、圆弧或多段线。如果有一个边界是闭合的，那么另一个边界必须也是闭合的。可以将一个点作为开放或闭合曲线的另一个边界，但是只能有一个边界曲线可以是一个点。

执行“直纹网格”命令有如下两种常用方法。

- 执行“绘图” | “建模” | “网格” | “直纹网格”命令。
- 执行 Rulesurf 命令。

【练习 15-4】使用“直纹网格”命令绘制倾斜的圆台体。

实例分析：使用“直纹网格”命令绘制模型时，需要依次选择作为第一条定义曲线的图形和作为第一条定义曲线的图形。

(1) 切换到西南等轴测视图中，使用 C(圆)命令绘制两个大小不同且不在同一位置的圆，如图 15-13 所示。

(2) 执行 Rulesurf 命令，系统提示“选择第一条定义曲线:”时，选择上方的圆作为第一条定义曲线，如图 15-14 所示。

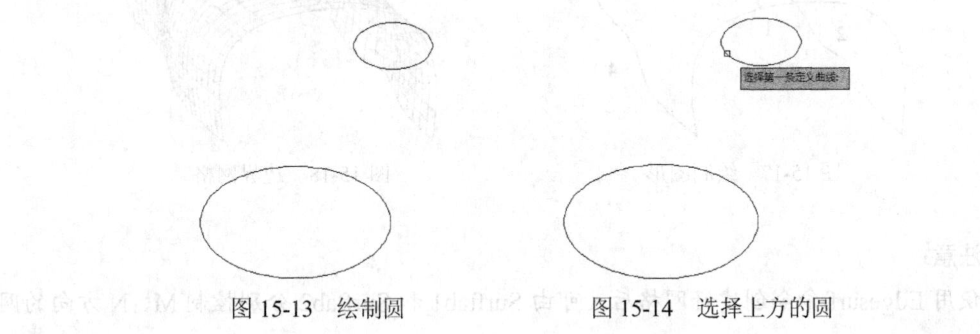

图 15-13　绘制圆　　图 15-14　选择上方的圆

(3) 系统提示“选择第二条定义曲线:”时，选择下方的圆作为第二条定义曲线，如图 15-15 所示。创建的直纹网格效果如图 15-16 所示。

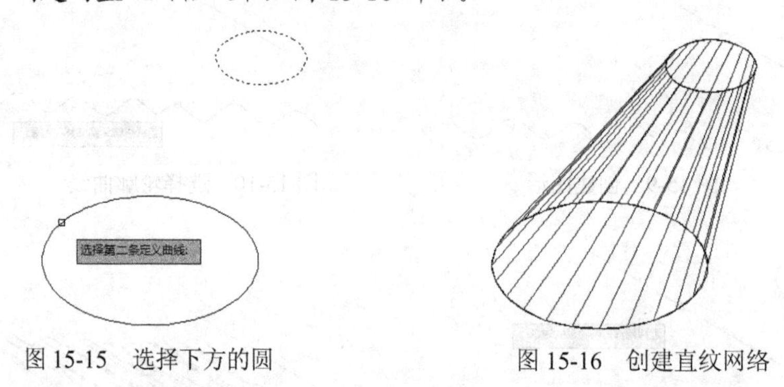

图 15-15　选择下方的圆　　图 15-16　创建直纹网络

15.1.5　创建边界网格

使用“边界网格”命令可以创建一个三维多边形网格，此多边形网格近似于一个由四条邻接边定义的曲面片网格。创建边界网格时，选择定义的网格片必须是四条邻接边。邻接边可以是直线、圆弧、样条曲线或开放的二维或三维多段线。各条边必须在端点处相交以形成一个拓扑形式的矩形的闭合路径。

执行“边界网格”命令有如下两种常用方法。

- 执行“绘图”|“建模”|“网格”|“边界网格”命令。
- 执行 Edgesurf 命令。

【练习 15-5】使用“边界网格”命令绘制边界网格对象。

实例分析：使用“边界网格”命令绘制模型时，需要依次选择 4 条首尾相连的线段，组成曲面片网格。

(1) 切换到西南等轴测视图中，使用 SPL(样条曲线)命令绘制 4 条首尾相连的样条曲线组成封闭图形，如图 15-17 所示。

(2) 执行 Edgesurf 命令，依次选择图形中的 4 条样条曲线，即可创建网格边界的对象，如图 15-18 所示。

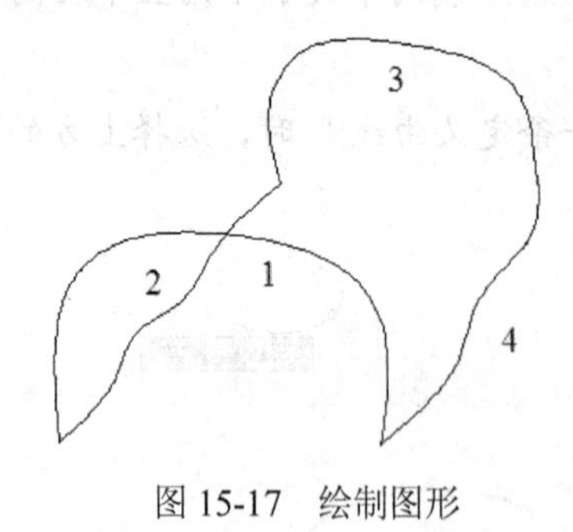

图 15-17　绘制图形

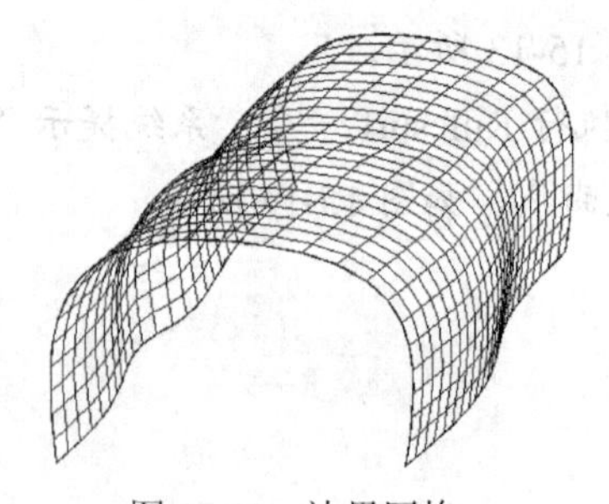

图 15-18　边界网格

注意：

使用 Edgesurf 命令创建好网格后，可由 Surftab1 和 Surftab2 分别控制 M、N 方向的网格密度，值越大网格越光滑。网格原点为拾取的第一条边的最近点，同时第一条边为 M 方向，则生成若干单个 3D 面片。

【练习 15-6】使用创建网格的方法绘制底座模型，如图 15-19 所示。

实例分析：本例首先使用“边界网格”命令绘制模型底面的座体，然后使用“直纹网络”命令绘制模型顶面，再使用“圆锥体”命令绘制圆管侧面，最后对模型进行布尔运算。

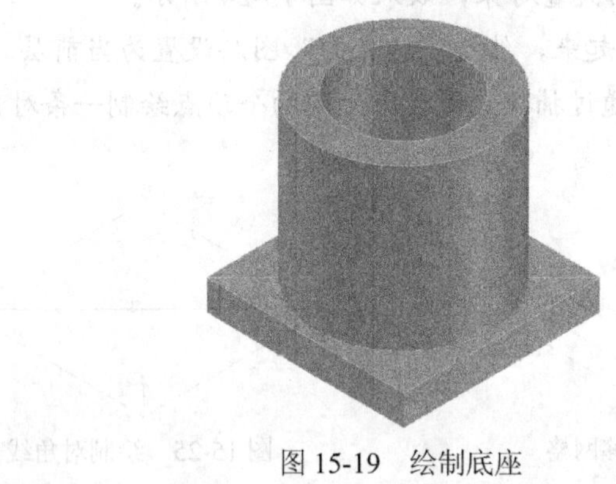

图 15-19　绘制底座

(1) 执行 LA(图层)命令，在打开的“图层特性管理器”对话框中创建圆面、侧面、底面和顶面 4 个图层，将“0”图层设置为当前层，如图 15-20 所示。

(2) 执行 Surftab1 命令，将网络密度值 1 设置为 24；执行 Surftab2 命令，将网络密度值 2 设置为 24。

(3) 将当前视图切换为西南等轴测视图。执行 REC(矩形)命令，绘制一个长度为 100 的正方形，效果如图 15-21 所示。

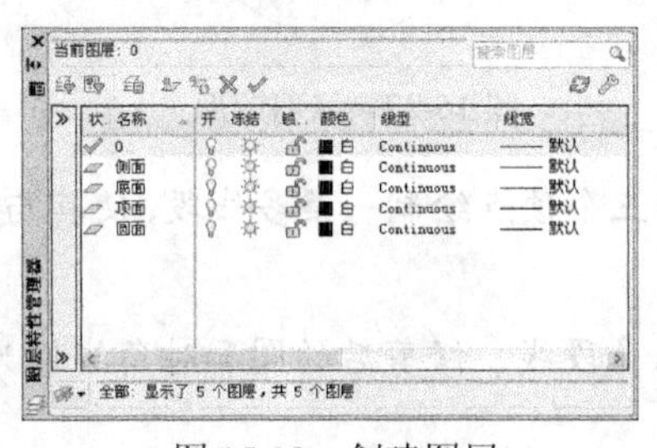

图 15-20　创建图层

图 15-21　绘制正方形效果

(4) 执行 L(直线)命令，以矩形的下方端点作为起点，然后指定下一点坐标为“@0,0,15”，如图 15-22 所示。绘制一条长度为 15 的线段，效果如图 15-23 所示。

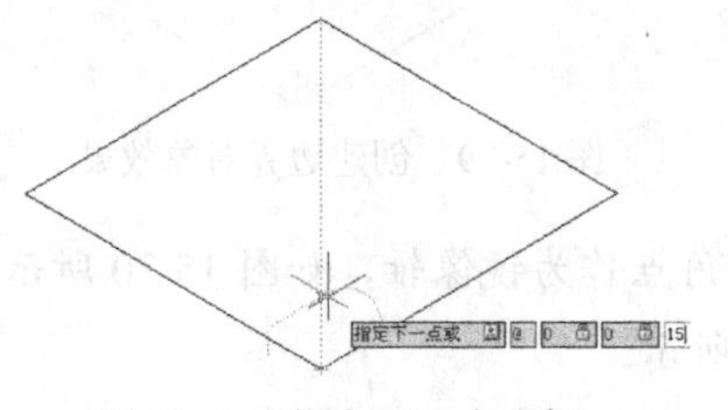

图 15-22　指定下一点坐标

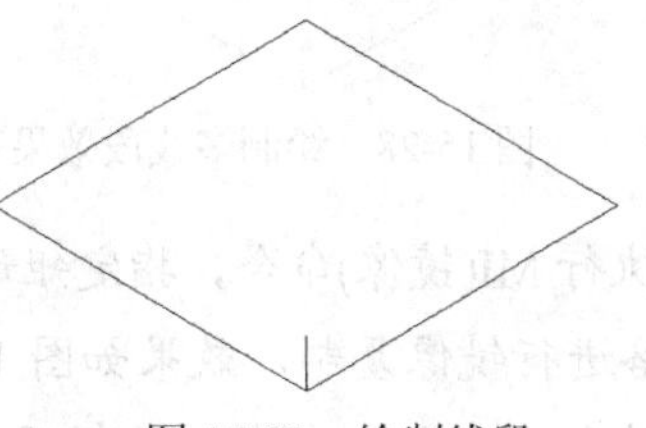

图 15-23　绘制线段

注意：

在三维视图中绘制线段，在指定线段端点的坐标时，应该指定该点的“X、Y、Z”3个坐标值。

(5) 将“侧面”图层设置为当前层，执行 Tabsurf(平移网格)命令，选择矩形作为轮廓曲线对象，选择线段作为方向矢量对象，效果如图 15-24 所示。

(6) 将“侧面”图层隐藏起来，然后将“底面”图层设置为当前层。

(7) 执行 L(直线)命令，通过捕捉矩形对角上的两个顶点绘制一条对角线，如图 15-25 所示。

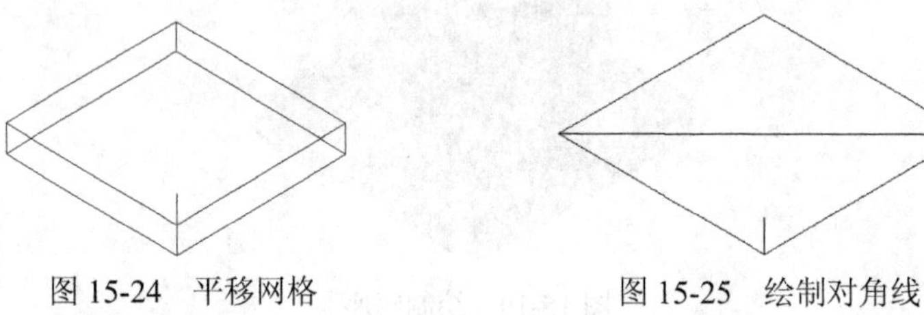

图 15-24　平移网格　　　　图 15-25　绘制对角线

(8) 执行 C(圆)命令，以对角线的中点为圆心，绘制一个半径为 30 的圆，效果如图 15-26 所示。

(9) 执行 TR(修剪)命令，分别对所绘制的圆和对角线进行修剪，效果如图 15-27 所示。

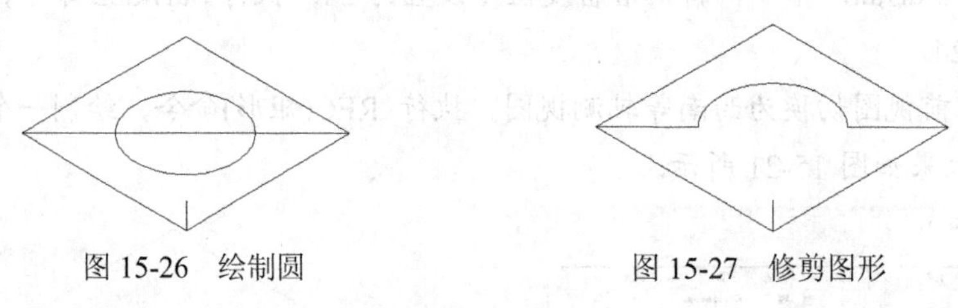

图 15-26　绘制圆　　　　图 15-27　修剪图形

(10) 执行 PL(多段线)命令，通过矩形上方的三个顶点绘制一条多线段，使其与对角线、圆成为封闭的图形，效果如图 15-28 所示。

(11) 执行 Edgesurf(边界网格)命令，分别以多段线、修剪后的圆和对角线作为边界，创建底座的底面模型，效果如图 15-29 所示。

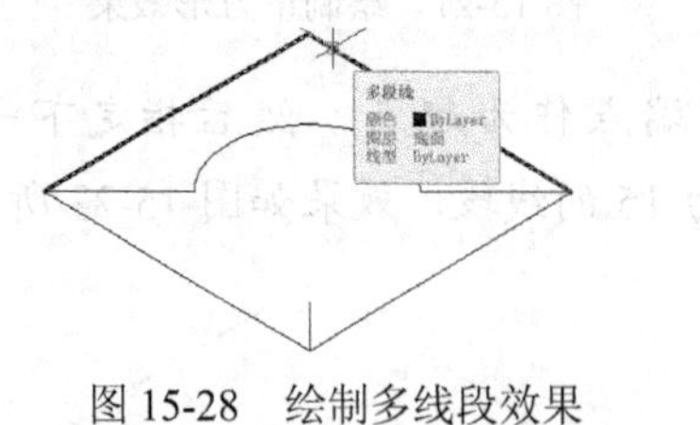

图 15-28　绘制多线段效果

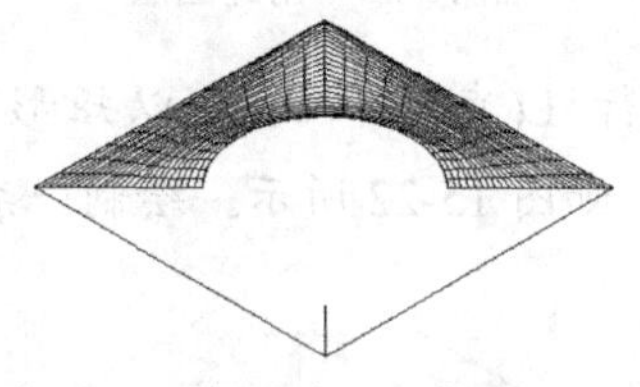

图 15-29　创建边界对象效果

(12) 执行 MI(镜像)命令，指定矩形两对角点作为镜像轴，如图 15-30 所示。对刚创建的边界网格进行镜像复制，效果如图 15-31 所示。

(13) 执行 M(移动)命令，选择两个边界网格，指定基点后，设置第二个点的坐标为“0,0,-15”，如图 15-32 所示。将模型向下移动 15，效果如图 15-33 所示。

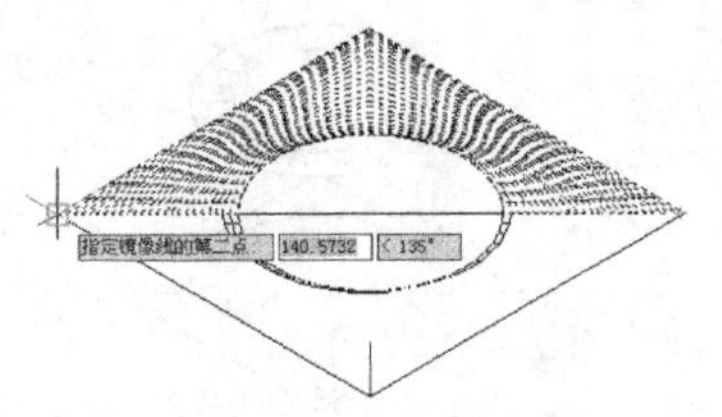

图 15-30　指定镜像轴

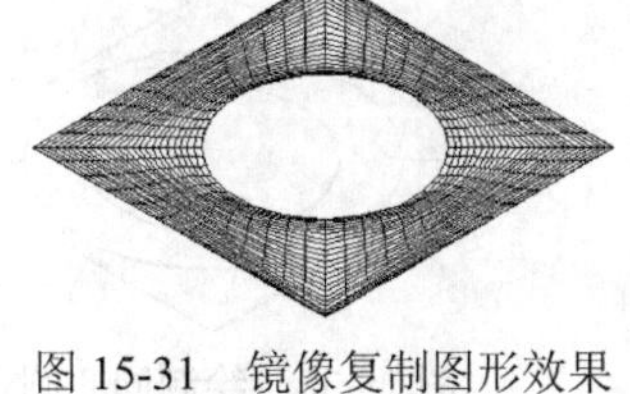

图 15-31　镜像复制图形效果

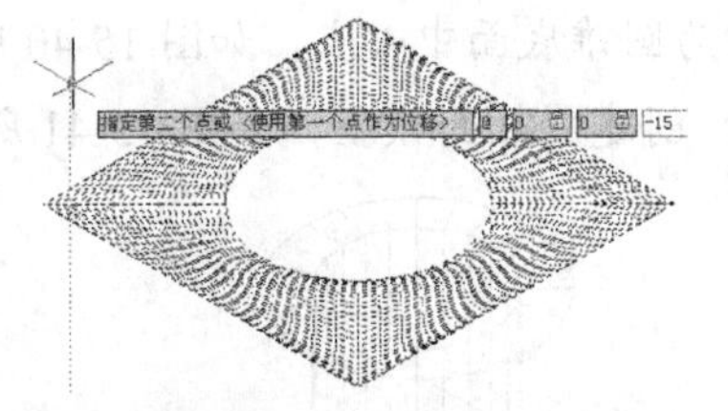

图 15-32　输入移动距离

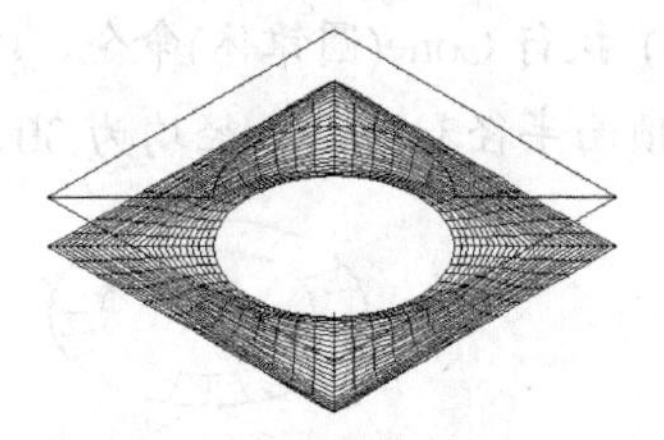

图 15-33　移动网格效果

(14) 隐藏“底面”图层，将“顶面”图层设置为当前层。

(15) 执行 L(直线)命令，通过捕捉矩形的对角顶点绘制一条对角线。

(16) 执行 C(圆)命令，以直线的中点为圆心，绘制一个半径为 45 的圆，效果如图 15-34 所示。

(17) 执行 TR(修剪)命令，对圆和直线进行修剪，效果如图 15-35 所示。

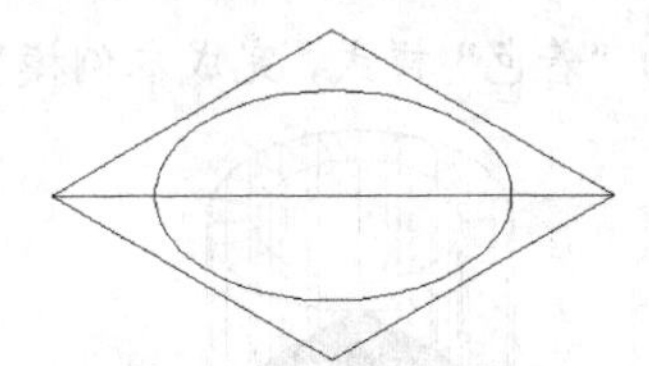

图 15-34　绘制图形效果

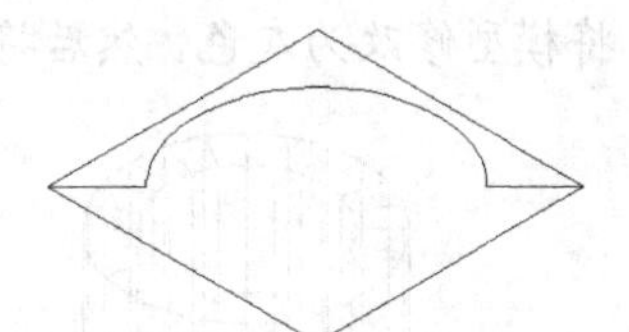

图 15-35　修剪图形效果

(18) 使用前面相同的方法，创建如图 15-36 所示的边界网格。

(19) 执行 MI(镜像)命令，对边界网格进行镜像复制，将网格对象放入“底面”图层中，效果如图 15-37 所示。

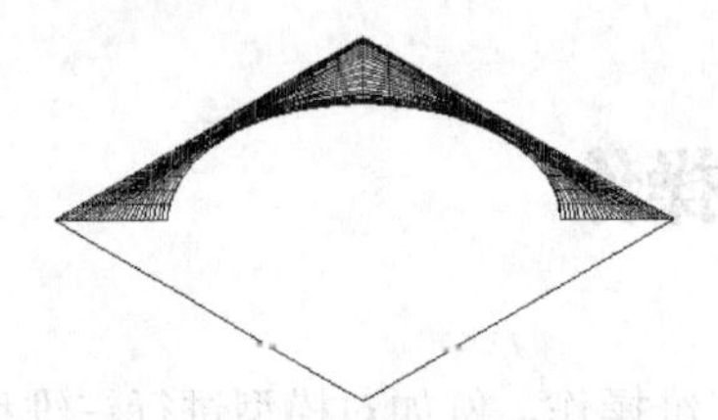

图 15-36　创建边界网格

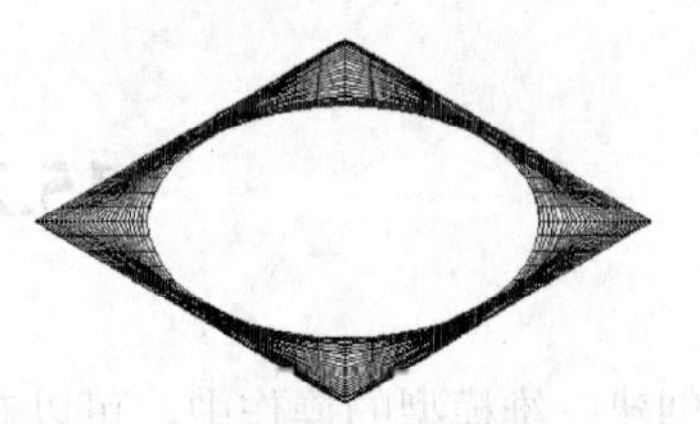

图 15-37　镜像复制图形效果

(20) 执行 C(圆)命令，以绘图区中圆弧的圆心作为圆心，绘制半径分别为 30 和 45 的同心圆，效果如图 15-38 所示。

(21) 执行 M(移动)命令，将绘制的同心圆向上移动 80。

(22) 执行 Rulesurf(直纹网络)命令，选择移动的同心圆并确定，将其创建为圆管顶面模型，效果如图 15-39 所示。

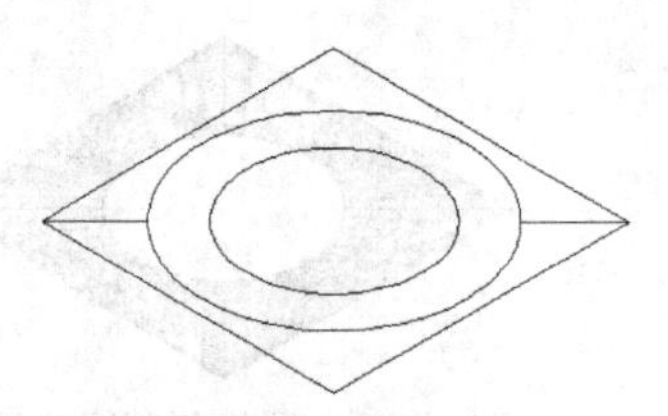

图 15-38　绘制同心圆

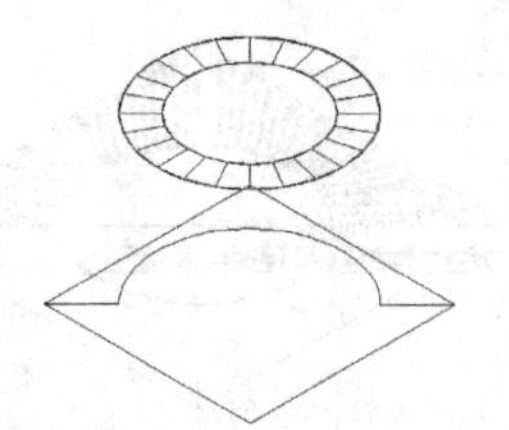

图 15-39　创建直纹网格

(23) 执行 Cone(圆锥体)命令，以圆弧的圆心为圆锥底面中心点，如图 15-40 所示。设置圆锥顶面半径和底面半径均为 30、高度为 80，创建圆柱面模型，如图 15-41 所示。

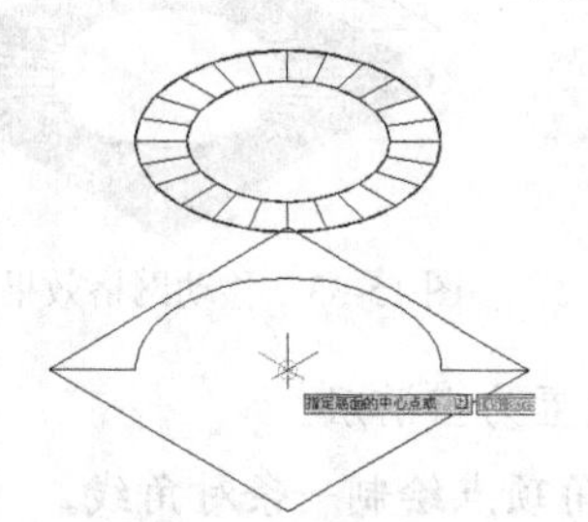

图 15-40　指定底面中心点

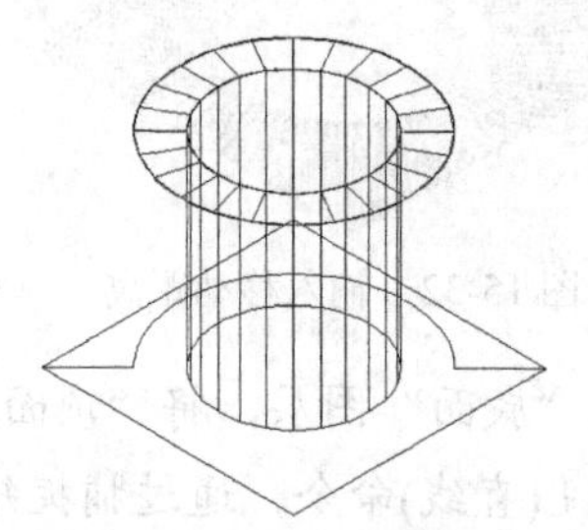

图 15-41　创建的圆柱面

(24) 使用同样的方法创建一个半径为 45 的外圆柱面模型，效果如图 15-42 所示。

(25) 打开所有被关闭的图层，将相应图层中的对象显示出来，效果如图 15-43 所示。

(26) 将模型修改为灰色，然后将视觉样式更改为“着色”样式，完成本例模型的绘制。

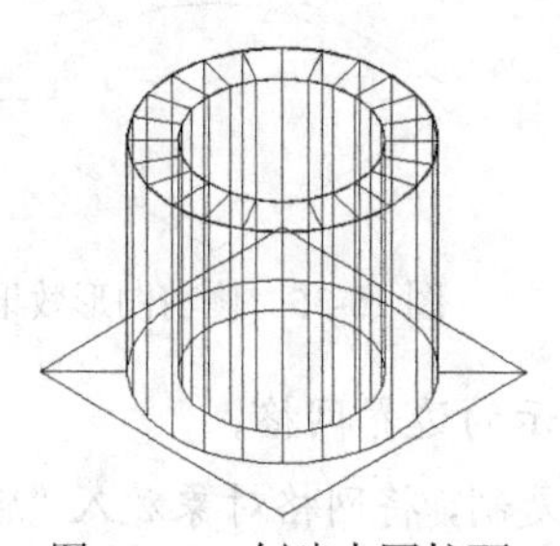

图 15-42　创建大圆柱面

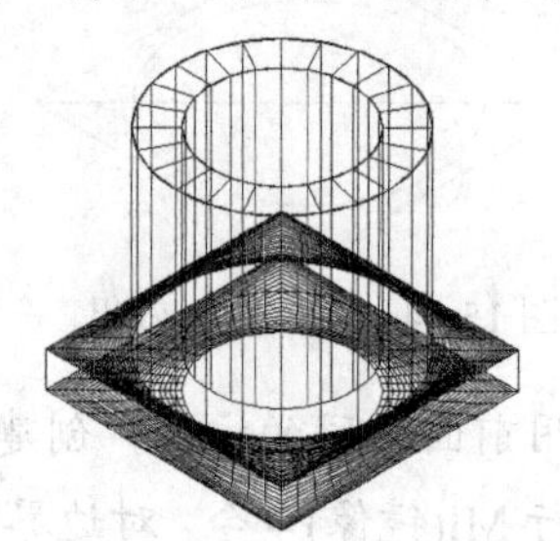

图 15-43　显示所有图层

15.2　三维操作

在创建三维模型的操作中，可以对实体进行三维操作，例如对模型进行三维移动、三维旋转、三维镜像和三维阵列等，从而快速创建更多更复杂的模型。

15.2.1　三维移动模型

执行“三维移动”命令，可以将实体按钮依照指定方向和距离在三维空间中进行移动，从而改变对象的位置。

执行“三维移动”命令的常用方法有如下两种。

● 选择“修改”|“三维操作”|“三维移动”命令。

- 执行 3DMove 命令。

【练习 15-7】使用“三维移动”命令调整轴底座模型各对象间的位置。

实例分析：使用“三维移动”命令对模型位置进行移动时，可以通过捕捉特殊点的方式快速移动对象，如果没有可参考的特殊点，则可以通过输入移动坐标准确移动对象。

(1) 打开“轴底座模型.dwg”素材文件，如图 15-44 所示。

(2) 执行 3DMove 命令，选择底座模型作为要移动的实体对象并确定，如图 15-45 所示。

图 15-44　素材模型

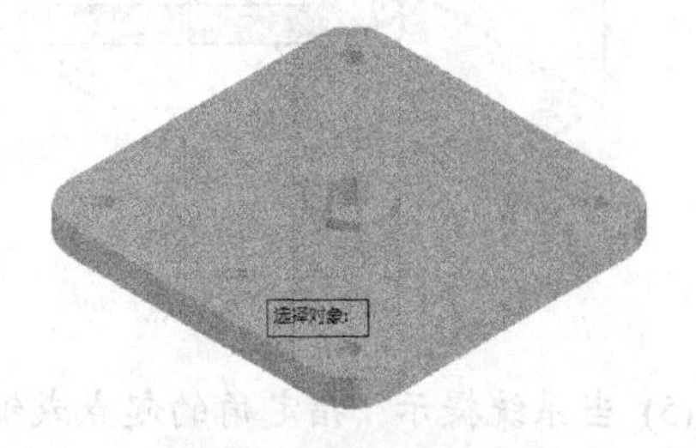

图 15-45　选择移动对象

(3) 当系统提示“指定基点：”时，在图形任意位置指定移动的基点，如图 15-46 所示。

(4) 当系统提示“指定第二个点或 <使用第一个点作为位移>”时，输入第二个点相对第一个点的坐标为“@0，0，-30”，如图 15-21 所示。确定后即可将底座模型向下移动 30 个单位，效果如图 15-47 所示。

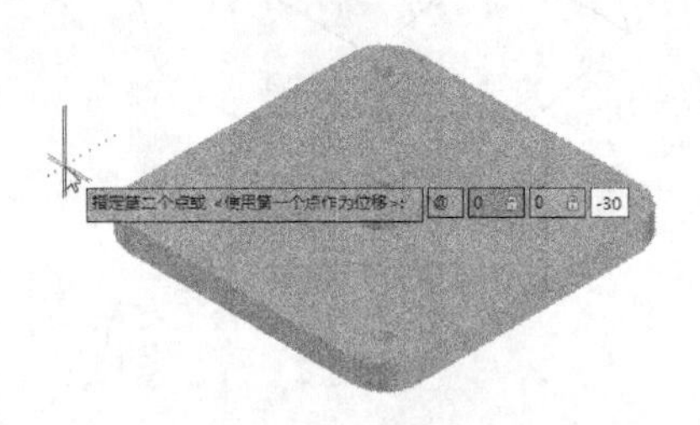

图 15-46　指定第二个点坐标

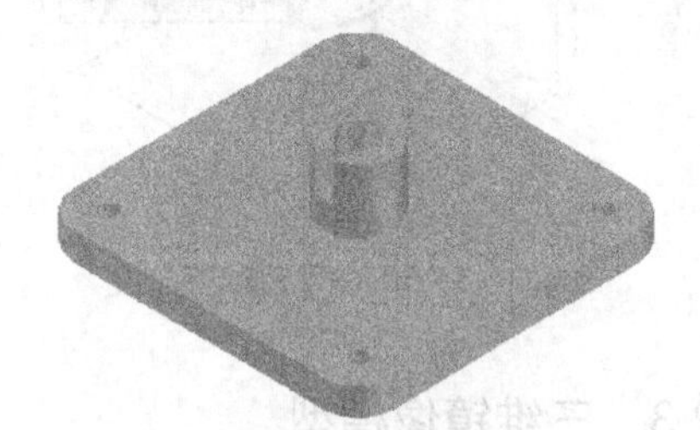

图 15-47　移动效果

15.2.2　三维旋转模型

使用“三维旋转”命令可以将实体绕指定轴在三维空间中进行一定方向的旋转，以改变实体对象的方向。

执行“三维旋转”命令的常用方法有如下两种。

- 选择“修改”|“三维操作”|“三维旋转”命令。
- 执行 3DRotate 命令。

【练习 15-8】使用“三维旋转”命令将长方体沿 X 轴旋转 15 度。

实例分析：使用“三维旋转”命令对模型进行旋转时，需要选择作为旋转对象的轴和指定旋转的角度。

(1) 使用“长方体”命令创建一个长方体作为三维旋转对象。

(2) 执行 3DRotate 命令，选择创建的长方体作为要旋转的实体对象并确定。

(3) 当系统提示“指定基点:”时，在轴交点处指定旋转的基点，如图 15-48 所示。

(4) 当系统提示“拾取旋转轴: ”时，选择 X 轴作为旋转的轴，如图 15-49 所示。

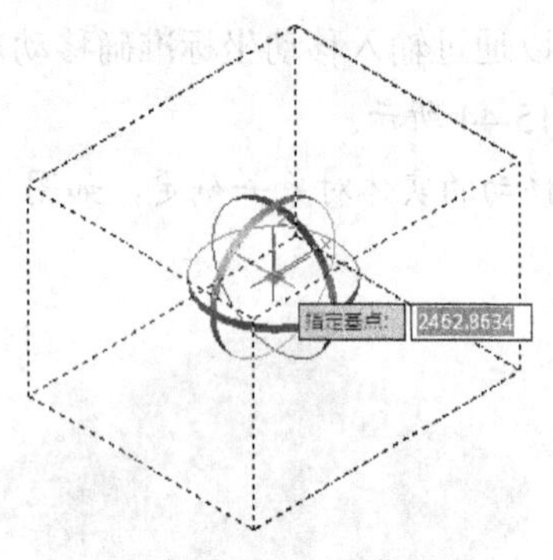

图 15-48　选择基点

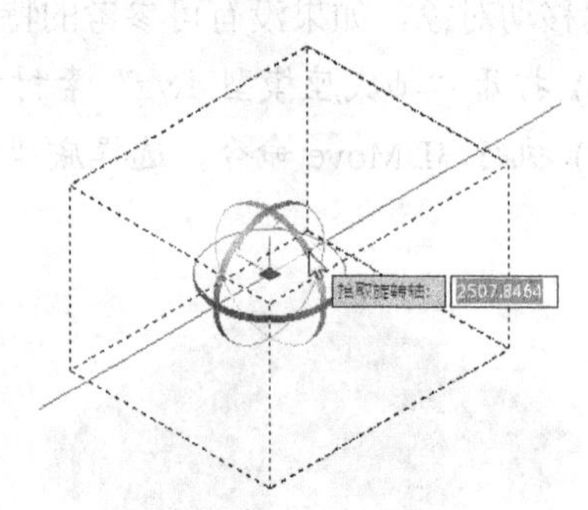

图 15-49　选择旋转轴

(5) 当系统提示“指定角的起点或键入角度: ”时，输入旋转的角度为 15，如图 15-50 所示。确定后即可对模型进行旋转，效果如图 15-51 所示。

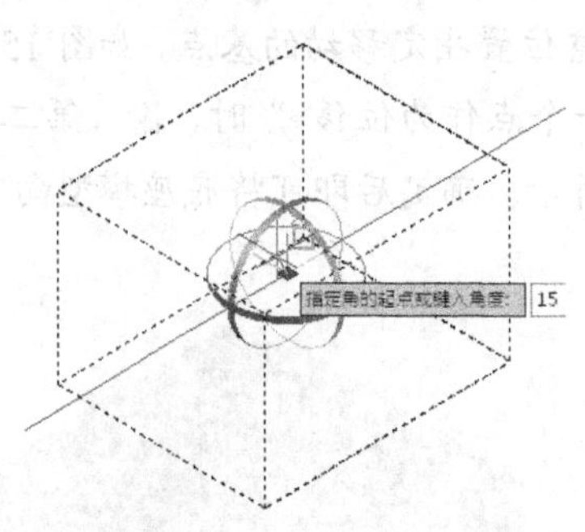

图 15-50　指定旋转角度

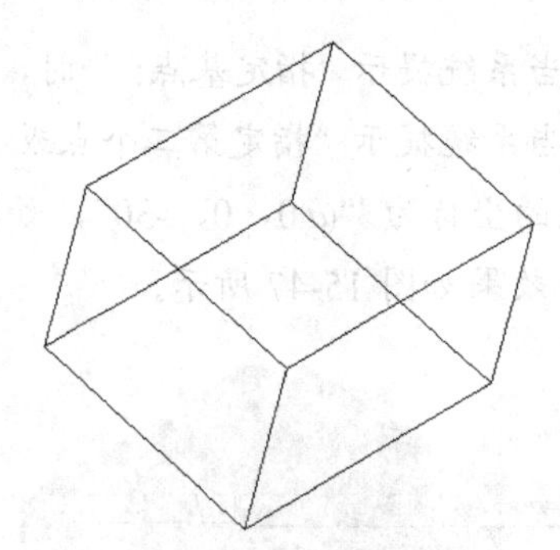

图 15-51　旋转效果

15.2.3　三维镜像模型

使用“三维镜像”命令可以将三维实体按指定的三维平面作对称性复制。执行“三维镜像”命令有如下两种常用方法。

- 选择“修改”|“三维操作”|“三维镜像”命令。
- 执行 Mirror3D 命令。

【练习 15-9】使用“三维镜像”命令镜像复制千斤顶模型。

实例分析：使用“三维镜像”命令可以对模型进行镜像，也可以对模型进行镜像复制，其操作方法与“镜像”命令相似。

(1) 打开“千斤顶模型.dwg”素材文件。

(2) 执行 Mirror3D 命令，选择千斤顶半边剖面模型并确定，如图 15-52 所示。

(3) 系统提示“指定镜像平面 (三点) 的第一个点或 [对象(O)/最近的(L)/Z 轴(Z)/视图(V)/XY 平面(XY)/YZ 平面(YZ)/ZX 平面(ZX)/三点(3)]:”时，在半边剖面任意一点处指定镜像平面的第一个点，如图 15-53 所示。

图 15-52　选择半边剖面模型

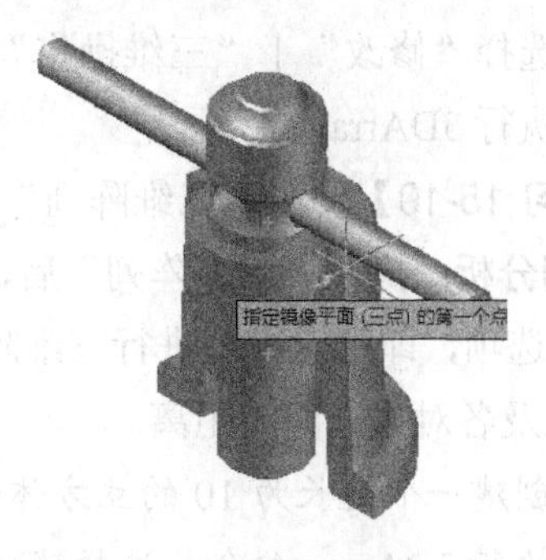

图 15-53　指定镜像第一点

(4) 系统提示“在镜像平面上指定第二点:”时，在半边剖面中选择一点作为镜像平面的第二个点，如图 15-54 所示。

(5) 系统提示“在镜像平面上指定第三点:”时，在半边剖面中选择另一点作为镜像平面的第三个点，如图 15-55 所示。

图 15-54　指定镜像第二点

图 15-55　指定镜像第三点

(6) 根据系统提示，在弹出的菜单中选择“否(N)”选项，如图 15-56 所示。至此，完成镜像复制操作，效果如图 15-57 所示。

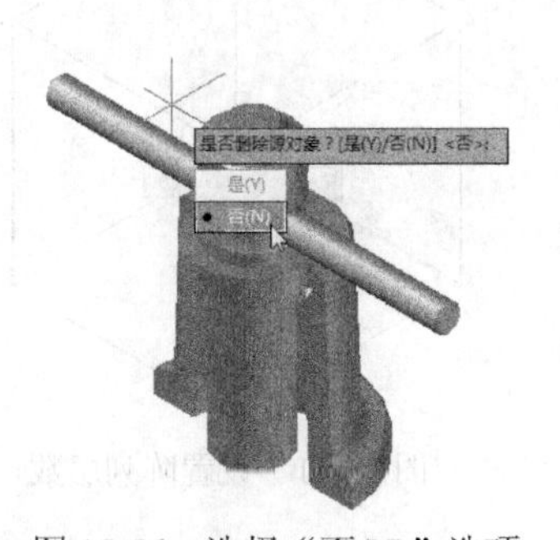

图 15-56　选择“否(N)”选项

图 15-57　镜像复制效果

15.2.4　三维阵列模型

“三维阵列”命令与二维图形中的阵列相似，可以进行矩形阵列，也可以进行环形阵列。但在三维阵列命令中，进行阵列复制操作时增加了层数的设置，在进行环形阵列操作时，其阵列中心并非由一个阵列中心点控制，而是由阵列中心的旋转轴而确定。

执行“三维阵列”命令的常用方法有如下两种。

- 选择“修改”｜“三维操作”｜“三维阵列”命令。
- 执行 3DArray 命令。

【练习 15-10】使用“三维阵列”命令矩形阵列长方体。

实例分析：执行“三维阵列”后，选择要阵列的模型，然后在弹出的菜单中选择“矩形(R) ”选项，即可对模型进行三维阵列，在阵列过程中，可以指定阵列的行数、列数、层数，以及各对象之间的距离。

(1) 创建一个边长为 10 的立方体作为三维阵列对象。

(2) 执行 3DArray 命令，选择球体作为要阵列的实体对象并确定。

(3) 在弹出的菜单中选择“矩形(R) ”选项，如图 15-58 所示。当系统提示“输入行数(---): <当前> ”时，输入阵列的行数并确定，如图 15-59 所示。

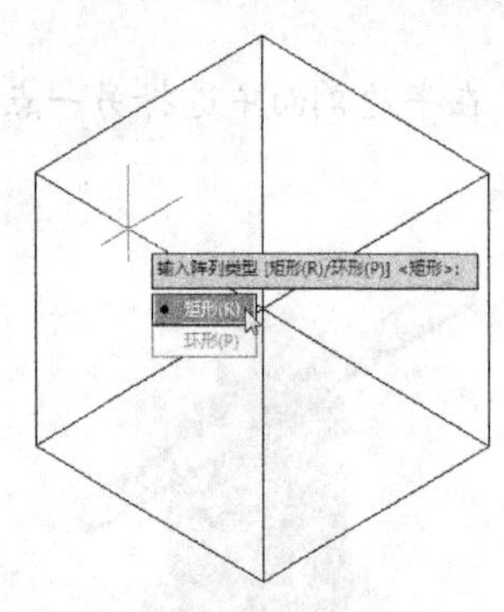

图 15-58　选择阵列类型

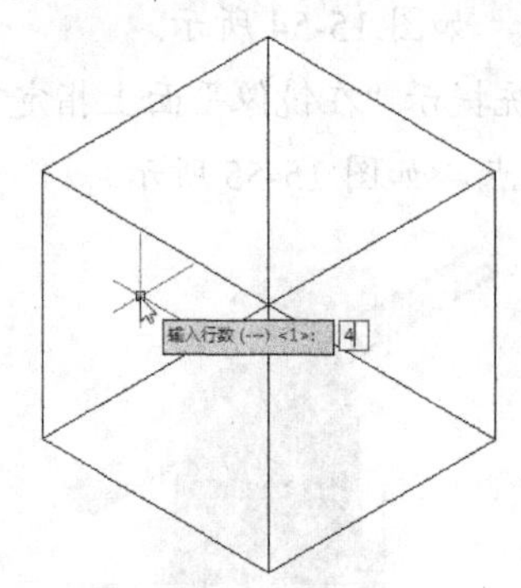

图 15-59　设置阵列行数

(4) 当系统提示“输入列数 (---):<当前>”时，设置阵列的列数，如图 15-60 所示。设置阵列的层数，如图 15-61 所示。

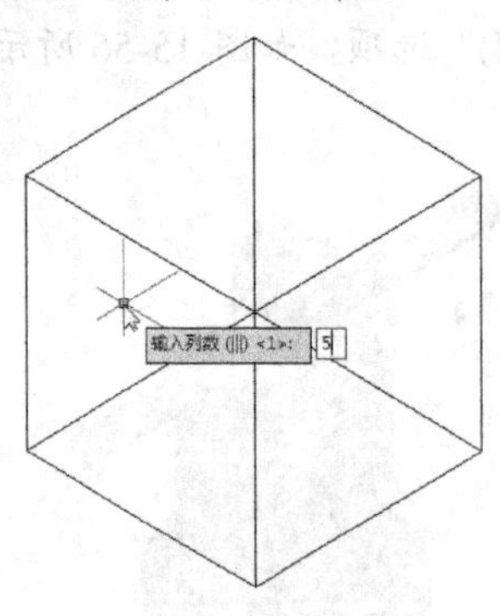

图 15-60　设置阵列列数

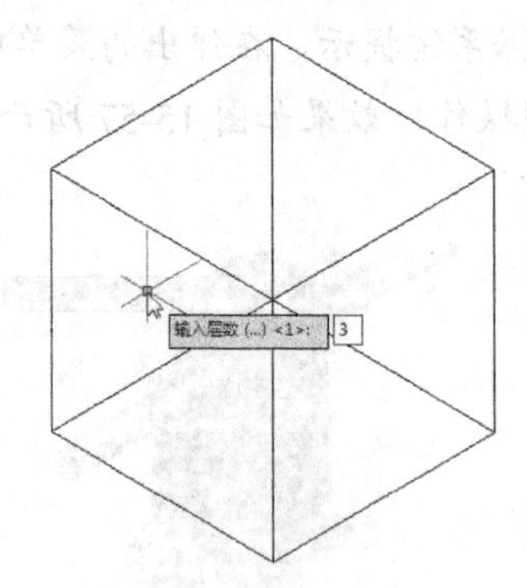

图 15-61　设置阵列层数

(5) 当系统提示“指定行间距(---):<当前>”时，设置阵列的行间距，如图 15-62 所示。设置阵列的列间距，如图 15-63 所示。

(6) 当系统提示“指定层间距(---):<当前>”时，设置阵列的层间距，如图 15-64 所示。进行确定，阵列后的效果如图 15-65 所示。

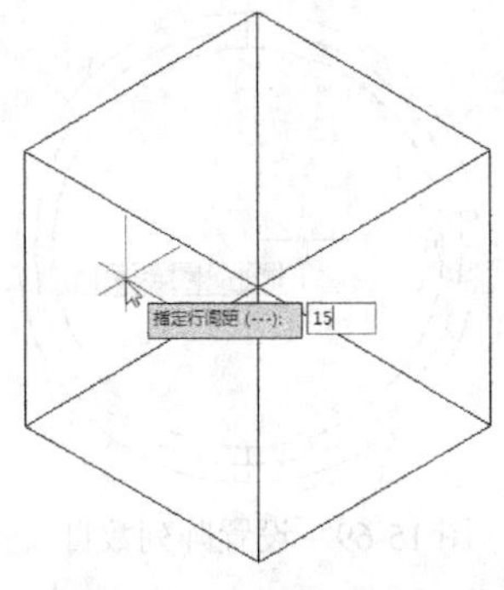

图 15-62　指定行间距

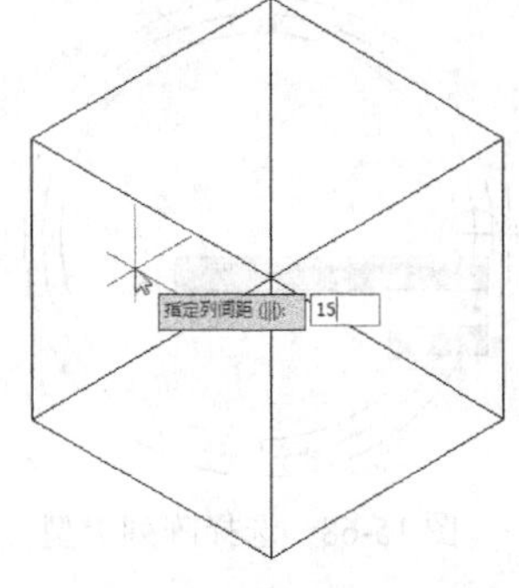

图 15-63　指定列间距

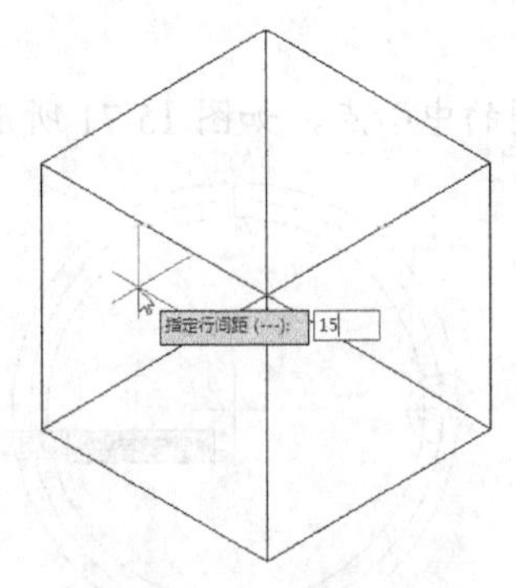

图 15-64　指定层间距

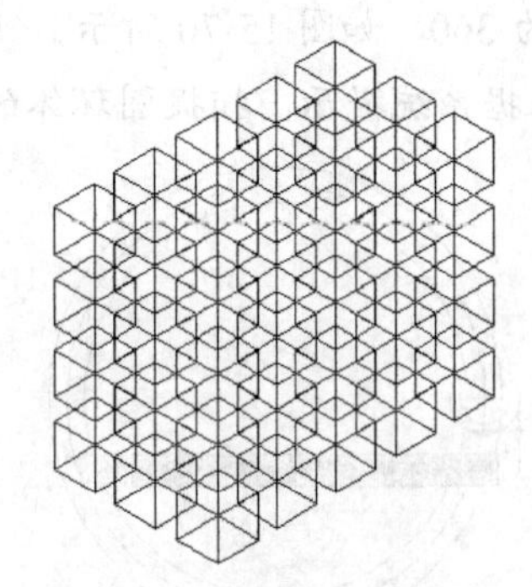

图 15-65　矩形阵列效果

【练习 15-11】使用“三维阵列”命令创建珠环模型。

实例分析：在本例中，需要使用三维阵列中的环形阵列功能，进行三维环形阵列操作时，关键点在于正确指定阵列的轴对象。

(1) 使用“圆环体”命令创建一个半径为 60、圆管半径为 5 的圆环体，如图 15-66 所示。

(2) 执行 Sphere(球体)命令，以圆环体的圆管中心为球体中心点，创建一个半径为 10 的球体，如图 15-67 所示。

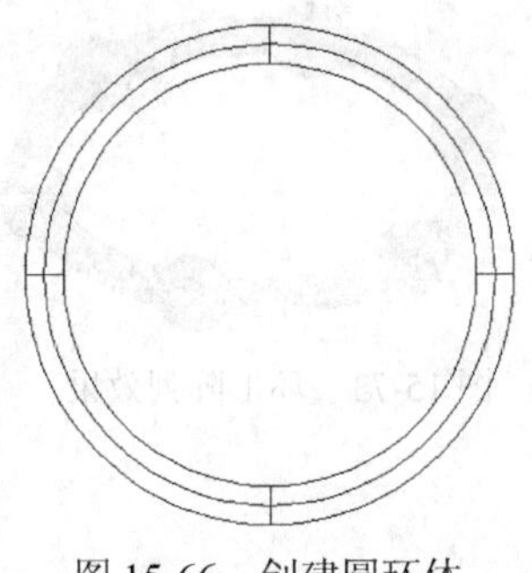

图 15-66　创建圆环体

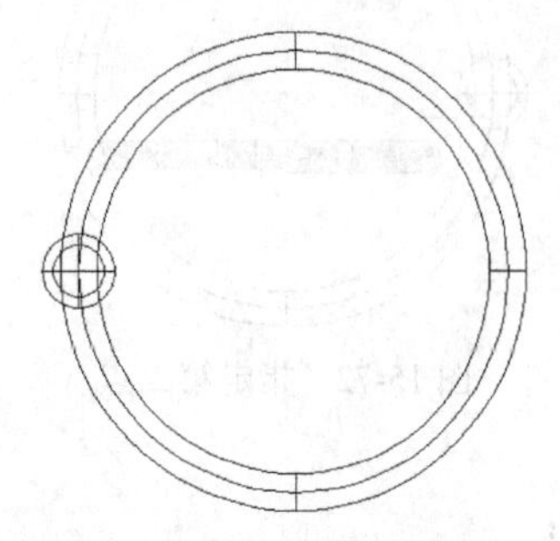

图 15-67　创建球体

(3) 执行 3DArray 命令，选择球体作为要阵列的对象，在弹出的菜单中选择“环形(P)”选项，如图 15-68 所示。

(4) 当系统提示“输入阵列中的项目数目：”时，设置阵列的数目为 6，如图 15-69 所示。

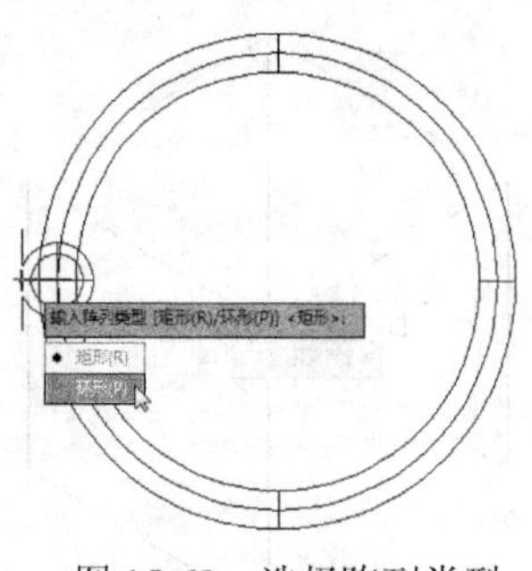

图 15-68　选择阵列类型

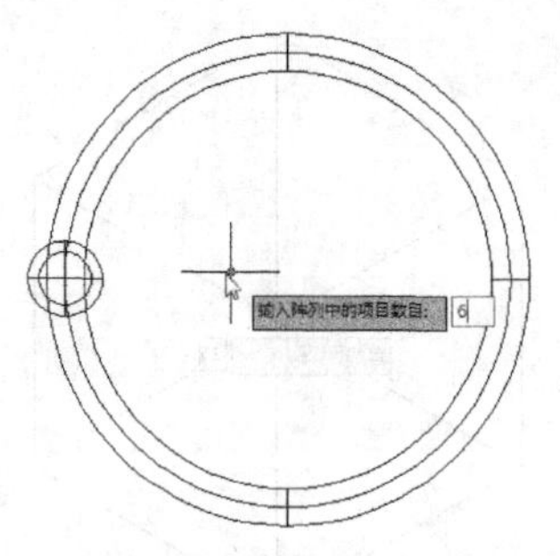

图 15-69　设置阵列数目

(5) 当系统提示“指定要填充的角度 (+=逆时针, -=顺时针) <当胶>:”时，设置阵列填充的角度为 360，如图 15-70 所示。

(6) 根据系统提示，捕捉圆环体的圆心作为阵列的中心点，如图 15-71 所示。

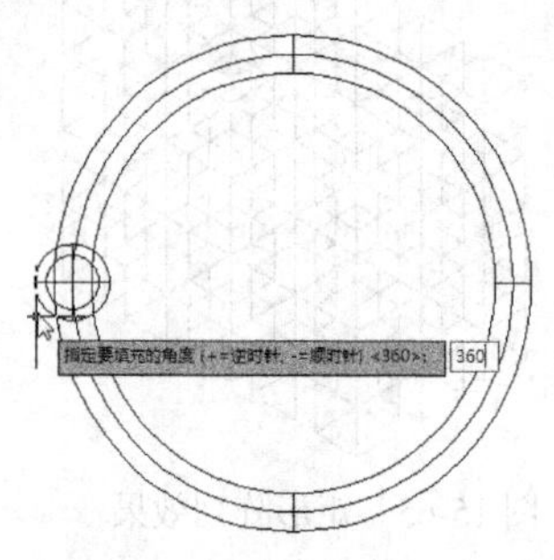

图 15-70　设置阵列填充角度

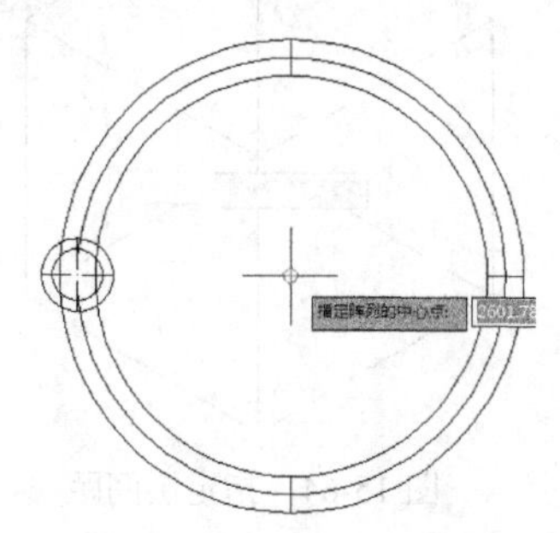

图 15-71　设置阵列中心点

(7) 当系统提示“指定旋转轴上的第二点:”时，输入第二点的相对坐标为“@0，0，5”并确定，以确定第二点与第一点在垂直线上，如图 15-72 所示。

(8) 将视图切换到“西南等轴测”视图中，然后将视觉样式设置为“概念”，得到的效果如图 15-73 所示。

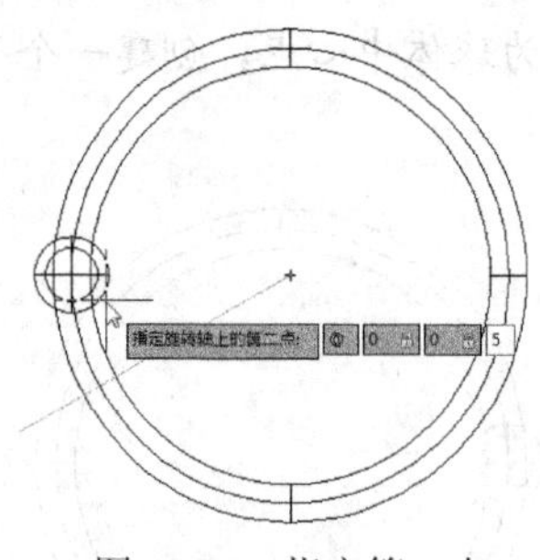

图 15-72　指定第二点

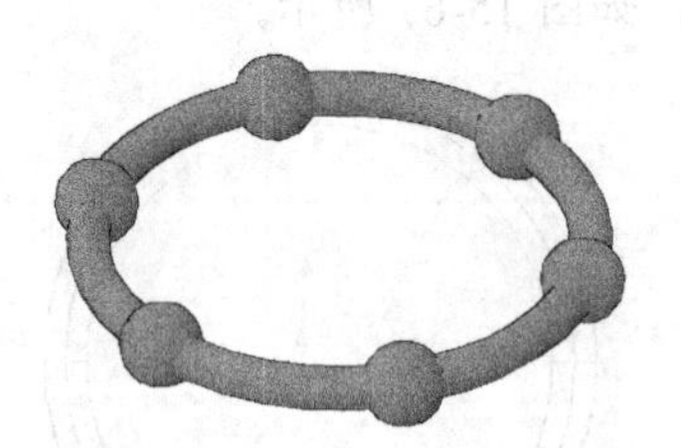

图 15-73　环形阵列效果

注意:

在输入旋转轴上第二点的相对坐标时，只要前面两个数字(即 X 和 Y 轴)为 0，后面的数字(即 Z 轴)可以是其他任意数字，都可以确定旋转轴为 Z 轴。

15.3　编辑三维实体

在创建三维模型的操作中，对三维实体进行编辑，可以创建出更复杂的模型，例如可以对模型边进行倒角和圆角处理，也可以对模型进行分解。

15.3.1　倒角模型

使用“倒角边”命令可以为三维实体边和曲面边建立倒角。在创建倒角边的操作中，可以同时选择属于相同面的多条边。在设置倒角边的距离时，可以通过输入倒角距离值，或单击并拖动倒角夹点来确定。

执行“倒角边”命令的常用方法有如下 3 种。

- 选择“修改”|“实体编辑”|“倒角边”命令。
- 单击“实体编辑”面板中的“倒角边”按钮。
- 执行 Chamferedge 命令。

执行 Chamferedge 命令，系统将提示“选择一条边或 [环(L)/距离(D)]:”，其中各选项的含义如下。

- 选择边：选择要建立倒角的一条实体边或曲面边。
- 距离：选择该项，可以设定倒角边的距离 1 和距离 2 的值。其默认值为 1。
- 环：对一个面上的所有边建立倒角。对于任何边，有两种可能的循环。选择循环边后，系统将提示用户接受当前选择，或选择下一个循环。

【练习 15-12】对长方体的边进行倒角，设置倒角的距离 1 为 15、距离 2 为 20。

实例分析：对长方体的边进行指定距离的倒角时，可以在操作过程中输入 d 并确定，以选择“距离(D)”选项，然后依次指定倒角的距离 1 和距离 2 的值。

(1) 绘制一个长度为 80、宽度为 80、高度为 60 的长方体。

(2) 选择“修改”|“实体编辑”|“倒角边”命令，然后选择长方体的一个边作为倒角边对象，如图 15-74 所示。

(3) 在系统提示“选择一条边或 [环(L)/距离(D)]:”时，输入 d 并确定，以选择“距离(D)”选项，如图 15-75 所示。

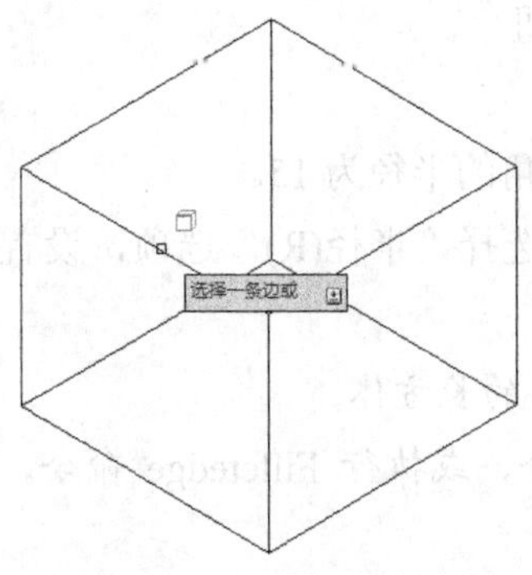

图 15-74　选择倒角边对象

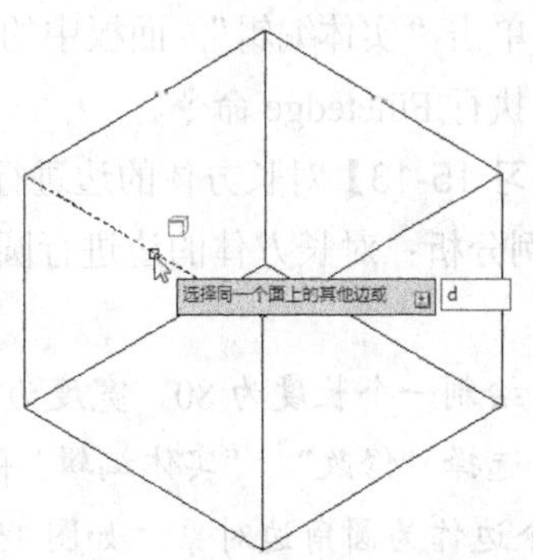

图 15-75　输入 d 并确定

(4) 根据系统提示输入“距离 1”的值为 15 并确定，如图 15-76 所示。

(5) 根据系统提示输入“距离 2”的值为 20 并确定，如图 15-77 所示。

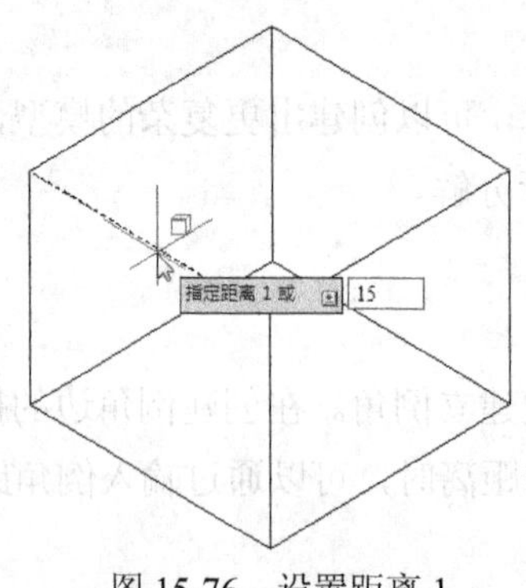

图 15-76　设置距离 1

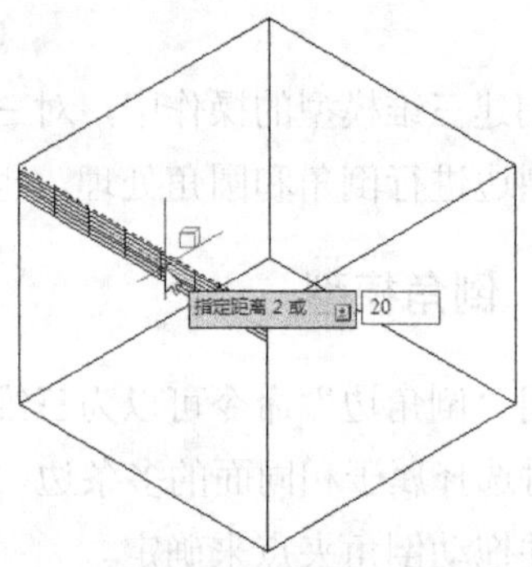

图 15-77　设置距离 2

(6) 当系统提示“选择同一个面上的其他边或 [环(L)/距离(D)]”时，如图 15-78 所示，连续两次按下空格键进行确定，完成倒角边的操作，效果如图 15-79 所示。

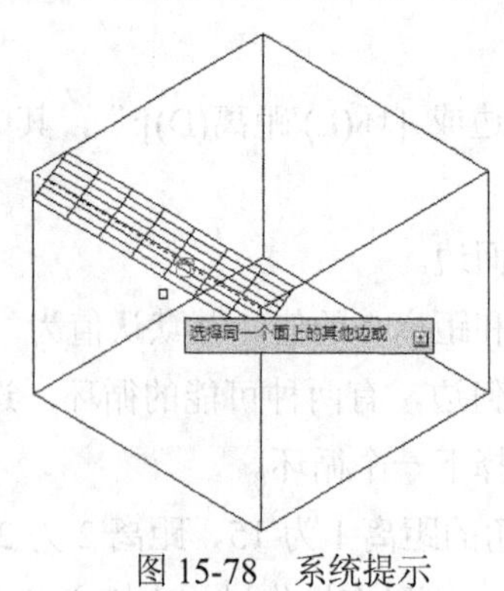

图 15-78　系统提示

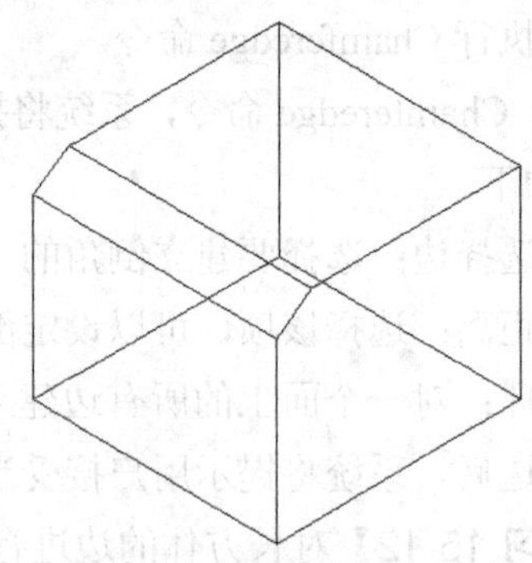

图 15-79　倒角边效果

15.3.2　圆角模型

使用“圆角边”命令可以为实体对象的边制作圆角，在创建圆角边的操作中，可以选择多条边。圆角的大小可以通过输入圆角半径值或单击并拖动圆角夹点来确定。

执行“倒角边”命令的常用方法有如下 3 种。

- 选择“修改”|“实体编辑”|“圆角边”命令。
- 单击“实体编辑” 面板中的“圆角边”按钮。
- 执行 Filletedge 命令。

【练习 15-13】对长方体的边进行圆角，设置圆角的半径为 15。

实例分析：对长方体的边进行圆角，可以通过选择“半径(R)”选项，设置圆角的半径值。

(1) 绘制一个长度为 80、宽度为 80、高度为 60 的长方体。

(2) 选择“修改”|“实体编辑”|“圆角边”命令，或执行 Filletedge 命令，选择长方体的一个边作为圆角边对象，如图 15-80 所示。

(3) 在弹出的菜单列表中选择“半径(R)”选项，如图 15-81 所示。

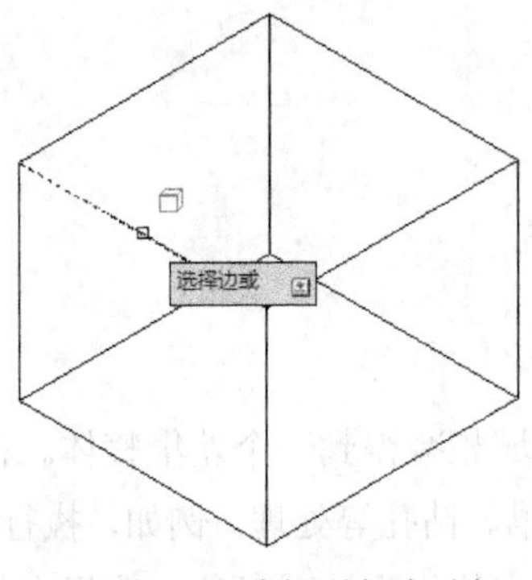

图 15-80　选择圆角边对象

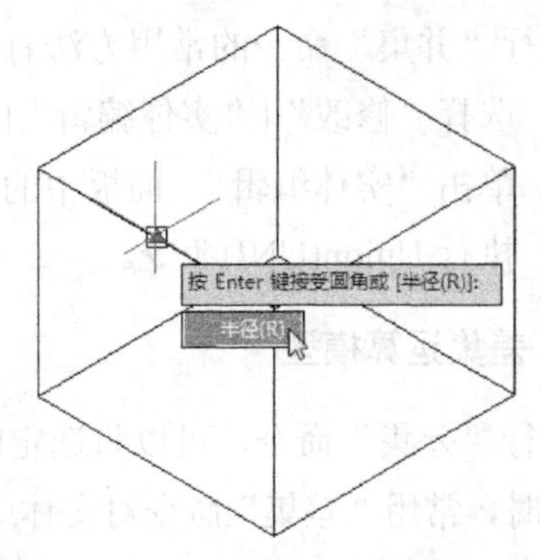

图 15-81　选择“半径(R)”选项

(4) 设置圆角半径的值为 15，如图 15-82 所示。然后按下空格键进行确定圆角边操作，效果如图 15-83 所示。

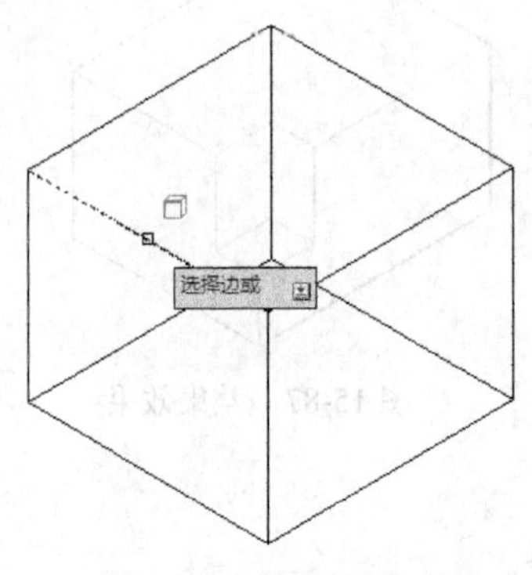

图 15-82　设置圆角半径

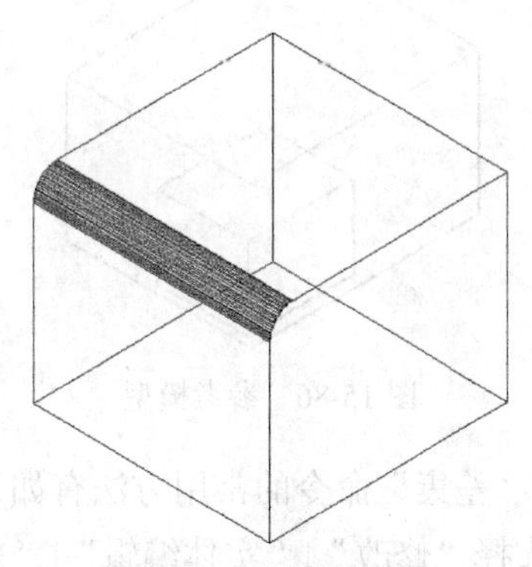

图 15-83　圆角边效果

15.3.3　布尔运算实体

对实体对象进行布尔运算，可以将多个实体合并在一起(即并集运算)，或是从某个实体中减去另一个实体(即差集运算)，还可以只保留相交的实体(即交集运算)。

1. 并集运算模型

执行“并集”命令，可以将选定的两个或以上的实体合并成为一个新的整体。并集实体是两个或多个现有实体的全部体积合并起来形成的。例如，执行 Union 命令，选择如图 15-84 所示的两个长方体作为并集对象并确定，得到的并集效果如图 15-85 所示。

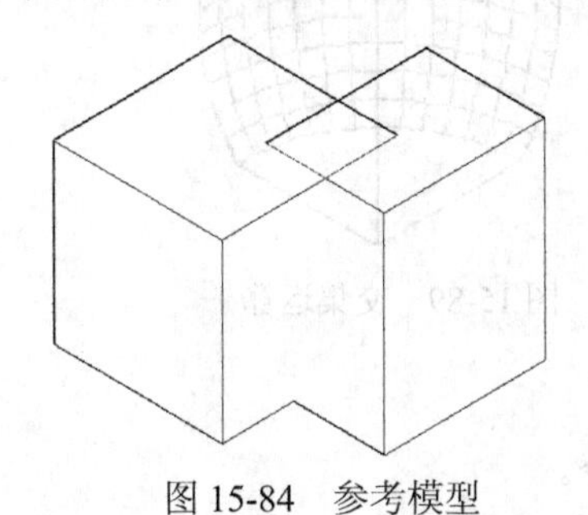

图 15-84　参考模型

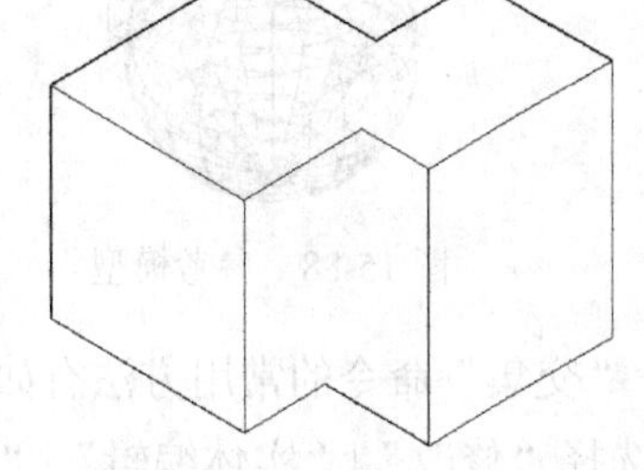

图 15-85　并集长方体

执行“并集”命令的常用方法有如下 3 种。

- 选择“修改”|“实体编辑”|“并集”命令。
- 单击“实体编辑” 面板中的“并集”按钮。
- 执行 Union(UNI)命令。

2. 差集运算模型

执行“差集”命令，可以将选定的组合实体或面域相减得到一个差集整体。在绘制机械模型时，常用“差集”命令对实体或面域上进行开槽、钻孔等处理。例如，执行 Subtract 命令，在如图 15-86 所示的两个长方体中，选择大长方体作为被减对象，选择小长方体作为要减去的对象，得到的差集运算效果如图 15-87 所示。

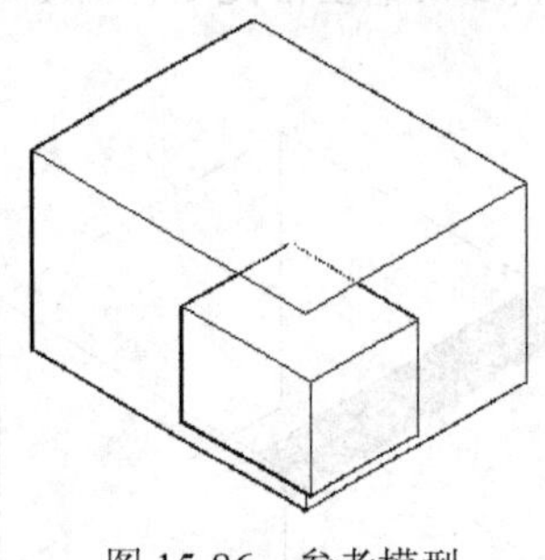

图 15-86　参考模型

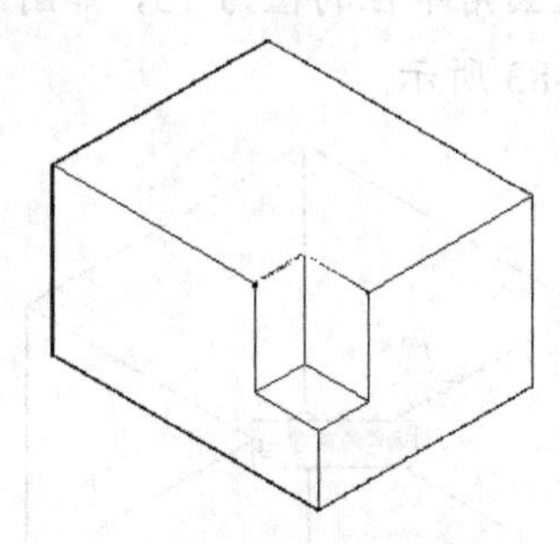

图 15-87　差集效果

执行“差集”命令的常用方法有如下 3 种。

- 选择“修改”|“实体编辑”|“差集”命令。
- 单击“实体编辑” 面板中的“差集”按钮。
- 执行 Subtract(SU)命令。

3. 交集运算模型

执行“交集”命令，可以从两个或多个实体或面域的交集中创建组合实体或面域，并删除交集外面的区域。例如，执行 Intersect 命令，选择如图 15-88 所示的长方体和球体并确定，即可完成两个模型的交集运算，效果如图 15-89 所示

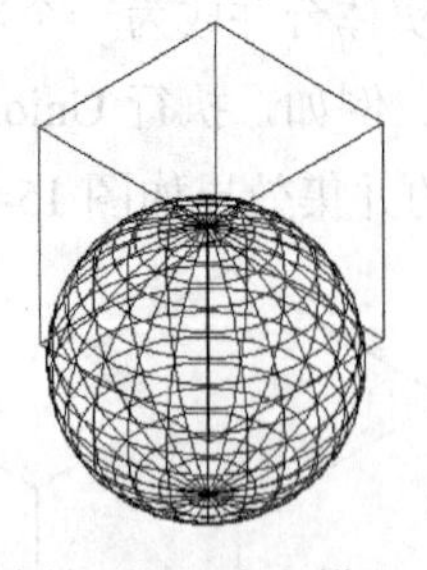

图 15-88　参考模型

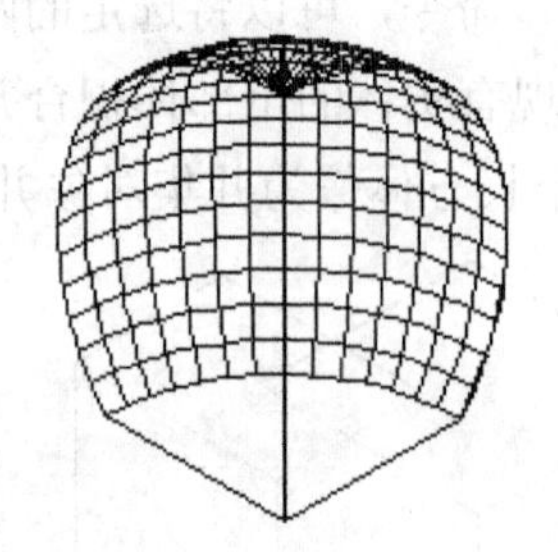

图 15-89　交集运算

执行“交集”命令的常用方法有如下 3 种。

- 选择“修改”|“实体编辑”|“交集”命令。
- 单击“实体编辑” 面板中的“交集”按钮。

● 执行 Intersect(IN)命令。

【练习 15-14】使用建模和布尔运算命令绘制如图 15-90 所示的支架模型。

实例分析：在绘制本例支架模型的过程中，不仅需要使用建模命令绘制长方体和圆柱体，还需要多次使用并集和差集命令对模型进行布尔运算。

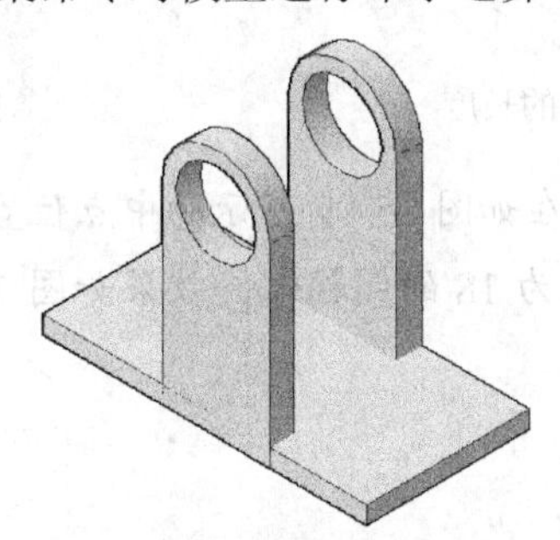

图 15-90　绘制支架模型

(1) 将视图转换为“东南等轴测”视图，然后执行 Box 命令，绘制一个长为 240、宽为 120、高为 18 的长方体，效果如图 15-91 所示。

(2) 执行 Cylinder 命令，绘制两个定底面的半径为 18、高度为 18 的圆柱体，圆柱体的底面与长方体的底面对齐，效果如图 15-92 所示。

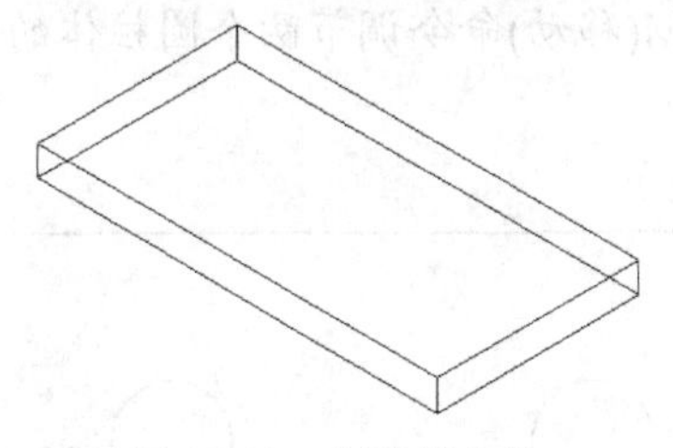

图 15-91　创建长方体

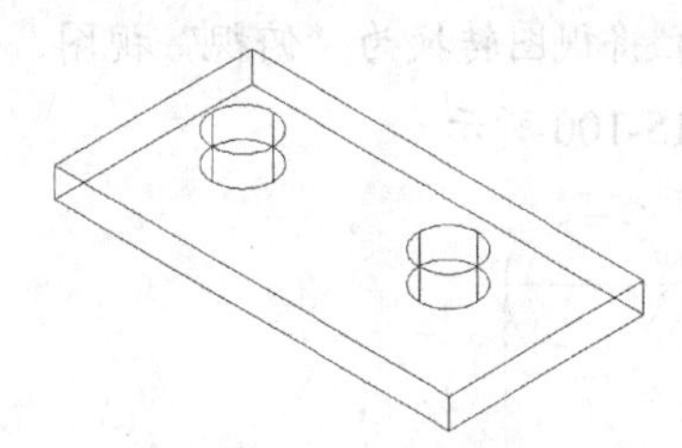

图 15-92　创建圆柱体

(3) 执行 SU(差集)命令，选择长方体对象作为源对象，然后依次选择两个圆柱体作为减去的对象。

(4) 执行“视图” | “消隐”命令，得到的差集运算效果如图 15-93 所示。

(5) 执行 Box 命令，在如图 15-94 所示的位置指定长方体的第一个角点。

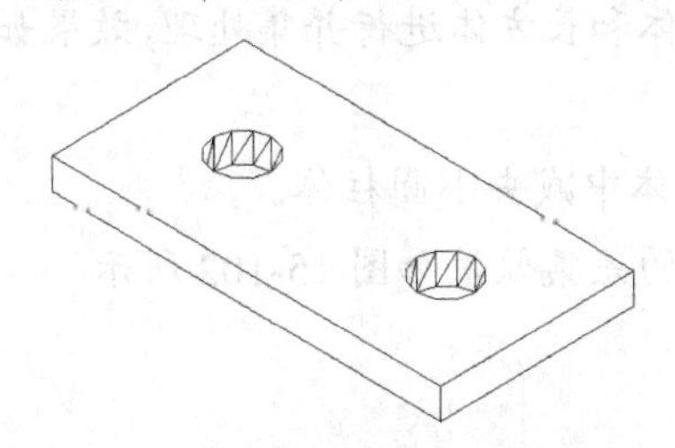

图 15-93　消隐后的差集运算效果

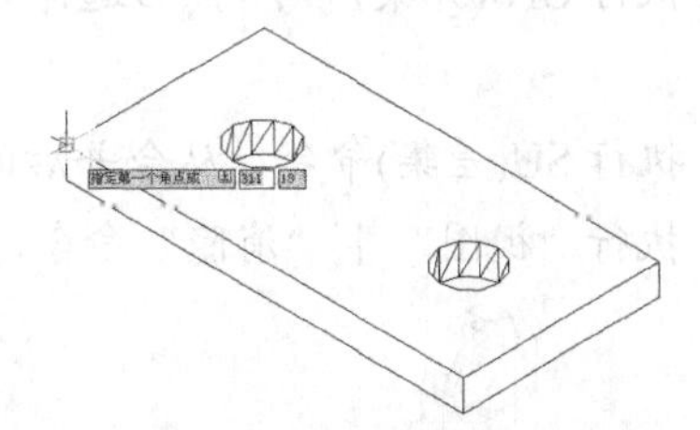

图 15-94　指定长方体的第一个角点

(6) 当系统提示“指定其他角点或[立方体(C)/长度(L)]:”时，输入 L 并确定。选择“长度(L)”选项，然后指定长方体的长度为 18，如图 15-95 所示。

(7) 依次指定长方体的宽度为 180、高度为 80，完成效果如图 15-96 所示。

(8) 将视图转换为“前视”视图。

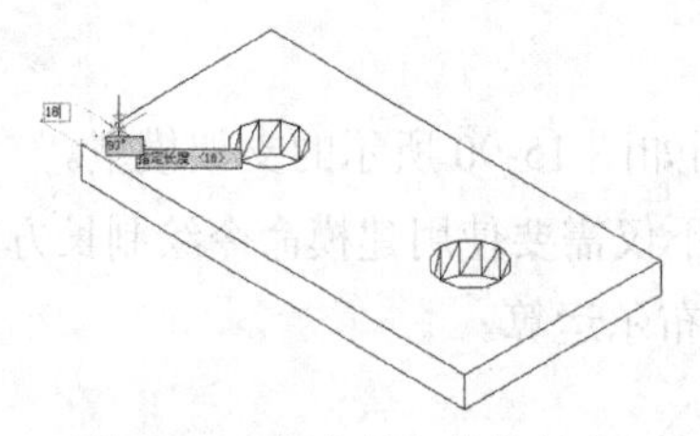

图 15-95　指定长方体的长度

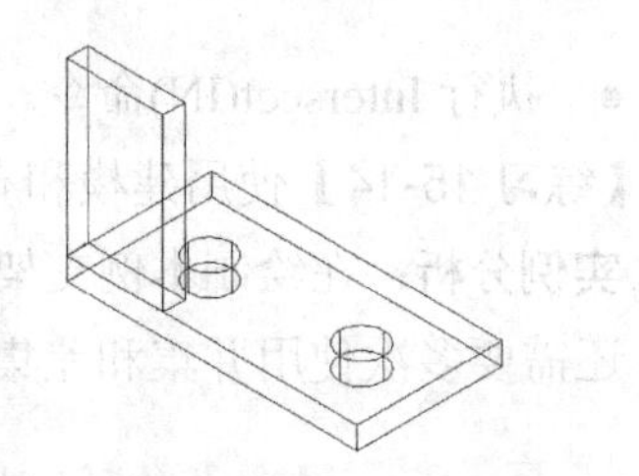

图 15-96　创建长方体效果

(9) 执行 Cylinder 命令，在如图 15-97 所示的中点位置指定圆柱底面的中心点，然后创建一个底面半径为 40、高度为 18 的圆柱体，效果如图 15-98 所示。

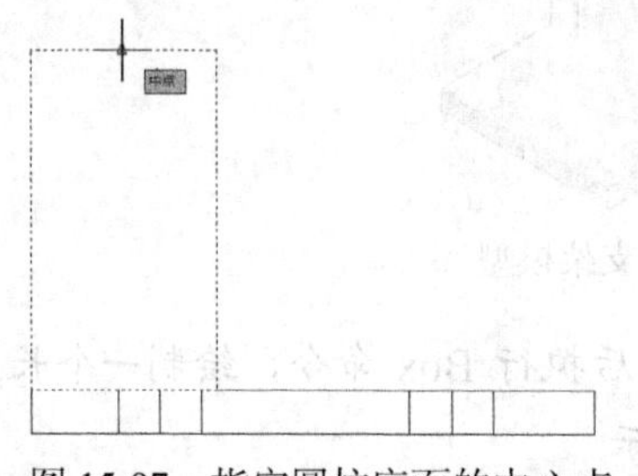

图 15-97　指定圆柱底面的中心点

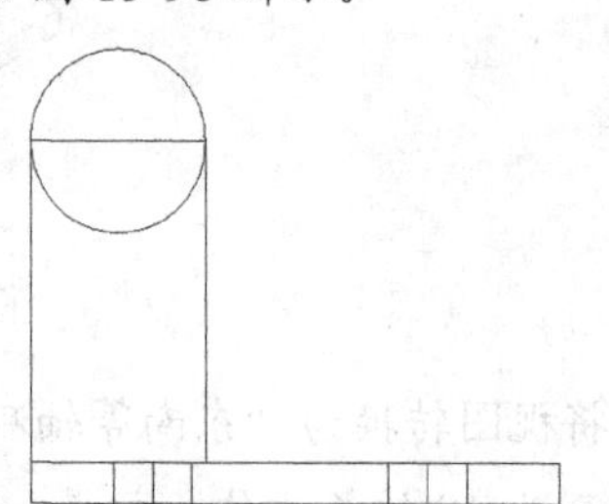

图 15-98　创建的圆柱体效果

(10) 使用同样的方法创建一个半径为 30、高度为 18 的圆柱体，效果如图 15-99 所示。

(11) 将视图转换为“俯视”视图，然后使用 M(移动)命令调节两个圆柱体的位置，效果如图 15-100 所示。

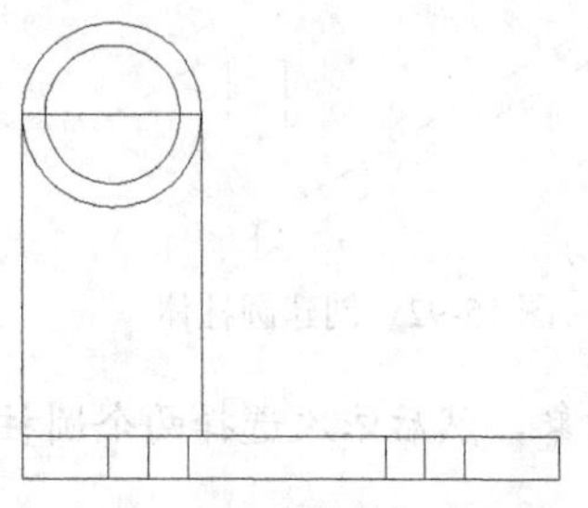

图 15-99　创建的圆柱体效果

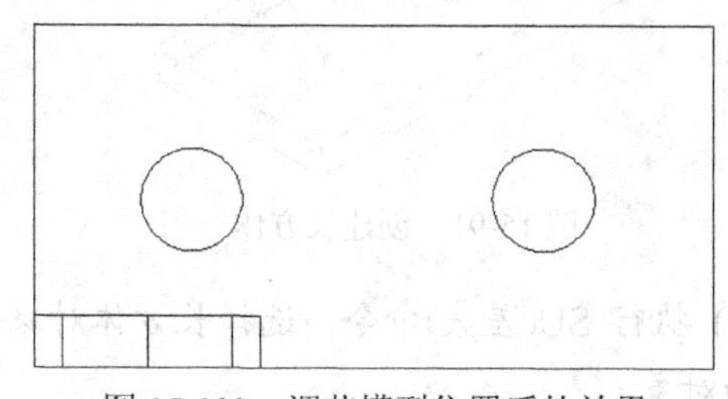

图 15-100　调节模型位置后的效果

(12) 将视图转换为“东南等轴测”视图。

(13) 执行 UNI(并集)命令，然后选择大圆柱体和长方体进行并集处理，效果如图 15-101 所示。

(14) 执行 SU(差集)命令，从合并后的长方体中减去小圆柱体。

(15) 执行“视图” | “消隐”命令，得到的差集效果如图 15-102 所示。

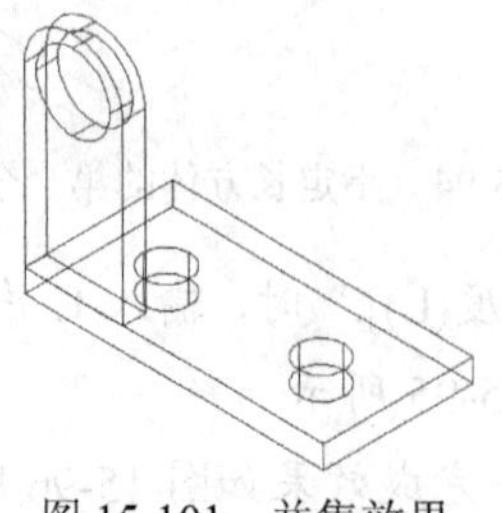

图 15-101　并集效果

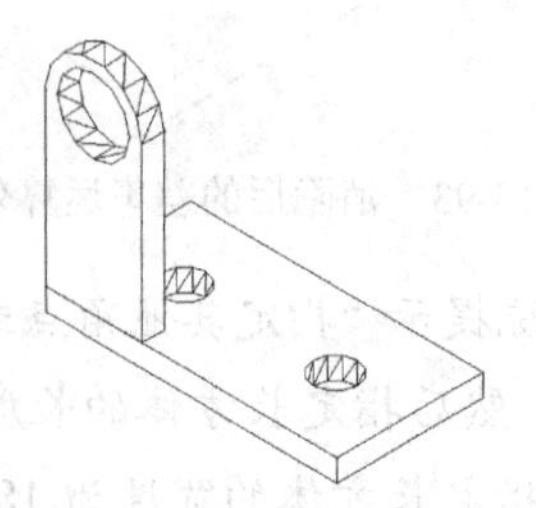

图 15-102　差集效果

(16) 在俯视图中使用 M(移动)命令对差集运算后的对象进行移动，然后返回“东南等轴测”视图，效果如图 15-103 所示。

(17) 使用 CO(复制)命令对编辑后的长方体进行复制，效果如图 15-104 所示。

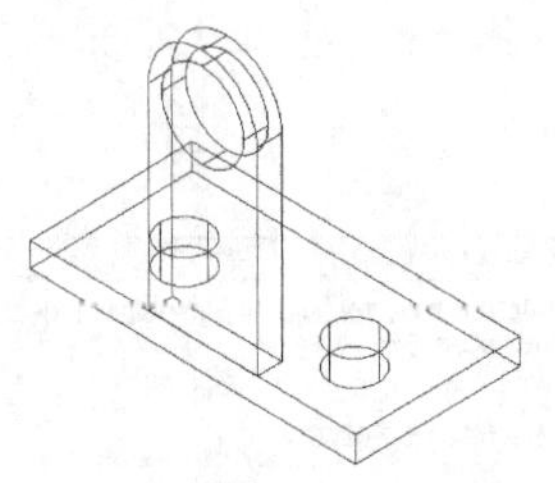
图 15-103 移动差集对象

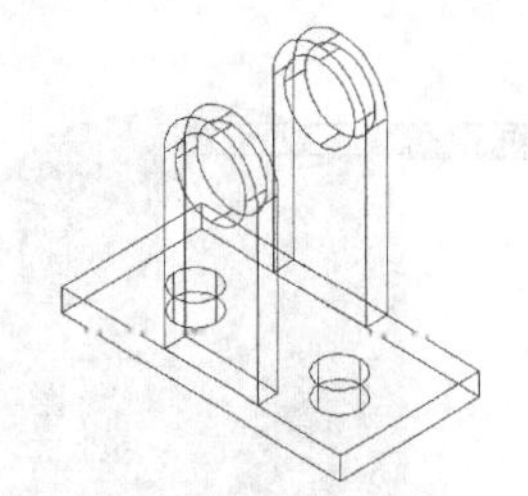
图 15-104 复制对象效果

(18) 执行 UNI(并集)命令，选择所有对象并确定，对图形进行合并。

(19) 选择“视图” | “视觉样式” | “概念”命令，完成模型的创建。

15.3.4 分解模型

创建的每一个实体都是一个整体，若要对创建的实体中的某一部分进行编辑操作，可以先将实体进行分解后再进行编辑。

执行分解实体的命令有如下两种常用方法。

- 选择“修改”|“分解”命令。
- 执行 explode(X)命令。

执行上述任意命令后，实体中的平面被转化为面域，曲面被转化为主体。用户还可以继续使用该命令，将面域和主体分解为组成它们的基本元素，如直线、圆和圆弧等图形。

15.4 渲染三维模型

在 AutoCAD 中，可以通过为模型添加灯光和材质，对其进行渲染，得到更形象的三维实体模型，渲染后的图像效果会变得更加逼真。

15.4.1 添加模型灯光

由于 AutoCAD 中存在默认的光源，因此在添加光源之前仍然可以看到物体。用户可以根据需要添加光源，同时可以将默认光源关闭。在 AutoCAD 中，可以添加的光源包括点光源、聚光灯、平行光和阳光等类型。

选择“视图”|“渲染”|“光源”命令，在弹出的子菜单中选择其中的命令，然后根据系统提示即可创建相应的光源。

【练习 15-15】为圆柱体模型添加点光源。

实例分析：在为模型添加光源的操作中，需要指定光源的类型和位置，以及光源强度。

(1) 选择“绘图” | “建模” | “圆柱体”命令，绘制一个底面半径为 800、高度为 1200

的圆柱体，然后将视觉样式修改为“真实”样式，如图 15-105 所示。

(2) 选择“视图”|“渲染”|“光源”|“新建点光源”命令，在打开的对话框中单击“关闭默认灯光(建议)”选项，如图 15-106 所示。

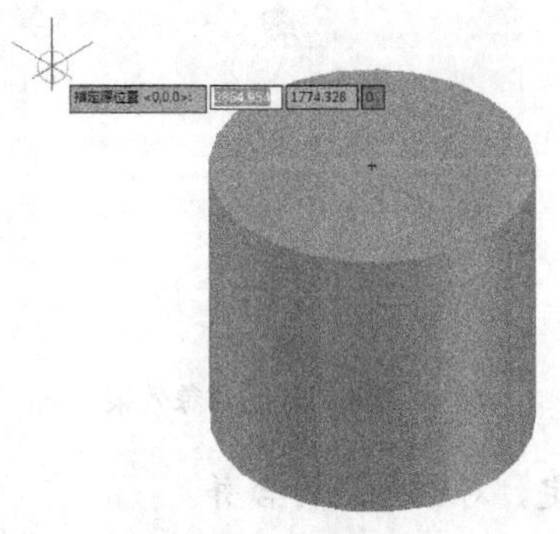

图 15-105　创建圆柱体

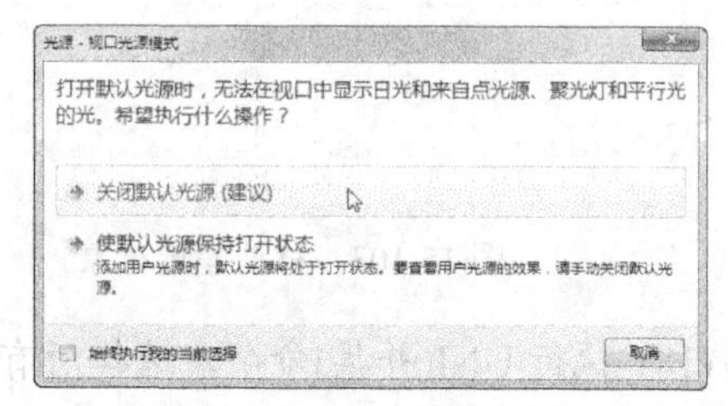

图 15-106　关闭默认灯光

(3) 根据系统提示指定创建光源的位置，如图 15-107 所示。

(4) 在弹出的菜单列表中选择“强度因子(I)”选项，如图 15-108 所示。

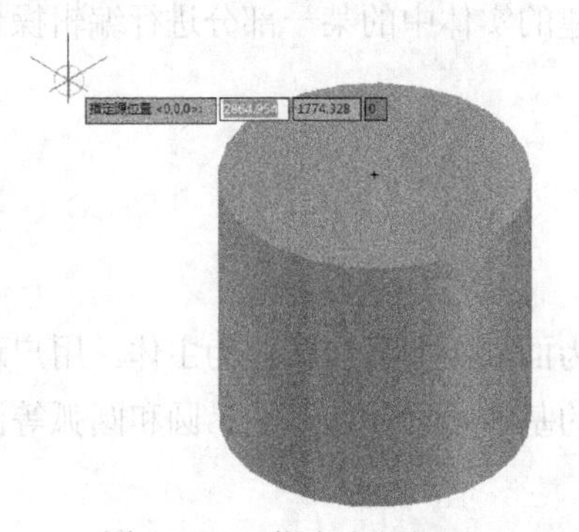

图 15-107　指定光源位置

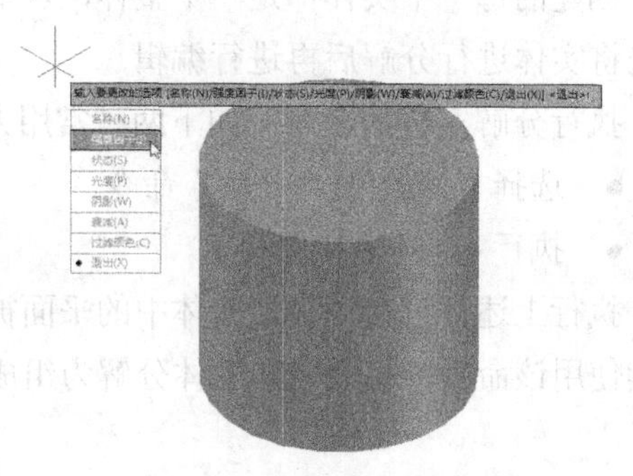

图 15-108　选择选项

(5) 根据系统提示输入光源的强度为 2，如图 15-109 所示。按下空格键进行确定，并退出命令，添加光源后的效果如图 15-110 所示。

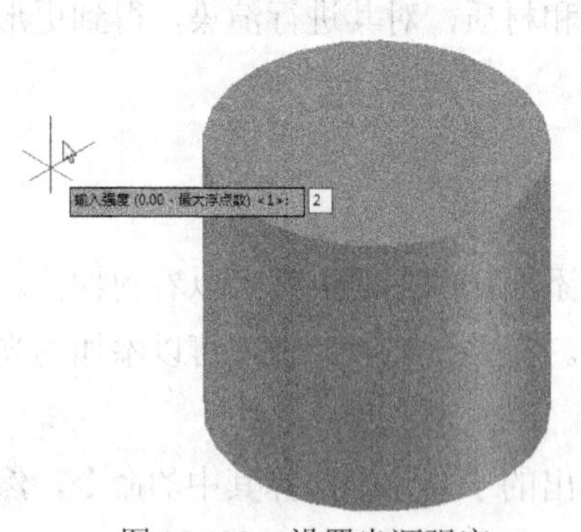

图 15-109　设置光源强度

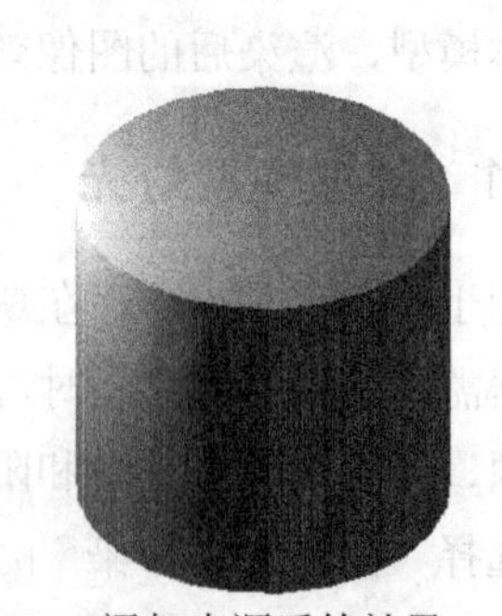

图 15-110　添加光源后的效果

15.4.2　编辑模型材质

在 AutoCAD 中，用户不仅可以为模型添加光源，还可以为模型添加材质，使模型显得更加逼真。为模型添加材质是指为其指定三维模型的材料，如瓷砖、织物、玻璃和布纹等，在添加模型材质后，还可以对材质进行编辑。

1. 添加材质

选择“视图”|“渲染”|“材质浏览器”命令，或执行 Matbrowseropen(MAT)命令，在打开的“材质浏览器”选项板中可以选择需要的材质。

【练习 15-16】为球体模型添加“实心玻璃”材质。

实例分析：在为模型添加材质的操作中，需要指定材质的类型，然后通过鼠标右键单击材质球，在弹出的菜单中选择“指定给当前选择”命令，从而将材质指定给选择对象。

(1) 创建一个球体模型，然后将视图切换到西南等轴测中，再将视觉样式修改为“真实”样式，效果如图 15-111 所示。

(2) 执行“材质浏览器(MAT)”命令，在打开的“材质浏览器”选项板左下方的“在文档中创建新材质”按钮，在弹出的列表中选择“实心玻璃”选项，如图 15-112 所示。

图 15-111　创建球体

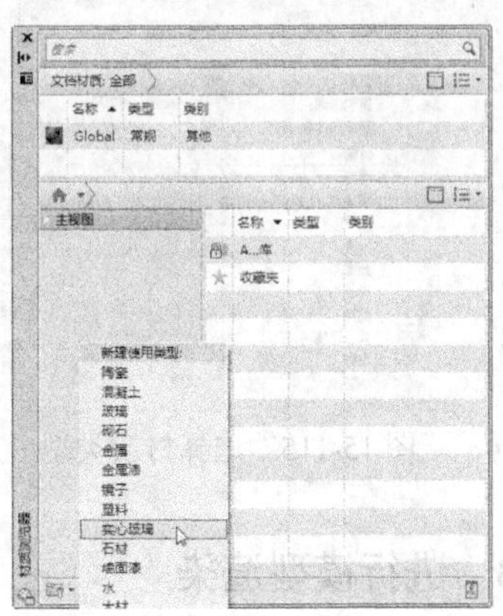

图 15-112　选择“实心玻璃”选项

(3) 选中球体模型，然后在材质列表中使用鼠标右键单击需要的材质，在弹出的菜单中选择“指定给当前选择”命令，如图 15-113 所示，即可将指定的材质赋予选择的球体，效果如图 15-114 所示。

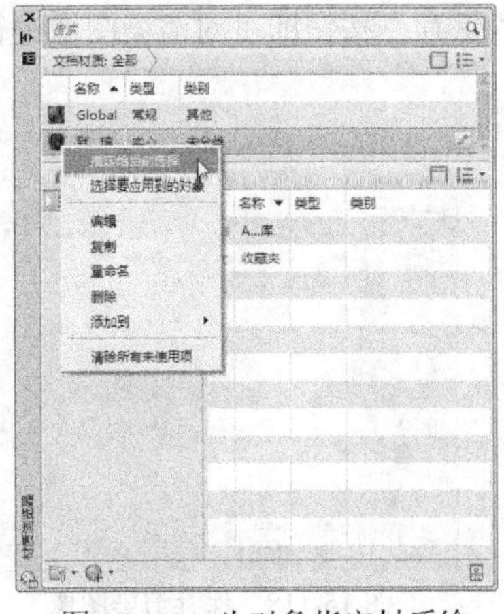

图 15-113　为对象指定材质给

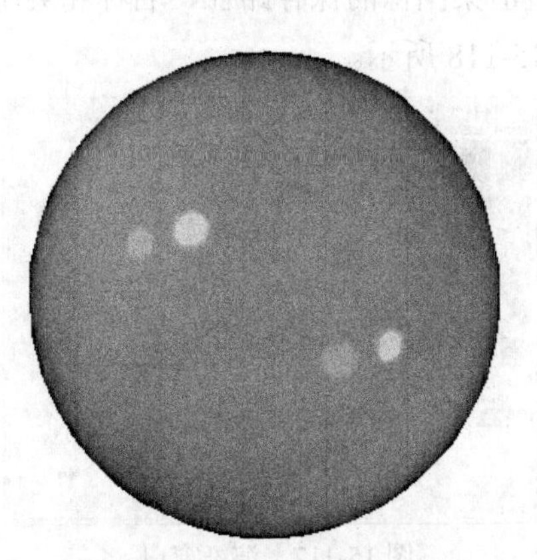

图 15-114　指定材质后的效果

2. 编辑材质

选择“视图”|“渲染”|“材质编辑器”命令，或执行 Mateditoropen 命令，在打开的“材质编辑器”选项板中可以编辑材质的属性。材质编辑器的配置将随选定材质类型的不同而有所变化。

选择“视图”|“渲染”|“材质编辑器”命令，打开“材质编辑器”选项板，单击面板下方的“创建或复制材质”下拉按钮，可以在弹出的菜单列表中选择编辑的材质类型，如“陶瓷”，如图 15-115 所示。在“陶瓷”选项栏中单击“类型”下拉按钮，在弹出的下拉列表中可以设置陶瓷的类型，如图 15-116 所示。

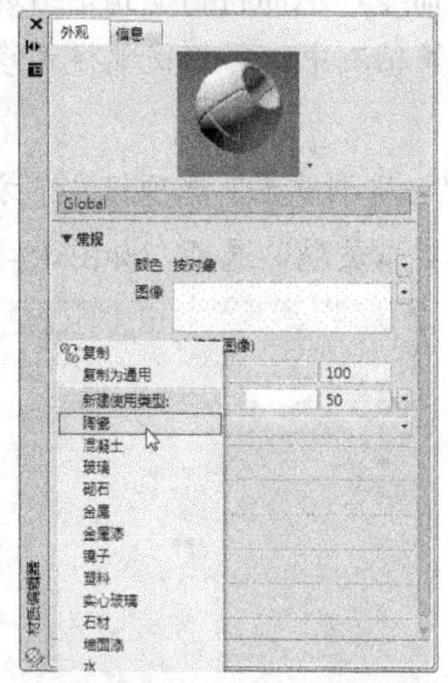

图 15-115　选择材质类型

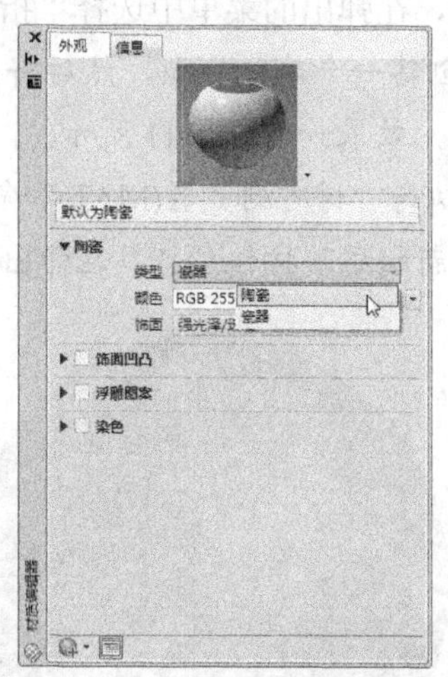

图 15-116　设置陶瓷的类型

15.4.3　进行模型渲染

选择“视图”|“渲染”|“渲染”命令，或执行 Render 命令，将打开渲染窗口，在此可以创建三维实体或曲面模型的真实照片级图像或真实着色图像。

执行 Render 命令，打开渲染窗口，即可对绘图区中的模型进行渲染，效果如图 15-117 所示。在渲染窗口中选择“文件”|“保存”命令，在打开的“渲染输出文件”对话框中可以设置渲染图像的保存路径、名称和类型，单击“保存”按钮即可对渲染图像进行保存，如图 15-118 所示。

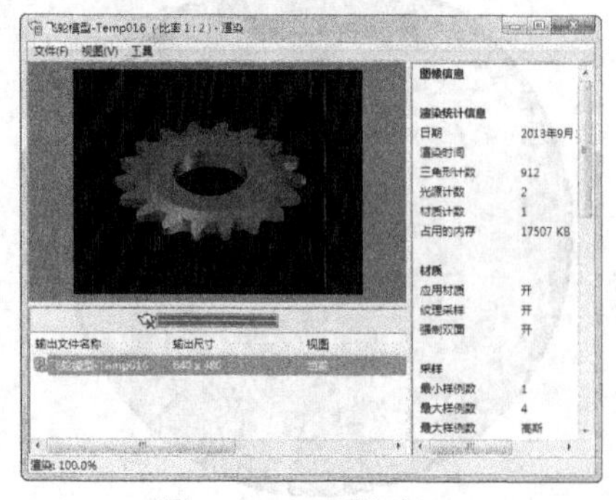

图 15-117　渲染窗口

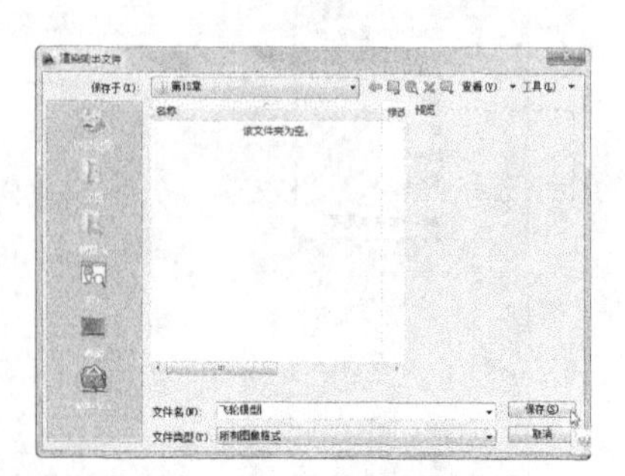

图 15-118　保存渲染图像

【练习 15-17】打开“法兰盘模型.dwg”图形文件，如图 15-119 所示，然后对法兰盘模型进行渲染，效果如图 15-120 所示。

实例分析：本例在渲染法兰盘模型的过程中，首先需要为模型添加灯光，然后编辑模型的材质，最后对模型进行渲染。

图 15-119　法兰盘模型

图 15-120　渲染效果

(1) 打开“法兰盘模型.dwg”素材模型文件。

(2) 选择“视图”|“渲染”|“光源”|“新建点光源”命令，在打开的对话框中选择“关闭默认光源(建议)”选项，如图 15-121 所示。

(3) 进入绘图区，在如图 15-122 所示的位置创建一个点光源。

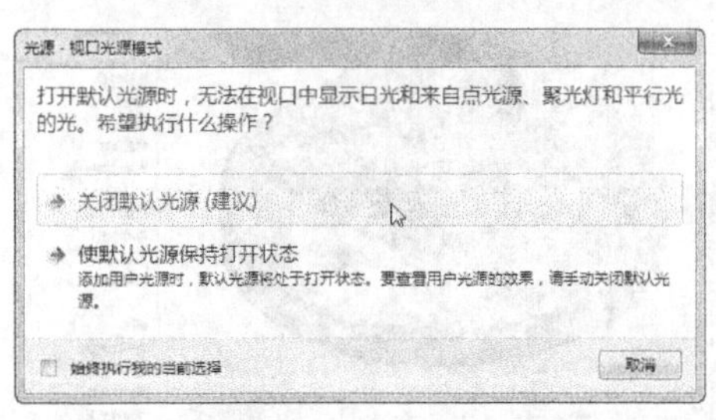

图 15-121　选择“关闭默认光源(建议)”选项

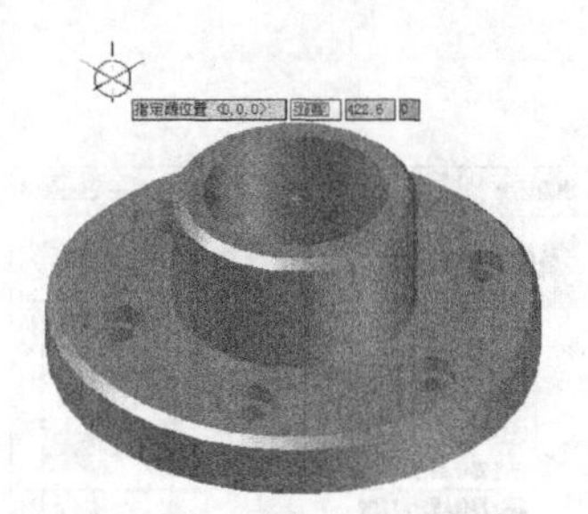

图 15-122　指定光源位置

(4) 在弹出的选项菜单中选择“强度(I)”选项，如图 15-123 所示。设置光源的强度为 1.5，并确定，效果如图 15-124 所示。

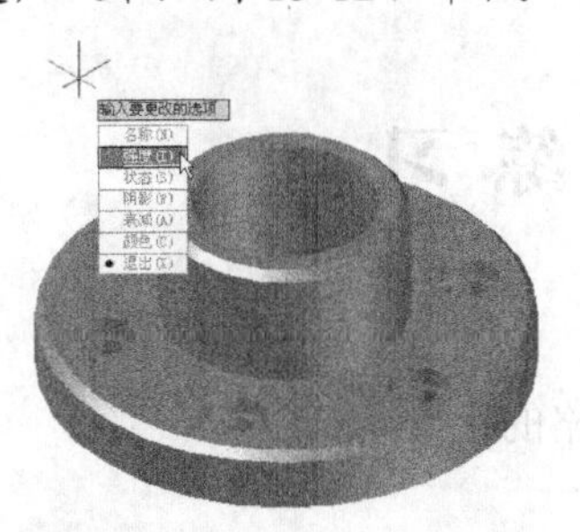

图 15-123　选择“强度(I)”选项

图 15-124　添加光源效果

(5) 选择“视图”|“三维视图”|“左视”命令，执行 M(移动)命令，将创建的点光源向上移动，效果如图 15-125 所示。

(6) 选择法兰盘模型，执行 MAT(材质浏览器)命令，打开“材质浏览器”选项板。选择“金属”选项，在右侧的“铁锈”材质上右击，在菜单中选择“指定给当前选择”命令，如图 15-126 所示。

图 15-125　移动光源效果

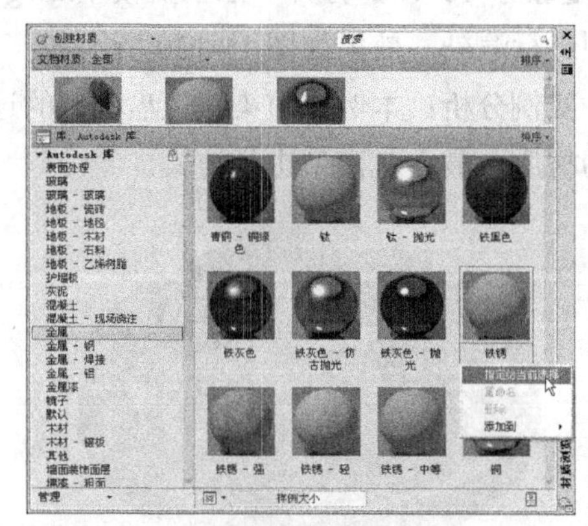

图 15-126　指定材质

(7) 选择“视图”｜“渲染”｜“渲染环境”命令，打开“渲染环境”对话框，打开雾化选项，设置环境颜色为淡蓝色(#229,235,235)，如图 15-127 所示。

(8) 执行 Render 命令，对法兰盘模型进行渲染，效果如图 15-128 所示。对渲染的模型进行保存，完成本实例的制作。

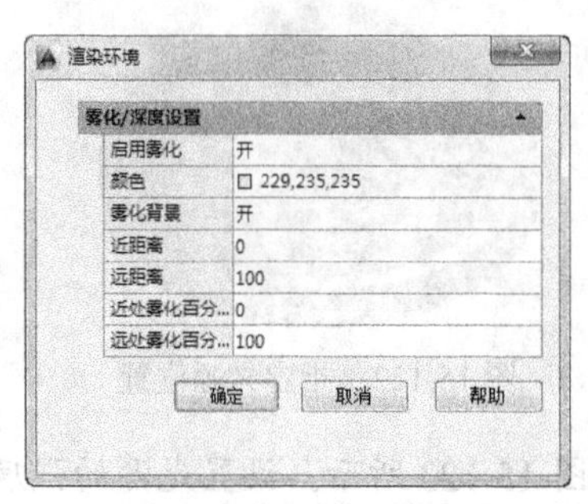

图 15-127　设置渲染环境

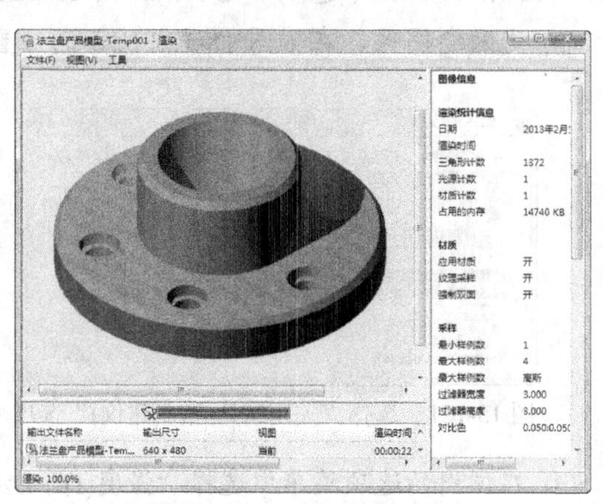

图 15-128　模型渲染效果

15.5　思 考 练 习

1. 在 AutoCAD 中，可以创建哪些网格对象？

2. 在网格对象中，使用什么系统变量控制网格的密度？

3. 在 AutoCAD 中，可以添加哪几种光源？

4. 在 AutoCAD 中，为模型添加材质是指什么？可以为模型添加哪些材质？

5. 请打开“阀盖零件图.dwg”素材图形文件，参照如图 15-129 所示的阀盖零件图的尺寸，对零件图形进行编辑，然后通过“拉伸”、“旋转”命令创建出零件模型，最后使用“三维旋转”、“三维移动”和“布尔运算”等命令对模型进行编辑完成阀盖模型的绘制，最终效果如图 15-130 所示。

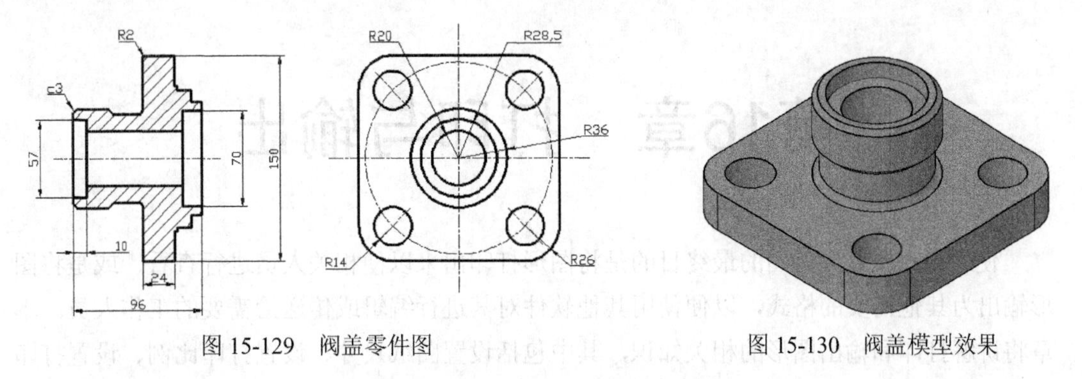

图 15-129　阀盖零件图　　　　　　　　　　　　　　图 15-130　阀盖模型效果

6. 本例将装配千斤顶模型，打开“千斤顶零件模型.dwg”素材图形文件，如图 15-131 所示。使用“三维旋转”和“三维移动”等三维操作命令对模型进行装配，效果如图 15-132 所示。

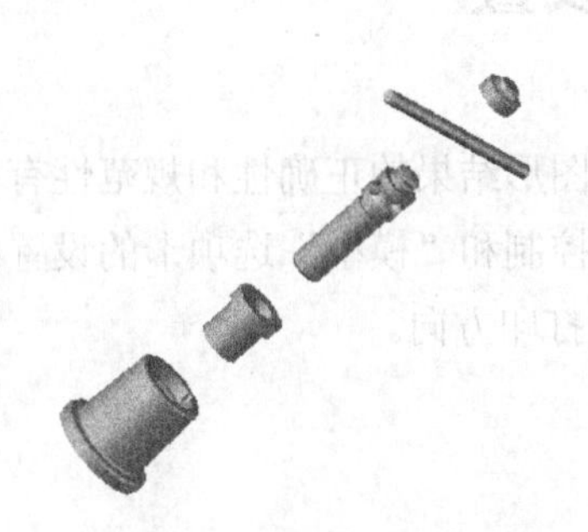

图 15-131　千斤顶分解模型

图 15-132　装配千斤顶

第16章　打印与输出

使用 AutoCAD 制图的最终目的是将图形打印出来以便相关人员进行查看，或是将图形输出为其他需要的格式，以便使用其他软件对其进行编辑或传送给需要的工作人员。本章将讲解打印和输出图形的相关知识，其中包括设置图纸尺寸、设置打印比例、设置打印方向、打印图形内容、创建电子文件和输出图形文件等内容。

16.1　页面设置

正确地设置页面参数，对确保最后打印出来的图形结果的正确性和规范性有着非常重要的作用。在页面设置管理器中，可以进行布局的控制和“模型”选项卡的设置；而在创建打印布局时，需要指定绘图仪并设置图纸尺寸和打印方向。

16.1.1　新建页面设置

选择“文件”|“页面设置管理器”命令，打开“页面设置管理器”对话框，如图 16-1 所示。单击对话框中的“新建”按钮，在打开的“新建页面设置”对话框输入新页面设置名，然后单击“确定”按钮，即可新建一个页面设置，如图 16-2 所示。

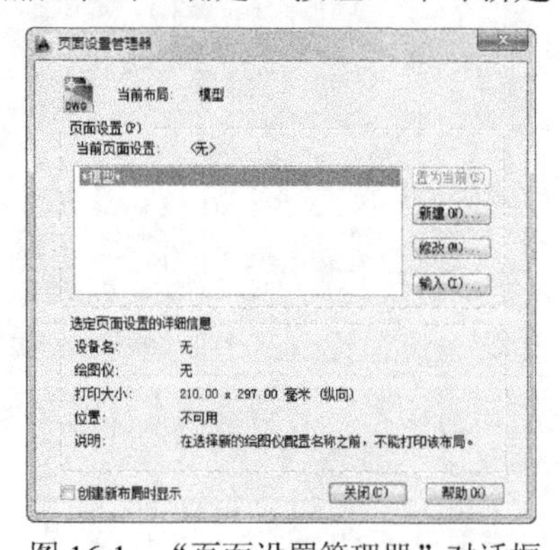

图 16-1　“页面设置管理器”对话框

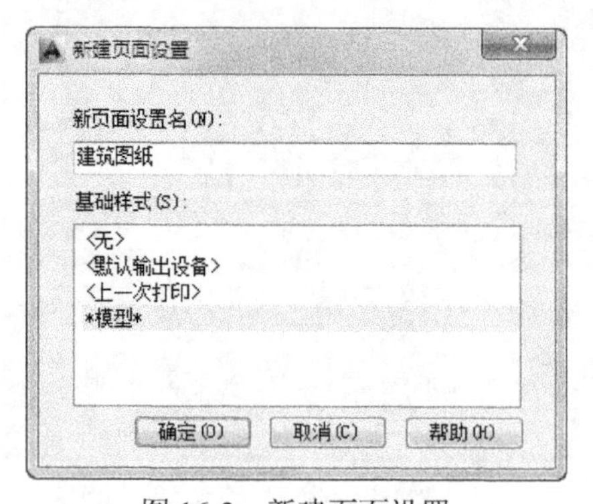

图 16-2　新建页面设置

16.1.2　修改页面设置

选择“文件”|“页面设置管理器”命令，打开“页面设置管理器”对话框，选择要修改的页面设置，然后单击对话框中的“修改”按钮，可以打开“页面设置”对话框，在其中可以对选择的页面设置进行修改，如图 16-3 所示。

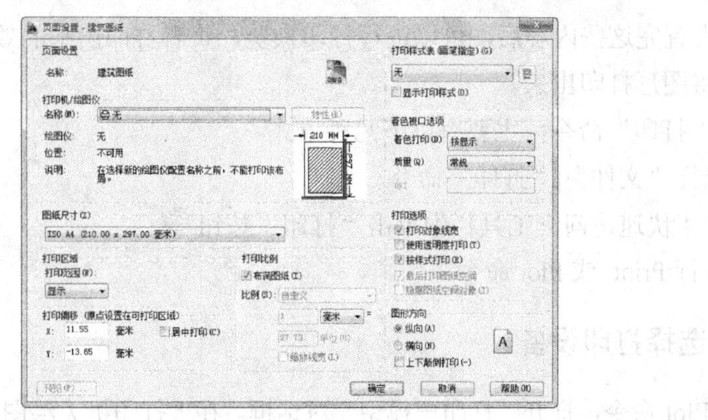

图 16-3　修改页面设置

注意

页面设置中的参数与打印设置中的参数相同，各个选项的具体作用请参考本章中的打印内容。

16.1.3　导入页面设置

选择“文件”｜“页面设置管理器”命令，打开“页面设置管理器”对话框，单击对话框中的“输入”按钮，可以打开“从文件选择页面设置”对话框，在此选择并打开需要的页面设置文件，如图 16-4 所示。在打开的“输入页面设置”对话框中单击“确定”按钮，即可将选择的页面设置导入当前图形文件中，如图 16-5 所示。

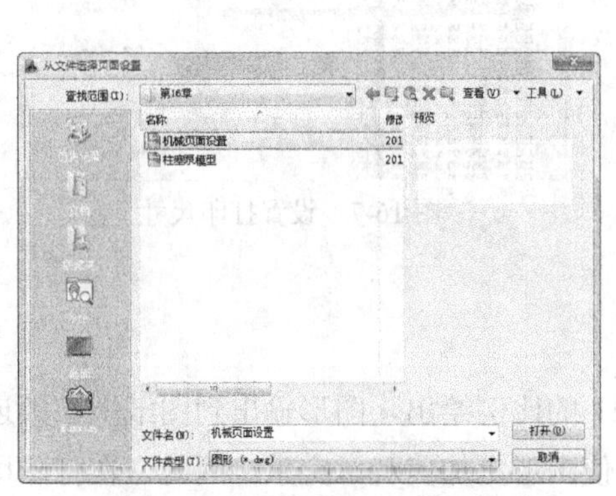

图 16-4　选择要导入的页面设置

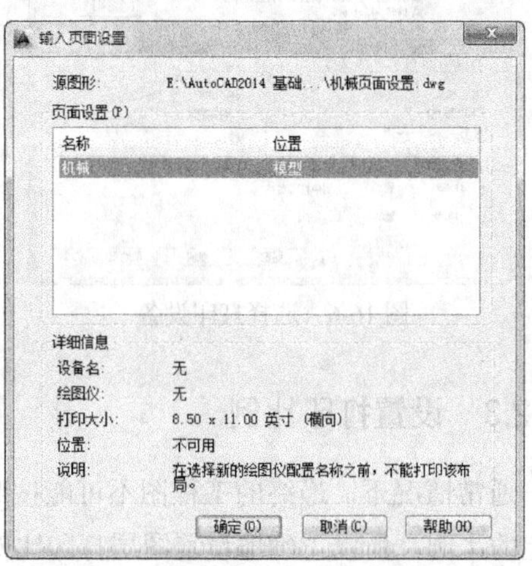

图 16-5　单击“确定”按钮

16.2　打印图形

在打印图形时，可以先选择设置好的页面打印样式，然后直接对图形进行打印。如果之前没有进行页面设置，则需要先选择相应的打印机或绘图仪等打印设备，然后设置打印参数。在设置完这些内容后，可以进行打印预览，查看打印出来的效果，如果预览效果满意，即可将图形打印出来。

执行“打印”命令，主要有以下几种方式。

- 选择“文件”|“打印”命令。
- 在“快速访问”工具栏中单击“打印”按钮。
- 执行 Print 或 Plot 命令。

16.2.1　选择打印设备

执行 Plot 命令，打开“打印－模型”对话框。在“打印机 / 绘图仪”选项栏的“名称”下拉列表中，AutoCAD 系统列出了已安装的打印机或 AutoCAD 内部打印机的设备名称。用户可以在该下拉列表框中选择需要的打印输出设备，如图 16-6 所示。

16.2.2　设置打印尺寸

在“图纸尺寸”的下拉列表中可以选择不同的打印图纸，用户可以根据需要设置图纸的打印尺寸，如图 16-7 所示。

图 16-6　选择打印设备

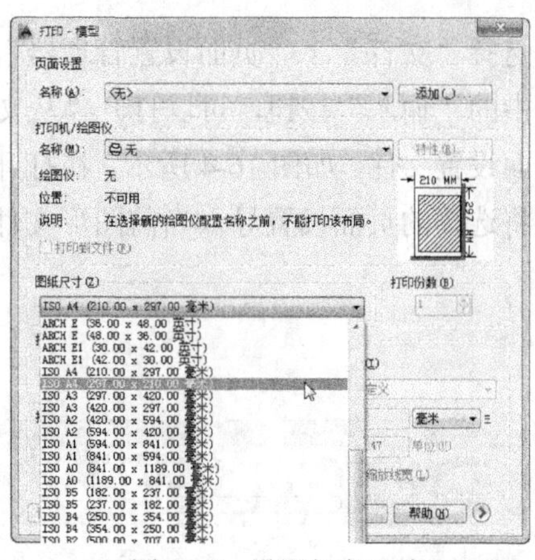

图 16-7　设置打印尺寸

16.2.3　设置打印比例

通常情况下，最终的工程图不可能按照 1:1 的比例绘出，图形输出到图纸上必须遵循一定的比例，所以正确地设置图层打印比例能使图形更加美观、完整。因此，在打印图形文件时，需要在“打印－模型”对话框中的“打印比例”区域中设置打印出图的比例，如图 16-8 所示。

16.2.4　设置打印范围

设置好打印参数后，在“打印范围”下拉列表中选择以何种方式选择打印图形的范围，如图 16-9 所示。如果选择“窗口”选项，单击列表框右方的“窗口”按钮，即可在绘图区指定打印的窗口范围，确定打印范围后将返回“打印－模型”对话框，单击“确定”按钮即可开始打印图形。

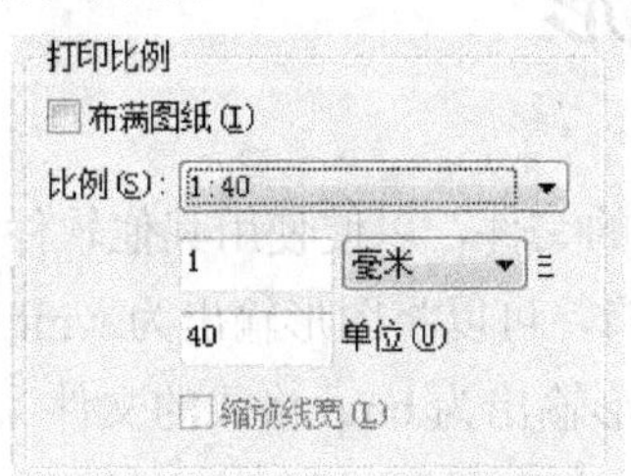

图 16-8　设置打印比例

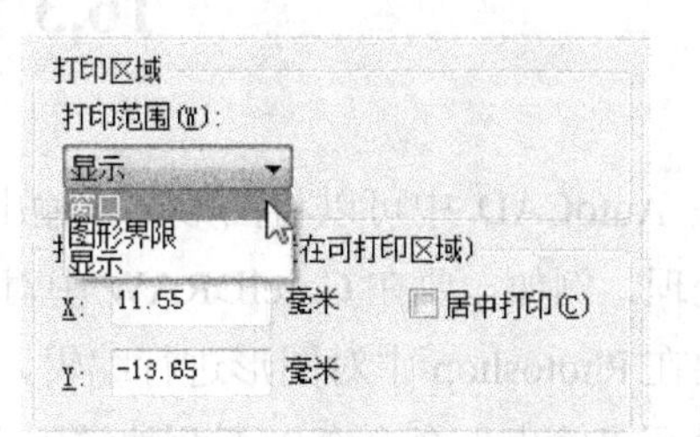

图 16-9　选择打印范围的方式

【练习 16-1】 打印球轴承二视图。

实例分析： 打印图形，可以通过设置页面确定打印的参数，也可以直接执行“打印”命令，然后设置打印的参数，包括打印机的选择、纸张大小、打印范围和打印方向等。

(1) 打开“球轴承二视图.dwg”素材图形，如图 16-10 所示。

(2) 选择“文件” | “打印”命令，打开“打印-模型”对话框，选择打印设备，并对图纸尺寸、打印比例和方向进行设置等，如图 16-11 所示。

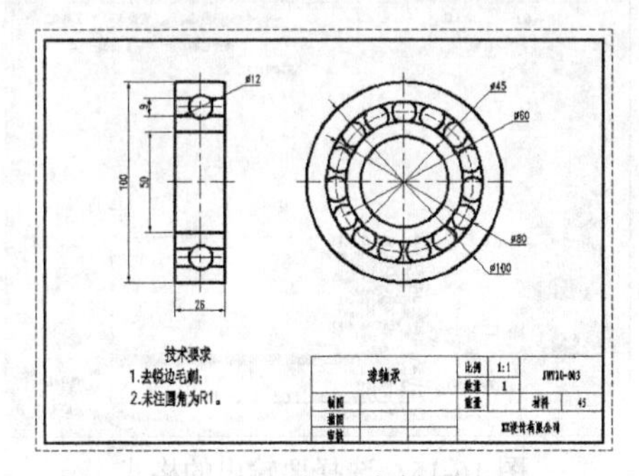

图 16-10　打开素材图形

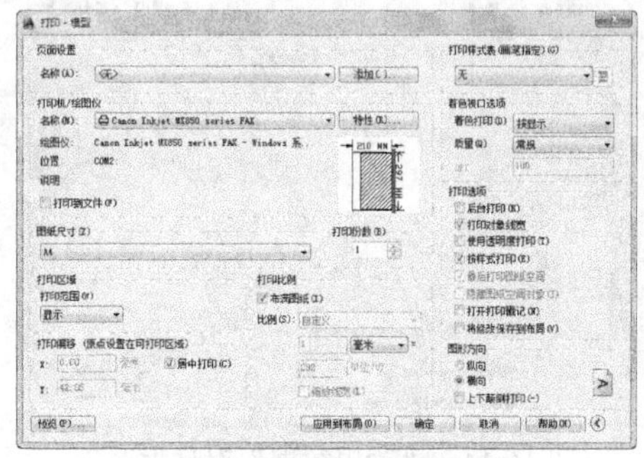

图 16-11　设置打印参数

(3) 在“打印范围”下拉列表框中选择“窗口”选项，然后使用窗口选择方式选择要打印的图形，如图 16-12 所示。

(4) 返回“打印-模型”对话框，单击“预览”按钮，预览打印效果。在预览窗口中单击“打印”按钮，开始对图形进行打印，如图 16-13 所示。

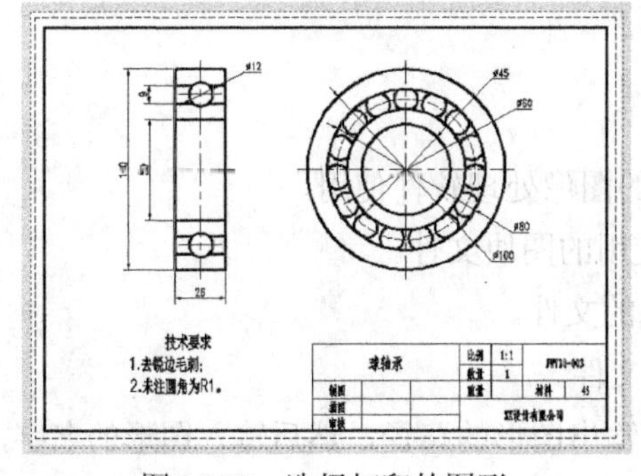

图 16-12　选择打印的图形

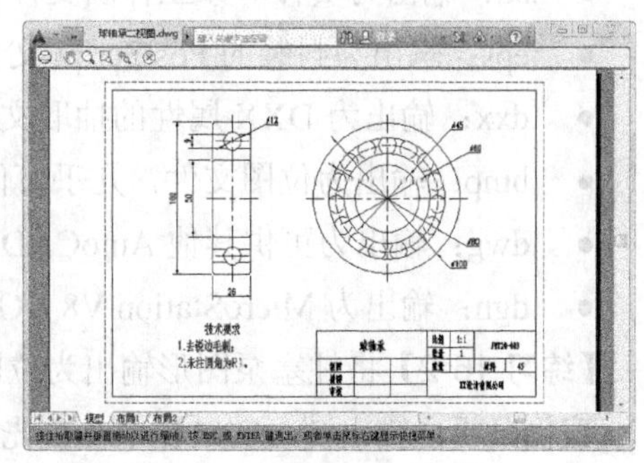

图 16-13　预览并打印图形

16.3　输出图形

在 AutoCAD 中可以将图形文件输出为其他格式的文件，以便使用其他软件对其进行编辑处理。例如，要在 CorelDRAW 中对图形进行编辑，可以将图形输出为.wmf 格式的文件；要在 Photoshop 中对图形进行编辑，则可以将图形输出为.bmp 格式的文件。

执行“输出”命令有以下两种常用方法。

- 选择“文件”|“输出”命令。
- 执行 Export 命令。

执行上述任意一种操作，将打开如图 16-14 所示的“输出数据”对话框，在“保存于”下拉列表框中选择保存路径，在“文件名”下拉列表框中输入文件名，在“文件类型”下拉列表框中选择要输出的文件格式，如图 16-15 所示。单击“保存”按钮即可将图形输出为指定的格式文件。

图 16-14　“输出数据”对话框

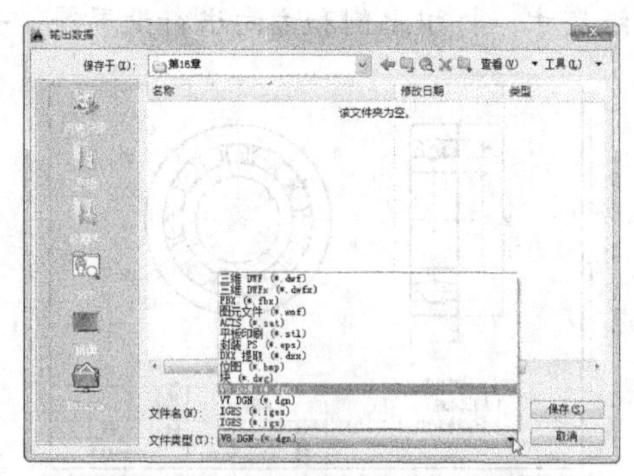
图 16-15　选择要输出的格式

在 AutoCAD 中，可以将图形输出的文件格式主要有如下几种。

- .dwf：输出为 Autodesk Web 图形格式，便于在网上发布。
- .wmf：输出为 Windows 图元文件格式。
- .sat：输出为 ACIS 文件。
- .stl：输出为实体对象立体画文件。
- .eps：输出为封装的 PostScript 文件。
- .dxx：输出为 DXX 属性的抽取文件。
- .bmp：输出为位图文件，几乎可供所有的图像处理软件使用。
- .dwg：输出为可供其他 AutoCAD 版本使用的图块文件。
- .dgn：输出为 MicroStation V8 DGN 格式的文件。

【练习 16-2】将柱塞泵图形输出为位图格式文件。

实例分析：输出图形的过程中，首先要指定输出图形的路径，然后输入图形的名字，并选择输出的图形的格式。

(1) 打开“柱塞泵.dwg”图形文件，如图 16-16 所示。

(2) 选择“文件”|“输出”命令，打开“输出数据”对话框，设置保存位置及文件名，

然后选择输出文件的格式为BMP，如图16-17所示。

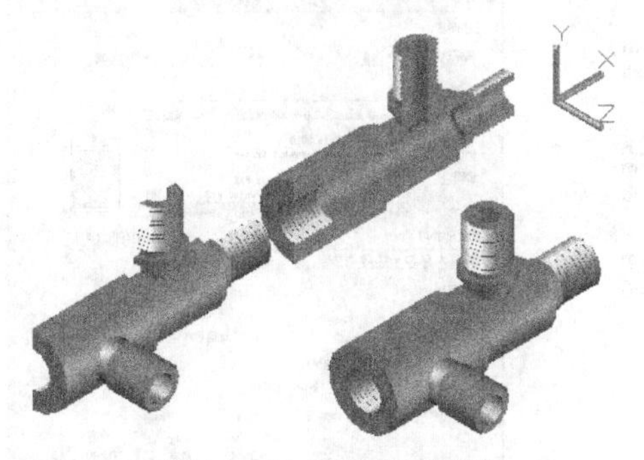

图16-16　打开素材图形

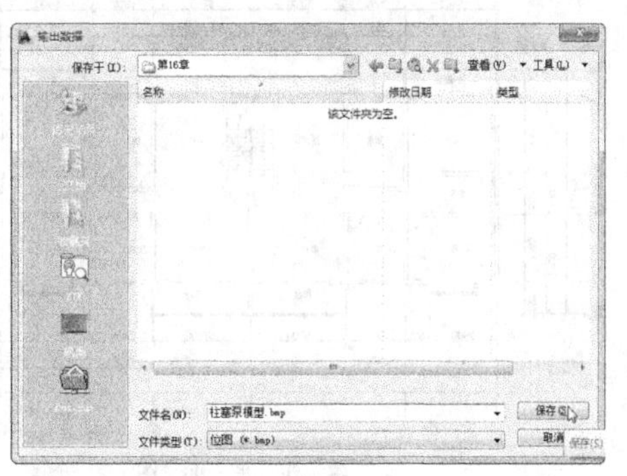

图16-17　设置输出参数

(3) 单击“保存”按钮，返回绘图区选择要输出的柱塞泵模型图形并确定，如图16-18所示，即可将其输出为BMP格式的图形文件。

(4) 在指定的输出位置可以打开并查看输出的图形，如图16-19所示。

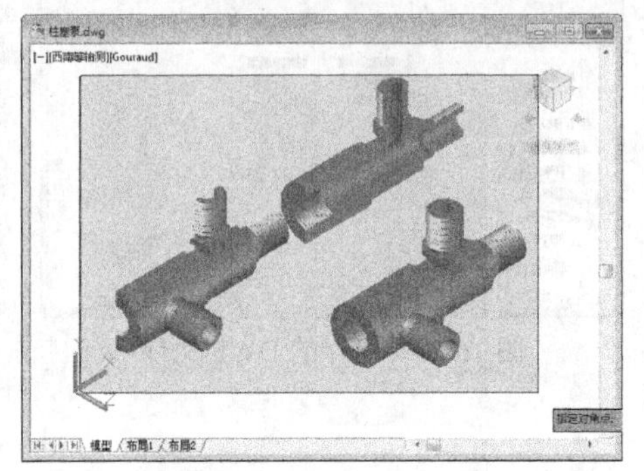

图16-18　选择输出图形

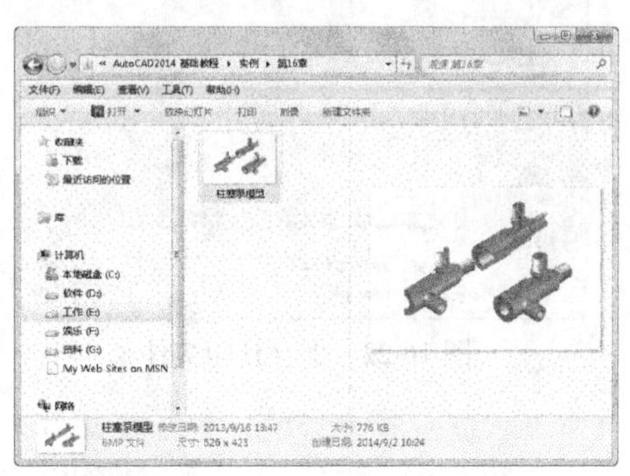

图16-19　查看输出的图形

16.4　创建电子文件

在AutoCAD中可以将图形文件创建为压缩的电子文件。在默认情况下，创建的电子文件为压缩格式DWF，且不会丢失数据，因此打开和传输电子文件速度将会比较快。

【练习16-3】将建筑设计图创建为电子文件。

实例分析：将图形创建为电子文件，需要在“打印-模型”对话框中选择“DWF6 eplot.PC3”打印机选项。

(1) 打开“建筑设计图.dwg”素材图形，如图16-20所示。

(2) 选择“文件”|“打印”命令，打开“打印-模型”对话框，在“打印机/绘图仪”选项中的“名称”下拉列表中选择“DWF6 eplot.PC3”选项，如图16-21所示。

(3) 单击“打印-模型”对话框中的“确定”按钮，在打开的“浏览打印文件”对话框中输入文件名称，然后进行保存，如图16-22所示。

(4) 在计算机中打开相应的文件夹，可以找到刚才保存的DWF文件，如图16-23所示。

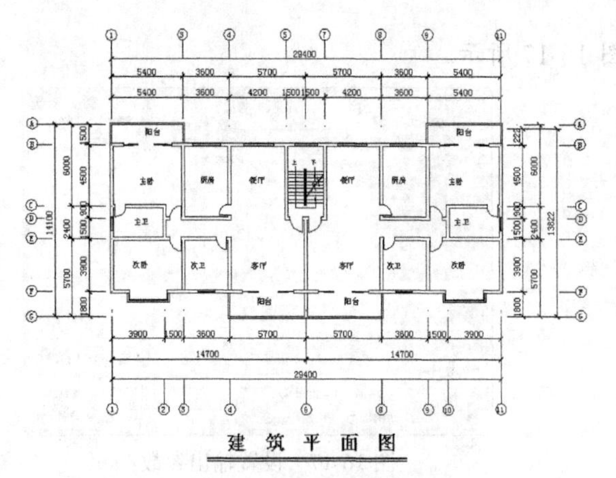

图 16-20　打开素材图形

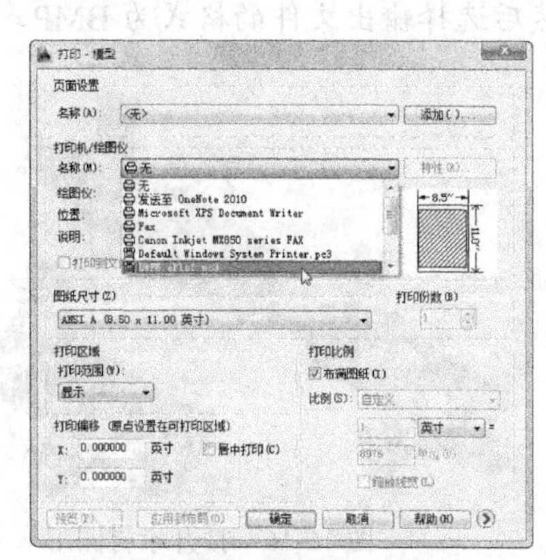
图 16-21　选择打印设备

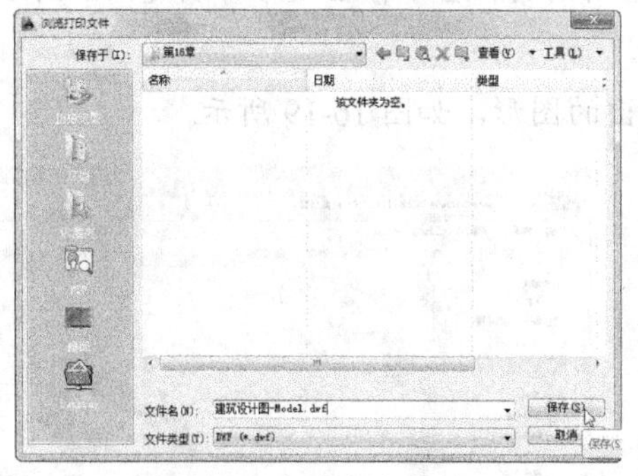
图 16-22　保存打印文件

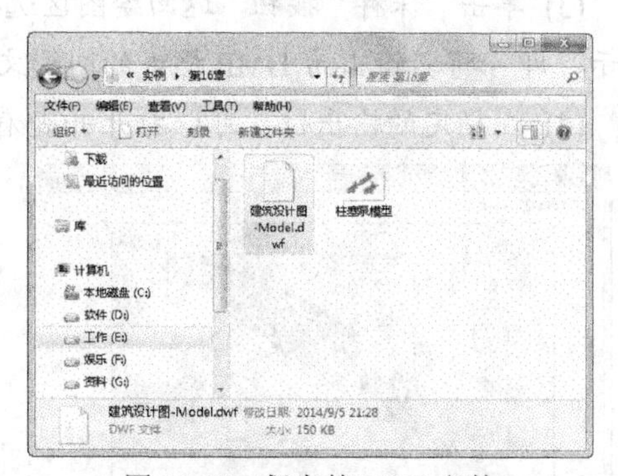
图 16-23　保存的 DWF 文件

16.5　思考练习

1. 在一台计算机连接多台打印机的情况下，在打印图形时，如何指定需要的打印机进行打印？

2. 为什么在打印图形时，已选择了打印的范围，并设置了居中打印，而打印的图形仍然处于纸张的边缘处？

3. 打开“书桌.dwg”素材图形，然后进行图形文件的页面设置，如图 16-24 所示。

4. 打开“电视墙.dwg”素材图形，然后进行图形文件的打印设置，如图 16-25 所示。

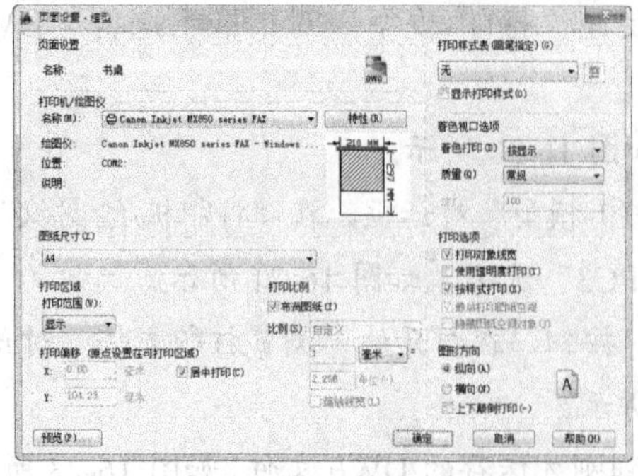
图 16-24　进行页面设置

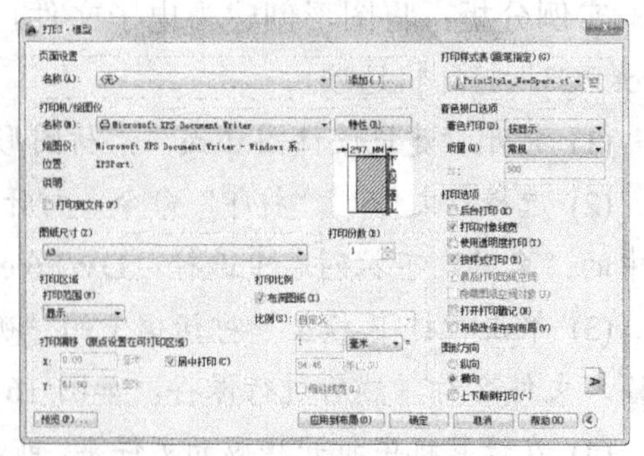
图 16-25　进行打印设置

第17章 综合案例

对于初学者而言，应用 AutoCAD 进行实际案例的绘制还比较陌生。本章将通过 3 个典型的案例来讲解本书所学知识的具体应用，帮助初学者掌握 AutoCAD 在实际工作中的应用，并达到举一反三的效果，为今后的工作打下良好的基础。

17.1 建筑设计制图

实例效果

建筑设计是指建筑物在建造之前，设计者按照建设任务，把施工过程和使用过程中所存在的或可能发生的问题，事先作好通盘的设想，拟定好解决这些问题的办法、方案，用图纸和文件表达出来。本例将以建筑平面设计图的绘制方法为例，介绍建筑设计制图的方法和流程，“建筑设计图.dwg”文件为本例的最终效果，如图 17-1 所示。

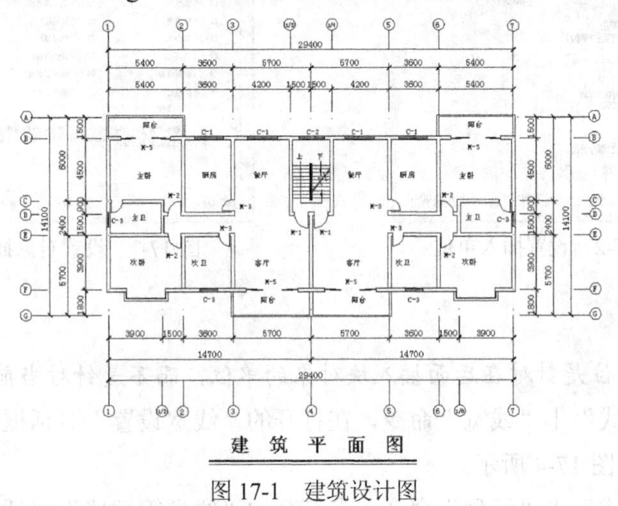

图 17-1　建筑设计图

实例分析

在绘制本例的过程中，可以先绘制建筑平面图的左半部分图形，然后将其镜像复制到右方，再进行楼梯等图形的绘制。绘制本例图形的关键步骤如下。

(1) 设置单位、对象捕捉、线宽和全局比例因子等。

(2) 执行“图层”命令，绘制需要的图层。

(3) 使用“构造线”和“偏移”命令绘制轴线。

(4) 使用“多线”命令绘制墙线。

(5) 使用“矩形”和“圆弧”命令绘制平开门。

(6) 使用“镜像”命令镜像复制左半部分图形。

(7) 使用“直线”和“矩形阵列”命令创建楼梯图形。

(8) 使用“线性”和“连续”标注命令对图形进行标注。

(9) 使用“直线”、“圆”和“单行文字”命令创建轴号。

操作过程

根据对本例图形的绘制分析，可以将其分为 6 个主要部分进行绘制，绘制内容依次为轴线、墙体、门窗、楼梯、标注和轴号，具体操作如下。

17.1.1　设置绘图环境

(1) 选择“格式”|“单位”命令，打开“图形单位”对话框，从中设置插入图形的单位为“英寸”，如图 17-2 所示。

(2) 执行 SE(设定)命令，打开“草图设置”对话框，参照如图 17-3 所示设置对象捕捉选项，完成后单击“确定”按钮。

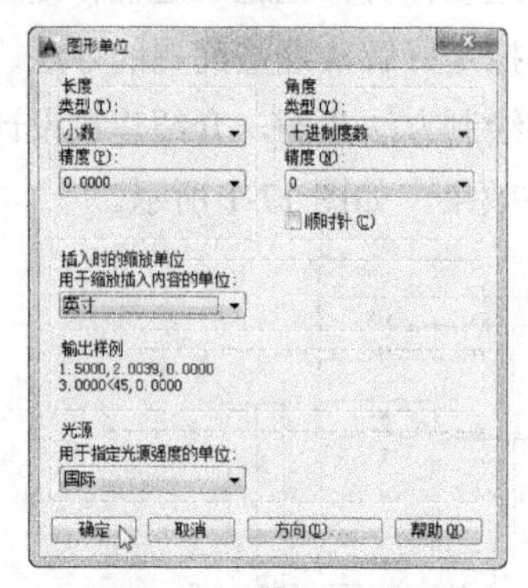

图 17-2　设置插入单位

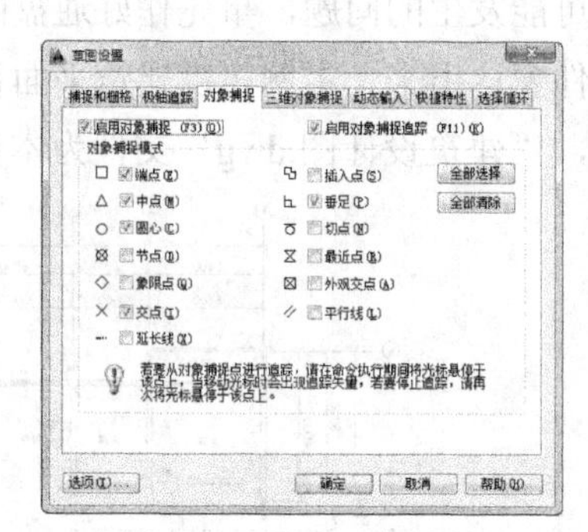

图 17-3　设置对象捕捉

注意：

这里设置的单位是针对在后面插入块对象的单位，而不是针对当前绘图的单位。

(3) 选择“格式”|“线宽”命令，在打开的“线宽设置”对话框中取消选中“显示线宽”复选框，如图 17-4 所示。

(4) 选择“格式”|“线型”命令，在打开的“线型管理器”对话框中设置全局比例因子为 50，如图 17-5 所示。

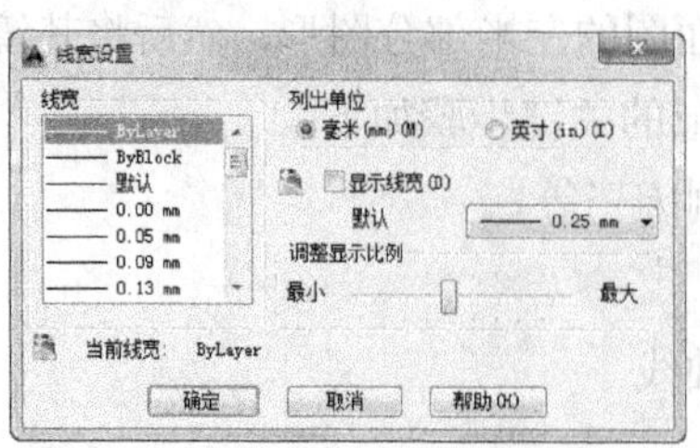

图 17-4　取消“显示线宽”复选框

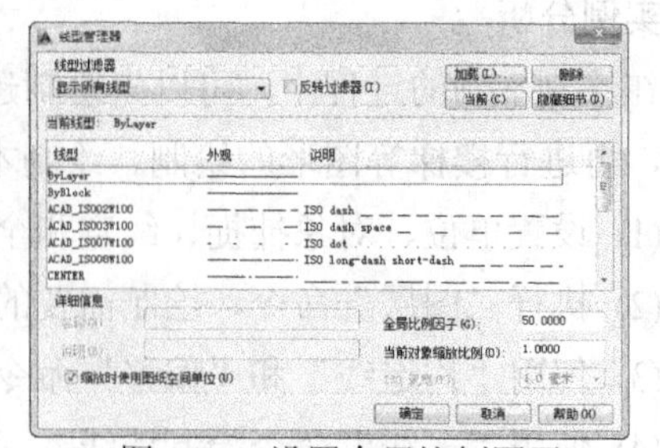

图 17-5　设置全局比例因子

17.1.2　创建图层

(1) 选择“格式”|“图层”命令，在打开的图层特性管理器中单击“新建图层”按钮，创建一个新的图层，并将其命名为“轴线”，如图 17-6 所示。

(2) 单击该图层的颜色图标，在打开的“选择颜色”对话框中设置图层的颜色为红色，如图 17-7 所示。

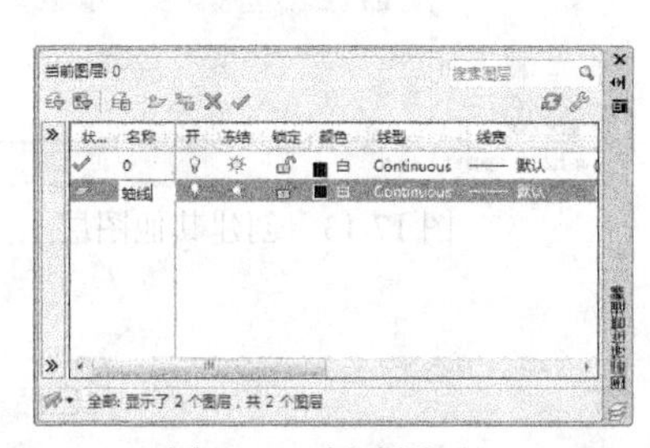

图 17-6　新建图层

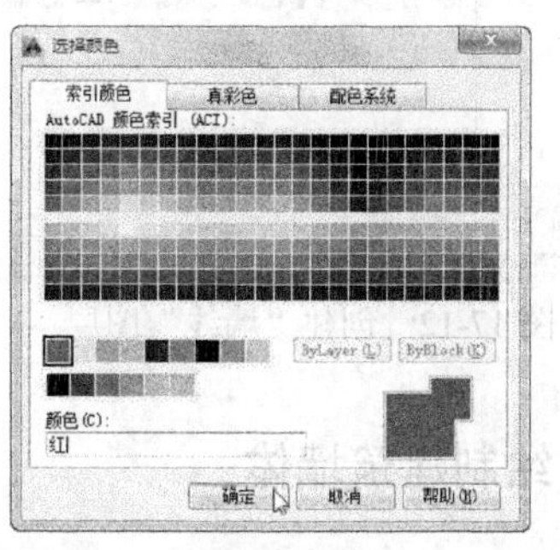

图 17-7　设置图层颜色

(3) 单击该图层的线型图标，打开“选择线型”对话框，单击“加载”按钮，如图 17-8 所示。

(4) 在打开的“加载或重载线型”对话框中选择“ACAD_ISOO8W100”选项，如图 17-9 所示。

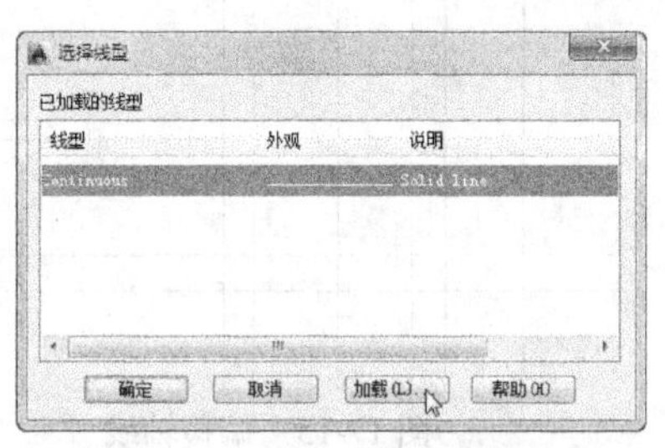

图 17-8　“选择线型”对话框

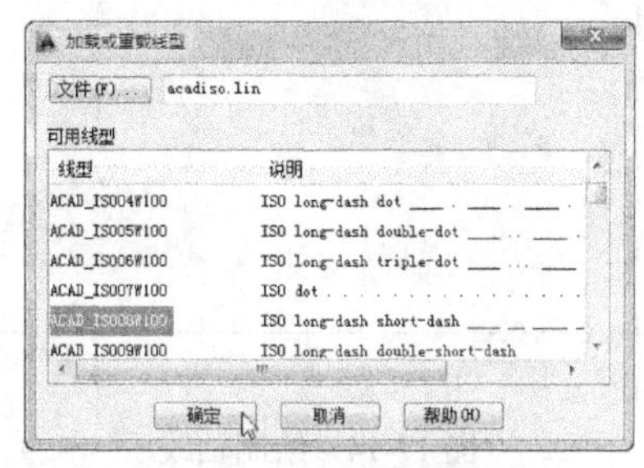

图 17-9　加载线型

(5) 单击“确定”按钮返回“选择线型”对话框，选择加载的 ACAD_ISOO8W100 线型，如图 17-10 所示。

(6) 单击“确定”按钮，完成“轴线”图层的设置，如图 17-11 所示。

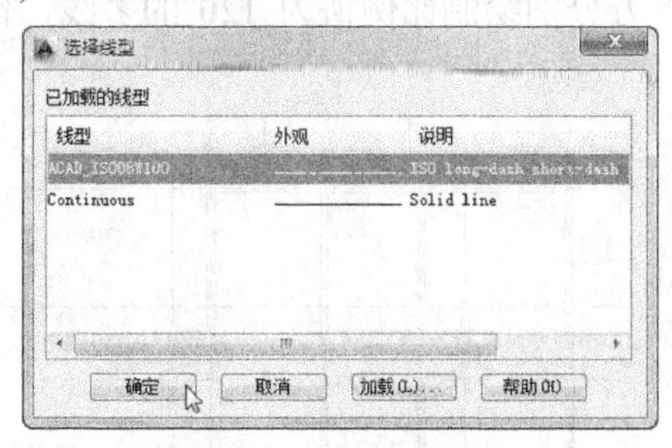

图 17-10　选择线型

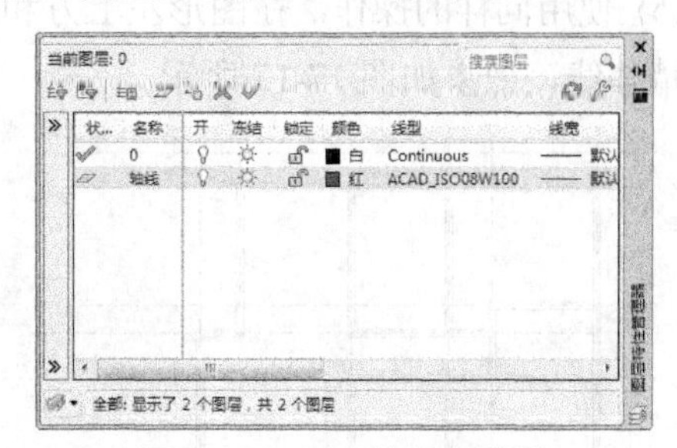

图 17-11　创建的轴线图层

(7) 新建一个图层，将其命名为“墙线”，然后修改其颜色为白色、线型为 Continuous、线宽为 0.30 毫米，如图 17-12 所示。

(8) 使用同样的方法创建门窗、文字和标注图层，并设置各图层的颜色、线型和线宽，然后将“轴线”图层设置为当前层，如图 17-13 所示。

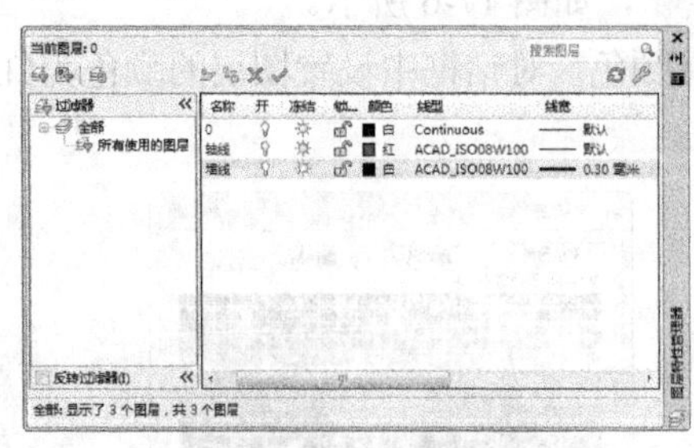

图 17-12　创建“墙线”图层

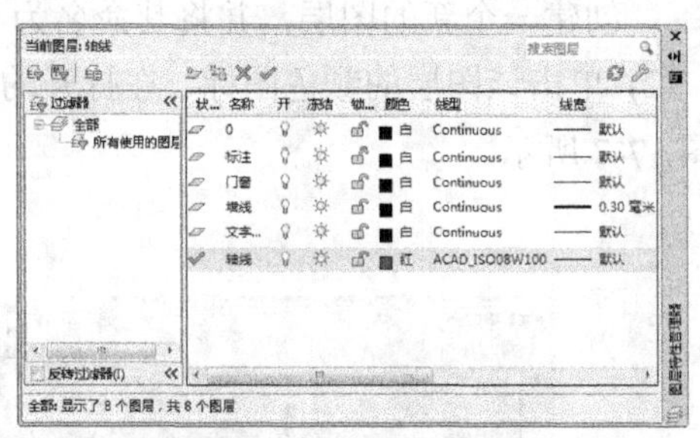

图 17-13　创建其他图层

17.1.3　绘制建筑墙体

(1) 执行 L(直线)命令，绘制一条长为 40000 的水平线段和一条长为 25000 的垂直线段，如图 17-14 所示。

(2) 执行 O(偏移)命令，将垂直轴线向右方依次偏移 3900、1500、3600、4200、1500；将水平轴线向上依次偏移 1800、3900、1500、900、4500、1500，如图 17-15 所示。

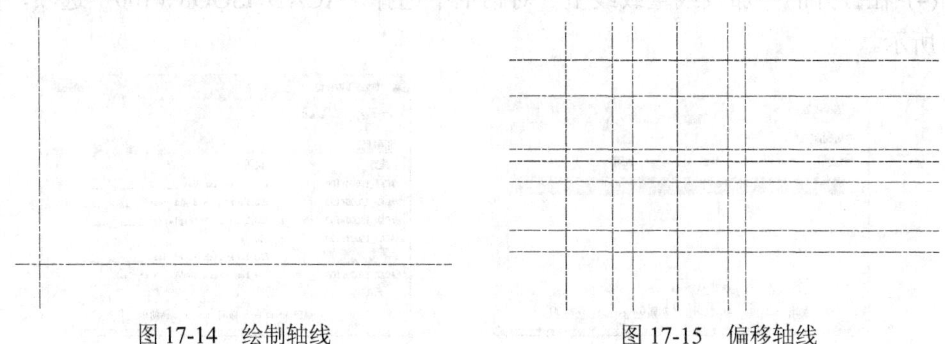

图 17-14　绘制轴线　　图 17-15　偏移轴线

(3) 锁定“轴线”图层，然后将“墙线”图层设置为当前层。

(4) 执行 ML(多线)命令，设置比例为 240、对正方式为“无”，通过捕捉轴线的端点绘制墙体线，如图 17-16 所示。

(5) 使用同样的操作，在图形左上方和右下方分别绘制比例值为 120 的多线，作为阳台的墙体线，效果如图 17-17 所示。

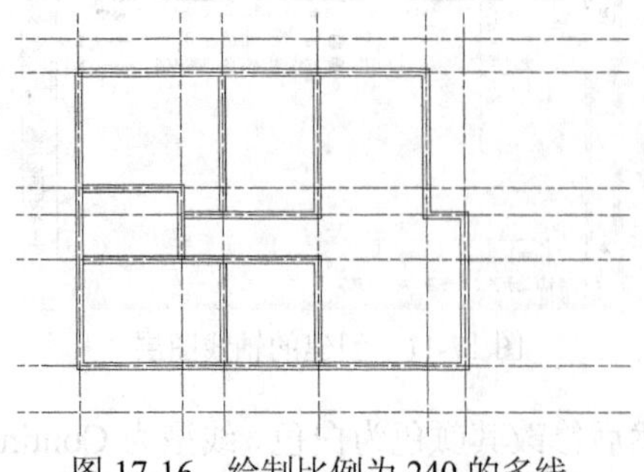

图 17-16　绘制比例为 240 的多线

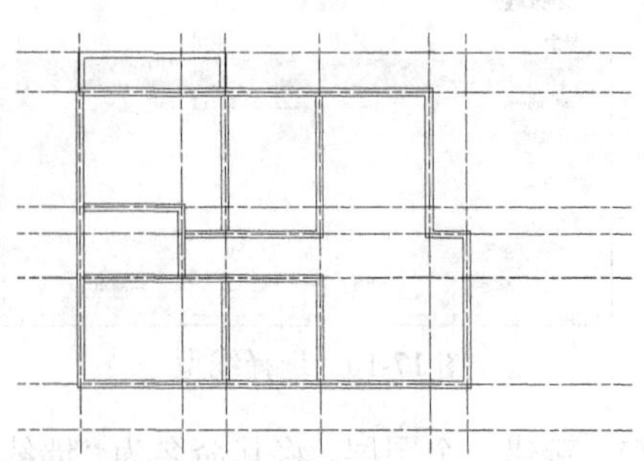

图 17-17　绘制比例为 120 的多线

(6) 关闭“轴线”图层，隐藏其中的轴线图形。

(7) 选择“修改”|“对象”|“多线”命令，打开“多线编辑工具”对话框，然后选择“T 形打开”选项，如图 17-18 所示。

(8) 选择如图 17-19 所示的多线作为编辑的第一条多线。

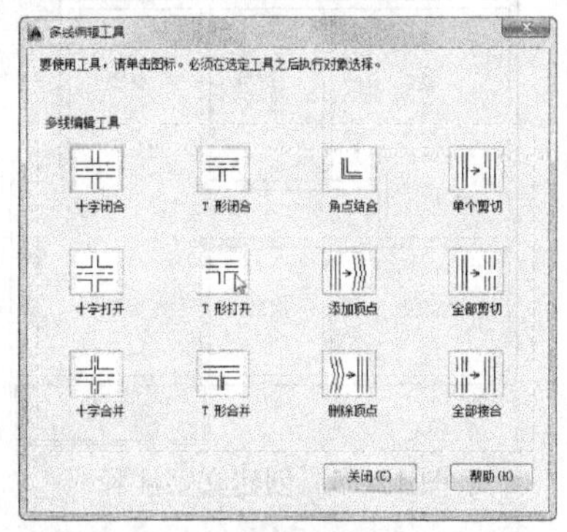

图 17-18　选择“T 形打开”选项

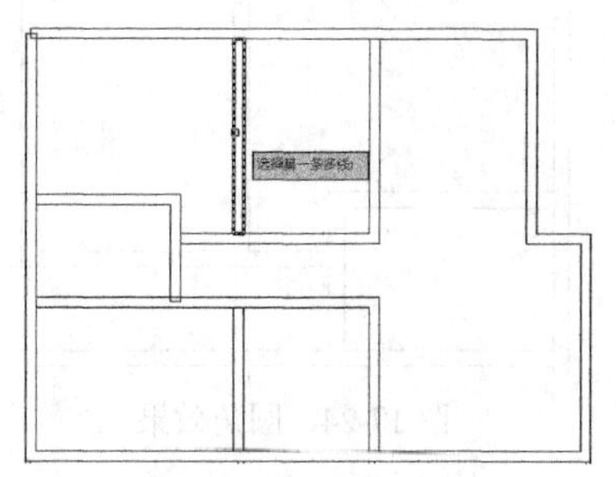

图 17-19　选择多线

(9) 选择如图 17-20 所示的多线作为编辑的第二条多线，T 形打开后的多线效果如图 17-21 所示。

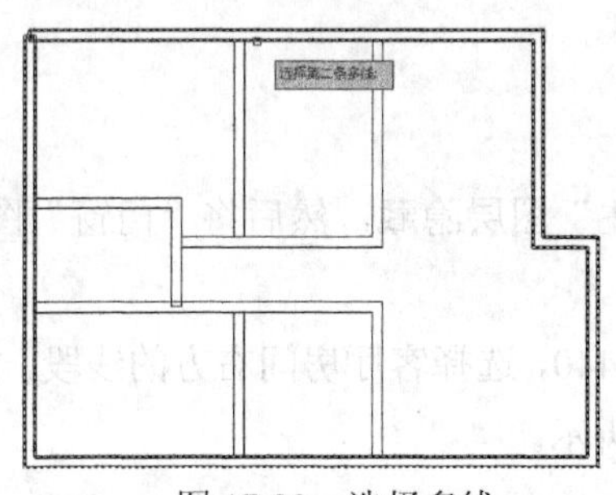

图 17-20　选择多线

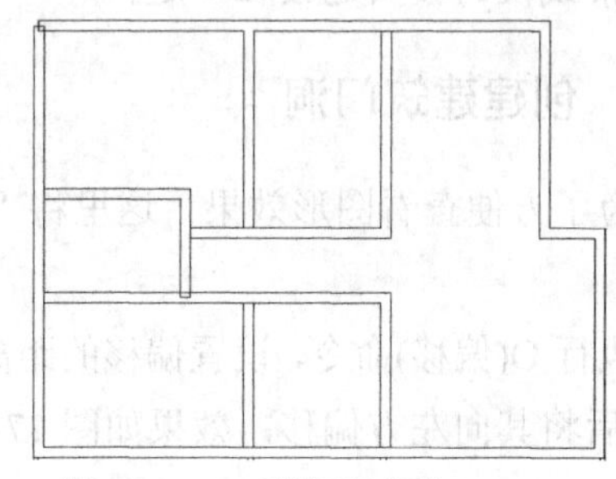
图 17-21　T 形打开多线

(10) 使用同样的方法打开其他的多线接头，效果如图 17-22 所示。

(11) 执行 X(分解)命令，将所有的多线分解。

(12) 执行 E(删除)命令，将多线左上角的多余线段删除，效果如图 17-23 所示。

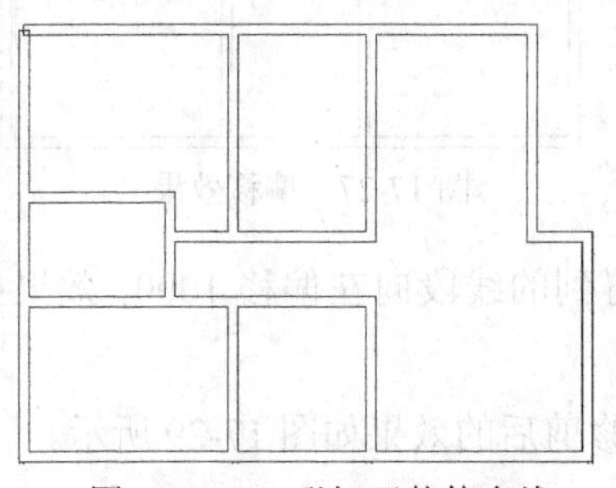
图 17-22　T 形打开其他多线

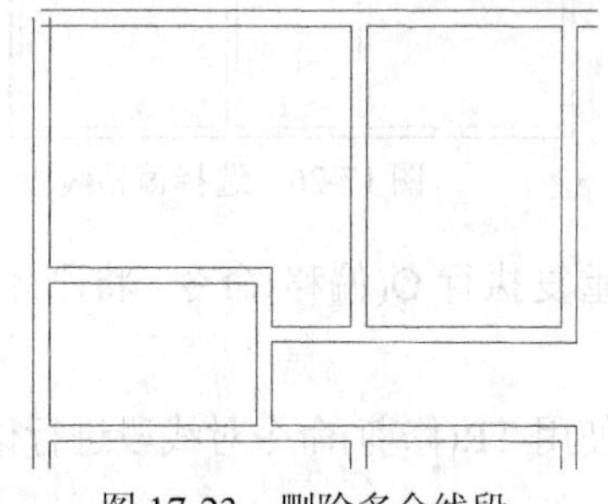
图 17-23　删除多余线段

(13) 执行 F(圆角)命令，设置圆角半径为 0，对左上角的两条墙线进行圆角，连接分开的线段，效果如图 17-24 所示。

(14) 继续对另外两条墙线进行圆角。

(15) 将“标注”图层设置为当前层，使用 MT(多行文字)命令对室内功能区域进行文字注释，效果如图 17-25 所示。

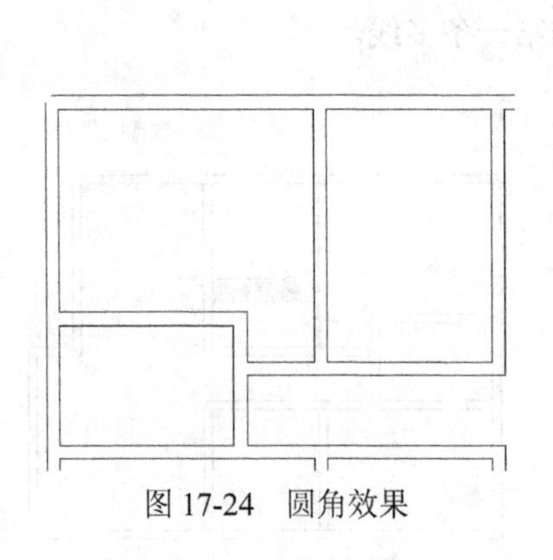

图 17-24　圆角效果

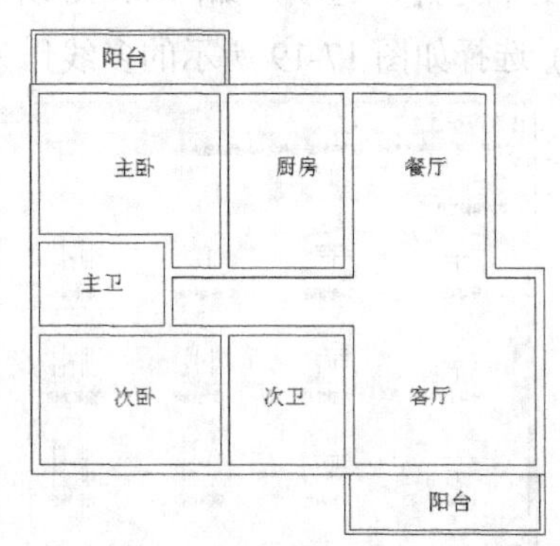

图 17-25　创建文字注释

注意：

这里执行的“圆角”命令，设置圆角的半径为 0，其目的不是对两条线段进行倒圆，而是将两条线段的接头连接在一起。

17.1.4　创建建筑门洞

(1) 为了方便查看图形效果，这里将“标注”图层隐藏，然后将“门窗”图层设置为当前层。

(2) 执行 O(偏移)命令，设置偏移的距离为 440，选择客厅房间右方的线段，如图 17-26 所示，然后将其向左方偏移，效果如图 17-27 所示。

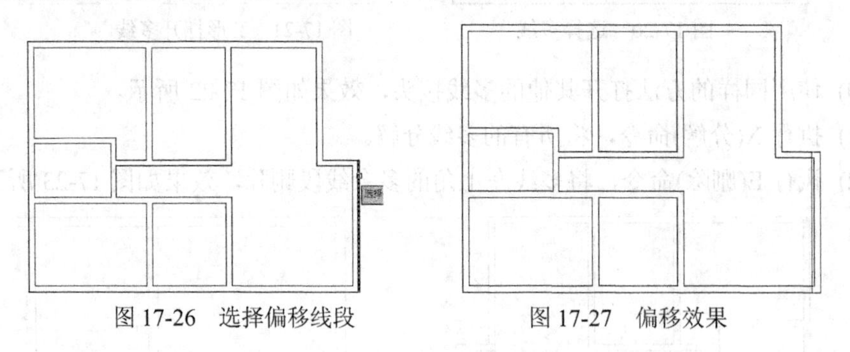

图 17-26　选择偏移线段　　图 17-27　偏移效果

(3) 重复执行 O(偏移)命令，将刚才偏移得到的线段向左偏移 1000，效果如图 17-28 所示。

(4) 使用 TR(修剪)命令对线段进行修剪，修剪后的效果如图 17-29 所示。

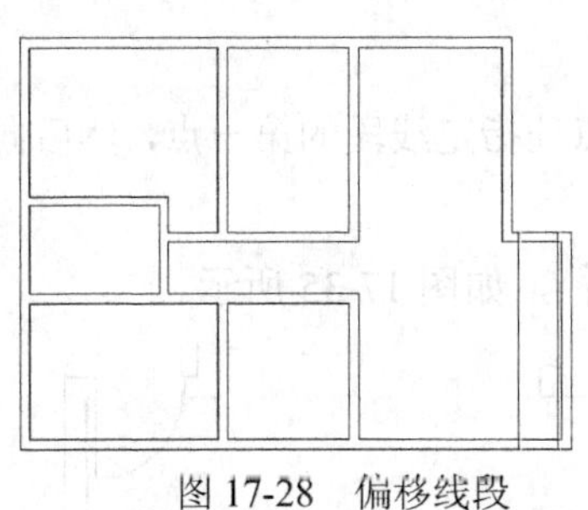

图 17-28 偏移线段

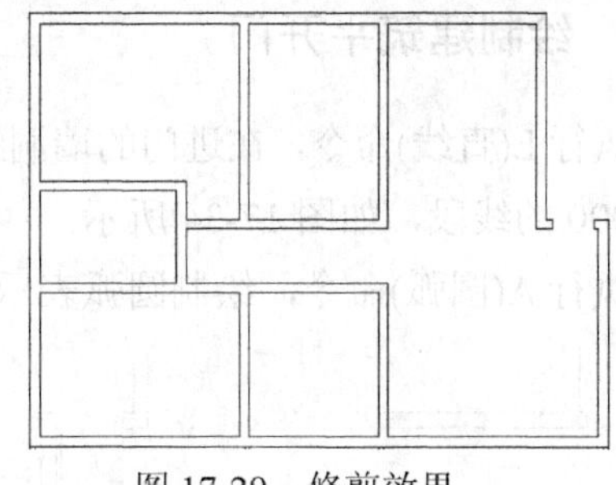

图 17-29 修剪效果

(5) 使用同样的方法，在主卧室和次卧室房间中创建相应的门洞，门洞的宽度均为 900，效果如图 17-30 所示。

(6) 继续在厨房、主卫生间和次卫生间中创建相应的门洞，门洞的宽度均为 800，效果如图 17-31 所示。

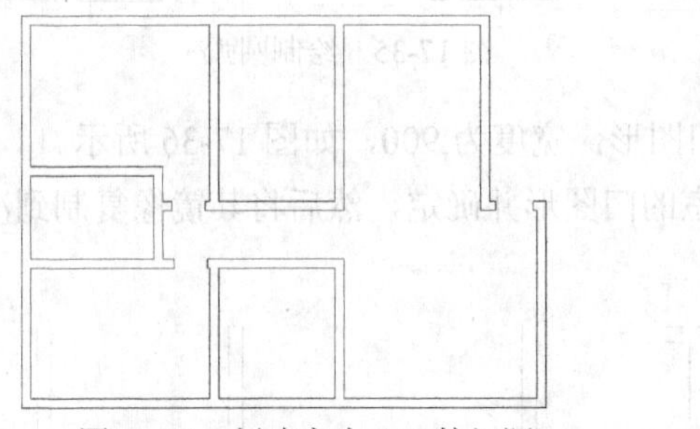

图 17-30 创建宽为 900 的门洞

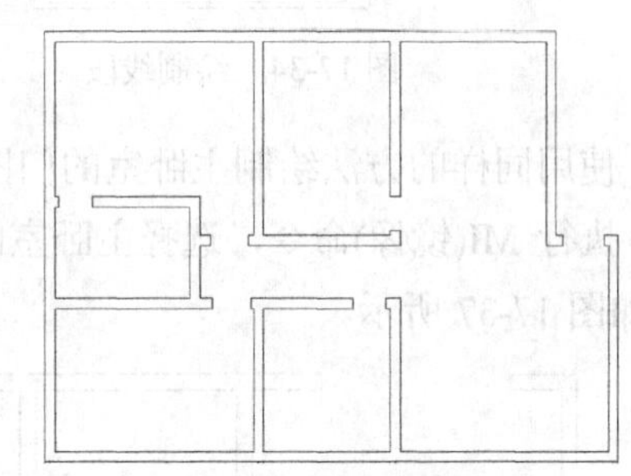

图 17-31 创建宽为 800 的门洞

(7) 使用 L(直线)、O(偏移)和 TR(修剪)命令在客厅下方创建推拉门的门洞，其宽度为 3400，如图 17-32 所示。

(8) 继续使用 L(直线)、O(偏移)和 TR(修剪)命令在主卧室上方创建推拉门的门洞，其宽度为 3200，如图 17-33 所示。

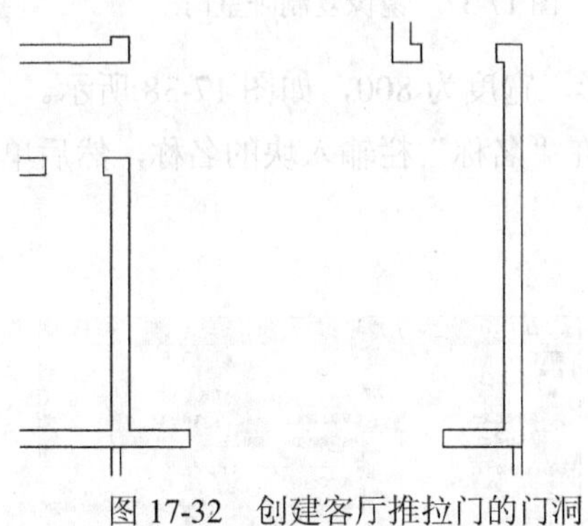

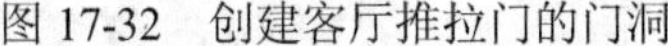

图 17-32 创建客厅推拉门的门洞

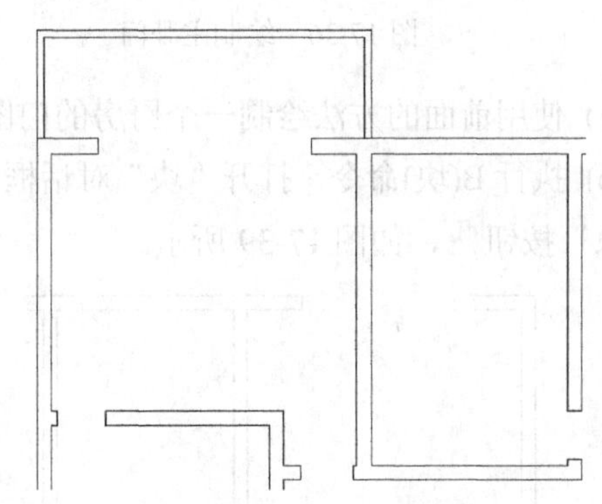

图 17-33 创建卧室推拉门的门洞

注意：

由于室内设计中的门洞加了基层和门套，而建筑设计图中的门洞是原始的，因此建筑设计图中的门洞尺寸通常比室内设计中的宽 100 毫米。

17.1.5　绘制建筑平开门

(1) 执行 L(直线)命令，在进门的墙洞线段中点处指定线段的第一点，然后向下绘制一条长为 1000 的线段，如图 17-34 所示。

(2) 执行 A(圆弧)命令，绘制圆弧表示开门路径，如图 17-35 所示。

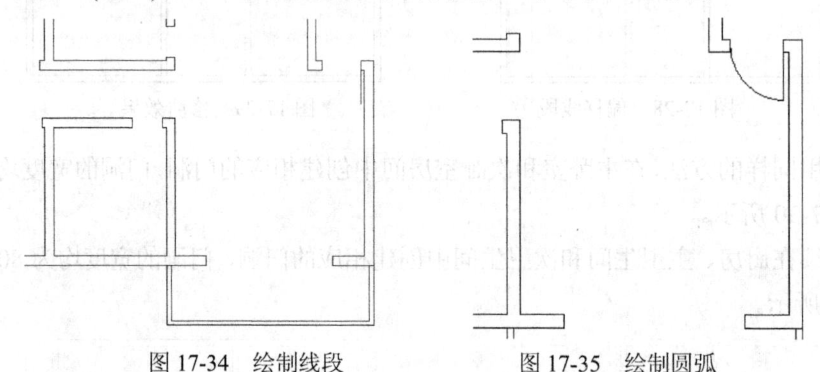

图 17-34　绘制线段　　　　图 17-35　绘制圆弧

(3) 使用同样的方法绘制主卧室的门图形，宽度为 900，如图 17-36 所示。

(4) 执行 MI(镜像)命令，选择主卧室的门图形并确定，然后将其镜像复制到次卧室门洞中，如图 17-37 所示。

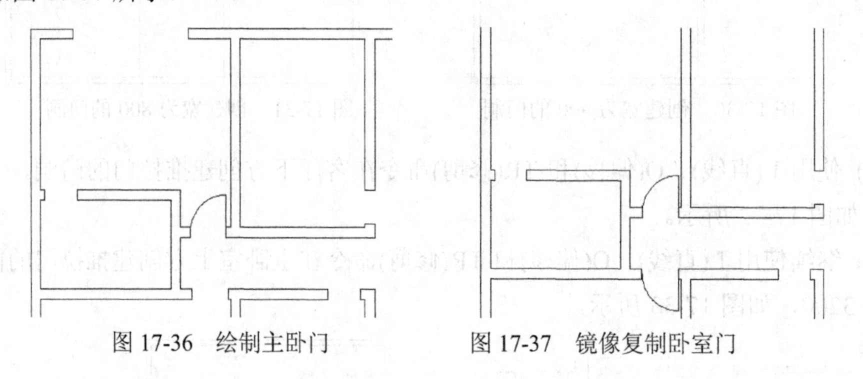

图 17-36　绘制主卧门　　　　图 17-37　镜像复制卧室门

(5) 使用前面的方法绘制一个厨房的门图形，宽度为 800，如图 17-38 所示。

(6) 执行 B(块)命令，打开“块”对话框，在“名称”栏输入块的名称，然后单击“选择对象”按钮，如图 17-39 所示。

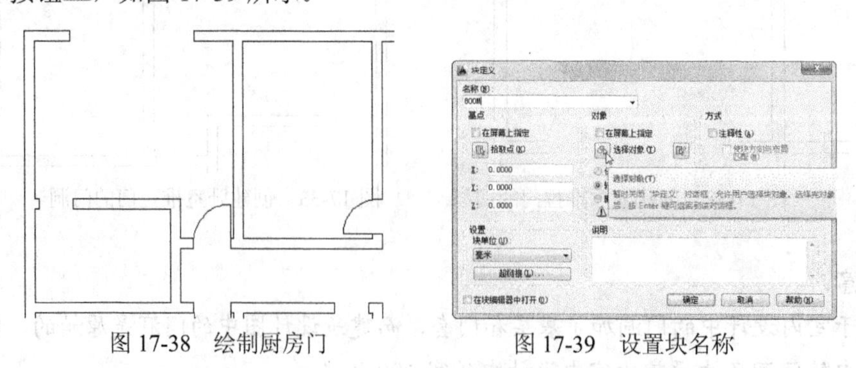

图 17-38　绘制厨房门　　　　图 17-39　设置块名称

(7) 选择创建的厨房门图形并确定，返回对话框中单击“拾取点”按钮，然后在如

图 17-40 所示的端点处指定图块的基点并确定，完成厨房门图块的创建。

(8) 使用 CO(复制)命令将创建的门图块复制到次卫生间中，如图 17-41 所示。

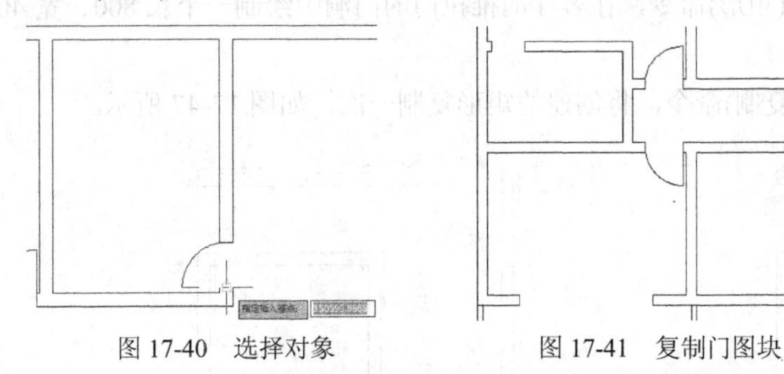

图 17-40　选择对象　　　　图 17-41　复制门图块

(9) 执行 RO(旋转)命令，将复制的门图块旋转 90 度，效果如图 17-42 所示。

(10) 使用 CO(复制)命令将卫生间的门复制到主卫生间中，如图 17-43 所示。

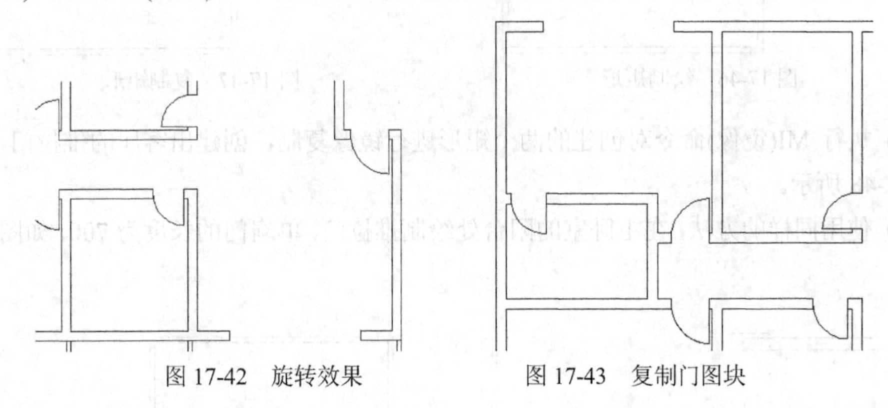

图 17-42　旋转效果　　　　图 17-43　复制门图块

(11) 执行 MI(镜像)命令，将主卫生间的门镜像一次，效果如图 17-44 所示。

(12) 执行 M(移动)命令，将镜像后的门向左移动，效果如图 17-45 所示。

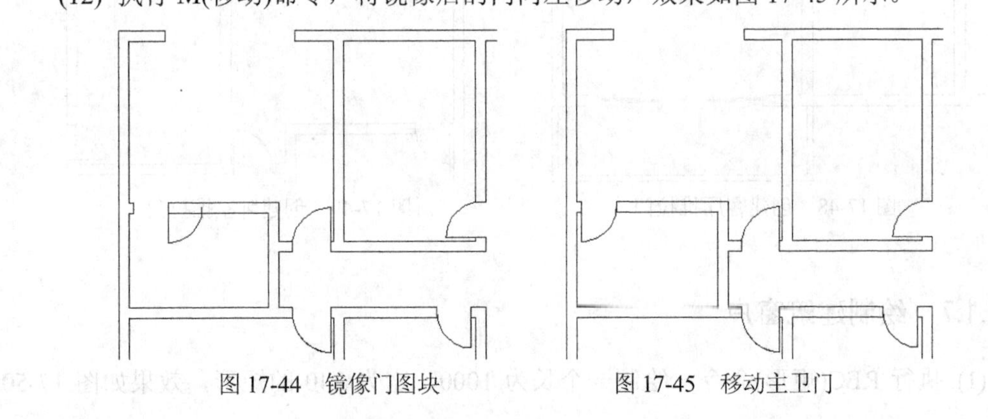

图 17-44　镜像门图块　　　　图 17-45　移动主卫门

注意：

建筑设计图中的平开门与室内设计图中的平开门有些区别，前者可以只表该处是安装门的位置，可以是不存在门的实体，后者是确实存在平开门这个实体的，因此常用矩形表示其厚度。

17.1.6　绘制建筑推拉门

(1) 执行 REC(矩形)命令，在客厅的推拉门的门洞中绘制一个长 800、宽 40 的矩形，如图 17-46 所示。

(2) 执行 CO(复制)命令，将创建的矩形复制一次，如图 17-47 所示。

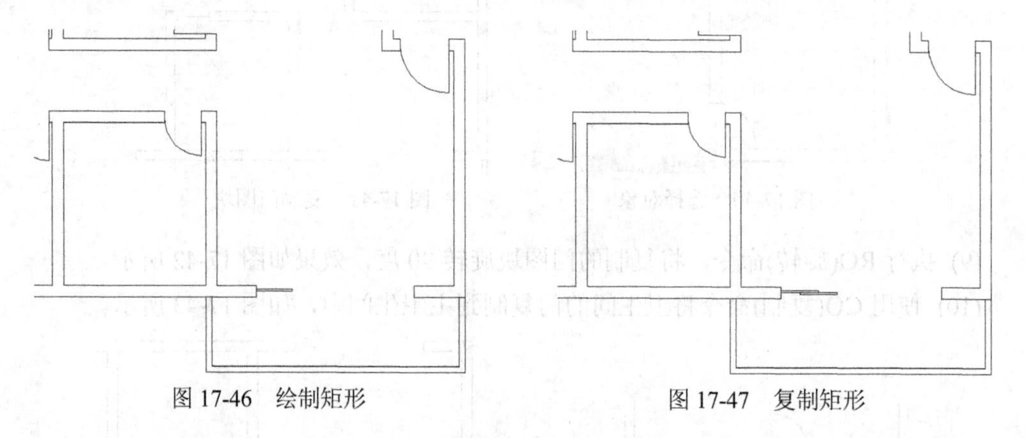

图 17-46　绘制矩形　　　　图 17-47　复制矩形

(3) 执行 MI(镜像)命令对创建的两个矩形进行镜像复制，创建出客厅的推拉门，效果如图 17-48 所示。

(4) 使用同样的方法，在主卧室的阳台处绘制推拉门，单扇门的长度为 700，如图 17-49 所示。

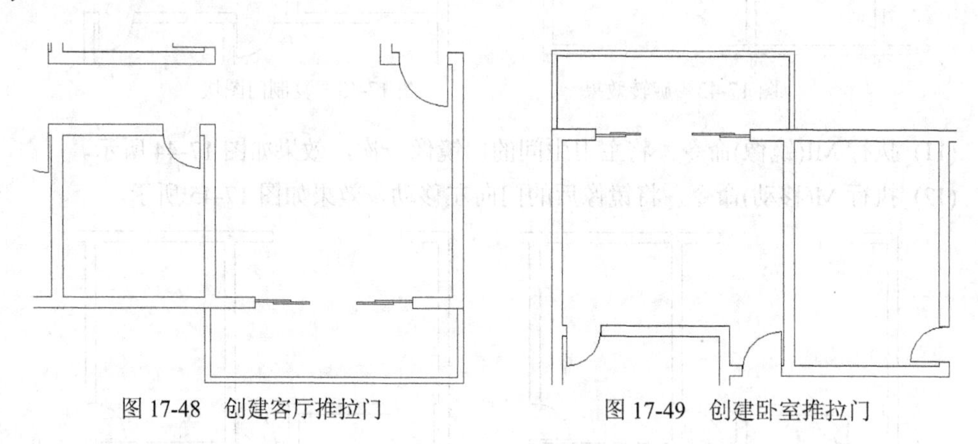

图 17-48　创建客厅推拉门　　　　图 17-49　创建卧室推拉门

17.1.7　绘制建筑窗户

(1) 执行 REC(矩形)命令，绘制一个长为 1000、宽为 240 的矩形，效果如图 17-50 所示。

(2) 执行 X(分解)命令，对绘制的矩形进行分解。

(3) 执行 O(偏移)命令，将左右两条线段向中间偏移 80，效果如图 17-51 所示。

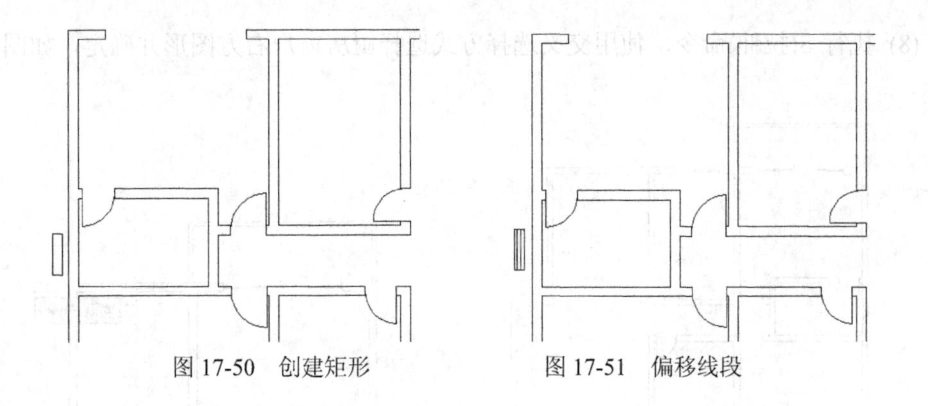

图 17-50　创建矩形　　　　图 17-51　偏移线段

注意：

绘制窗户的操作中，可以在墙体中创建一个窗洞，然后通过绘制直线创建窗户图形，也可以先单独绘制一个窗户，然后将其复制在需要的位置，用户可以根据自己的习惯选择最适合自己的方法。

(4) 执行 M(移动)命令，将创建好的窗户移到主卫的墙体中，如图 17-52 所示。

(5) 执行 CO(复制)命令，将窗户复制到厨房上方的墙体处，如图 17-53 所示。

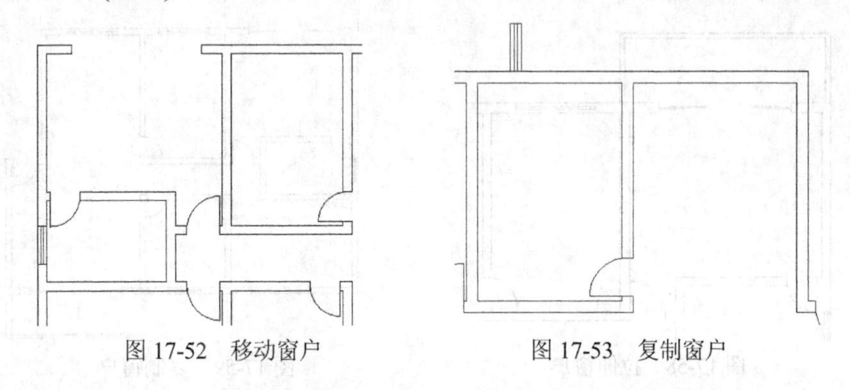

图 17-52　移动窗户　　　　图 17-53　复制窗户

(6) 执行 RO(旋转)命令，选择复制的窗户图形，在如图 17-54 所示的位置指定旋转的基点，设置旋转角度为-90 度，旋转后的效果如图 17-55 所示。

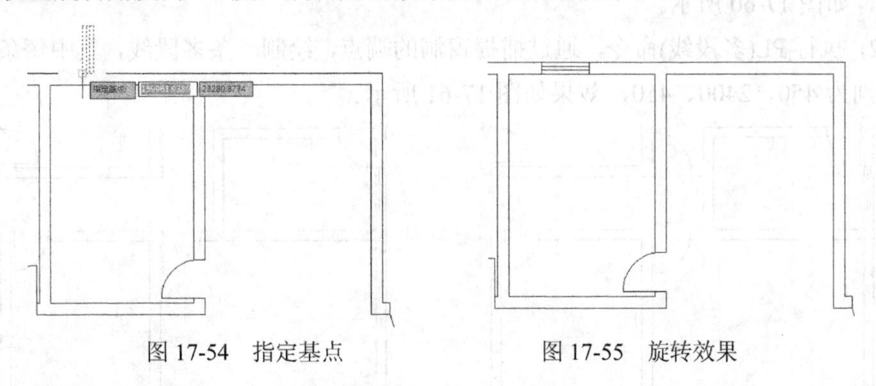

图 17-54　指定基点　　　　图 17-55　旋转效果

(7) 执行 CO(复制)命令将旋转后的窗户图形复制到次卫生间的墙体中，效果如图 17-56 所示。

(8) 执行 S(拉伸)命令，使用交叉选择方式选择厨房窗户右方图形并确定，如图 17-57 所示。

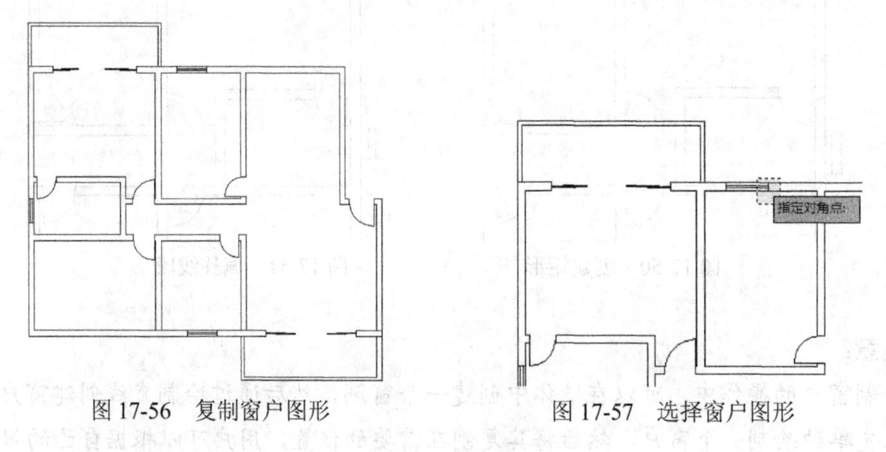

图 17-56　复制窗户图形　　图 17-57　选择窗户图形

(9) 在任意位置指定拉伸的基点，然后将选择对象向右拉伸 800，得到如图 17-58 所示的效果。

(10) 使用CO(复制)命令将厨房中的窗户图形复制到餐厅的墙体中，效果如图17-59所示。

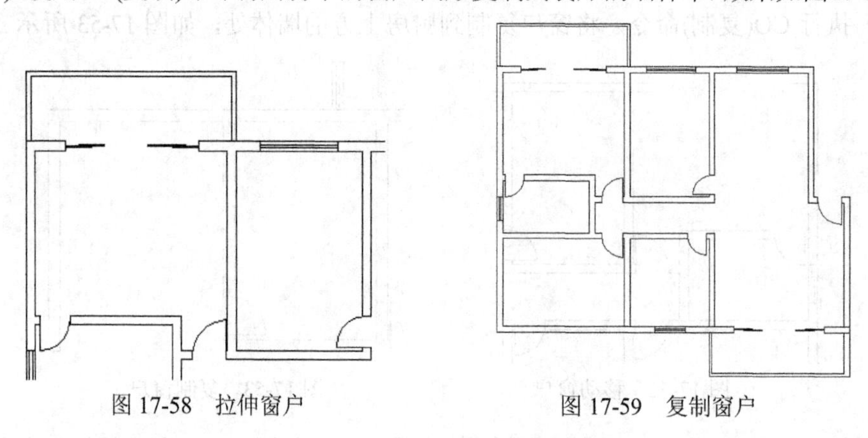

图 17-58　拉伸窗户　　图 17-59　复制窗户

(11) 使用L(直线)、O(偏移)和TR(修剪)命令，在次卧室下方墙体处创建一个长度为 2400 的窗洞，如图 17-60 所示。

(12) 执行 PL(多段线)命令，通过捕捉窗洞的端点，绘制一条多段线，其中每条线段的长度分别为 450、2400、450，效果如图 17-61 所示。

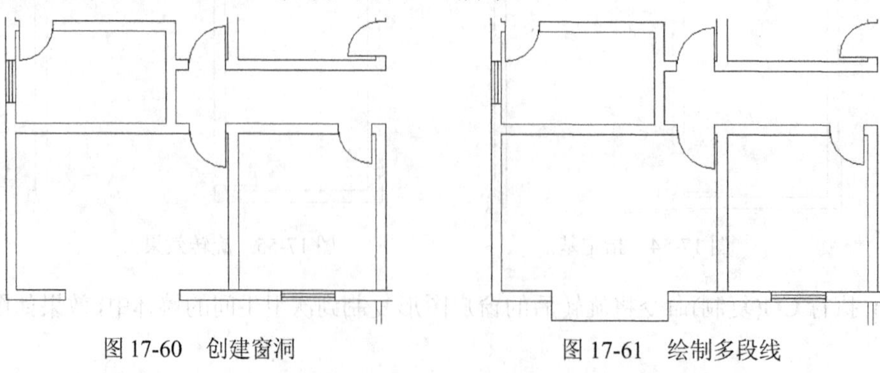

图 17-60　创建窗洞　　图 17-61　绘制多段线

(13) 执行 O(偏移)命令，将多段线向外偏移 40，如图 17-62 所示。

(14) 重复执行O(偏移)命令，将偏移得到的多段线向外偏移 160，创建出飘窗图形，效果如图 17-63 所示。

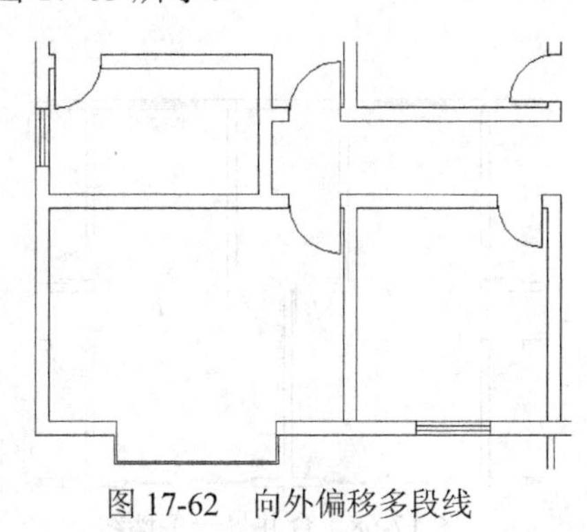

图 17-62　向外偏移多段线

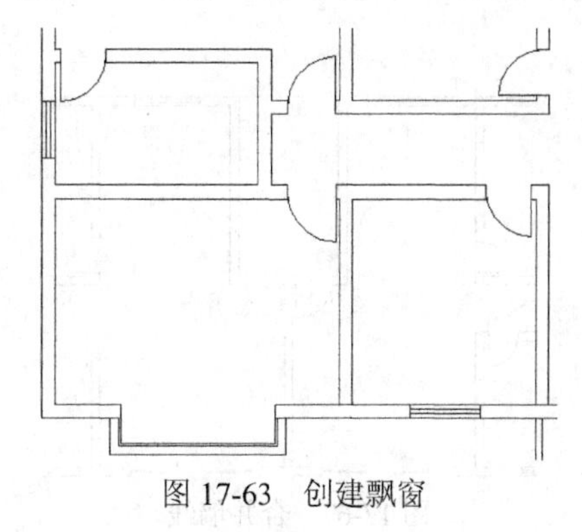

图 17-63　创建飘窗

17.1.8　创建楼梯图形

(1) 打开“轴线”和“标注”图层，并将“轴线”图层解锁。

(2) 执行 MI(镜像)命令，选择创建的图形对象，然后以右方的轴线为镜像轴，对图形进行镜像复制，得到如图 17-64 所示的效果。

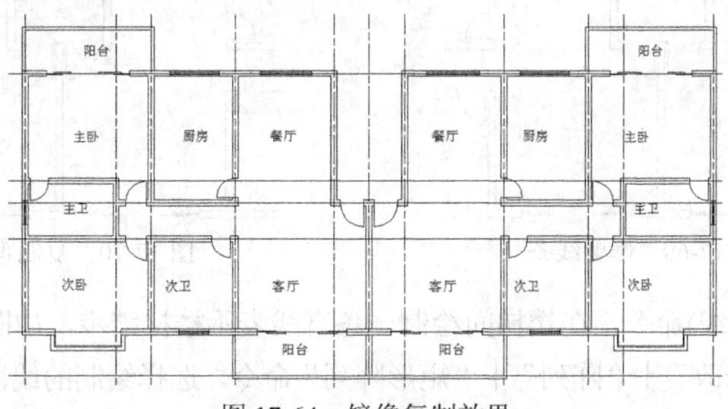

图 17-64　镜像复制效果

(3) 关闭“轴线”和“标注”图层，可以看到图形的中间处有多余的线条，如图 17-65 所示。

(4) 使用 TR(修剪)命令将图形进行修剪，并将多余的线段删除，效果如图 17-66 所示。

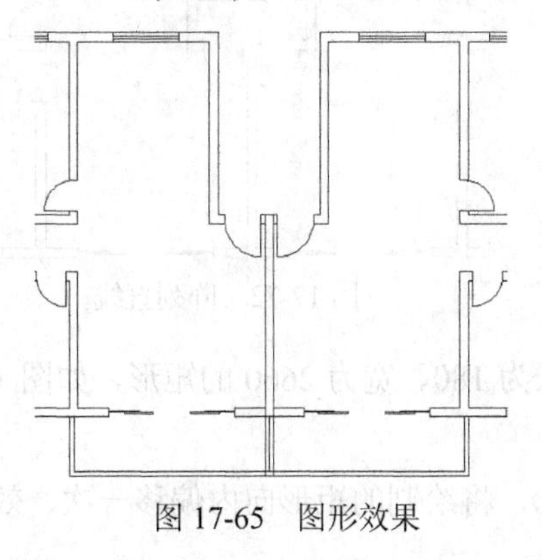

图 17-65　图形效果

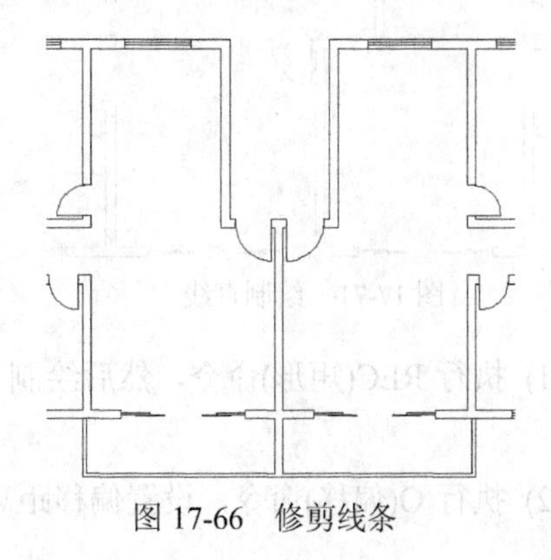

图 17-66　修剪线条

(5) 执行 JOIN(合并)命令，将图形最上方的两条墙线合并为一条线段，如图 17-67 所示。

(6) 重复执行 JOIN(合并)命令，将上方另外两条墙线合并为一条线段，如图 17-68 所示。

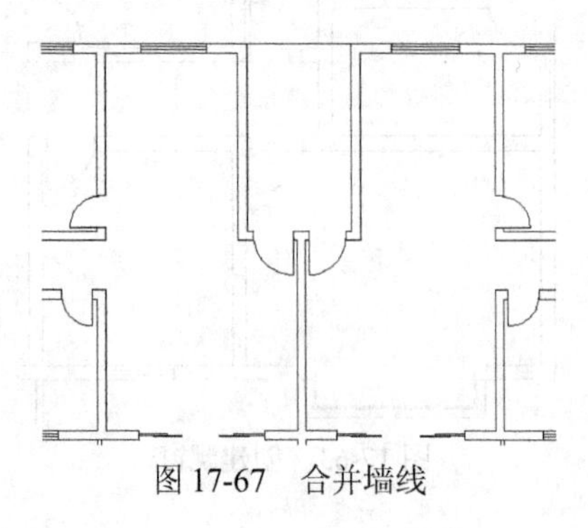

图 17-67　合并墙线

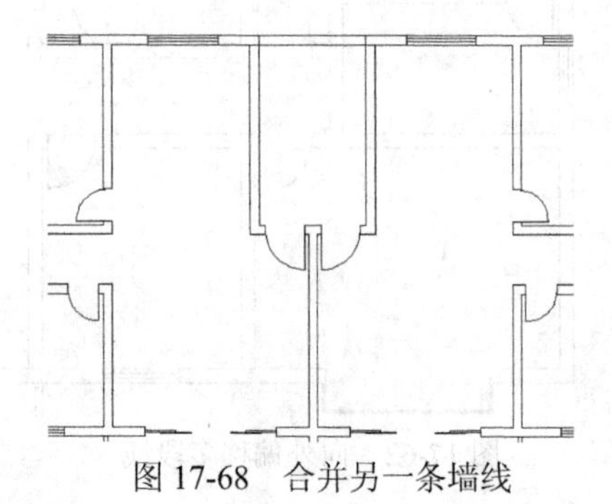

图 17-68　合并另一条墙线

(7) 执行 TR(修剪)命令，将合并后的线条进行修剪，如图 17-69 所示。

(8) 执行 CO(复制)命令，将餐厅窗户图形复制到楼梯间，如图 17-70 所示。

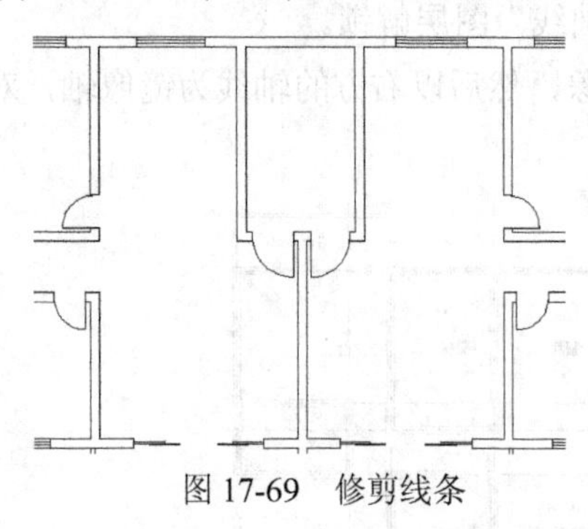

图 17-69　修剪线条

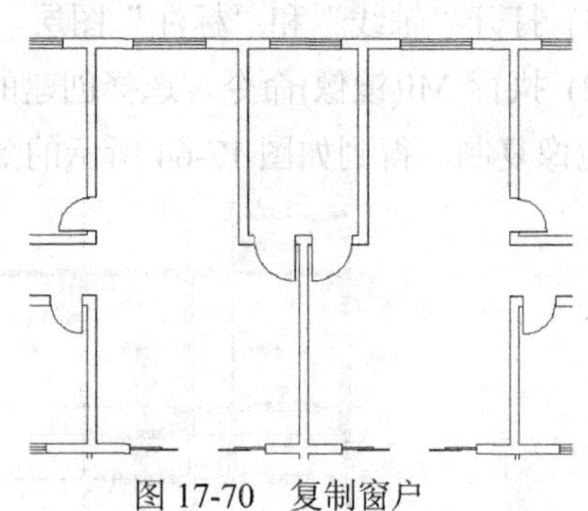

图 17-70　复制窗户

(9) 执行 L(直线)命令，在楼梯间绘制一条直线表示楼梯踏步，如图 17-71 所示。

(10) 选择“修改”|“阵列”|“矩形阵列”命令，选择绘制的线段作为阵列的对象，设置阵列的行数为 10，阵列的间距为 260，阵列效果如图 17-72 所示。

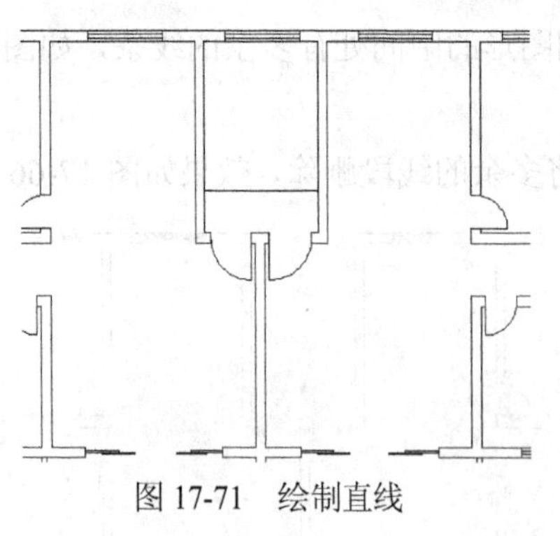

图 17-71　绘制直线

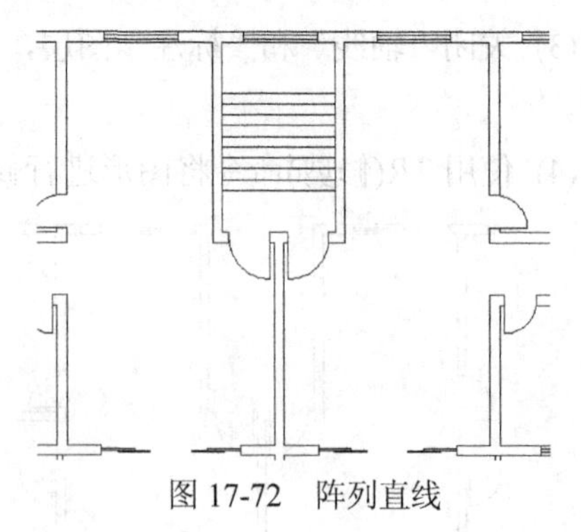

图 17-72　阵列直线

(11) 执行 REC(矩形)命令，然后绘制一个长为 180、宽为 2660 的矩形，如图 17-73 所示。

(12) 执行 O(偏移)命令，设置偏移距离为 60，将绘制的矩形向内偏移一次，效果如图

17-74 所示。

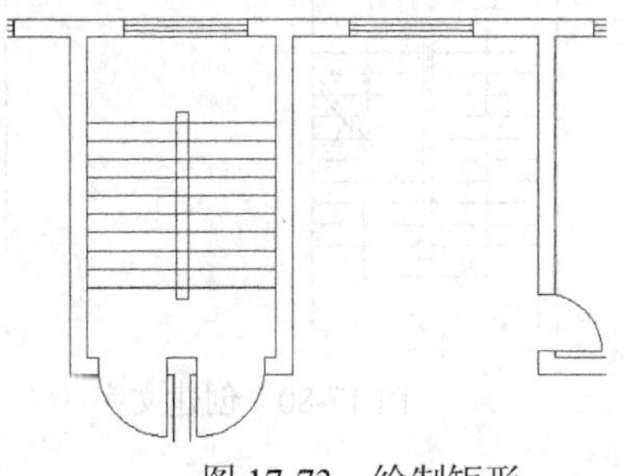
图 17-73 绘制矩形

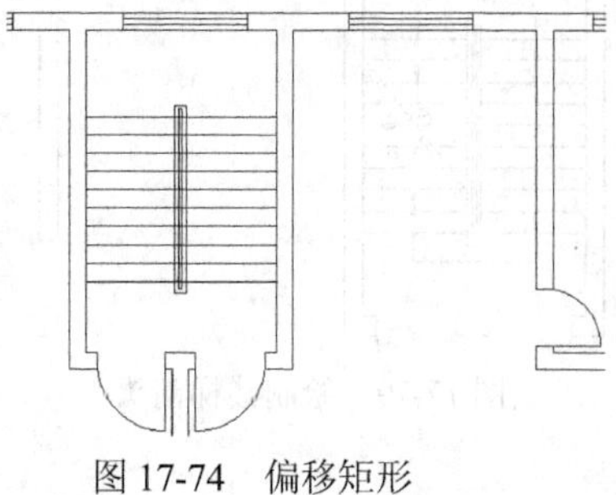
图 17-74 偏移矩形

(13) 执行 X(分解)命令，将阵列图形分解。

(14) 执行 TR(修剪)命令，对楼梯踏步线条进行修剪，效果如图 17-75 所示。

(15) 执行 L(直线)命令，绘制一条斜线，如图 17-76 所示。

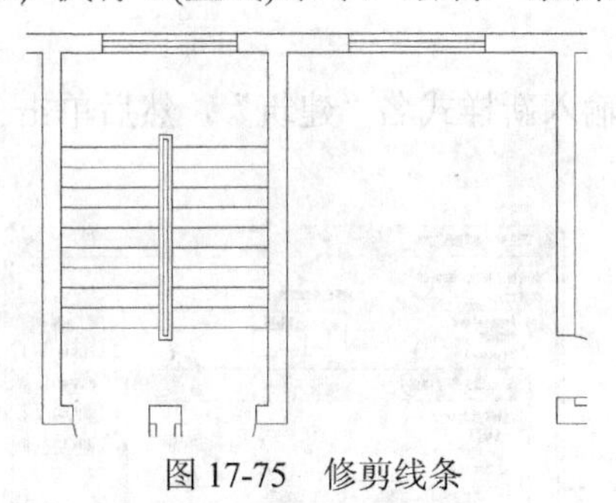
图 17-75 修剪线条

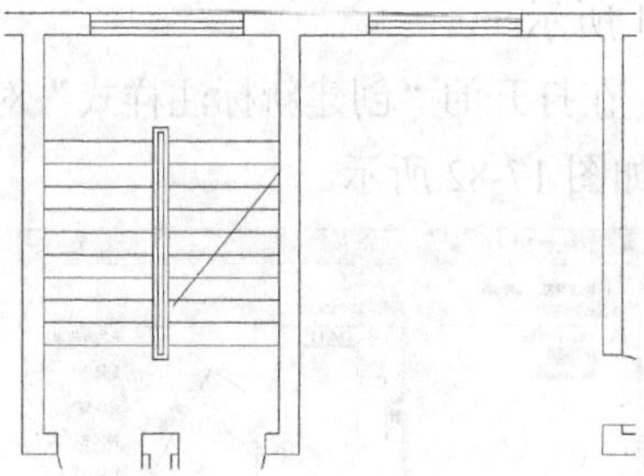

图 17-76 绘制斜线

(16) 执行 O(偏移)命令，将斜线向左上方进行偏移，其偏移距离为 80，如图 17-77 所示。

(17) 执行 L(直线)命令，绘制一条折线，如图 17-78 所示。

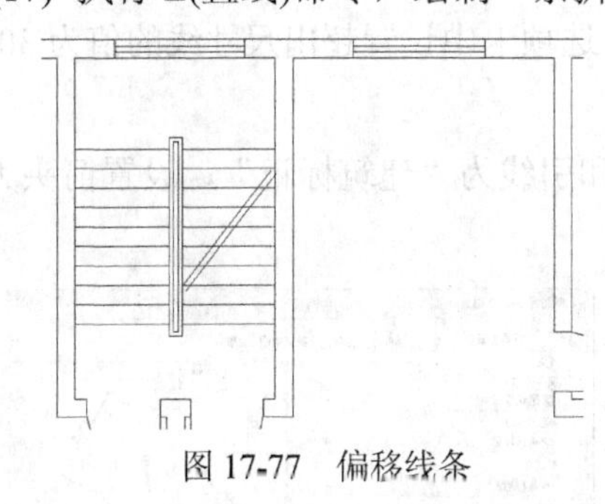
图 17-77 偏移线条

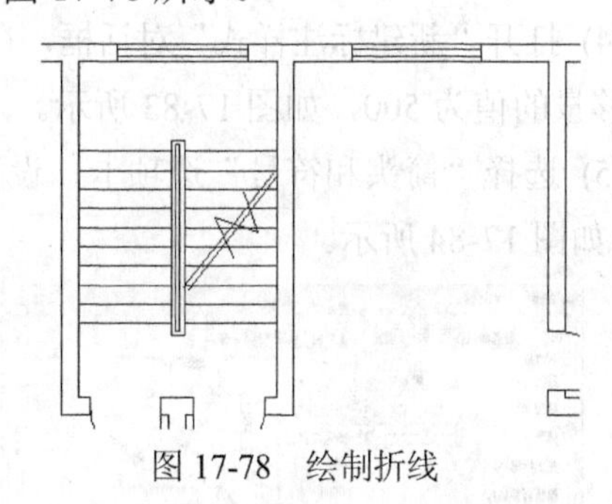
图 17-78 绘制折线

(18) 执行 PL(多段线)命令，参照如图 17-79 所示的效果，在楼梯间绘制两条带箭头的多段线，表示楼梯的走向。

(19) 执行 DT(单行文字)命令，设置文字高度为 350，然后对楼梯走向进行文字注释，效果如图 17-80 所示。

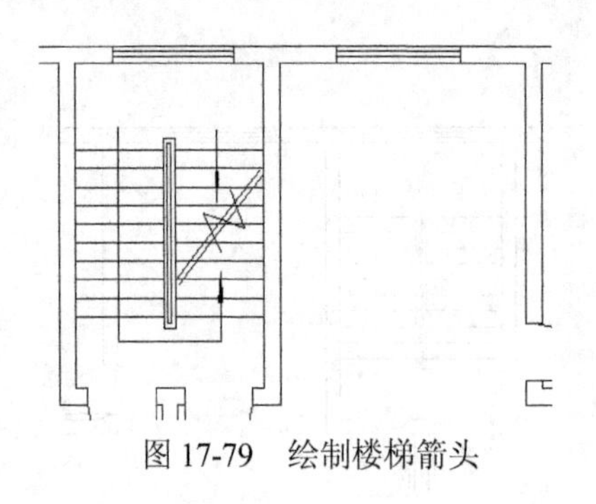

图 17-79　绘制楼梯箭头

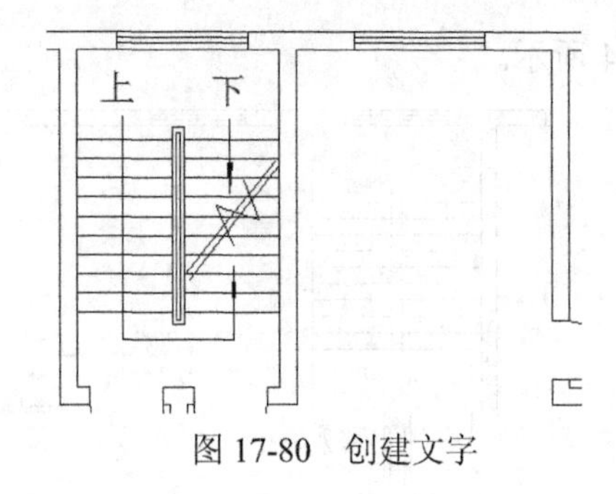

图 17-80　创建文字

17.1.9　设置建筑标注样式

(1) 打开“标注”和“轴线”图层，并设置“标注”图层为当前层。

(2) 执行 D(标注样式)命令，打开“标注样式管理器”对话框，单击“新建”按钮，如图 17-81 所示。

(3) 在打开的“创建新标注样式”对话框中输入新样式名“建筑”，然后单击“继续”按钮，如图 17-82 所示。

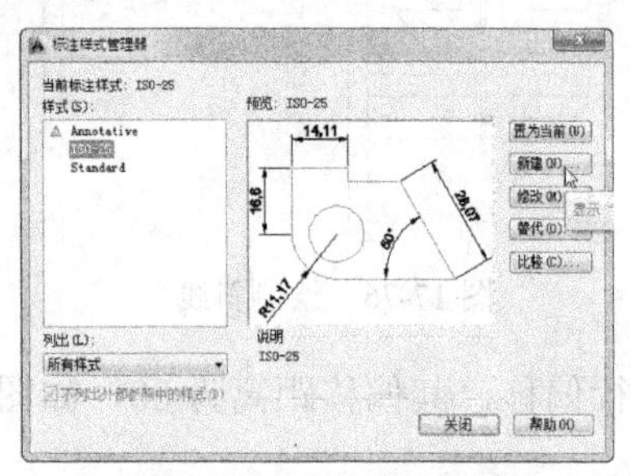

图 17-81　标注样式管理器

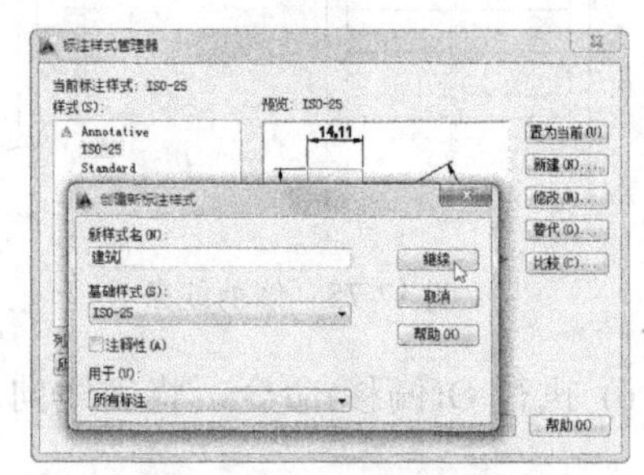

图 17-82　新建标注样式

(4) 打开“新建标注样式”对话框，在“线”选项卡中设置超出尺寸线的值为 300，起点偏移量的值为 500，如图 17-83 所示。

(5) 选择“箭头和符号”选项卡，设置箭头和引线为“建筑标记”，设置箭头大小为 300，如图 17-84 所示。

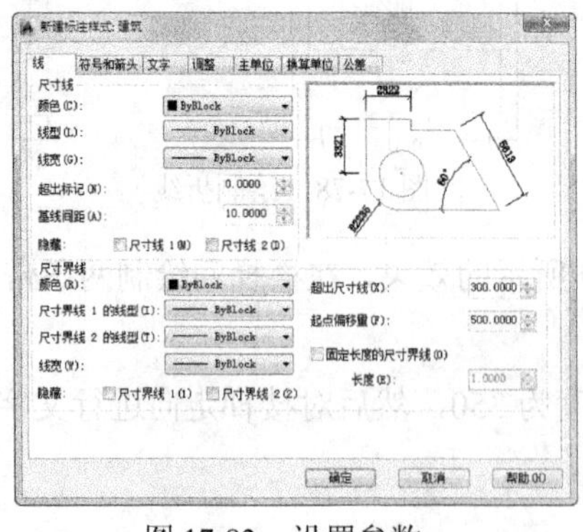

图 17-83　设置参数

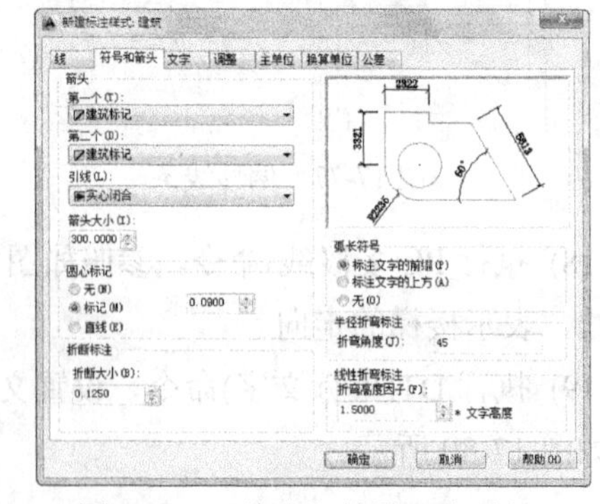

图 17-84　“箭头和符号”选项卡

(6) 选择“文字”选项卡，设置文字高度为 500，文字的垂直对齐方式为“上方”，设置“从尺寸线偏移”的值为 150，如图 17-85 所示。

(7) 选择“主单位”选项卡，设置“精度”值为 0，如图 17-86 所示。然后单击“确定”按钮，并关闭“标注样式管理器”对话框。

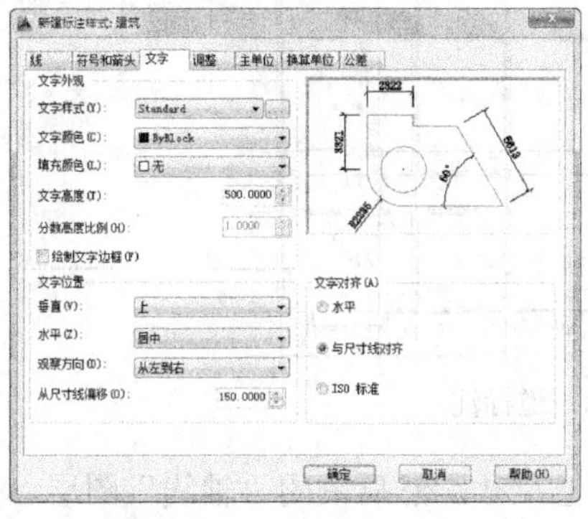

图 17-85　设置各项参数

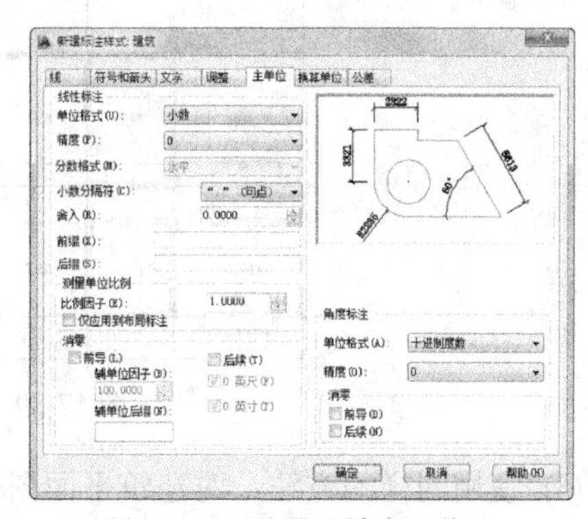

图 17-86　设置“精度”值

17.1.10　标注建筑尺寸

(1) 执行 DLI(线性)标注命令，在图形左上方进行线性标注。

(2) 执行 DCO(连续)标注命令，对上方尺寸进行连续标注，如图 17-87 所示。

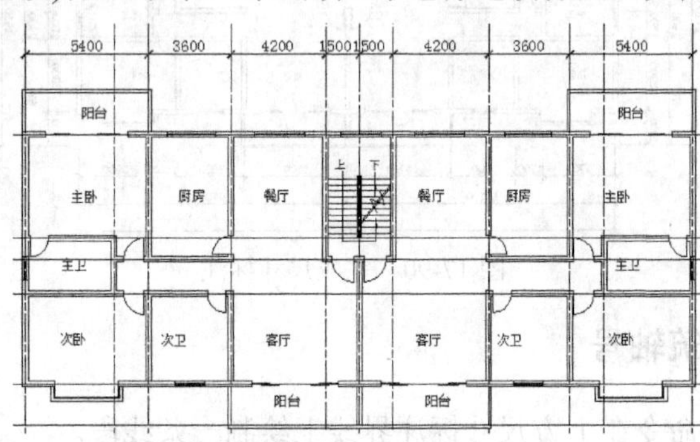

图 17-87　连续标注

(3) 使用DLI(线性)和DCO(连续)标注命令，对建筑平面进行第二道尺寸标注，如图 17-88 所示。

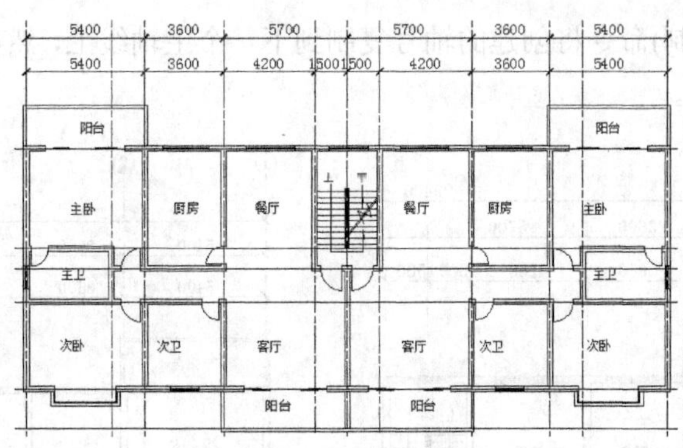

图 17-88　创建第二道标注

(4) 使用 DLI(线性)标注命令对建筑平面进行总尺寸标注，如图 17-89 所示。

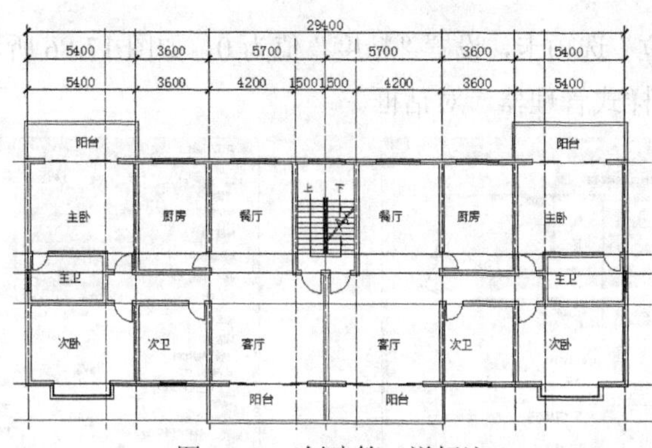

图 17-89　创建第三道标注

(5) 使用同样的方法，对建筑平面图标注其他尺寸，然后关闭“轴线”图层，效果如图 17-90 所示。

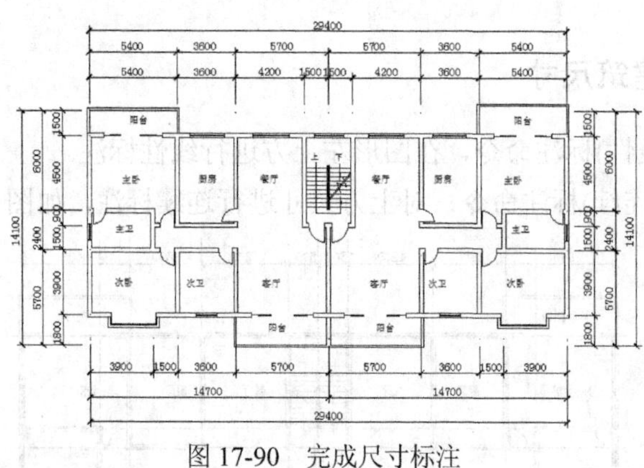

图 17-90　完成尺寸标注

17.1.11　绘制建筑轴号

(1) 使用 L(直线)命令在上方尺寸标注界线上绘制一条线段。

(2) 使用 C(圆)命令在直线上方绘制一个半径为 400 的圆。

(3) 执行DT(单行文字)命令，在圆内创建轴号文字“1”，设置文字高度为 400，效果如图 17-91 所示。

(4) 使用 CO(复制)命令将创建的轴号复制到下一个主轴线上，然后将轴号数值改为 2，效果如图 17-92 所示。

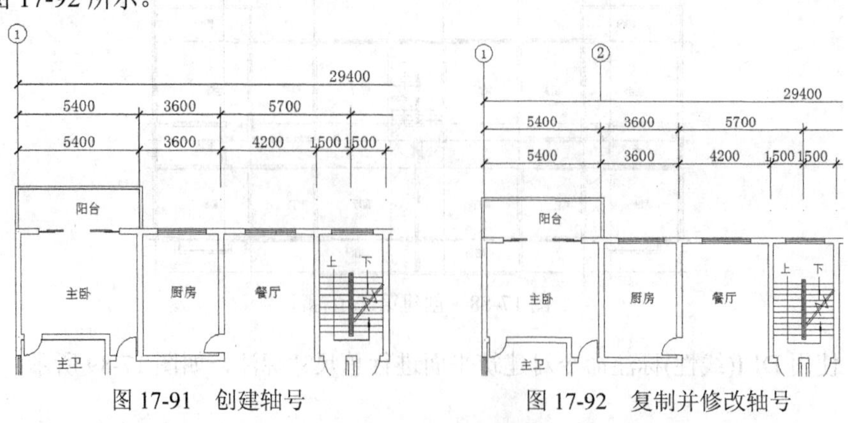

图 17-91　创建轴号　　图 17-92　复制并修改轴号

(5) 使用同样的方法，创建其他的轴号，效果如图 17-93 所示。

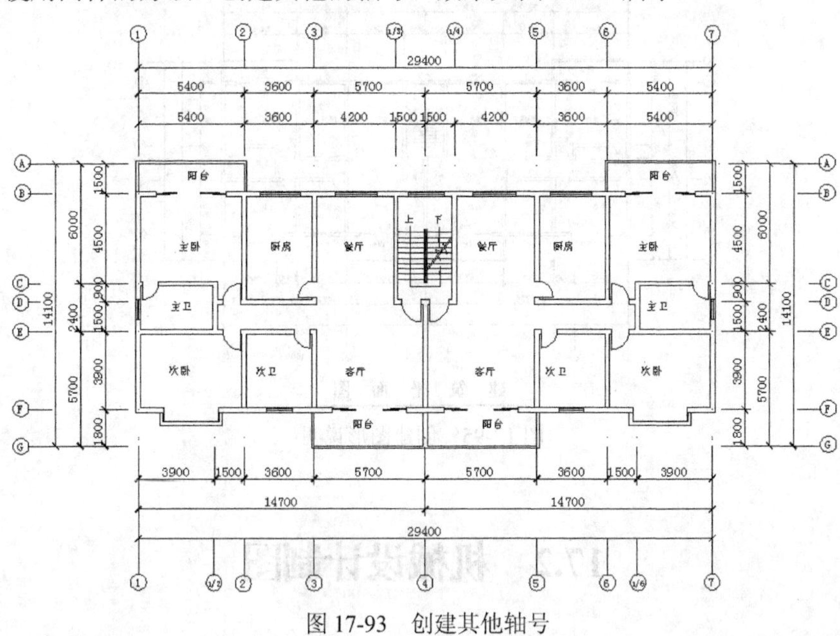

图 17-93　创建其他轴号

(6) 执行 MT(多行文字)命令，在图形中书写门窗的编号，设置文字高度为 400，如图 17-94 所示。

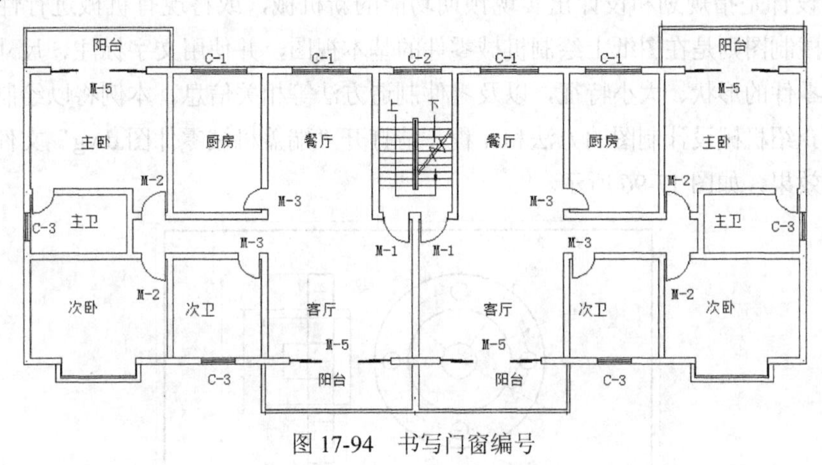

图 17-94　书写门窗编号

注意：

在建筑制图中，门的编号用 M-1、M-2 等表示，窗的编号用 C-1、C-2 等表示，通过不同的编号查找各种类型门窗的位置和数量，通过对照平面图中的分段尺寸可查找出各类门窗洞口尺寸。门窗具体构造还要参照门窗明细表中所用的标准图集。

(7) 输入图形说明文字：建筑平面图，设置文字高度为 1000，然后使用 L(直线)命令，在文字下方绘制 3 条直线，完成本实例的绘制，效果如图 17-95 所示。

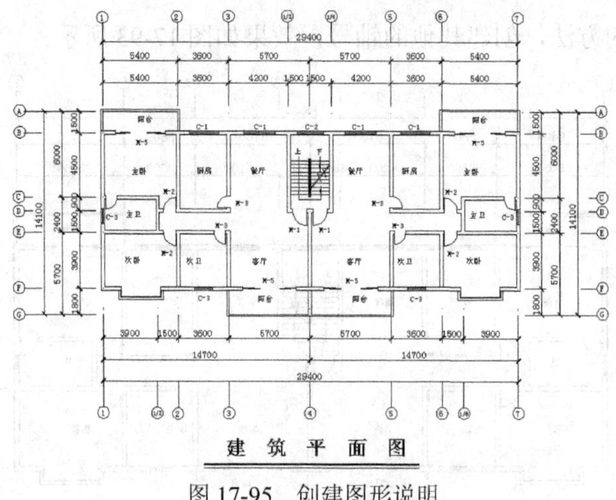

图 17-95　创建图形说明

17.2　机械设计制图

实例效果

机械设计是指规划和设计出实现预期功能的新机械，或将现有机械进行性能上的改进。而机械制图则是在图纸上绘制机械零件的基本视图，并使用文字标注、尺寸标注等内容来表达零件的形状、大小特征，以及零件制造方法等相关信息。本例将以绘制端盖零件图为例，介绍机械设计制图的方法和流程，请打开“端盖机械零件图.dwg”文件，查看本例的最终效果，如图 17-96 所示。

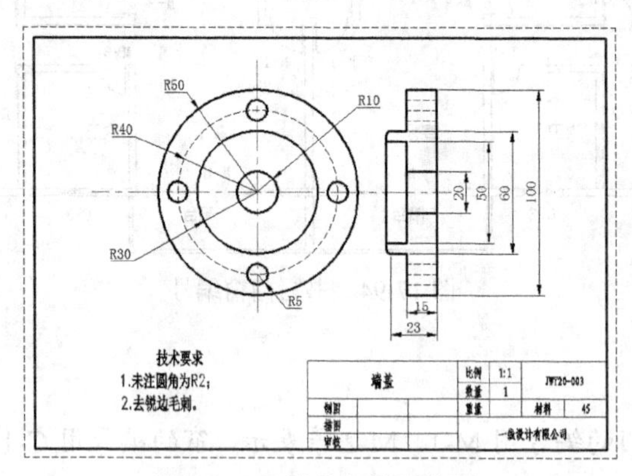

图 17-96　端盖机械零件图

实例分析

在绘制本例的过程中，首先绘制端盖的主视图，再绘制端盖的右视图，最后标注图形。绘制本例图形的关键步骤如下。

(1) 使用“直线”命令绘制中心线。

(2) 使用“圆”和“阵列”命令绘制端盖主视图。

(3) 使用“直线”、“偏移”“修剪”和“镜像”命令绘制端盖右视图。

(4) 使用“半径”和“线性”命令对图形进行标注。

(5) 使用“文字”命令书写技术要求和图形名称。

操作过程

根据对本例图形的绘制分析，可以将其分为 3 个主要部分进行绘制，操作过程依次为绘制端盖主视图、端盖右视图和标注图形，具体操作如下。

17.2.1 绘制端盖主视图

(1) 打开“机械设计图框.dwg”素材图形文件，如图 17-97 所示。

(2) 将“中心线”图层设置为当前层，执行 L(直线)命令，在图框内绘制两条相互垂直的线段作为绘图中心线，如图 17-98 所示。

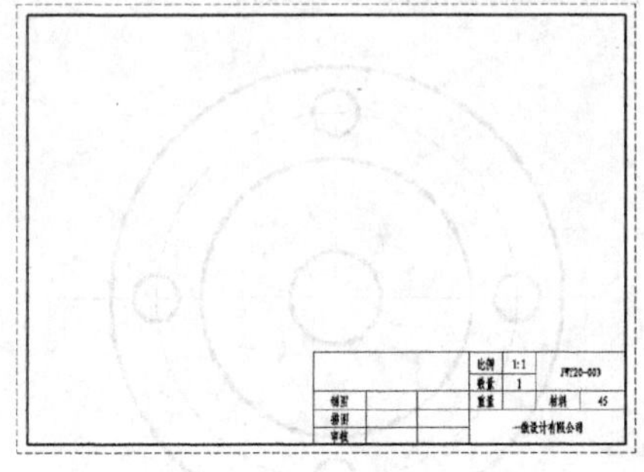

图 17-97 打开图框图形

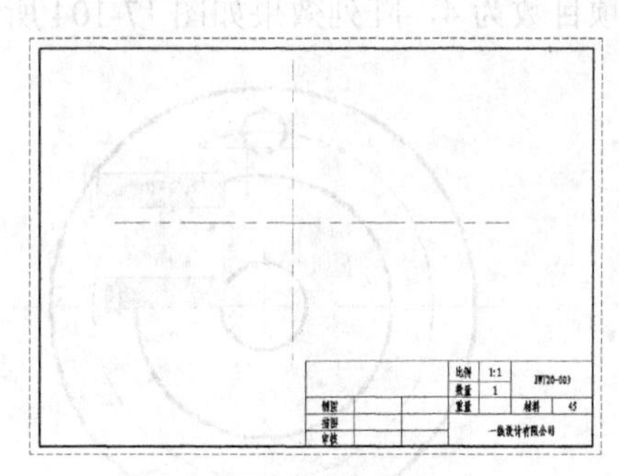

图 17-98 绘制中心线

(3) 将“轮廓线”图层设置为当前层。

(4) 执行 C(圆)命令，以两条线段的交点为圆心，分别绘制半径为 10、30、50 的同心圆，如图 17-99 所示。

(5) 重复执行 C(圆)命令，绘制一个半径为 40 的圆，然后将该圆放入“隐藏线”图层中，效果如图 17-100 所示。

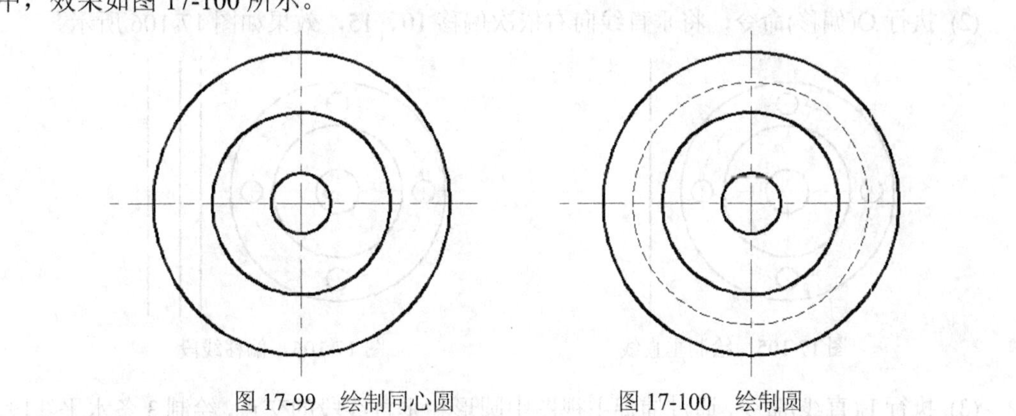

图 17-99 绘制同心圆　　图 17-100 绘制圆

(6) 执行 C(圆)命令，然后在如图 17-101 所示的交点处指定圆的圆心，绘制一个半径为 5 的圆形，效果如图 17-102 所示。

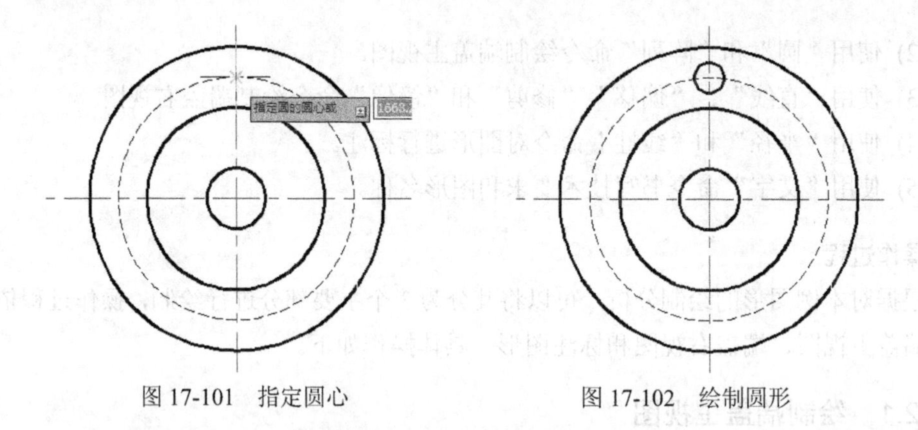

图 17-101　指定圆心　　　　图 17-102　绘制圆形

(7) 执行 AR(阵列)命令，选择刚绘制的小圆作为阵列对象，然后在弹出的菜单列表中选择“极轴(PO)”选项，如图 17-103 所示。

(8) 在同心圆的圆心处指定阵列的中心点，然后输入 I 并确定，选择“项目(I)”选项，设置项目数为 4，阵列效果如图 17-104 所示，完成端盖主视图的绘制。

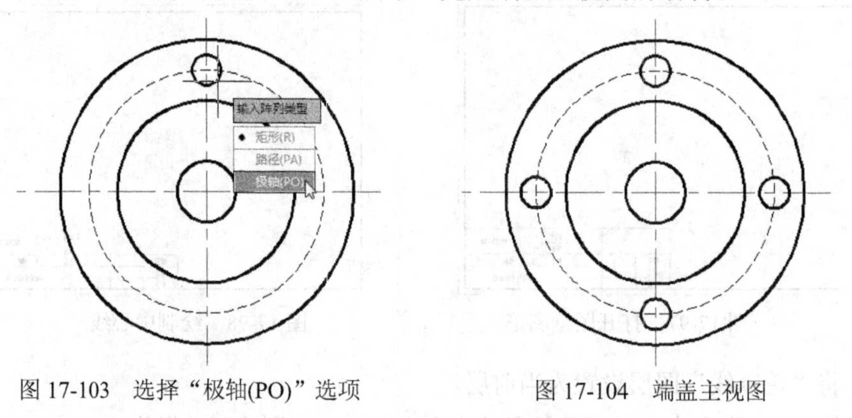

图 17-103　选择“极轴(PO)”选项　　　　图 17-104　端盖主视图

17.2.2　绘制端盖右视图

(1) 执行 L(直线)命令，在主视图的右方绘制一条垂直线段，如图 17-105 所示。

(2) 执行 O(偏移)命令，将垂直线向右依次偏移 10、15，效果如图 17-106 所示。

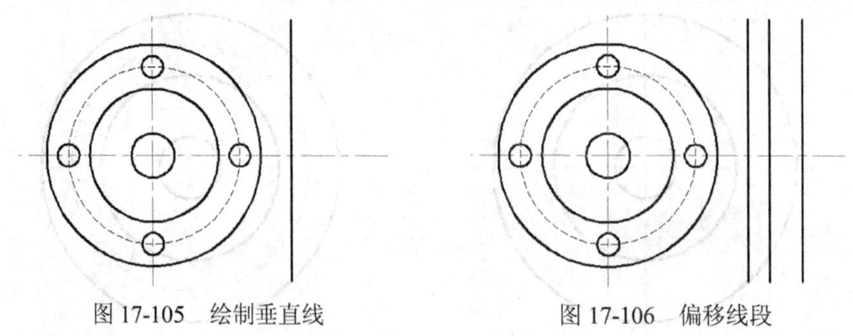

图 17-105　绘制垂直线　　　　图 17-106　偏移线段

(3) 执行 L(直线)命令，通过捕捉主视图中圆形和垂直线段的交点，绘制 3 条水平线段，效果如图 17-107 所示。

(4) 执行 O(偏移)命令，设置偏移距离为 5，然后将第二条水平线段向下偏移一次，效果如图 17-108 所示。

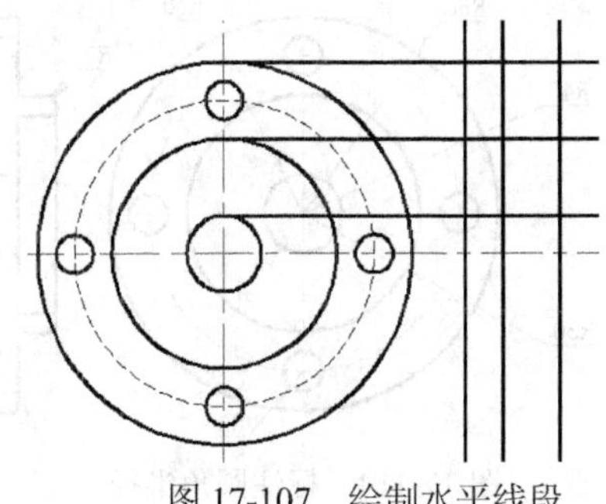

图 17-107 绘制水平线段

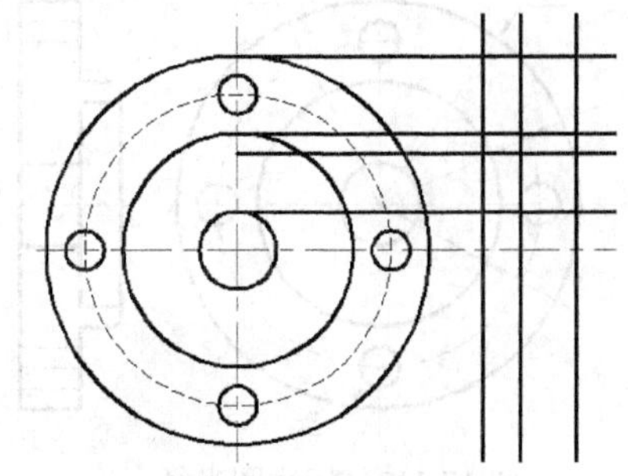

图 17-108 偏移线段

(5) 执行 TR(修剪)命令，然后对右方的线段进行修剪，使其效果如图 17-109 所示。

(6) 执行 O(偏移)命令，设置偏移距离为 5，然后将上方的水平线段向下偏移 3 次，并将偏移得到的线段放入“隐藏线”图层中，效果如图 17-110 所示。

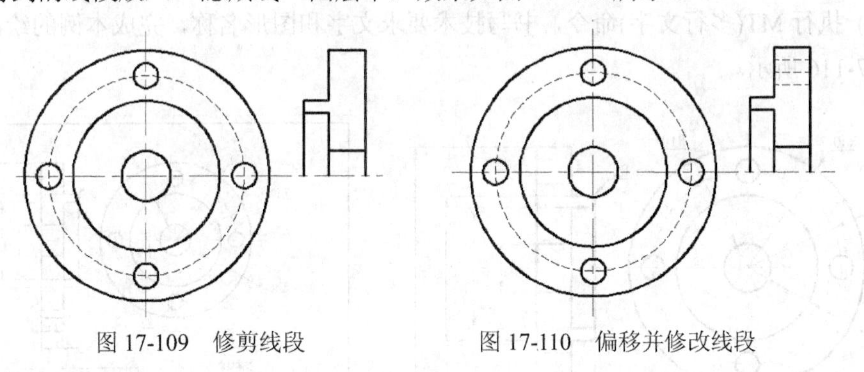

图 17-109 修剪线段　　图 17-110 偏移并修改线段

(7) 执行F(圆角)命令，设置圆角半径为2 ，对右方图形的边角进行圆角，效果如图 17-111所示。

(8) 执行 MI(镜像)命令，选择右方的图形，然后以水平中心线为镜像轴，对右方图形进行镜像复制，完成端盖右视图的创建，效果如图 17-112 所示。

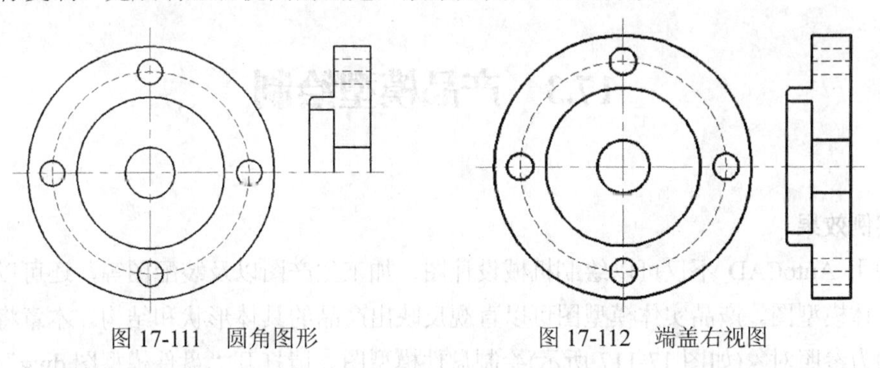

图 17-111 圆角图形　　图 17-112 端盖右视图

17.2.3 标注端盖图形

(1) 将“标注”图层设置为当前层，然后选择“标注”|“半径”命令，分别对主视图中的圆形进行半径标注，效果如图 17-113 所示。

(2) 重复执行“半径”命令，对右视图的圆角进行半径标注，效果如图 17-114 所示。

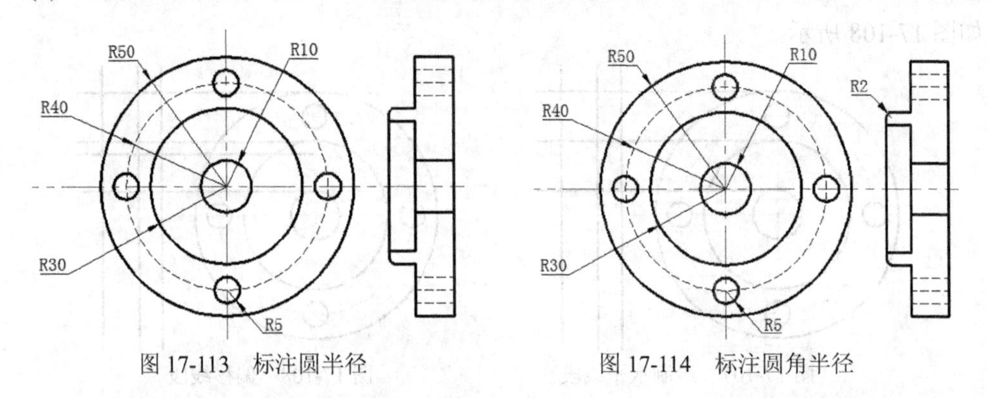

图 17-113　标注圆半径　　图 17-114　标注圆角半径

(3) 选择“标注”|“线性”命令，分别对右视图的各个尺寸进行标注，效果如图 17-115 所示。

(4) 将“文字”图层设置为当前层。

(5) 执行 MT(多行文字)命令，书写技术要求文字和图形名称，完成本例的绘制，效果如图 17-116 所示。

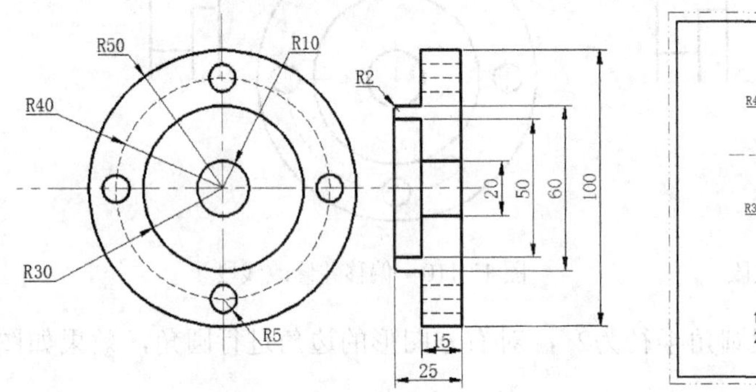

图 17-115　线性标注右视图

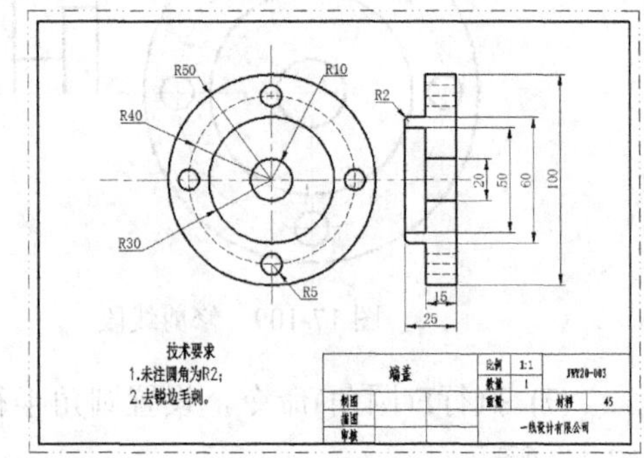

图 17-116　实例效果

17.3　产品模型绘制

实例效果

使用 AutoCAD 不仅可以绘制机械设计图、加工生产图以及装配图等，还可以绘制产品的实体模型图。产品实体模型图可以直观反映出产品的具体形状和结构。本章将以盘件零件图为参照对象(如图 17-117 所示)绘制盘件模型图。请打开“盘件模型图.dwg”文件，查看本例的最终效果，如图 17-118 所示。

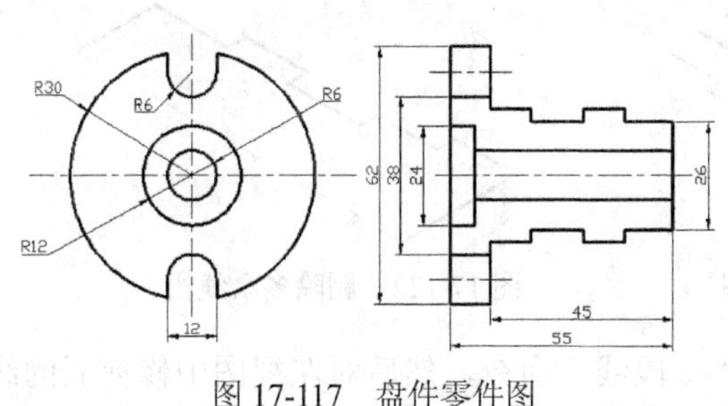

图 17-117 盘件零件图

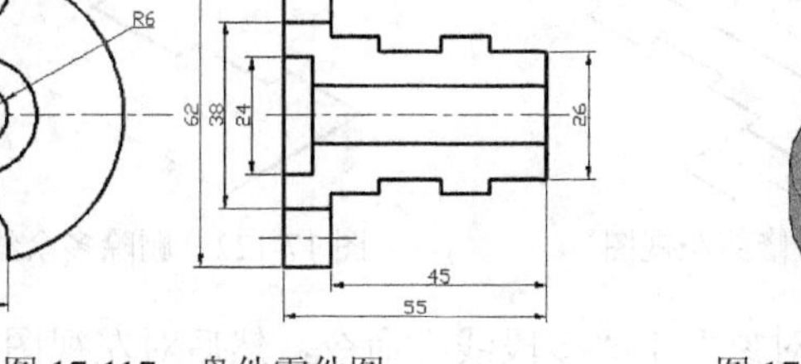

图 17-118 盘件模型图

实例分析

在绘制本例的过程中，首先打开盘件零件图并对图形进行编辑，再根据零件图尺寸和效果创建模型图。绘制本例模型图的关键步骤如下。

(1) 打开盘件零件图并删除标注对象。

(2) 使用“修剪”命令对图形进行修剪，并删除多余线段。

(3) 使用“修改多段线”命令将修剪图形转换为多段线。

(4) 使用“面域”命令将主视图外轮廓转换为面域。

(5) 使用“拉伸”及“旋转”命令将二维图形创建为实体模型。

(6) 使用“三维旋转”、“移动”和“布尔运算”命令对模型进行编辑。

操作过程

根据对本例图形的绘制分析，可以将其分为两个主要部分进行绘制，操作过程依次为编辑零件图和创建零件模型，具体操作如下。

17.3.1 编辑盘件零件图

(1) 打开“盘件零件图.dwg”图形文件，删除标注对象，如图 17-119 所示。

(2) 选择“视图”|“三维视图”|“西南等轴测”命令，将视图切换到西南等轴测中，效果如图 17-120 所示。

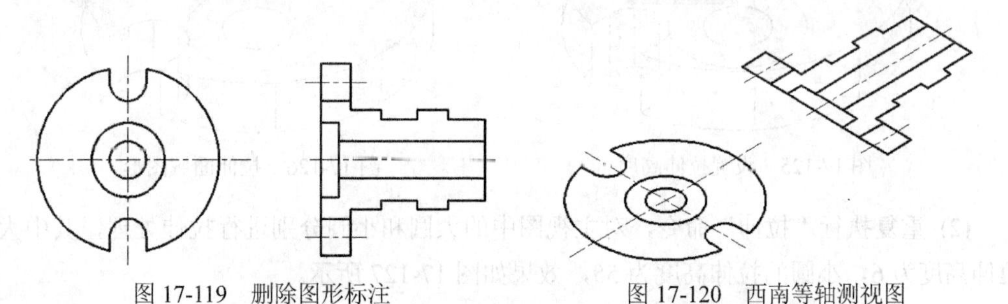

图 17-119 删除图形标注　　图 17-120 西南等轴测视图

(3) 执行 TR(修剪)命令，对盘件左视图进行修剪，如图 17-121 所示。

(4) 执行 E(删除)命令，删除左视图中的多余线段，如图 17-122 所示。

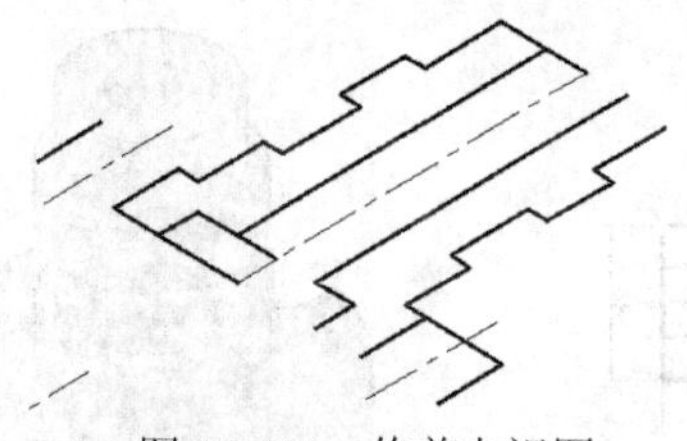

图 17-121　修剪左视图

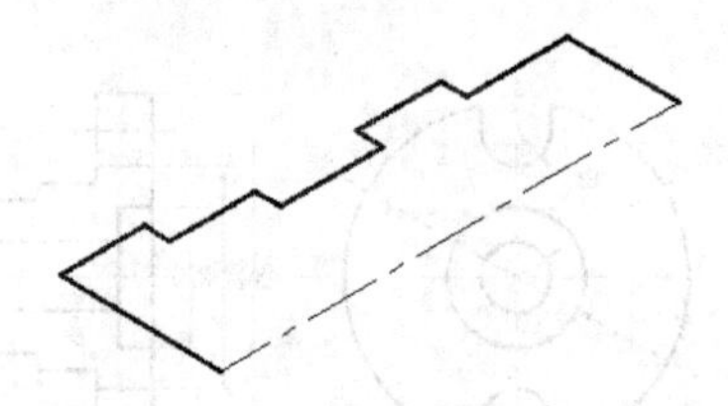

图 17-122　删除多余线段

(5) 选择“修改”|“对象”|“多段线”命令，然后对左视图中修剪后的线段进行编辑，将这些线段合并为一条多段线，如图 17-123 所示。

(6) 选择“绘图”|“面域”命令，然后选择主视图中外面的轮廓图形，将其转换为面域对象，如图 17-124 所示。

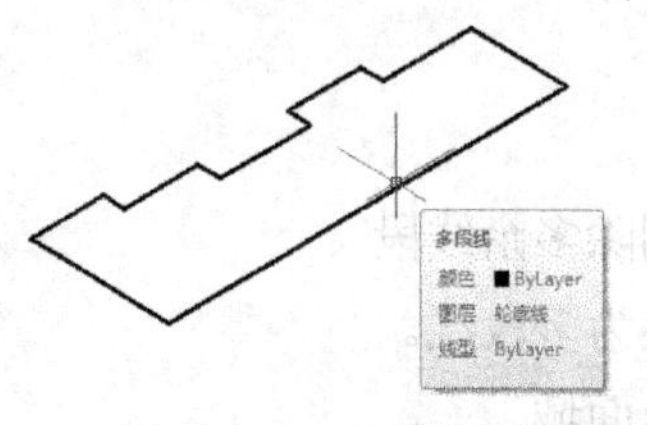

图 17-123　转换为多段线

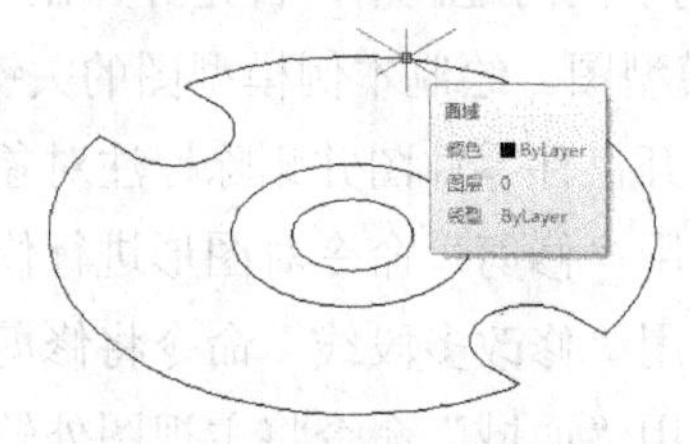

图 17-124　转换为面域

注意：

将多条线段转换为多段线或面域对象，目的是方便后面将图形编辑为三维模型。

17.3.2　创建盘件模型

(1) 选择“绘图”|“建模”|“拉伸”命令，在主视图中选择转换为面域的图形并确定，设置拉伸的高度为 10，如图 17-125 所示，拉伸后的效果如图 17-126 所示。

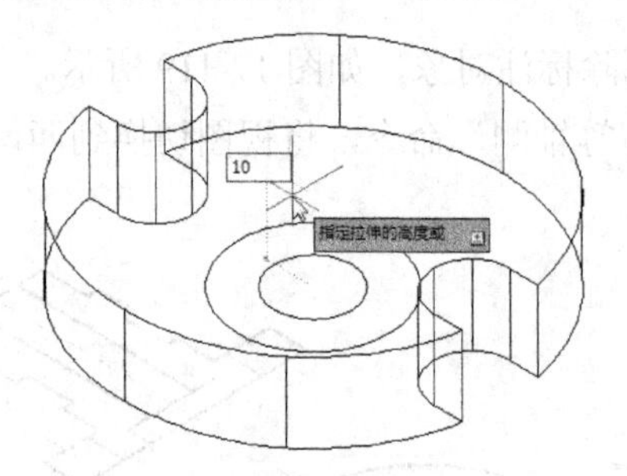

图 17-125　设置拉伸高度

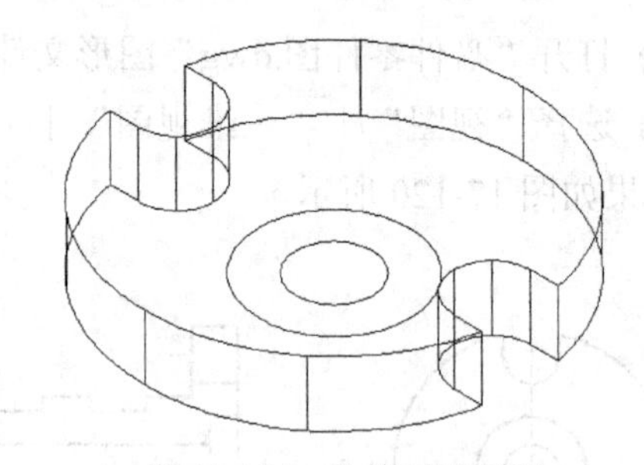

图 17-126　拉伸面域图形

(2) 重复执行“拉伸”命令，对主视图中的大圆和小圆分别进行拉伸处理，其中大圆拉伸高度为 6，小圆的拉伸高度为 55，效果如图 17-127 所示。

(3) 选择“绘图”|“建模”|“旋转”命令，在左视图中选择转换为多段线的图形并确定，如图 17-128 所示。

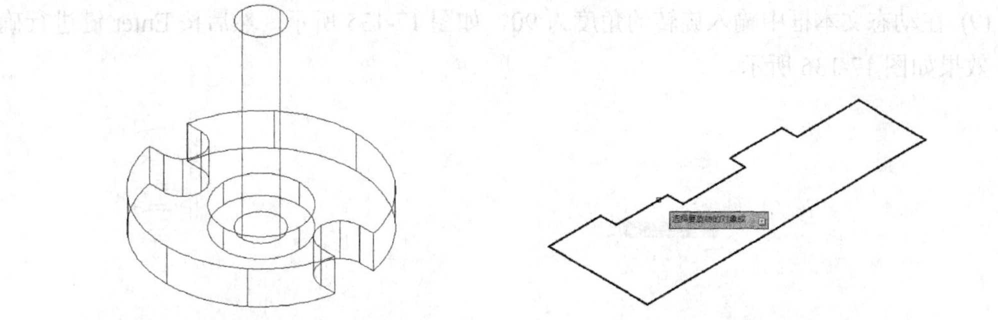

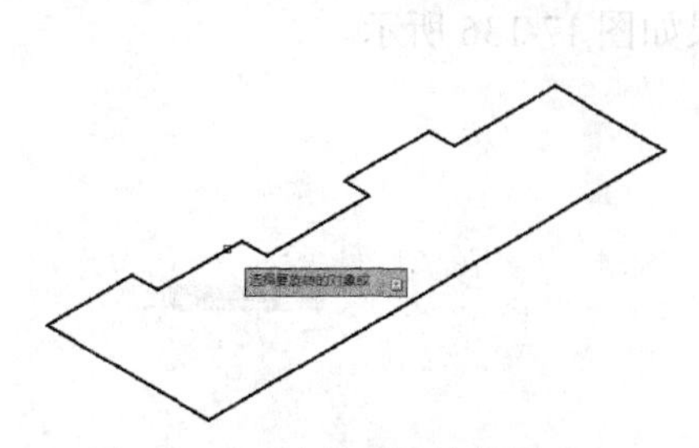

图 17-127 拉伸两个圆　　图 17-128 选择要旋转的图形

(4) 捕捉图形左下方的直线端点，指定旋转轴的第一点，如图 17-129 所示。

(5) 捕捉图形右下方的直线端点，指定旋转轴的第二点，如图 17-130 所示。

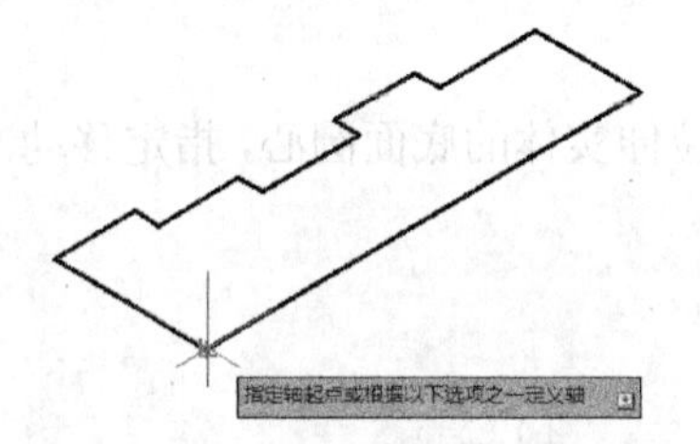

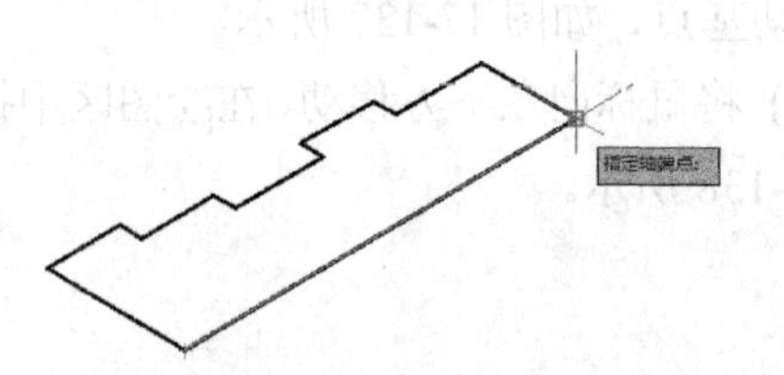

图 17-129 指定旋转轴第一点　　图 17-130 指定旋转轴第二点

(6) 在动态文本框中输入旋转角度为 360 并确定，如图 17-131 所示，绘制的旋转模型如图 17-132 所示。

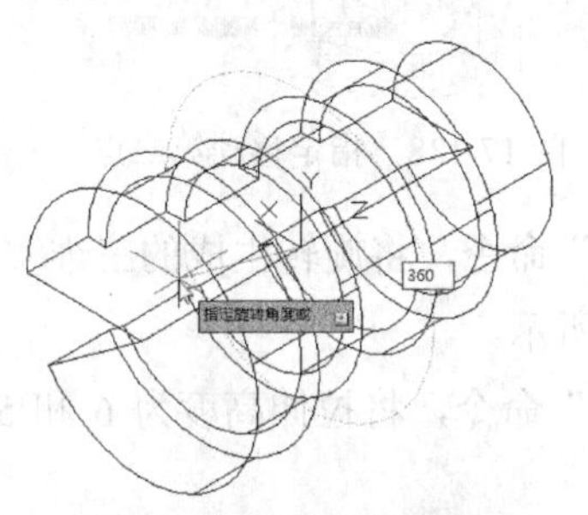

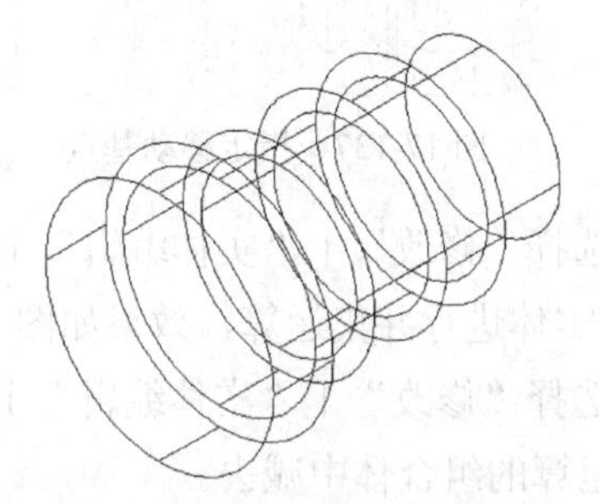

图 17-131 输入旋转角度　　图 17-132 旋转模型

(7) 选择“修改”｜“三维操作”｜“三维旋转”命令，选择经过旋转后的 3 个实体对象，然后捕捉旋转实体的底端圆心，指定三维旋转的基点，如图 17-133 所示。

(8) 将鼠标移动到 Y 轴上并单击鼠标左键，选择 Y 轴作为旋转轴，如图 17-134 所示。

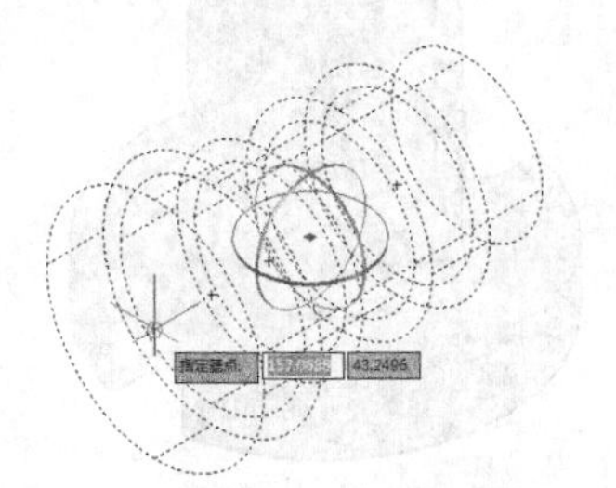

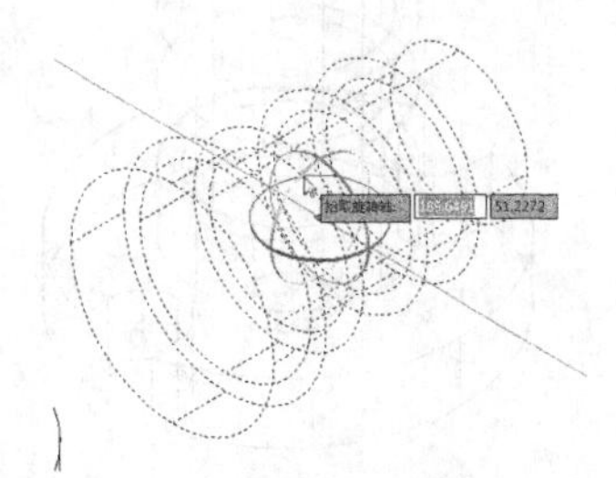

图 17-133 指定旋转基点　　图 17-134 指定旋转轴

(9) 在动态文本框中输入旋转的角度为 90，如图 17-135 所示，然后按 Enter 键进行确定，效果如图 17-136 所示。

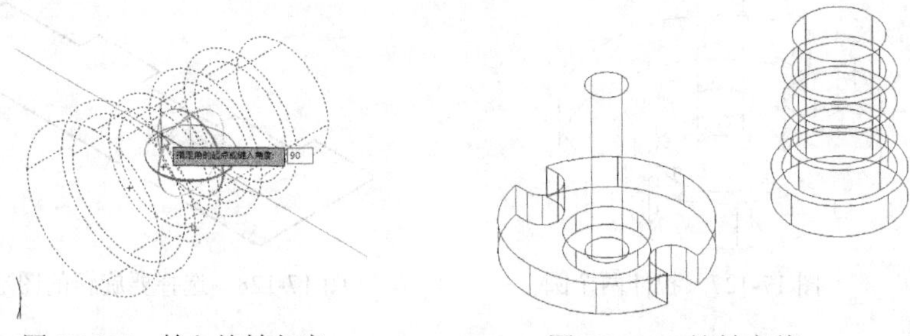

图 17-135　输入旋转角度　　图 17-136　旋转实体

(10) 执行 M(移动)命令，选择前面创建的旋转实体，然后捕捉旋转实体下方的圆心，指定移动基点，如图 17-137 所示。

(11) 将鼠标向左下方移动，在绘图区中捕捉拉伸实体的底面圆心，指定移动的第二点，如图 17-138 所示。

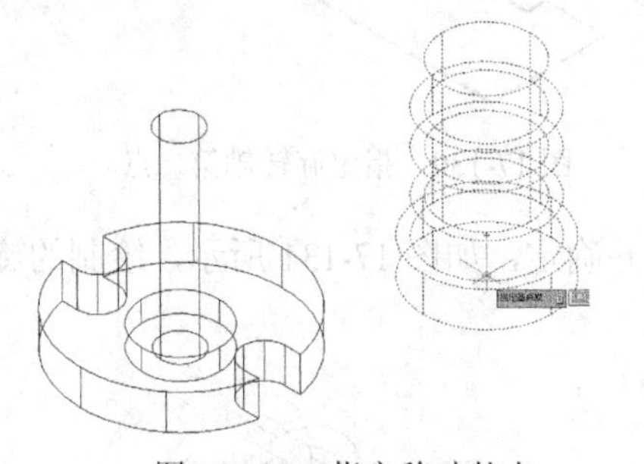

图 17-137　指定移动基点

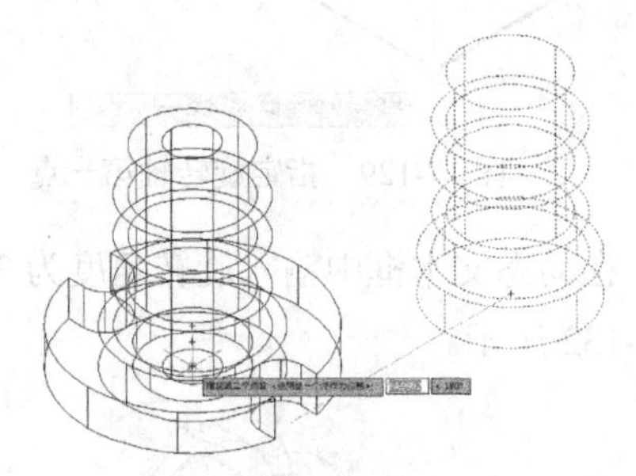

图 17-138　指定移动第二点

(12) 选择“修改”|“实体编辑”|“并集”命令，将旋转生成的三维实体与拉伸高度为 10 的实体进行并集运算，效果如图 17-139 所示。

(13) 选择“修改”|“实体编辑”|“差集”命令，将拉伸高度为 6 和 55 的拉伸实体从并集运算的组合体中减去。

(14) 选择“视图”|“视觉样式”|“概念”命令，得到如图 17-140 所示的效果，完成本例模型的绘制。

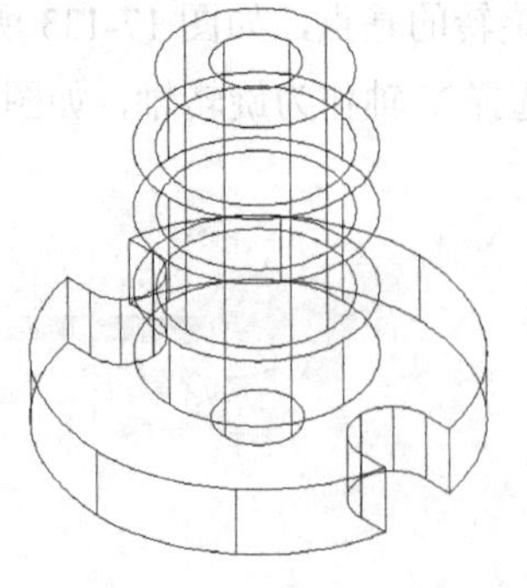

图 17-139　并集运算实体

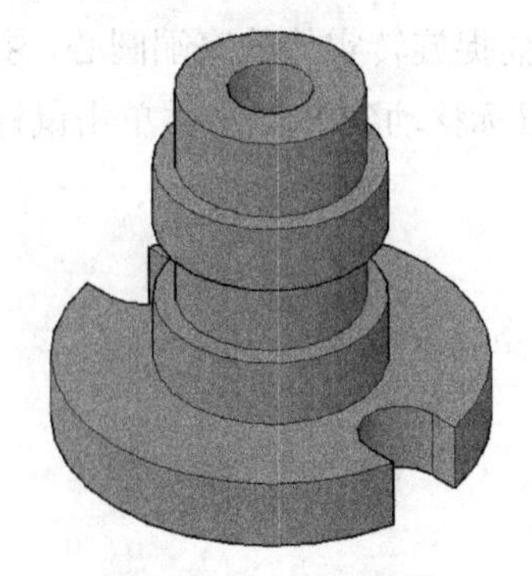

图 17-140　实例效果

17.4　思考练习

1. 在建筑设计图中，门的编号和窗的编号分别用什么符号表示？

2. 按建筑的朝向来命名，建筑立面图包括哪几种立面图？

3. 进行室内设计时，应考虑哪些关键要素？

4. 机械零件可以分为哪 4 类零件？

5. 请参照如图 17-141 所示的室内设计图形效果，通过设置绘图环境、创建图层、绘制墙体、绘制门窗、填充图形、插入图形和标注图形等操作，完成本例的制作。

6. 请打开“壳体零件图.dwg”图形文件，参照如图 17-142 所示的壳体零件图的尺寸和效果，绘制壳体主视图、左视图和俯视图，并对图形进行尺寸标注和文字注释。

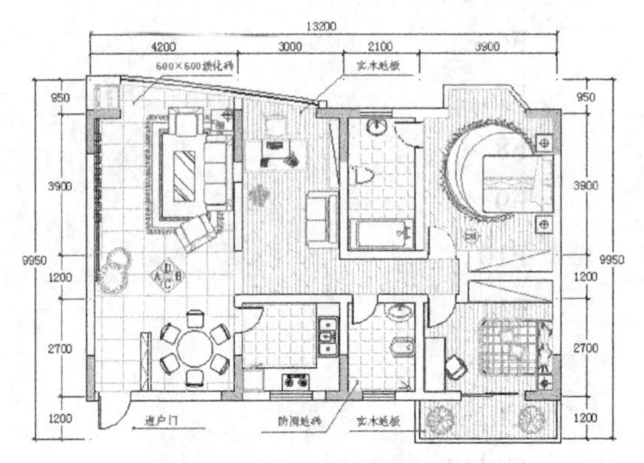

图 17-141　绘制室内设计图

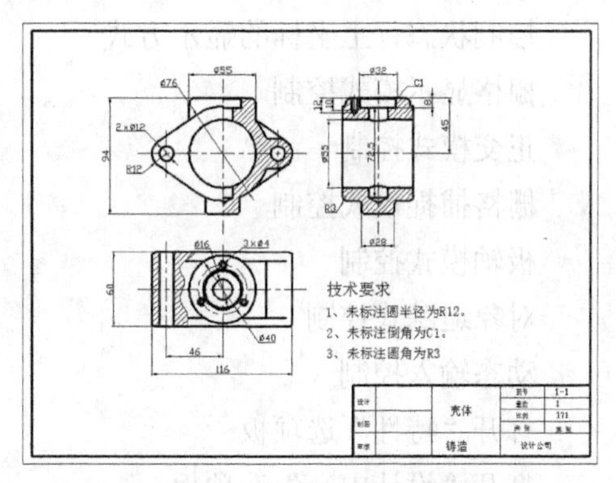

图 17-142　绘制壳体零件图

7. 请打开“支座零件图.dwg”文件，如图17-143所示，参照该零件图尺寸和效果绘制支座模型图，最终效果如图17-144所示。

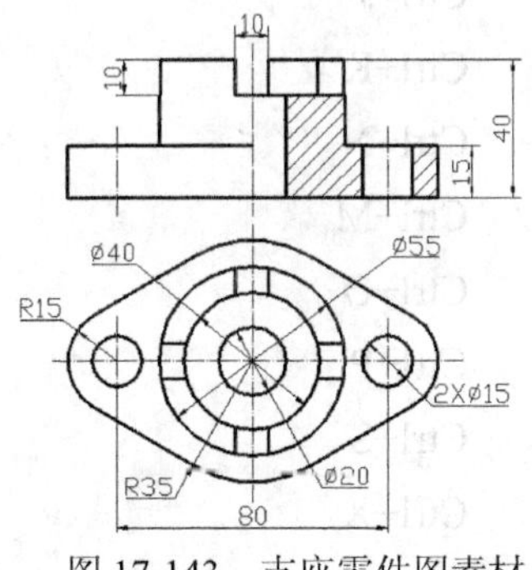

图 17-143　支座零件图素材

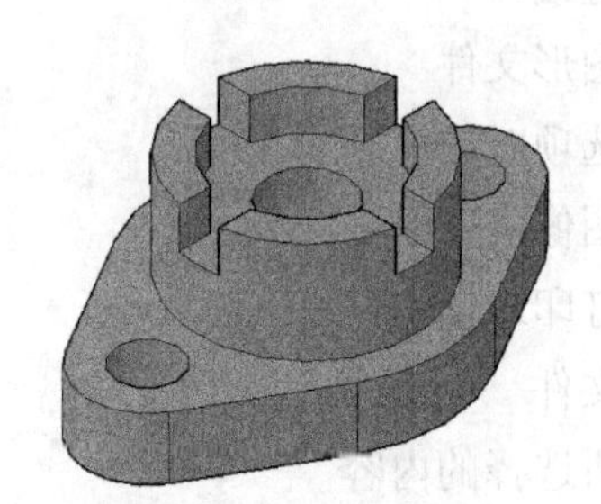

图 17-144　绘制支座模型图

附录一 AutoCAD快捷键

获取帮助	F1
实现作图窗和文本窗口的切换	F2
控制是否实现对象自动捕捉	F3
三维对象捕捉开/关	F4
等轴测平面切换	F5
控制状态行上坐标的显示方式	F6
栅格显示模式控制	F7
正交模式控制	F8
栅格捕捉模式控制	F9
极轴模式控制	F10
对象追踪式控制	F11
动态输入控制	F12
打开“特性”选项板	Ctrl+1
打开“设计中心”选项板	Ctrl+2
将选择的对象复制到剪切板上	Ctrl+C
将剪切板上粘贴到指定的位置	Ctrl+V
重复执行上一步命令	Ctrl+J
超级链接	Ctrl+K
新建图形文件	Ctrl+N
打开选项对话框	Ctrl+M
打开图像文件	Ctrl+O
打开打印对话框	Ctrl+P
保存文件	Ctrl+S
剪切所选择的内容	Ctrl+X
重做	Ctrl+Y
取消前一步的操作	Ctrl+Z

附录二 AutoCAD简化命令

命令	简化命令
直线	L
构造线	XL
射线	RAY
矩形	REC
圆	C
圆弧	A
多线	ML
多段线	PL
正多边形	POL
样条曲线	SPL
椭圆	EL
点	PO
定数等分点	DIV
定距等分点	ME
定义块	B
插入	I
图案填充	H
多行文字	T
单行文字	DT
移动	M
复制	CO
偏移	O
阵列	AR
旋转	RO
缩放比例	SC
删除	E
圆角	F
倒角	CHA
修剪	TR
延伸	EX
拉伸	S
拉长	LEN
打断	BR
分解	X
并集	UN
差集	SU
交集	IN
对象捕捉模式设置	SE
图层	LA
恢复上一次操作	U
缩放视图	Z
移动视图	P
重生成视图	RE
拼写检查	SP
测量两点间的距离	DI
标注样式	D
线性标注	DLI
对齐标注	DAL
半径标注	DRA
直径标注	DDI
对齐标注	DAL
角度标注	DAN
弧长标注	DAR
折弯标注	DJO
快速标注	QDIM
基线标注	DBA
连续标注	DCO
角度标注	DAN
圆心标记	DCE
拉伸实体	EXT
旋转实体	REV
放样实体	LOFT
拉伸实体	DBA
拉伸实体	DCO